工业和信息化部"十二五"规划教材

HANGTIAN FEIXINGQI SHEJI

航天飞行器设计

谷良贤　龚春林　编著

西北工业大学出版社

【内容简介】 本书主要介绍航天飞行器总体设计的有关问题。全书包括两个部分：飞行器设计和航天器设计。飞行器设计重点讲述导弹和火箭的分类、组成及设计方法，导弹战术技术要求及目标特性，导弹主要参数设计，导弹构形设计，导弹系统性能分析，多级运载火箭设计等；航天器设计重点介绍航天器任务分析与轨道设计，航天器空间物理环境，航天任务空间几何分析，航天分系统选择及设计，航天器参数预算及航天器构形设计等。航天飞行器设计覆盖了导弹、火箭及航天器总体、各分系统技术的主要内容，略去了专业学科论述的理论证明及公式推导，突出总体设计必备的关键知识及系统知识。

　　本书可作为高等院校相关专业本科生的教材，也可作为相关专业研究生的教材，还可供相关专业的科技人员及使用部门的人员参考。

图书在版编目(CIP)数据

　　航天飞行器设计 / 谷良贤，龚春林编著. —西安：西北工业大学出版社，2016.2
(2019.3 重印)
　　ISBN 978 - 7 - 5612 - 4758 - 7

　　Ⅰ. ①航… Ⅱ. ①谷… ②龚… Ⅲ. ①航天器—设计 Ⅳ. ①V423

　　中国版本图书馆 CIP 数据核字(2016)第 036780 号

出版发行：西北工业大学出版社
通信地址：西安市友谊西路 127 号　　　邮编：710072
电　　话：(029)88493844　88491757
网　　址：www.nwpup.com
印　刷　者：兴平市博闻印务有限公司
开　　本：787 mm×1 092 mm　　1/16
印　　张：33.5
字　　数：822 千字
版　　次：2016 年 3 月第 1 版　　　2019 年 3 月第 2 次印刷
定　　价：88.00 元

前　　言

为了适应国防专业对人才多样化、复合型、高素质、强能力的要求，需要进一步拓宽飞行器设计专业学生航天技术领域知识的基础性和全面性。对于飞行器设计专业的学生来说，在学习掌握了导弹、火箭总体设计理论知识的基础上，非常有必要了解并掌握有关航天器总体设计的理论及方法，从而学会如何运用这些方法进行航天飞行器设计及分析。本书正是在这一背景下编著的。

本书讲述导弹、火箭和航天器总体设计的基本理论、基本知识、设计原理和设计方法。由于导弹和航天器的种类较多，涉及的内容广泛，本书以有翼导弹和人造卫星为重点，介绍其基本理论和方法。在编著过程中，注重物理概念，选择主要的基本问题进行阐述，并力求反映最新的设计和工程技术，其中专业性很强的内容可查阅相关的参考文献。

全书共分 13 章。第 1 章讲述导弹、火箭、航天器的组成及其分类，系统工程的概念，航天飞行器总体设计的内容；第 2～5 章主要论述导弹战术技术指标内容及目标特性，导弹总体方案选择，总体参数及构形设计，分系统设计要求等；第 6 章讲述导弹制导精度分析，杀伤概率计算，杀伤区及攻击区的概念；第 7 章论述运载火箭的概念及总体方案设计，运载火箭的总体技术性能参数；第 8～13 章主要介绍航天器的基本知识、航天分系统原理及主要设计参数。

本书由谷良贤、龚春林编著，康志宇参加了第 8 章的编写工作，刘鹏宇参加了第 11 章第 6 节的编写工作。在编著过程中，我们虽然力求阐述准确，内容系统、全面，文字简练，深入浅出，但限于水平，仍会存在疏漏和不尽完善之处，恳请读者和专家批评指正。

陈万春教授对全书进行了认真的审阅，康志宇研究员对第 1,8～13 章进行了认真的审阅，他们均提出了宝贵的修改意见。在此，对他们的辛勤劳动致以衷心的感谢。在本书编写过程中，参考了大量的国内相关书籍和兄弟院校的教材，在此对原作者深表谢意。

编著者

2015 年 12 月

目　录

第1章　概论 ·· 1

1.1　导弹的组成及其分类 ·· 2

1.2　运载火箭的组成及其分类 ··· 8

1.3　航天器的组成及其分类 ··· 12

1.4　飞行器系统工程 ·· 24

1.5　飞行器研制阶段及总体设计的内容 ···································· 30

思考题 ·· 36

第2章　导弹战术技术要求及目标特性 ·· 37

2.1　概述 ··· 37

2.2　战术技术要求 ·· 38

2.3　目标特性分析 ·· 40

2.4　导弹性能 ·· 43

2.5　发射方案选择 ·· 50

思考题 ·· 74

第3章　导弹主要参数设计 ·· 75

3.1　概述 ··· 75

3.2　导弹质量方程式的建立 ··· 78

3.3　导弹燃料质量的一般表达式 ··· 84

3.4　导弹相对量运动微分方程式 ··· 85

3.5　导弹的主要设计参数 ·· 91

思考题与习题 ··· 101

第4章　导弹分系统方案选择及设计要求 ······································ 103

4.1　推进系统方案选择和要求 ··· 103

4.2　引战系统方案选择和要求 ··· 132

4.3　制导控制系统方案选择和要求 ·· 153

4.4　总体结构方案选择和要求 ··· 200

4.5　弹上能源方案选择和要求 ……………………………………… 214

思考题与习题 …………………………………………………………… 232

第 5 章　导弹构形设计 ……………………………………………… 233

5.1　概述 ………………………………………………………………… 233

5.2　导弹外形设计 ……………………………………………………… 236

5.3　部位安排与质心定位 ……………………………………………… 277

思考题与习题 …………………………………………………………… 289

第 6 章　导弹系统性能分析 ………………………………………… 291

6.1　导弹制导精度分析 ………………………………………………… 291

6.2　防空导弹单发杀伤概率的计算 …………………………………… 304

6.3　防空导弹武器的杀伤区和发射区 ………………………………… 313

思考题与习题 …………………………………………………………… 319

第 7 章　多级运载火箭设计 ………………………………………… 320

7.1　运载火箭的概念 …………………………………………………… 320

7.2　运载火箭的主要技术指标 ………………………………………… 324

7.3　运载火箭的总体方案设计 ………………………………………… 326

7.4　运载火箭的总体技术性能参数 …………………………………… 347

思考题 …………………………………………………………………… 360

第 8 章　航天器任务分析与轨道设计 ……………………………… 361

8.1　航天器系统任务分析 ……………………………………………… 361

8.2　航天器设计的特殊要求 …………………………………………… 364

8.3　航天器轨道设计 …………………………………………………… 367

8.4　航天器几种常用轨道 ……………………………………………… 372

8.5　航天器对地面的覆盖 ……………………………………………… 376

8.6　太阳同步轨道主要参数的设计 …………………………………… 379

思考题 …………………………………………………………………… 383

第 9 章　航天器空间物理环境 ……………………………………… 384

9.1　近地空间环境 ……………………………………………………… 384

9.2　空间环境效应 ……………………………………………………… 399

9.3　运载火箭的力学环境 ……………………………………………… 410

9.4　力学环境效应 ……………………………………………………… 412

　　思考题 ……………………………………………………………………… 412

第 10 章　航天任务空间几何分析 …………………………………………… 413

　　10.1　球面三角基础知识 ………………………………………………… 414

　　10.2　定向天线波束覆盖计算 …………………………………………… 422

　　10.3　地面站跟踪弧段计算 ……………………………………………… 425

　　10.4　太阳角计算 ………………………………………………………… 429

　　10.5　地影时间计算 ……………………………………………………… 430

　　10.6　发射窗口分析 ……………………………………………………… 431

　　思考题 ……………………………………………………………………… 436

第 11 章　航天器分系统选择及设计 ………………………………………… 437

　　11.1　概述 ………………………………………………………………… 437

　　11.2　有效载荷的类型和要求 …………………………………………… 437

　　11.3　控制系统的类型和要求 …………………………………………… 448

　　11.4　推进分系统的类型和要求 ………………………………………… 457

　　11.5　电源分系统的类型和要求 ………………………………………… 462

　　11.6　测控和数据管理分系统的类型和要求 …………………………… 464

　　11.7　热控分系统方案的类型和要求 …………………………………… 470

　　思考题 ……………………………………………………………………… 475

第 12 章　航天器主要参数预算 ……………………………………………… 476

　　12.1　概述 ………………………………………………………………… 476

　　12.2　推进剂预算 ………………………………………………………… 477

　　12.3　质量预算 …………………………………………………………… 484

　　12.4　负载功率预算 ……………………………………………………… 486

　　12.5　寿命指标分配 ……………………………………………………… 489

　　12.6　可靠性指标分配 …………………………………………………… 490

　　12.7　精度指标分配 ……………………………………………………… 492

　　12.8　其他参数分配 ……………………………………………………… 494

　　思考题 ……………………………………………………………………… 496

第 13 章　航天器构形设计 …………………………………………………… 497

　　13.1　概述 ………………………………………………………………… 497

　　13.2　航天器外形设计 …………………………………………………… 503

　　13.3　外伸部件布局设计 ………………………………………………… 507

13.4 主承力构件方案设计 ·· 510

13.5 内部仪器设备总体布局 ·· 516

13.6 质量特性计算 ··· 519

13.7 其他设计 ·· 521

13.8 分析和验证 ··· 523

思考题 ··· 525

参考文献 ·· 526

第1章 概　论

在地球大气层或大气层以外的空间(含环地球空间、行星和行星际空间)飞行的器械通称为飞行器,一般应包括各种气球、飞艇、飞机、导弹、火箭、人造地球卫星、载人飞船、空间探测器等。但按飞行器在地球大气层中和大气层外的外层空间(太空)的航行活动,又可分为航空器、航天器等。其中,大气层中的活动为航空,所使用的飞行器为航空飞行器,如飞机等;大气层外的活动为航天,所使用的飞行器为航天飞行器,如人造卫星等。火箭和导弹的飞行轨迹跨越了航空和航天范围,因此,这两种飞行器很难严格地归属于航空飞行器或航天飞行器的范畴。因为火箭的整个飞行范围包含大气层和太空;各种近程的战术导弹是在大气层中飞行的,远程导弹和弹道导弹是跨大气层飞行的。另外一些新的航空航天飞行器也很难简单地按航空航天区分,例如,可重复使用跨大气层飞行器,它们既可以作为航天器在大气层外的轨道上运行,又可以在进入太空和返回太空时像普通飞机一样飞行。因此,在这种情况下就没有必要对它们进行严格的区分。飞行器的大致分类如图1-1所示。

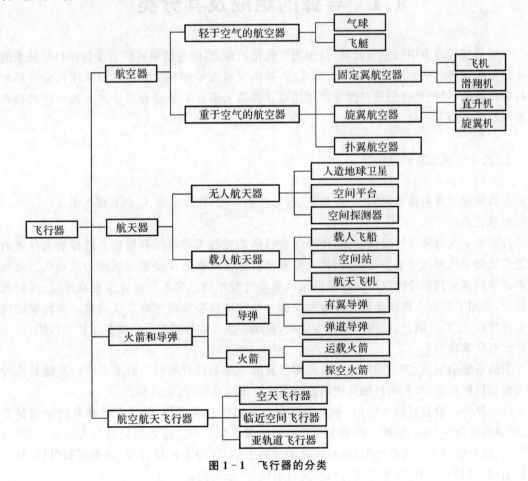

图1-1　飞行器的分类

　　航空航天技术是 20 世纪人类在认识自然和改造自然的过程中最活跃、发展最迅速、对人类社会活动最有影响的科学技术领域之一，也是表征一个国家科学技术先进性的重要标志。它们综合运用了基础科学和应用科学的最新成就，应用了工程技术的最新成果。力学、热力学、材料学、电子技术、自动控制理论和技术、计算机技术、喷气推进技术，以及制造工艺等科学技术的进步都对航空航天科技的进步和发展发挥了重要作用。上述科学技术在航空航天领域的应用中相互交叉、渗透，产生了一些新的学科；航空航天技术发展中提出的新要求，又促进这些科学技术的进步。

　　航天飞行器总体设计是一项综合性很强的技术工作。它是应用空气动力学、飞行力学、结构力学、控制理论、电子技术、计算技术、喷气推进技术、热物理学、空间环境、优化理论以及其他应用学科和基础学科处理和解决飞行器总体问题的一门多学科交叉综合的学科。

　　总体设计在航天飞行器的所有设计工作中占有极其重要的地位，是航天飞行器的顶层设计，是创造性的设计，是定方向、定大局、定飞行器系统功能和性能的设计。因此，航天飞行器总体设计的好坏将直接关系到飞行器最终功能、性能、研制成本及周期能否满足用户要求，并且是否是最优。

1.1　导弹的组成及其分类

　　导弹是现代战争中的重要武器，是国防现代化的标志，随着战争需要的变化和科学技术的进步而不断发展。从 20 世纪 40 年代到现在，各国发展的导弹种类繁多。如果按气动外形和飞行弹道特征，可把导弹分成有翼导弹和弹道导弹两大类。本节对有翼导弹及其导弹武器系统进行简要介绍。

1.1.1　导弹的组成

　　有翼导弹通常由推进系统、引战系统、制导控制系统、弹体系统、能源系统等组成。

　1. 推进系统

　　推进系统为导弹飞行提供动力，使导弹获得所需要的飞行速度和射程。近程战术导弹的推进系统都采用固体火箭发动机，固体火箭发动机分为单推力发动机和双推力发动机。远程亚声速导弹多采用涡轮喷气发动机或涡轮风扇喷气发动机。为了使导弹实现高速度、远射程的要求，采用了综合火箭发动机和冲压发动机两种发动机特点的组合式发动机。这种发动机具有比冲高、工作时间长、结构一体化等优点，在超声速远程导弹设计中得到了广泛应用。

　2. 引战系统

　　引战系统由引信、安全和解除保险机构以及战斗部三部分组成。引战系统的功能是在导弹飞行至目标附近时，探测目标并按照预定要求引爆战斗部、毁伤目标。

　　战术导弹一般装有近炸引信、触发引信和自炸引信三种引信，分别在导弹脱靶量满足要求、导弹直接命中目标、脱靶三种情况下产生战斗部引炸信号。近炸引信可分为光学引信（红外引信、激光引信等）、无线电引信（连续波多普勒引信、脉冲多普勒引信、频率调制引信、脉冲调制引信等）和复合引信（毫米波与红外复合引信等）三大类。

安全和解除保险机构用于导弹在地面勤务操作中、挂飞状态下及导弹发射后飞离载机一定安全距离内,确保导弹战斗部不会被引炸,而在导弹飞离载机一定时间和距离后,确保导弹能够可靠地解除保险,根据引信的引炸信号引炸战斗部。

战斗部是战术导弹的有效载荷,导弹对于目标的毁伤是由战斗部来完成的,其威力大小直接决定了对目标的毁伤效果。

3. 制导控制系统

制导控制系统由导引头、飞行控制系统组成。导引系统是用于探测目标的分系统,导引系统接收并处理来自目标、火控系统和其他来源的目标信息,跟踪目标并产生制导指令所需的导引信号送给飞行控制系统。导引系统按使用的信息种类分为红外导引系统、雷达导引系统、惯性导引系统和复合导引系统等。

飞行控制系统用来稳定弹体姿态和控制导弹质心按控制指令运动。飞行控制系统通过对弹体的俯仰运动、偏航运动以及横滚运动的控制,使导弹在整个飞行过程中具有稳定的飞行姿态和快速响应制导指令的能力,控制导弹按照预定的导引规律飞向目标。对于轴对称的战术导弹,一般采用侧滑转弯控制。通常有三个控制通道:俯仰和偏航是两个相同的控制通道,另一个是横滚控制通道。根据导弹工作原理不同,横滚控制有横滚角度控制和横滚角速度控制两种形式。对于面对称的导弹通常采用倾斜转弯控制方式。

4. 弹体系统

弹体系统将组成导弹的各个部分有机地连接成一个整体,并使导弹形成一个良好的气动力外形。弹体系统包括弹身、弹翼和舵面等。导弹各个舱段组成一体形成弹身,弹身、弹翼是产生升力的主要结构部件,舵面的功能是按照制导系统的指令操纵导弹飞行的。弹体系统通常具有良好的气动外形以实现阻力小、机动性高的要求,具有合理的部位安排以满足使用维护性要求,具有足够的强度和刚度以满足各种飞行状态下的承力要求。

5. 能源系统

能源系统提供导弹系统工作时所需的各种能源,主要有电源、气源和液压源等。

电源有化学热电池、涡轮发电机等种类,主要用于给发射机、接收机、计算机、电动舵机、陀螺和加速度计、电路板、引战系统等供电。

气源有高压洁净氮气或其他介质的高压洁净气源和燃气,主要用于气动舵机、导引头气动角跟踪系统的驱动以及红外探测器的致冷等。

液压源主要用于液压舵机、导引头角跟踪系统的驱动等。

1.1.2　导弹的分类

导弹的分类方法很多,但每一种分法都应概括地反映出它们的主要特征。通常导弹按照发射点和目标位置的不同,可分为面对面、面对空、空对面和空对空四大类。发射点和目标的位置可以在地面、地下、水面(舰船上)、水下(潜艇上)和空中,约定地面(包括地下)和水面(包括水下)统称为面。此外,还可按照作战使命、弹道特征以及所攻击的目标进行分类。常用分类方法如下:

$$
按发射点和目标点位置分
\begin{cases}
面对面导弹
\begin{cases}
地对地导弹 \\
岸对舰导弹 \\
舰对地(舰、潜)导弹 \\
潜对地(潜)导弹
\end{cases} \\
面对空导弹
\begin{cases}
地对空导弹 \\
舰对空导弹 \\
潜对空导弹
\end{cases} \\
空对面导弹
\begin{cases}
空对地导弹 \\
空对舰导弹 \\
空对潜导弹
\end{cases} \\
空对空导弹
\end{cases}
$$

$$
按照作战使命分
\begin{cases}
战略型导弹 \\
战术型导弹
\end{cases}
$$

$$
按照飞行弹道特征分
\begin{cases}
弹道式导弹 \\
有翼式导弹
\end{cases}
$$

$$
按照所攻击的目标分
\begin{cases}
反飞机导弹 \\
反导弹导弹 \\
反舰导弹 \\
反卫星导弹 \\
反辐射导弹 \\
反坦克导弹
\end{cases}
$$

按照以上分类,简要描述几类典型导弹的特点。

1. 面对面导弹

弹道导弹和巡航导弹是这类导弹中的两种主要导弹。弹道导弹是一种沿预先设定的弹道飞行,将弹头投向预定目标的导弹。弹道导弹只有尾翼或者无翼,它除了有动力飞行并进行制导的主动段弹道外,还有无控的被动飞行段椭圆弹道以及再入飞行段可控或无控弹道。早期弹道导弹的被动段全部沿着只受地球引力和空气动力作用的近似椭圆弹道飞行,近代这种导弹为了有效地攻击目标和提高突防能力,在飞行过程中,实现轨道平面的改变,或者在弹头再入段实现无动力或动力机动飞行。

按照作战任务,弹道导弹分为战略弹道导弹和战术弹道导弹。战略弹道导弹是一种威慑力量,用于毁伤敌方重要战略目标。战术弹道导弹一般指近程地地弹道导弹,用于毁伤敌方战役战术纵深内的目标。按射程远近,分为近程($1\,000$ km 以内)、中程($1\,000 \sim 5\,000$ km)、远程($5\,000 \sim 8\,000$ km)和洲际(大于 $8\,000$ km)弹道导弹。按弹头装药分为核导弹和常规导弹。按主发动机推进剂分为液体弹道导弹和固体弹道导弹,目前,固体弹道导弹将会逐渐取代液体弹道导弹。按级数分单级和多级弹道导弹。

大部分航迹处于"巡航"状态的导弹称为巡航导弹。它的外形与飞机很相像,一般采用空气喷气发动机作动力,其航迹大部分是水平飞行段。巡航导弹用于攻击敌方纵深地域有价值的目标。在未来战争中,它能对制止战争升级、防止事态恶化起某种遏制作用,且可在遏制失效时立刻转化为对敌高价值、严密设防的战略和战役目标进行适时、精确、有效的打击。

按照作战任务,巡航导弹可分为战略巡航导弹和战术巡航导弹。按照速度大小,分为亚声速、超声速、高超声速巡航导弹。巡航导弹由于采用空气喷气发动机作为动力,具备体积小、质量轻的特点,因此可以从地面、空中、水面舰艇、潜艇等多种平台上发射。根据发射平台的不同,又可分为陆基巡航导弹、空射巡航导弹和舰(潜)射巡航导弹等。

2. 面对空导弹

这是由陆地上、海面上发射攻击空中目标的导弹,属于防空武器,因此也称为防空导弹。防空导弹是以拦截空中目标为主要对象的导弹武器,所攻击的空中目标有飞机、巡航导弹以及弹道式导弹等。

按照武器系统作战空域不同,防空导弹可分为中远程防空导弹、中近程防空导弹、近程末端防御与便携式防空导弹、反弹道导弹武器、反空间轨道目标导弹武器等。按照作战使命,防空导弹可分为区域防空导弹、点防御防空导弹。

近程末端防御与便携式防空导弹最大拦截斜距为 10 km 左右,包括海上末端防御自卫系统,陆军野战防空营级以下车载防空导弹、轻型弹炮结合型系统,以及单兵便携式防空导弹。

反弹道导弹是一种专门用于拦截弹道式导弹弹头的导弹。由于弹头这种目标的尺寸小、速度高,还可多弹头分导,这就要求反弹道导弹应该反应快、速度大、机动性好、制导精度高,利用核战斗部爆炸而摧毁目标。拦截高度为 35～40 km 以上的战区弹道导弹(TBM)防御系统,是当前发展的对 TBM 有效面防御武器系列,作为空天防御的新型号系列,能起反 TBM 与空天飞行器等的上层防御作用,同时亦可兼顾高空与大气层高层威胁目标的远程拦截任务。

反空间轨道目标导弹武器系列是主动防御的动能拦截武器系列,在未来的空间战与信息战中,可打击敌方的空间信息平台和作战平台,协助夺取制天权与制信息权。该系列包括反高轨道卫星、反低轨道卫星武器系统。因此,按反空间轨道目标的任务使命,它应列入空天武器系列。

区域防空导弹武器的作战使命是对陆上、海上具有重要战略、战术价值的区域目标提供防空保护,其保护目标通常具有较大的散布面积(如城市、战略集结地域以及水面舰艇编队等),国土防空作战和大型水面舰艇编队的防空作战通常具有此种特征。此类防空任务通常由前述的远高层区域反导武器、中远程防空导弹武器为主进行。

点防御防空导弹武器的作战使命是对陆上、海上具有重要战术价值的小范围、点目标提供防空保护,其保护目标通常集中在较小的区域内(如机场、小规模部队集结地、单艘水面舰艇等)。防空任务通常由中近程防空导弹武器、末端防空导弹武器为主进行。点防御防空导弹武器还在区域防空作战任务中承担作战使命,与区域防空武器构成完整的防空体系。

3. 空对面导弹

这是由飞机(轰炸机、歼击机和强击机)或由直升机上发射攻击地面、海上、水下固定目标或活动目标的导弹。其类型较多,有机载弹道式导弹、巡航导弹、反辐射导弹、空地反坦克导弹和一般空地导弹等。

机载空中发射的弹道式导弹和巡航导弹,射程很远,装有核战斗部,属于战略空对面导弹。战术空地导弹执行战场压制、遮断以及攻击纵深高价值目标的任务。

空对面导弹有采用被动雷达寻的制导系统,即利用对方雷达发射的波束进行制导,因此也把这种导弹称为反辐射导弹。反辐射导弹专门用来攻击地面和舰载各种雷达、配备雷达的导弹和高炮阵地等。其导引头装有目标位置和频率记忆电路,以便使导弹在目标雷达关机后仍能按记忆的目标位置继续飞行,当目标雷达开机时将其重新捕获。

4. 空对空导弹

空对空导弹指从飞机上发射攻击空中目标的导弹。根据作战使用可以分为近距(300 m～20 km)格斗型空空导弹、中距(20～100 km)拦截型空空导弹和远距(>100 km)空空导弹。

根据导引方式可以分为红外型空空导弹、雷达型空空导弹、多模制导空空导弹。红外型空空导弹具有制导精度高、系统简单、质量轻、尺寸小、发射后不管等优点,其主要缺点是不具备全天候使用能力,迎头发射距离近;雷达型空空导弹具有发射距离远、全天候工作能力强等优点;多模制导空空导弹采用多模导引系统,目前常用的多模制导方式有红外成像/主动雷达多模制导、主/被动雷达多模制导以及多波段红外成像制导等,多模制导可以充分发挥各频段或各制导体制的优势,互相弥补对方的不足,对于提高导弹的探测能力和抗干扰能力具有重要意义,可以极大地提高导弹的作战效能。

5. 反舰导弹

反舰导弹是用于海上作战、攻击敌方各种舰艇的导弹。根据发射点的不同,分为舰对舰、岸对舰、空对舰(潜)、潜对舰、舰对潜、潜对潜等六类。反舰导弹的射程从几十千米到几百千米不等。其主发动机多采用空气喷气发动机,也有用火箭发动机的,并都要用固体火箭发动机作助推器。射程较大的亚声速反舰导弹,几乎都用耗油率低的小型涡轮风扇发动机或涡轮喷气发动机,超声速反舰导弹多用火箭冲压组合发动机。

6. 反坦克导弹

反坦克导弹是专门用于攻击地面装甲目标(坦克、装甲车辆等)的导弹。它的尺寸小、质量轻,可单兵携带、车装、机载;射程近到几十米,远到十几千米,甚至更远;命中率高,威力大,是一种攻击坦克的有效武器。

迄今,世界各国研制的反坦克导弹已有三代产品。第三代反坦克导弹为发射后不管的导弹。多采用自主制导系统,制导方式有红外成像、激光半主动、主/被动复合毫米波制导等。第三代反坦克导弹威力大,射程较远,命中精度高,有的还能同时攻击多个目标。

1.1.3 导弹武器系统

单独的导弹不能完成作战任务,必须有其他系统(设备)与其配合,并通过一定的连接方式,构成一个完整的整体,才能完成赋予这个武器的作战使命,称这个整体为导弹武器系统。由此可见,导弹武器系统是由导弹和其他配套的技术装备和设施组成的,能够独立执行作战任务的系统。

导弹武器系统的组成随导弹的种类而异,但基本结构大致相同。

飞航导弹武器系统由飞航导弹、火控系统和技术保障设备三大部分组成,如图1-2所示。

导弹是武器系统的核心,直接体现了导弹系统的性能和威力,是攻击各种目标的武器。它由推进系统、引战系统、制导控制系统、弹体系统和能源系统组成。导弹在制导控制系统和推进系统的作用下在空中飞行,最后导向所攻击的目标;引信引爆战斗部,用以摧毁目标;弹上能源系统保证导弹从起飞直至击毁目标的全过程中给弹上设备供电,并把各设备有机地连接起来,使它们按程序协同工作。

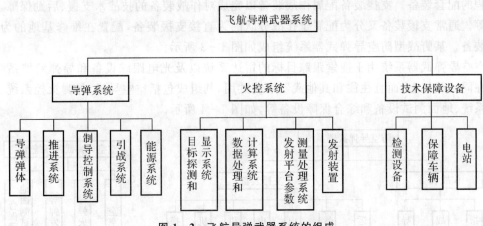

图 1 - 2　飞航导弹武器系统的组成

　　火控系统是导弹系统的重要组成部分,是发挥导弹作用的关键环节。随着导弹性能的提高、功能的增加和使用范围的扩展,导弹火控系统的功能越来越多,性能越来越先进。火控系统完成对目标信息的获取和显示、数据处理,发射平台参数测量和处理,计算装定射击诸元,射前检查,战术决策和实施导弹发射任务。该系统主要由目标搜索跟踪和显示系统、数据处理计算系统、发射平台参数测量处理系统、射前检查设备、发射装置、发射控制系统等构成。

　　目标搜索跟踪和显示系统用于搜索跟踪目标,测定和显示目标距离、目标方位、目标速度、目标航向等参数。发射平台参数测量系统用于对导弹载体运动参数,如载体速度、载体航向、载体姿态(滚动角,俯仰角)的测量。这个系统一般包括载体惯导平台或陀螺稳定平台、高度表、多普勒雷达等设备。上述所测目标及载体运动参数全部输给数据处理计算系统——射击指挥仪,解算射击诸元。计算结果由指挥仪向导弹定时机构装定自控飞行时间或自控飞行距离、向导引头装定自导距离(对自控加自导的制导体制而言)、向自动驾驶仪装定射击扇面角,射击指挥仪还向导弹的发射装置传送射击方位角,控制发射架转向所要求的方位。对于机载固定式发射架(或称挂架),射击指挥仪不控制发射装置的方位,只控制导弹的脱钩。对于空地导弹而言,指挥仪需向弹上惯导系统输入载体所测得的各种角度和速度信息,使导弹初始对准目标。

　　地面测试和保障设备用于完成导弹的检测、测试、维护、起吊、运输、贮存、供电和技术准备,以保障导弹处于完好的技术状态和战斗待发状态。地面测试设备包括导弹地面测试设备和发射装置地面测试设备等。按照导弹和发射装置维护等级的不同,测试设备一般又分为外场测试设备、内场测试设备以及工厂级测试设备等。这些不同等级的测试设备用于不同场合对导弹和发射装置进行功能和主要性能指标检查,确定其是否可用,以及在出现故障时确定故障部位。保障设备是为导弹和发射装置检测、对接、运输以及使用提供各种保障条件的相关设备。保障设备包括提供能源类设备(电源车、气源车、液压源车、燃料加注车)、吊车、运输车、装填车、技术阵地及仓库拖车、清洗车、通信指挥车和其他配套工具。地面测试和保障设备取决于导弹的用途、使用条件和构造特点。导弹的类型不同和发射方式不同,地面测试和保障设备的配置就有较大的差异。

　　防空导弹武器系统按参与作战的性质,可将导弹武器系统的所属装备划分为作战装备和支援装备。作战装备是防空导弹武器系统中直接参加从目标搜索、跟踪制导到拦截摧毁作战全过程的配套装备。支援装备配属作战装备以完成对作战装备的技战术支援、后勤保障、训练任务等。通常支援装备又分为配属于作战分队的为直接支援装备,配置在维修基地的为间接支援装备。某野战型防空导弹武器系统组成如图1-3所示。

空空导弹武器系统用于搜索跟踪目标的雷达系统以及光电跟踪设备和导弹发控系统,均安装在同一载机上,而且往往和其他武器系统共用,其组成包括空空导弹、导弹火控系统、导弹发控系统、地面测试设备和综合保障设备等,如图1-4所示。

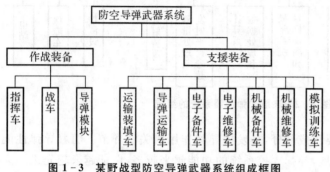

图1-3 某野战型防空导弹武器系统组成框图

图1-4 空空导弹武器系统组成

1.2 运载火箭的组成及其分类

发展航天技术最重要的基础是运载工具,即运载火箭。运载火箭是由液体弹道导弹演化而来的。利用洲际弹道导弹通过纵向加级(串联)或横向并联形成多级运载火箭,用来将各种人造卫星、飞船、空间站等航天器送入太空及遥远的天体。

运载火箭和洲际弹道导弹在飞行原理、箭体结构、推进系统和飞行控制系统等方面都基本相同。因此,弹道式导弹的发展,特别是洲际弹道式导弹的发射成功,为运载火箭提供了技术基础。但两者也各有不同的特点:对于导弹,最重要的是满足战术技术要求,提高战斗效率和生存能力;而对于运载火箭,最重要的是提高可靠性和各种轨道的运载能力,提高通用性和经济性。导弹要求尽量缩短发射的准备时间,因此最好采用固体或可贮存的液体推进剂;而运载火箭可以采用储存性差、能量高的冷冻推进剂(如液氢和液氧等)和廉价的烃类燃烧剂(如煤油、甲烷、丙烷等)。

1.2.1 运载火箭的组成

运载火箭和弹道导弹一般由以下分系统组成:有效载荷、箭(弹)体结构、推进系统、控制系统、飞行测量及安全系统、附加系统等。

1. 有效载荷

有效载荷是导弹和运载火箭的运载对象。运载火箭的运载对象是航天器,它不属于运载火箭的一个组成部分。把航天器送入预定的轨道是运载火箭的任务。航天器包括各种类型的卫星、载人飞船、太空试验舱、空间站、深空探测器等等。

对于导弹,有效载荷又是其全弹的组成部分。弹道导弹的运载对象是弹头,把弹头送至预定的目标区并摧毁目标是导弹的任务。弹头是毁伤目标的专用装置,主要由端头、战斗部、壳体和裙部以及引控系统等组成。

2. 箭体结构

箭体结构是火箭各个受力和支撑结构件的总称。装有液体推进剂的火箭箭体结构包括有效载荷整流罩、推进剂贮箱、仪器舱、箱间段、级间段、发动机承力结构、仪器支架、导管、阀门和尾舱、尾翼等。

箭体结构的功能是安装连接有效载荷、仪器设备、推进系统和贮存推进剂,承受地面操作和飞行中的各种载荷,维持良好的外形以保证火箭的完整性。

有效载荷整流罩的作用是在大气层内飞行时保护有效载荷、承受气动载荷和热流,并使火箭维持良好的气动外形。火箭飞出大气层后,整流罩即可抛掉,以减轻质量。

推进剂贮箱占据箭体结构的绝大部分,其作用除贮存推进剂外还是火箭的承力结构。仪器舱的作用是安装控制系统和测量系统的仪器设备。发动机承力结构用于安装发动机,并将推力传递给箭体结构。尾舱位于火箭尾部,一般是火箭竖立在发射台上的承载构件,又是发动机的保护罩。为了改善火箭的飞行稳定性,有的火箭在一级尾舱上安装有尾翼。

级间段是多级火箭级间的连接部件,一般采用杆系或带有开口的半硬壳式结构,以便于级间热分离时上面级发动机的燃气流能顺畅排出。

3. 推进系统

推进系统的功能是产生推力,推动火箭向前运动。液体火箭推进系统包括液体火箭发动机及推进剂输送系统,固体火箭推进系统就是固体火箭发动机。

液体火箭发动机一般由推力室、推进剂供应系统和自动器组成。目前运载火箭一般采用泵式推进剂供应,它按要求的流量和压力将推进剂泵入推力室,推进剂在燃烧室中雾化、蒸发、混合、燃烧而产生推力。

推进剂输送系统由推进剂贮箱、增压系统、推进剂调节系统以及阀门、导管组成,其作用是贮存必要的推进剂并把推进剂按要求从贮箱内输送到发动机,并给贮箱加注或泄出。泵式系统的推进剂贮箱增压压力是为了保证泵不发生气蚀以及增加贮箱轴向承载能力,因而贮箱增压压力低,箱体质量小。

大型运载火箭在输送系统中还设置了推进剂利用系统。它保证火箭在飞行时、在受到各种内外干扰条件下,氧化剂和燃烧剂按预定混合比消耗,使剩余量最小,从而增大运载能力。

4. 控制系统

控制系统的作用是控制火箭姿态稳定,使其按预定轨道飞行,并控制火箭发动机关机,达到预定的速度,将有效载荷送入预定的轨道。控制系统由制导、姿态控制和综合三部分组成。

制导系统:由测量、控制装置和计算机等组成。其功用是测量和计算火箭的位置、速度、加速度、轨道参数等,与装定参数比较,按预定规律形成制导指令。通过导引信号控制火箭方向,使它沿一定的轨道飞行;当满足发动机关机条件时发出关机指令,使有效载荷进入预定轨道。中国长征火箭系列的制导系统一般采用惯性制导。按其参照的基准不同,又分为平台惯性制导及捷联惯性制导。

姿态控制系统:由敏感装置、计算机和执行机构三部分组成。敏感装置测量箭体姿态的变化并输出信号;计算机对各姿态信号和导引指令按一定控制规律进行运算、校正和放大并输出控制信号;执行机构根据控制信号驱动舵面、阀门或摆动发动机产生控制力矩,控制火箭的姿态。

控制系统综合:包括电源配电、时序和测试线路等,将制导和姿态控制系统综合组成一个完整系统。

5.飞行测量及安全系统

飞行测量及安全系统的功能是测量火箭飞行过程中的各种关键参数,并判断其是否安全飞行。飞行测量包括遥测及外测。

遥测系统的作用是将火箭飞行中各系统的工作参数及环境参数测量下来,通过远距离无线电传输和回收装置送回地面,为评定火箭各分系统工作状态、分析故障、鉴定和改进火箭性能提供依据。遥测系统的箭上设备主要有传感器、变换器、中间装置和无线电发射设备,其作用是参数测量,将测得的物理量转变为电信号,用无线电多路通信方式向地面传输,由地面接收站将信号进行解调、变换和处理;或用磁记录器记录速变参数,进行软回收或硬回收。

"外测"是外弹道测量的简称,即利用光、电波等的特性对火箭进行跟踪并测量其飞行运动参数。外测系统的主要设备在地面,如各种雷达及光学设备,而箭上设备仅是应答机、天线、光学合作目标、电池等。近年来发展了全球定位系统(GPS)对火箭进行定位测量,使箭上设备更为简化,精度也更为提高。外测的目的有两个:一是为评定飞行性能及制导精度分析提供数据;二是为飞行安全、故障分析和处理服务。

安全系统的作用是火箭在飞行中若出现故障、飞行弹道超出允许范围而危及地面安全时,将火箭炸毁。箭上自毁系统由敏感装置、计算装置及爆炸装置组成,根据姿态故障或接受地面安控炸毁信号,自动或人工发出爆炸指令,进行自毁。

6.箭上附加系统

一些比较独立的、又不可缺少的箭上小系统统称为附加系统,如瞄准系统、垂直度调整系统、推进剂加注与液位测量系统、空调系统等。

瞄准系统用来确定位于发射点的火箭的初始方位,控制火箭对准发射方向。

垂直度调整系统用来调整火箭竖立状态下的垂直度。

推进剂加注与液位测量系统用来对火箭进行推进剂及气源的加注,进行液面测量及温度监测;而空调系统则对火箭各舱段、有效载荷整流罩等进行保温及温度、湿度调节。

1.2.2 运载火箭的分类

火箭是一种靠火箭发动机喷射工质而产生反作用力向前推进的飞行器。根据用途不同,火箭可以装载各种不同的有效载荷。当它装有战斗部时,就成为火箭武器,专称为导弹;当它装载某些科学仪器、卫星等各类航天器时,就称它为运载火箭;当它用作探测大气层有关数据时,就被称为探空火箭。人们通常根据火箭级数的多少、有无控制、火箭能源的种类及其用途的不同,对火箭进行分类。火箭的分类如下:

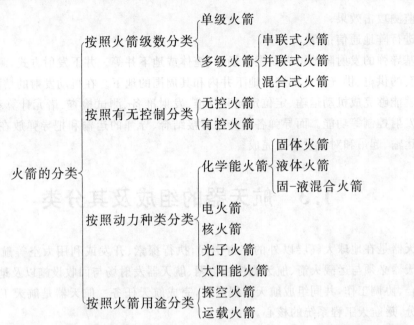

目前,大型运载火箭以液体火箭为主,因为液体发动机比冲高,能多次启动,便于调节推力,而固体发动机一般用在起飞助推及轨道转移加速等方面。液体发动机使用的推进剂又有可贮存和不可贮存之分,后者用液氢和液氧比较普遍,其比冲很高,对提高运载能力有利,但要解决使用低温推进剂带来的一系列技术问题。对于级间的连接方式,运载火箭为了增大运载能力,可利用现有成熟的技术,进行串联或并联。

1.2.3 火箭运载系统

独立的运载火箭不能完成发射任务,需要有一整套的发射支持系统及工程设施来配合。火箭运载系统是运载火箭、发射支持系统和工程设施的总称。发射支持系统包含以下各个分系统:运输、加注、发射、测试发控、定位定向、供电供气、监控指挥、测量、起吊安装、气象保障及辅助设备等。工程设施包括发射场、航区测控站,以及多级火箭工作完成后的坠落区等,它具有一定的通用性,能适应尽可能多的火箭型号进行发射。发射场是发射火箭的特定区域,它由装配、检测、试验厂房、勤务塔、脐带塔、加注与供气库房、控制指挥中心、测控站和数据处理中心等部分组成。场区内有整套试验设备和设施,用以装配、贮存、检测和发射运载火箭;测量飞行轨道;进行安全控制;发送指令;接收和处理遥测信息。为完成发射任务,它们彼此之间互相协调。

弹道导弹武器系统由导弹、地面设备和电子化指挥系统等组成。导弹武器系统配套编制的设备取决于导弹的用途、发射方式和构造特点。导弹类型不同和发射方式不同,武器系统配套的设备就有很大差异,但作为陆基导弹武器系统配套的设备都具备下列功能:

1)贮存导弹并对其进行定期测试检查;

2)对接结合,运送导弹到发射装置停放场地,并放置在发射装置上;

3)确定发射点位置和目标方位并瞄准;

4)进行发射准备、测试检查、装定参数和控制发射;

5）监测攻击效果；

6）进行阵地通信指挥。

陆基导弹的发射阵地可以是发射场坪、掩体或地下井等。井下发射方式，测试、发控、瞄准以及配套的供电、供气设备都装在地下井内和其周围的地下。在机动发射的情况下，一辆起竖发射车就能够完成机动运输、定位定向和瞄准、发射准备、测试检查、诸元计算和装定、竖起导弹以及发射控制等功能。而导弹各部分的对接结合、导弹的运输和把导弹放在发射装置上则由专用运输、起吊和对接设备来完成。

1.3　航天器的组成及其分类

航天器是在地球大气层以外的宇宙空间，执行探索、开发或利用太空等航天任务的飞行器。航天器必须与运载火箭、航天测控通信网、航天器发射场与回收设施以及地面应用系统等相互配合、协调工作，共同组成航天工程系统，完成航天任务。航天器是航天工程系统的主要组成部分，是航天工程系统的核心。

航天器的出现使人类的活动范围由地球大气层扩大到广阔无垠的宇宙空间，引起了人类认识自然和改造自然能力的飞跃，对社会经济、军事、科学技术的发展产生了重大影响。

航天器工程是航天器设计、制造、试验、发射、运行、返回、管理和应用的综合性工程技术。早期，在航天器工程实践中充分应用了20世纪许多新兴的科学理论和工程技术。同时，在航天器工程实践中又不断发展并产生了一些新的学科理论和工程技术。

航天器工程一些新学科理论主要包括航天器轨道动力学，航天器制导、导航与控制理论，航天器多体、柔性与晃动动力学，航天器特种材料学，航天器结构与机构技术，航天器热物理学，空间无线电学，空间电子学，空间环境与航天器环境模拟理论，航天医学和航天系统工程学等学科。

航天器工程技术可分为有效载荷技术和平台技术。有效载荷技术包括航天器对地通信、导航、成像遥感（可见光、红外、合成孔径雷达等）、电子遥感（侦收地面雷达或通信信号）、测绘、航天器探测（地球物理、空间环境、天文和行星）等技术。平台技术包括航天器结构与机构、热控制、姿态与轨道控制、推进、测控（遥测、遥控和轨道测量）、电源、数据管理等技术。

1.3.1　航天器的组成

航天器系统由不同功能的若干分系统组成，它包括有效载荷、姿态与轨道控制、结构与机构、热控制、推进、电源、测控（遥测、遥控与跟踪测轨）、数据管理等分系统。对于返回式航天器还包括返回着陆分系统，对于载人航天器还包括环境控制与生命保障、应急救生和返回着陆等分系统。有效载荷是直接执行航天器特定任务的分系统，是航天器的核心，航天器其他分系统为有效载荷提供机械支持、工作电源、热环境保障、姿态控制、状态监测、管理控制等服务。

通常航天器可分为有效载荷和航天器公用平台两部分。有效载荷是完成特定航天任务的仪器设备，航天器公用平台的功能可简要地概括为：支撑有效载荷，使有效载荷处于预定的轨道，保持有效载荷要求的指向，维持有效载荷的工作温度，向有效载荷提供电源，向有效载荷提供遥测和遥控指令,有的根据有效载荷的需要为其提供数据存储和传输。

1. 有效载荷

有效载荷是指航天器上直接完成特定任务的仪器、设备或系统,又称专用系统。专用有效载荷的种类很多,例如,通信卫星的通信转发器和天线,导航卫星的高稳定度的原子钟、无线电信标机,对地观测卫星的各种遥感器(有可见光相机、红外相机、合成孔径雷达、微波辐射计等),气象卫星的多通道高分辨率扫描辐射计、高分辨率红外分光计等。以上有效载荷可分为军用、民用或军民两用。

只用于军事卫星的有效载荷,有电子侦察卫星的侦收对方地面雷达与通信信息的大型天线和侦收处理电子设备,有导弹预警卫星的红外探测器、电视摄像机及电子处理设备,有照相侦察卫星的高分辨率详查相机等。

科学探测与研究卫星的有效载荷有质子探测仪、电子探测仪、磁强计、γ 射线仪、太阳望远镜等。这一类有效载荷一般用于民用和科学研究。

2. 姿态与轨道控制分系统

姿态与轨道控制分系统用于保持或改变航天器运行中的姿态和轨道。对整个航天器的姿态要求有分离时姿态、变轨时姿态和在轨工作时姿态。需要定向的部件有整个有效载荷(如对地观测卫星要精确指向地面,天文卫星要精确指向太阳或天空)、太阳翼(对日定向)和天线(如月球卫星的窄波束天线和地球同步卫星的点波束天线要精确指向地面,星间链路天线要指向在轨运动卫星)等。大轨道机动主要用于发射地球同步轨道卫星和月球卫星。在发射这些卫星时,运载火箭将卫星送入转移轨道,然后,卫星姿态与轨道控制分系统在推进分系统和地面配合下,通过轨道机动,最后到达目标轨道。小轨道机动主要用于有变轨要求的对地观测卫星,在需要提高观测分辨率时或改变回归周期时,降低轨道,不需要时,再抬高轨道。

另外,载人飞船在返回时,由运行轨道变为返回轨道,也要该分系统调整姿态,通过制动火箭工作,完成变轨。各种卫星在轨道上要受到各种摄动,使卫星偏离正常轨道,此时需要轨道保持,即由该分系统在推进分系统和地面配合下完成。

姿态与轨道控制分系统一般由敏感器(如红外、太阳及星敏感器、惯性敏感器、磁强计等)、控制器(常用计算机)和执行部件(动量轮、飞轮、力矩陀螺、磁力矩器和喷气发动机等)组成。重力梯度稳定技术是利用地球重力梯度产生的力矩,使卫星最小转动惯量轴保持在铅垂方向,它的姿态稳定精度较低,为 $1°\sim5°$。自旋稳定技术是利用自旋体在空间的定轴性保持卫星的姿态,其姿态稳定精度中等,为 $0.1°\sim1°$。三轴稳定技术是利用执行部件控制卫星三个轴的姿态,其姿态控制精度较高,可优于 $0.1°$。大多数卫星都采用三轴稳定方式。图 1-5 是一种典型的三轴稳定航天器的姿态与轨道控制分系统的方框图。

3. 结构与机构

结构与机构分系统用于支撑、固定卫星上各种仪器设备,传递和承受载荷,并能保证卫星完整性及完成各种规定动作功能的卫星分系统。结构分系统主要由主承力结构、辅助结构和连接件等组成。主承力构件一般可分为承力筒式、箱板式、桁架式、外壳式和混合式五种类型。目前,较大卫星多数采用承力筒式或桁架式,小卫星多数采用箱板式,早期的返回式卫星采用外壳式,所用材料一般可分为金属和碳纤维复合材料两种。

机构分系统包括展开与锁定机构(如太阳翼与天线等使用的展开与锁定机构)、分离与锁紧机构(如卫星与运载火箭之间的连接和分离使用的包带等)、驱动机构(如太阳翼对日定向的驱动机构和天线展开或跟踪使用的驱动机构等)、交会对接机构、舱门锁紧与解锁机构、管路对接与分离机构以及火工装置(用于解锁)等。

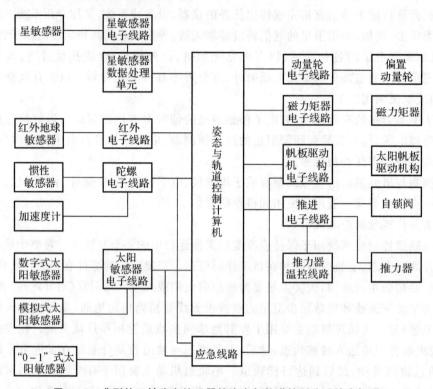

图 1-5　典型的三轴稳定航天器的姿态与轨道控制分系统方框图

图 1-6 是一种 GEO 轨道上布置卫星的承力筒结构示意图。图中 1 和 5 为服务舱南、北板,2 和 6 为南、北太阳翼,3 为对、背地板,4 为有效载荷舱结构,7 为主承力结构承力筒。

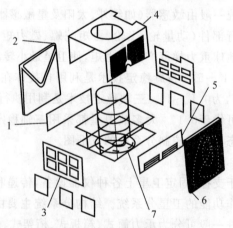

图 1-6　承力筒结构示意图

4.热控分系统

热控分系统任务是保证各个分系统在轨运行各个阶段的工作温度范围。航天器上各类仪器设备的要求大致为:一般卫星内部电子仪器设备的工作温度范围 0~40℃,镉镍蓄电池的工作温度范围 5～20℃,氢镍电池的工作温度范围是－15～25℃,锂离子电池的工作温度范围 10～30℃,太阳能电池的工作温度范围－100～＋100℃;液体推进剂的温度要求保持在 7～ 35℃(一般对于连接到小推力器的管路几乎都要加热)。

卫星热控制技术一般可分为被动热控制技术和主动热控制技术两类。被动热控是指没有活动部件或加热器的方式,如采用隔热材料、热控涂层、热管、导热填充材料、相变材料等;主动热控制是一种闭环控制,在此类热控制系统中通常具有温度敏感器、控制器和执行器。热控百叶窗、可控热管、电加热器及热开关等热控制机构属于此类。图 1-7 是一种 GEO 轨道上布置的通信卫星热控分系统示意图。

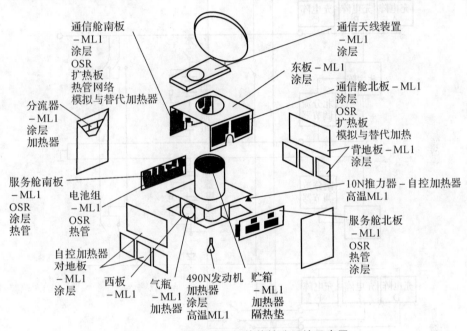

图 1-7 一种通信卫星的热控分系统示意图

5. 推进分系统

推进分系统为姿态控制和轨道控制提供所需要的动力。卫星推进技术有冷气推进(其工质常用空气、氢气或氮气等)、单组元推进(其工质常用无水肼、过氧化氢 H_2O_2)、双组元推进(其工质常用一甲基肼 MMH 和四氧化二氮 N_2O_4)、电阻加热推进(其工质常用氮、氨、氢)、电弧加热推进(其工质常用氮、氨、氢)、静电式或电磁式离子发动机(其工质常用氙)等。早期发射地球同步卫星采用过固体发动机。返回式卫星的返回制动也采用固体发动机。

6. 电源分系统

电源分系统是为卫星在轨道工作寿命周期内(包括光照期间和地影期间)提供电能的。由于卫星在轨道工作寿命较长(低轨卫星工作寿命为 3～5 年,地球同步轨道卫星工作寿命为 10～15 年),所以对于大多数卫星来说,不能采用像运载火箭所使用的那种只能提供一个多小时电能的电池,而要采用能够长期供电(如采用太阳能和蓄电池联合供电)的电源。但是,短期载人航天器和生物卫星可以采用氢氧燃料电池,如美国的阿波罗载人飞船、航天飞机和生物卫星均采用氢氧燃料电池组作为主电源。电源分系统要有发电、储能、分配、母线电压调节和蓄电池充放电控制等功能,有的还要求变换和稳定多种电压的二次电源。

目前,航天器广泛采用太阳能电池阵和蓄电池联合供电的电源分系统(常称为一次电源)。电源分系统除太阳能电池阵和蓄电池之外还有电源控制设备(包括蓄电池充放电控制器、太阳能电池阵分流调节器和母线调节等),图1-8是一种地球同步轨道通信卫星的太阳能电池阵－蓄电池组电源分系统原理方框图。

此外,除特定的太阳同步轨道外,为获得良好的太阳光照条件,太阳翼采用一维或二维驱动机构与星体相连,保持基本对日定向。

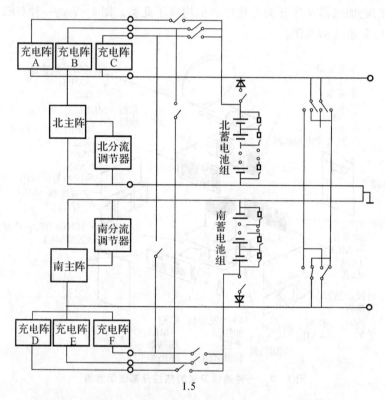

1.5

图1-8 展开式太阳能电池阵-蓄电池组电源分系统原理方框图

7.测控与数据管理分系统

测控与数据管理分系统在其他分系统及地面配合下实现对卫星遥测、遥控、轨道跟踪与测量的功能。遥测的任务是测量卫星有关系统的仪器设备的工作状态(如开、关、增益挡、高低电平等)、工程参数(如电压、电流、压力等)、环境参数(如温度、密封舱的环境参数)和有关数据(如遥控验证数据)等。遥控的任务是由地面发射指令控制有关系统的仪器设备的工作状态(如开、关、增益挡、高低电平等)和向卫星注入数据或程序等。轨道跟踪与测量是通过地面站发射无线电波经星上的应答机返回,根据无线电波传输特性测量卫星运动速度、距离和角度,最后由地面系统计算出卫星轨道参数。数据管理是利用星上计算机对星上数据进行综合管理(包括数据采集、数据存储、数据处理、数据交换和接口等)。

测控与数据管理分系统类型:早期采用分散体制,即遥测、遥控和跟踪是各自独立的系统,每个系统都有自己的射频部分;后来发展了统一微波体制,即遥测与跟踪共用一个发射机,遥控与跟踪共用一个接收机,遥测和遥控信号以及跟踪测距音都调制在统一的载波上,这样,简化了设备,节省了频率资源,减少了电磁干扰;近代,又发展了星载数据管理(OBDH)系统,它除射频外,把多种功能综合起来,即利用计算机对星上数据综合管理,以1553B CAN等数据总线在星载计算机上得到了普遍应用,从而做到资源共享,避免重复备份,提高了可靠性;目前正在发展空间数据系统(OBDS),它把范围又扩大到有效载荷的业务数据,把功能扩大到空间数据网络的各层业务,从而实现更大范围的综合,即可使多种卫星和地面的测控和应用系统一体化。

图1-9是遥测和遥控原理方框图;图1-10是数据管理(OBDH)系统原理方框图。

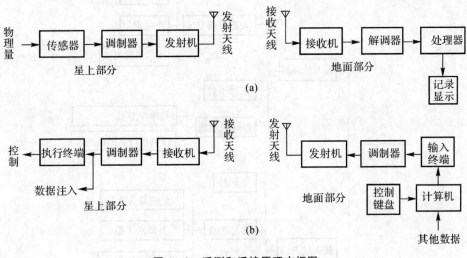

图1-9 遥测和遥控原理方框图

(a)遥测; (b)遥控

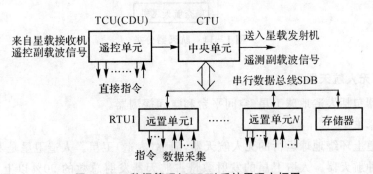

图1-10 数据管理(OBDH)系统原理方框图

8.其他分系统

返回和回收分系统是返回式航天器特有的分系统。返回部分主要是制动发动机(常用固体火箭发动机),它在其他分系统及地面配合下,制动发动机工作,使航天器返回舱进入返回轨道。此时,制动发动机与返回舱分离。当返回舱经大气层减速降落到一定高度时,回收分系统中的降落伞按程序打开,直到返回舱安全落地。

环境控制与生命保障分系统是载人航天器必备的分系统,它是在航天器内创造适合于航天员生存的基本环境,提供必需的生活支持设备,以确保航天员发射、飞行和返回过程中能够安全地生活和工作。

应急救生分系统是用于载人航天的各个阶段出现致命性故障时,使航天乘员迅速脱离危险区并及时安全地返回地面,而实施自救或营救的分系统。

1.3.2 航天器的分类

根据不同的航天任务需要可研制出各种航天器,航天器分类如图 1-11 所示。

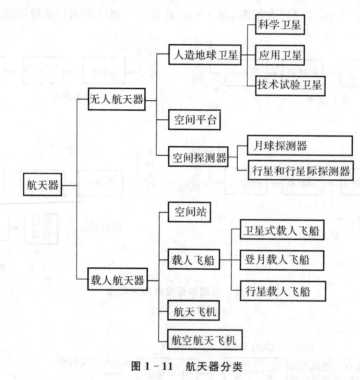

图 1-11 航天器分类

1.3.2.1 无人航天器

无人航天器包括人造地球卫星、空间平台和空间探测器。

1. 人造地球卫星

在空间轨道上环绕地球运行的无人航天器,简称(人造)卫星。人造卫星是发射数量最多、用途最广的一种航天器。人造卫星的发射数量占航天器发射总数的 90% 以上。人造卫星按照用途可分为科学卫星、技术试验卫星和应用卫星。

科学卫星是用于科学探测和研究的卫星,主要包括近地空间物理探测和天文卫星。近地空间物理探测卫星是用于探测和研究高层大气、电离层、地球磁层、地球辐射带、太阳辐射、宇宙线和极光等近地空间环境。天文卫星用于观测研究太阳和其他天体。

技术试验卫星是对需要应用于卫星的一些新技术(仪器设备)或新型卫星进行先期试验的人造卫星。航天器的一些新技术、新原理、新方案、新仪器设备和新材料往往需要在轨道上进行试验,试验成功后才能投入使用。这类卫星数量较少,但试验内容十分广泛。

应用卫星是直接用于国民经济或军事目的的卫星。专为国民经济服务的卫星称为民用卫星,专为军事目的服务的卫星称为军用卫星。不少应用卫星是军民两用的。

应用卫星按其工作特点大致可分为以下三类：

对地观测类。这类卫星上装有各种波段的遥感器或探测仪器,收集来自陆地、海洋和大气中的各种自然信息和社会信息,直接为国防、气象、地质、测绘、农林、水利、海洋和环境保护等领域服务。这类卫星有陆地资源卫星、气象卫星、海洋观测卫星、环境监测卫星、侦察卫星、预警卫星等。其运行轨道大多采用太阳同步轨道,少数采用地球静止轨道。

无线电中继类。这类卫星上装有工作在一定频段上的无线电转发器和天线,接收来自地面、舰船、飞机、低轨道卫星上的无线电信息,无线电信号经这类卫星放大(有的还要处理)后向这类卫星所覆盖的范围转发,使地面、海上或空中有关用户终端(固定或活动)可以接收到远方经过这类卫星传输来的信息。这类卫星大多采用地球静止轨道,也有采用大椭圆临界倾角轨道和中低轨道星座。

空间基准类。这类卫星上装有无线电信标机、应答机、高稳定度振荡器或原子钟、光信标灯或激光反射器等。它们的空间位置和运行速度都可以精确地确定,因而可以作为导航、定位和大地测量的基准。地面固定的或移动的物体、海上的舰船、空中的飞机、飞行中的导弹、轨道上的卫星都可以利用这类卫星确定自身的位置坐标和运动速度。这类卫星有军民两用的导航卫星和测地卫星。

2. 空间平台

空间平台是无人航天器的新发展,空间平台可为多种有效载荷集中提供结构、电源、通信、热控制、数据管理、姿态和轨道控制、机动等功能。它与卫星不同之处是可接受在轨道上定期维修、更换仪器设备、加注燃料、补给消耗品或回收的各种设备及其他物品等。空间平台又可作为实现载人空间站的一个台阶,为空间站的发展提供必要的技术并积累经验。空间平台是未来理想的空间材料加工和药物提取的实验、生产工厂。在未来的天基系统中,空间平台和空间站都是独立的基本单元,它们协同工作,互相补充。空间平台不但可以完成空间站的许多任务,而且发展空间平台较空间站技术成熟,因而投资省、难度小、风险低、研制周期短、效益高。空间平台要设计成易于装拆更换,能适应携带不同的有效载荷,能适应使用不同运载器发射,可重复使用,寿命可达数十年。

3. 空间探测器

空间探测器是对月球和月球以远的天体和空间进行探测的无人航天器,又称深空探测器。按照探测目标分为月球探测器、行星和行星际探测器。空间探测器可设计成围绕所探测的天体运行通过遥感进行探测,或可着落到天体上进行采样探测,也可采样后返回地球进行分析研究。

1.3.2.2　载人航天器

载人航天器按照飞行和工作方式可分为载人飞船、空间站、航天飞机和航空航天飞机。

(1)载人飞船。载人飞船是一种能保障航天员在外层空间短期生活、工作,运送航天员到空间某地(如空间站)并能使航天员座舱(返回舱)沿弹道式或升力弹道式路径返回地面的航天器。载人飞船是天地往返运输器的一种,它的运行时间短(一般为几天到半个月),内部容积较小。载人飞船根据用途可分为卫星式载人飞船(为空间站往返运送航天员和物品)、登月载人飞船和登陆行星(如火星)载人飞船。

(2)空间站。空间站是具备一定试验或生产条件的、可供航天员生活和工作的在轨道能长期运行的航天器。空间站按结构形式分为单一式和组合式两种。单一式空间站由几个舱段连接成一个整舱,用运载器一次发射入轨,组合式空间站由多次运送入轨的空间站单元或组合件组装而成。组合式空间站有积木式和桁架挂舱式两种构型。积木式由多个舱段在轨道上对接组合而成。桁架挂舱式以长达数十米或数百米的组装式或展开式桁架为基本结构,然后,将多个舱段和设备安装在桁架上。

(3)航天飞机。航天飞机是利用助推火箭和利用(或不利用)自身火箭发动机发射升空,利用自身机翼能像飞机那样在机场跑道上滑翔着陆,并可多次重复使用的载人和载货的航天器。航天飞机按与运载器的关系可分为两类。一类是在发射上升过程中,本身没有动力,只作为运载火箭的有效载荷,由运载火箭送入轨道;另一类是在发射上升过程中,利用本身火箭发动机动力,和运载火箭同时工作。后一类航天飞机由一架可再入大气层返回的轨道器(后边装有三台液体主发动机)、两个固体助推火箭和一个外挂燃料箱组成,除外挂燃料箱一次性使用外,固体助推火箭海上回收修理后可用于 20 次飞行任务,轨道器用于 100 次飞行任务。有的航天飞机除去载人和载货外,还可在轨道上发射带有上面级火箭,将卫星送入另一轨道。在轨飞行实用或试验过的航天飞机有美国的挑战者号、发现者号等,苏联的暴风雪号等,目前均已退役。

(4)航空航天飞机。航空航天飞机是研究和设想中的可水平起飞、水平着陆、完全重复使用的新一代天地往返运输器,又称空天飞机。它除去使用火箭发动机外,在发射上升和再入大气层时,利用空气喷气发动机或组合推进系统作动力装置,以节省所携带的燃料。空天飞机集飞机、运载器、航天器等多种功能于一身,既能像飞机那样在跑道上起降,在大气层内作高超声速飞行,又能进入轨道飞行,是航空与航天相结合、运载器和航天器相结合的产物。1986 年,美国提出研制代号为 X-30 的国家航空航天飞机计划,机上装有涡轮喷气发动机、亚超燃冲压喷气发动机和火箭发动机 3 种推进系统,其特点是推进系统与机身一体化设计;1984 年 8 月英国航宇公司提出一种水平起降单级入轨的"霍托尔"空天飞机方案,采用液氢空气涡轮喷气冲压/火箭复合式发动机;1986 年 6 月西德 MBB 公司则提出一种两级水平起降的空天飞机"桑格尔",第一级是采用吸气式液氢涡轮冲压发动机的超声速飞机,第二级是以火箭发动机为动力的轨道飞行器。20 世纪 80 年代末,这股空天飞机研究热达到高潮,法国和日本也提出过自己的空天飞机设想。

1.3.3 航天任务工程系统

航天任务是指人类探索、开发和利用太空以及地球以外天体的活动。航天任务工程系统是为了完成特定航天任务而建立的不可缺少的工程系统。

航天任务工程系统是航天器系统上一层次的系统,习惯把它称为大系统。这里所指的航天任务工程系统包括航天器、运载火箭(或其他运载器)、发射场、测控地面站和地面应用中心。

从系统工程观点来说,航天器是航天任务工程系统的核心,其他各系统是航天器系统的环境系统。

在航天器系统设计时,要把除航天器外的航天任务工程系统作为约束条件进行环境(外部)设计。环境设计内容包括航天任务工程系统中各系统的选择、航天器系统对航天任务工程系统中其他系统的适应性设计、通信链路设计和各种接口技术协调等。

1.3.3.1 系统组成

人类要实现航天活动,就要建立庞大的以航天器为核心的航天任务工程系统。对人造地球卫星而言,航天任务工程系统包括卫星、运载火箭、发射场、测控网、地面应用系统等五个系统,图1-12示出一般卫星任务工程系统的组成。运载火箭从地球把航天器送入太空运行轨道,发射场是对运载火箭和航天器进行发射前准备和发射的基地,测控网是对运载火箭和卫星进行跟踪测量和指挥控制的综合系统,地面应用系统系指航天器的用户系统,和在轨卫星配合发挥预定特定的功能。对载人航天器而言,其任务工程系统比人造地球卫星(无人航天器)多航天员、逃逸救生和着陆场等几个系统。

1.3.3.2　航天任务的特点

1. 航天任务

一般航天任务都是利用航天器在外层空间按照天体力学规律在预定轨道上运行或运行一定时间后返回地球或到达其他天体的,实现人类特定的任务。探索和利用空间的主要航天任务如下:

(1)地球轨道卫星应用。如非常实用的卫星通信、广播、导航、气象、侦察、预警、测绘、海洋监测、地球资源探测、地球灾害监测等。

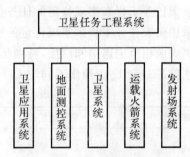

图1-12　卫星任务工程系统

(2)空间环境探测。利用地球卫星或探测器对空间环境进行探测和研究。

(3)天体观测。为了更深入地认识宇宙,采用天文卫星(如太阳望远镜等)对天体进行科学观测。

(4)航天器新技术试验。在各种地球轨道航天器上,进行各种新技术试验。

(5)载人航天。在低地球轨道的载人航天器上,进行各种空间科学研究、建立空间工业,或利用载人航天器到其他天体进行探测和研究。

(6)深空探测。利用深空探测器对月球及其他行星开展探索和利用。

用于各种航天任务的航天器是各不相同的。因此,在航天器设计前,首先要了解其基本任务是什么。航天器任务不同,航天器设计的内容和技术就大不相同。

以"东方红三号"通信卫星为例,其任务定义如下:

"东方红三号"通信卫星为中国国内卫星通信的空间段,采用地球静止轨道,用中国"长征三号甲"运载火箭在西昌发射中心发射。卫星与原已建立的地面通信站和电视单收站兼容,并扩大通信容量,装有24个C频段通信转发器,寿命8年,合同签订后若干月发射,地面备份一颗(严格说招标书还要明确当第一颗卫星失效时,经过若干月发射第二颗)。

以上任务定义提供了"东方红三号"卫星最基本的任务要求。航天器任务有时不明确运载工具和发射场要求;有的任务定义还包括地面应用和业务管理系统的配套研制要求;有的任务规定使用什么卫星平台(目的是减少风险,提高可靠性);有的规定卫星某些系统或设备采用哪个公司的产品或与哪个公司合作(如中巴合作"资源一号"卫星有的系统是与巴西国家空间研究院合作研制的);有的还规定在轨交付。由此可见,同一种卫星,它的任务不同,其任务对象或多少有所不同。

2. 航天任务的特点

各种航天任务都是利用航天器在轨道上不同的空间特性来实现的,这些特性也表征了各种航天任务与其他工程任务所不同的特点:①卫星通信和卫星对地遥感则是利用卫星在轨道上运行时具有全球实时或延时大面积覆盖能力的最基本的空间覆盖特性;②空间材料加工利用了航天器在空间具有微重力和高真空的特性;③航天育种是利用航天器在轨道上具有微重力和空间环境辐射的特性;④天文观测卫星是利用超越大气层的特性;⑤有人月球基地是利用月球丰富的资源特性等。

航天任务工程是利用航天器的空间特性来满足用户需求,并达到特定的目的和要求的。这是航天器工程区别于其他工程的关键所在。

一般来说,由于航天任务工程的成本是很高的,只有在地面和航空中不能实现时,才会采用航天任务工程来实现特定的任务目标;或者在地面和航空中能实现,但是成本更高,此时也可采用航天任务工程来实现特定的任务目标。例如,地面也可实现通信和广播,但是,对于远距离大面积范围通信和广播,特别是在人烟稀少的偏远地区进行通信时,成本很高,就不如卫星通信了。表1-1给出不同航天任务所利用的空间特性。

表1-1　不同的航天任务所利用的空间特性

空间特性	相关的任务	目前利用的程度	任务举例
全球覆盖	通信 导航 气象 对地观测	某些已是成熟的产业;未来的进步主要表现在星上处理能力越来越强	国际通信卫星 导航星 诺阿星 陆地卫星
超越大气层观测	全波段科学观测	已充分发展;航天观测将继续极大地改变我们对宇宙的认识	空间望远镜 γ射线观测站 硬X射线天文卫星
失重环境	空间材料加工 太空育种	处于幼年期;将来可能得到大规模应用,形成产业	空间工业设施 种子卫星或搭载
丰富的资源	空间工业化 月球资源开发 空间电站	基本上没有利用	载人月球或火星基地 空间移民 太阳能卫星
对空间自身的探索	月球和行星探测、小行星和彗星科学探测任务	已完成初步的飞越任务;某些着陆任务已完成或在计划中;有限的载人研究	阿波罗飞船 伽利略探测器 火星探测器

表1-1还表示了各空间特性的利用程度各不相同。它们大部分任务是利用空间全球覆盖特性,例如卫星通信、导航、气象、侦察等都是利用空间全球覆盖特性,其中卫星通信目前已成为一个重要的产业;在空间材料制造和太空育种等是利用失重环境和辐射环境,空间材料制造和太空育种目前还处于开发期,将来将有可能形成一个新的产业;开发宇宙取之不尽的能源和天然材料来替代有限的地球资源,是未来的有效途径。

1.3.3.3　航天任务的目标

表1-2给出了火灾卫星(假设)的任务目标。一般任务目标可分为以下几类:

基本目标:这是航天任务的主要目标。

从属目标:这是航天任务的附带目标。

隐藏目标:这些是政治的、社会的、文化的非技术性要求,但有同样重要意义的任务目标。

特殊目标:完成空间攻击与防护任务及其他特殊任务目标。它不同于上述三个目标,既不是利用空间特性实现某个任务目标,又不是为政治目的而达到的任务目标,而是为了空间作战,实现制天权的任务目标(军用卫星是利用空间特性完成军事任务目标的)及其他特殊任务目标。

表 1 - 2　火灾卫星(设想)的任务目标

基本目标	在近实时条件下,对本国全境(包括周围岛屿)的森林火灾进行检测、确定和监视
从属目标	收集森林火灾爆发和发展的统计数据
	收集其他森林管理数据
隐藏目标	向公众表明正在采取积极措施控制森林火灾
	对其他国家的森林火灾进行监视

1.基本目标

基本目标的含义是航天器设计必须保证要达到的最主要的最基本的任务目标,而从属目标则是次要的附带的任务。基本目标来源于用户给出的任务描述。它虽然是个定性要求,但是它很重要。在总体设计过程中,我们需要一次又一次地回到这一基本目标,检查每一个过程进行的工作与开始确定的目标是否一致。

例如,上述火灾卫星的基本目标必须是检测、确定和监视全国森林火灾。在卫星研制过程中,必须保证达到这一基本目标。基本目标通常是比较固定的,而从属目标可能要经常变动以满足用户的需要并适应航天任务方案重新确定的潜力。

2.从属目标

(1)可能用火灾卫星的温度敏感测量仪器对全球海洋温度的变化进行监视(不需要增加仪器设备)。在这种情况下,从属目标可能变得与基本目标一样重要(任务外)。

(2)在火灾卫星上增加通信有效载荷,使其在分散的森林灭火队之间建立起更有效的联络(任务内)。

(3)在应用卫星上增加环境探测仪器,对卫星轨道空间环境进行探测。这种搭载式的任务常在通信、资源和气象等民用卫星上实现(任务外)。

(4)军民两用卫星,如气象、导航、对地观测等(不需要增加仪器设备),平时民用,战时军用(任务内)。

(5)返回式卫星搭载任务,增加搭载项目,从属目标很多(任务外)。

3.隐藏目标

几乎所有的航天任务都有一个通常由非技术性的从属目标组成的“隐藏的目标”。这些目标一般是政治的、社会的或是文化的,具有同样重要的意义,必须满足。例如,火灾卫星的一个隐藏目标可能是向公众表明政府对于越来越频繁发生的森林火灾的一种重视。

第三世界国家研制卫星的重要原因是隐藏目标,即为了表明:该国拥有的先进技术使其成为国际政治领域的重要成员。

4.特殊目标

如前所说,特殊任务目标,既不是利用空间特性实现某个任务目标,又不是前面所述为政治目的而达到的任务目标。特殊任务目标除了前面所说的空间作战任务目标外(当然,这是军事基本任务目标,也可说是政治基本任务目标),还有诸如太空旅游、太空婚礼、太空信封、太空旗帜及其他纪念品等。上述任务目标皆由载人飞船或返回式卫星来实现。

1.4　飞行器系统工程

导弹、运载火箭及航天器都是一个系统。导弹系统由推进、引战、制导控制、弹体、能源等分系统组成。航天器系统由有效载荷、结构、电源、热控、控制、推进和测控等分系统组成。在分系统下还可分为子系统，如测控分系统下有遥测、遥控和跟踪等子系统。在航天器系统上一层还有航天器工程大系统，该工程大系统又是由航天器、运载火箭、发射场、地面测控中心和地面应用系统等组成。

根据几十年的实践，对这样的系统进行总体设计（系统设计）时，需要对系统的特性有所了解，要用系统科学的思维方法来思考问题，并用系统工程方法来指导设计，以达到航天飞行器系统总体设计最优化，使航天飞行器研制在实现预期目标的前提下，降低研制成本、缩短研制周期。为此，承担航天飞行器总体设计技术人员和管理人员，要结合航天飞行器总体设计，掌握一些系统工程的概念和方法。

1.4.1　系统工程的基本概念和一般方法

1.4.1.1　系统的定义

系统是由若干个相互联系、相互依赖、相互制约、相互作用的组成部分（元素）结合而成的、具有特定整体性质或功能的集合体。系统元素或组成部分包括人员、硬件、软件、设施、政策和文档等为产生系统级结果所需的事物。这些结果包括系统级品质、属性、特征、功能、行为和性能。系统作为整体所产生的价值来自于各组成部分的相互联系和相互作用关系，又远远超过各组成部分的独立贡献。而且，系统本身又是它所从属的一个更大系统的组成部分。例如，某种战略导弹系统是由弹头、弹体、推进、控制、初始对准、安全、遥测、外弹道测量和安控等许多分系统组成的一个复杂系统；而由多种战略导弹系统、战略预警系统、指挥、控制、通信、情报系统又组成更高一级的陆基战略导弹系统；再由陆基战略导弹系统、潜艇发射的战略导弹系统、战略轰炸机系统、空间战略防御系统组成国家战略防御系统；即使是如此庞大复杂的国家战略防御系统也不过是国防大系统的一个组成部分而已。

1.4.1.2　系统工程基本概念

系统工程是随着社会的进步，科学技术的进步和现代化大工业的发展而逐渐形成的。它是以实际应用为目的的一门学科，是把各个领域的各种学科、技术加以综合应用的科学技术体系。

应用系统的思想并应用定性、定量的系统方法，包括应用计算机、人工智能等技术，处理大型复杂系统问题，无论是系统的设计或建立，还是系统的经营管理，都可以统一地看成是一类工程实践，而统称为系统工程。

由于系统工程是一门新兴的交叉学科，其研究领域在不断地扩大，所以，在国内对系统工程的内涵有多方面的理解。下面列举国内外的一些权威人士或著作对系统工程所做的解释，从中可以广泛地了解关于系统工程的定义和作用。

　　钱学森教授认为,系统工程是组织管理系统的规划、设计、制造、试验和使用的科学方法,是一种对所有系统都有普遍意义的科学方法。

　　美国学者 H. 切斯纳指出,虽然每一个系统都是由许多不同的特殊功能部分组成的,而这些功能部分之间又存在着相互关系,但是每一个系统都是完整的整体,都要求有一个或若干个目标。系统工程则是按照各个目标进行权衡,全面求得最优解的方法,并使各组成部分能够最大限度地互相适应。

　　《NASA 系统工程手册》定义系统工程是用于系统设计、实现、技术管理、运行使用和退役的专业学科方法论。系统工程是一门综合的、整体的学科,通过相互比较来评价和权衡结构设计师、电子工程师、机械工程师、电力工程师、人因工程师,以及其他学科人员的贡献,形成一致的不被单一学科观点左右的系统整体。

　　国际系统工程协会(INCOSE)定义系统工程是"实现成功系统的一种跨学科方法""系统工程注重定义用户需求,集成所有学科和专业,构造一个从概念、生产到运行的结构化过程,目的是提供一个满足用户需求的优质产品"。

　　日本工业标准规定,系统工程是为了更好地达到系统目标,而对系统的构成要素、组织结构、信息流动和控制机制等进行分析与设计的技术。

1.4.1.3　系统工程的方法与步骤

　　在从事系统工程的实践中,从正反两方面的经验教训中逐渐总结出了一套科学的普遍适用的工作方法和工作步骤。其中,比较典型的符合导弹武器系统研制特点的首推美国学者霍尔的方法及霍尔三维结构。我国导弹武器系统的科研生产部门也总结提出了同样的方法与步骤,因此,这里介绍的内容已经不局限于原有的霍尔方法了。

　　霍尔三维结构如图 1-13 所示,它用三维概括地表示出系统工程的步骤和阶段以及涉及许多专业知识的情况。一维是时间维,指的是从事一项系统工程的工作阶段划分;另一维是逻辑维,指的是思维过程的步骤;第三维是知识维,是指本项系统工程所涉及的专业知识。

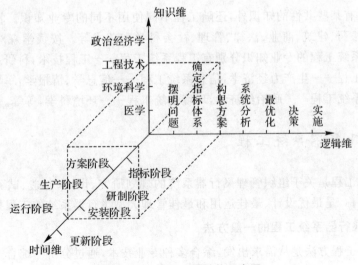

图 1-13　霍尔三维结构示意图

1. 时间维——工作阶段

一项系统工程从开始到结束要经历下面 7 个时间阶段：①指标阶段，即指标论证阶段；②方案阶段，这一阶段是从总体上对系统工程的整体方案进行论证，并从中选出影响方案成败的关键项目，进行预先研究，当这些关键项目的主要性能指标已经实现，而全系统其余的全部项目经理论分析论证、数学模拟计算，以及凭借过去的实践经验业已证实，方案的验证工作即告结束；③研制阶段，根据总体方案以及分系统研制任务书，对一切需要研制的实物全面展开研究、设计、试制、试验，做出可供生产的合格实物及制造说明书，并作出生产计划；④生产阶段，生产出整个系统的产品；⑤安装阶段，本阶段的任务是对系统进行安装、保管和维护，并提出使用说明书；⑥运行阶段，本阶段的任务是使系统按预定的指标体系的要求投入运行和使用；⑦更新阶段，本阶段的任务是用新系统取代旧系统，或改进原系统使之更有效地运用。

2. 逻辑维——思维过程

系统工程的每一个阶段从开始到结束，要完成的逻辑步骤共有下列 7 个：①摆明问题，该阶段应当尽量全面地收集和准备好有关所要研究解决问题（任务）的历史、现状及发展趋势的资料和数据；②确定指标体系，该阶段需要论证提出应达到的目标，而且要规定出衡量是否达到上述目标的标准（指标体系）；③构思方案（系统综合），设想出各种可能的实施方案，包括采用什么样方针政策，开展哪些工作、进行哪些控制、构成什么样的系统，以及同后面各个阶段的衔接等，每个方案都有各自的层次结构，也有与此相应的指标参数；④系统分析，通过建立各种概况抽象出来的数学或物理模型并进行计算，然后分析方案中各组成部分的相互性能关系，分析方案中各组成部分乃至全体对实现总指标体系的影响和贡献，并分析有关的各种外部环境对系统总体和分系统的影响；⑤最优化，用多目标优化方法选出最优的方案；⑥决策，由本系统工程的领导者根据更全面的要求、组织管理部门的状况、基层状况等一系列实际状况和因素，做出科学决策，选定一个或极少数几个方案来加以贯彻，或者在无可选择时考虑本系统工程的下马与返工重新研究论证；⑦实施，将最好选定的方案付诸实施。

3. 知识维——专业知识

系统工程除有某些共性的知识外，还随工程不同使用不同的专业知识。霍尔当时把这些知识分成工程、医药、建筑、商业、法律、管理、社会科学和艺术等。按钱学森对系统工程的分类，对应于各类系统工程的专业知识分别有工程系统工程——工程技术，科研系统工程——科学学，企业系统工程——生产力经济学，信息系统工程——信息学、情报学，军事系统工程——军事科学，经济系统工程——政治经济学，环境系统工程——环境科学，等等。

1.4.2　飞行器系统工程

飞行器系统工程是关于组织管理飞行器系统的规划研究、设计、制造、试验和使用的科学方法和技术的总称，是最优设计、最佳运用和最佳管理大型飞行器系统的工程技术。

1.4.2.1　飞行器系统工程的一般方法

飞行器系统工程方法是从需求出发，综合多种专业技术，通过分析—综合—试验的反复迭代过程，开发出一个满足使用要求、整体性能最优化的系统。

飞行器系统工程的一般方法与系统工程的基本相同，一般由论证、综合、分析、评价、决策、实施等 6 大环节组成。具体说明如下。

(1)阐明和确定任务。确认新系统的必要,明确研制新系统的目的,指明新系统研制在资源、时间、环境、投资诸方面的约束,提出对所需研制的新系统的一般设想。这就是通常所说的概念阶段,在这个阶段要明确回答以下问题:

1)系统是用来干什么的? 为什么需要这样的系统?

2)系统将在什么样的环境条件下工作?

3)研制新系统的约束条件,包括资源、费用和研制时间等方面的限制。

4)新系统研制的技术保障条件,包括技术条件、设备条件、技术人才等。

(2)确定新系统的使用和技术要求以及目标集;初步确定新系统为了满足这些要求和目标所必须具备的能力;确定一组可以反映研制系统要求和能力的参数和评价准则。这就是论证阶段需要完成的工作。

(3)根据对所研制系统的要求和目标,进行功能分析,开发各种可能的备选方案,确定各种方案的组成要素及系统结构。

(4)定量地评估这些备选系统的性能指标,全寿命费用、效能和研制进度,并与系统的要求和目标相比较。

(5)建立系统的评价准则,对各种备选方案进行权衡和对比研究,进行系统评价。

(6)通过系统评价,由决策者根据其经验、判断和个人偏好,选择(决策)最可行的或最满意的系统方案进行研制。

(7)组织实施所选定的系统方案的研制工作。

1.4.2.2　飞行器系统工程的管理过程

系统工程是组织和管理各类工程系统的规划、研究、设计、制造、试验、生产、使用和保障的科学方法,也是解决工程活动全过程的工程技术。

对于导弹、运载火箭、航天器等这样大型复杂系统的研究、设计研制、生产、试验和部署使用,通常要花费很长的时间,耗费大量的投资,而且研制风险很大。因此,决定是否研制这种大型系统的最高决策者,必须得到某种适当的保证,证明和确保新系统的研制是必要的、稳妥可靠且能够成功的,各种风险在承受能力的限度之内等。提供这种保证的基础就是进行系统(或项目)的可行性论证。此外,还必须建立一套科学的管理方法、管理机构和决策程序。例如,武器装备采办审查委员会、型号办公室、系统工程部、阶段评审和里程碑决策、矩阵组织、计划协调技术、风险评审技术等。通过这些途径,为新系统的研制提供一种合理的保证,使所研制的系统有较小的风险(包括技术上、经费上和计划进度上的风险),保证新系统的研制和运行能按预期的方案实施。在这个过程中,需要建立一个数据库(包括许多过去的经验数据)和一个模型库;还要建立系统研制过程中成千上万个事件和活动之间严格的时序关系和交接关系或隶属关系,并适时地进行调整和控制;要对研制过程中系统的性能参数、费用和研制进度进行实时监测、预测和评估,以便对研制计划和系统的性能、费用、进度和综合技术保障进行总体协调和控制,这个过程通常称为系统工程的管理过程,它与系统工程的技术过程并行进行,对技术过程有监督、保证和控制调节的功能。对于一个具体系统的研制,系统工程的管理过程大致有三方面的内容。

(1)根据任务需求分析,系统的功能分析,以及使用环境条件的分析,明确提出对所研制系统的战术技术要求或任务要求;

(2)监督设计过程,进行阶段评审。例如,方案设计评审、详细设计评审、关键设计评审、试

验计划大纲评审、设计鉴定评审等,保证设计工作严格遵循系统研制要求;

(3)通过各种技术途径和手段,验证所设计研制的系统是否符合研制要求,例如,可靠性预测和试验、全寿命费用预测、跟踪和评估、系统的技术性能测定(含各种工程试验、环境试验的验证)、系统总体性能验证(飞行试验,野战试验,演习或实弹射击等)。

1.4.2.3 飞行器系统工程的发展

对飞行器系统工程的发展首推美国喷气推进实验室的贡献,原美国加州大学的喷气推进试验室(现属美国国家航空航天局 NASA),从 20 世纪 40 年代起便开始为美军方研制火箭发动机,后来又为陆军研制"下士"和"中士"导弹,它现在是美国无人驾驶宇宙飞行器的总体设计部。它在任务规划、初步设计、研制计划的组织管理、飞行器试验和鉴定、人才组织等方面积累了许多经验,它的工作对于飞行器系统工程的发展起到了很大的推动作用,其主要的创新点如下:

(1)飞行器系统必须有一个统筹全局、策划、协调的总体设计部门。喷气推进实验室通过总结"下士"导弹的教训,认识到把现有的几种设备拼凑起来的系统,往往是一种效率低,难于操作和使用的系统,这样的系统,购买和维修都很费钱,效益很差。因此,他们认为,要研制一个大型复杂系统,必须有一个总体设计和总体协调部门来进行设计、协调和控制,以便完整地、有效地贯彻系统的总体目标和要求,通过分系统研制部门的大力协同,达到系统的目标。

(2)为保证获得一个完美的、优化的系统,必须赋予负责系统总体设计的部门以明确的职责和充分的权威,并充分保证总体设计部门与各分系统的工程技术部门和管理部门之间有畅通的信息渠道,以便保证总体目标和约束条件在各分系统研制中得到贯彻,保证各分系统之间、以及各分系统与总体之间在进度、费用、性能指标的协调。

(3)在专业人员的组织结构方面,喷气推进实验室创造了一种矩阵结构形式。即总体设计部可以按照其工作任务,分系统或学科分别设立若干个专业性研究室,各方面的专家和技术人员按其专长分别隶属于这些研究室;另一方面,一个总体设计部在同一个时期内可能交叉或同时进行若干项型号任务,所以,总体设计部又必须分别成立若干个型号室,而型号室的各项业务工作分别分配到各专业研究室,在研究室内形成对应于各型号室的任务小组,指定或自愿由各研究室的技术人员和专家参加。这种矩阵结构的优点是能够充分发挥技术人员和专家的特长和工作效率,稳定专业技术队伍,又有利于同行业专家的切磋和技术提高。矩阵组织结构见表 1-3。

表 1-3 矩阵组织结构

	空气动力分析室	弹道分析室	载荷分析室	动力研究室	控制研究室	系统分析室	总体室
型号 A	A_1	A_2	A_3	A_4	A_5	A_6	A_7
型号 B	B_1	B_2	B_3	B_4	B_5	B_6	B_7
型号 C	C_1	C_2	C_3	C_4	C_5	C_6	C_7
⋮	⋮	⋮	⋮	⋮	⋮	⋮	⋮

喷气推进实验室除上述创造之外,它对于总体设计工作有许多宝贵经验,实验室前主任W．H.波克林总结说:

(1)任务目标必须很明确;

（2）任务的约束条件也必须十分清楚。约束条件包括费用、进度，以及大量管理的、法律的和政策的因素，因为这些约束条件都会限制系统可行解的范围和数量。

（3）任务的组织必须是严密的、协调一致的。从最基本的系统功能分配、任务分配、财务分配，一直到每一个零件的生产和试验台上每一个技术人员的工作职责和权限都必须明确地规定清楚。因此，必须对整个研制工作进行分解，这也正是后来在系统工程方法中称为"工作解结构"（WBS）的雏形。

阿波罗登月计划是飞行器系统工程的重大里程碑。阿波罗登月计划历时 11 年（1961—1972 年），涉及 42 万技术人员、2 万多家公司和工厂、120 所大学、300 多万个零部件、300 多亿美元资金。阿波罗计划实施过程中，运用系统工程的科学方法，克服和解决了由于大规模系统的复杂性和不确定性带来的一系列困难和障碍，在研制过程中增强了预见性，避免了盲目性，创造了一系列系统分析和系统管理的新方法。例如，技术预测关联树法（PATTERN）、计划管理的随机网络方法——图解协调技术（GERT）和计划风险评价方法——风险评审技术（VERT）等。

阿波罗计划在下列五个方面为飞行器系统工程树立了典范：①开发和选择多个登月方案，通过反复论证和计算，最终选择了技术上可行、风险较小的登月方案；②制订一个详尽而明确的研制规划。在选定了登月方案之后，进一步完成对系统的功能分析和工作分解结构，使登月计划逐步具体化，通过制订一系列具体的技术目标和技术活动来保证系统总目标的实现；③阿波罗登月计划把对空间环境和月球表面环境的研究视为直接影响登月计划成败的重要课题，专门组织了四个大型的空间环境探测的辅助计划来考察月球和空间环境状况。此外，阿波罗登月计划还对于系统在环境中的工作特性组织了实验室的模拟试验和真实的飞行试验；④对费用和进度两个总体性能指标进行控制，并采用一系列先进的系统分析方法，对整个系统的运载能力、防热能力、通信和指挥能力、交会能力、月球软着陆能力等都进行了事先的验证和控制；⑤解决好系统内部的接口问题。总之，阿波罗登月计划的顺利实现，标志着飞行器系统工程已日趋成熟。可以说，阿波罗计划是飞行器系统工程发展的一个重要里程碑。

20 世纪 50 年代末至 60 年代初，我国开始研制尖端武器，当时的问题就是怎样在最短的时间里，以最少的人力、物力和投资，有效地利用科学技术的最新成就，完成大型、复杂的国防科研任务。而研制这样一种复杂的国防工程系统所面临的基本问题是：怎样把比较笼统的初始研制要求，逐步地变成为由成千上万个研制任务参加者来完成的一项项具体工作，然后又怎样把这些具体工作最后综合成一个技术上合理、经济上合算、研制周期短、能够协调工作的实际系统；而且，这个系统应该与它所从属的更大系统兼容。显然，这样复杂的总体组织和总体协调任务不可能靠一两个总设计师来完成，必须有一种组织、一个集体来对这种大规模的社会劳动进行协调指挥。我国在国防尖端技术的科研和工程研制过程中，创造性地建立了总体设计部这样的技术指挥和工程协调机构，与国外同期建立的系统工程部的职能非常相似。

总体设计部由熟悉系统各方面专业知识的技术专家和人员组成，并有知识面宽、横向协调能力强的专家负责领导。总体设计部的任务是设计系统的总体，又叫系统的顶层设计，包括系统的总体方案和技术途径、各分系统的技术接口、技术协调等。总体设计部首先必须把该研制系统作为它所从属的更大系统的组成部分，系统的全部战术技术要求，都要从实现这个更大系统的技术协调和战术协调的角度予以全面考虑；与此同时，总体设计部对于研制过程中系统与分系统之间、分系统与分系统之间的矛盾，都应从总体协调、整体优化的要求出发，慎重选择解决方案,然后由各分系统的研制单位具体实施。

总体设计部在我国国防科技工业领域的实践充分证明,它体现了一种组织管理大型系统的科学方法,即系统工程方法。在总体设计部的工作中充分贯彻和体现了大系统的整体性原则、层次性原则、目的性原则、协调性原则和动态适应性原则等,是结合中国实际的一种创造。

1.5 飞行器研制阶段及总体设计的内容

1.5.1 飞行器研制阶段

飞行器的研制阶段是由其系统的整体性、层次性、程序性等特性所决定的。飞行器的研制过程除与一般工程项目相同之外,还要考虑飞行器的特殊性。飞行器的主要研制阶段应包括规划、预先研究、设计、制造、测试、试验、定型(发射)等各个阶段。

1. 型号立项前的工作

研制单位在型号立项前的主要工作是进行型号预先研究,配合使用部门、主管部门制订飞行器研制的中长期计划,取得研制许可。

(1)规划阶段。一般由研制部门在国家有关部门组织下,根据用户需求或国家需要,与用户相互配合,对飞行器新型号及其各种新技术开展发展战略研究,并制订出 10～20 年的发展规划。

(2)预先研究阶段。该阶段是为型号研制而进行的先期研究和开发工作,其目的是为型号研制提供理论基础、技术基础和技术依据,并培养和造就一支适应型号研制需要的高水平的科技队伍。

2. 型号立项后的研制阶段

(1)论证阶段。论证阶段的主要任务是根据使用部门的要求(用户要求、战术技术指标),进行技术、研制经费、研制周期可行性研究,找出技术途径,完成总体方案构思及设想,提出支撑性预研课题,进行必要的验证试验。此阶段以总体设计为主,各分系统配合。

(2)方案阶段。方案阶段主要进行系统方案设计、关键技术攻关、原理性样机研制与试验。

(3)初样阶段。初样是指可以进行地面试验的工程样机。本阶段的主要任务是进行分系统的设计、试制和试验,总体在有关部门配合下完成初样系统级总装、测试和试验。初样设计、生产及试验为分系统试样设计提供依据。

(4)试样阶段。试样是指可以进行飞行试验的正式样机。本阶段的主要任务是进行分系统、仪器设备、系统级正样设计、系统鉴定性试验,通过试样的飞行试验,全面鉴定飞行器的性能指标和设计、生产质量。

(5)发射应用阶段(定型阶段)。飞行器研制性试验成功,证明其总体方案可行、各分系统工作协调和性能可靠稳定。运载火箭即可承担正式商业应用发射任务;航天器即可进行发射在轨交付;导弹型号即可进行设计定型和生产定型。

上面大致给出了飞行器一般研制阶段的划分,但是各个承担飞行器研制的部门对研制阶段的划分、各个阶段的名称及各个阶段所包含的内容不尽相同。下面针对不同飞行器的特殊性,分别介绍各研制阶段导弹、运载火箭和航天器总体设计的内容及工作。

1.5.2 导弹总体设计的内容

导弹总体设计的基本依据是使用方提出的战术技术指标要求。总体设计工作的重点就是协调解决战术技术要求与技术可实现性之间以及各分系统之间可能出现的矛盾,使各个分系统能够协调一致工作,达到最佳的总体性能。总体设计主要包括以下内容:

(1)进行导弹总体方案的论证,包括技术、进度、经济可行性分析。

(2)总体方案设计,包括合理选择导弹总体参数,进行导弹总体性能、气动外形、总体布局设计和确定分系统的主要性能。

(3)导弹武器系统方案设计,提出对火控系统、发射系统的技术要求。

(4)进行导弹系统工作流程、信息流程以及弹内弹外接口的设计。

(5)进行导弹系统技术指标分配,拟定各个分系统的研制任务书并不断协调解决各分系统之间可能出现的矛盾。

(6)同时开展导弹可靠性、维修性、电磁兼容性和环境适应性等专业工程方面相关的设计工作。

(7)制订导弹研制过程各个阶段的总体试验计划和试验大纲,并组织实施相关试验,制订各分系统试验要求并检查落实试验完成情况。

(8)导弹系统总体性能及作战效能预测评估。

在导弹研制的各个阶段,总体设计的主要任务如下:

1. 指标论证阶段

论证阶段的主要目标是确认作战使用要求,形成系统功能基线(系统要求)。该阶段的主要工作是根据使用部门提出的战术技术指标要求进行战术技术指标论证和技术可行性分析。

(1)战术技术指标论证。根据未来战争需求,参考国内外发展的同类型导弹的相关技术指标,配合使用部门进行导弹运用研究,对导弹的作战性能进行初步分析,重点研究技术指标的合理性及指标之间的匹配性。

(2)技术可行性分析。设想总体方案和可能采取的技术途径并计算总体参数,通过计算分析提出导弹分系统及主要配套产品的初步要求,综合总体论证结果和分系统论证结果,提出可能达到的指标、主要技术途径和支撑性预研课题。此外还要对研制经费进行分析。

2. 方案设计阶段

方案阶段的主要目标是确认系统功能基线,形成系统分配基线(分系统要求)。在方案阶段主要进行导弹总体方案设计,具体内容包括方案选择和确定、指标计算和指标分配、提出分系统研制要求。

(1)方案选择和确定。首先选择和确定导弹的气动外形、总体结构参数、推力曲线等参数,对导弹总体性能进行初步研究,确定制导体制、引战体制,通过计算和分析后提出分系统要求。方案论证和方案设计时,一般应进行多方案比较,对各个可能的方案进行技术、费用、进度、风险的综合权衡,最终确定主要方案。

(2)指标计算和指标分配。根据使用方提出的战术技术指标要求初步确定总体方案及总体设计参数,通过分析计算确定和分配各分系统初样设计所需的技术参数和技术指标,这些设计分析与计算包括气动设计与计算、弹道设计与计算、导弹固有特性及推进剂晃动特性计算、载荷计算、稳定性分析和计算、制导精度计算、引信战斗部系统杀伤效率、单发导弹杀伤概率、可靠性预测和指标分配等。

（3）提出对各分系统初样设计要求。各分系统初样设计要求包括推进系统、引战系统、导引控制、飞行控制系统、能源系统、遥测系统、弹体、地面支持设备等要求，即研制任务书。通过研制任务书来统一和协调各分系统的初样设计，保证达到导弹总体性能指标。

3. 初样阶段

初样阶段的主要目标是确认系统分配基线，形成部组件要求。在初样阶段主要基于初样产品试验进行改进设计，为分系统初样研制提供依据，初样阶段是总体和分系统通过试验改进设计的过程。

（1）初样样机研制。根据研制任务书要求，研制全弹的初样样机，考核各分系统工作协调性、全弹强度刚度、结构尺寸、公差协调性以及工艺协调性。

（2）初样总体试验。进行内场相关的总体试验，主要包括模型风洞试验、静力试验、贮箱推进剂晃动模拟试验、全弹振动特性试验、电气系统匹配试验、程控弹发射试验、制导系留弹系留试验等，考核总体设计的有效性和技术指标是否达到了设计要求。

（3）提出对各分系统试样设计要求。根据初样样机总体试验结果，经过协调、分析和计算后，提出分系统试样阶段研制任务书。

4. 试样阶段

试样阶段的主要目标是确认部组件要求，形成产品基线。在试样阶段主要基于试样产品试验进行改进设计，为分系统试样研制提供依据。主要研制内容包括试样样机研制、总体试验、改进设计等。

（1）试样样机研制。根据研制任务书要求，研制全弹的试样样机，进一步考核各分系统工作协调性、全弹结构尺寸、公差协调性以及工艺协调性。

（2）总体试验。进行内场相关的总体试验，进行遥测弹发射试验、全面考核导弹总体性能是否达到了设计要求。

（3）改进设计。根据试样样机总体试验结果，经过协调、分析和计算后修订各分系统研制任务书，形成分系统定型阶段的研制任务书。

5. 定型阶段

定型阶段的主要目标是确认产品基线，固化技术状态，形成小批量生产能力。在定型阶段主要研制工作包括定型鉴定试验、技术指标评估、编制设计定型文件等。

（1）定型鉴定试验。制订导弹定型鉴定试验计划并进行试验，定型鉴定试验包括性能试验、环境试验、可靠性试验、飞行试验等。

（2）技术指标评估。根据鉴定试验结果对导弹最终达到的战术技术指标进行评估，给出是否设计定型的建议。

（3）设计定型文件。根据定型委员会的相关规定和要求，准备导弹设计定型需要的所有技术文件。

综上所述，导弹总体设计就是利用导弹技术知识和系统工程的理论与方法，把各分系统和各单元严密组织协调起来，使之成为一个有机整体，经过综合协调、折中权衡、反复迭代和试验，最终完成导弹研制的一个创造性过程。

1.5.3　运载火箭总体设计的内容

运载火箭总体设计的内容概括起来有三个方面:选择和确定总体方案及性能参数;对分系统提出设计要求并进行技术协调;提出地面及飞行试验要求,参加试验,进行结果分析。在火箭研制的各个阶段,总体设计的基本内容如下:

1. 可行性论证阶段

可行性论证的依据是研制任务书或立项报告中列出的技术性能指标,这一阶段需要论证火箭将可能采取的各种技术方案、技术途径、总体方案构思及设想,同时估计整个工程的研制周期及经费预算,提出各项保证工程开展的支撑性预研课题等。可行性论证阶段结束标志是提出可行性论证报告。

2. 方案设计阶段

该阶段总体方案设计的内容主要有以下方面:

(1)选择和确定主要方案。主要技术方案有发射弹道方案、推进剂选择、推进系统类型、火箭外形及主要尺寸、级数及级间连接方式、分离方案、控制方案、结构部位安排、运输和发射方式等等。

(2)选择总体设计参数。根据任务书规定的运载能力要求和轨道要求,选取一组最佳的总体设计参数,从而确定火箭的型式、总质量、推力和几何尺寸等。

(3)参数计算和分配。根据上述两项选择结果,分析、计算并确定分系统研制所需要的参数,主要包括总体原始数据计算、气动设计与计算、弹道设计与计算、载荷计算、全箭动特性计算、力学环境确定、控制与稳定性综合分析及计算、制导方案选择及精度指标分配、可靠性预测及指标分配等。

(4)提出对各分系统初样设计要求。包括对稳定、制导、飞行测量(外测安全、遥测)、瞄准、推进系统(发动机、增压输送)、箭体结构、地面支持设备等分系统的设计要求,用以统一和协调各分系统的初样设计,保证最终达到总体的性能指标。

(5)进行局部方案原理性试验和模型装配。对某些新技术、新材料、新方案等影响全局的关键项目进行原理性试验和半实物模样试验。

方案阶段完成的标志:完成方案设计报告,确定运载火箭总体方案,装配出一个1∶1的部段或全箭的模样火箭,提出地面大型试验项目及飞行试验的要求;各分系统的关键项目经原理性试验或模样试验的验证,其性能指标可以实现,可以确定各分系统的主要性能参数和技术状态,提出对各分系统的初样设计任务书及可靠性指标。

3. 初样设计阶段

(1)根据方案设计确定的总体方案及分系统初样设计任务书的要求,对各系统进行精心设计。

(2)生产厂编制工艺文件、工装准备、试制生产。

(3)初样总体试验。主要进行缩比模型风洞试验、贮箱推进剂晃动模拟试验、全箭振动特性试验、电气系统匹配试验等。

（4）提出对各分系统试样设计要求。在初样试验的基础上，经过反复协调、试验和精确计算，最后形成对分系统试样设计技术要求。

（5）模样箭总装。在初样的基础上，为考验仪器、设备及结构尺寸的配合及协调，总装模样箭，为试样结构设计提供依据。

初样设计阶段完成的标志是，经过充分的地面试验，火箭总体及分系统的性能满足设计要求，关键技术均已得到解决，生产工艺基本稳定，产品质量及可靠性可以得到保证。

4. 试样设计阶段

（1）对接与协调试验。

1）在总装厂进行火箭模拟测试，机械及电气的协调试验；

2）在试车台和发射场对火箭、有效载荷、地面支持设备和试验设施实行按试车或发射要求的操作；

3）检验火箭与地面支持设备、火箭与有效载荷以及火箭各分系统之间的协调性。

（2）全箭试车。在试车台上进行全箭点火试验，考核火箭各分系统在发动机比较真实工作条件下的适应性、协调性和可靠性。

（3）研制性飞行试验。通过研制性飞行试验全面鉴定火箭的性能指标及设计、生产质量。

试样试验阶段完成的标志是，按飞行试验大纲完成火箭的研制性飞行试验并获得成功。

5. 应用发射

运载火箭研制性飞行试验成功，证明其总体方案可行、各分系统工作协调和效能可靠稳定，即可承担正式商业应用发射任务。

由于火箭的研制成本高昂，所以在对运载火箭的技术性能确有把握、特别是在沿用多项已经过飞行考核、成熟的部件或分系统时，往往将研制性飞行试验与应用发射合二为一。在这种情况下，有效载荷方只需付出低廉的发射费用，甚至是完全免费，尝试将有效载荷送入预定轨道。当然如果火箭发射失败，有效载荷方也将承受某种程度的经济损失。

1.5.4　航天器总体设计的内容

航天器总体设计包括总体方案设计和总体综合设计两部分。总体方案设计又可分为概念性研究（总体方案设想）、总体方案可行性论证和总体方案详细设计三个阶段，而总体综合设计又可分为初样设计和正样设计两个阶段。

1. 总体方案设计

航天器总体方案设计一般是指从预先研究阶段到立项以后各个阶段所开展的总体方案性设计技术工作。总体方案阶段设计内容归纳起来大致如下：航天器任务分析；有效载荷选择；工程大系统选择；轨道或星座选择与轨道或星座设计；分系统方案选择和论证；总体方案论证；航天器构形设计；总体性能指标分析和确定；典型参数预算；分系统性能指标分配；通信、测控与数据传输的通信链路分析；分系统接口及总体与大系统间接口设计和协调；关键技术分析及攻关；总体方案继承性分析；可靠性、安全性分析；航天器研制技术流程的制订；提出航天器研制质量保证工程要求；研制经费和周期的基本估计（配合有关部门完成）等。

总体方案设计各个阶段的设计内容、重点和设计完成的程度可参考表1-4。

表 1-4 总体方案设计各阶段重点设计内容

设计内容＼阶段	预先研究阶段(立项前)	可行性论证阶段	总体方案详细设计阶段
任务分析	完成分析	/	/
轨道设计	选择轨道	初步完成	全面完成
分系统方案论证	初步论证	完成	/
总体方案论证	初步论证	完成	/
总体性能指标确定	初步分析	初步完成	全面完成
典型参数预算	初步预算	初步完成	全面完成
构形设计	构形设想	初步完成	全面完成
分/大系统接口设计	选择各大系统	初步完成	全面完成
关键技术分析及攻关	完成分析	初步完成攻关	全面完成攻关
可靠性等设计	初步分析	初步完成	全面完成
技术流程制订	初步制订	初步完成	全面完成
经费和周期	配合完成	/	/
完成标志	提出方案设想报告	提出可行性论证报告和初步设计任务书	提出总体方案设计报告和正式设计任务书

(1)总体方案设想(预先研究阶段)。总体方案设想的重点是对总体方案概念、原理和关键技术进行分析研究,完成标志是提出总体方案设想。

1)选择能满足用户使用技术要求的航天器轨道或星座,并做初步分析。

2)提出能满足用户使用技术指标要求的有效载荷方案设想,并提出和分析有效载荷可能实现的技术途径。

3)初步提出可能组成航天器的必不可少的分系统的设想,并初步提出分系统的可行方案和相互间的关系。

4)初步分析航天器总体性能技术指标,对质量、功耗和推进剂等做初步概算。

5)初步提出航天器构形(或称草图)的大致设想,对结构主承力构件方案提出初步设想。

6)若选择现有的公用平台,则要提出适应性修改的设想。

7)初步提出航天器工程大系统(运载火箭、发射场、测控中心等)内各系统的选择意见并分析各系统之间的相互关系。

8)提出航天器系统和分系统在总体方案可行性论证阶段可能要突破的关键技术和分析关键技术突破情况。

9)配合有关部门初步估计航天器的研制经费和产品经费。

10)配合有关部门初步估计航天器的研制周期。

11)对实现总体方案设想的可行性和风险进行初步分析。

(2)总体方案可行性论证。总体方案可行性论证的主要内容:任务分析;有效载荷相关参数分析;轨道初步设计;航天器公用平台确定论证;分系统方案选择和论证;总体方案论证;航天器基本构形设计;总体性能指标分析;航天器与工程大系统之间的接口设计;关键技术分析;研制技术流程制订;可靠性、安全性初步分析;初步提出分系统设计要求。可行性论证阶段的完成标志是提出总体方案可行性论证报告和分系统初步设计任务书。

(3)总体方案详细设计。航天器总体方案设计内容与总体方案论证阶段的内容大致相同，主要内容：轨道或星座设计；分系统组成和分系统方案论证；航天器构形设计；总体方案的制订；技术状态的确定(确定技术状态基线)；总体性能指标确定；总体参数预算；与大系统的接口确定；航天器研制技术流程制订；可靠性、安全性设计；提出分系统研制要求；方案报告。

在航天器总体方案详细设计中，总体设计师要全面、细致地完成轨道设计、构形设计、总体及各分系统的功能及性能指标分析与综合、与航天器工程(大)系统中各个系统以及航天器各分系统的接口设计，将设计结果综合并形成总体方案(详细)设计报告，经评审通过后，才能最后完成航天器总体方案设计任务。总体方案设计任务完成的标志是向各个分系统提出初样研制任务书。

2.总体综合设计

总体综合设计按其任务可分为五个方面：一是通过机械和电气两个方面把各个分系统集成起来，形成有机的航天器系统整体；二是对分系统提出验收测试要求，对航天器系统提出各种测量和综合测试要求；三是对分系统仪器设备提出各种环境试验条件和试验要求，对航天器系统提出各种环境试验条件和试验要求；四是提出航天器研制质量保证工程要求；五是向各个大系统提出发射实施技术要求。

(1)初样阶段。总体设计完成航天器初样综合设计；各分系统完成初样详细设计和仪器设备的初样研制。最后，总体在有关部门配合下完成初样系统级的总装、测试和试验。

(2)正样阶段。总体设计师向各分系统提出正式的(正样)设计要求；总体设计完成航天器正样综合设计；各分系统完成正样详细设计和仪器设备的正样研制。最后，总体在有关部门配合下完成正样系统级的总装、测试和试验。

思　考　题

1.试述导弹和导弹武器系统的定义及其基本组成。它们之间具有何种关系？

2.试述运载火箭和火箭运载系统的定义及其基本组成。它们之间具有何种关系？

3.航天器分为哪几类？航天器系统和航天器任务工程系统之间具有何种关系？

4.航天器任务工程系统的组成及其特点是什么？

5.霍尔三维结构的要点是什么？

6.飞行器系统工程管理过程及总体部门的主要作用是什么？

7.试述导弹的大致研制过程，各阶段导弹总体设计的主要工作内容。

第2章 导弹战术技术要求及目标特性

2.1 概 述

导弹武器的战术技术要求是指为完成既定的作战任务而必须保证满足的各项战术性能、技术性能和使用维护性能等要求的总和。战术技术要求通常由军方或订货方根据国家军事装备发展规划和军事需求提出，或研制部门根据军事需求制订，报军方或订货方批准转由军方下达研制任务书。

战术技术要求是使用方在分析总结了战争态势、军事需求和目标情况，预测了未来战术和技术的发展方向，并考虑了本国的实际国情后，对新研制的型号提出的涉及性能、使用、维护、经济等方面要求的总和。战术技术要求由《研制总要求》规定，是设计制造导弹最基本、最原始的依据，也是导弹系统研制终结时验收考核的依据。因而，研制部门必须十分重视战术技术要求的每一个量化指标。在武器系统研制之前，对战术技术指标进行充分的可行性论证，彻底理解战术技术的每一项指标要求，从技术途径、技术水平、关键技术难度、国家资源、研制周期要求等方面进行综合分析，论证达到战术技术指标的技术现实性、可行性，在支撑性课题及关键技术取得原理性突破的基础上，提出型号方案设想和可供选择的技术途径的建议，并以"战术技术指标可行性论证报告"的形式报军方或订货方审定。

战术技术指标可行性论证是导弹系统研制的重要阶段，既关系到研制工作的成败、研制周期的长短、经费的多少；在导弹研制市场激烈竞争时期，也关系到能不能争取到研制任务。因而，可行性论证要十分注意其可行性、先进性、经济性和合理性，论证中要求总体方案正确、完整，阐明攻克关键技术的把握性和技术途径。可行性论证阶段的主要工作项目如下：

(1)提出满足型号发展规划和使用部门要求的优化方案和可能采取的技术途径，提出技术关键和应解决的重大技术项目；

(2)达到战术技术指标可行性；

(3)采用的新技术、新材料、新工艺和解决途径；

(4)为完成型号研制任务需要增加的新设备、新设施及提请国家解决的重大问题；

(5)提出经费概算、研制周期和研制程序网络图，选定工程研制前必须突破的支撑性课题及关键性技术研究。

导弹系统战术技术指标具有强烈的时代性，必须适应科学技术的发展和战争态势的变化，否则将被淘汰。因而，战术技术指标可行性论证必须立足先进技术、不失时机。但不可追求过高指标，致使研制周期过长，从而落后于时代。

2.2 战术技术要求

战术技术要求是对要研制的新型导弹提出的各项具体要求,全面反映了导弹武器系统的实战使用性能。由于它涉及的面很广,而且各类导弹武器系统的战术技术要求不尽一致,性能也不尽相同,不能一一细述,只能从导弹总体设计的角度,研讨其最基本的问题。对每一类型导弹,其项目可增可减。但主要包括下列几个方面。

2.2.1 战术要求

1.目标特征

通常,设计一种导弹要能对付几种目标,战术要求中规定了一种或数种目标类型及典型目标。例如当目标是飞机时,就要说明:飞机名称、类型;飞行性能(飞行速度范围、高度范围、机动能力等);防护设备、装甲厚度与布置;外形及其几何尺寸;要害部位(驾驶员、发动机、油箱等)的分布与尺寸;雷达反射特性、红外辐射特性;防御武器及其性能;各种干扰措施等。典型目标用于确定典型弹道、截获概率、杀伤概率的计算。

2.发射条件

发射条件通常包括对导弹发射地点、环境(白昼、黑夜、风速、海拔高度等)、阵地设置与布置、火力密度等方面的要求,以及导弹发射时产生的噪声、光亮、温度、烟尘、压力场、分离物等方面的要求。

对于防空导弹,应说明发射点的环境条件、作战单位发射点的布置、发射点数、发射方式、发射速度等。对于空射导弹,应说明载机的性能、悬挂和发射导弹的方式、瞄准方式和发射条件(方位角、距离等)。对于水上或水下发射的导弹,应说明运载舰艇、潜艇的主要数据、发射方式及环境条件等。

3.导弹性能

导弹的性能主要包括飞行距离、飞行速度、机动能力、制导精度、目标毁伤要求、生存能力、隐身能力、可靠性等。

4.杀伤概率

杀伤概率(毁伤概率)是导弹武器系统最重要的、最能代表性能优劣的主要战术指标,一般规定对典型目标的单发杀伤概率。单发杀伤概率除了取决于制导精度,弹、目的遭遇参数,引信和战斗部的配合效率,战斗部的威力大小等因素以外,还与目标要害部位分布情况及目标的易损性有关。

5.制导体制

制导体制包括单一制导模式、复合制导模式、发射后不管模式、被动模式等,不同的制导模式都有具体的技术指标,是确定相应制导系统方案的依据。

6.主要作战能力

主要作战能力包括发射后不管能力,对单个目标、群体目标和编队目标的攻击能力,抗干扰能力,末端博弈能力等。还有作战准备时间,二次发射的可能性等。

2.2.2　技术要求

1.尺寸和质量

尺寸和质量主要指最大外廓尺寸,对机载发射导弹和筒装导弹规定弹径、弹长、翼展、舵展等,并给出发射质量限制。

2.对分系统的要求

对分系统的要求包括对导弹各分系统和主要部件的功能、类型、组成、尺寸、质量、特性及一些需要特别强调事宜。如制导控制系统的类型、质量和尺寸;动力装置与推进剂类型、质量与尺寸;战斗部类型与质量、引战配合等。

但是对分系统和部件的要求提得过多过细,会束缚研制单位的创造性和影响新技术的采用。因此,在满足战技要求的前提下,这方面的要求宜尽可能少提,或以建议的方式提出供研制单位参考。

3.环境条件

环境条件包括储存温度、工作温度、储存相对湿度、温度循环、加速度、冲击、振动、淋雨、霉菌、盐雾、砂尘、低温、低气压条件等。

4.可靠性

可靠性包括储存可靠性、挂飞可靠性、自主飞行可靠性。

导弹系统的可靠性除了主要决定于设计之外,还和生产工艺、工程管理等因素有关。在提可靠性要求时,注意不能脱离国家的工业基础和元器件、原材料的实际水平。

5.安全性

为保证在贮存、运输、检测、使用等正常情况下以及在碰撞、跌落、错误操作、外界干扰等非正常情况下,武器和人员的安全而提出的要求。

提出时可分解成火工品的三防要求,引战系统的多重保险要求,安全落高要求等内容。

6.电磁兼容性

一般根据 GJB151A—1997《军用设备和分系统电磁发射和敏感度要求》和载机或装载对象的电磁环境裁剪制订。

7.根据部队装备情况和生产实际条件提出的要求

1)对已有型号的继承性要求;

2)标准化要求;

3)选用元器件、原材料的限制及要求;

4)定型后生产规模和生产批量的要求。

2.2.3　使用维护要求

1.维修性

规定导弹系统装备部队后的维修事宜,包括维修级别、预防性维修周期、维修时间等。并对采用的设备、平均修复时间以及设备的开敞性、可达性等内容提出要求。

2.互换性

互换性包括导弹舱段、组件等的互换性。除了对分系统和主要部件提出互换性要求之外，还可根据需要对故障率高、易损坏的零组件提出易更换和互换性要求。

3.寿命

寿命包括在库房条件下装箱存放的储存寿命；挂飞、行军或执勤情况下的使用寿命；供电、供气状态下的工作寿命等。

4.测试性

测试性规定自检覆盖率、检测覆盖率、正检率、误检率等。

5.喷涂和标志

根据防护、识别、操作等方面的需要，对产品和包装的颜色、图案及标志内容、字体、部位等提出要求。

6.产品贮运

产品配套、包装、运输（含运输方式、里程）、存放（含存放条件、方式）等要求。

7.训练设备

训练设备包含设备的组成、功能、模拟内容、训练项目、记录数据、评分方式、使用寿命、平均无故障工作时间等内容。

对于以上所述各项，已有许多规范，这些规范都有着通用性、完整性、适应性、相关性和强制性。例如，提出了导弹武器系统的总规范、导弹设计和结构的总规范、导弹武器系统包装规范和通用设计要求、地面和机载导弹发射装置通用规范、空中发射导弹的最低安全要求、军用装备的气候极值、运输和贮存标志等，对于战斗部与保险执行机构，推进系统与导弹发动机、导弹电路、导弹材料、导弹的包装与存放区等各方面都做了明确的规定。

除了前面已经提到的有关战术技术和使用维护方面的要求以外，根据不同武器系统类型还有一些附加要求，诸如型号的研制周期、产品的成本与价格、导弹系统的通用性和扩展性方面的要求等。

这些指标在可行性论证阶段，是可以与军方或采购方商榷的。

2.3　目标特性分析

导弹战术技术要求与其所攻击的目标密切相关，故在拟定战术技术要求前，必须对目标的特征作全面深入的调查分析研究。只有掌握了目标的飞行速度、高度范围和机动能力，才能较恰当地确定导弹的飞行性能；了解了目标的外形尺寸、结构特征、部位安排和装甲情况，才能有针对性地确定导引规律的修正方法，选择引信和战斗部参数；分析了目标的红外辐射特性，才能选择红外导引头的工作波段和提出灵敏阈要求；掌握了目标已经采用和可能采用的光电干扰手段，才能研究对策，寻求相应的抗干扰措施。因此，研究目标特性是战术技术可行性论证、武器系统设计和研制的重要前提，也是武器系统验收考核的重要依据之一。

2.3.1　目标分类

所谓目标是需要毁伤或夺取的对象，它包括敌人任何直接或间接用于军事行动的部队、军事技术装备和设施、工厂、城市等。从不同观点出发,对目标分类有不同方法。

按目标的军事性质,可分为非军事目标和军事目标,后者又可分为战略目标和战术目标;

按目标所在的位置,可分为空中目标、地(水)面目标和地(水)下目标;

按目标防御能力,可分为硬目标和软目标;

按目标编成,可分为单个目标和集群目标;

按目标的运动情况,可分为运动目标和固定目标;

按目标面积大小,可分为点目标、线目标和面目标(外形尺寸较大,且长宽比较接近——通常不超过 3∶1 的目标);

按目标辐射特性,可分为热辐射目标、光辐射目标与电磁波辐射目标。

2.3.2　典型目标特性分析

所谓典型目标,即在同类目标中,根据目标的散射特性、辐射特性、运动特性、几何尺寸、结构强度、动力装置类型、制导系统、抗爆能力、火力配备、生存能力等特性,并考虑到技术发展,综合而成的具有代表性的目标。根据武器的性质,通常只模拟目标的数个主要特性。例如,飞机类典型目标的主要特征有外形尺寸、飞行高度、最大速度、机动能力、要害部位的分布和尺寸、辐射或反射特性、防护设备、干扰与抗干扰能力、火力配备等。摧毁飞机可以击毙飞行员、引燃油箱、破坏翼面和操纵部分等,因此采用"要害面积"的概念,例如,一般飞机的要害面积取其投影面积的 20%～30%,大约有几平方米(具体飞机要害面积的确定,需要对各个方向和结构进行分析计算与实测)。但是,战术导弹的要害面积比飞机小得多,一般战术弹道导弹(TBM)只有 $0.4～0.6$ m^2;空地导弹只有 $0.1～0.2$ m^2,反辐射导弹只有 $0.02～0.1$ m^2。

1. 空中目标

防空导弹所攻击的目标包括各种作战飞机、武装直升机、战术导弹和无人驾驶飞行器等。作战飞机这类目标一般具有速度高、机动能力强、几何尺寸小和突防能力强等特点;机上装备机炮、导弹、制导炸弹等各种精确制导武器,可实施对多个目标的攻击;内装或外挂各类(包括侦察和干扰在内的)电子战系统,具有较强的无线电和红外干扰能力。武装直升机具有的特点:不需要特殊的机场,可根据任务的需要临时起降,发起突然袭击;具有超低空灵活飞行攻击的能力,不易为敌方探测系统发现;具有在空中悬停的性能,其悬停高度可低至数米,因而可以隐蔽在地物及其雷达回波中,必要时可以跃升发动攻击,对敌方探测设施的暴露时间可缩短到 $10～20$ s;可以携带机炮、炸弹、导弹等多种攻击武器,并装有机载电子和红外干扰装置。战术导弹和无人驾驶飞行器同飞机类目标相比,其特点是速度较快,体积较小,相应的雷达散射截面及红外辐射强度比轰炸机低 2～3 个数量级,因而不易为各类探测器发现、截获和跟踪;由于体积小,结构强度比较高,因而不易被击中和摧毁;它的出现往往具有突然性,发射以后留空时间又比较短,同时出现的数量又可能较多,价格又比飞机低得多。这就使它成为防空导弹难以对付的一类目标。

2. 水面目标

反舰导弹攻击的目标,海面为各种作战舰艇和运输船只,水下为潜艇。水面舰艇一般可分为快艇、驱逐舰、护卫舰、巡洋舰、航空母舰等。根据作战任务的需要和火力配备的要求,可以用各种舰船组成编队,这种目标的特点如下:

（1）攻击火力集中而强大。舰上分别装备有各种类型的舰载导弹、火炮、鱼雷、作战飞机和电子对抗武器，进行全方位的进攻和自卫。特别是以航母为核心的特混舰队，在短时间内能集中极强的火力摧毁某一方向上的任何坚强的防御，在历史上海上舰队的登陆作战基本都是成功的。

（2）战斗状态持续能力强而且续航能力高。舰艇进入战斗状态后可以持续十天半月甚至更长的时间，舰艇在广阔的海域上机动作战，在海上续航可达数月、几千海里，特别是核动力的舰艇续航能力可达到数年、几万海里。

（3）生存能力强而且防御力量大。在非原子武器攻击的情况下舰船抗攻击能力很强，如果用 0.5 t TNT 当量的战斗部，对于航母需要命中 6～8 发才能击沉，4～6 发才能击毁，3～4 发才能重伤，1～2 发只是轻伤。对于驱逐舰以下的小型舰船，也需要命中 2～3 发才能沉没。而且舰船的防御能力很强，一般舰上不但有防空导弹、防空火炮、舰载飞机等积极防御手段之外，还有电子对抗、隐身措施、舰艇的机动迴避等消极防御手段。对于无对抗条件下单发命中概率为 90% 的空舰导弹，在对抗条件下单发命中概率只能达到 10%～20%，还不考虑空舰导弹武器系统自身的可靠性。

（4）目标无线电波散射及光学辐射特征强。有较强的雷达波散射特征，有强的红外线辐射能，这对于用雷达或红外搜索、捕捉目标是极好的条件。虽然存在海杂波干扰，但像驱逐舰这样的大中型目标，其散射电波和光学辐射能量很强，要害部位尺寸大，目标容易分辨出来。因而可选用雷达、红外、电视导引头等。

3. 地面目标

弹道导弹和空地导弹攻击的目标是地面各种目标。地面目标的一部分是专为军事对抗而构筑的，例如永备工事、战略指挥部、飞机掩蔽部、野战工事、火炮掩体等，这些目标在设计和修建时就考虑了防爆能力和对抗措施。另一部分是民用建筑和设施，在战时由于所处的地理位置与作用，成为重要的军事目标。例如桥梁、公路、交通枢纽、民用机场、港口等，这些目标在设计和修建时，一般没有考虑防爆能力和对抗措施。这些典型地面固定目标的基本特性：有确定的位置和坐标；一般为集中的地面目标；为军事目的修建的建筑和设施都有较好的防护，大多由钢筋混凝土或钢板制成，并有覆盖层，防爆能力强；对纵深的战略目标都有防空部队和地面部队防护；这些地面目标一般采用消极防护，例如采用隐蔽、伪装等措施。

目标特性分析是确定目标探测、导弹制导、战斗部类型与质量、引信种类及引战配合、毁伤效能等参数的依据。通过对目标特性进行分析，可以制订如下要求。

（1）依据对目标的毁伤要求，确定战斗部的类型、质量、引战配合要求。通过作战效能分析，确定摧毁一个目标所需导弹数量，提出一个战斗火力单元的组成，即武器系统配套要求。

（2）根据目标特性，确定导弹制导体制和攻击目标的方式，确定对目标的命中精度。

（3）依据目标攻防特性，确定导弹的有效射程、载体安全撤离措施，提出导弹突防性能，如导弹飞行速度、飞行高度、隐身特性、机动能力等突防要求，以及抗干扰措施等。

由上述分析可以看出，不同的目标有着不同的特征，根据不同的目标特征，可制订不同的有效攻击和毁伤措施，因此，目标特征是制订导弹战术技术指标的依据之一。需要特别关注和重点研究的目标特性是其飞行性能、雷达散射特性和光学辐射特性。由于导弹武器系统的研制周期较长，所以制订战术技术指标时，必须考虑被攻击目标的发展趋向。

另外，导弹各分系统设计部门都与目标的种类和特性有关，因此都必须对此有所了解和研究。只是各分系统所要研讨的侧重点不一样。对于战斗部系统设计部门,侧重于目标的大小、形状、构造型式、要害部位的尺寸和面积,目标的抗毁伤能力等;对于制导系统设计部门,侧重于目标反射电磁波和辐射红外线的能力、目标的电子干扰系统以及目标的速度、机动能力和目标离导弹的距离等;对于弹体设计部门,除了以上各点外,还应注意目标飞行性能、防御能力、导引系统以及发射点离目标的距离等。

2.4　导弹性能

一种导弹不可能同时兼备各种性能或多种用途,只能在配置成套的导弹体系中,占据一定的地位和作用。导弹的性能包括累积性能和终点性能:累积性能主要指射程、制导精度和遭遇条件等,它与动力系统、制导回路、发射方式、目标和导弹飞行性能等有关;终点性能主要指导弹破坏给定目标的威力特性,它与战斗部、引信和目标易损性等有关。

2.4.1　导弹的飞行性能

飞行性能即导弹质心的运动特性,如主动段飞行时间、速度特性、加速度特性、飞行高度、射程、弹道过载特性等。导弹的飞行性能主要指其射程、速度、高度和过载。

飞行性能数据是评价导弹性能的主要依据之一。

1. 射程

射程是在保证一定命中概率的条件下,导弹发射点至命中点或落点之间的距离。远程导弹以导弹发射点至命中点的地面路程计算。

射程有最大射程和最小射程之分。最大射程取决于导弹的起飞质量、发动机性能、燃料性能、结构特性、气动特性和弹道特性等。最小射程取决于飞行中开始受控时间、初始散布、过载特性和安全性等。有些导弹的最大和最小射程,还取决于探测或制导系统的能力。

地空导弹的射程,取决于自动导引头的限制、制导系统的作用距离及准确度的限制、第二次攻击的可能性以及击毁目标应远离发射阵地、雷达站等限制。

空空导弹的射程,受导引头工作距离的限制、弹上能源工作时间的限制、导引头视角的限制、最大和最小相对接近速度的限制、引信解除保险的限制以及导弹最大法向过载的限制等。

空地导弹的射程,主要受制导系统和载机安全的限制。

对于飞航导弹,由于涡喷、涡扇发动机技术、整体式冲压发动机技术以及卫星定位系统(GPS)在导弹上应用技术的突破,大大增加了飞航导弹的射程。

地地导弹的射程,是发射点到目标点的距离。其他如反坦克导弹,其射程受目标能见度及制导系统的限制。

必须依据作战目的,从系统的观点制订射程要求,选取一个适当的射程范围。各种型号导弹都有自己的射程范围,最终可组成一个导弹系列来完成对给定目标的打击任务。例如,弹道导弹应能攻击射程为几百千米到上万千米的目标,显然,要求用一种型号的导弹完成上述任务是不合理的。因此必须设计出一个导弹系列,该系列应包含若干型号,每种型号分别担负不同射程范围内的任务。例如,弹道导弹射程的分布范围如下:

战术弹道导弹:10～300 km;

战役弹道导弹:300～1 000 km;

战略近程导弹:1 000～2 000 km;

战略中程导弹:2 000～5 000 km;

战略远程导弹:5 000～8 000 km;

战略洲际导弹:大于 8 000 km。

对每一种型号的导弹,都应规定一个最大射程和一个最小射程。对导弹系列来讲,其中两种衔接的导弹型号,要求射程大的一种型号的最小射程不大于射程小的那些型号的最大射程,即要求射程互相衔接。

2.速度

速度特性即导弹的速度随时间变化曲线及速度特征量(最大速度、平均速度、加速度和速度比等)。

速度特性是导弹总体设计依据之一。按导弹类型不同可由战术技术要求规定,也可由射程、目标特性、导引方法、突防能力等确定。确定速度特性后,导弹的飞行速度范围、飞行时间、射程、高度等参数均可确定,由此导出推进剂质量后,就能进行导弹的外形设计、质量估算,确定导弹起飞质量和发动机推力特性等主要设计参数。

确定速度时,应考虑:

(1)从导弹的突防能力来看,随着导弹速度的增大,敌方反击时间就越少,自己被敌人击中的可能性也就越小,显然导弹速度越大越好。但导弹速度增大是有限制的,随着速度增加,阻力将呈二次方地增加,于是发动机质量和导弹质量均增大。研究表明,对于反舰导弹,若把其飞行速度由 $Ma=0.9$ 提高到 $Ma=2$,敌方抗击的能力将减少一半。飞行速度越高,一方面使得敌方防御反击的困难加大,能提高反舰导弹攻击的成功率;另一方面也使得反舰导弹即使战斗部较小也能达到较理想的穿甲效果。

(2)从制导系统的要求来看,若采用自动导引头,则导弹速度越大,跟踪目标的视角越小,导引头就越易保证跟踪目标。

若采用目视(要 10″～15″)或电视(要 20″)制导系统,则因操纵手要有一定的时间迟缓,故要求导弹速度不能太大。

(3)从减少拦截时间及进行第二次攻击来看,导弹速度大有利。

(4)从机动性来看,导弹的可用过载近似与其飞行速度的二次方成正比。

(5)从导弹接近目标时引信的要求来看,导弹速度应有一定大小。接近目标时导弹与目标的相对速度应大于 200 m/s。

(6)导弹的射程和起飞质量都与飞行速度有关。正确处理飞行速度、导弹射程、起飞质量和导弹外廓尺寸之间的关系,在较小的起飞质量和外廓尺寸条件下获得最大射程,是设计师们所追求的目标。

(7)气动加热对导弹飞行速度提出了限制值。这个限制有时很严格。

气动加热现象的产生是因为飞行器在气流中运动时,紧靠物体表面的气流质点由于摩擦而受到阻滞的结果。在低速时气动加热现象不明显,但超声速时由于气流能量很高,气动加热变得非常严重,而且随着马赫数的增加,气动热流成幂次方地增加。

现代超声速有翼导弹的飞行速度高达 $Ma=4～5$,飞行距离可达数百千米,弹道导弹的再入速度更高。这时,气动加热现象十分严重,必须予以重视。

3. 高度

飞行高度是指飞行中的导弹与当地水平面之间的距离。按所取的水平面位置可分为,绝对高度,即以海平面为起点的高度;相对高度,即以某一假定平面为起点的高度;真实高度,即以当地的地平面(与地球表面相对的平面)为起点计算的高度。利用气压原理的高度表可测出绝对高度或相对高度,而采用无线电波反射原理的高度表可测出真实的高度。

导弹的飞行高度随导弹类型而异。近程导弹常以发射点的水平面或过发射点的平面作为起点平面测量飞行高度,远程导弹大多以距当地水平面的高度作为飞行高度(真实高度)。防空导弹的飞行高度,一般是指最大作战高度,即在此高度内导弹具有一定毁伤概率。

根据防空导弹的作战空域分类:现在一般将空域划分为高空、中空、低空和超低空。空域划分标准各国不尽一样。

例如北大西洋公约组织按以下规定划分:150 m 以下为超低空;150~600 m 为低空;600~7 500 m 为中空;7 500~15 000 m 为高空;15 000 m 以上为超高空。

我国防空导弹有效作战高度范围一般划分如下:150 m 以下为超低空;150~3 000 m 为低空;3 000~12 000 m 为中空;12 000 m 以上为高空。

现代战争的特点是全方位、多层次和大纵深的立体战,战场的分布高度从太空、中高空、低空、地面(或海面)直至水下,战争的方式是对抗低空和超低空突防、反辐射导弹、隐身飞机和强电子干扰等。而低空和超低空飞行是现代飞行器实施突防的重要手段。

低空突防是利用地球的曲率和地形造成的遮挡与地对空防空设施的盲区作掩护,利用防空武器所需要的调度时间等有利条件,使低空飞行器快速、隐蔽地深入敌区进行突然袭击。

为了有效地实现低空突防,巡航导弹、空地导弹等通常采用高亚声速超低空弹道,利用敌方雷达不易发现的条件攻击目标。但随着下视雷达技术和响应快速、高自动化的末端拦截武器的使用,对这种突防高度的弹道便构成了威胁,于是人们又采用了超声速超低空弹道。这样,即使下视雷达在末端发现了来袭目标,因为响应时间不够,来不及拦截。当然,超声速高空弹道也是突防的手段之一。

因此确定高度时,应考虑下列因素:

(1) 从突防能力来看,导弹飞行高度越低,越不易被敌方雷达发现;

(2) 从提高生存能力,不易被敌方击毁考虑,或低空飞行,或在很高的高空飞行;

(3) 从射程考虑,飞行高度越高,阻力越小,射程越大;

(4) 一般应从整个武器系统的配套分工来确定某型导弹的飞行高度。

4. 导弹的机动性

所谓导弹的机动性是指导弹能迅速地改变飞行速度大小和方向的能力。导弹攻击活动目标,特别是空中机动目标时,必须具备良好的机动性能,机动性能是评价导弹飞行性能的重要指标之一。

由"导弹飞行力学"课程可知,导弹的机动性通常用轴向过载和法向过载来评定。显然,轴向过载越大,导弹所能产生的轴向加速度就越大,这表示导弹的速度值改变得越快,它能更快地接近目标;法向过载越大,导弹所能产生的法向加速度就越大,在相同速度下,导弹改变飞行方向的能力就越大,即导弹越能作较弯曲的弹道飞行。因此,导弹的过载越大,机动性能(通常所说的导弹机动性,主要是指法向过载)就越好。例如,现代先进的空空导弹,其法向过载可达到 40g 以上。当然,导弹的过载受到导弹结构、仪器设备等承载能力的限制。

2.4.2　制导精度

制导精度是表征导弹制导系统性能的一个综合指标,反映系统制导导弹到目标周围时脱靶量的大小。由于诸多因素的影响,制导误差在整个作战空域内是一个随机变量。在实际使用过程中,制导精度是指弹着点散布中心对目标瞄准点的偏移程度,其散布度则是指导弹的实际落点相对于散布中心的离散程度,意指弹着点的密集程度。

导弹制导精度的高低可以用单发导弹在无故障飞行条件下命中目标的概率来表示。制导精度的另一种衡量指标是,在一定的射击条件下,导弹的弹着点偏离目标中心的散布状态的统计特征量——概率偏差或圆概率偏差。

概率偏差可分为纵向概率偏差和横向概率偏差,用符号 PE 表示。

圆概率偏差一般用符号 CEP 表示。它是指以落点的散布中心为中心,该圆范围内所包含的弹着点占全部落点的 50 %,则该圆的半径就是圆概率偏差。

圆概率偏差约等于概率偏差的 1.75 倍,而概率偏差约为圆概率偏差的 0.57 倍。

关于制导精度的分析在第 6 章中讨论。

2.4.3　威力

威力是表示导弹对目标破坏、毁伤能力的一个重要指标。导弹的威力表现为导弹命中目标并在战斗部可靠爆炸之后,毁伤目标的程度和概率。或者说导弹在目标区爆炸之后,使目标失去战斗力的程度和概率。对于反坦克及反舰导弹,为了使目标被毁伤并失去战斗力,一般要求导弹的战斗部必须首先穿透目标装甲,才能起到毁伤作用,因此常常用穿甲厚度作为衡量其威力的指标;反飞机导弹主要依靠战斗部爆炸后形成的破片杀伤目标,破片要能杀伤目标,必须具有足够的动能,由于破片飞散过程中有速度损失,显然离爆炸中心的距离愈远,杀伤动能愈小。在战斗部爆炸所形成的破片飞离爆炸中心一定距离后,其动能若小于杀伤飞机所必需的动能(对高速飞机为 1 500～2 500 N·m),破片便不能杀伤目标。通常将破片能杀伤目标的最大作用距离称为有效杀伤半径。显然,战斗部的威力取决于有效杀伤半径,因此反飞机导弹常以战斗部爆炸后,所形成破片的有效杀伤半径作为其威力的重要指标。

常规弹道式导弹战斗部的威力,以其装药的质量表征对目标破坏程度的大小。装药量大则其战斗部威力就大。它对目标的毁伤主要依靠弹头破片、冲击波、侵彻爆破、聚能穿甲、燃烧及其复合效应。当弹道式导弹采用核战斗部时,其威力取决于核爆炸时所释放出的总能量相当于多少吨 TNT 炸药爆炸时的能量,因此,它是以 TNT 当量(简称当量)作为核战斗部的威力指标的。但是核战斗部的当量,只能反映核战斗部与其相应的普通炸药的总能量相等,而不表示它们的杀伤破坏效应是相等的,因为核战斗部对目标的破坏效应,除了冲击波作用外,还有热辐射、放射性沾染、贯穿辐射、电磁脉冲等。

核战斗部威力的大小主要取决于装药的种类、质量、浓缩度及利用率。此外,威力与导弹的制导精度有关。

2.4.4　突防能力和生存能力

突防能力与生存能力两者紧密相关。不考虑生存能力的突防能力对导弹是毫无意义的；而生存能力又往往体现在突防过程中，只有突防成功之后，才谈得上生存问题。

突防能力是指在突防过程中，导弹在飞越敌方防御设施群体之后仍能保持其初级功能（不坠毁）的能力。突防能力的量度指标是突防概率。

生存能力是指导弹在遭受到敌方火力攻击之后，能保存自己不被摧毁并且仍具有作战效能的能力。生存能力的量度指标是生存概率。

导弹武器系统的突防能力和生存能力与其隐蔽性、机动性、光电对抗能力、火力对抗能力、易损性和多弹头技术等有关。

1. 隐蔽性

隐蔽性即不可探测性，它表示己方的武器装备被他方探测系统发现的难易程度。隐蔽性的量度指标是不可探测概率（即未被发现的概率）。

为了提高武器装备的隐蔽性，目前主要采用隐身技术、高空超声速突防、超低空亚声速突防以及各种伪装措施等。

超声速突防留给敌方的反应时间短，因为反应时间不够，敌方来不及拦截；实施超低空弹道，可有效地利用敌方的雷达盲区，达到突防的目的。

隐身技术是指为了减小飞行器的各种可探测特征而采取的减小飞行器辐射或反射能量的一系列技术措施。因此，隐身技术的目的是将飞行器尽可能地"隐蔽"起来，使对方尽量少获得飞行器运动的有关信息。信息越少，对方也就越难于对飞行器的运动作出精确的判断，也就越有利于飞行器完成预期任务。

隐身技术主要包括以下 4 个方面内容：

(1)改进飞行器的外形设计；

(2)控制飞行器的飞行姿态；

(3)采用吸收无线电波的复合材料和涂料；

(4)从结构、燃料、材料等方面采取措施，降低红外辐射。

美国在 20 世纪 60 年代初期开始应用隐身技术，当时主要用于侦察机上，例如 U-2，SR-71。1977 年以后，美国才将此项技术应用于轰炸机、战斗机，后来导弹也逐步采用了此项技术。2000 年，美国的军用飞机（轰炸机、战斗机、侦察机等）和导弹（尤其是巡航导弹）普遍采用隐身技术，各种飞行器的雷达反射截面（RCS）会显著地减小，例如：

超声速战斗机的 RCS 不大于 $0.5\ m^2$；

制空战斗机的 $RCS \approx 1\ m^2$；

轰炸机的 RCS 不大于 $1\ m^2$；

巡航导弹的 $RCS \approx 0.1 \sim 0.5\ m^2$；

战术无人驾驶飞机的 RCS 仅仅相当于一只鸟。

飞行器采用隐身技术之后，在对方同一雷达探测距离上，可以使被发现的概率大大降低；在同一被发现的概率下，可以使对方雷达探测距离大大减小。

2. 机动性

导弹无论按预定规律飞行,还是受到攻击时的规避运动,都要求进行机动飞行(甚至是猛烈的机动飞行)。因此,机动性一直是飞行器的一个重要的性能指标,也是影响飞行器的突防能力和生存能力的一个重要因素。

导弹在进入对方防空体系空域后的规避运动(比如突然改变航迹或弹道、突然加速、蛇形运动等)会增大对方武器的跟踪难度,进而增大了对方武器的制导误差或射击误差。

对弹道导弹来说,增加机动性可以采用末段变轨和全程变轨方式,前者主要是在再入段进行机动变轨,先是导弹沿一般弹道飞行再入,造成假象,然后按程序进行机动改变弹道袭击预定目标。弹道导弹预警系统对洲际导弹能提供 15~30 min 的预警时间,但由于导弹从机动点飞达目标只有 20~30 s 时间,致使反导系统对机动变轨的弹头难以实施拦截。据报道,目前导弹的最大机动能力可达到 556~900 km 的范围。全程变轨方案是弹头与末级分离以后,可以控制它上升到更高的高度上,随后慢降滑翔很长距离,最后向目标俯冲攻击。由于弹头可以降至距地面很近的低空并作超低空飞行,可以避开搜索雷达跟踪,因而可以提高导弹的突防能力和生存能力。

3. 光电对抗能力

光电对抗是指敌对双方为降低、阻碍或破坏对方光电设备的有效性和保护己方光电设备的有效性而采取的一系列措施。

光电对抗通过干扰使对方光电设备丧失有效性。它同火力对抗一样,能够使对方的武器系统丧失完成预期作战任务的能力。因此,光电对抗的这种作用称为软杀伤,而火力对抗的破坏作用称为硬杀伤。

目前使用的干扰技术分为两大类:即无源消极干扰和有源积极干扰。

无源消极干扰是利用人工反射体反射无线电波来产生干扰信号的。反射体有金属箔条、金属角反射体和玻璃纤维。由投放器将这种反射体抛撒在对方雷达搜索的空域,造成强烈的干扰信号,扰乱敌人雷达网,使雷达无法跟踪目标。由于此方法简单易行,各国均广泛采用。试验证明用总量 122 kg 的金属丝,可以造成宽 320 km、长 720 km 的干扰管道区,使雷达工作瘫痪。有源干扰是指用电子干扰装置,主动发动强大的噪声信号去淹没导弹的目标信号。

武器系统的光电对抗能力,直接影响到其突防能力、生存能力和最终杀伤目标的能力。

4. 火力对抗能力

火力对抗是指敌对双方直接用己方火力压制或破坏对方火力。火力对抗是通过双方相互射击而实现的。武器系统的突防能力和生存能力是以火力对抗为前提和背景的。

5. 易损性

易损性是指双方武器被对方火力命中后,武器本身被毁伤的程度,也就是武器本身丧失预期功能的程度。易损性的量度指标是抗毁伤的概率。

武器系统的易损性既依赖于其要害部位的尺寸、位置、结构强度和防护设施强度,也依赖于对方战斗部的威力和引战配合特性的优劣。

减小易损性可采取装甲保护、建立防护工事、设置冗余设备、采用分布式的指挥控制通信系统、发射阵地加固、阵地分散配置和伪装等措施。对弹道导弹来说,加固发射阵地是提高生存能力最直接的有效措施。

6. 多弹头技术

多弹头技术是弹道导弹采用的主要突防手段。采用多弹头技术可以使敌方反导系统能力处于饱和状态,很难全部拦截进攻的弹头目标。另外采用分导式多弹头时,还可以同时攻击不同的战略目标,使反导系统很难判断和分别实施拦截攻击。

多弹头可分成两类:即面目标多弹头,其特征是全部子弹头共同攻击一个面目标,这种多弹头无制导,子弹头也无制导,因此也不机动;另一类是多目标多弹头(分导式多弹头),其特征是各个子弹头均有自己的攻击目标。这种多弹头有两类:一类是母弹头有制导,子弹头无制导不机动;另一类是母弹头及子弹头均有制导,也可以机动,这是正在发展的方案。

弹道导弹还可以采用假弹头技术。利用多弹头技术,将携带的多个弹头真假混杂,甚至故意增强假弹头反射回波,利用吸波材料涂层减弱真弹头的反射回波,达到以假乱真,诱导反弹道导弹攻击假目标,达到突防目的。

以上各项突防技术实际都在采用,并且在不断发展完善。海湾战争中美国利用有源干扰技术曾使伊拉克无线通信失效,取得了巨大的效果。

2.4.5　可靠性

可靠性是相对故障而言的,可靠性是指按设计要求正确完成任务的概率。可靠性是衡量导弹系统作战性能的一个综合性指标。它主要取决于导弹系统设计、生产时所采取技术措施的可靠程度及可维修性,同时还取决于操作使用人员在导弹系统的贮存、运输、转载、技术准备、发射准备、发射实施等过程中的检查测试的仔细程度、操作人员的心理素质、技术水平和操作技能的熟练程度等。

导弹是由许多分系统组成的,而各个分系统又由成千上万个零部件组成。因此导弹的可靠性就直接取决于分系统的可靠性,或者说取决于零部件的可靠性。

设导弹有 5 000 个各种各样的电气和机械部分,并由 4 000 个连接件连接起来,故可能产生故障的来源共有 9 000 个,若各个零部件都是以串联方式组成整个导弹系统的,则每一个故障都可能完全使导弹失去作用或不能完成战斗任务。如果每个元件的可靠性为 R,则

$$R_m = R^{9\,000}$$

欲使导弹的可靠性概率为 0.62,即 $R_m = 62\%$,必须使

$$R = 99.994\,7\%$$

欲使 $R_m = 62\%$,而元件数减为 900 个,则

$$R = 99.947\%$$

可想而知,对导弹各零部件可靠性的要求是非常高的。为了保证导弹有很高的可靠性,而又不过多增加对零部件可靠性要求的难度,通常要采用可靠性设计方法来解决。

2.4.6　使用性能

导弹的使用性能是指保证导弹作战使用时操作简便、准备时间短、安全可靠等。其大致内容包括运输维护性能和操作使用性能等。

1. 运输维护性能

运输维护性能主要是指导弹系统及零部件应具有优良的运输维护性能。

运输性能与导弹的尺寸、质量、结构强度及导弹元器件对运输振动冲击的敏感性等有直接关系。因此在设计时要充分考虑运输条件对导弹各部分的限制,以保证良好的运输特性得到满足。自然,导弹使用时也要充分考虑运输环境对导弹的影响。

维护性能是指导弹在贮存期间,为保证处于良好的正常工作状态而必须进行的经常性维护、检查及排除故障缺陷等性能。在设计导弹时,必须充分重视导弹各部分的可维修性和尽可能使维护简单易行,最大限度减少故障可能性,最关键的是具备良好的可达性、互换性,检测迅速简便以及保证维修安全等,以保证导弹良好的操作使用性能。

2. 操作使用性能

对一种导弹要求其操作使用性能好,主要应当使导弹的发射准备时间短。发射准备时间长短主要取决于发动机类型(固体导弹发动机比液体导弹发动机优越);战斗准备时间及系统反应时间;发射方式;对发射气象条件的要求是否简单,即导弹应能在任何气象条件下正常工作等。

2.4.7　经济性能

经济性能关系到导弹本身能否发展和实际应用,因此应讲究经济效益。经济性要求包括生产经济性要求和使用经济性要求。

导弹的生产经济性要求包括设计结构的简单、可靠和工艺性好坏,导弹各部件的标准化程度高低,材料的国产化程度和规格化程度,以及是否符合组合化、系列化要求等。使用经济性要求包括要使成本低、设备简化和人员减少等。

使导弹结构简单可靠、工艺性良好,可以降低导弹生产制造成本,缩短研制周期,促进产品应用转化。使导弹结构标准化,可以减少导弹研制周期,提高零部件工作可靠性和降低生产成本。材料国产化和规格化是战时能够生产,立于不败之地的基本条件之一。

在导弹设计研制中,在保证达到战术技术性能要求前提下,最充分地利用成熟的技术,适当地采用新技术是非常重要的,是保证产品性能的重要措施,避免盲目追求产品性能先进而大量采用尚不成熟的新技术是事情成败的关键。对导弹设计则应更加强调利用已有的技术和产品,最充分地使用组合化、系列化技术是保证设计成功的重要方法。

2.5　发射方案选择

2.5.1　发射条件分析

发射条件对研究战术技术指标和制订导弹武器系统技术方案极为重要。通过发射条件分析,确定导弹发射技术和火控配置要求。导弹的发射平台多种多样,既可以从空中(飞机)上发射,也可以从陆上发射、水面舰艇发射、水下潜艇发射和地下井发射等。

陆上发射条件最为宽松。地面发射时,导弹的起飞质量较大,气动效果及控制面效率都较低,必须由助推器将导弹加速到一定的飞行速度和高度,然后由主发动机继续加速飞行。陆基发射应考虑的是,采用助推器加速时,分离速度应满足足够的气动力及舵面效率的要求;助推器产生的噪声、振动、浓烟及其他氧化物、高温和气浪对发射场地严重影响;导弹瞬时和持续的大幅度加速、冲击、振动对弹体结构、弹上设备的损伤作用等。

陆基发射方式有倾斜发射和垂直发射两种,应根据飞行弹道特点,主发动机及助推器的类型以及弹体、制导系统要求等因素,决定采用的发射方式。

空中发射有严格的约束条件,首先,发射装置和导弹不应大幅度降低飞机的性能、航程和飞行品质,导弹及发射装置、火控系统的质量、体积及在机上的位置有严格限制;其次,飞机与导弹之间的气动干扰影响导弹离轨后的姿态,导弹的控制要能适应飞机流场效应的影响;第三,发射导弹时作用在导弹上的干扰力矩会影响发射初期的飞行轨迹,要使导弹不撞击飞机,所产生的燃气气流、火焰、噪声、气浪不危及飞机的安全;另外,要考虑飞机发射导弹与发射其他武器的通用性。

舰艇发射方式要考虑舰面尺寸和上层建筑的限制;海水有腐蚀性,发射装置及导弹本身应有抗腐蚀措施;应考虑舰艇摇摆簸动对导弹发射的影响以及不使导弹火焰损坏舰面设备。

实践证明,敌方往往施放各种干扰,干扰导弹载体,使其发现不了被攻击的目标或引向假目标,火控系统应采用多种有效的抗干扰措施。

2.5.2　发射方式分类

导弹的发射方式从不同的角度有不同的分类方法。

按发射地点不同,可分为地面发射和空中发射。

按发射角的不同,可分为倾斜发射和垂直发射。倾斜发射时,若发射架高低角与方位角按一定规律跟随目标运动,则称为倾斜随动发射;若高低角固定,则称为定角发射。垂直发射又分发射平台方位随动与方位固定两种方式。

按发射平台在导弹发射时所处的状态不同,可分为固定平台发射与活动平台发射。若发射平台停放在地面上发射,则为固定平台发射;陆上行进中发射和舰上发射,由于发射平台与地面或海面有相对运动,则为活动平台发射。

按发射导轨与发射架的关系不同,可分为架式发射和筒式发射。若导弹直接装填在发射架导轨上,发射时导弹相对于发射架导轨运动,则为架式发射;若导弹装在发射筒内,筒弹作为一个整体装填在发射架上,发射时导弹相对于发射筒内的导轨运动,则为筒式发射。

按发射动力源的不同,可分为自推力发射和外推力发射。前者发射动力由导弹的发动机产生,即指导弹起飞时依靠其自身的发动机或助推器的推力而离开发射装置。这种发射方式在实际中应用最早最广,可用来发射各种类型的导弹。自推力倾斜发射时,为了获得较大的起飞加速度,常常采用助推器或单室双推力火箭发动机。一般起飞加速度值在$(10\sim40)g$,其滑离速度一般可达$20\sim70\ m/s$;自推力垂直发射导弹的初始加速度较小,因推力与导弹重力之比一般为$1.5\sim3.5$。有时也需要助推器,但起飞后常自动脱落,以减轻飞行质量。

外推力发射则借助于外力实现导弹的发射。如弹射发射方式,是指导弹在起飞时由发射装置给导弹一个推力,使它加速运动直至离开发射装置。在导弹被弹出发射管以后,在主发动机的作用下继续加速飞行。弹射也称为冷发射,即不点燃导弹发动机的发射。

弹射力对导弹的作用时间很短,但推力很大,可使导弹获得很大的加速度,有的可达几千个"g"。这对减轻导弹质量和尺寸,提高发射精度来说是很重要的技术措施。弹射发射方式,在发射装置上要配置弹射力发生器,显然,其发射装置比自推力发射要复杂。但这种发射方式应用越来越广,由战术导弹直到战略导弹都可应用。

弹射的动力源有压缩空气、燃气、蒸汽、燃气-蒸汽、液压和电磁等多种。

压缩空气弹射是将空气压缩在高压气瓶中,用管道与导弹发射管相连。发射时,将阀门迅速打开,使气体瞬时流入发射管将导弹推出去。其特点是,在技术上简单易行,但系统庞大。美国潜艇早期采用这种弹射方式。

燃气-蒸汽弹射的特点是,利用气体发生器的火药产生大量燃气,同时又将水喷入燃气之中使水汽化,形成具有一定压力和较低温度的混合气体。通过管道把它送入发射管将导弹迅速推出发射管。混合气体压力一般在 1 MPa 左右。这种弹射方式的优点是体积和质量小。

燃气弹射是指直接利用火药气体来弹射导弹,可使导弹获得较大的滑离速度,另外也可将高压燃气降到低压后再推动导弹,以减小导弹所受的过载。

利用火炮发射是弹射的一种,其火药气体压力很大。美国 155 榴弹炮膛压达 240 MPa,其初速较大,初始精度较高,它用来发射反坦克导弹。

发射方式的选择是发射方案设计中最为重要的问题,应根据武器系统的战术技术要求、作战部署和运用原则进行选择。对于给定的武器系统战术技术要求和导弹总体方案,发射方式的选择也不是唯一的。不同的发射方式从不同角度来看各有利弊。选择时除了考虑其优、缺点外,有时还要考虑对该种发射方式的掌握程度和继承性,应在综合分析武器系统要求并权衡各项因素后进行确定。

2.5.3　倾斜发射

2.5.3.1　倾斜发射的特点

倾斜发射就是导弹在发射架的导轨上跟踪目标,初始瞄准,沿着导轨向前发射导弹,并使导弹进入到一定的弹道上,如图 2-1 所示。

倾斜发射是防空导弹系统采用的最广泛的发射方式。由于空中来袭目标可能来自不同的方位和高度,采用倾斜发射可在导弹发射前将发射架调转到所需要的方向,并对目标进行跟踪。虽然这样做需要花费时间,从而降低了快速反应能力,但导弹发射后能迅速进入所要求的弹道,对提高近界拦截能力有利。另外,倾斜发射的导弹,其初制导比较容易,甚至可以不用初制导,仅依靠发射装置赋予的初始方向射入预定空间,使导弹进入雷达波束而受控或使导引头截获目标。

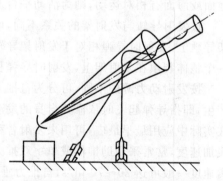

图 2-1　倾斜发射和垂直发射方式

倾斜发射装置一般都有方位随动系统,将导弹调转到目标来袭方位并跟踪目标。倾斜发射的发射角(高低角)有两种情况:定角发射和跟踪发射。随着空中来袭目标的运动,按一定的跟踪规律改变发射架角度以跟踪目标,称为跟踪发射,其发射装置在高低方向也需要随动系统;而定角发射的高低角是固定的,不需要高低角随动系统,简化了发射装置。但是,对于不同的目标飞行高度和拦截点斜距,导弹发射后的初始段弹道可能需要较大的机动转弯,以便进入所要求的弹道。定角发射比较适合于远程防空导弹。

与垂直发射方式相比,倾斜发射需要随动系统,增加了发射装置的复杂性;倾斜发射架及其转塔需要占用较大的空间,减少了载体的装弹数量;对舰空导弹系统来说,倾斜发射的导弹安装在甲板上,不利于隐蔽和防护,不利于对目标进行全方位攻击。正是由于这些问题,垂直发射方式在防空导弹(特别是舰空导弹)上越来越受到了重视。

倾斜发射过程一般可分为如下几个步骤:① 确定初始瞄准参数;② 发射架调转;③ 跟踪目标;④ 发射离轨。

2.5.3.2　倾斜发射的跟踪规律

导弹倾斜发射后的弹道与发射架跟踪规律密切相关。对于指令或驾束制导的导弹,导弹离轨后一般先有一段自由飞行和自稳定飞行段,然后对导弹进行控制以引入雷达波束。为了缩短导弹引入时间,提高近界拦截能力,要求起控点偏离波束小。对于空中截获的中远程寻的式导弹,为了保证中制导向末制导交班时的误差角在导引头允许的范围内,对中制导开始的弹道参数也有严格要求。即使是架上截获的近程寻的导弹,由于导引头视场角有限,发射装置也要瞄准并跟踪目标。因此,选择合理的跟踪规律,以满足导弹发射和飞行性能要求,是倾斜随动发射方案设计的重要任务。

1. 高低角和方位角变化范围的确定

倾斜随动发射的方位角变化范围一般为 360°,以满足对来袭目标全方位攻击的要求。

舰载倾斜随动发射的方位角变化范围受到舰船上层建筑的限制,存在发射禁区。

高低角变化范围是在发射区对应的最大发射角和最小发射角基础上加以必要的修正来确定的。杀伤区高近界对应的发射角是确定最大高低角的基础,杀伤区低远界对应的发射角是确定最小高低角的基础。

考虑到发射时刻发射架转动角速度一般不为零,发射后发射架仍需转过一定的角度,直至发射架转速下降到零。考虑到这一因素的发射架高低角变化范围的修正称为缓冲角修正。

当发射架与制导站基线距离较远且考虑拦截的近界点时,由发射架和制导站对目标(或预置瞄准点)的视差是不容忽视的。考虑到这一因素对发射架高低角变化范围的修正称为基线修正。

导弹发射后的无控飞行段有重力下沉。对于拦截低远界目标,如射角过小,则重力下沉更大,容易使导弹触地或入水。因此,在确定高低角变化范围时应进行重力修正。

此外,从武器系统性能出发也需对高低角变化范围提出特殊要求。如俄罗斯的"甘戈"导弹,为了提高导弹的抗干扰能力,采用了高抛弹道;对付超低空掠海目标的舰空导弹,也采用抬高射角的办法减少导弹的入水概率。

2. 跟踪角速度与角加速度的确定

发射架跟踪角速度与角加速度与目标运动特性及作战空域有关,考虑目标作等速直线飞行的情况,并假设发射架始终指向目标(见图 2-2)。

图 2-2 中:

O—— 雷达测量坐标原点；

T—— 目标位置；

R—— 目标斜距；

R'—— 目标斜距在水平面的投影；

P—— 航路捷径；

H—— 目标飞行高度；

β—— 目标方位角；

ε—— 目标高低角；

v_T—— 目标飞行速度。

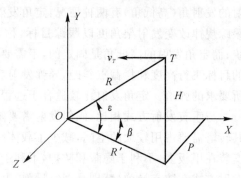

图 2-2　发射架运动与目标运动关系

方位跟踪角速度

$$\dot{\beta} = \frac{v_T}{R'}\sin\beta = \frac{v_T}{P}\sin^2\beta \qquad (2-1)$$

方位跟踪角加速度

$$\ddot{\beta} = \frac{2v_T}{P}\sin\beta\cos\beta \cdot \dot{\beta} = \frac{v_T^2}{P^2}\sin^2\beta\sin 2\beta \qquad (2-2)$$

式(2-2)经变换后可得

$$\ddot{\beta} = \frac{v_T^2\sin 2\beta}{R^2\cos^2\varepsilon} \qquad (2-3)$$

当 $\beta = 45°$ 时，有

$$\ddot{\beta}_{\max} = \frac{v_T^2}{R^2\cos^2\varepsilon} \qquad (2-4)$$

由式(2-4)可以看出，随着目标高低角的增加，方位跟踪角加速度可能达到很大值，这将导致发射架随动系统功率过大。因此，在确定最大方位跟踪角加速度时，应将高低角限制在一定范围内。

发射架最大运动角速度和角加速度一般是由发射架调转要求确定的，为了缩短作战反应时间，一般都要求快速调转。快速调转时间一般仅为数秒钟，调转角度可达 $180°$，调转角加速度可达 $2\sim 10\ \mathrm{rad/s^2}$。典型的发射架方位调转规律如图 2-3 所示。

高低跟踪角速度为

$$\dot{\varepsilon} = \frac{v_T}{R}\cos\beta\sin\varepsilon = \frac{v_T}{H}\cos\beta\sin^2\varepsilon \qquad (2-5)$$

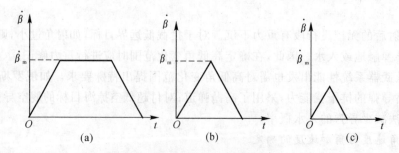

图 2-3　典型的发射架方位调转规律

(a) 最大 $\dot{\beta}$ 大于限定值的情况；　(b) 最大 $\dot{\beta}$ 等于限定值的情况；　(c) 最大 $\dot{\beta}$ 小于限定值的情况

由式(2-5)可知,当 $\beta=0°$,即航路捷径为零时,高低跟踪角速度将取最大值,即

$$\dot{\varepsilon}_{max} = \frac{v_T}{H} \sin^2 \varepsilon \tag{2-6}$$

实际上,由于目标飞行高度 H 与目标高低角 ε 相关,可取 n 组典型的 H 及对应的 ε 值进行计算,以求得 $\dot{\varepsilon}_{max}$。

高低跟踪角加速度为

$$\ddot{\varepsilon} = \frac{v_T}{H} \left(\dot{\varepsilon} \sin 2\varepsilon \cos \beta - \frac{v_T}{P} \sin^2 \varepsilon \sin^3 \beta \right) \tag{2-7}$$

当航路捷径为零时,$\beta=0°$,可得

$$\ddot{\varepsilon} = \frac{v_T^2}{H^2} \sin^2 \varepsilon \sin 2\varepsilon \tag{2-8}$$

用求极值的办法,可求得当 $\varepsilon=60°$ 时,$\ddot{\varepsilon}$ 取极大值

$$\ddot{\varepsilon}_{max} = 0.65 \frac{v_T^2}{H^2} \tag{2-9}$$

上述各式求出的 $\dot{\varepsilon}$、$\ddot{\varepsilon}$、β、$\dot{\beta}$ 实际上是目标运动参数,对发射架跟踪目标可用下面的一般表达式:

$$\left. \begin{array}{l} \beta_F = \beta + K_\beta \dot{\beta} \\ \varepsilon_F = \begin{cases} \varepsilon + K_\varepsilon \dot{\varepsilon} & (\text{当 } \varepsilon_F > \varepsilon_0 \text{ 时}) \\ \varepsilon_0 & (\text{当 } \varepsilon_F \leqslant \varepsilon_0 \text{ 时}) \end{cases} \end{array} \right\} \tag{2-10}$$

式中　ε_0——发射架最小高低角,由安全射界、重力下沉等因素确定;

　　　K_β——方位方向发射架跟踪的比例系数;

　　　K_ε——高低方向发射架跟踪的比例系数。

2.5.3.3　导弹的离轨速度与射入散布

倾斜架式发射与倾斜筒式发射的导弹发射离轨特性是相同的。导弹离轨速度是指导弹全部脱离发射导轨约束时质心的速度。假设导弹定向元件同时离轨,不考虑导弹所受的牵速惯性力、哥氏惯性力和气动力,则导弹离轨速度可由下面的方程积分求解:

$$\left. \begin{array}{l} m \dfrac{\mathrm{d}v}{\mathrm{d}t} = P - mg \sin \varepsilon_F - \mu(N_Y + N_Z) \\ N_Y + N_Z = mg \cos \varepsilon_F \end{array} \right\} \tag{2-11}$$

式中　m——导弹质量;

　　　P——发动机推力;

　　　ε_F——发射架高低角;

　　　μ——导轨与定向元件间的摩擦因数;

N_Y,N_Z——定向元件所受的支反力。

导弹离轨后,进入无控段飞行,无控段飞行结束时导弹飞行弹道与理论弹道的偏差称为射入弹道散布。

导弹在纵平面内的射入散布可由下面的方程组求解:

$$m \frac{\mathrm{d}v}{\mathrm{d}t} = P\cos(\alpha + \alpha_P) - \frac{1}{2}\rho v'^2 SC_x - G\sin\theta + |\Delta x|$$

$$mv \frac{\mathrm{d}\theta}{\mathrm{d}t} = P\sin(\alpha + \alpha_P) + \frac{1}{2}\rho v'^2 SC_y^\alpha \alpha' - G\cos\theta + |\Delta y|$$

$$J_z \frac{\mathrm{d}\omega_z}{\mathrm{d}t} = \frac{1}{2}\rho v'^2 SL_B m_z^\alpha \alpha' + \frac{1}{2}\rho v'^2 S \frac{L_B^2}{v} m_z^{\bar{\omega}_z} \omega_z + |\Delta M_z|$$

$$\frac{\mathrm{d}x}{\mathrm{d}t} = v\cos\theta$$

$$\frac{\mathrm{d}y}{\mathrm{d}t} = v\sin\theta$$

$$\frac{\mathrm{d}\vartheta}{\mathrm{d}t} = \omega_z \qquad\qquad (2-12)$$

$$\vartheta = \theta + \alpha$$

$$\vartheta' = \theta' + \alpha'$$

$$\theta' = \arctan \frac{v\sin\theta}{W + v\cos\theta}$$

$$v' = (v^2 + W^2 + 2vW\cos\theta)^{1/2}$$

$$m = m_0 - \dot{m}_F t$$

$$\dot{m}_F = \frac{P}{I_s}$$

其中　　α_P——推力偏心角；

　　　　W——水平风速；

$|\Delta x| \approx 0$——干扰阻力；

$|\Delta y| = \frac{1}{2}\rho v'^2 SC_{yA}^\alpha \Delta\varphi_A$；

$|\Delta M_z| = \frac{1}{2}\rho v'^2 SC_{yA}^\alpha \Delta\varphi_A (x_{dA} - x_T) + P\sin\alpha_P (x_{PP} - x_T)$；

C_{yA}^α——翼面升力系数；

$\Delta\varphi_A$——翼面安装角偏差；

x_{dA}——翼面压心位置；

x_T——导弹质心位置；

x_{PP}——发动机推力作用点位置。

影响导弹射入弹道散布的因素很多,在发射离轨段,各种影响因素造成的综合结果使导弹离轨参数偏离理论离轨参数。这些因素包括:

1)导弹发射离轨期间发射装置高低角和方位角的动态误差;发射导轨制造偏差;发射装置的振动特性;

2)导弹定向元件与发射导轨的间隙及定向元件不同时离轨造成的导弹头部下沉;

3)弹体结构制造偏差,发动机推力偏心;

4)发射装置载体的运动特性;

5)风速、风向等。

在无控飞行段,影响导弹射入弹道散布的因素:

1)导弹的发射离轨参数;

2)导弹重力下沉;

3)弹体结构制造偏差;

4)发动机推力偏心;

5)无控段飞行时间;

6)风速、风向等。

导弹的重力下沉是弹道散布的系统偏差,导弹发射角越低,无控飞行段时间越长,导弹离轨速度越低,导弹重力下沉越严重。某导弹在离轨速度为 35 m/s,无控飞行段时间为 0.5 s 时不同发射角的重力下沉角计算结果见表 2-1。

表 2-1　不同发射角的重力下沉角 单位:(°)

发射角	5	10	15	20	25	30	35	40	45
重力下沉角	1.36	1.35	1.33	1.29	1.25	1.20	1.13	1.06	0.98

导弹离轨速度增加,不但由导弹重力引起的下沉角减小,而且导弹承受外界干扰的能力增强,对于减少导弹的射入弹道散布是有利的,特别是对于拦截超低空(或掠海)目标,导弹的发射角一般很小,减少射入弹道散布以避免导弹触地(或入海)是非常重要的。

增加导弹离轨速度的途径:一是增加发射导轨的有效长度,即增加导弹在发射导轨上的滑行长度;二是增加导弹在发射导轨上运动的加速度。但导弹离轨速度与发射导轨有效长度的二次方根成正比,过多地增加发射导轨长度对增加导弹离轨速度的效果不明显,且使发射装置笨重,带来一系列的系统设计问题,因此发射导轨不宜过长。导弹在发射导轨上运动的加速度是由导弹推重比决定的,在选择导弹的推重比时,可以兼顾导弹离轨速度要求,但由于推重比选择受到很多设计因素牵制,不可能仅由离轨速度要求而确定。一般来说,导弹离轨速度可供选择的范围是 30~40 m/s。

2.5.4　垂直发射

2.5.4.1　垂直发射的特点

垂直发射是按照目标的信息,首先将导弹垂直向上发射,然后按照预定方案进行转弯,进入到一定的弹道上,如图 2-1 所示。

垂直发射是很有发展前途的一种发射方式。弹道导弹较多地采用了垂直发射方式。苏联是世界上最早发展防空导弹垂直发射技术的国家,已有多种型号装备部队。英、美、以色列等国家已有垂直发射的海狼导弹、海麻雀导弹、巴拉克导弹问世。德国、法国也在积极研制垂直发射的 MFS-2000 型导弹和 SA90,SAN90 导弹。

防空导弹垂直发射技术的发展是由未来作战环境的需求和其本身特点所决定的。在未来战争中,来袭目标可从全方位进入,实行多波次的饱和攻击,目标飞行速度和机动能力有显著提高,留给防空导弹的反应时间减小,目标的飞行高度由几米至数十千米,可供拦截的距离由数千米至上百千米。敌方的侦察、干扰技术更加完善。上述作战环境对防空导弹系统提出了反应时间短、发射速率高、全方位作战、载弹数量多、隐蔽性好、可靠性高等新的要求,垂直发射技术就是在这些要求下应运而生的。

1.垂直发射的优点

(1)反应时间短、发射速率高。垂直发射的导弹垂直竖立在发射平台上,随时处于待发状态。发射架与弹箱形成一体,射前不需要高低方向跟踪,甚至也可以不作方位跟踪(方位对准在导弹起飞后完成),这样,使导弹的发射装置大为简化,提高了可靠性,系统的反应时间大为缩短,提高了发射速率。如倾斜发射的海麻雀导弹反应时间为14 s,而垂直发射的海麻雀导弹反应时间仅为4 s。宙斯盾系统采用倾斜发射时,其发射速率为每10 s 1枚,采用垂直发射后,其发射速率为每秒1枚。

(2)具有全方位作战能力。垂直发射不存在因受舰艇雷达天线等上层建筑障碍造成的死区,可实现全方位作战。

(3)载弹量大。垂直发射减少了系统体积,减少了单发导弹在发射平台上的占用空间,增加了载弹量。如海狼导弹采用垂直发射技术后,在原来六联装倾斜发射装置所占的空间里,装备了32枚垂直发射的海狼导弹。

(4)结构简单,工作可靠,生存能力强。由于垂直发射往往不需要瞄准和战时装填的随动系统、升降机构、液压系统,减少了大量的活动部件,使系统结构简单,提高了可靠性。此外,弹库不在甲板上,避免了意外损伤和战时弹片的伤害,增加了隐蔽性,提高了生存能力。

(5)成本低,寿命期费用少。垂直发射装置结构简单、紧凑,单位面积贮弹量大,所需辅助设备少,因此比携带相同数量的倾斜发射装置的成本要低得多。如美国用来发射标准舰空导弹和战斧巡航导弹的通用垂直发射装置MK41,其造价仅为MK26倾斜发射装置的30%。由于垂直发射装置活动部件少,系统工作可靠,减少了维修量,减少了维护人员数量和维护费用,从而减少了全寿命周期费用,也提高了武器系统的可用性。MK41垂直发射装置的操作人员和维护人员均比MK26发射装置的相应人员减少一半。

2.垂直发射的缺点

垂直发射方式的缺点是技术难度大,导弹的平均速度减少,杀伤区近界有一定损失。垂直发射时,导弹并不像倾斜发射那样瞄准目标或与目标相关的特征点。导弹升空后,首先要有一段垂直上升段,以避开发射平台的上层建筑并形成一定的安全距离,然后进行快速转弯。对没有方位随动的发射装置,导弹还需在空中快速进行方位对准。快速转弯和方位对准一般在2~3 s内完成,以避免转弯时导弹惯性过大并保证杀伤区近界要求。导弹转弯段的结束是以弹道倾角、攻角、俯仰角速度、高度等要求为约束条件的,当上述飞行参数满足约束条件时,导弹即按规定的导引规律飞行,此时导弹的控制及运动与倾斜发射就没有什么差别了。由于导弹转弯期间以大攻角飞行,导弹阻力增加,推力的一部分用于弹道转弯,导弹的飞行弹道不像倾斜发射那样平缓,造成导弹飞行的平均速度有所减少,杀伤区近界有所增加。对特定导弹计算结果表明,对拦截空域中的高远点,垂直发射导弹的平均速度比倾斜发射小37 m/s,对低近点,垂直发射的飞行时间比倾斜发射多1 s左右。计算结果见表2-2。

表2-2 两种发射方式导弹平均速度及飞行时间比较

发射方式 参数\拦截点	垂直发射				倾斜发射			
	高远	高近	低远	低近	高远	高近	低远	低近
平均速度/(m·s⁻¹)	894	760	802	394	931	767	827	473
飞行时间/s	38.6	24.6	37.9	8.5	37.6	25.0	36.9	7.7

　　垂直发射方案设计需要研究的问题是方位对准方案设计、俯仰转弯方案设计、转弯动力方案设计等。垂直发射的关键技术是推力矢量控制技术、捷联惯导技术、亚声速大攻角气动耦合技术、自推力发射排焰技术等。

2.5.4.2　方位对准方案设计

　　方位对准指的是导弹滚动稳定控制基准对准问题。

　　对于倾斜随动发射的导弹,其方位对准是由发射架的方位随动来实现的。导弹飞行中,弹上滚动稳定控制回路使导弹保持发射时的滚动基准,或根据需要进行滚动控制(如 BTT 导弹)。对于垂直发射的导弹,仍可采用由发射装置实现射前方位对准方案。射前方位对准可减轻导弹程序转弯段的负担,对提高导弹性能有利,但发射装置增加了随动系统,射前需要一定的调转时间。飞行中方位对准是另一种常采用的方案。根据目标的实际方位,由弹上滚动稳定控制系统不断调整导弹滚动方位,实现方位对准。

　　滚动角的大小和滚动方向,在导弹发射前由发射控制系统根据目标飞行方位给出。为了进行全方位攻击,并使滚动角转动最小,应正确选择滚动方向并允许"倒飞",以图 2－4 呈 X 形布局的导弹为例,设Ⅰ为导弹滚动的基准方位,当目标来袭方向在Ⅱ,Ⅳ象限上半部分时,导弹只需沿顺时针或逆时针方向滚动一个不超过 90°的角度即可完成方位对准;若目标来袭方向在Ⅱ,Ⅳ象限下部,仍以Ⅰ为导弹滚动的基准方位,则导弹的最大滚动角可达 180°,这将增加方位对准的时间。如在这种情况下以Ⅲ作为导弹滚动的基准方位,则导弹最大滚动角为 90°,这就是所谓的"倒飞"。

　　可见在允许"倒飞"的方位对准方案中,最大滚动角不超过 90°即可实现全方位拦截。

　　"倒飞"条件的判断是由目标探测系统给出的。假设导弹垂直放置在发射平台上且Ⅰ基准指北,当目标探测系统判断目标来向与Ⅰ基准方向夹角大于 90°时,即可发出"倒飞"指令,该"倒飞"指令装定到弹载计算机上,实现导弹的"倒飞"方案飞行。同时,"倒飞"指令也送给制导站指令生成组合,使送出的导弹控制指令改变符号,以实现在指令控制段导弹的"倒飞"。

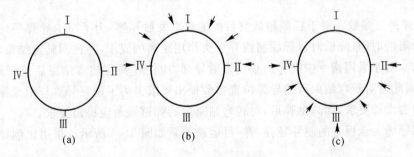

图 2－4　"倒飞"示意图

(a)Ⅰ为滚动基准;　(b)目标来袭方向在Ⅰ,Ⅱ和Ⅰ,Ⅳ象限,最大滚动角不大于 90°;

(c)目标来袭方向在Ⅱ,Ⅲ和Ⅲ,Ⅳ象限,若仍以Ⅰ为滚动基准,最大滚动角可达

180°,若以Ⅲ为滚动基准(倒飞),则最大滚动角仍为 90°

　　飞行中方位对准与俯仰转弯可同时进行(边滚边转),也可先滚后转或先转后滚,边滚边转可减少转弯对准段的飞行时间,有利于作战近界,但气动交联影响大,控制系统设计比较复杂。先滚后转的气动交联影响小,但转弯时导弹速度较大,转弯段时间增加。先转后滚同样存在气动交联大和转弯对准时间增加的问题。选择哪种转弯对准方案应结合型号具体情况,在详细

分析导弹的气动特性、控制特性、弹道特性基础上确定。

转弯与方位对准一般应在导弹起飞后 2~3 s 内完成，由于该飞行段导弹速度低，空气动力远远满足不了导弹转弯和方位对准的快速性要求，因此弹上应有专门用来转弯和方位对准的动力源。

2.5.4.3 俯仰转弯方案设计

垂直发射导弹的俯仰转弯一般采用程序控制。不同类型的导弹对转弯程序控制的要求也不相同。

1. 俯仰转弯终点参数要求

可用作转弯结束时终点控制要求的参数：

（1）导弹姿态参数。转弯结束后，导弹进入中制导或末制导飞行段，为了保证导弹的控制基准，或使半主动导引头的极化扭角在其允许范围之内，对导弹的滚动姿态需进行控制。转弯结束时的俯仰角和偏航角过大，影响到后续飞行段的飞行弹道，使需用过载增加，导弹速度损失增大；对于转弯后级间分离的导弹，使分离干扰增加。对于转弯后直接进入寻的制导的导弹，如果导弹姿态超过了导引头天线的极限偏角范围，则影响到对目标的截获。

假设某垂直发射导弹为半主动寻的导弹，程序转弯结束后要求导引头截获目标，导引头和照射雷达均采用线极化方式，经分析后认为转弯结束后的姿态参数应保证必要的精度，才能使导弹正常截获，因此选取姿态参数作为转弯控制要求，所要求的俯仰、偏航、滚动角分别为 ϑ^*，ψ^*，γ^*，则导弹转弯的控制方程可写成

$$\left. \begin{array}{l} \delta_z = K_{z_1}(\vartheta - \vartheta^*) + K_{z_2}\dot{\vartheta} \\ \delta_y = K_{y_1}(\psi - \psi^*) + K_{y_2}\dot{\psi} \\ \delta_\gamma = K_{\gamma_1}(\gamma - \gamma^*) + K_{\gamma_2}\dot{\gamma} \end{array} \right\} \qquad (2-13)$$

式（2-13）中第一项起到消除角偏差的作用；第二项可起到稳定弹体运动和改善控制品质的作用。

（2）导弹弹道参数。对于拦截超低空目标的垂直发射导弹，为了减少导弹平均速度损失，减少拦截所需的时间，降低对目标探测或导引头作用距离的要求，往往对转弯结束时的飞行高度提出要求。对于采用指令中制导的垂直发射导弹，应使导弹在转弯结束后位于跟踪器的波束范围内，因此需对转弯结束后的导弹位置参数提出要求。为了满足导弹导引规律的要求，或其他特殊弹道设计要求，如高抛弹道，对转弯结束后的弹道倾角应提出要求。

假设某导弹为全程寻的制导导弹，弹-目运动关系如图 2-5 所示。采用比例导引，其制导规律为

$$\dot{\theta} = k\dot{q} \qquad (2-14)$$

图 2-5 中 T 为目标，M 为导弹，$\dot{q}$ 为目标视线角速度。若 $\dot{q}=0$，则导弹弹道倾角变化率 $\dot{\theta}=0$，导弹沿直线飞行与目标相遇。为了实现 $\dot{q}=0$，需保证

$$v\sin(\theta - q) = v_T\sin\eta \qquad (2-15)$$

即

$$\theta = \arcsin\left(\frac{v_T}{v}\sin\eta\right) + q \qquad (2-16)$$

导弹转弯结束时，若其弹道倾角满足式（2-16）要求，则为最佳起控条件。

在建立弹上回路控制方程时,除考虑上述要求外,还
应考虑导弹的控制品质要求。

2. 转弯特性分析

合理选择俯仰转弯过程中的有关参数。满足转弯终
点参数控制要求,是俯仰转弯方案设计的基本内容。与俯
仰转弯过程有关的参数有转弯段加速度、转弯开始时间、
转弯速率控制极限、燃气舵最大偏转角等。

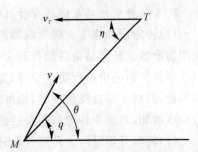

图 2-5　弹-目运动关系图

根据导弹运动方程和其他已知数据,对与俯仰转弯有
关的参数分别选取不同数值进行计算和分析,可以看出上
述诸参数变化对导弹转弯特性的影响。下面举例说明此问题。

所选择的导弹为无翼式气动布局,用四个"十"字形安排的燃气舵及空气舵产生转弯段的
控制力,燃气舵与空气舵共用一套操纵机构。转弯结束后,抛掉燃气舵以减轻质量及阻力。俯
仰转弯段之前已完成了导弹的方位对准。导弹直径为 228 mm,长细比为 18,采用单平面、三
自由度计算模型,其中两个为平移自由度,一个为俯仰转动自由度。自动驾驶仪的工作方块图
如图 2-6 所示。

其控制方程为

$$\left.\begin{aligned}\dot\vartheta_c &= K_2(\vartheta_p - \vartheta) \\ \delta &= K_1(\dot\vartheta_c - \dot\vartheta)\end{aligned}\right\} \tag{2-17}$$

式中　$\dot\vartheta_c$——俯仰角控制速率;

ϑ_p——所要求的俯仰角;

ϑ——达到的俯仰角;

$\dot\vartheta$——达到的俯仰速率;

K_2——位置增益;

K_1——速率增益;

δ——舵面和燃气舵偏角。

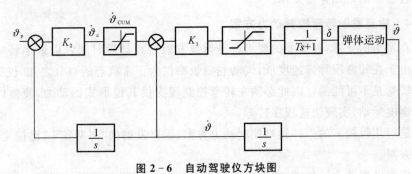

图 2-6　自动驾驶仪方块图

计算中各参数的选取范围是:

控制开始时间　　　　　　　　 $0.1\sim0.3$ s

转弯段加速度　　　　　　　　 $(20\sim30)g$

转弯速率控制极限　　　　　　 $100\sim350(°)/s$

燃气舵最大偏转角　　　　　　 $8°\sim25°$

3.各参数变化对导弹转弯特性的影响分析

(1)转弯段加速度。转弯段加速度的选择实际上是导弹推重比的选择。导弹转弯段往往采用助推器。转弯结束后助推器分离,因此转弯段加速度选择就是助推器推力大小的选择。对于倾斜发射的中远程防空导弹,为了提高导弹的平均速度,减小拦截近界,往往采用大推力助推器,但对于垂直发射导弹,助推器推力过大,则导弹转弯时速度大,导弹转弯结束时弹飞行高度增加,对减少转弯时间及拦截超低空目标是不利的,因此转弯段加速度不宜过大。

(2)转弯开始时间。转弯开始时间定义为第一次给出导弹转弯控制指令的时间。对于舰载垂直发射导弹,转弯开始时应保证导弹有一定的飞行高度,使导弹避开舰艇上层建筑并有一定的安全距离。转弯开始时间越早,导弹飞行速度越小,就越容易实现弹道的快速转弯,转弯段结束时导弹的飞行高度较低。这对于拦截超低空目标是有利的。对于其他拦截点来说,快速转弯使弹道不至于过于弯曲,对于减少由垂直发射造成的速度损失是有利的。因此一般应尽早开始转弯。

(3)转弯速率控制极限。转弯速率控制极限是自动驾驶仪的一个回路参数。一般希望转弯速率控制极限有较大数值,以增加导弹俯仰运动的快速性。计算结果表明:转弯速率控制极限增加,导弹俯仰角变化快,弹道倾角变化快,转弯结束时导弹飞行高度低,完成转弯的时间短,这些对导弹飞行性能都是有利的。但转弯速率控制极限的选取涉及控制力矩、极限攻角和测量装置等问题。

转弯速率控制极限应与转弯控制动力方案相协调,使转弯控制力矩满足转弯速率控制极限要求。如果在整个转弯过程中所需的角加速度远小于转弯控制系统所能提供的角加速度,或在整个转弯过程中所需的角加速度均大于转弯控制系统所能提供的角加速度(控制面一直处于饱和状态),则说明转弯速率控制极限与转弯控制动力方案是不协调的;大的转弯速率控制极限会使导弹转弯段产生较大的攻角,因此该数值的选取应与导弹气动所允许的极限攻角相协调;转弯速率控制极限与导弹姿态参数测量装置的量程应相协调。

(4)燃气舵最大偏转角。转弯控制力矩是由燃气舵偏转产生的。燃气舵最大偏转角应保证导弹转弯过程中的角加速度要求。

2.5.4.4 垂直发射转弯控制动力方案

对于垂直发射的导弹,最重要的要求就是导弹发射后在最短时间内以最小转弯半径完成程序转弯。由于在转弯段导弹速度低,气动舵面效率仅为正常状态的百分之几,仅靠气动力实现快速程序转弯是不可能的。因此必须在转弯控制段提供其他形式的动力,使弹体能以每秒数百度的角速度运动,实现快速程序转弯。

燃气舵是应用得较多的一种转弯控制动力方案,垂直发射的"海麻雀""巴拉克"导弹等均采用了这种方案。

燃气舵作为转弯动力控制面,在设计上有许多与气动控制面相同的问题。如要求舵面效率高,阻力小,压心变化范围小,铰链力矩小等,为此,其平面形状、剖面形状、舵面厚度、转轴位置等均需在设计中精心选择。燃气舵设计的一个突出问题是减小在高温高速燃气中舵面的冲刷和燃蚀问题。为此,燃气舵的材料一般选用耐冲刷和烧蚀的石墨、钨渗铜等,舵面前缘较钝,舵轴前部的展向尺寸较大,以减少热传导,并保证燃气舵工作过程中压心变化较小。

四个燃气舵既可同动,又可差动,以实现转弯过程中俯仰、偏航及滚动控制要求。假设以燃气舵饱和来实现快速转弯，且不计气动面的贡献，燃气舵面积 S_m 可近似求出：

$$S_m = \frac{2J_y\ddot{\vartheta}}{C_L^\delta \rho_g v_g^2 \delta_m L_g}$$

$$(2-18)$$

式中　J_y——导弹绕横轴的转动惯量；

$\quad\quad\ddot{\vartheta}$——由转弯程序要求的弹体角加速度；

$\quad\quad C_L^\delta$——燃气舵效率，即每偏转 1° 产生的控制力系数；

$\quad\quad\rho_g$——燃气密度；

$\quad\quad v_g$——燃气速度；

$\quad\quad\delta_m$——燃气舵最大偏转角；

$\quad\quad L_g$——燃气舵压心到导弹质心的距离。

用燃气舵作转弯控制动力方案的优点是结构简单，易于与气动控制面结合，可实现全姿态的稳定与控制，缺点是推力损失大（每偏转 1° 推力损失约为 1%）。燃气舵工作环境恶劣，舵效率随装药初温与燃蚀程度而变化等。为减少燃气舵对推力的损失，可在完成程序转弯后使燃气舵舱分离，或使燃气舵烧掉。

利用装在喷管出口处的扰流片阻塞部分出口通道，在喷管的膨胀锥内产生斜激波，以引起压力分布不均匀，可产生横向推力，作为转弯控制动力。这种方案的优点是作动力矩小，四个扰流片可实现全姿态的控制与稳定。缺点是推力损失大（与燃气舵相当），工作环境恶劣。垂直发射的"海狼"导弹采用了这种方案。

脉冲式小发动机可作为转弯控制动力的另一种方案。这种方案在冷发射的垂直发射导弹上可在发动机点火前将导弹姿态调转到所需方向。这种转弯控制动力方案结构上比前两种复杂。所占空间尺寸较大，转弯结束后呆重不易抛掉，但由于其控制力的产生不依赖于主发动机，避免了前两种转弯控制动力方案的缺点，特别适用于冷发射，因此是一种有前途的方案。

2.5.5　筒式发射

2.5.5.1　筒式发射的特点

对于筒式发射，导弹与发射筒组合状态是基本使用状态。导弹一般以筒弹组合状态出厂，在服役期间，运输、存放、值勤、发射等均在筒弹组合状态下进行。导弹的预防性维护也在筒弹组合状态下进行，只有在必须对导弹故障作进一步诊断及更换弹上设备时，才将导弹出筒，分解。

采用密封充气发射筒对延长导弹使用寿命有重大作用，特别是对于舰上发射的导弹，如导弹直接暴露在湿热且含盐量很高的大气中，导弹会生锈、发霉、失效。尽管在导弹设计中可以采取选用耐腐蚀的材料和元器件、表面处理或涂覆、净化厂房环境等措施，但都不能从根本上解决问题，且增加了设计制造的复杂性，增加了成本。采用筒装导弹可隔离湿热含盐大气，又利于防风沙、雨雪，对延长导弹使用寿命是有利的。

导弹在作战使用中会遇到恶劣的电磁环境，一方面作战系统中各种雷达和电子战设备会在导弹周围形成较强的电磁干扰，另一方面敌方的干扰机也会在导弹周围形成较强的电磁干扰。实测结果表明，在舰空导弹的发射装置附近的电场强度可达数百伏每米。采用屏蔽性好的发射筒可大大减少电磁干扰对筒内导弹的作用，有利于弹上电子设备的电磁兼容设计和火工品的安全设计。

导弹的弹翼或控制面在发射筒内可避免碰撞和划伤,导引头、引信、应答机天线,引信的玻璃窗口等在发射筒内可受到良好保护,避免划伤、污染。

发射筒内的适配器可减缓导弹在运输中的振动,保护发射导轨和滑块的工作表面。

基于上述特点,越来越多的导弹采用筒式发射。

2.5.5.2 筒弹组合总体设计问题

由于发射筒既是导弹运输、存放的容器,又是导弹发射的定向装置,因此应将发射筒与导弹的总体设计综合进行考虑。

发射筒筒体截面形状一般为方形或圆形。方形发射筒空间利用率好,同样的导弹采用方截面比采用圆截面大约节省 30% 的空间,这种可以在载车或载舰上装更多的导弹。

发射筒内充以干燥空气或氮气,充气压力值应保证在高温下的密封性和筒体的强度要求,充气气体的含水量与露点应与导弹使用环境相适应,一般在低温下不应出现露水。如果保证不了这一要求,应在筒体结构设计上采取措施。发射筒的密封性能主要取决于连接部分的密封性。密封性要求一般以规定周期内筒内气体的允漏量来表示。筒内气体超压值一般不大于 50 kPa,以减少发射筒的结构质量。密封性设计良好的发射筒,可以做到几个月不需补充充气,给维护使用带来了方便。

导弹靠两三个滑块与发射筒导轨相配合,导弹与导轨的关系如图 2-7 所示。当载车或载舰运动时,滑块与导轨产生相对运动,特别是当载车或载舰有横向运动时(如载舰横摇),由于导弹重力的作用,对发射导轨产生扭矩,容易破坏导轨的工作面。为了解决这一问题,往往在发射筒两侧安装适配器,使导弹牢牢夹持在筒内,避免与发射筒的相对运动,导弹发射时,适配器被导弹带出,并应在导弹起控前与导弹分离,以免造成对导弹运动影响。

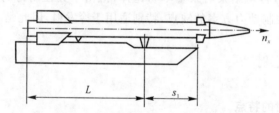

图 2-7 导弹与发射导轨的关系示意图

滑块离轨有两种方式:同时离轨和不同时离轨。两个滑块(或三个滑块的中、后滑块)同时与发射筒导轨脱开,则称同时离轨,否则称不同时离轨。滑块同时离轨后,导弹尾部尚未飞离发射筒,在重力和其他干扰作用下,导弹产生下沉及绕质心运动,设计上应避免由此产生的导弹与发射筒的碰撞。前、后滑块同时离轨时导弹的重力下沉可按下式计算:

$$\Delta h = \frac{\left(\sqrt{s_1 + L} - \sqrt{s_1}\right)^2}{n_x} \tag{2-19}$$

式中　Δh——导弹重力下沉量;

　　　s_1——滑块在导轨上的滑行距离;

　　　L——前滑块与导弹尾部距离;

　　　n_x——导弹在筒内运动的轴向过载。

导弹的电气测试与发射实施均是在筒-弹组合状态下进行的。导弹上的火工部件也是通过发射筒电路与发控设备连接的。因此发射筒电路应保证导弹测试与发射功能的实现,且有可靠的火工安全设计,在舰上发射的防空导弹往往处于恶劣的电磁环境下,电场强度可达每米上百伏,发射筒设计应考虑到这一因素,以保护筒内导弹不受损害。

导弹发射时如何飞离密闭的发射筒也是筒-弹组合总体设计中应考虑的问题。有两种可供选择的方案:一是用火工品(如爆炸螺栓、爆炸索等)连接筒体与前盖。导弹发射时,引爆火工品使前盖抛开,再点燃发动机使导弹飞离发射筒。这种方案需在发射控制程序中安排火工品引爆时间,而且需在前盖接近落地时才能使导弹飞离发射筒,这就需要一定的作战反应时间,而且火工品引爆电路应工作可靠,否则导弹就不能正常发射。另一种方案是采用易碎盖,导弹发射时冲破易碎盖飞离发射筒。这种方案避免了抛开式前盖的缺点,但对易碎盖提出了新的要求:使用维护中易碎盖应起到密封作用,且不易破碎;导弹发射后撞击易碎盖时,易碎盖应迅速破碎,且不应有残留破片留在筒上,以免对导弹造成损伤。

2.5.5.3　筒式发射动力学

筒式发射的导弹从弹道特性来看,一般可分为滑轨段、无控段(离轨后)运动和制导段运动三部分。后两部分与其他发射方式是相同的。因此筒式发射动力学研究的重点是滑轨段运动。

在仅研究导弹在滑轨段的运动位置、速度、过载等参数时,可不考虑各种干扰、气动力等因素,用式(2-11)进行计算。

在一定的假设条件下,可以利用运动方程求出导弹离轨速度的解析解。

假设:

1) 导弹推力在 t_1 时间内由零线性上升到推力最大值,然后保持推力最大值;

2) 导弹离轨时间为 t_2,且 $t_2 > t_1$,一般固体发动机的 t_1 为 0.05 s 左右,而导弹离轨时间一般大于 0.1 s;

3) 推进剂秒耗量为一常值 $\dot{m}_F$。

运动方程为

$$m\dot{v} = P - mg(f\cos \varepsilon_F + \sin \varepsilon_F) \tag{2-20}$$

导弹质量 m 与推进剂秒耗量 $\dot{m}_F$ 分别为

$$m = m_0 + \dot{m}_F t \tag{2-21}$$

$$\dot{m}_F = -m_F/t_a \tag{2-22}$$

式中　m_0——起飞质量;

　　　m_F——推进剂质量;

　　　t_a——发动机工作时间;

　　　P——发动机推力;

　　　f——摩擦因数;

　　　ε_F——发射架高低角.

发动机推力为

$$\left.\begin{array}{ll} P = P_{\max} \dfrac{t}{t_1} & (0 \leqslant t \leqslant t_1) \\ P = P_{\max} & (t_1 \leqslant t \leqslant t_L) \end{array}\right\} \tag{2-23}$$

式中　$P_{\max}$——发动机最大推力;

　　　t_L——离轨时间.

将上述各式代入运动方程并分段积分,可得导弹离轨速度为

$$v_L = v_{t_1} + \frac{P_{max}}{\dot{m}_F}[\ln(m_0 + \dot{m}_F t_L) - \ln(m_0 + \dot{m}_F t_1)] - g(f\cos\varepsilon_F + \sin\varepsilon_F)(t_L - t_1)$$

$$(2-24)$$

式中　　v_{t_1}——t_1 时刻导弹滑行速度。

$$v_{t_1} = \frac{P_{max}}{\dot{m}_F^2 t_1}\left[\dot{m}_F t_1 - m_0 \ln\left(\frac{m_0 + \dot{m}_F t_1}{m_0}\right)\right] - g(f\cos\varepsilon_F + \sin\varepsilon_F)t_1 \quad (2-25)$$

t_1 可由具体发动机特性给出,t_L 的求法如下:

t_1 时刻导弹滑行距离为

$$s_1 = \frac{P_{max}}{\dot{m}_F^2 t_1}\left\{m_0 t_1 + \frac{\dot{m}_F}{2}t_1^2 - \frac{m_0}{\dot{m}_F}[(m_0 + \dot{m}_F t_1)\ln(m_0 + \dot{m}_F t_1) - (m_0 + \dot{m}_F t_1)] - \right.$$
$$\left. \frac{m_0^2}{\dot{m}_F}[\ln(m_0 - 1)]\right\} - g(f\cos\varepsilon_F + \sin\varepsilon_F)\frac{t_1^2}{2} \quad (2-26)$$

从 t_1 时刻起,到任一 t_2 时刻导弹的滑行距离为

$$s_2 = \frac{P_{max}}{\dot{m}_F^2}\left\{[(m_0 + \dot{m}_F t_2)\ln(m_0 + \dot{m}_F t_2) - (m_0 + \dot{m}_F t_2)] - \right.$$
$$\left. [(m_0 + \dot{m}_F t_1)\ln(m_0 + \dot{m}_F t_1) - (m_0 + \dot{m}_F t_1)]\right\} -$$
$$\frac{g(f\cos\varepsilon_F + \sin\varepsilon_F)}{2}(t_2 - t_1)^2 + v_{t_1}(t_2 - t_1) \quad (2-27)$$

选取若干组 t_2 值(在初步估算值附近),可得出不同的 s_2 值,画出 $s_1 + s_2 = f(t)$ 曲线,曲线上 $s_1 + s_2 = L_{dg}$(导弹在导轨上滑行长度)所对应的时间即为离轨时间 t_L。

从导弹离轨到导弹尾部离开发射架期间的重力下沉可用式(2-19)进行估算。

当还需要研究导弹离轨的姿态参数时,上述质点运动方程就不够了。这时除研究导弹的平移运动外,还需要研究导弹的旋转运动,这种旋转运动是由推力偏心、质量偏心、导轨对滑块的摩擦力、发射架振动、导轨几何形状弯曲等因素引起的,且与滑块是否同时离轨有密切关系。在建立方程时,除考虑理想质心运动参数在动坐标系(弹体坐标系)中的投影外,还考虑了瞬时质心移动对导弹运动的影响。由于导弹在滑轨段运动时间很短,其间导弹质心变化很小(若采用外动力发射,导弹质心在滑轨段没有变化),可以不计其影响,这样可以得到导弹在滑轨段的一组六个运动方程:

$$\left.\begin{array}{l} m(\dot{v}_{x_1} + \omega_{y_1}v_{z_1} - \omega_{z_1}v_{y_1}) = \sum F_{x_1} \\[4pt] m(\dot{v}_{y_1} + \omega_{z_1}v_{x_1} - \omega_{x_1}v_{z_1}) = \sum F_{y_1} \\[4pt] m(\dot{v}_{z_1} + \omega_{x_1}v_{y_1} - \omega_{y_1}v_{x_1}) = \sum F_{z_1} \\[4pt] J_{x_1}\dot{\omega}_{x_1} = \sum M_{x_1} \\[4pt] J_{y_1}\dot{\omega}_{y_1} + (J_{x_1} - J_{z_1})\omega_{x_1}\omega_{z_1} = \sum M_{y_1} \\[4pt] J_{z_1}\dot{\omega}_{z_1} + (J_{y_1} - J_{x_1})\omega_{x_1}\omega_{y_1} = \sum M_{z_1} \end{array}\right\} \quad (2-28)$$

式中,F_{x_1},F_{y_1},F_{z_1} 和 M_{x_1},M_{y_1},M_{z_1} 分别为外力和外力矩。

在上述方程中,假设总惯性积为零,且 $J_{y_1} = J_{z_1}$。

形成方程右端的外力和外力矩的因素如下：

1. 发动机推力 P

当发动机推力线具有横移和偏斜时，其各分量为

$$\left.\begin{aligned}
P_{x_1} &= P\cos\eta_a\cos\eta_\beta \\
P_{y_1} &= P\sin\eta_a \\
P_{z_1} &= P\cos\eta_a\sin\eta_\beta \\
P_{M_{x_1}} &= P_{z_1}(e_{y_1}-\Delta y_1)-P_{y_1}(e_{z_1}-\Delta z_1) \\
P_{M_{y_1}} &= P_{x_1}(e_{z_1}-\Delta z_1)+P_{z_1}(l-x_T) \\
P_{M_{z_1}} &= -P_{y_1}(l-x_T)-P_{x_1}(e_{y_1}-\Delta y_1)
\end{aligned}\right\} \quad (2-29)$$

式中　Δy_1 —— 质心在 x_1oy_1 平面内的横移量；

$\quad\ \Delta z_1$ —— 质心在 x_1oz_1 平面内的横移量；

$\quad\ \eta_a$ —— 推力线在 x_1oy_1 平面内的偏斜角；

$\quad\ \eta_\beta$ —— 推力线在 x_1oz_1 平面内的偏斜角；

$\quad\ e_{y_1}$ —— 推力线在 x_1oy_1 平面内的横移量；

$\quad\ e_{z_1}$ —— 推力线在 x_1oz_1 平面内的横移量；

$\quad\ x_T$ —— 导弹质心位置；

$\quad\ l$ —— 喷管喉部中心到导弹头部的距离。

2. 气动力

由于滑轨段运动时导弹攻角及侧滑角均很小，可认为 $\alpha=0,\beta=0$，因此，

$$\left.\begin{aligned}
R_{x_1} &= -X \\
R_{y_1} &= 0 \\
R_{z_1} &= 0 \\
R_{M_{x_1}} &= 0 \\
R_{M_{y_1}} &= 0 \\
R_{M_{z_1}} &= 0
\end{aligned}\right\} \quad (2-30)$$

式中，X 为导弹阻力。

3. 支反力与摩擦力

设导弹在导轨中由两个滑块支撑，其支反力分别为 $N_{y_1},N_{z_1},N_{y_2},N_{z_2}$，滑块与导轨的摩擦因数为 f，则有

$$\left.\begin{aligned}
F_{x_1} &= -f(|N_{y_1}|+|N_{y_2}|+|N_{z_1}|+|N_{z_2}|) \\
F_{y_1} &= N_{y_1}+N_{y_2} \\
F_{z_1} &= N_{z_1}+N_{z_2} \\
F_{M_{x_1}} &= (N_{z_1}+N_{z_2})(R_{y_1}-\Delta y_1)+(N_{y_1}+N_{y_2})\Delta z_1 \\
F_{M_{y_1}} &= N_{z_2}h_2-N_{z_1}h_1-F_{x_1}\Delta z_1 \\
F_{M_{z_1}} &= N_{y_1}h_1-N_{y_2}h_2-F'_{x_1}(R_{y_1}-\Delta y_1)
\end{aligned}\right\} \quad (2-31)$$

式中　Δy_1——导弹质心在 $x_1 o y_1$ 平面内的横移量；

　　Δz_1——导弹质心在 $x_1 o z_1$ 平面内的横移量；

　　h_1——前滑块到质心距离；

　　h_2——后滑块到质心距离；

　　R_{y_1}——滑块与导轨作用面到导弹轴线距离。

4. 重力

重力及所形成力矩在各坐标轴上的分量为

$$\left.\begin{array}{l} G_{x_1} = -G\sin\vartheta \\[4pt] G_{y_1} = -G\cos\vartheta \\[4pt] G_{z_1} = 0 \\[4pt] G_{M_{x_1}} = 0 \\[4pt] G_{M_{y_1}} = 0 \\[4pt] G_{M_{z_1}} = 0 \end{array}\right\} \qquad (2-32)$$

由于导弹在滑轨段的运动受到导轨的限制，其运动参数 v_{y_1}，v_{z_1}，ω_{x_1}，ω_{y_1}，ω_{z_1} 与导轨的弯曲和扭转有关。在假设导轨弯曲和扭转沿导轨方向的函数关系后，上述几个参数可作为其因变量求出，这样，方程组（2-28）的未知数为 v_{x_1}，N_{y_1}，N_{z_1}，N_{y_2}，N_{z_2} 及 $\sum M_x$ 中由于导轨扭曲对导弹的作用力矩，因此由方程组（2-28）可求出所关心的导弹发射离轨参数。

应当指出：由于导弹在滑轨段的运动比较复杂，各种干扰因素及导轨限制条件难以准确地加以描述。因此，除了 v_{x_1} 之外，其他离轨参数的确定还要靠飞行试验结果来验证。某导弹在滑轨段运动距离为 2.2 m，运动时间约为 0.14 s，导弹离轨时主要参数的测量结果是，离轨速度约为 35 m/s，离轨姿态角偏差为 $1° \sim 2°$，离轨姿态角速度为 $5°/s \sim 10°/s$，初始滚动角小于 $1°$，滚动角速度为 $5°/s \sim 10°/s$。

2.5.6　活动平台发射

2.5.6.1　活动平台的特点

舰载导弹发射是典型的活动平台发射，与固定平台发射相比，活动平台上发射的导弹的运动特性不仅与导弹的动力特性有关，还取决于载舰的运动状态与导弹的发射方向。导弹的发射离轨参数，如速度、攻角、侧滑角、姿态角、姿态角速度等均与载舰的运动特性有关。载舰的运动特性——横摇、纵摇、艏摆、升沉等均与所处的海情有关，也与载舰本身特性有关。因此，研究载舰的运动规律是研究舰上发射动力学的前提和重要内容。

在发射方案研究中，一般将载舰运动分成三部分：

1）舰艇的航速，其方向沿舰艏，大小由舰艇的具体作战使用情况而定；

2）舰艇在海浪作用下的升沉运动，其运动方向与甲板平面垂直，大小由作战海情决定；

3）舰艇在海浪作用下的摇摆运动，又可分解成绕舰体纵轴的横摇、绕舰体横轴的纵摇和绕舰体甲板平面垂直轴的艏摇。可将舰艇摇摆运动看成是横摇、纵摇、艏摇三个简谐振荡的合成，这三种简谐振荡为

$$A_i = A_{i\max}\left(\frac{2\pi t}{T_i} + \varphi_0\right) \tag{2-33}$$

式中　　$A_{i\max}$——最大摇摆角；

　　　　T_i——摇摆周期；

　　　　φ_0——初始相位角，由海情决定。

在对导弹发射离轨特性进行计算时，应按作战使用的最大海情考虑。一般舰载导弹的作战海情为 4～6 级。

用掠海导弹攻击海面舰艇是现代海上作战的一个特点。舰空导弹一般应具有攻击掠海目标的能力。现代舰艇上都配备多种兵器，有多种目标探测和导弹制导设备，因此在舰船甲板上有复杂的实物背景，如炮塔、指挥台、雷达天线等。导弹发射离轨到飞离舰船甲板之前应避免与这些上层建筑相碰，且不影响它们的正常工作。对于垂直发射的导弹，开始转弯时刻的选择应考虑这一因素。对于舰上倾斜发射的导弹，不同射击方位有不同实物背景，因此存在禁射方位，在允许射击方位也存在最低允许射角，这就是舰上倾斜发射的安全射界分析问题。

上面提到的三个与活动平台发射相关的问题 —— 舰船运动模型、在平台运动条件下导弹发射动力学、安全射界设计，是活动平台发射方案设计中应研究的问题。

2.5.6.2　活动平台发射动力学

1. 活动平台发射动力学研究的问题

以舰上倾斜发射为例研究活动平台发射动力学问题。当活动平台不运动时，即舰艇航速为零，没有升沉和摇摆。导弹发射动力学问题的研究方法与 2.5.3 节和 2.5.5 节介绍的方法相同。

活动平台发射动力学所研究的问题是，舰艇运动对导弹离轨参数有什么影响，所研究的离轨参数：

1）导弹的绝对离轨速度 v_a；

2）导弹的离轨姿态 ϑ, ψ, γ；

3）导弹离轨时的攻角 α，侧滑角 β，弹道倾角 θ 和弹道偏角 ψ_c；

4）导弹离轨角速度 $\bar{\omega}$。

为研究方便起见，假设：

1）导弹前后滑块同时离轨；

2）导弹在导轨内仅有沿导轨方向的运动；

3）不计发射架跟踪对导弹离轨参数的影响。

2. 坐标系及坐标转换矩阵

（1）采用的坐标系。

1）地面坐标系。原点在发射架导轨端点在水平面上的投影，ox_d 轴为发射装置导轨在水平面的投影，向前为正；oy_d 轴垂直 ox_d 向上为正；oz_d 轴与 $ox_d y_d$ 平面垂直并构成右手坐标系。

2）舰艇坐标系。原点在舰艇摇摆中心；ox_J 指向舰艏，oy_J 轴垂直于 ox_J 轴向上，oz_J 轴与 $ox_J y_J$ 平面垂直并构成右手坐标系。

3）弹体坐标系。原点在导弹质心上，ox_T 轴为导弹纵轴，oy_T 轴在导弹纵向对称平面内垂直于 ox_T 轴向上，oz_T 轴垂直于 $ox_T y_T$ 平面并构成右手坐标系。

4）发射坐标系。原点在发射导轨中心线与舰艇甲板平面交点上，三个轴 ox_F, oy_F, oz_F 的指向与弹体坐标系相同。

(2) 各坐标系间的变换矩阵。

1) 舰艇坐标系与地面坐标系间的变换矩阵。设舰艇坐标系与地面坐标系之间的三个欧拉角为 ψ_J, ϑ_J, γ_J, 则舰艇坐标系到地面坐标系的变换矩阵 $\boldsymbol{L}_J^d$ 为

$$\begin{bmatrix} x_d \\ y_d \\ z_d \end{bmatrix} = \begin{bmatrix} A_{11} & A_{12} & A_{13} \\ A_{21} & A_{22} & A_{23} \\ A_{31} & A_{32} & A_{33} \end{bmatrix} \begin{bmatrix} x_J \\ y_J \\ z_J \end{bmatrix}$$

式中

$$A_{11} = \cos \psi_J \cos \vartheta_J$$
$$A_{12} = -\cos \psi_J \sin \vartheta_J \cos \gamma_J + \sin \psi_J \sin \gamma_J$$
$$A_{13} = \cos \psi_J \sin \vartheta_J \sin \gamma_J + \sin \psi_J \cos \gamma_J$$
$$A_{21} = \sin \vartheta_J$$
$$A_{22} = \cos \vartheta_J \cos \gamma_J$$
$$A_{23} = -\cos \vartheta_J \sin \gamma_J$$
$$A_{31} = -\sin \psi_J \cos \vartheta_J$$
$$A_{32} = \sin \psi_J \sin \vartheta_J \cos \gamma_J + \cos \psi_J \sin \gamma_J$$
$$A_{33} = -\sin \psi_J \sin \vartheta_J \sin \gamma_J + \cos \psi_J \cos \gamma_J$$

2) 弹体坐标系与舰艇坐标系间的变换矩阵。设导弹发射时发射架导轨在舰面上的投影与舰艇纵轴夹角为 ψ_F, 与甲板平面夹角为 ϑ_F, 则弹体坐标系与舰艇坐标系的变换矩阵 $\boldsymbol{L}_T^J$ 为

$$\begin{bmatrix} x_J \\ y_J \\ z_J \end{bmatrix} = \begin{bmatrix} \cos \vartheta_F \cos \psi_F & -\sin \vartheta_F \cos \psi_F & \sin \psi_F \\ \sin \vartheta_F & \cos \vartheta_F & 0 \\ -\cos \vartheta_F \sin \psi_F & \sin \vartheta_F \sin \psi_F & \cos \psi_F \end{bmatrix} \begin{bmatrix} x_T \\ y_T \\ z_T \end{bmatrix}$$

3) 弹体坐标系与地面坐标系间的变换矩阵。由 1)、2) 的推导可得到弹体坐标系到地面坐标系的变换矩阵 $\boldsymbol{L}_T^d$ 为

$$\boldsymbol{L}_T^d = \boldsymbol{L}_J^d \boldsymbol{L}_T^J \tag{2-34}$$

3. 导弹的离轨速度

导弹离轨时其质心对地面坐标系的速度为绝对离轨速度。绝对离轨速度等于相对离轨速度与牵连离轨速度的合成。牵连离轨速度由三部分组成:由舰艇航速产生的牵连速度、由舰艇摇摆产生的牵连速度及由舰艇升沉产生的牵连速度,即

$$\boldsymbol{v}_a = \boldsymbol{v}_r + \boldsymbol{v}_J + \boldsymbol{v}_{\omega_J} + \boldsymbol{v}_{JSC} \tag{2-35}$$

式中　　$\boldsymbol{v}_a$——绝对离轨速度;

$\boldsymbol{v}_r$——相对离轨速度;

$\boldsymbol{v}_J$——由舰艇航速产生的牵连速度;

$\boldsymbol{v}_{\omega_J}$——由舰艇摇摆产生的牵连速度;

$\boldsymbol{v}_{JSC}$——由舰艇升沉产生的牵连速度。

相对离轨速度沿发射坐标系的 ox_F 方向,其在地面坐标系中的分量为

$$\begin{bmatrix} v_{r_{x_d}} \\ v_{r_{y_d}} \\ v_{r_{z_d}} \end{bmatrix} = \boldsymbol{L}_T^d \begin{bmatrix} v_r \\ 0 \\ 0 \end{bmatrix} = \boldsymbol{L}_J^d \boldsymbol{L}_T^J \begin{bmatrix} v_r \\ 0 \\ 0 \end{bmatrix} \qquad (2-36)$$

舰艇航行速度沿舰艏方向,其在地面坐标系中的分量为

$$\begin{bmatrix} v_{J_{x_d}} \\ v_{J_{y_d}} \\ v_{J_{z_d}} \end{bmatrix} = \boldsymbol{L}_J^d \begin{bmatrix} v_J \\ 0 \\ 0 \end{bmatrix} \qquad (2-37)$$

由舰艇摇摆产生的牵连速度为

$$\boldsymbol{v}_{\omega J} = \boldsymbol{\omega}_J \times \boldsymbol{\rho}$$

式中　　$\boldsymbol{\omega}_J$——舰艇摇摆角速度;

　　　　$\boldsymbol{\rho}$——由摇摆中心到导弹离轨时质心的矢径。

把 $\boldsymbol{\omega}_J$ 和 $\boldsymbol{\rho}$ 写成在地面坐标系中的分量形式,有

$$\left. \begin{aligned} v_{\omega J_{x_d}} &= \omega_{J_{y_d}} \rho_{z_d} - \omega_{J_{z_d}} \rho_{y_d} \\ v_{\omega J_{y_d}} &= \omega_{J_{z_d}} \rho_{x_d} - \omega_{J_{x_d}} \rho_{z_d} \\ v_{\omega J_{z_d}} &= \omega_{J_{x_d}} \rho_{y_d} - \omega_{J_{y_d}} \rho_{x_d} \end{aligned} \right\} \qquad (2-38)$$

$\omega_{J_{x_d}}, \omega_{J_{y_d}}, \omega_{J_{z_d}}$ 与欧拉角导数 $\dot{\psi}_J, \dot{\vartheta}_J, \dot{\gamma}_J$ 的关系为

$$\left. \begin{aligned} \omega_{J_{x_d}} &= \dot{\vartheta}_J \sin \psi_J + \dot{\gamma}_J \cos \psi_J \cos \vartheta_J \\ \omega_{J_{y_d}} &= \dot{\psi}_J + \dot{\gamma}_J \sin \vartheta_J \\ \omega_{J_{z_d}} &= \dot{\vartheta}_J \cos \psi_J - \dot{\gamma}_J \sin \psi_J \cos \vartheta_J \end{aligned} \right\} \qquad (2-39)$$

$\rho_{x_d}, \rho_{y_d}, \rho_{z_d}$ 与 $\boldsymbol{\rho}$ 在舰艇坐标系中三个分量 $\rho_{x_J}, \rho_{y_J}, \rho_{z_J}$ 的关系为

$$\begin{bmatrix} \rho_{x_d} \\ \rho_{y_d} \\ \rho_{z_d} \end{bmatrix} = \boldsymbol{L}_J^d \begin{bmatrix} \rho_{x_J} \\ \rho_{y_J} \\ \rho_{z_J} \end{bmatrix} \qquad (2-40)$$

舰艇升沉运动沿 oy_J 方向,设升沉速度为 $v_{y_{JSC}}$,$v_{y_{JSC}}$ 在舰艇坐标系中为

$$\boldsymbol{v}_{y_{JSC}} = \begin{bmatrix} 0 \\ v_{y_{JSC}} \\ 0 \end{bmatrix} \qquad (2-41)$$

其在地面坐标系中的分量为

$$\begin{bmatrix} v_{JSC_{x_d}} \\ v_{JSC_{y_d}} \\ v_{JSC_{z_d}} \end{bmatrix} = \boldsymbol{L}_J^d \begin{bmatrix} 0 \\ v_{y_{JSC}} \\ 0 \end{bmatrix} \qquad (2-42)$$

将式(2-36)、式(2-37)、式(2-38)、式(2-42)相加,可得到在舰艇运动条件下的绝对离轨速度:

$$\begin{bmatrix} v_{a_{x_d}} \\ v_{a_{y_d}} \\ v_{a_{z_d}} \end{bmatrix} = \boldsymbol{L}_J^d \boldsymbol{L}_T^J + \begin{bmatrix} v_r \\ 0 \\ 0 \end{bmatrix} + \boldsymbol{L}_J^d \begin{bmatrix} v_J \\ 0 \\ 0 \end{bmatrix} + \begin{bmatrix} \omega_{J_{y_d}} \rho_{z_d} - \omega_{J_{z_d}} \rho_{y_d} \\ \omega_{J_{z_d}} \rho_{x_d} - \omega_{J_{x_d}} \rho_{z_d} \\ \omega_{J_{x_d}} \rho_{y_d} - \omega_{J_{y_d}} \rho_{x_d} \end{bmatrix} + \boldsymbol{L}_J^d \begin{bmatrix} 0 \\ v_{y_{JSC}} \\ 0 \end{bmatrix} \quad (2-43)$$

只要知道舰艇航速、升沉速度、摇摆角速度、相对离轨速度及离轨时导弹质心到舰艇摇摆中心的距离,就可由式(2-43)求解导弹的绝对离轨速度。

(1)离轨时导弹的姿态角 ϑ, ψ, γ。由 $\boldsymbol{L}_J^d \boldsymbol{L}_T^J = \boldsymbol{L}_T^d$,可得出 ϑ, ψ, γ 的表达式。

$\boldsymbol{L}_T^d$ 为弹体坐标系到地面坐标系的变换矩阵,$\boldsymbol{L}_T^d$ 表达式为

$$\begin{bmatrix} x_d \\ y_d \\ z_d \end{bmatrix} = \begin{bmatrix} \cos\psi\cos\vartheta & \sin\psi\sin\gamma - \cos\psi\sin\vartheta\cos\gamma & \sin\psi\cos\gamma + \cos\psi\sin\vartheta\sin\gamma \\ \sin\vartheta & \cos\vartheta\cos\gamma & -\cos\vartheta\sin\gamma \\ -\sin\psi\cos\vartheta & \cos\psi\sin\gamma + \sin\psi\sin\vartheta\cos\gamma & \cos\psi\cos\gamma - \sin\psi\sin\vartheta\sin\gamma \end{bmatrix} \begin{bmatrix} x_T \\ y_T \\ z_T \end{bmatrix}$$

ϑ, ψ, γ 的表达式可由 $\boldsymbol{L}_J^d \boldsymbol{L}_T^J = \boldsymbol{L}_T^d$ 导出。

(2)导弹离轨时的 α, β, θ 和 ψ_c。设导弹绝对离轨速度在弹体坐标系上的分量为 $v_{a_{x_T}}, v_{a_{y_T}}, v_{a_{z_T}}$,有

$$\begin{bmatrix} v_{a_{x_T}} \\ v_{a_{y_T}} \\ v_{a_{z_T}} \end{bmatrix} = (\boldsymbol{L}_T^d)^T \begin{bmatrix} v_{a_{x_d}} \\ v_{a_{y_d}} \\ v_{a_{z_d}} \end{bmatrix} \quad (2-44)$$

式中,$(\boldsymbol{L}_T^d)^T$ 为 $\boldsymbol{L}_T^d$ 的转置矩阵。

$$\alpha = \arcsin\left(-\frac{v_{a_{y_T}}}{v_{a_T}}\right) \quad (2-45)$$

$$\beta = \arcsin\frac{v_{a_{z_T}}}{v_{a_T}\cos\alpha} \quad (2-46)$$

$$\theta = \arcsin\frac{v_{a_{yd}}}{v_{a_T}} \quad (2-47)$$

$$\psi_c = \arcsin\left(-\frac{v_{a_{z_d}}}{v_{a_T}\cos\theta}\right) \quad (2-48)$$

式中
$$v_{a_T} = \sqrt{v_{a_{x_T}}^2 + v_{a_{y_T}}^2 + v_{a_{z_T}}^2} \quad (2-49)$$

(3)导弹离轨角速度 ω

$$\begin{bmatrix} \omega_{x_T} \\ \omega_{y_T} \\ \omega_{z_T} \end{bmatrix} = \boldsymbol{L}_J^T \begin{bmatrix} \omega_{J_{x_J}} \\ \omega_{J_{y_J}} \\ \omega_{J_{z_J}} \end{bmatrix} = \boldsymbol{L}_J^T \begin{bmatrix} \dot{\psi}_J\sin\vartheta_J + \dot{\gamma}_J \\ \dot{\vartheta}_J\sin\gamma_J + \dot{\psi}_J\cos\vartheta_J\cos\gamma_J \\ \dot{\vartheta}_J\cos\gamma_J - \dot{\psi}_J\cos\vartheta_J\sin\gamma_J \end{bmatrix} \quad (2-50)$$

式中 $\omega_{x_T}, \omega_{y_T}, \omega_{z_T}$ ——导弹绕质心转动角速度在弹体坐标系中的三个分量;

$\omega_{J_{x_J}}, \omega_{J_{y_J}}, \omega_{J_{z_J}}$ ——舰艇摆角速度在舰艇坐标系中的三个分量;

$\boldsymbol{L}_J^T = (\boldsymbol{L}_T^J)^T$。

2.5.6.3　安全射界设计

安全射界设计是指在不同的射击方向上允许的导弹最小发射角,安全射界设计的任务是根据弹道特性分析结果确定在不同射击方位的最低射角并编制相应的作战软件。

严格地说,倾斜发射的导弹都存在安全射界问题。例如固定平台倾斜发射,由于发射平台周围地形、地物的影响,可能对最低射角有所限制。但固定平台发射装置地物环境是可以选择的,发射装置也可位于地势较高的场地,因此对于固定平台发射,安全射界是容易保证的。

对于活动平台发射,特别是对于舰上倾斜发射安全射界问题就变得十分突出。安全射界设计的先决条件是找出影响导弹安全射界的各种因素。对舰空导弹来说,这些因素一般包括:

1) 发射装置在载舰上的位置;

2) 载舰上层建筑各设备尺寸及位置。对于其中的活动部件(如炮塔),还包括其在导弹发射时所处的位置;

3) 弹体结构、发动机制造几何偏差;

4) 目标运动参数;

5) 发射架运动规律;

6) 载舰行进、摇摆、升沉特性;

7) 风速、风向等。

安全射界设计方法有两种:一种是弹道计算法,另一种是回归分析法。

弹道计算法是对不同射向选取若干组射角进行弹道计算,直至所选取的最低射角满足规定的要求为止。由于影响弹道特性的因素多,它们的不同组合就有不同的弹道,因此计算工作量大,但若数学模型及计算条件合理,可以得到准确的结果。

回归分析法是在计算一定数量的基准弹道的基础上进行弹道拟合,在考虑最严重计算条件的情况下,拟合弹道是高低角、方位角及时间的函数:

$$\left. \begin{array}{l} x = f_1(t, \varepsilon, q) \\ y = f_2(t, \varepsilon, q) \\ z = f_3(t, \varepsilon, q) \end{array} \right\} \tag{2-51}$$

式中　x, y, z——导弹质心位置;

　　　　ε——高低角;

　　　　q——方位角。

在采用多项式拟合,且仅取 t, ε, q 的 $1 \sim 3$ 次项及其组合的条件下,拟合多项式为(以 y 为例):

$$y = \beta_0 + \sum_1^{36} F_i(t, \varepsilon, q) \tag{2-52}$$

将式(2-52)中每一项都看作一个变量 x_i 与其系数 β_i 之积,即令

$$\beta_i x_i = F_i(t, \varepsilon, q) \tag{2-53}$$

其中 x_i 是 t, ε, q 的 $1 \sim 3$ 次项及其组合项。拟合多项式可写成

$$y = \beta_0 + \sum_1^{36} \beta_i x_i \tag{2-54}$$

利用最小二乘法确定回归系数 β_i 后,可以得到拟合弹道的具体公式。

计算结果表明:在合理选择基准弹道的条件下,用回归分析法进行安全射界设计既可以得到符合工程要求的设计结果,又可以大大节省计算工作量。

思 考 题

1. 试述战术技术要求的定义及其主要内容。

2. 研制任何一种武器系统,为什么应首先从研究、分析目标特性开始? 为设计空空、地空导弹,应着重了解空中目标哪些主要特征?

3. 试述垂直发射与倾斜发射的优、缺点。

4. 倾斜发射的主要设计参数有哪些? 导弹离轨速度选择的依据是什么? 增加离轨速度的途径有哪些?

5. 垂直发射的主要技术难点是什么? 采用何种措施解决?

6. 试问活动平台发射有哪些特殊问题需仔细分析并加以解决的? 阐述其理由。

第3章 导弹主要参数设计

3.1 概 述

导弹总体参数设计是导弹设计过程中首先遇到的问题,它的任务就是根据导弹系统的战术技术指标,合理地确定导弹的主要总体参数,有了估算的总体参数,就可以利用仿真程序验证参数的正确性或进一步调整。

总体主要参数除与战术技术要求有关外,还与气动参数等有关,同时这些参数彼此之间相互影响,密切相关,因此,导弹总体参数选择与构形设计是一个反复迭代逐次逼近的过程。特别是对于采用吸气式发动机的新型高速飞行器来说,由于其外形部件及设备安装、各部件的相互位置对导弹气动性能、总体性能和动力性能的影响非常敏感,必须一开始就采用一体化设计的方法进行总体参数的选择和构形设计,一体化设计参数中,包括了各外形部件及弹上设备的主要性能和几何参数。当外形部件或弹上设备位置或几何参数或性能参数变化时,将引起总体参数的一系列变化。显然,导弹总体参数和构形设计的好坏,将直接影响到导弹的稳定性和机动性,也将影响到对目标拦截的制导精度和摧毁概率,因此,导弹总体参数选择与构形设计是非常复杂的,是一种反复迭代和逐步接近的过程,需要综合平衡各方面的要求,来满足战术技术指标的要求。

总体参数确定与构形设计所涉及的内容、程序及相互关系见图3-1。

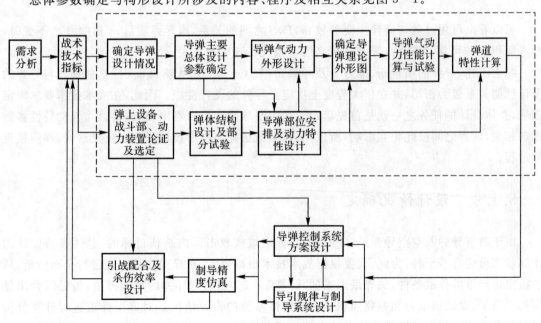

图3-1 导弹总体参数与构形设计的程序框图

3.1.1 导弹总体参数

导弹总体参数是指与导弹飞行性能关系密切的参数,其中最主要的一般可归纳为导弹的质量 m,发动机推力 P 和导弹的参考面积 S。参考面积一般取弹翼面积或弹身最大横截面积。下面简单分析一下这几个主要参数与导弹飞行性能的关系。众所周知,导弹的飞行性能主要是指导弹的射程 L,飞行高度 y,飞行速度 v 和导弹的机动性,机动性通常用可用过载表示。导弹总体主要参数与其飞行性能的关系可以通过导弹的纵向运动方程看出。

设 X 为导弹的阻力,θ 为弹道倾角,则导弹纵向运动方程为

$$m\frac{\mathrm{d}v}{\mathrm{d}t} = P\cos\alpha - X - mg\sin\theta$$

通常导弹的攻角不大,$\cos\alpha \approx 1$,上式可简化为

$$\frac{\mathrm{d}v}{\mathrm{d}t} = \frac{P}{m} - \frac{X}{m} - g\sin\theta$$

则

$$v_{\mathrm{k}} = \int_0^{v_{\mathrm{k}}}\mathrm{d}v = \int_0^{t_{\mathrm{k}}}\left(\frac{P}{m} - \frac{\rho v^2 SC_x}{2m} - g\sin\theta\right)\mathrm{d}t$$

式中,v_{k},t_{k} 分别为发动机工作结束时的飞行速度和飞行时间,可以看出,导弹速度的变化在很大程度上取决于导弹推力、阻力与质量之比值。又因为导弹的射程 $L = \int_0^t v\mathrm{d}t$,故上述比值也间接地在很大程度上决定了导弹的射程。

另外,导弹的可用过载是有翼导弹机动性的重要指标,从可用过载表达式:

$$n_{ya} = \frac{\dfrac{1}{2}\rho v^2 C_y S + P\dfrac{\alpha}{57.3}}{mg}$$

可以看出可用过载与导弹主要参数 m,P,S 之间的关系,当导弹质量 m 和推力 P 不变时,参考面积 S 与可用过载 n_{ya}、导弹飞行高度 y 及飞行速度 v 有关。

综上所述,导弹的质量 m、推力 P 及弹翼面积 S(或弹身最大横截面积)这些参数与导弹的飞行性能关系极为密切,并在很大程度上决定了导弹的飞行性能。因此,在战术技术要求确定之后,总体设计的任务之一就是首先确定上述主要参数。可以看出,总体参数与气动特性参数密切相关,两者之间彼此相互影响,所以,总体参数选择与构形设计是一个反复迭代、逐步接近的过程。

3.1.2 设计情况确定

由于防空导弹及空空导弹是在一定的作战空域或攻击区内杀伤目标的,总体参数设计的计算状态可能有若干种,为此,就要根据战术技术指标要求,对导弹作战过程进行全面分析,从中找出最严重的作战条件,选择最困难的"计算"状态,即确定导弹的典型弹道,最后综合出导弹起飞质量、发动机推力和弹翼面积等主要总体参数的设计情况。对典型弹道进行计算分析可以避免全部作战空域导弹总体参数设计的烦琐过程。

所谓典型弹道,是指代表"最严重"设计情况的弹道,按它进行设计,则可以满足在导弹杀伤区(或攻击区)内所有弹道的要求。通常,设计情况有以下两种。

(1) 对导弹能量需求最大的弹道。

(2) 对导弹可用过载与需用过载的供需矛盾最大的弹道。

3.1.2.1　地空导弹的典型弹道

一般来讲,地空导弹的典型弹道有三条,如图 3-2 所示。

高近弹道(01)—— 最大高度,最小斜射程;

高远弹道(02)—— 最大高度,最大斜射程;

低远弹道(03)—— 最小高度,最大斜射程。

从耗油量的严重情况来讲,显然,高远弹道与低远弹道是燃料质量的设计情况。通常,依高远弹道进行设计计算,按低远弹道进行校核计算。

从弹翼面积来讲,通常,高近弹道是弹翼面积的设计情况。

弹翼的主要功用是用来产生足够的法向力 Y,使导弹在攻击目标过程中的可用过载 n_{ya} 大于需用过载 n_{yn}。由图 3-2 可看出,在目标高度和速度一定的条件下,导弹与目标的遭遇斜距越小,弹道越弯曲,弹道的需用过载越大,即

$$n_{yn1} > n_{yn2}, \quad n_{yn4} > n_{yn3}$$

另一方面,从可用过载来看,由于高空与低空的空气密度 ρ 相差很大,而"1"点的导弹速度小于"2"点的速度,"1"点的导弹质量又大于"2"点的导弹质量,故由可用过载近似表达式

$$n_{ya} \approx \frac{Y}{mg} = \frac{\frac{1}{2}\rho v^2 C_{y\max} S}{mg}$$

看出,一般来讲,"1"点的可用过载比其余两条典型弹道的可用过载要小。这样,综合来看,"1"点的需用过载大,而可用过载小,故高近弹道(01)是考虑导弹机动性,即弹翼面积 S 的主要设计情况。

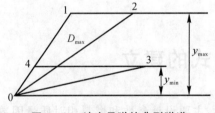

图 3-2　地空导弹的典型弹道

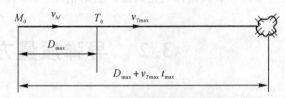

图 3-3　空空导弹尾部攻击弹道

以上分析有一定局限性,对于不同的导引方法,可能出现不同的情况。例如采用三点法导引,将在最大高度上的"1"点和"2"点之间出现一条 $(n_{yn}/n_{ya})_{\max}$ 点为设计情况的弹道,这时,就应以此弹道为基准考虑弹翼面积的设计情况。然而,这并不排斥高近弹道仍应作为弹翼面积的设计情况之一。

以上讨论的是对全程主动段攻击目标的中远程地空导弹而言的,对于采用被动段攻击的地空近程防空导弹,在被动段攻击目标时,因作战距离增加导致速度下降,同样在作战高界,其远界的可用过载要比近界低,尽管高近界弹道的需用过载要大些,但综合结果,仍可能在高远界点是确定弹翼面积的一种设计情况。

3.1.2.2 空空导弹的典型弹道

1.考虑燃料消耗量的严重情况

这时,导弹应取最低作战高度(一般可取高度为 3 km)、最大射击距离 D_{max}、尾追攻击、目标以最大速度 v_{Tmax} 直线飞行的状态作为考虑燃料消耗的设计情况。如图 3-3 所示,图中,t_{max} 为导弹从发射至命中目标的最大飞行时间,M_0,T_0 为发射时导弹与目标的位置,v_M 为导弹速度。

2.弹翼面积的设计情况

(1)当导弹只具有在目标尾部攻击能力时,应选取最大作战高度 y_{max}、最小射击距离 D_{min}、最大攻击角 q_{max} 和目标以最大内机动飞行作为考虑弹翼面积的主要设计情况,如图 3-4 所示,图中 R_{Tmin} 为目标最小转弯半径。

(2)当导弹具有迎面攻击和离轴发射能力时,应该选取最大作战高度 y_{max}、最小射击距离 D_{min}、最大离轴角 β_{max}、导弹与目标迎击时的情况作为考虑弹翼面积的主要设计情况,如图 3-5 所示。

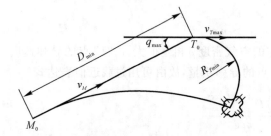

图 3-4　空空导弹尾部攻击机动目标的弹道

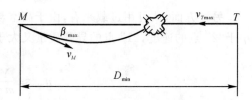

图 3-5　空空导弹迎面攻击弹道

以上讨论了地空导弹和空空导弹的典型弹道,至于弹道导弹和巡航导弹,在一般情况下,对应于射程最大的弹道是其最严重的情况。

3.2　导弹质量方程式的建立

质量方程是表征导弹发射质量、有效载荷、结构特性、主要设计参数和燃料相对质量因数之间关系的数学表达式。

在设计之初,估算导弹的质量比较困难,在没有原型弹作参考的情况下,要确定各种设备及结构质量困难就更大。因此,就需要找出一种妥善的方法,利用已有的经验来解决这个问题。

导弹总质量是由其各部分质量组成的。每一部分质量都与导弹的战术技术性能及其某些主要参数有密切的联系。为此,将各部分质量用导弹性能参数和主要参数来表示,并且将各部分质量综合在一起,组成导弹的质量方程,以求得它们与导弹总质量的关系。

导弹上所采用的发动机有液体火箭发动机、固体火箭发动机和空气喷气发动机等,而动力装置的类型决定了其结构质量和燃料的质量,下面以两级有翼导弹为例建立其质量方程。

3.2.1　固体火箭发动机导弹质量方程

通常，二级有翼导弹由助推器和第二级（主级）组成，因此，其发射质量 m_0 可表示为下列形式：

$$m_0 = m_1 + m_2 \tag{3-1}$$

式中　　m_1——导弹助推器质量；

$\quad\quad m_2$——导弹第二级的质量。

助推器质量 m_1 由助推器燃料质量 m_{F1} 和结构质量 m_{en1} 组成，表示为

$$m_1 = m_{F1} + m_{en1} \tag{3-2}$$

助推器结构质量一般为助推器质量的 $20\% \sim 30\%$，那么选取 25%，则把助推器质量表示为燃料质量关系

$$m_1 = \frac{m_{F1}}{1 - 0.25} = 1.33 m_{F1} \tag{3-3}$$

3.2.2　液体火箭发动机导弹质量方程

导弹第二级的质量 m_2 通常是由导弹的有效载荷 m_P（包括战斗部的质量 m_A 和制导系统的质量 m_{cs}）、弹体结构质量 m_S 和动力装置质量 m_g 及燃料质量 m_F 等部分组成的，故可用下式表示：

$$m_2 = m_P + m_S + m_g + m_F$$

式中，弹体结构质量 m_S 是由弹身质量 m_B、弹翼质量 m_W、舵面质量 m_R 和操纵机构的质量 m_{cs1} 等组成的。可用下式表示：

$$m_S = m_B + m_W + m_R + m_{cs1}$$

动力装置质量 m_g 是由推力室质量 m_{es} 和燃料输送系统质量 m_{ts} 等组成的，可用下式表示：

$$m_g = m_{es} + m_{ts}$$

则

$$m_2 = m_P + m_B + m_W + m_R + m_{cs1} + m_{es} + m_{ts} + m_F \tag{3-4}$$

将式（3-4）的左右两边各除以 m_2，则得相对质量的表达式

$$1 = \frac{m_P}{m_2} + \bar{m}_B + \bar{m}_W + \bar{m}_R + \bar{m}_{cs1} + \bar{m}_{es} + \bar{m}_{ts} + \bar{m}_F = \frac{m_P}{m_2} + \sum_i \bar{m}_i \tag{3-5}$$

式中，$\bar{m}_i$ 表示相应导弹各部分质量与第二级总质量 m_2 的比值，i 分别代表 B，W，$\cdots$，es，$\cdots$。

上述各项相对质量与导弹战术飞行性能、所采用的各部分设备的类型和特性以及某些主要参数有关。定义如下：

（1）　$\quad \bar{m}_F = \dfrac{m_F}{m_2} = k_F \mu_k$

式中　　μ_k——由导弹战术飞行性能决定的燃料相对质量因数。它是一个很重要的参数，后面专门讨论。

$\quad\quad k_F$——由于在计算燃料相对质量因数 μ_k 的过程中进行了一些假设，考虑到这些假设及

计算误差等因素后所必需的燃料贮备因数,一般由经验决定。

(2)
$$\overline{m}_{es} = \frac{m_{es}}{m_2} = \frac{m_{es}}{P}\frac{Pg}{m_2 g} = r_{es}\overline{P}g = K_{es}$$

式中　K_{es}——推力室的相对质量因数;

　　　r_{es}——产生单位推力所需推力室的质量,它与发动机的类型、性能、材料及工作条件等有关。在一定条件下,该值较稳定;

　　　$\overline{P} = \dfrac{P}{m_2 g}$——推重比,它与导弹战术飞行性能有关。它是一个主要参数。此参数反映导弹加速度的大小,后面将讨论如何确定。

(3)
$$\overline{m}_{ts} = \frac{m_{ts}}{m_2} = \frac{m_{ts}}{P}\frac{Pg}{m_2 g} = r_{ts}\overline{P}g = K_{ts}$$

式中　K_{ts}——燃料输送系统的相对质量因数;

　　　r_{ts}——产生单位推力所需的燃料输送系统质量,它与输送系统类型、流量和燃料比冲等有关。

(4)
$$\overline{m}_B = \frac{m_B}{m_2} = K_B$$

式中,K_B 为弹身的相对质量因数,与导弹的过载、弹身结构形式等有关。

(5)
$$\overline{m}_w = \frac{m_w}{m_2} = \frac{m_w g}{S}\frac{S}{m_2 g} = \frac{q_w}{p_0} = K_w$$

式中　K_w——弹翼的相对质量因数;

　　　q_w——单位翼面面积上的结构自重。它与弹翼的结构形式、材料及要求承受的最大载荷有关;

　　　$p_0 = \dfrac{m_2 g}{S}$——单位翼面面积上的载荷,一般称为翼载(或翼负荷)。它反映了导弹的机动性和一定程度的气动性能。它也是后面将专门讨论的一个主要参数。

(6)
$$\overline{m}_R = \frac{m_R}{m_2} = \frac{m_R g}{S_R}\frac{S}{m_2 g}\frac{S_R}{S} = \frac{q_R}{p_0}\overline{S}_R = K_R$$

式中　K_R——舵面的相对质量因数;

　　　q_R——单位舵面面积上的结构自重;

　　　$\overline{S}_R$——舵面的相对面积。它与导弹外形及操纵性和稳定性有关。

(7)
$$\overline{m}_{cs1} = \frac{m_{cs1}}{m_2} = K_{cs1}$$

式中,K_{cs1} 为操纵系统的相对质量因数。

将以上各项代入式(3-5),整理即得

$$m_2 = \frac{m_P}{1 - (k_F\mu_k + K_{es} + K_{ts} + K_B + K_w + K_R + K_{cs1})} \qquad (3-6)$$

$$m_2 = \frac{m_P}{1 - (k_F\mu_k + K_g + K_S)} = \frac{m_P}{1 - K_2} \qquad (3-7)$$

式中　$K_g = K_{es} + K_{ts}$;

　　　$K_S = K_B + K_w + K_R + K_{cs1}$;

$$K_2 = k_F \mu_k + K_g + K_S \text{。}$$

对于地空导弹和空空导弹来说,一般其弹体结构部分的相对质量因数 $K_S = 0.16 \sim 0.2$;飞航导弹 $K_S = 0.17 \sim 0.3$(对于航程大的飞航导弹,K_S 值靠近下限);反坦克导弹 $K_S = 0.15 \sim 0.25$。

式(3-6)为导弹第二级的质量方程式。可以看出,导弹第二级总质量取决于燃料相对质量因数 μ_k、有效载荷 m_P 以及导弹其他设备统计质量特性。

由上述建立质量方程的过程可以看出,采用相对质量因数 $K_i = m_i / m_0$ 为解决问题带来很多方便。相对质量因数不仅反映某些部件的性能,而且在一定技术条件下 K_i 值比较稳定,且有规律,便于统计经验数据,容易找到 K_i 与主要参数之间的关系。由此可知,设计过程中积累和收集统计数据是十分重要的。

3.2.3　导弹各部分相对质量因数

3.2.3.1　液体发动机壳体的相对质量因数

液体火箭发动机壳体由头部、喷管及筒壳三部分组成,而这三部分的质量均与燃料秒流量 $\dot{m}_F$ 成正比,即

$$m_{es} = A \dot{m}_F$$

式中,系数 A 取决于材料、工艺、强度和设计水平等方面因素。可由统计数据给出,通常取为 $A = 2\text{ s}$ 左右。将上式变成相对量形式,有

$$K_{es} = A \frac{\dot{m}_F}{m_2}$$

又因为

$$\dot{m}_F = P / I_s$$

所以

$$K_{es} = A \frac{\bar{P}g}{I_s}$$

或

$$K_{es} = A \frac{\mu_k}{t_{k2}}$$

式中,t_{k2} 为发动机工作时间。

3.2.3.2　燃料输送系统的相对质量因数

液体燃料发动机的输送系统,通常可分为两类,即挤压式和泵压式。下面分别予以讨论。

1. 泵压式

泵压式一般包括燃料贮箱、涡轮泵、增压贮箱用的气瓶、辅助燃料、导管及附件等部分。这些部分的质量可以按下述经验统计公式确定。

燃料贮箱　　　　　　$$K_{Ta} = 0.072\mu_k + 0.6\sqrt{\frac{\mu_k}{m_2}}$$

涡轮泵　　　　　　$$K_{TP} = 1.3\left(\frac{\bar{P}g}{I_s}\right) + 5.5\sqrt{\frac{\bar{P}g}{I_s m_2}}$$

气瓶(包括冷气)　　　$$K_{Tb} = 0.062\mu_k$$

管道及附件　　　　　$$K_{oT} = 0.6\sqrt{\frac{\mu_k}{m_2}}$$

辅助燃料 $\qquad K_{SP} = 0.035\mu_k$

综合上述,即得燃料输送系统的相对质量因数为

$$K_{ts} = 0.169\mu_k + 1.3\left(\frac{\overline{P}g}{I_s}\right) + 5.5\sqrt{\frac{\overline{P}g}{I_s m_2}} + 1.2\sqrt{\frac{\mu_k}{m_2}}$$

2. 挤压式

它一般包括燃料贮箱、空气蓄压器(气瓶)、管路及附件和压缩冷气等部分。如果采用固体燃料作为蓄压器,则不含气瓶和冷气,代之以火药及火药贮箱。

对带有空气蓄压器的挤压式输送系统,其相对质量因数可按下面统计公式确定。

燃料贮箱 $\qquad K_{Ta} = 0.144\mu_k + 1.2\sqrt{\frac{\mu_k}{m_2}}$

冷气 $\qquad K_{gs} = 0.042\mu_k$

气瓶 $\qquad K_{Tb} = 0.124\mu_k + 1.2\sqrt{\frac{\mu_k}{m_2}}$

导管及附件 $\qquad K_{oT} = 0.8\sqrt{\frac{\mu_k}{m_2}} - 0.1\frac{\overline{P}g}{I_s}$

将上述各部分相加,则得挤压式输送系统的相对质量因数

$$K_{ts} = 0.31\mu_k + 3.2\sqrt{\frac{\mu_k}{m_2}} - 0.1\left(\frac{\overline{P}g}{I_s}\right)$$

由上述内容看出,在挤压式燃料输送系统中,气瓶和燃料贮箱的质量比泵压式系统的质量大得多。这是因为采用了高压贮箱(通常压力大于 30×10^5 Pa)所造成的。

3.2.3.3 弹翼和舵面的相对质量因数

$$K_W = \frac{q_W}{p_0}; \qquad K_R = \frac{q_R}{p_0}\overline{S}_R$$

式中 $\quad q_W$ —— 单位弹翼面积的结构自重;

$\qquad q_R$ —— 单位舵面面积的结构自重;

$\qquad \overline{S}_R$ —— 舵面的相对面积(与参考面积之比)。

据统计,弹翼和舵面的单位面积质量分别为:

地空和空空导弹:

$$q_W = \frac{m_W g}{S} = 90 \sim 150 \text{ N/m}^2$$

$$q_R = \frac{m_R g}{S_R} = 100 \sim 130 \text{ N/m}^2$$

飞航导弹:

单块式弹翼 $\qquad q_W = 90 \sim 100 \text{ N/m}^2$

单梁式弹翼 $\qquad q_W = 150 \sim 180 \text{ N/m}^2$

反坦克导弹:

弧形翼 $\qquad q_W = 100 \sim 140 \text{ N/m}^2$

平板翼 $\qquad q_W = 80 \sim 130 \text{ N/m}^2$

以上数据是对地空或空空导弹一对弹翼的统计结果,反坦克导弹是指四片翼的统计值。

这里的翼面积是指包括弹身那一部分在内的弹翼面积。在一般情况下,舵面相对弹翼的面积约为 $\bar{S}_R \approx 0.05 \sim 0.15$。

计算舵面相对质量因数时,由于该部分所占比例很小,可在下列范围内选取:

$$K_R = 0.004 \sim 0.04$$

3.2.3.4　助推器上安定面的相对质量因数

当导弹采用串联式助推器时,其助推器上安定面的相对质量因数,可用下列经验数据近似计算

$$K_{W1} = \frac{m_{W1}}{m'_1} \approx 0.08$$

式中　　m_{W1} —— 安定面的质量;

m'_1 —— 不包括安定面的助推器总质量。

3.2.3.5　弹身的相对质量因数

采用液体火箭发动机的导弹,一般采用受力式贮箱,此时燃料贮箱为弹身一部分。因此,弹身的结构质量由两部分组成

$$K_B = K'_B + K_{Ta}$$

式中　　$K'_B = \dfrac{m'_B}{m_2}$ —— 除去燃料贮箱以外的弹身的相对质量因数;

$K_{Ta} = \dfrac{m_{Ta}}{m_2}$ —— 燃料贮箱的相对质量因数,其值可根据不同燃料输送系统的类型决定。

K'_B 可依下式估算:

$$K'_B = K_{Bg}(0.18 + 5 \times 10^{-5} n_B \lambda_B^{5/3})$$

式中　　λ_B —— 弹身的长细比(不含油箱);

n_B —— 弹身的最大使用过载。

$$K_{Bg} = \frac{m_{Bg}}{m_2}$$

m_{Bg} 为弹身内部载荷的质量,它包括战斗部、弹上制导装置和动力装置(不计燃料和燃料箱的质量)等。

在第一次近似估算弹身的相对质量因数 K'_B 时,可参考下列统计数据:

地空导弹　　　　　　　　　　　$K'_B = 0.1 \sim 0.12$

空空导弹　　　　　　　　　　　$K'_B = 0.05 \sim 0.1$

飞航导弹　　　　　　　　　　　$K'_B = 0.09 \sim 0.15$

反坦克导弹　　　　　　　　　　$K'_B = 0.12 \sim 0.16$

3.2.3.6　操纵机构的相对质量因数

操纵机构的质量在弹体结构质量中所占的比例很小,可用下列统计数据进行粗略估算:

地空导弹　　　　　　　　　　　$K_{cs1} = 0.02 \sim 0.03$

空空导弹　　　　　　　　　　　$K_{cs1} = 0.005 \sim 0.02$

飞航导弹　　　　　　　　　　　$K_{cs1} = 0.01 + 0.7 \times 10^{-4} t$

式中,t 为操纵机构的工作时间(s)。

以上统计得到了导弹主级各部分的相对质量因数,在确定了有效载荷质量并计算得到燃料相对质量因数之后,将这些相对质量因数代入到质量方程式(3-6)、式(3-7)中,便可求出导弹主级的质量 m_2。

由式(3-1)可知

$$m_0 = m_1 + m_2$$

将上式两边均除以发射质量 m_0,可得

$$1 = \frac{m_1}{m_0} + \frac{m_2}{m_0} \qquad (3-8)$$

令

$$K_1 = \frac{m_1}{m_0} = 1.33\,\frac{m_{F1}}{m_0}$$

式中,K_1 为助推器推进剂的相对质量因数。

将 K_1 代入式(3-8),则有

$$1 = K_1 + \frac{m_2}{m_0}$$

所以

$$m_0 = \frac{m_2}{1 - K_1} \qquad (3-9)$$

将第二级质量方程式(3-7)代入,得

$$m_0 = \frac{m_P}{(1 - K_1)(1 - K_2)} \qquad (3-10)$$

式(3-10)为全弹发射质量方程。从发射质量表达式可以看出导弹各组成部分设计质量与发射质量的重要关系。

由质量方程式(3-3)、式(3-6)和式(3-10)可以看出,在确定了各项相对质量因数之后,即可求出导弹第二级质量 m_2、助推器质量 m_1 和导弹的发射质量 m_0。

实践表明,在导弹的各项相对质量因数中,燃料相对质量因数所占比例最大,而且它与很多参数及导弹的飞行性能有密切关系,因此,下面讨论它的计算方法。

3.3　导弹燃料质量的一般表达式

导弹携带的大量燃料燃烧后产生推力,从而使导弹按预定的规律运动,满足规定的战术技术要求。因此,当计算燃料质量时,可以从研究导弹的运动开始。为便于分析问题起见,首先假设导弹作变质量的质点运动,并研究其在纵向平面内的运动。

导弹沿飞行方向的纵向运动方程式为(见图3-6)

$$m\,\frac{\mathrm{d}v}{\mathrm{d}t} = P\cos\alpha - X - mg\sin\theta \qquad (3-11)$$

一般导弹在飞行中,攻角较小,故可近似地认为 $\cos\alpha \approx 1$,式(3-11)可写成

$$P = m\,\frac{\mathrm{d}v}{\mathrm{d}t} + X + mg\sin\theta$$

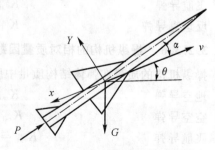

图 3-6　导弹在铅垂面的运动

积分求解上述微分方程式可得

$$\int_{t_{0i}}^{t_{ki}} P\,\mathrm{d}t = \int_{v_{0i}}^{v_{ki}} m\,\mathrm{d}v + \int_{t_{0i}}^{t_{ki}} X\,\mathrm{d}t + \int_{t_{0i}}^{t_{ki}} mg\sin\theta\,\mathrm{d}t \qquad (3-12)$$

式中　　t_{0i}，v_{0i}——分别为第 i 子级发动机工作开始时所对应的时间和速度；

　　　　t_{ki}，v_{ki}——分别为第 i 子级发动机工作结束时对应的时间和速度。

对于火箭发动机，其推力可用下式表示：

$$P = \dot{m}_F I_s$$

式中　　I_s——发动机的比冲；

　　　　$\dot{m}_F$——发动机的燃料秒流量（或燃料秒消耗量）。

对火箭发动机来说，如在全弹道上比冲取其平均值，即 I_s ＝ 常数，则

$$\int_{t_{0i}}^{t_{ki}} P\,\mathrm{d}t = \int_{t_{0i}}^{t_{ki}} \dot{m}_F I_s\,\mathrm{d}t = m_F I_s$$

于是，式（3-12）可以改写为

$$m_F = \frac{1}{I_s}\left(\int_{v_{0i}}^{v_{ki}} m\,\mathrm{d}v + \int_{t_{0i}}^{t_{ki}} X\,\mathrm{d}t + \int_{t_{0i}}^{t_{ki}} mg\sin\theta\,\mathrm{d}t\right) \qquad (3-13)$$

下面分析式（3-13）中各项的物理意义。

式中第一项表示用于增加导弹速度所消耗的燃料量；第二项表示导弹在飞行过程中克服阻力所消耗的燃料量；第三项表示导弹用于克服重力在速度方向的分量所消耗的燃料量。由此可见，由于导弹在飞行过程中有空气阻力和重力的作用，因而用来产生推力所消耗的燃料质量 m_F，分别消耗于增加导弹的有效动量，克服所受空气阻力的冲量和克服重力分量的冲量等三部分。所以，为了求得导弹在飞行过程中消耗的全部燃料质量，就必须求解上述三部分，它们可以由导弹的运动微分方程式求解获得。由此求出的燃料质量 m_F 未包括非工作储量（起飞前消耗量和工作完剩余量），计算总质量时必须把这部分储备量加上去。

在工程上通常采用数值积分法和解析法来求解燃料相对质量因数 μ_k。利用数值积分法求解导弹运动微分方程，可以得到足够精确的结果，同时便于利用最优化方法选择主要参数。

3.4　导弹相对量运动微分方程式

在"导弹飞行力学"中介绍了导弹运动微分方程及其求解方法，但在未完成导弹设计之前是难以确切地知道各项技术参数的，因此用上述微分方程进行导弹总体设计仍有困难。这就要寻求一些能表征导弹运动特征的相对参量来取代方程中的绝对参量，将只适合于特定导弹运动的微分方程转化为一系列相对参量表示的运动微分方程，从而结合具体需要找出符合特殊设计要求的参数。

3.3.1　导弹相对量运动微分方程式的建立

导弹在攻击目标的过程中，是在空间按一定的导引规律作曲线运动的，然而，在导弹初步设计阶段并无必要做这样复杂的考虑，通常只研究导弹在垂直平面（或水平面）内的质心运动。由导弹飞行动力学可知，导弹在垂直平面内的运动方程如下：

$$m \frac{\mathrm{d}v}{\mathrm{d}t} = P\cos\alpha - \frac{1}{2}\rho v^2 C_x S - mg\sin\theta$$

$$mv \frac{\mathrm{d}\theta}{\mathrm{d}t} = P\sin\alpha + \frac{1}{2}\rho v^2 C_y S - mg\cos\theta$$

$$\frac{\mathrm{d}x}{\mathrm{d}t} = v\cos\theta$$

$$\frac{\mathrm{d}y}{\mathrm{d}t} = v\sin\theta \qquad\qquad (3-14)$$

$$D_r = \sqrt{x^2 + y^2}$$

$$\theta = \theta(t)$$

$$m = m_2 - \int_{t_0}^{t} \dot{m}_F \mathrm{d}t = m_2 - \dot{m}_F$$

式中 C_x,C_y—— 分别为导弹的空气阻力系数,升力系数;

$\qquad\qquad S$—— 这里指导弹的弹翼面积;

$\qquad\qquad D_r$—— 导弹的斜射程;

$\qquad\qquad \rho$—— 空气密度;

$m_F = \int_{t_0}^{t} \dot{m}_F \mathrm{d}t$—— 至某一瞬时 t,导弹所消耗的燃料质量。

显然,如果导弹第二级质量 m_2、发动机推力 P 及弹翼面积 S 和空气动力系数皆已知,方程式(3-14)可用积分的办法解出导弹某一时刻的燃料质量 m_F。但是,在导弹设计之初,这是难以实现的。为此,既要积分上式,又要不涉及上述某些未知参数,这就需要引进一些相对量参数。令

$$\mu = \frac{\int_{t_0}^{t} \dot{m}_F \mathrm{d}t}{m_2} \qquad\qquad (3-15)$$

由式(3-15)可以看出,参数 μ 表示导弹在某一瞬时 t 所消耗的燃料相对质量因数。

根据比冲 I_s 定义:

$$I_s = \frac{P}{\dot{m}_F}$$

由式(3-15)可得

$$\mathrm{d}\mu = \frac{\dot{m}_F \mathrm{d}t}{m_2} = \frac{P}{I_s m_2}\mathrm{d}t = \frac{\overline{P}g}{I_s}\mathrm{d}t$$

所以

$$\mathrm{d}t = \frac{I_s}{\overline{P}g}\mathrm{d}\mu$$

又因为

$$m = m_2 - \int_{t_0}^{t} \dot{m}_F \mathrm{d}t$$

所以

$$m = m_2 - m_2\mu = m_2(1-\mu)$$

式中 $\overline{P} = \dfrac{P}{m_2 g}$—— 推重比,它与导弹战术飞行性能有关。

$\qquad p_0 = \dfrac{m_2 g}{S}$—— 翼载,表示单位翼面面积上的载荷(又称翼载荷),它与导弹的机动性密

$\qquad\qquad\qquad$ 切相关。

考虑到导弹一般在弹道主动段上的攻角较小，因此，近似取 $\cos\alpha \approx 1,\sin\alpha \approx \alpha$。

将以上各相对参数 $\overline{P},p_0,\mu$ 等代入式 (3-14) 中，于是可得到如下相对量运动微分方程组。

$$
\left.
\begin{aligned}
&\frac{\mathrm{d}v}{\mathrm{d}\mu} = \frac{I_s}{1-\mu} - \frac{\rho v^2 C_x I_s}{2\overline{P}p_0(1-\mu)} - \frac{I_s}{\overline{P}}\sin\theta \\[2mm]
&v\frac{\mathrm{d}\theta}{\mathrm{d}\mu} = \frac{I_s}{1-\mu}\alpha + \frac{\rho v^2 C_y I_s}{2\overline{P}p_0(1-\mu)} - \frac{I_s}{\overline{P}}\cos\theta \\[2mm]
&\frac{\mathrm{d}y}{\mathrm{d}\mu} = \frac{I_s}{\overline{P}g}v\sin\theta \\[2mm]
&\frac{\mathrm{d}x}{\mathrm{d}\mu} = \frac{I_s}{\overline{P}g}v\cos\theta \\[2mm]
&D_r = \sqrt{x^2 + y^2} \\[2mm]
&Ma = \frac{v}{c} \\[2mm]
&\theta = \theta(\mu)
\end{aligned}
\right\}
\tag{3-16}
$$

式 (3-16) 中，推重比 $\overline{P}$、翼载 p_0 等相对参数是可以通过分析的方法选定的，空气动力系数在导弹设计之初，在导弹外形未确定之前，通常是采用类似导弹的数据，然后再加以修正。

式 (3-16) 中，弹道倾角 $\theta = \theta(\mu)$ 对于不同的导引规律，有不同的关系式，下面将介绍几种常用导引方法的 $\theta(\mu)$ 表达式。

3.3.2　直线飞行时，相对量运动微分方程的表达式

当导弹在垂直平面内作直线飞行时，其弹道倾角 θ 为，$\theta = \theta(\mu) =$ 常数，即

$$
\frac{\mathrm{d}\theta}{\mathrm{d}\mu} = 0
$$

于是，相对量运动微分方程式 (3-16) 可以简化为如下形式：

$$
\left.
\begin{aligned}
&\frac{\mathrm{d}v}{\mathrm{d}\mu} = \frac{I_s}{1-\mu} - \frac{\rho v^2 C_x I_s}{2\overline{P}p_0(1-\mu)} - \frac{I_s}{\overline{P}}\sin\theta \\[2mm]
&\alpha + \frac{\rho v^2 C_y}{2\overline{P}p_0} = \frac{(1-\mu)}{\overline{P}}\cos\theta \\[2mm]
&\frac{\mathrm{d}y}{\mathrm{d}\mu} = \frac{I_s}{\overline{P}g}v\sin\theta \\[2mm]
&\frac{\mathrm{d}x}{\mathrm{d}\mu} = \frac{I_s}{\overline{P}g}v\cos\theta \\[2mm]
&\theta = \theta_0 = \mathrm{const} \\[2mm]
&D_r = \sqrt{x^2 + y^2} \\[2mm]
&Ma = \frac{v}{c}
\end{aligned}
\right\}
\tag{3-17}
$$

实际上，对于按一定导引规律飞行的导弹，由于种种原因，它不可能是直线弹道。但是，在导弹的初步设计阶段，导弹的实际弹道与直线弹道差别较小时，可以给定相当于直线飞行的某个平均弹道倾角 $\theta_{av} =$ 常数，利用式 (3-17) 近似计算。这里值得指出的是，该平均弹道倾角 θ_{av}

只适用于近似地确定重力分量 $mg\sin\theta \approx mg\sin\theta_{\mathrm{av}}$ 和速度分量 $\dfrac{\mathrm{d}y}{\mathrm{d}t} \approx v\sin\theta_{\mathrm{av}}$ 及 $\dfrac{\mathrm{d}x}{\mathrm{d}t} \approx v\cos\theta_{\mathrm{av}}$，不能由式（3-17）的第二个方程和关系式 $C_{y\mathrm{TR}} = C_{y\mathrm{TR}}^{\alpha} \cdot \alpha$ 求出的攻角表达式（3-18）来确定攻角 α 值。

$$\alpha = (1-\mu)\cos\theta_{\mathrm{av}} \Big/ \Big(\bar{P} + \frac{\sigma v^2 C_{y\mathrm{TR}}^{\alpha}}{2p_0} \Big) \tag{3-18}$$

式中，$C_{y\mathrm{TR}}$，$C_{y\mathrm{TR}}^{\alpha}$ 分别为导弹平衡状态下的升力系数及其导数。

这是因为用式（3-18）求出的攻角值要比 θ 值为变数时，由式（3-16）导出的 $\alpha = f\Big(v\dfrac{\mathrm{d}\theta}{\mathrm{d}\mu}\Big)$ 值要小得多，这样便给计算带来较大误差。为此，对于攻角 α 的选取原则是，在积累计算经验的基础上，考虑到攻角 α 随高度的增加而增加，以及由于随机干扰作用所引起的攻角振荡等因素，近似地给出某个攻角值或是攻角随时间的变化规律 $\alpha = \alpha(t)$。

3.3.3　三点法导引时，相对量运动微分方程的表达式

三点法导引时，应满足导弹在整个飞行过程中，目标、导弹和制导站三点在一条直线上。

设在 t 瞬间，目标在 T 点，它以速度 v_T 飞行，飞行高度为 y_T，目标对制导站 O 的航向角为 q，目标至制导站的距离为 D_T。此时，导弹位于 M 点，以速度 v 在垂直平面内运动，导弹与目标之间的距离为 D_{MT}，目标对导弹的航向角为 q_M，如图 3-7 所示。则有如下关系式：

$$\frac{\mathrm{d}q}{\mathrm{d}t} = \frac{v_T\sin q}{D_T}$$

$$\frac{\mathrm{d}q_M}{\mathrm{d}t} = \frac{v_T\sin q_M - v\sin\eta_M}{D_{MT}}$$

式中，η_M 为导弹的前置角。

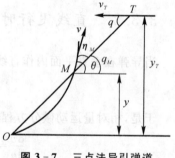

图 3-7　三点法导引弹道

对三点法导引，目标、导弹和制导站应在一条直线上，故应满足下述关系：

$$q = q_M$$

$$\frac{\mathrm{d}q}{\mathrm{d}t} = \frac{\mathrm{d}q_M}{\mathrm{d}t}$$

所以有

$$\sin\eta_M = \Big(1 - \frac{D_{MT}}{D_T}\Big)\frac{v_T}{v}\sin q \tag{3-19}$$

又因为

$$y_T = D_T\sin q$$

$$y_T - y = D_{MT}\sin q$$

$$\theta - q = \eta_M$$

于是式（3-19）可改写为

$$\sin(\theta - q) = \frac{y v_T}{y_T v}\sin q \tag{3-20}$$

下面进一步找出三点法导引时，时间 t 和航向角 q 的关系：

因为

$$\frac{\mathrm{d}q}{\mathrm{d}t} = \frac{v_T\sin q}{D_T}$$

$$y_T = D_T \sin q$$

所以

$$\frac{\mathrm{d}q}{\mathrm{d}t} = \frac{v_T \sin^2 q}{y_T} \qquad (3-21)$$

对式(3-21)进行积分,可得

$$t = \frac{y_T}{v_T}(\cot q_0 - \cot q) \qquad (3-22)$$

式(3-20)和式(3-22)即为三点法导引时 $\theta(t)$ 应满足的关系式。

于是,采用三点法导引时,相对量运动微分方程式可表示如下:

$$\left. \begin{array}{l}
\dfrac{\mathrm{d}v}{\mathrm{d}\mu} = \dfrac{I_s}{1-\mu} - \dfrac{\rho v^2 C_x I_s}{2\bar{P} p_0 (1-\mu)} - \dfrac{I_s}{\bar{P}}\sin\theta \\[3mm]
v\dfrac{\mathrm{d}\theta}{\mathrm{d}\mu} = \dfrac{I_s}{1-\mu}\alpha + \dfrac{\rho v^2 C_y I_s}{2\bar{P} p_0 (1-\mu)} - \dfrac{I_s}{\bar{P}}\cos\theta \\[3mm]
\dfrac{\mathrm{d}y}{\mathrm{d}\mu} = \dfrac{I_s}{\bar{P}g}v\sin\theta \\[3mm]
\dfrac{\mathrm{d}x}{\mathrm{d}\mu} = \dfrac{I_s}{\bar{P}g}v\cos\theta \\[3mm]
\sin(\theta - q) = \dfrac{v_T y}{y_T v}\sin q \\[3mm]
\mu = \dfrac{\bar{P}g y_T}{I_s v_T}(\cot q_0 - \cot q) \\[3mm]
D_r = \sqrt{x^2 + y^2} \\[3mm]
Ma = \dfrac{v}{c}
\end{array} \right\} \qquad (3-23)$$

显然,通过式(3-23)的第二个方程及关系式

$$C_{yTR} = C_{yTR}^{\alpha}\alpha$$

可得

$$\alpha = \frac{\left(v\dfrac{\mathrm{d}\theta}{\mathrm{d}\mu} + \dfrac{I_s \cos\theta}{\bar{P}}\right)}{\dfrac{\rho v^2 C_{yTR}^{\alpha} I_s}{2\bar{P} p_0 (1-\mu)} + \dfrac{I_s}{1-\mu}} \qquad (3-24)$$

由式(3-24)可以看出,在弹道倾角 θ 的变化率 $\dfrac{\mathrm{d}\theta}{\mathrm{d}\mu}$ 知道后,则可计算在弹道上任意点的攻

角 α 值,因此,需要进一步建立满足三点法导引 $\dfrac{\mathrm{d}\theta}{\mathrm{d}\mu}$ 的表达式。

把式(3-23)中第五个方程展开,同时和第六个方程进行综合整理可得

$$\cos\theta - \left(\cot q_0 - \frac{\mu I_s v_T}{\bar{P}g y_T}\right)\sin\theta + \frac{v_T y}{v y_T} = 0 \qquad (3-25)$$

式中, θ, v, y 均为可微的隐函数,因此,对式(3-25)进行微分,则有

$$\frac{v_T I_s}{\bar{P}g y_T}\sin\theta - \left[\sin\theta + \left(\cot q_0 - \frac{\mu I_s v_T}{\bar{P}g y_T}\right)\cos\theta\right]\frac{\mathrm{d}\theta}{\mathrm{d}\mu} + \frac{v_T}{v y_T}\frac{\mathrm{d}y}{\mathrm{d}\mu} - \frac{v_T y}{v^2 y_T}\frac{\mathrm{d}v}{\mathrm{d}\mu} = 0$$

对上式进行整理后可得

$$\frac{\mathrm{d}\theta}{\mathrm{d}\mu} = \frac{\dfrac{v_T}{y_T}\left[\dfrac{I_s}{\overline{P}g} + \dfrac{1}{v^2 \sin\theta}\left(v\dfrac{\mathrm{d}y}{\mathrm{d}\mu} - y\dfrac{\mathrm{d}v}{\mathrm{d}\mu}\right)\right]}{1 + \left(\cot q_0 - \dfrac{\mu I_s v_T}{\overline{P}g y_T}\right)\cot\theta} \tag{3-26}$$

于是,当攻角 $\alpha \neq \mathrm{const}$ 时,三点法导引的相对量运动微分方程组为

$$\left.\begin{aligned}
&\frac{\mathrm{d}v}{\mathrm{d}\mu} = \frac{I_s}{1-\mu} - \frac{\rho v^2 C_x I_s}{2\overline{P}p_0(1-\mu)} - \frac{I_s}{\overline{P}}\sin\theta \\[2mm]
&\frac{\mathrm{d}\theta}{\mathrm{d}\mu} = \frac{\dfrac{v_T}{y_T}\left[\dfrac{I_s}{\overline{P}g} + \dfrac{1}{v^2 \sin\theta}\left(v\dfrac{\mathrm{d}y}{\mathrm{d}\mu} - y\dfrac{\mathrm{d}v}{\mathrm{d}\mu}\right)\right]}{1 + \left(\cot q_0 - \dfrac{\mu I_s v_T}{\overline{P}g y_T}\right)\cot\theta} \\[2mm]
&\frac{\mathrm{d}y}{\mathrm{d}\mu} = \frac{I_s}{\overline{P}g}v\sin\theta \\[2mm]
&\frac{\mathrm{d}x}{\mathrm{d}\mu} = \frac{I_s}{\overline{P}g}v\cos\theta \\[2mm]
&\alpha = \frac{\left(v\dfrac{\mathrm{d}\theta}{\mathrm{d}\mu} + \dfrac{I_s\cos\theta}{\overline{P}}\right)}{\dfrac{\rho v^2 C_{yTR}^a I_s}{2\overline{P}p_0(1-\mu)} + \dfrac{I_s}{1-\mu}} \\[2mm]
&\mu = \frac{\overline{P}g y_T}{I_s v_T}(\cot q_0 - \cot q) \\[2mm]
&D_r = \sqrt{x^2 + y^2} \\[2mm]
&Ma = \frac{v}{c}
\end{aligned}\right\} \tag{3-27}$$

3.3.4 求解相对量运动微分方程的步骤

根据数值积分的一般方法(通常利用龙格-库塔法),可以解上述的各微分方程组,其一般步骤归纳如下:

1. 按下述办法选择下列参数

(1)空气动力系数(C_y^a, C_x)可按原准弹做参考进行初步计算,待得到导弹的外形参数并进行气动计算后,再进行校核计算。

(2)大气参数(大气密度 ρ、温度 T、声速 c 等),可根据标准大气表输入或以函数形式表示($\rho = f(H)$, $T = f(H)$)。

(3)按后面讲的方法选定导弹的主要参数:推重比 $\overline{P}$,翼载 p_0(或最大截面载荷 p_M),选择确定发动机比冲 I_s,助推级脱落时的速度 v_{k1} 和时间 t_{k1} 等。

2. 计算确定助推器分离点的坐标参数及弹道参数

3. 根据导弹相对量运动微分方程求解参数 μ_k 值

求得导弹燃料相对质量因数后,根据质量方程即可求得导弹的总质量,从而再根据 μ_k 值的定义可直接确定导弹燃料的质量 m_F。

3.5　导弹的主要设计参数

3.5.1　导弹速度方案和推重比的选择与确定

选择导弹推重比 $\overline{P}$ 的重要条件之一是保证实现预先要求的速度随时间变化规律 $v(t)$。而导弹的速度变化规律 $v(t)$，严格地说，应由推力规律 $P(t)$ 来确定。因此，$v(t)$ 图与 $P(t)$ 图二者是相互制约、相互联系的。

1. 导弹典型的速度变化规律

为了保证导弹的战术技术要求，导弹必须满足飞行高度 y、斜射程 D_r 和平均速度 v_{av} 的要求。在此基础上又可求出导弹的最大飞行时间 t_{max}，即

$$t_{max} \approx \frac{D_r}{v_{av}}$$

为此，就应当确定满足要求的速度随时间的变化规律 $v(t)$ 图，即

$$\int_0^t v(t)\,\mathrm{d}t = v_{av} t_{max} = D_r$$

亦即要求 $v(t)$ 图所包含的面积与导弹的斜射程相等。

显然，符合上述条件的 $v(t)$ 规律是很多的，每一条 $v(t)$ 曲线都对应一定的推力 $P(t)$ 变化规律。然而，由于实际上发动机系统无法保证此条件，故 $v(t)$ 规律是不能任意选择的。

对于不同用途的导弹，通常具有以下形式的 $v(t)$ 规律，如图 3-8 所示。

图 3-8(a) 和图 3-8(b) 主要用于地空导弹，其中图 3-8(a) 为用于主级发动机全程工作的地空导弹；图 3-8(b) 主要用于双推力发动机工作，可采用被动段攻击目标的地空导弹。

图 3-8 中：

t_{k1} —— 第一级发动机工作时间；

$t_{k1} \sim t_{k2}$ —— 第二级发动机工作时间；

v_{k1} —— 第一级发动机工作结束时导弹的飞行速度；

v_{k2} —— 第二级发动机工作结束时导弹的飞行速度。

图 3-8(c) 和图 3-8(d) 主要用于低空飞行的飞航导弹，其中图 3-8(c) 为采用一级推力续航发动机的 $v(t)$ 图，其符号同上。图 3-8(d) 为采用双推力续航发动机的 $v(t)$ 图，在图中，$t_{k1} \sim t_2$ 和 $t_2 \sim t_{k2}$ 分别为双推力续航发动机的第一级和第二级的工作时间；v_2 和 v_{k2} 分别为 t_2 和 t_{k2} 相对应的导弹速度。

图 3-8(e)，图 3-8(f) 主要用于空空导弹；图 3-8(e) 为采用一级推力发动机的 $v(t)$ 图；图 3-8(f) 为采用双推力发动机的 $v(t)$ 图。通常，空空导弹采用被动段攻击目标，图中，v_L 为导弹发射时的瞬时速度，即发射导弹时载机的速度；v_k 为导弹被动段的飞行末速，其他符号同上。

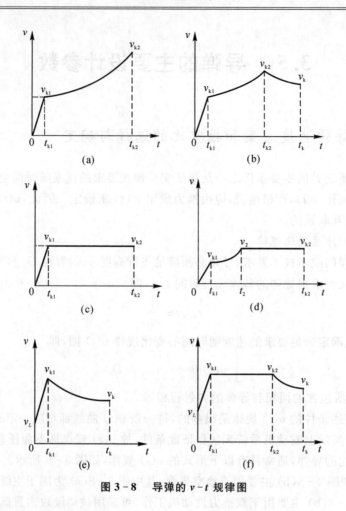

图 3-8　导弹的 v-t 规律图

2. 地空导弹推重比的确定

为了讨论问题简便,只讨论当 $v(t)$ 按线性规律变化时,求满足速度变化规律的推力变化规律 $P(t)$,至于 $v(t)$ 规律不呈线性变化时,均可按分段方法,在简化成线性变化的条件下予以解决。

在此,以导弹第二级为例,研究 $v(t)$ 变化规律及其所对应的推力变化规律。设已给出的 $v(t)$ 规律按线性变化,求推重比 $\bar{P}$ 的变化规律。

研究推力变化规律的问题,仍是研究导弹的运动学问题。把导弹视为一个变质量的质点,其纵向运动的微分方程为

$$m \frac{\mathrm{d}v}{\mathrm{d}t} = P - X - mg\sin\theta$$

即

$$\frac{1}{g} \frac{\mathrm{d}v}{\mathrm{d}t} = \frac{P}{m_2 g(1-\mu)} - \frac{\rho v^2 C_x S}{2m_2 g(1-\mu)} - \sin\theta$$

引入以下关系式:

$$\mu = \frac{\int_0^t \dot{m}_F \mathrm{d}t}{m_2} = \frac{\dot{m}_F t}{m_2} = \frac{Ptg}{I_s m_2 g} = \frac{\bar{P}tg}{I_s}$$

则

$$\frac{1}{g}\frac{\mathrm{d}v}{\mathrm{d}t} = \frac{\overline{P}}{1 - \dfrac{\overline{P}tg}{I_s}} - \frac{\rho v^2 C_x}{2p_0\left(1 - \dfrac{\overline{P}tg}{I_s}\right)} - \sin\theta$$

化简整理可得

$$\overline{P} = \frac{\dfrac{1}{g}\dfrac{\mathrm{d}v}{\mathrm{d}t} + \dfrac{\rho v^2 C_x}{2p_0} + \sin\theta}{\dfrac{t}{I_s}\dfrac{\mathrm{d}v}{\mathrm{d}t} + 1 + \dfrac{tg}{I_s}\sin\theta} \tag{3-28}$$

由式(3-28)可以看出：

(1) 因 $v(t)$ 规律是线性的，所以

$$\frac{\mathrm{d}v}{\mathrm{d}t} = \frac{v_{k2} - v_{02}}{t_{k2} - t_{02}} = \mathrm{const}$$

式中　　t_{02}，t_{k2}——分别为第二级发动机工作开始和工作结束时对应的时间；

　　　　v_{02}，v_{k2}——分别为第二级发动机工作开始和工作结束时对应的速度。

假设弹道为直线弹道，则 $\sin\theta = \mathrm{const}$；阻力系数 C_x 仍然根据相似导弹或统计数据给出；空气密度可以查标准大气表或以函数形式表示。

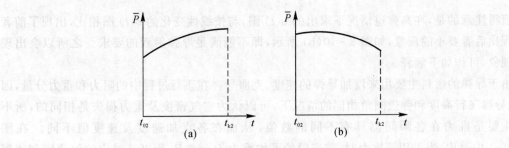

图 3-9　$\overline{P}$ 随时间变化规律

(2) 由于阻力系数和速压是时间 t 的函数，因此，与线性 $v(t)$ 规律相应的推重比 $\overline{P}(t)$ 也是随时间 t 变化的。根据式(3-28)求得的 $\overline{P}(t)$ 规律如图 3-9 所示。

图 3-9(a) 表示当导弹的平均弹道倾角很小(低弹道)时的推力规律 $\overline{P}(t)$。由于当 θ_{av} 值小时，导弹在飞行过程中，高度的变化不大，即空气密度变化不大，而导弹的速度是增加的，因此，所要求的推重比随时间的增加而增大。

图 3-9(b) 表示当平均弹道倾角 θ_{av} 较大(高弹道)时的 $\overline{P}(t)$ 规律。此时，随着导弹速度的增加，飞行高度变化较大，空气密度急剧下降，导致阻力项 $\frac{1}{2}\rho v^2 C_x S$ 降低，因此，所要求的推重比 $\overline{P}(t)$ 随时间的增加而减小。

(3) 在导弹飞行过程中，若发动机能够任意调节，则可选取上述的 $\overline{P}(t)$ 变化规律，但是，这种规律会给发动机设计带来很大的困难。对于战术导弹，通常使推力保持一常值，即将 $\overline{P}(t)$ 规律在 $t_{02} \sim t_{k2}$ 范围内取平均值 $\overline{P}_{av}$，其方法如下：

令

$$\overline{P}_{av} = \frac{\displaystyle\int_{t_{02}}^{t_{k2}} \overline{P}\,\mathrm{d}t}{t_{k2} - t_{02}} \tag{3-29}$$

式中，$\int_{t_{02}}^{t_{k2}} \bar{P} \mathrm{d}t$ 为根据式(3-28)求出的 $\bar{P}(t)$ 图的面积，符合上述条件，就可保证发动机提供相等的总冲量值。

(4) 根据式(3-28)和式(3-29)确定平均推重比 $\bar{P}_{av}$，利用数值积分法由导弹运动微分方程可以求出相应的速度变化规律 $v(t)$ 图。显然，此时的 $v(t)$ 图不再是线性的了，如图3-10所示。图中曲线 ① 为等推力情况，曲线 ② 为变推力情况。

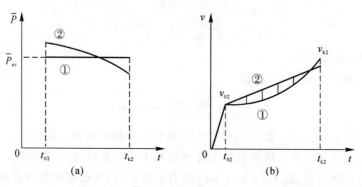

图 3-10 $\bar{P}(t)$ 规律和相应的 $v(t)$ 规律

值得注意的是，在高弹道情况下求出的 $v(t)$ 图，与按线性变化的 $v(t)$ 图相比，出现了前者的航程比后者要小的现象，如图3-10(b)所示，即不能满足导弹射程的要求。之所以会出现上述现象，可作如下解释。

由于导弹的燃料主要用来增加导弹的速度、克服导弹在飞行过程中的阻力和重力分量，因此，在导弹飞行高度和弹道倾角相同的情况下，可以认为空气密度及重力损失是相同的，所不同的主要是推力在各瞬间都具有不同的数值，从而在各点加速度及速度值不同。在图3-10(a)中看出，当采用等推力时，前半段的平均推力 $\bar{P}_{av} < \bar{P}$，所以其对应的加速度和速度值均比用变推力时的小。此时，阻力消耗的燃料少些，但损失了一部分射程(见图3-10(b)中凹的阴影部分)，在后半段，由于 $\bar{P}_{av} > \bar{P}$，因此，其对应的速度比变推力时的大，而阻力与速度二次方成正比，所以，此时克服阻力多消耗的燃料要比前半段克服阻力消耗的那一部分燃料要大得多。这样，就使得在图3-10(b)上凹的阴影大于凸的阴影面积，因而，导致在采用常值推力后不能满足射程和平均速度的要求。在一般情况下，通常根据经验数据将求得的平均推重比 $\bar{P}_{av}$ 适当地增大一些，例如：当 $H \geqslant 20 \text{ km}$ 时，$\bar{P} \approx 1.05\bar{P}_{av}$。

3.导弹作等速平飞时的推重比的确定

此时，

因为
$$v = \text{const}$$

所以
$$\frac{\mathrm{d}v}{\mathrm{d}t} = 0$$

因为
$$\theta = 0°$$

所以
$$\sin\theta = 0$$

因为
$$\rho = \rho_H = \text{const}$$

所以
$$q = \frac{1}{2}\rho v^2 = \text{const}$$

将以上条件代入式(3-28),可得

$$\overline{P} = \frac{C_x \rho v^2}{2 p_0}$$ (3-30)

式中 $C_x = C_{x0} + C_{xi}$;

C_{x0}——导弹的零升阻力系数;

C_{xi}——导弹的诱导阻力系数,在一般情况下,$C_{xi} = AC_y^2$。

另外,当导弹作等速平飞时,有以下关系:

$$C_y = \frac{y}{\frac{1}{2}\rho v^2 S} \approx \frac{G}{\frac{1}{2}\rho v^2 S}$$

将以上关系代入式(3-30),则得

$$\overline{P} = \frac{\left[C_{x0} + \dfrac{AG^2}{\left(\dfrac{1}{2}\rho v^2 S\right)^2}\right]\rho v^2}{2 p_0}$$ (3-31)

由式(3-31)可以看出,由于导弹在飞行过程中,燃料不断地消耗,故导弹质量 m 是一变量,因此,严格地讲,推重比 $\overline{P}$ 也是时间的函数。但因导弹是处于平飞状态下,导弹的阻力主要取决于零升阻力,当质量变化不大时,可以选取推重比 $\overline{P}$ 为常值,近似地保证导弹等速平飞条件。

以上讨论了推力变化规律确定的方法,它基本满足了导弹飞行特性的要求,但计算方法是近似的。同时,从中可以看出,确定 $\overline{P}(t)$ 与选择 $v(t)$ 规律是紧密联系的,二者要相互反复进行修正,最后才能得到适当的结果。

3.5.2 导弹翼载的确定

由前可知,导弹的翼载 $p_0 = \dfrac{m_2 g}{S}$,增大 p_0,意味着其他条件不变时,可使弹翼面积减小,则导弹飞行中的阻力亦减小,即达到同样战术飞行性能所需的 μ_k 值愈小。因此,当选择 p_0 值时,在满足其他条件下,应尽可能取得大些。但是,p_0 值常受到以下条件限制。

1. 导弹机动性的限制

导弹的机动性通常由导弹可以提供的法向过载来表示,由可用过载定义:

$$n_{ya} = \frac{Y + P \sin \alpha}{mg}$$

因为 $m = m_2(1 - \mu)$;同时,令 $\sin \alpha \approx \alpha$,则

$$n_{ya} = \frac{C_{yTR}^\alpha \alpha_{\max} \rho v^2 S}{2 m_2 (1 - \mu) g} + \frac{P \alpha_{\max}}{57.3 m_2 (1 - \mu) g}$$

所以

$$n_{ya} = \frac{C_{yTR}^\alpha \alpha_{\max} \rho v^2}{2 p_0 (1 - \mu)} + \frac{\overline{P} \alpha_{\max}}{57.3 (1 - \mu)}$$

为使导弹在攻击目标的过程中正常飞行,必须保证导弹的可用过载大于需用过载,即导弹必须满足下述条件:

$$n_{yu} = \frac{C_{yTR}^{\alpha} \alpha_{max} \rho v^2}{2 p_0 (1 - \mu)} + \frac{\overline{P} \alpha_{max}}{57.3 (1 - \mu)} \geqslant n_{yn}$$

所以

$$p_0 \leqslant \frac{57.3 C_{yTR}^{\alpha} \alpha_{max} \rho v^2}{2 [57.3 (1 - \mu) n_{yn} - \overline{P} \alpha_{max}]} \tag{3-32}$$

式中,导弹最大攻角受导弹外形的空气动力特性限制,当缺乏数据时,可取 $\alpha_{max} = 12° \sim 15°$。若设计中要求 α_{max} 大于 $15°$,为减小计算误差,则不能再令 $\sin \alpha \approx \alpha$,而直接用 $\sin \alpha$ 代入上述关系得出翼载的关系式即可。对于式(3-32)中的导弹在某一瞬时 t 所消耗的燃料相对质量 μ 值,应按不同类型导弹的主要设计情况的典型弹道确定。至于参数 $\rho, v, C_{yTR}^{\alpha}$ 等亦是如此。

2. 弹翼结构承载特性和工艺水平的限制

由翼载定义可知:

$$p_0 = \frac{m_2 g}{S}$$

p_0 值表示单位面积弹翼上负担的导弹重力。p_0 值愈大,在一定弹翼面积下,导弹重力愈大,因此,导弹在作机动飞行的过程中,弹翼承受的载荷就愈大,这就要求导弹有足够的结构强度和刚度。而高速导弹一般要求采用气动性能好的薄翼,这样,就给提高结构强度、刚度以及在工艺上造成较大的困难。因此,实际上在目前技术条件下,对允许使用的翼载值有所限制。据统计资料表明:

地空导弹:$p_0 \leqslant 5\ 000 \sim 6\ 000\ \text{N/m}^2$

空空导弹:$p_0 \leqslant 2\ 500 \sim 6\ 500\ \text{N/m}^2$

反坦克导弹:$p_0 \leqslant 2\ 500 \sim 3\ 000\ \text{N/m}^2$

3.5.3 助推器主要参数的选择

大部分导弹采用大推力的助推器,主要是为了使导弹获得一定的初速 v_{k1}(助推级末速);以提高导弹的平均速度;缩短攻击目标的时间;同时,在导弹达到初速 v_{k1} 时,抛掉助推器以减轻导弹的质量。另外利用助推器可以保证导弹在发射离轨时,获得所需的速度及推力,使导弹不致坠落。

对于助推器,它的主要参数是助推级末速 v_{k1}、工作时间 t_{k1} 和燃料相对质量因数 μ_{k1}(或 $\overline{P}_{01}$)。实际上,在 v_{k1}, t_{k1} 确定之后,μ_{k1} 值也就相应确定了,因此,主要独立设计变量为 v_{k1} 和 t_{k1}。

3.5.3.1 助推级末速 v_{k1} 的选择与确定

1. v_{k1} 对导弹发射质量的影响

前文已指出,导弹的发射质量 m_0 一般由助推级和主级两部分质量组成。即

$$m_0 = m_1 + m_2$$

当导弹其他战术载荷等已确定时,m_2 主要取决于 μ_{k2} 值,而 μ_{k2} 值又与 v_{k1} 有关。同理,助推级质量亦是如此。即

$$m_1 = f(v_{k1} \cdots)$$

$$m_2 = f(v_{k1} \cdots)$$

$$m_0 = f(v_{k1} \cdots)$$

当 v_{k1} 值增大时，μ_{k2} 值下降，则 m_2 值减小；而 μ_{k1} 值增加，则 m_1 增加；给出不同的 v_{k1} 值，可求出对应的 m_1, m_2, m_0 曲线，如图 3-11 所示。

因此，从理论上来讲，当 v_{k1} 值改变时，m_1 和 m_2 的变化趋势正好相反，故导弹的发射质量 m_0 会因 v_{k1} 的不同而发生变化。这中间有一个极值 $m_{0\min}$，其对应的最优值为 $(v_{k1})_{OPT}$。

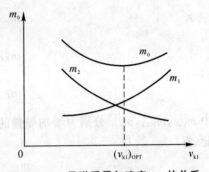

图 3-11　导弹质量与速度 v_{k1} 的关系

计算表明：$(v_{k1})_{OPT} \approx (0.7 \sim 0.8)v_{av}$

$(v_{k1})_{OPT}$ 的大小，主要取决于第一级与第二级的比冲 I_s 的大小，若 $I_{s1} < I_{s2}$，则 $(v_{k1})_{OPT}$ 值偏小些；若 $I_{s1} > I_{s2}$，则 $(v_{k1})_{OPT}$ 偏大些。具体大小应通过计算确定。

2. 对助推级最小末速 $(v_{k1})_{\min}$ 的限制

(1) 保证导弹启控时，舵面正常工作。气动面控制的导弹最终是依靠舵面偏转来完成操纵飞行的。为了保证导弹在攻击目标的过程中舵面正常工作，总是希望舵面的空气动力特性变化平缓。因此，导弹应尽可能避开气动特性不稳定的跨声速段操纵飞行，或是以亚声速飞行，或是以超声速飞行。

对于防空导弹，通常是以超声速开始操纵的。由空气动力学可知，当导弹飞行马赫数 $Ma \geqslant 1.4$ 时，才能满足上述要求，即在此情况下，必须保证 $(v_{k1})_{\min}$ 为

$$(v_{k1})_{\min} \geqslant Mac = 1.4c \qquad (3-33)$$

因为低空时声速 $c \approx 340 \text{ m/s}$，所以 $(v_{k1})_{\min} \geqslant 476 \text{ m/s}$。

(2) 当 $Ma < 1$ 时，飞航导弹的要求。对于飞行马赫数 $Ma < 1$ 的飞航导弹，在助推器脱落后，为了使导弹正常地沿弹道飞行，不致坠落，必须保证导弹的推力分量与升力之和大于重力分量，即

$$P\sin \alpha + Y \geqslant G\cos \theta$$

通常，攻角 α 较小，所以令 $P\sin \alpha = 0$（这对求 v_{k1} 值来讲是偏于安全的），故

$$\frac{C_y \rho v^2 S}{2} \geqslant G\cos \theta$$

所以

$$v \geqslant \sqrt{\frac{2G\cos \theta}{C_y \rho S}}$$

通常，飞航导弹助推器的重力 $G_1 \ll G_2$，所以可近似认为 $G \approx G_2$，故

$$\frac{G}{S} \approx \frac{G_2}{S} = p_0$$

所以

$$(v_{k1})_{\min} \geqslant \sqrt{\frac{2p_0\cos \theta}{C_y \rho}} \qquad (3-34)$$

3.5.3.2　助推器燃料相对质量因数 μ_{k1} 计算

由式 (3-13) 知

$$m_{F1} = \frac{1}{I_s}\left(\int_0^{v_{k1}} m\mathrm{d}v + \int_0^{t_{k1}} X\mathrm{d}t + \int_0^{t_{k1}} mg\sin \theta \mathrm{d}t\right) \qquad (3-35)$$

令
$$m_{Fv1} = \frac{1}{I_s} \int_0^{v_{k1}} m \, \mathrm{d}v$$

$$m_{FX1} = \frac{1}{I_s} \int_0^{t_{k1}} X \, \mathrm{d}t$$

$$m_{Fg1} = \frac{1}{I_s} \int_0^{t_{k1}} mg \sin \theta \, \mathrm{d}t$$

式中 $m_{Fv1}, m_{FX1}, m_{Fg1}$ 分别为增加导弹的速度,克服阻力和平衡重力切向分量的燃料消耗量。因此,有

$$m_{F1} = m_{Fv1} + m_{FX1} + m_{Fg1}$$

同样,上式两边均除以导弹的发射质量 m_0,则可变成相对质量因数的形式:

$$\mu_{k1} = \mu_{kv1} + \mu_{kX1} + \mu_{kg1}$$

为了求得燃料相对质量因数 μ_{k1},则必须分别求解上述各部分的积分之值。

为积分式(3-35)作如下假设:

(1) 当秒流量不变时,认为推力值基本不变。

(2) 导弹在助推段作等加速直线运动,其速度规律 $v(t)$ 曲线接近于直线,即有

$$v = \left(\frac{v_{k1}}{t_{k1}}\right)t, \quad v_{av} = \frac{v_{k1}}{2}$$

(3) 因为助推段速度变化很大(地空导弹尤其如此),阻力系数变化很复杂。同时,助推段的阻力远远小于推力,故允许用经验数据粗略估算阻力系数 C_x 值。可取 C_x 为此阶段的平均值 C_{xav},或取

$$\sigma_1 = \frac{C_{xav} S}{G_0}$$

式中,σ_1 为折算阻力系数,可由统计经验数据得到。

(4) 由于助推段导弹的飞行高度变化不大,因此,空气密度可取该段的平均值,一般取发射点高度的空气密度。

根据上述假设条件,计算各分量。

1. 用于增加导弹速度的燃料量

由
$$m_{Fv1} = \frac{1}{I_s} \int_0^{v_{k1}} m \, \mathrm{d}v$$

当燃料秒消耗量 $\dot{m}_F = \mathrm{const}$ 时,有

$$m = m_0 \left(1 - \frac{\dot{m}_{F1} t}{m_0}\right)$$

所以

$$m_{Fv1} = \frac{1}{I_s} \int_0^{v_{k1}} m_0 \left(1 - \frac{\dot{m}_{F1} t}{m_0}\right) \mathrm{d}v = \frac{1}{I_s} \left[m_0 v_{k1} - \dot{m}_{F1} \int_0^{v_{k1}} t \, \mathrm{d}v\right] \qquad (3-36)$$

利用分部积分法

$$\int_0^{v_{k1}} t \, \mathrm{d}v = v_{k1} t_{k1} - D_{r1} = t_{k1}(v_{k1} - v_{av}) \qquad (3-37)$$

式中,D_{r1} 为助推段的斜射程。

由假设条件知

$$v_{av} = \frac{v_{k1}}{2} \qquad (3-38)$$

将式(3-37)和式(3-38)代入式(3-36)得

$$m_{Fv1} = \frac{1}{I_s}\left(m_0 v_{k1} - \dot{m}_{F1} t_{k1} \frac{1}{2} v_{k1}\right) = \frac{1}{I_s}\left(m_0 - \frac{m_{F1}}{2}\right) v_{k1}$$

上式两边均除以导弹总质量 m_0，化成相对量的形式为

$$\mu_{kv1} = \frac{1}{I_s}\left(1 - \frac{1}{2}\mu_{k1}\right) v_{k1} \tag{3-39}$$

2. 用于平衡导弹质量切向分量的燃料量

$$m_{Fg1} = \frac{1}{I_s}\int_0^{t_{k1}} mg\sin\theta \mathrm{d}t = \frac{1}{I_s}\int_0^{t_{k1}} m_0\left(1 - \frac{\dot{m}_{F1}t}{m_0}\right) g\sin\theta_{av}\mathrm{d}t = \frac{m_0 g\sin\theta_{av}t_{k1}}{I_s}\left(1 - \frac{\dot{m}_{F1}t_{k1}}{2m_0}\right)$$

化为相对量的形式得

$$\mu_{kg1} = \frac{\sin\theta_{av} g t_{k1}}{I_s}\left(1 - \frac{\mu_{k1}}{2}\right) \tag{3-40}$$

3. 用于克服阻力的燃料量

$$m_{FX1} = \frac{1}{I_s}\int_0^{t_{k1}} X\mathrm{d}t = \frac{1}{I_s}\int_0^{t_{k1}} \frac{\rho v^2 C_x S}{2}\mathrm{d}t = \frac{1}{I_s}\int_0^{t_{k1}} \frac{\rho_0 C_x S}{2G_0} G_0 \left(\frac{v_{k1}}{t_{k1}}t\right)^2 \mathrm{d}t = \frac{1}{2I_s}\rho_0\sigma_1 G_0\left(\frac{v_{k1}}{t_{k1}}\right)^2 \frac{t_{k1}^3}{3}$$

所以

$$\mu_{kX1} = \frac{1}{6I_s}\sigma_1\rho_0 g v_{k1}^2 t_{k1} \tag{3-41}$$

将式(3-39)～式(3-41)三式相加并整理，则得助推级燃料相对质量因数 μ_{k1} 的表达式：

$$\mu_{k1} = \frac{v_{k1} + \dfrac{1}{6}\sigma_1\rho_0 g v_{k1}^2 t_{k1} + g t_{k1}\sin\theta_{av}}{I_s + \dfrac{v_{k1}}{2} + \dfrac{g t_{k1}}{2}\sin\theta_{av}} \tag{3-42}$$

在求得了助推器燃料相对质量因数 μ_{k1} 和导弹的起飞质量 m_0 之后，就可得出助推器的推力 P_1：

$$P_1 = \frac{I_s \mu_{k1} m_0}{t_{k1}} \quad \text{或} \quad \overline{P}_1 = \frac{P_1}{m_0 g} = \frac{I_s \mu_{k1}}{t_{k1} g}$$

3.5.3.3　助推器工作时间 t_{k1} 的选择与确定

导弹在助推段飞行过程中，由于气动力特性变化大、速度小、舵面效率低等原因，一般导弹在助推段不进行控制。另外，考虑到固体助推器燃烧室受热等因素，因此，希望尽量缩短这段过程，使助推器工作时间 t_{k1} 尽量小些。但这主要受到导弹设备最大允许过载的限制。

以下讨论在给定助推段末速 v_{k1} 和最大轴向过载 $n_{x\max}$ 条件下，确定助推器最小工作时间 $(t_{k1})_{\min}$。

根据导弹纵向运动方程

$$\frac{G}{g}\frac{\mathrm{d}v}{\mathrm{d}t} = P_1 - X - G\sin\theta$$

$$\int_0^{v_{k1}} \mathrm{d}v = \int_0^{t_{k1}} g\left[\frac{P_1 - X}{G} - \sin\theta\right]\mathrm{d}t$$

$$v_{k1} = g\int_0^{t_{k1}} n_x\mathrm{d}t - g t_{k1}\sin\theta$$

令

$$\int_0^{t_{k1}} n_x\mathrm{d}t = t_{k1} n_{xav}$$

式中，n_{xav} 为平均轴向过载。

所以

$$v_{k1} = g t_{k1} (n_{xav} - \sin \theta)$$

故

$$t_{k1} \geqslant \frac{v_{k1}}{g(n_{xav} - \sin \theta)} \qquad (3-43)$$

下面讨论平均轴向过载与最大轴向过载 n_{xmax} 之间的关系。

考虑到当过载偏大时，t_{k1} 值偏于安全，因此忽略阻力项，则轴向过载近似为

$$n_x \approx \frac{P_1}{G}$$

这样，

$$n_{xav} = \frac{P_1}{G_{av}} = \frac{P_1}{G_0 - 0.5 G_{F1}} = \frac{P_1}{G_0 (1 - 0.5 \mu_{k1})}$$

所以

$$n_{xav} = \frac{\overline{P}_1}{1 - 0.5 \mu_{k1}} \qquad (3-44)$$

同理

$$n_{xmax} = \frac{\overline{P}_1}{1 - \mu_{k1}} \qquad (3-45)$$

故

$$\frac{n_{xav}}{n_{xmax}} = \frac{1 - \mu_{k1}}{1 - 0.5 \mu_{k1}} \qquad (3-46)$$

又因为燃料相对质量因数 μ_{k1} 为

$$\mu_{k1} = \frac{\overline{P}_1 t_{k1} g}{I_s}$$

将式(3-44) 代入上式得

$$\mu_{k1} = \frac{n_{xav}(1 - 0.5 \mu_{k1}) t_{k1} g}{I_s}$$

经整理，则有

$$\mu_{k1} = \frac{\dfrac{n_{xav} t_{k1} g}{I_s}}{1 + 0.5 \dfrac{n_{xav} t_{k1} g}{I_s}}$$

令

$$K_1 = \frac{n_{xav} t_{k1} g}{I_s}$$

则

$$\mu_{k1} = \frac{K_1}{1 + 0.5 K_1} \qquad (3-47)$$

式(3-47) 建立了 μ_{k1} 与 n_{xav} 的关系。将式(3-47) 代入式(3-46)，经整理后得

$$\frac{n_{xav}}{n_{xmax}} = 1 - 0.5 K_1$$

则

$$n_{xav} = n_{xmax} \left[1 - \frac{n_{xav} t_{k1} g}{2 I_s} \right]$$

将 t_{k1} 的表达式(3-43) 代入上式，同时，考虑到 $n_{xav} \gg \sin \theta$，因此，近似认为 $(n_{xav} - \sin \theta) \approx n_{xav}$，则得

$$n_{xav} = n_{xmax} \left[1 - \frac{v_{k1}}{2 I_s} \right] \qquad (3-48)$$

式(3-48) 即为平均轴向过载与最大轴向过载之间的关系。

将式(3-48)代入式(3-43),得

$$t_{k1} \geqslant \frac{v_{k1}}{g\left[n_{x\max}\left(1 - \frac{v_{k1}}{2I_s}\right) - \sin\theta\right]} \qquad (3-49)$$

应用式(3-49)进行计算,尚需考虑固体火箭发动机在点火的短时间内,会产生压力急升现象,如图3-12所示。此时,推力比预定的最大推力要大些。为此,允许的最大轴向过载应适当地小些,以避免短时间内出现超负荷。通常取

$$n'_{x\max} = 0.9n_{x\max}$$

故

$$t_{k1} \geqslant \frac{v_{k1}}{g\left[0.9n_{x\max}\left(1 - \frac{v_{k1}}{2I_s}\right) - \sin\theta\right]} \qquad (3-50)$$

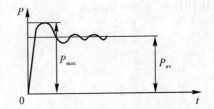

图 3-12　发动机点火时的压力急升现象

思考题与习题

1.有翼导弹的主要设计参数是哪些参数? 为什么?

2.对地空导弹和空空导弹,主要参数的设计情况有哪些? 为什么?

3.试建立两级固体有翼导弹第一级、第二级和全弹的质量方程。什么是有翼导弹的有效载荷? 将弹上制导设备的质量视为有效载荷的理由是什么?

4.用数值积分法求解推进剂质量 m_F 或相对质量因数 μ_k 时,其实质是求解什么? 运动方程组为什么要化成相对量的形式? 求解时,需要作何假设? 如果设导弹在铅垂面内作直线飞行,但导弹的实际弹道不是直线,而是曲线,按直线弹道求解攻角等,这些处理合理吗? 你认为应如何处理或修正?

5.试述翼载 p_0、推重力比 $\bar{P}$ 和推进剂的相对消耗量 μ 的定义。其中哪些是无量纲量? 哪些是有量纲量? 其单位是什么? 它们主要影响哪些参数?

6.确定导弹的速度变化规律 $v(t)$ 时,需考虑哪些因素?

7.导弹的推力变化规律 $P(t)$ 与速度变化规律 $v(t)$ 之间有何种关系? 为什么 $H \geqslant 20\text{ km}$ 时,$\bar{P} \approx 1.05\bar{P}_{av}$?

8.试述选择翼载 p_0 时需考虑的主要因素。翼载与过载之间有何关系? 对巡航导弹,确定其翼载时有何特殊考虑? 早期的空空、地空导弹,翼载 $p_0 \approx 300 \sim 500\text{ kg/m}^2$,其相应的可用过载约为10,而现代空空、地空导弹的可用过载可达 $35 \sim 50$,甚至70,但翼载并未相应降低,反而增大了,这是为什么? 其设计情况是哪些特征点? 为什么?

9.在确定助推器的末速 v_{k1} 和工作时间 t_{k1} 时,有哪些考虑? 若将两级地空导弹的助推段

视为等加速运动,允许的最大纵向过载 $n_{x\max}$ 为 25,助推段结束时导弹的速度 v_{k1} 为 500 m/s,弹道倾角 $\theta=40°$,试问助推器的工作时间应不小于多少?

10.试求两级地空导弹助推器推进剂的相对质量因数 μ_{k1}。计算条件:发射高度 $H=0$ m,助推器工作结束时,导弹的速度 $v_{k1}=500$ m/s,发动机的工作时间为 2 s,平均弹道倾角 $\theta_{av}=40°$,发动机比冲 $I_s=2\,400$ m/s,$\sigma_1=0.38\times10^{-4}$ m²/kg。若忽略阻力影响,则 μ_{k1} 是多少?

11.试求空空导弹的 μ_k。计算条件:发射高度 $H=5$ km,发动机工作结束时导弹的速度 $v_{k1}=800$ m/s,发射导弹时载机的速度 $v_L=300$ m/s,发动机的工作时间 2 s,发动机比冲 $I_s=2\,400$ m/s,$\sigma_1=1.7\times10^{-4}$ m²/kg。

12.试求巡航导弹等速平飞巡航段的推进剂相对质量因数 μ_k。计算条件:导弹的巡航高度 $H=15$ m,巡航速度 $v=300$ m/s,等速平飞段的飞行距离 $D=100$ km,翼载 $p_0=500$ kg/m²,阻力系数 $C_x=0.022$,发动机比冲 $I_s=2\,100$ m/s。

第4章 导弹分系统方案选择及设计要求

导弹总体设计就是根据战术技术要求和技术发展实际状况,对导弹及其组成导弹的各个分系统进行综合、协调、研究、设计和试验的过程。这个过程往往要经过多次反复,才能得到一个综合性能最佳的导弹总体技术方案。

根据战术技术指标,选择及确定导弹的主要技术方案是总体设计的重要工作,主要分系统方案包括推进系统方案、引战系统方案、制导控制系统方案、总体结构方案、弹上能源方案、发射方案等。确定分系统技术方案就要对分系统的类型、主要性能参数进行分析,提出对分系统的设计要求。本章对导弹各分系统的组成、工作原理、特点等内容进行简单介绍,并从总体的角度出发,阐述选择分系统方案的方法,提出对各分系统的设计要求。

4.1 推进系统方案选择和要求

推进系统是导弹武器的一个重要分系统,它的主要作用是为导弹提供飞行动力,以保证导弹获得所需的速度和射程。导弹推进系统产生推力的主要部件是发动机。目前导弹上所用的发动机都是喷气发动机。喷气发动机先将推进剂的化学能转化为燃气的热能,然后又转化为燃气的动能,最后转化为对导弹的反作用力——推力,因此它既是动力装置,又是推进装置。但是发动机除了作为动力装置和推进装置这两个基本作用外,也参加了导弹的控制。一方面,由于推进系统是导弹上唯一具有显著变质量性质的系统,又是产生推力的装置,它必然影响导弹的控制;另一方面,由于发动机的推力不仅可以推动导弹前进,也可用以操纵导弹的侧向移动和滚动。所以推进系统对导弹来说,既是要控制的对象,又是可用于控制的参量。这就是推进系统对导弹控制的两重性。当然,导弹上有专门起控制作用的控制系统,但它主要依靠外力控制,而发动机推力控制则是一种内力控制。如,根据弹道要求调整推力的大小,甚至使推力中止和根据姿态要求进行推力向量控制等。但推进系统作为导弹的一个分系统,除了起到推进和控制的作用之外,对导弹的战术技术性能的影响也很大。它在导弹上的配置将影响导弹的总体布局、气动性能、弹道性能及使用性能等。

4.1.1 推进系统的组成及分类

推进系统包括发动机以及保证发动机正常工作所需的部件和组件。如液体火箭发动机主要由发动机、发动机架、推进剂(或燃料)和推进剂输送系统所组成。其中发动机是核心部分,而推进剂与发动机紧密相关。

由于发动机是推进系统的核心,导弹推进系统的分类实际是按发动机来分类的。导弹上使用的发动机都是喷气发动机。目前喷气发动机都是利用化学能,其他以核能、电磁能、太阳能或激光能为能源的喷气发动机尚未在导弹上使用。喷气发动机一般可分为火箭发动机、空气喷气发动机和组合发动机。火箭发动机所用的推进剂——燃料和氧化剂——全部自身携带,它是在空气不参与的情况下,靠发动机燃烧室中形成的喷气流的反作用产生推力,因此火箭发动机可以在高空和大气层外使用。空气喷气发动机是利用空气中的氧气,与所携带的燃料燃烧产生高温燃气;为此,需要在空气进入发动机燃烧室之前,将空气进行压缩并与燃料混合,在燃烧时将化学能转化成为发动机喷出气体的动能。按照推进剂是液态还是固态,可将火箭发动机分为液体推进剂火箭发动机(简称液体火箭发动机)和固体推进剂火箭发动机(简称固体火箭发动机),还有混合推进剂火箭发动机,如固-液(固体燃料和液体氧化剂)火箭发动机或液-固(液体燃料和固体氧化剂)火箭发动机。空气喷气发动机按工作循环可分为涡轮喷气发动机和冲压喷气发动机。其中冲压喷气发动机又可分液体燃料冲压发动机(LFRJ)、固体燃料冲压发动机(SFRJ)和固体火箭冲压组合发动机。涡轮喷气发动机,目前主要用于飞航导弹和空地导弹上,有涡轮喷气发动机、涡轮风扇发动机以及正在发展中的桨扇发动机。

由两种或两种以上不同类型的发动机组合而成的新型发动机,称为组合发动机。把固体火箭助推发动机和作为主发动机的冲压发动机(或火箭冲压发动机),通过共用燃烧室和设置转级机构组合到一起,就构成整体式火箭/冲压发动机。把固体火箭助推发动机和作为主发动机的固体火箭冲压发动机组合成一种新的两级组合发动机就构成整体式固体火箭冲压发动机。导弹上所用喷气发动机的大致分类见图 4-1。

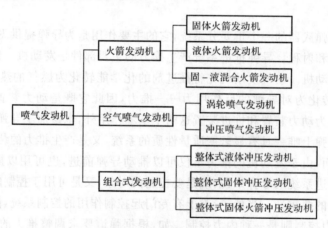

图 4-1 推进系统的分类

随着现代科学技术的发展,已进一步将不同工作循环的发动机组合在一起作为飞行器的动力,如火箭基组合循环发动机和涡轮基组合循环发动机等。但具体采用何种型式的发动机,应根据任务的性质和飞行器总体战术技术要求进行选择。

4.1.2 发动机的主要性能参数

表示发动机性能的一些指标称之为性能参数。它们主要有推力、总冲、比冲、推重比等。

1.总冲 I

发动机推力对工作时间的积分(见图 4-2)定义为发动机的总冲(单位:N·s)。

$$I = \int_0^{t_a} P \mathrm{d}t \tag{4-1}$$

式中，t_a 为发动机的工作时间，定义为发动机点火后推力上升到额定推力的 10%（或 5%）的那一点为起点，到发动机推力下降到额定推力的 10%（或 5%）的那一点为终点，从起点至终点的时间间隔。

总冲是导弹根据其飞行任务需要对发动机提出的重要性能参数。总冲的大小决定了导弹航程的长短或有效载荷的大小，是反映发动机工作能力大小的重要指标。

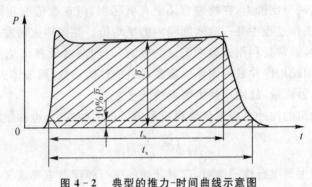

图 4-2　典型的推力-时间曲线示意图

2. 推力 P

作用于发动机内外表面上作用力的合力称为发动机的推力（单位：N），它是发动机的主要性能参数之一。推力的通用公式为

$$P = \dot{m}_F u_e + (p_e - p_a)A_e - \dot{m}_a v \tag{4-2}$$

式中　$\dot{m}_F$——每秒推进剂的消耗量（kg/s）；

$\quad\quad u_e$——喷管出口截面处燃气流的速度（m/s）；

$\quad\quad A_e$——喷管出口截面积（m²）；

$\quad\quad p$——压力，下标 e 和 a 分别表示出口气流和自由流的状态（Pa 或 N/m²）；

$\quad\quad \dot{m}_a$——每秒进入发动机的空气质量；

$\quad\quad v$——导弹的飞行速度。

火箭发动机与外界自由流无关，因此其推力 P 与导弹的飞行速度无关，即去掉式（4-2）中的第三项，其推力为

$$P = \dot{m}_F u_e + (p_e - p_a)A_e \tag{4-3}$$

导弹飞行时，吸气式发动机所产生的内推力扣除本身的头部附加阻力称为有效推力。如发动机外露，还要减去外皮阻力（包括摩擦阻力、波阻和底部阻力），称为净推力。净推力是吸气式发动机提供导弹飞行的可用推力。

一般而言，在总体方案设计阶段进行飞行性能分析时，用平均推力作为总体技术指标。而在发动机设计研制过程中，总体还要提出最大推力和最小推力的要求，根据导弹和弹上各设备承受纵向过载的能力导出最大推力要求，根据导弹速度特性要求导出最小推力要求。

3. 比冲 I_s

火箭发动机比冲是指消耗单位推进剂质量所产生的冲量，也称推进剂比冲（单位：N·s·kg⁻¹），是发动机效率的重要指标，表示推进剂能量的可利用性和发动机结构的完善性。发动机在整个工作阶段的平均比冲可用下式计算：

$$I_s = \frac{I}{m_F} \tag{4-4}$$

式中，m_F 为推进剂质量。

而将每秒消耗 1 kg 推进剂所产生的推力，即推力与推进剂质量流量之比称为发动机的比推力，即

$$P_{sp} = \frac{P}{m_F}$$

火箭发动机的比冲与比推力，在物理意义上有所区别，但在数值上相同，它们可以取瞬时值，也可以取发动机工作过程中某一时间间隔内的平均值。在固体火箭发动机试验中，精确测量推进剂流量较困难，通常是利用试验中记录的推力-时间曲线计算出总冲值，再除以推进剂质量求得平均比冲，因此用比冲表示固体火箭发动机的性能参数；而液体火箭发动机易于从试验中测得推进剂的每秒流量，故用比推力表示性能参数。

吸气式喷气发动机的比冲是指单位燃料质量流量产生的推力，也称燃料比冲，即

$$I_s = \frac{P}{m_F} \tag{4-5}$$

比冲是发动机的主要飞行性能参数，它对导弹的飞行弹道有重要意义，因为它影响航程和速度增量。对于给定总冲的发动机，比冲越大所需推进剂的质量就越小，因此发动机的尺寸和质量就可以减小。或者说对于给定推进剂质量的发动机，比冲越大则导弹的射程或运载载荷就越大。

比冲的国际单位制为 N·s/kg，它近似地代表火箭发动机喷管出口处气流速度。比冲的工程单位制为 s。

早期固体火箭发动机的比冲为 1 900～2 100 N·s/kg，燃速范围有限，而且装药的初温对燃速、工作时间和推力等有明显影响，而且初温在使用环境条件下变化较大，在喷管设计时要考虑推力调节。

当代固体火箭发动机，双基药比冲可达到 2 100～2 300 N·s/kg，复合药比冲可达到 2 300～2 500 N·s/kg。目前，固体推进剂的比冲在 2 500～3 000 N·s/kg 之间，广泛地应用于近程、中程和远程导弹，并向着高能量、推力可调节、多功能方向发展，进而结合弹体进行导弹系统一体化兼容性设计。

液体火箭发动机的液体推进剂（常规推进剂）可提供的比推力为 2 500～5 000 N·s/kg。

图 4-3 表示几种典型发动机的比冲随马赫数而变化的曲线。

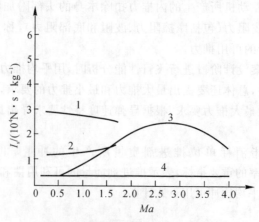

图 4-3 比冲随 Ma 而变化的曲线

1—涡喷发动机； 2—带加力的涡喷发动机； 3—冲压发动机； 4—火箭发动机

目前，火箭发动机的比冲（比推力）值见表 4 - 1。

表 4 - 1　火箭发动机的比冲量

发动机类型	应用的推进剂	比冲（比推力）/(N·s·kg^{-1})
液体火箭发动机	液氧和煤油	2 940
	液氧和液氢	3 832
	偏二甲肼和四氧化二氮	2 803
固体火箭发动机	双基药	2 200～2 300
	改性双基药	2 400～2 500
	复合药（加铝粉）	2 600～2 650

4. 单位燃料消耗率 η

单位时间燃料消耗量与发动机推力之比值（单位：kg/(N·h) 或 kg/(N·s)），即

$$\eta = \frac{\dot{m}_F}{P} \tag{4-6}$$

由式(4-6)可见，单位燃料消耗率与燃料比冲互为倒数。它表示为产生 1 N 推力单位时间内需消耗多少质量的燃料，它是发动机工作过程经济性的一个标志。它与燃料或推进剂所含能量的高低、发动机类型和工作状态有关。同时，它的大小还取决于发动机工作过程组织的完善程度。

5. 推重比

发动机的推力与发动机在当地所受重力之比称为发动机的推重比。它反映了动力装置的质量特性，对导弹的飞行性能和承载有效载荷的能力都有直接影响。因此，在对发动机的评价中，推重比是一个重要指标。提高推重比的主要措施有，高的部件性能与效率、高涡轮进口温度、结构简单、简化发动机各系统、选用比强度高的材料，以及先进的加工工艺技术等。由于弹用涡喷发动机的压气机压比与涡轮进口温度均不能太高，这就限制了推重比的进一步提高。现代涡喷发动机的推重比达 10 以上；以 $Ma = 2 \sim 3$ 飞行的冲压发动机的推重比在 20 左右；不同特点、不同推力等级的液体火箭发动机的推重比在 $70 \sim 100$ 范围内。推重比是无量纲参数，国际上使用比较方便。

6. 质量比

所谓质量比是指推进剂质量与动力装置总质量（含装药质量）之比，意即装药质量占动力装置总质量的百分比。这反映发动机结构的设计质量，亦即质量比体现了发动机的综合设计水平。大型固体火箭发动机的质量比目前已达 0.85 以上。对于任何固体推进剂来说，其装药质量反映总冲的大小，故质量比实际上反映了总冲与发动机总质量的比值。此比值目前已达 1 000 N·s/kg，先进的可达 1 750 N·s/kg。

7. 单位迎面推力 P_{sf}

单位迎面推力（单位：N/m^2）是指发动机推力与发动机最大横截面积（或发动机最大迎风面积）之比，即

$$P_{sf} = \frac{P}{A_{max}} \tag{4-7}$$

单位迎面推力反映了发动机的阻力特性。这个参数对吸气式发动机甚为重要，尤其在超

声速飞行时。因为发动机的阻力占整个导弹阻力相当大的比例,发动机的最大迎风面积基本反映了发动机阻力特性,要减小这个阻力,发动机必须具有较大的单位迎面推力。亦即从一个侧面(主要是空气动力特性方面)反映出发动机设计的好坏。在一定推力下,迎风面积小,有可能减少导弹的空气阻力。图4-4所示为几种典型发动机的单位迎面推力随马赫数而变化的曲线。

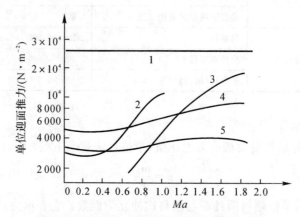

图 4-4　单位迎面推力随 Ma 而变化的曲线

1— 火箭发动机;　2— 脉冲发动机;　3— 冲压发动机;　4— 带加力的涡喷发动机;　5— 涡喷发动机

8. 推力系数 C_F

$$C_F = \frac{P}{q_\infty A_4} \qquad (4-8)$$

式中　q_∞ —— 来流动压(N/m²);

　　　A_4 —— 发动机迎风面积(一般为燃烧室截面积)。

9. 单位推力 P_s

吸气式喷气发动机中,单位质量流量的空气产生的推力称为单位推力(单位:N·s/kg),即

$$P_s = \frac{P}{m_a} \qquad (4-9)$$

给定发动机尺寸和飞行状态后,单位推力越大,绝对推力也越大。

4.1.3　火箭发动机

火箭发动机分为固体火箭发动机、液体火箭发动机以及固-液混合型火箭发动机。液体火箭发动机所用的推进剂包括液态燃料和氧化剂,分别存放在各自的贮箱中,工作时由输送系统进入燃烧室。由于液体火箭发动机战备勤务准备时间长,贮存困难,因此战术导弹已很少使用。固体火箭发动机由燃烧剂和氧化剂预先混合制成一定形状的药柱,结构简单,易于保存和使用。固-液混合型火箭发动机采用的为固-液型推进剂。

4.1.3.1　固体火箭发动机

固体火箭发动机是以固体推进剂为燃料的火箭发动机。这种发动机,推进剂被做成一定形状的药柱装填在燃烧室中,药柱直接在燃烧室中点燃并燃烧,产生高温高压的燃烧产物由喷管以高速喷出产生反作用推力。由于不存在推进剂加注和输送的问题,也不需要专门的推进

剂加注设备和输送系统,所以,固体火箭发动机的突出优点在于其结构简单,维护使用方便,操作安全,工作可靠,成本相对较低。固体火箭发动机的缺点在于发动机的比冲较低,发动机性能受外界环境温度的影响较大,工作时间受发动机热防护和装药尺寸及燃速的限制不可能很长,最长工作时间也不超过几分钟,发动机的可调性如推力大小的调节、方向的改变和多次点火等方面都比较差。但是固体火箭发动机大推力、短工作时间和启动快的特点正是助推器所需要的。

1. 内弹道计算

内弹道计算是计算发动机在各种条件下燃烧室内燃气压强随时间的变化规律(P_c-t) 曲线,最终计算出推力-时间(P-t) 曲线和质量流率-时间($\dot{m}_F$-t) 曲线,为导弹外弹道计算提供依据。

燃烧室压强 P_c 是火箭发动机的重要参数,它直接影响发动机的主要性能参数推力 P,还直接影响推进剂的燃烧性能。

$$P_c = P_a + \int dP_c \tag{4-10}$$

$$\frac{dP_c}{dt} = \frac{C^{*2}\rho_p A_b r_b - C^* P_c A_t}{V_{cf}} \Gamma^2 \tag{4-11}$$

式中　P_c —— 燃烧室压强;

　　　P_a —— 外界大气压强(Pa 或 N/m²);

　　　C^* —— 特征速度,主要反映推进剂能量特性;

　　　ρ_p —— 推进剂密度,反映燃烧同样体积的装药产生燃烧产物的多少;

　　　Γ —— 比热比函数;

　　　A_t —— 喷管喉部面积;

　　　A_b —— 燃烧面积;

　　　r_b —— 平均燃烧速度;

　　　V_{cf} —— 燃烧室自由容积。

其中

$$C^* = \frac{\sqrt{R_c T_c}}{\Gamma}$$

$$\Gamma = \sqrt{\gamma} \left(\frac{2}{\gamma+1}\right)^{\frac{\gamma+1}{2(\gamma-1)}}$$

$$V_{cf} = \frac{4}{3} D_i^3 + dV_{cf}$$

$$r_b = a P_c^n$$

$$dV_{cf}/dt = A_b r_b$$

$$A_t = \pi (D_t/2)^2$$

式中　R_c —— 燃烧室中燃烧产物的等价气体常数(J/(kg·K));

　　　T_c —— 推进剂的定压燃烧温度;

　　　γ —— 燃烧室的平均比热比;

　　　n —— 压强指数;

　　　a —— 燃速系数,燃速系数 a 和压强指数 n 都反映燃烧的快慢,因而也反映燃烧产物的秒生成量。

2.固体火箭发动机的结构

图 4-5 所示是一种典型的固体火箭发动机,它的基本组成包括固体推进剂药柱、燃烧室、喷管和点火装置等。

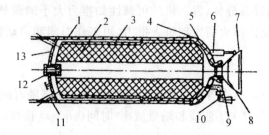

图 4-5　固体火箭发动机示意图

1—燃烧室壳体;　2—药柱;　3—包覆层;　4—药柱支撑组件;　5—喷管底部;　6—传动机构;
7—喷管组件;　8—堵盖;　9—喉部镶块;　10—摆动喷管;　11—推力终止装置;　12—点火装置;　13—顶盖

(1)固体推进剂。对推进剂性能的主要要求是比冲高、密度大、良好的燃烧性能和力学性能以及物理、化学安定性好,尤其是对热和机械作用的感度小,可长期贮存和安全运输,生产工艺性能好,适合于大批量生产等。

固体推进剂一般可分为双基型和复合型两大类。通常由主要组分加上适量的增塑剂、调节剂、键合剂、安定剂、工艺助剂、添加剂组成。

双基推进剂(DB)是一种以硝化纤维和硝化甘油为主要组分的溶塑性均质推进剂,多用于早期的战术导弹。具有工艺成熟、燃烧稳定、燃烧温度低、排气无烟且腐蚀性小、抗压强度高、对环境温度不敏感、贮存寿命长、价格低廉等特点。但是由于存在能量低、密度小、高低温力学性能较差、临界压力和压力指数均较高、只适用于自由装填式装药的结构形式等缺点,在近代战术导弹上使用的越来越少。

改性双基推进剂(CMDB)是以双基推进剂为基础,添加一定比例的铝粉、氧化剂及某些改性剂制成的。它改进了双基药能量偏低和密度较小的不足,但低温延伸率差的问题依然存在,且压强指数、燃烧温度及危险等级都偏高,价格也较昂贵。

复合推进剂是一种以高分子液态预聚物、过氯酸铵和铝粉为主要组分的具有橡胶弹性体特性的非均质推进剂。按所用预聚物的不同,又分为聚硫(PS)、聚氯乙烯(PVC)、丁腈羧(PBAN)、聚醚聚氨酯(PE)、丁羧(CTPB)、丁羟(HTPB)等六类。前三种由于综合性能差,现已很少采用。

聚醚推进剂的优点是可以获得较高的能量和密度,燃速在较宽范围内可调,压强指数较低。缺点是对环境湿度和原料水分特别敏感,生产中黏度大。加稀释剂后虽可改善流动性,但稀释剂在生产和贮存期间的挥发将导致燃速等性能的变化。

丁羧推进剂的优点是对环境湿度和原料水分不敏感,力学性能易控制。不足之处是低温力学性能差,贮存期间不够稳定,能量与密度均略低于丁羟推进剂。

丁羟推进剂是现有固体推进剂中综合性能较好的一种,具有黏度低、链结构规整、流动和力学性能好、能量高、密度大、燃速可调范围大、贮存性能好等优点。不足之处是压强指数偏高,生产时对环境湿度和原料水分仍有一定的敏感性。

表 4-2 列出了有关固体推进剂的主要性能参数变化大致范围。

表 4 - 2　固体推进剂主要参数

参数 单位符号 推进剂种类	理论比冲 $\dfrac{I_s}{N \cdot s/kg}$	密度 $\dfrac{\rho}{g/cm^3}$	燃速 $\dfrac{r}{mm/s}$	压强指数 n	温度敏感系数 $\dfrac{\alpha}{(\%/K)}$	火焰温度 $\dfrac{T}{K}$
双基药	1 960~2 340	1.53~1.69	5~32	0~0.52	0.1~0.26	<2 500
改性双基药	2 500~2 690	1.66~1.88	7~30	0.4~0.6		3 500~3 800
聚硫	2 320~2 450	1.72~1.75	4.9~15	0.17~0.4	~0.2	~3 000
聚氯乙烯	2 150~2 630	1.65~1.78	6~15	0.3~0.46	0.15~0.2	2 000~3 400
丁腈羧	~2 520	~1.75	~14	0.25~0.3	0.22~0.25	
聚醚	2 540~2 650	1.74~1.81	4~25	0~0.22	0.2~0.28	3 200~3 600
丁羧	2 550~2 600	1.72~1.78	8~14	0.2~0.45	0.15~0.2	3 300~3 500
丁羟	2 550~2 610	1.7~1.86	4~70	0.2~0.4	0.1~0.22	3 360~3 480

为使导弹作战时具有良好的发射隐蔽性和攻击突然性,希望消除动力装置工作时产生的白色烟迹和明亮火焰,这就需要寻求无烟无焰(或微烟少焰)推进剂。其途径之一是提高原有无烟推进剂的能量,如在双基推进剂中增加奥克托金、黑索金等高能成分。途径之二是去掉原来有烟推进剂中的发烟成分,如减少复合推进剂中铝粉、过氯酸铵的含量。

(2)装药。装药是指由推进剂加工成的、具有一定形状和构造的单根或多根药柱组合。通过装药的药型、包覆、金属丝和添加物控制其燃烧规律,以获得预期的发动机内弹道特性。

固体火箭发动机的内弹道性能:总冲量、推力大小及其变化规律和后效冲量是直接由装药燃烧面积的大小及其变化规律决定的,而装药的燃烧面积又直接和药型有关。因此,装药的药型直接影响着发动机的推力大小及其变化规律。同时发动机的装填密度、药柱的强度也与药型有密切关系。因此,必须合理地选择药型。

根据燃烧面积的变化规律,装药药型可以分为恒面、减面和增面药柱。按燃烧表面所处的位置可以分为端燃药柱、侧燃药柱和端侧面同时燃烧药柱。按燃烧方向的维数可以分为一维药柱、二维药柱和三维药柱。

常用端燃药柱为恒面燃烧一维药柱;两端包覆的侧面燃烧药柱,或长径比很大可以忽略端部燃烧面的端侧面燃烧药柱皆属于二维药柱,二维药柱有管形、星形、车轮形和树枝形药柱;长径较小、端部燃烧面不可忽略的端侧面燃烧药柱则属于三维药柱,而孔锥形、翼柱形和球形药柱是三维药柱的典型代表。

端燃药柱:端燃药柱是一维药柱,这种药柱的侧表面及其一端是以包覆层阻燃的,燃烧只在另一端进行。燃烧方向垂直于端面。端燃药柱的主要优点如下:能恒面燃烧;工作时间长;装填密度大;不会出现初始压力峰,形状简单,制造容易;强度高等。其缺点如下:燃面面积小,因此推力较小;在燃烧过程中发动机质心移动大;高温燃气和燃烧室壁接触,绝热层必须加厚,从而降低了装填密度;发动机推力、压力曲线上升缓慢,需要采取措施弥补,点火困难等。这种药型适用于小推力、长时间工作的续航发动机上。

侧燃药柱:侧燃药柱端面进行包覆阻燃或部分包覆,药型较多。这种药型的优点如下:可以改变内孔的几何形状和参数以得到各种不同的燃面变化规律;高温燃气不直接与燃烧室壁接触,使室壁免于受热;工作时间可以很长;推进剂可以直接浇铸在燃烧室内,因此解决了大尺寸药柱的成型和药柱支承问题,同时药柱对壳体的刚度有增强作用。这种药柱的缺点是药型复杂,使药模制造困难;有应力集中现象,使药柱的强度低、易出现裂纹;燃烧结束后留有残余推进剂,使发动机推力、压力曲线有拖尾现象。

端侧面燃烧药柱:一般为内侧面加端面同时燃烧。内侧面某部位上制成圆锥形、开平槽或翼肋形槽,可以利用开槽长度和开槽数来控制燃烧面的变化规律。这种药型比侧燃药柱装填系数高,燃面可调范围宽,无剩药,药柱强度高,应力集中减少。适用于长径比较大、工作时间较长的、推力中等的大中型发动机上。

装药设计的主要根据是发动机的推力、总冲量、推进剂的燃速、比冲、发动机的工作时间,燃烧室中压力或推力-时间曲线。据此,计算出装药量和燃面面积随时间的变化规律,从而确定药型。另外药型最终还应满足燃烧产物对燃烧室壳体的热作用最小,装填密度最大,后效冲量最小等。固体火箭发动机的药型如图 4-6 所示。

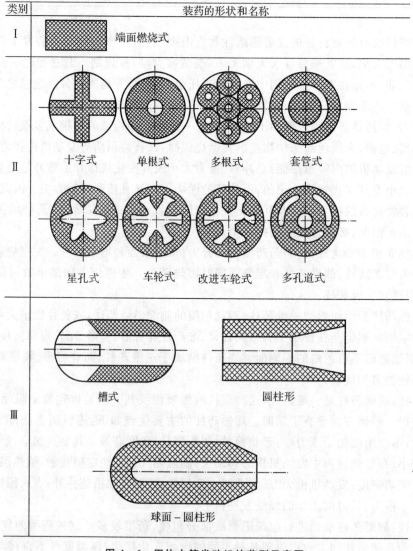

图 4-6　固体火箭发动机的药型示意图

为了保证药柱的燃烧满足内弹道要求,需要对装药的表面加以控制,需在药柱的非燃烧表面采用包覆层加以限制,此包覆层大多采用掺有耐火材料的橡胶塑料类材料制作。

(3)燃烧室。燃烧室是装药贮放和燃烧的场所,是一个高压容器,经常将其设计成既是推进剂的贮箱,又是弹体结构的一个舱段。

燃烧室包括燃烧室筒体、封头及其连接和密封结构。燃烧室筒体一般为圆筒形,两端焊有前后裙部或接头,以便与导弹其他舱段和喷管相连。前裙可以采用整体结构形式,也可以是可拆卸式的,后端与喷管相接。有的燃烧室为了安装弹翼或吊挂导弹还设计有附加的接头。典型的燃烧室筒体如图 4-7 所示。由于发动机工作时燃烧室要承受高温高压,所以燃烧室应该有足够的强度和适当的隔热措施。

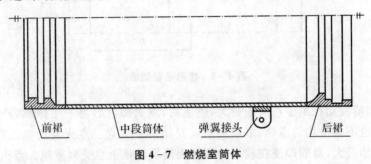

前裙　　　中段筒体　　　弹翼接头　　　后裙

图 4-7　燃烧室筒体

燃烧室壳体的材料可分为金属材料和复合材料两大类。金属材料主要是超高强度钢、钛合金及铝合金;常用的复合材料有高硅氧玻璃纤维塑料,石墨纤维塑料等。燃烧室壳体材料的选择应力求满足强度高、焊接成型工艺好、断裂韧性高、来源广泛等要求。

壳体的热防护是在壳体内表面粘贴一层绝热材料。这种绝热材料要求烧蚀率低,导热系数和密度小,工艺性好,老化性能满足发动机贮存要求。

(4)喷管。喷管的作用在于将燃烧室内燃烧产生的燃气热量通过膨胀和加速,使之转换为动能增量,从而提供导弹飞行所需的推力。喷管在设计时,要求在外形尺寸和质量受限制的条件下,使燃气获得最佳的膨胀,从而获得最大的推力。这样,必须尽量减少喷管中能量的各种损失,以提高发动机的效率。

发射发动机由于工作时间很短,喷管用机加工的钢制件或耐热的塑压件均可。

主发动机的工作时间较长,高温燃气在喷管内高速流动时,形成很大的热流量和对喷管构成严重的冲刷。因此喷管的烧蚀问题十分突出,喷管的喉衬需要寻求隔热性能好的耐高温、耐烧蚀材料,如石墨、陶瓷、碳碳复合材料等。喷管的收敛段和扩散段一般采用耐烧蚀的碳纤维模压材料。

按型面分类,喷管可分为锥形喷管和特型喷管两大类。在工程实际应用中,特型喷管以特征线喷管、抛物线喷管及双圆弧喷管应用较为普遍,大型发动机采用特型喷管的较多。锥形喷管型面简单,工艺性好,但效率较低,一般用于小发动机中。典型的锥形喷管内型面如图 4-8 所示。

(5)点火装置。点火装置的功能是使燃烧室内形成预期的温度和压强环境,准确、可靠地点燃发动机主装药,使主装药按预定的方式和速度燃烧,保证发动机启动段内弹道满足设计要求。

点火装置由起爆器、点火器和一些辅助部件组成。起爆器是点火装置的核心部件,在电能和其他非电能量的激发下使起爆器起爆,继而点燃点火器,点火器所产生的炽热火焰点燃发动机主装药。起爆器可分为电起爆器和非电起爆器。按起爆器和点火药是否安装在一起,点火器可分为整体式和分装式。点火装置的附件包括起爆器固定座、点火器安装架和使点火装置安全工作的安全保险机构等。

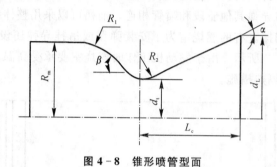

图 4-8　锥形喷管型面

大型固体火箭发动机由于点火药量大,燃速高,点火瞬时容易产生爆燃,产生过高的点火压力峰,主装药也不易被均匀点燃,多采用点火发动机来点火。点火发动机工作稳定可靠,发火持续时间长,能量大,目前即使在较小的固体火箭发动机上也受到重视。点火发动机可装在主发动机头部,实施"前端点火";也可装在主发动机燃烧室后部或喷管上部,实行"后端点火"。

4.1.3.2　液体火箭发动机

液体火箭发动机是使用液体推进剂的火箭发动机,它利用推进剂在燃烧室内雾化、混合、燃烧产生高温高压的燃气,经过喷管进行膨胀、加速后以超声速喷出产生推力。液体火箭发动机的优点是发动机本身的质量较小,特别是对于大推力、长时间工作的发动机;发动机比冲高,可多次启动、关机及调节推力,发动机工作时间较长,推进剂本身的造价较低等。其缺点是推进剂输送、贮存系统复杂,不便于长期贮存,不便于维护使用等。

液体火箭发动机主要由推力室、推进剂及装载推进剂组元的贮箱、推进剂供应系统、阀门和调节器以及发动机总装元件等组成。推力室是将液体推进剂的化学能转化为喷气动能并产生推力的组件,它由推进剂喷注器、燃烧室和喷管组成。推进剂供应系统的功用是将液体推进剂按要求从贮箱送到推力室,通常有挤压式和泵压式两种类型。阀门和调节器是对发动机的工作程序和工作参数进行控制和调节的组件,在推进剂和气体的输送管路中装备的各种阀门,按预定程序开启或关闭,实施对发动机的启动、关机等工作过程的程序控制。总装元件是将发动机各主要组件组装成整台发动机所需的各种部件的总称,诸如导管、支架、常平座、摇摆软管、机架、换热器和蓄压器等。导管用来输送流体和连接组件,涡轮泵支架将涡轮泵固定在推力室或机架上,常平座是使发动机能围绕其转轴摆动的承力机构,通过发动机的单向或双向摇摆,进行推力矢量控制,摇摆软管是一种柔性补偿导管组件,使发动机能实现摇摆并保证推进剂正常输送,机架用于安装发动机和传递推力,换热器用于推进剂贮箱的增压,蓄压器用来抑制飞行器的纵向耦合振动。推进剂贮箱以及高压气瓶和减压器等,通常属于导弹的一部分,但在辅助推进系统中则归属于发动机系统。

1. 推进剂

液体火箭发动机通常使用的化学推进剂由燃烧剂和氧化剂组成。推进剂可以分为双组元推进剂和单组元推进剂两大类。如果燃烧剂与氧化剂的原子结合成一个分子,则称为单组元推进剂;单组元推进剂的供应系统比较简单,但是推进剂的性能较低,一般用于发动机的副能源(如燃气发生器)和辅助推进(如姿态控制发动机)方面。如果燃烧剂和氧化剂在进入燃烧室之前,一直是分别贮存,互不接触,则称为双组元推进剂;双组元推进剂的性能较高,工作安全。燃烧剂和氧化剂互相接触后,能瞬时自动点火的双组元液体推进剂称为自燃推进剂,如偏二甲肼和四氧化二氮。有些双组元推进剂组合相遇后不会自燃,这种组合的推进剂称为非自燃推进剂,如酒精和液氧,非自燃推进剂需要由点火装置引燃。

(1)对液体推进剂的要求。对液体推进剂的基本要求是性能高、使用方便、价格便宜。动力系统设计对推进剂的具体要求是比冲和密度比冲高;推进剂组元之一冷却性能好,亦即比热容大、导热好、临界温度高等;燃烧效率高,燃烧稳定性好;点火容易;价格便宜,来源丰富;饱和蒸气压低;冰点低,汽化点高,发动机的工作环境温度范围宽;与结构材料的相容性好;黏度小;热稳定性和冲击稳定性高、着火和爆炸危险性小,使用安全;推进剂及其蒸气和它们的燃烧产物无毒或毒性小;低余氧系数不积炭,高余氧系数燃气对材料的腐蚀作用小等。

(2)常用的液体氧化剂。

1)硝酸。化学式是 HNO_3,化学纯硝酸是无色的。15℃时纯硝酸的密度为 $1.526 \times 10^3 \ kg/m^3$,在大气压力下沸点为 86℃,冰点为 -42℃。其蒸气有毒,对许多金属有腐蚀性,含水硝酸腐蚀性更大。加了四氧化二氮的硝酸呈深红色、易蒸发,又称红烟硝酸。四氧化二氮的含量占 40% 的硝酸称为 AK-40,其密度为 $1.63 \times 10^3 \ kg/m^3$,冰点为 -70℃。

2)液氧。淡蓝色透明的液体,无毒、无味,在大气压下冰点为 -218.8℃,沸点为 -183℃,沸点下密度 $1.14 \times 10^3 \ kg/m^3$。

3)四氧化二氮。红褐色液体,其化学式为 N_2O_4,20℃时密度 $1.44 \times 10^3 \ kg/m^3$,在大气压下的沸点为 21℃,冰点为 -11.2℃,四氧化二氮极易蒸发。

(3)常用的液体燃烧剂。

1)酒精。无色透明、无毒、无腐蚀性的液体,又称乙醇,其化学式是 C_2H_5OH,在大气压下冰点为 -114.1℃,沸点为 78.3℃。

2)煤油。一种碳氢化合物,化学式比较复杂,煤油中碳占 83%~89%,氢占 11%~14%,此外还含有少量的氧、硫、氮等元素。20℃时煤油的密度为 $(0.80~0.82) \times 10^3 \ kg/m^3$,在大气压下冰点为 -42.9~-52.3℃,沸点为 172~263℃。

3)肼类。常用的肼类燃烧剂有无水肼 N_2H_4、偏二甲肼 $(CH_3)_2NNH_2$、混肼-50(50%偏二甲肼-50%无水肼)、一甲基肼 (CH_3NH-NH_2)。偏二甲肼是一种无色的有吸湿性并带有鱼腥味的液体,在大气压下冰点为 -57.2℃,沸点为 61.3℃,20℃时密度 $0.79 \times 10^3 \ kg/m^3$,有毒,能自燃。

4)液氢。一种低温推进剂,在大气压下冰点为 -259.4℃,沸点为 -253℃,沸点下密度为 70 kg/m^3。与液氧组成推进剂时其比冲可达 4 500 N·s/kg。液氢与液氧组成的推进剂无毒、无污染。氢气与空气或氢气与氧气混合有很宽的燃烧极限范围和爆炸极限范围。

2.推力室

推力室示意图如图 4-9 所示。液体推进剂以规定的流量和混合比通过喷注器喷入燃烧室,经过雾化、蒸发、混合和燃烧等过程,形成 3 000~4 000℃高温和几十兆帕的高压燃气,在喷管内膨胀加速,从喷管高速喷出而产生推力。此外,当使用非自燃推进剂时,在推力室头部还设置点火装置,在发动机启动时用来点燃推进剂。在有些发动机的推力室内,还装有隔板或声腔等燃烧稳定装置,用来提高燃烧稳定性。

(1)喷注器。喷注器由顶盖和喷注盘组成,喷注盘上有氧化剂和燃烧剂喷嘴以及相应的流道和集液腔。喷注器的功用是在给定的压降和流量下将推进剂均匀地喷入燃烧室,保证设计的混合比分布和质量分布,并迅速完成雾化、混合过程。喷嘴有直流式和离心式两种,直流式喷嘴在喷注盘上一般按同心圆分布,氧化剂和燃烧剂的环形槽交替排列。离心式喷嘴在喷注盘上的分布则有同心圆式、棋盘式和蜂巢式三种。

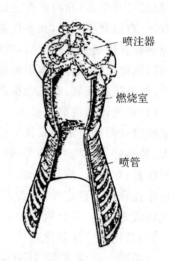

图 4-9 液体火箭发动机推力室

(2)燃烧室。推进剂从喷注器喷入燃烧室,在室内进行雾化、混合和燃烧,产生高温高压燃气。燃烧效率对发动机性能影响很大,对燃烧室设计的要求如下:合理选择形状与尺寸,在最小容积下得到最高的燃烧效率;合理组织内外冷却、防止内壁烧蚀;减小燃气的总压损失;结构简单、质量轻、工作可靠等。燃烧室形状主要有圆柱形和截锥形两种,燃烧室长度是指喷注面到喉部的距离,燃烧室容积是喉部前的容腔。燃烧室的收敛段又是喷管的组成部分。

(3)喷管。现在广泛采用拉瓦尔喷管,它由亚声速收敛段和超声速扩散段组成。收敛段一般由进口圆弧、上游圆弧和直线段三部分组成;而扩张段型面由喉部下游圆弧段和按某一造型方法给出的轮廓线组成。扩张段有锥形和钟形两种。

3.推进剂供应系统

推进剂供应系统是将贮箱中的推进剂按照要求的流量和压力输送到推力室中的系统。推进剂供应系统一般可分为两大类:一类是挤压式供应系统,另一类是泵压式供应系统。挤压式供应系统是用高压气瓶的惰性气体(氮、氦等)或其他气源经减压器引入推进剂贮箱,将贮箱内的推进剂挤压到推力室。泵压式供应系统是用涡轮泵将贮箱内的推进剂抽送到推力室,通常由涡轮泵、燃气发生器和火药启动器等组成。氧化剂泵和燃料泵由涡轮驱动,或者通过齿轮传动。为了防止泵在工作中发生气蚀,必须对推进剂贮箱增压以提高泵的入口压力,还可在泵前设置诱导轮或增压泵来提高泵的抗气蚀性能。涡轮的工质由燃气发生器或其他气源提供。在发动机启动时,用火药启动器生成的燃气来驱动涡轮,也可用其他方式启动,如用增压气体、液体推进剂启动箱或贮箱压头启动等。

(1)挤压式供应系统。挤压式供应系统示意图如图 4-10 所示。液体推进剂借助于高压气体的压力作用在推进剂的液面上,使推进剂经过管路、活门、喷注器进入燃烧室混合并燃烧。这种供应系统的工作过程如下:高压气瓶 1 是挤压推进剂的气源,其内的气体压力高达 25～35 MPa。高压气体在高压爆破活门 2 和低压爆破活门 4 打开之后,经过减压器 3 将压力降至所需要的数值(2.5～5.5 MPa)。此时,气体又分别冲破燃烧剂和氧化剂贮箱上的隔膜 5 进入贮箱,挤压燃烧剂和氧化剂的液面,使燃烧剂和氧化剂通过各自管道冲破下隔膜 5,并经流量控制板 8,最后从喷注器进入燃烧室 9 进行燃烧,从而产生高温、高压燃气,经喷管膨胀以高速喷出获得反作用推力。

采用挤压形式输送推进剂,需要高压气体和气罐,推进剂贮箱也要承受一定的高压。对于推力较小,工作时间较短的发动机,由于系统简单,质量不会很大;对于推力较大而工作时间又长的发动机,就会导致高压气体和气罐以及推进剂贮箱质量的增加。所以采用这种系统的火箭发动机不宜于做得过大。

(2)涡轮泵式供应系统。涡轮泵式供应系统示意图如图 4-11 所示。这种供应系统用涡轮泵提高来自贮箱的推进剂的压强,使推进剂按需要的流量和压力进入燃烧室中混合并燃烧。

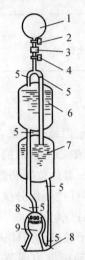 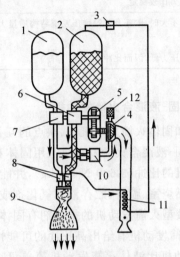

图 4-10 挤压式供应系统示意图

1—高压气瓶; 2—高压爆破活门;

3—减压器; 4—低压爆破活门;

5—隔膜; 6—燃烧剂贮箱;

7—氧化剂贮箱; 8—流量控制板

9—燃烧室

图 4-11 涡轮泵式供应系统

1—燃烧剂贮箱; 2—氧化剂贮箱;

3—增压活门; 4—涡轮; 5—齿轮箱;

6—氧化剂泵; 7—燃烧剂泵;

8—主活门; 9—推力室; 10—燃气发生器;

11—蒸发器; 12—火药启动器

涡轮通过齿轮箱带动氧化剂泵和燃烧剂泵,氧化剂和燃烧剂经过泵增压后,通过主管路、各自的主活门进入燃烧室。

为了避免在泵的进口处出现气蚀现象,推进剂贮箱仍然需要小的增压。常温推进剂可以用高压气瓶增压;沸点低的氧化剂(如液氧)可用氧化剂经过蒸发器气化产生蒸气来增压。

涡轮靠燃气发生器 10 的燃气驱动,燃气发生器的工作可以直接从泵的出口处抽出一定比例的推进剂(氧化剂和燃烧剂)。涡轮的启动要依靠专门的火药启动器 12,待涡轮带动泵运转后,燃气发生器即开始工作,整个系统进入正常运转。

采用泵压式供应系统,从推进剂贮箱一直到泵入口的设备都不需要承受高压,虽然增加了涡轮、离心泵及其他辅助设备,但并不会使整个系统的质量比挤压式系统大。对于现代火箭发动机,特别是燃烧室压力高,推力大,工作时间长的,都采用泵压式供应系统。但是,这种系统的结构比较复杂。

推进剂供应系统应该选用挤压系统还是泵压系统,主要取决于飞行器的要求,例如推力、比冲、工作时间、工作方式、结构尺寸、结构质量等。挤压式系统和泵压式系统的优、缺点见表4-3。

表 4-3 挤压式系统和泵压式系统的优、缺点

类别	挤压式系统	泵压式系统
优点	1)结构简单； 2)总冲量不大时，具有较小的结构质量和结构尺寸； 3)容易实现多次启动； 4)供应压力比较稳定	1)贮箱压力低，贮箱及贮箱增压系统质量轻，尺寸小； 2)发动机质量几乎与工作时间长短无关； 3)燃烧室压力高，因而比冲高； 4)涡轮排气可用来控制飞行器姿态
缺点	1)总冲量不大时，贮箱及贮箱增压系统结构质量大和尺寸大； 2)燃烧室压力低，因而比冲低	1)结构复杂； 2)不容易实现多次启动

4.1.3.3 固-液混合火箭发动机

由于液体和固体火箭发动机优、缺点的互补性，人们设想把它们结合起来，组成固-液混合火箭发动机。固-液混合火箭发动机是用固体和液体两种不同聚集态推进剂的发动机，它的应用可提高发动机的比冲(3 600 N·s/kg)，并能实现推力调节。一般由放置和燃烧固体燃料或氧化剂药柱的燃烧室、喷管、贮存液体氧化剂或燃料的贮箱，液体推进剂组分供应系统等组成。得到应用的固液型火箭发动机的推进剂有固体为聚乙烯，液体为过氧化氢。

固-液型火箭发动机有给出高比冲的可能性，其数值可接近于较好的液体火箭发动机的比冲值。该型发动机比液体火箭发动机简单可靠，又可能实现发动机推力调节、多次启动和关机，还可以利用液体推进剂组元对燃烧室进行冷却。

1.固-液混合推进剂

固-液混合推进剂多采用固体燃烧剂和液体氧化剂，因为液体氧化剂的密度比液体燃烧剂大，用这种组合方案可以提高推进剂的平均密度比冲；另外，固体氧化剂都是粉末，要制成一定形状并具有一定机械强度的药柱比较困难；固体燃烧剂一般选用贫氧固体推进剂，这样有利于工艺成型并有利于点火燃烧。表 4-4 给出几种常用固-液组合推进剂及其性能。

表 4-4 固-液组合推进剂及其性能

液体氧化剂	固体燃烧剂	氧化剂与燃烧剂的比	燃烧温度 K	比冲 N·s/kg
H_2O_2(98%)	$(C_2H_4)_n$	6.55	2 957	2 630
H_2O_2(98%)	橡胶+18%Al	5.64	3 058	2 660
H_2O_2(98%)	AlH_3	1.02	3 764	2 940
H_2O_2(98%)	$LiAlH_4$	1.08	3 068	2 830
N_2O_4	$C_2H_6N_4$+10%橡胶	1.5	3 580	2 810
N_2O_4(30%)+HNO_3(70%)	$C_2H_6N_4$(80%)+橡胶(20%)	2.13	3 320	2 660
N_2O_4	BeH_2氢化铍	1.67	3 620	3 120
C_1F_3	LiH_2	5.82	4 190	2 870

2.固-液混合发动机的工作原理

固-液混合发动机的基本组成包括图 4-12 所示的几个组成部分：燃烧室 1(其内包括固

体药柱 2、喷注器 3）、液体推进剂贮箱 5、高压气瓶 8、减压器 6、活门 4 和 7，此外还有点火装置。

发动机启动时，首先打开活门 7，高压气瓶内的气体经减压器 6 降到所需的压力，然后进入液体推进剂贮箱 5。活门 4 打开后，液体推进剂在气体的挤压作用下流入燃烧室头部喷注器 3。由于喷注器的作用，液体推进剂形成射流和液滴，喷入固体药柱 2 的内孔通道，药柱点燃后，内孔表面生成的可燃气体与通道内液体组元射流互相混合并燃烧。

固体组元药柱装填在燃烧室内，要求有一定的气化表面积，以便受热后气化和液体组元混合、燃烧，这和固体火箭推进剂装药的燃烧不同。固体火箭推进剂内同时包含有燃烧剂和氧化剂，因此燃烧在固态就开始进行，燃烧反应在贴近药柱表面的气层内就完成了。而在固－液混合发动机内，固体组元只含有燃烧剂（或氧化剂），因此没有固相反应。燃烧过程首先由燃烧区放出的热量使药柱内通道表面

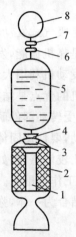

图 4 - 12 固液混合火箭发动机
1—燃烧室； 2—固体药柱；
3—头部喷注器； 4—活门；
5—液体推进剂贮箱； 6—减压器；
7—活门； 8—高压气瓶

加温，随后开始气化，气化产物在药柱通道内与液体组元的蒸气互相混合才进入燃烧反应。因此，对固体组元药柱并不是燃烧而是气化。由于固体组元气化的速度一般都很低（1～5 mm/s），所以为满足一定流率的要求，气化面积要大；而药柱肉厚不一定很大，因此药型设计上不同于一般固体火箭发动机，要求大燃面、薄肉厚。为了使气化表面上的气体组元与液体组元蒸气混合均匀、燃烧完全，需要在燃烧室内装扰流器。图 4 - 13 所示为一种分段式药柱中间设置扰流器方案。

另外，固体组元的气化速度与沿其气化表面的燃气流量有关，即与液体组元的流量有关。要改变液体组元的流量，调节发动机推力时同时应当改变固体组元的消耗量。如果液体组元仅从头部供入，对两种组元之比（固－液比）无法控制，会使混合比偏离最佳值。因此可采用液体组元从头部和药柱后空腔两区同时供入的方案，如图 4 - 14 所示，此方案易于控制流过固体组元表面的燃气流量，并能保持最佳要求的固－液混合比。

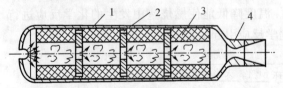

图 4 - 13 带分段药柱的固-液混合
火箭发动机燃烧室

1—壳体； 2—素流环； 3—药柱； 4—喷管喉衬

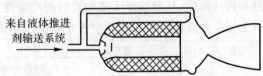

来自液体推进剂输送系统

图 4 - 14 液体组元由燃烧室头部和药柱
后空腔两区供入的方案

4.1.4　冲压发动机

冲压发动机是吸气式发动机中结构最简单的一种发动机。在冲压发动机中,发动机通道中空气的压缩不是靠机械能,发动机工作所必需的静压的提高仅依靠流动空气在进气道内的滞止实现。冲压发动机利用大气中的氧气作为氧化剂,在高速远航程的飞行中具有独特的优越性。冲压发动机的优点是结构简单,质量轻,成本低,推重比高;在超声速飞行时,经济性好,耗油率低;由于不受转动部件耐热性的限制,燃烧室中可以加入更多的热量。冲压发动机的缺点是不能自行启动,要使用固体助推器加速到一定速度才能开始工作;单位迎面推力较小;对飞行状态的变化比较敏感,例如飞行速度、飞行高度、飞行迎角等参数的变化都直接影响发动机的工作,因此其工作范围窄。近年来,冲压发动机和固体助推火箭整体化技术的发展,把两种发动机有效地结合为一体,弥补了冲压发动机无法起飞助推的缺点,使得发动机的能量特性好,性能高。

按飞行马赫数分类,冲压发动机分为亚声速燃烧冲压发动机(简称亚燃冲压发动机)和超声速燃烧冲压发动机(简称超燃冲压发动机)。亚燃冲压发动机是指来流空气在通过进气道的多道激波后,空气速度减速到亚声速,随后喷注的燃料在亚声速条件下与空气发生燃烧,而后气体被重新加速,通过喷管膨胀喷出;超燃冲压发动机的来流空气只是部分减速,以超声速进入燃烧室,在超声速流动条件下组织燃烧。由于飞行马赫数接近6(飞行高度 $H=20$ km)时,亚燃冲压发动机进入燃烧室的空气总温约为 1 470℃,超过了钢的熔化温度。而且由于热分解吸收大量热量使发动机很难再加入热量,热效率低。所以飞行马赫数>5～6 时需采用超声速燃烧冲压发动机,即气流在进气道中经过斜激波后不再扩压减速,以超声速进入燃烧室。这样可使发动机在较低的静温和静压下进行燃烧,对结构材料的耐热性能也不会要求太高。冲压发动机的整个流道都是超声速流,并在超声速流中加热,这种动力装置就称之为超声速燃烧冲压发动机。

根据亚燃冲压和超燃冲压总效率,大致在飞行马赫数<6 时,亚燃冲压发动机的性能优于超燃冲压发动机,而当马赫数>6 时,则超燃冲压发动机性能居于领先地位。

亚燃冲压发动机在 1.5～6.0 的飞行马赫数范围内热效率高,结构又简单。目前一般战术导弹用的冲压发动机均属于亚燃冲压发动机。其典型结构形式见图 4-15。超燃冲压发动机用于更高速度的飞行器,示意图见图 4-16。对于超燃冲压发动机来说,进气道的压缩量极大减少,正激波损失消除,相应总压恢复增加了。另外,压缩性能的降低导致燃烧室进口处静温和静压降低,从而减少了结构载荷的严峻性。温度降低能使燃烧室中发生的化学反应进行得更完全并且能够减少喷管中发生有限速率化学反应引起的损失。

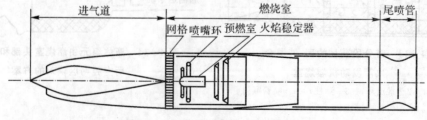

图 4-15　亚燃冲压发动机示意图

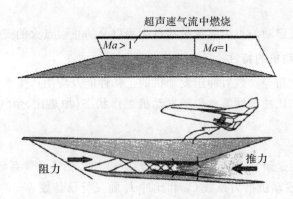

图 4 - 16　超燃冲压发动机示意图

4.1.4.1　冲压发动机的组成和工作原理

冲压发动机的工作原理是通过进气道使高速气流减速增压在燃烧室形成速度较低压力较高的气流,与燃烧室进口处喷出的燃料雾化掺和燃烧后通过尾喷管将燃烧产物降压加速并高速喷出,以产生反作用推力。

冲压发动机主要由进气道、燃烧室、尾喷管、燃料供给及调节装置、点火装置等组成。冲压发动机的各截面示意图如图 4 - 17 所示。

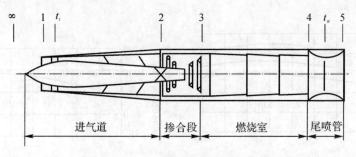

图 4 - 17　冲压发动机各截面示意图

1. 进气道

发动机的迎面来流首先进入进气道,其功用是将高速来流减速增压,把来流的速度能转变为压力能,完成压缩过程。进气道的主要性能指标有总压恢复系数、流量系数和外阻系数。为了满足燃烧室进口流场的要求,有时在进气道出口放置气动网格或格栅。

2. 燃烧室

滞止到一定速度的气流进入燃烧室,与燃料迅速掺和,在接近等压条件下进行燃烧,提高气体的温度和焓值,完成加热过程。通常燃烧室内装有预燃室、燃油喷嘴环和火焰稳定装置。为了防止烧蚀和震荡燃烧,还设置了壁面冷却装置和防震屏。

3. 尾喷管

燃烧后的高温、高压燃气,经收敛或收敛—扩张喷管加速后排出,完成膨胀过程。由于排气动量大于来流动量,因而产生反作用力,即发动机推力。

4. 燃料供给调节装置

按一定规律控制燃油喷嘴的喷油,给燃烧室提供适量的燃油,以保证正常燃烧。

5. 点火装置

用于发动机的点火启动。点火装置包括点火器以及防止误点火的安全装置。

4.1.4.2 冲压发动机的特性

飞行高度、速度、攻角等参数对冲压发动机的工作性能及应用产生直接的影响。本节介绍冲压发动机推力系数和比冲等性能参数随发动机工作状态(加热比、余气系数、燃烧室出口温度)的变化规律。

1. 速度特性

发动机的速度特性是研究飞行高度和加热规律一定时,如等余气系数 α、等加热比 θ、等燃烧室出口总温 T_{t4} 时,发动机推力系数 C_F 和比冲 I_s 随飞行马赫数 Ma 的变化规律。

从图 4-18 可以看出,飞行高度和余气系数一定时,当飞行马赫数大于设计马赫数时,来流总温增加,加热比降低,发动机进气道由临界进入超临界工况,飞行马赫数愈大,进气道的超临界程度愈严重,进气道的总压恢复下降得愈大,因此,发动机的推力系数随马赫数增大而降低。相反,当飞行马赫数小于设计值时,来流总温降低,加热比增加,发动机进气道由临界进入亚临界工况,进气道产生溢流现象,流量系数减小,附加阻力增加,因此,发动机的推力系数随马赫数降低亦降低。可见,设计点是发动机推力系数最高点,低于或高于设计马赫数时,推力系数皆低于设计值,离设计马赫数愈大,推力系数降低得愈大。比冲随马赫数的变化规律与推力系数规律相同,但设计点的比冲不一定是最高值,因为在设计点发动机的燃烧效率并非是最高值,如图 4-19 所示。

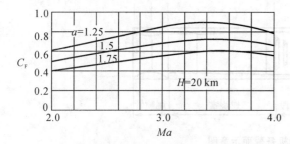

图 4-18　液冲发动机推力系数随 Ma 的变化关系

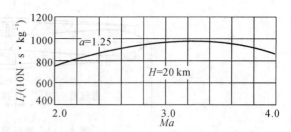

图 4-19　液冲发动机比冲随 Ma 的变化关系

2. 高度特性

发动机的高度特性是研究飞行马赫数和加热规律一定(等余气系数 α、等加热比 θ 或 T_{t4})时,发动机推力系数 C_F 和比冲 I_s 随高度 H 的变化规律。

从图 4-20 和图 4-21 可以看出,飞行马赫数和余气系数一定时,在同温层(高度为 11 ~ 20 km)随高度增加,由于大气压力下降,燃烧室压力也下降,燃烧效率则降低,因此,加热比和总压恢复随高度的增高而降低,使发动机处于超临界工作,这样,推力系数和比冲随高度的增加而减小。而当飞行高度在同温层以下并逐渐减小时,大气温度增加,加热比减小,从而,推力系数和比冲随高度的降低而减小。推力系数的最大值出现在 11 km 处,而比冲最大值比 C_F 最大值提前出现。

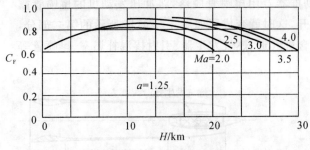

图 4-20　液冲发动机推力系数随高度的变化关系

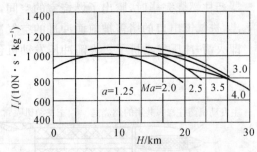

图 4-21　液冲发动机比冲随高度的变化关系

3. 调节特性

发动机调节特性是研究飞行马赫数和高度不变时，推力系数 C_F 和比冲 I_s 随余气系数 α（或加热比）的变化规律。

从图 4-22 可以看出，当飞行马赫数和高度一定时，推力系数随余气系数的增大而下降，这是由于其他参数不变，余气系数增大意味着燃料供应量减小，进气道超临界程度增加，推力系数相应减小。比冲随余气系数的变化关系如图 4-23 所示。由于燃烧效率 η 随余气系数变化，比冲变化；同时由于贫油、富油燃烧效率都要下降，所以比冲随余气系数的增加，开始有增加的趋势，到某一余气系数之后才开始下降，但其总的变化量不大，变化比较平缓。

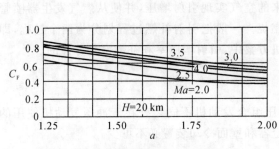

图 4-22　液冲发动机推力系数随余气
系数的变化关系

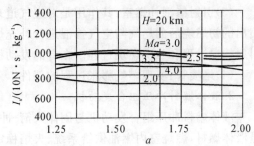

图 4-23　液冲发动机比冲随余气
系数的变化关系

4.1.4.3　火箭-冲压组合发动机

由于冲压发动机在一定速度下才能工作，所以冲压发动机必须与助推发动机组合在一起使用。在最简单的组合动力装置中，作为主发动机的冲压发动机和作为助推器的固体火箭发动机，无论在结构上或工作过程方面都是相互独立的。近年来组合动力技术有了很大的发展，这两种发动机从布局上、结构上和工作循环上有机地结合在一起，它们共用一个燃烧室，使之一体化，因此称为火箭-冲压组合发动机或整体式冲压发动机。火箭-冲压组合发动机同时具有火箭发动机和冲压发动机的特性，可完成导弹起飞、加速和续航飞行。它结构简单、工作可靠、尺寸小、质量轻、推力大、比冲高，是导弹动力装置中很有优势的一种发动机。

1. 固体火箭-冲压组合发动机

固体火箭-冲压组合发动机又叫管道火箭，其组成示意图如图 4-24 所示。它由两大部分组成，一是固体火箭助推器，它有自己专用的喷管，助推器药柱贮存在共用燃烧室中。当助推器药柱燃烧完毕时,腾出了燃烧室的空间,助推器专用尾喷管脱落,将冲压发动机的尾喷管露出,进气道出口的堵盖被前面冲进的空气冲开,这时就变成了如图4-24(b)所示的第二部分,即火箭-冲压发动机了。火箭冲压发动机包含进气道、燃气发生器、引射掺混补燃室、尾喷管等几个部分。

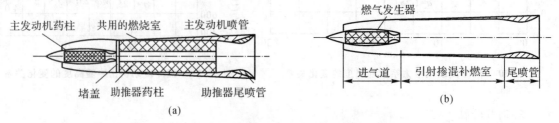

图4-24 固体火箭-冲压组合发动机

(a)含助推器; (b)不含助推器

(1)进气道:其作用是引入空气,实现冲压压缩,同时给燃烧室提供合适的进口气流。

(2)燃气发生器:它实质上是一个固体火箭发动机,内装贫氧固体推进剂,推进剂在火箭室中进行初次燃烧。因为推进剂是贫氧的,所以初次燃烧是不完全的,还含有很多可燃物质。初次燃烧的产物从燃气发生器的喷口排出,进入冲压发动机燃烧室。这股具有很高温度和动能的射流与经过进气道来的空气进行引射掺混,并进行补充燃烧。

(3)引射掺混补燃室:其作用是对进气道来的空气实现引射增压,并使从燃气发生器喷管喷出的初燃烧后的燃气与空气掺混进行补充燃烧。一般把引射补燃过程划分为两个过程,即引射掺混过程和二次燃烧过程。在有的发动机方案中,引射增压室和补燃室是分开的。

(4)尾喷管:实现燃气膨胀过程的部件。

2.液体燃料冲压组合发动机

液体燃料冲压组合发动机与固体火箭-冲压组合发动机不同之处在于冲压发动机使用的是液体燃料,燃烧室内燃油供给系统、火焰稳定器和壁面冷却装置必不可少。

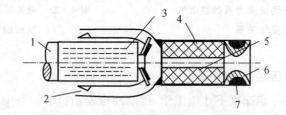

图4-25 液体燃料冲压组合发动机

1—弹体; 2—空气进气道; 3—冲压发动机的液体燃料; 4—燃烧室;
5—助推器药柱; 6—助推器喷管; 7—尾喷管

3. 固体燃料冲压发动机

固体燃料冲压发动机(Solid Fuel Ramjet,SFRJ)是一种自带燃料,利用空气中的氧进行燃烧的新型吸气式发动机。与通常的液体燃料冲压发动机工作原理相同,固体燃料冲压发动机只是将其中喷注的液体燃料更换为在燃烧室中充填富燃料固体药柱,使在空气流中点燃的固体燃烧药柱分解、气化、燃烧,释放出富燃气与粒子,进而与进气道流出的空气混合燃烧,在燃烧时气体的焓增加,燃烧产物由喷管高速排出,产生推力。

　　固体燃料冲压发动机的典型结构由进气道、主燃烧室、后燃室和喷管组成,如图 4-26 所示。与传统的火箭发动机和冲压发动机相比,SFRJ 无须推进剂供应与控制系统,因而结构简单;SFRJ 利用空气作氧化剂,因而比冲高,是固体火箭发动机的 3～4 倍;SFRJ 的燃烧为扩散控制的燃烧,燃料燃烧的能量沿燃烧室的轴向分散释放,因而燃烧很稳定;SFRJ 自身只带燃料,因而发动机的贮存和使用都很安全。SFRJ 的这些优点使得它将成为未来超声速战术导弹、增程火箭弹的首选动力装置。

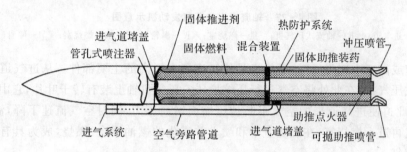

图 4-26　固体燃料冲压发动机示意图

　　4.火箭-冲压组合发动机的特点

　　1)与火箭发动机相比较,组合发动机可得到高得多的比冲,固体火箭冲压发动机的比冲在 6 000～12 000 N·s/kg 之间。

　　2)与冲压发动机相比较,显著提高了迎面推力,可达 200 kN/m² 以上,而冲压发动机仅 110 kN/m²。组合发动机拓宽了工作范围,可适应超声速机动飞行。

　　3)由于固体助推器与冲压发动机采用一体结构,使得导弹的结构紧凑、体积小、质量轻。对于固体火箭冲压发动机来说,燃气发生器始终提供了不熄灭的强大点火源,因而不需要预燃室和点火器,这样不仅使得发动机结构简单,工作可靠,而且战时不必加注燃油,给勤务处理带来方便,提高了作战机动性。

4.1.5　涡轮喷气发动机

　　涡轮喷气发动机在 20 世纪 40 年代首先应用于歼击机,以后很快被广泛应用于军用和民用飞机上。随着导弹射程的不断增加和涡轮喷气发动机的小型化及成本的降低,在 20 世纪 70 年代后飞航导弹越来越多地采用涡轮喷气发动机作为巡航动力装置。与火箭发动机、冲压发动机相比,涡轮喷气发动机的比冲较高,常用于射程为数百千米的亚声速战术导弹上,而由于涡扇发动机的比冲更高,常用于射程达数千千米的远程巡航导弹上。

4.1.5.1　涡轮喷气发动机的组成及工作原理

　　涡轮喷气发动机简称涡喷发动机,它是以空气作为工质的热机,由进气机匣、压气机、燃烧室、涡轮、尾喷管和供油调节装置组成。压气机转子和涡轮转子由一根轴连接起来成为一个大的转动部件,这是与冲压发动机的最大区别。

　　典型的轴流式涡喷发动机由进气道、轴流压气机、燃烧室、涡轮、尾喷管和燃油调节系统组成,参见图4-27。

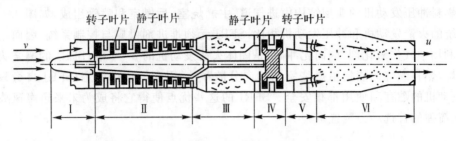

转子叶片　静子叶片　　　静子叶片　转子叶片

图 4-27　轴流式涡轮喷气发动机示意图

Ⅰ—进气道；　Ⅱ—轴流式压气机；　Ⅲ—燃烧室；　Ⅳ—涡轮；　Ⅴ—加力燃烧室；　Ⅵ—喷管

在亚声速或高亚声速飞行时,压气机是使气流压力增高的主要部件。从进气道流出的空气进入轴流式压气机,在此处将空气进行压缩增压。压气机轴上装有转子叶片,它由涡轮带动高速旋转,由此迫使进气道来的空气不断被压缩而增高压力,同时空气流速下降,温度升高。增压后的空气再进入燃烧室,在燃烧室中和喷入并雾化的燃油混合、燃烧,成为具有很大能量的高温高压燃气。

从燃烧室流出的高温高压燃气,流入与压气机装在同一根轴上的涡轮。燃气在涡轮中膨胀,部分热焓在涡轮中转换为机械能推动涡轮高速旋转,涡轮带动压气机旋转继续为空气增压。从涡轮中流出的高温高压燃气,在尾喷管中继续膨胀,以高速沿发动机轴向从喷口喷出,这一速度比气流进入压气机的速度要大得多,使发动机获得了反作用推力。

涡轮前的燃气由于受到涡轮材料允许温度的限制,因此,为了提高发动机的推力,在涡轮后面可增设加力燃烧室,即第Ⅴ部分,在加力燃烧室中再次喷入燃油,与经过涡轮后的燃气中的剩余氧气再次燃烧,这样,就再次提高了燃气的能量。有加力燃烧状态和无加力燃烧状态的推力可提高 25%~70%。

涡轮风扇喷气发动机除了增加风扇之外,其余部分与涡轮喷气发动机相像。它也有进气道、压气机(有低压和高压压气机)、燃烧室、涡轮(级数较多)和尾喷管。不同之处在于有双涵道——外涵道和内涵道。图4-28为涡轮风扇发动机示意图。

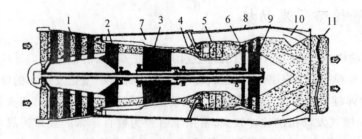

图 4-28　涡轮风扇发动机示意图

1,2—风扇叶片；　3—压气机；　4—燃油喷嘴；　5—燃烧室；　6—高压涡轮；

7—外函通道；　8—发动机匣；　9—低压涡轮；　10—外函气流；　11—喷管

这种发动机的工作过程及其原理如下:

空气进入进气道,经过风扇压缩,然后按一定比例将气流分成两股,一股空气由风扇向后推动,经外涵道向后流去,与燃气会合,由尾喷管喷出;另一股空气经内涵道,就是普通涡喷发动机所经过的路径,生成燃气,由喷管喷出。

在涡扇发动机中,涡轮要带动压气机和风扇,由于风扇的转速不能太高,因此风扇与压气机不能同轴,由两组涡轮分轴带动。由于涡轮的级数多了,因此消耗在涡轮上的能量也比较多。这样一来,由尾喷管喷出的气流能量减少了,气流的温度和速度就降低了。这种情况虽然会引起内涵道的每千克空气所产生的推力减小,但是另一方面,由于风扇的作用,进入发动机的空气流量大大增加,其总的结果还是增大了发动机的推力。

4.1.5.2　涡轮喷气发动机的特性

涡轮喷气发动机的推力、燃油消耗量 $\dot{m}_F$ 及它们的速度、高度特性取决于压气机的增压比 H_{k0}^* 和涡轮前燃气温度 T_3^*,而这两个参数受到发动机结构质量和材料的限制,因此涡轮喷气发动机只适宜于低空亚声速范围和高空不太大的超声速范围。在初步方案设计时,涡轮喷气发动机的速度、高度特性按如下方法估算。

1. 速度特性

速度特性是指飞行高度一定时,在给定的发动机调节规律下,推力和耗油率等随飞行速度的变化规律。

推力的速度特性系数 ξ:

$$\xi = P_v / P_{v=0} \tag{4-12}$$

式中　　P_v —— 发动机在某一高度某一速度时的推力 $P_v = f(Ma)$;

$P_{v=0}$ —— 发动机在某一高度上速度为零时的推力。

推力的高度特性系数 k_H:

$$k_H = P_H / P_0 \tag{4-13}$$

式中　　P_H —— 某一高度上速度为零时发动机的推力;

P_0 —— 海平面发动机的推力。

方案设计时取:

当 $H \leqslant 11$ km 时,$P_H = f(\Delta) = \Delta^m, m = 0.8 \sim 0.85$;

当 $H > 11$ km 时,$k_H = f(\Delta) = a\Delta, a = 1.20 \sim 1.25$。

式中,Δ 为空气相对密度,$\Delta = \rho_H / \rho_0$。

因此,若已知涡轮喷气发动机海平面的静推力 P_0,即可求出不同高度不同速度的推力 P_{Hv}:

当 $H \leqslant 11$ km 时,$P_{Hv} = \xi k_H P_0 = \xi \Delta^m P_0$;

当 $H > 11$ km 时,$P_{Hv} = \xi k_H P_0 = a \xi \Delta P_0$。

图 4-29 是设计增压比为 6,飞行高度为 6 km 的某台发动机的速度特性。图中给出了涡轮前温度为 1 600 K,1 400 K,1 200 K 三种不同数值的速度特性。

从图中可以看出,随着飞行马赫数增大,发动机的性能参数有如下变化:

1) 单位推力 P_s 不断减小,当马赫数增大到某一数值时,单位推力为零;

2) 空气流量 $\dot{m}_a$ 不断增大,在亚声速阶段增加较慢,在超声速阶段增加较快;但马赫数再大时,空气流量增大减慢;

3) 推力 P 起初略微下降或增加缓慢,随后随马赫数的增加而迅速增加。达到某一最大值

后,推力随马赫数的增大而减小,最后下降为零;

4)耗油率随马赫数的增加而不断增加,至某一马赫数后,耗油率急剧增加。

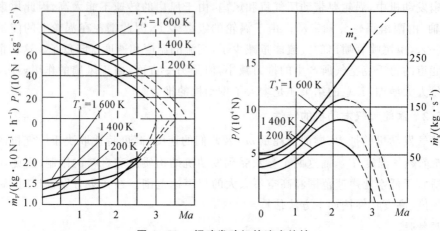

图 4-29　涡喷发动机的速度特性

2.高度特性

高度特性是指飞行速度一定时,在给定的发动机调节规律下,推力和耗油率随飞行高度的变化规律。

燃油消耗率的速度特性系数 χ

$$\chi = \dot{m}_{Hv}/\dot{m}_{Hv=0} \qquad (4-14)$$

式中　$\dot{m}_{Hv}$——发动机工作在某一高度某一速度的耗油率;

　　　$\dot{m}_{Hv=0}$——发动机在某一高度上速度为零时的耗油率。

χ 由典型近似曲线估计,当 $Ma < 1.5$ 时,$\chi = 1 + 0.38Ma - 0.05Ma^2$。

燃油消耗率的高度特性系数 k'_H 由下式近似表示:

当 $H \leqslant 11$ km 时,$k'_H = 1 - a'$,$a' = 0.008 \sim 0.01$;

当 $H > 11$ km 时,$k'_H = 0.89 \sim 0.91$。

图 4-30(a)所示是一台设计增压比为 6 的发动机在飞行马赫数为 0.9 时的高度特性。

从图可见,当飞行高度小于 11 km 时,随着飞行高度的增加,单位推力 P_s 增大,耗油率下降,推力 P 下降。当飞行高度大于 11 km 时,单位推力和耗油率均不变化,而推力随高度的增高继续下降。

3.转速特性

涡喷发动机的转速特性(也称节流特性)是在一定的飞行条件下,发动机推力和耗油率随转速而变化的规律。

对于几何不可调的发动机,只能通过改变供油量来改变发动机的工作状态,供油量不同,发动机的工作状态也不同。图 4-30(b)所示是一台设计增压比为 6、涡轮前燃气温度为 1 400 K 的单轴发动机的地面静态转速特性。可见,当发动机转速从设计转速下降时,发动机推力急剧下降,在 $\bar{n} = 0.85$ 左右达最小值后,随转速的下降而增大。图中虚线部分表示压气机的喘振裕度小于最小允许值,发动机的工作不稳定。

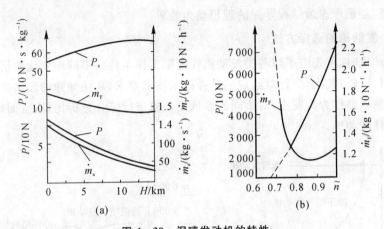

图 4 - 30　涡喷发动机的特性
(a)涡喷发动机的高度特性；　(b)涡喷发动机的转速特性

4.1.6　推进系统的选择

4.1.6.1　发动机类型选择

1.固体火箭发动机

固体火箭发动机结构简单,使用方便,安全可靠,成本低,可长期贮存,迅速启动,因此,固体火箭发动机在各种类型的战术导弹上得到了广泛应用。虽然固体火箭发动机在战术导弹上使用具有很多优点,但它的比冲低,环境温度对药柱结构和特性影响大,推力难调节,特别在比冲、密度、燃速、机械性能等方面受到限制,一般多在短程导弹上使用。

2.液体火箭发动机

液体火箭发动机的优点是发动机本身的质量较小,特别是对于大推力、长时间工作的发动机;比推力高;可多次启动、关机及调节推力;发动机工作时间比较长。但系统复杂,成本较高,燃料毒性大,使用不方便,不便于长期贮存,所以在战术导弹上使用受到限制。

3.冲压发动机

冲压发动机结构简单,制造成本低,在 $Ma=1.5\sim4$ 范围内,它有高的推力系数、低的燃油消耗率和较高的比冲。冲压发动机的单位面积推力大,飞行速度越大效率越高,其推重比仅次于固体火箭发动机,而高于其他发动机。但冲压发动机的工作条件较苛刻,且速度为零时无推力,给使用造成了一定的困难。

4.涡轮喷气发动机

涡喷发动机使用航空煤油,耗油率低,比冲高而且无毒,给使用带来方便。但其结构复杂,质量大,推重比小,多用于空对地导弹或巡航导弹上。

5.涡轮风扇发动机

涡扇发动机的耗油率比涡喷发动机低得多,经济性好,适用于远程飞航导弹。巡航导弹的动力装置都采用涡扇发动机。

6.火箭-冲压组合发动机

火箭-冲压组合发动机集中了冲压发动机和固体火箭发动机的优点,它结构紧凑,质量小,推力大,比冲高,是超声速远航程导弹的理想动力装置。

4.1.6.2 发动机的选择方法

在选择发动机时,首先应了解各类发动机性能随工作条件的不同而变化的情况,做出各种性能曲线来进行比较;其次,应针对给定的导弹战术技术要求,从使导弹的起飞质量最小、发动机的价格或其他原则作为出发点,对不同的候选发动机进行综合分析比较,从而确定满足具体使用要求的最佳发动机。

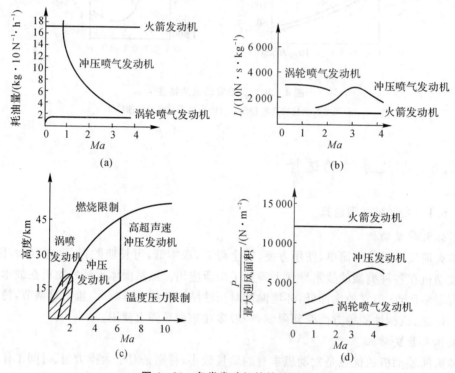

图 4-31 各类发动机的性能曲线

各类喷气发动机的单位燃料消耗量 $\dot{m}_F$ 随马赫数变化的性能曲线示于图 4-31(a)。可以看出,涡喷发动机的耗油率最低,当飞行时间较长时,火箭发动机的 $\dot{m}_F$ 对导弹起飞质量起决定性作用。从 $Ma = 1.5 \sim 2$ 开始,冲压喷气发动机较有利。

由图 4-31(b) 可见,涡轮喷气发动机在使用高度和速度范围内,比冲最高 $I_s = 28 \sim 36 \text{ kN·s/kg}$,冲压发动机比冲为 $I_s = 12 \sim 15 \text{ kN·s/kg}$,而火箭发动机的比冲最低,为 $I_s = 2\,000 \sim 2\,500 \text{ N·s/kg}$。

由图 4-31(c) 可见,涡轮喷气发动机,在低空适用于亚声速或跨声速,在中空可使用到不大的超声速。加力涡轮喷气发动机在低空可使用到 $Ma = 1.5$ 左右。冲压发动机在低空时适用于 $Ma = 1.5 \sim 2.5$。火箭发动机工作不受飞行速度和高度限制,可在导弹飞行速度和高度使用的范围内任意选用。火箭-冲压组合发动机可在介于火箭发动机和冲压发动机的使用条件之间选择。

火箭发动机的单位迎面推力最大,如图 4-31(d) 所示。整体式火箭冲压发动机的比冲和单位迎面推力都介于火箭发动机和冲压发动机之间,在战术导弹上使用,有可能使导弹的尺寸和质量减小。

　　作为助推器使用的发动机要求单位迎面推力大，能在短时间内使导弹起飞并加速到某一速度，所以一般都选用固体火箭发动机。固体火箭发动机虽然比冲较低，仅是冲压发动机比冲的 20%～30%，但其结构简单、启动迅速、勤务处理十分方便，在近程导弹（射程小于 40～50 km）上得到广泛应用。当要求导弹有较远射程（大于 50 km）时，一般要考虑使用吸气式喷气发动机，高亚声速远程（大于 1 000 km）巡航导弹一般选用涡喷、涡扇发动机，而中远射程的超声速导弹应选用冲压发动机。当要求导弹在大气层内以高超声速（$Ma > 6$）巡航飞行时，应考虑使用超声速燃烧冲压发动机。

　　从成本看，冲压发动机由于构造简单，其成本就比涡轮喷气发动机低得多；从工作可靠性看，因固体火箭发动机无活动部件，其可靠性比液体火箭发动机要高；从使用方便性看，固体火箭发动机比液体火箭发动机使用方便，因前者发射前准备工作少，不需要很多的辅助设备；从推力调节性看，固体火箭发动机比液体火箭发动机困难，因前者只能在有限范围内调整；从推力矢量控制看，液体火箭发动机比固体火箭发动机操纵容易，因前者便于采用摆动推力室或燃气舵等方式实现。另外对发动机技术的掌握程度，这一因素有时对发动机的选择起决定性作用。

4.1.7　推进系统设计要求

　　发动机为导弹提供飞行动力，保证导弹获得所要求的速度、射程。发动机又是弹体的组成部分，应满足气动力和结构总体的要求。

4.1.7.1　固体火箭发动机设计要求

　　战术导弹上使用的固体火箭发动机有单级固体火箭发动机、双推固体火箭发动机和脉冲式固体火箭发动机。

　　1. 单级固体火箭发动机性能要求

　　单级固体火箭发动机性能要求包括总冲、比冲、推力与时间的关系曲线、质量比和质量比冲、推力偏心。质量比是推进剂质量与发动机总质量的比值，质量比冲是发动机总冲与发动机质量的比值，这两个参数直接影响导弹射程、导弹总质量及与其相关的性能，是评估导弹发动机设计水平的重要参数。推力偏心相当于在制导系统中引进干扰力和力矩，对发射速度低的导弹，将影响制导精度。一般要求发动机的推力偏心不超过 $0.2°$。

　　2. 双推固体火箭发动机性能要求

　　导弹采用单室双推发动机的目的在于降低导弹的峰值速度，以降低气动阻力引起的能量损失。要求第一级推力大，使导弹快速离开发射架并达到要求的速度；第二级则维持续航。除与单级固体火箭发动机性能要求的项目外，还有：第一级推力、总冲、最大推力、最小推力及起始推力峰值建立时间、两级推力比、两级发动机推力总冲之和、两级分别工作时间。发动机在两种推力状态下工作，使用同一个喷管，至少有一个推力状态是在非最佳工作状态，推力比越大，偏离最佳工作状态就越远，使总体效率下降。

　　3. 脉冲式固体火箭发动机性能要求

　　脉冲式固体火箭发动机有双脉冲和多脉冲发动机。它与双推力发动机的要求不同在于根据点火指令实现多次点火。

4.1.7.2　液体火箭发动机设计要求

液体火箭发动机性能要求包括推力、比冲、混合比、推进剂流量、发动机质量、质量推力比等。推进剂质量混合比是氧化剂流量与燃烧剂流量之比,混合比偏差是实际混合比与额定混合比之差。推进剂流量是发动机产生所需推力时每秒消耗的推进剂量,推进剂流量＝推力/比冲＝氧化剂流量＋燃烧剂流量。质量推力比是发动机结构质量与推力之比,它的含义是发动机产生 1 N 推力需要多少千克的结构质量,质量推力比小说明发动机设计水平高,工艺先进,结构材料好。

4.1.7.3　火箭-冲压组合发动机设计要求

火箭-冲压组合发动机在助推器推力的作用下达到规定的飞行条件后转入冲压工作状态,它的工作与导弹飞行高度、速度范围及弹道特性密切相关。火箭-冲压组合发动机应在所要求的飞行高度、马赫数、攻角及侧滑角范围内正常工作,其工作包线设计必须满足导弹总体的工作包线,进气道在亚临界流态下不应发生喘振。发动机抛出物不得对导弹和载机造成损坏。性能要求包括工作包线、发动机尺寸和质量、转级马赫数,助推器的尺寸、质量、总冲、推力、工作时间,典型飞行状态下的冲压工作状态推力、推力系数、工作时间、比冲。

4.1.7.4　涡轮喷气发动机设计要求

涡轮喷气发动机的性能随着飞行速度和大气条件的变化而变化,其工作与导弹的飞行速度、飞行高度、发动机的转速等密切相关。对涡喷发动机的性能要求包括工作包线、启动时间、推力、燃料消耗率、转子转速、空气流量、单位推力、燃气发生器质量和推重比、振动输出量级以及发动机尺寸和质心位置。发动机的工作包线是以飞行马赫数和飞行高度为坐标给出的发动机能稳定可靠的工作范围;为适应导弹的快速反应要求,发动机必须具有快速启动能力,启动时间定义为发动机转速从 0 到额定转速的 90% 所经历的时间。同时为了正确使用和检测,还应当给出一些极限或限制条件,如环境温度范围、最高进排气温度与冲击温度、最低进气压力、最大实际转速和最大换算转速、燃油进口(泵前)最低压力、滑油压力与温度、最大空气引出量、最大雨水含量与分布、最大动力输出等等。

4.2　引战系统方案选择和要求

引战系统是导弹武器的重要分系统,其任务是选择最有利的时机摧毁、破坏目标、杀伤有生力量,而导弹其他分系统都是为保证将战斗部和引信可靠、准确地运送到预定适当位置的。因此战斗部是导弹的有效载荷,它的质量在很大程度上决定了全弹的质量。在导弹系统设计中,设计师应尽可能将导弹各分系统的体积及质量降到最低,而把更大的空间留给作为导弹有效载荷的战斗部,使战斗部质量尽可能大,以便使被攻击的目标受到尽可能大的毁伤和破坏。其次,战斗部借助其威力,在一定范围内可以弥补导弹制导系统不可避免存在的制导误差,因此,战斗部的威力半径必须满足战术技术要求所提出的命中概率 P 要求,并且与导弹制导系统的准确度(通常用标准偏差 σ 或圆概率偏差 CEP 表示)匹配好,才能有效地摧毁目标。最后,在导弹系统布局时,为保证战斗部系统功能的正常发挥,原则上是充分发挥战斗部的最大效率。如对付装甲目标的聚能装药战斗部、半穿甲战斗部,应尽可能靠近导弹头部,以保证战斗部爆炸所形成的金属射流有效破甲,或者使战斗部有效地穿入目标内部爆炸。对付飞机类目标的破片杀伤战斗部,为了增大有效杀伤半径,同时有利于导引头正常工作,战斗部位于导弹中部靠前比较合理,并且战斗部应避开弹翼的位置。对付地面目标的爆破战斗部,其位置的要求不严格。

4.2.1　引战系统的组成及分类

引战系统由引信、战斗部和保险装置组成。战斗部是导弹直接用于摧毁目标的部件,是导弹的有效载荷。战斗部由装填物和壳体组成。装填物是战斗部摧毁目标的能源和工质,其作用是将本身储存的能量(化学能或核能)通过反应(化学反应或核反应)释放出来,与战斗部其他构件一起形成金属射流、自锻破片或预制破片、冲击波等毁伤因素。例如常规装药战斗部在引爆后通过化学反应释放出能量,与战斗部其他构件配合形成金属射流、破片、冲击波等杀伤元素。装填物主要是高能炸药或核装药。壳体是战斗部的基体,用以装填爆炸装药或子战斗部,起支撑体和连接体作用,大部分壳体是全弹弹体的组成部分。破片式杀伤战斗部的壳体还具有形成杀伤元素的作用,它在炸药爆炸后破裂形成具有一定质量的高速破片。当战斗部安装在导弹头部时,还应保持良好的气动外形。

引信是适时引爆战斗部的引爆装置,引信包括近炸引信、触发引信和自炸引信三种。对于规定的作战目标,当导弹满足制导精度要求时,近炸引信应正常工作,并满足炸点控制精度;当导弹撞击目标时触发引信应正常工作;当导弹未遇靶和遇靶未炸时,自炸引信应正常工作。

保险装置是战斗部的安全装置。它既要保证在导弹运输、储存、检测、挂飞及发射离架后的安全距离内处于安全状态,同时也要保证导弹发射后飞离我方人员安全距离之外适时解除保险,在引信输出的引爆脉冲作用下及时可靠起爆战斗部。引信和保险的作用虽然不同,但在大多数情况下,在构造上往往将保险装置装在引信上,因此通常就把保险装置看作是引信的一部分。

在现代战争中,由于所要对付目标的多样性,因而战斗部种类也具有多样性,战斗部对目标的破坏机理有物理(机械)破坏效应、化学毁伤效应、光辐射杀伤效应、放射性杀伤效应以及其他毁灭效应,如细菌、微生物等。战斗部有时按装填物分类,例如,装填普通炸药的战斗部,简称常规战斗部,装填原子装药的战斗部称为核战斗部。导弹战斗部分类如图 4 - 32 所示。

4.2.2　爆破战斗部

4.2.2.1　爆破战斗部的作用原理

爆破战斗部借助爆炸装药在不同介质中爆炸后形成的爆炸冲击波和爆轰产物为主要毁伤因素对目标造成破坏。爆炸冲击波和爆轰产物具有高压、高温和高密度的特性,因此对目标具有一定的破坏能力。

爆破战斗部通常分为外爆式和内爆式两种类型。外爆战斗部在目标周围爆炸,配用近炸引信或触发引信,近炸引信的作用距离由战斗部的威力半径、目标要害部位尺寸和目标易损特性等确定。

外爆战斗部(见图 4 - 33)的壳体较薄,可装填较多炸药,装填系数较大。

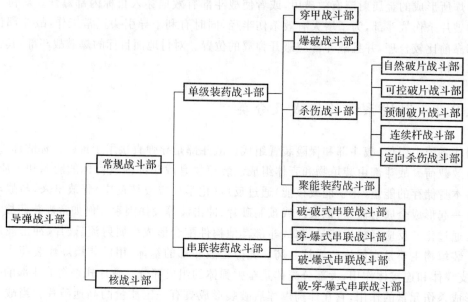

图 4 – 32 导弹战斗部分类

内爆战斗部(见图 4 – 34)要求导弹直接命中目标,战斗部钻入目标内部爆炸。战斗部在目标内部爆炸所形成的爆炸冲击波运动到壁面反射后,其波阵面压强增大,目标在经过多次反射的爆炸冲击波作用下,其破坏程度将显著增强。内爆战斗部采用触发延期引信。战斗部壳体应具有较高强度,以保证战斗部有效地进入目标内部。

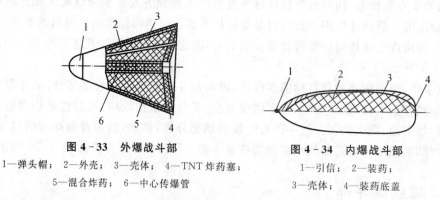

图 4 – 33 外爆战斗部

1—弹头帽; 2—外壳; 3—壳体; 4—TNT 炸药塞;

5—混合炸药; 6—中心传爆管

图 4 – 34 内爆战斗部

1—引信; 2—装药;

3—壳体; 4—装药底盖

4.2.2.2 爆破战斗部的主要性能参数

爆破战斗部的主要性能参数包括冲击波波阵面超压 Δp 和比冲量 i。

1)冲击波波阵面超压:冲击波波阵面上压力超出当地周围未被扰动的介质大气压力的数值。即

$$\Delta p = p - p_a \quad 或 \quad \Delta p_m = p_m - p_a \tag{4-15}$$

式中 p_a——未扰动气体压力;

p_m——最大压力。

爆破战斗部爆炸之后,冲击波通过某点时压力随时间的变化情况如图 4 – 35 所示。

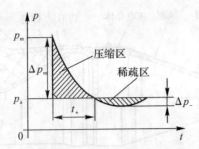

图 4 - 35　冲击波经过某点时压力与时间的关系曲线

2）比冲量：单位面积上所受波阵面的作用力和这一力作用时间的乘积。

$$i = \int (p - p_a)\mathrm{d}t \tag{4-16}$$

爆破战斗部对目标的破坏程度与比冲量和超压值有关。目标不同，它所能承受的超压和比冲量的数值也不同。经验认为，当比冲量 $i = 2\,000 \sim 3\,000\ \mathrm{N \cdot s/m^2}$ 时，可破坏坚固的建筑物。对飞机来说，超压 $\Delta p = 0.05 \sim 0.10\ \mathrm{MPa}$ 就可使其严重破坏，$\Delta p > 0.10\ \mathrm{MPa}$ 时可使其完全破坏；对舰艇来说，$\Delta p = 0.03 \sim 0.04\ \mathrm{MPa}$，可使其中等程度破坏，$\Delta p = 0.07 \sim 0.078\ \mathrm{MPa}$ 时，遭受严重破坏；对车辆来说，$\Delta p = 0.035 \sim 0.29\ \mathrm{MPa}$，轻型装甲车辆将受到不同程度的破坏，$\Delta p > 0.05\ \mathrm{MPa}$ 时可破坏各种轻型兵器和引爆地雷；冲击波对人体的杀伤作用可用其超压来表征，当 $\Delta p < 0.02 \times 10^5\ \mathrm{Pa}$ 时基本没有杀伤作用，当 $\Delta p = 0.03 \times 10^5 \sim 0.05 \times 10^5\ \mathrm{Pa}$ 时，人体会受到中等程度伤害，当 $\Delta p > 0.1 \times 10^5\ \mathrm{Pa}$ 时人将致死。

爆炸冲击波波阵面压强与爆炸点当地的密度有关。由于高空空气稀薄，爆破战斗部的毁伤能力随爆炸点高度增加而显著下降，因此这种战斗部主要用于攻击地面目标和水面目标。

4.2.3　聚能装药战斗部

4.2.3.1　聚能装药战斗部的作用原理

聚能装药战斗部是一种利用炸药爆炸时产生的聚能效应和冲击波效应去穿透厚的坦克、舰船的装甲或混凝土的战斗部，配用触发引信。它主要用于攻击地面上的防御工事、坦克、装甲车，以及水面上的舰艇等，其装药量较大。战斗部起爆后，位于前端的锥形（或半球形）药型罩形成一股速度极高的聚能流来毁伤坦克的装甲或军舰的侧弦板，使之构成破孔。在爆炸形成的爆炸冲击波随之到达后，扩大破孔尺寸，综合破坏坦克或军舰的舱段。

图 4 - 36 所示是一个反坦克导弹聚能装药战斗部，它由防滑帽、风帽、药形罩、炸药、壳体和压电引信等组成。战斗部位于导弹的头部，防滑帽的作用是当导弹撞击目标时，防止导弹在目标上滑跳，从而保证引信和战斗部正常工作。风帽的作用是使战斗部碰到目标装甲时，正好使装甲处在聚能流的焦点上，这样可以增加穿透效果。药型罩的作用是提高破甲效能。这是由于金属药型罩使形成的金属聚能流密度大，运动距离长，具有更大的能量集中，因而对装甲的穿透作用也就更强。

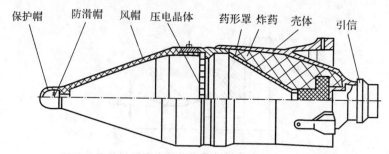

图 4-36 反坦克导弹聚能装药战斗部结构图

4.2.3.2 聚能装药战斗部的主要性能参数

1. 破甲威力及其确定

破甲深度(厚度)是破甲威力的主要因素。此外,在考察战斗部破甲威力时,在破甲深度一定的前提下,穿孔直径愈大,后效作用及击毁目标的程度和概率也愈大,因此,对穿孔直径即后效作用大小也要给予适当考虑。

在衡量破甲战斗部的威力时,常常采用在静止试验条件下测得的破甲深度——"静破甲深度"这一概念。确定破甲战斗部的威力,其实质就是计算确定聚能装药战斗部的静破甲深度。反坦克导弹用的聚能装药战斗部的静破甲深度必须远大于坦克主装甲的厚度,才能保证导弹命中目标并可靠起爆后具有很高的毁伤概率。确定静破甲深度时需要考虑下列因素:

(1)坦克主装甲(前装甲)的厚度与倾角;

(2)导弹着靶瞬间的姿态与引信瞬发度,以及导弹和甲板表面之间的相对运动等因素对破甲效应的影响;

(3)结构和工艺因素对破甲效应的影响;

(4)战斗部的聚能射流穿透装甲之后,还应具备足够破坏目标的后效作用。

考虑到上述因素,静破甲深度 L_j 应满足如下条件,即

$$L_j \geqslant \frac{b}{\cos(\varphi - \Delta\varphi)} k_1 k_2 k_3 k_4 + \Delta L \tag{4-17}$$

式中 L_j——静破甲深度;

   b——坦克装甲(靶板)厚度;

   φ——着角(弹轴与装甲板法线之间的夹角,见图 4-37);

   $\Delta\varphi$——着角变化量,取决于导弹着靶姿态、立靶方位与引信瞬发度、弹头的防滑设施等。

采用压电引信,对仰靶射击时,$\Delta\varphi = 2° \sim 5°$,对侧立靶射击时,$\Delta\varphi = 1° \sim 6°$;采用机械触发引信,弹头有防滑帽,对侧立靶射击时,$\Delta\varphi = 1.5° \sim 5.5°$;$k_1$ 为靶板材料修正系数,静破甲试验靶板为普通碳钢,动破甲为装甲靶板时,可取 $k_1 = 1.08 \sim 1.14$;k_2 为导弹滚转影响的修正系数,可根据试验曲线计算,当导弹着靶时转速低于 30 r/s,取 $k_2 = 1$;k_3 为引信瞬发度影响的修正系数,对压电引信、

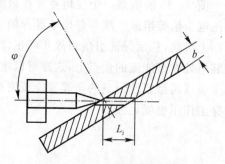

图 4-37 导弹着靶情况图

电力引信等瞬发度较高的引信,取 $k_3=1$;k_4 为考虑着靶时弹轴倾斜度影响的修正系数,着角 $\varphi \geqslant 65°$ 时,取 $k_4=1$;ΔL 为保证后效作用所需的破甲余量,根据试验统计结果,取 $\Delta L=140 \sim 250$ mm,在此条件下,穿透装甲后的射流在距靶板 1 m 以内,能穿透坦克的油箱,2 m 以内能穿透弹药舱,3 m 左右能杀伤乘员。

2.战斗部直径与质量的估算

战斗部的直径主要取决于两个因素:① 保证导弹头部具有良好的气动力外形,从这个观点出发,战斗部的直径最好等于弹径,对亚声速飞行的反坦克导弹,也可以允许其小于或大于弹身直径;② 保证战斗部有足够大的威力,对聚能装药战斗部,弹径愈大,破甲威力愈大,即静破甲深度愈大。因为战斗部的直径 D_W 基本上决定了炸药柱及药型罩的直径 d,所以,在保证破甲射流稳定性及适当的穿孔直径的前提下,破甲战斗部的直径 D_W 一经确定,则其静破甲深度 L_j 也就基本上确定了。因此,可以根据静破甲深度 L_j 来估算战斗部的直径。根据国内外的破甲战斗部统计,目前一般的设计水平,可达到静破甲深度为战斗部直径的 5 ~ 6 倍,即

$$L_j = (5 \sim 6)D_W \tag{4-18}$$

设计最佳的聚能装药战斗部,其破甲深度可以达到弹径 8 ~ 10 倍。

聚能装药战斗部的质量是一个重要的参数,它是破甲威力的特征量之一。根据试验的理论分析结果,战斗部质量 m_A 与静破甲深度 L_j 近似成线性关系,即

$$m_A = K_c L_j \tag{4-19}$$

式中,系数 K_c 由试验统计确定,对中轻型反坦克导弹破甲战斗部取 $K_c=3 \sim 5$;重型反坦克导弹破甲战斗部取 $K_c=5 \sim 7$。在总体方案分析过程中,可利用关系式(4-19)对战斗部的质量进行粗略的估算。

3.战斗部结构对破甲威力的影响

(1)战斗部所装炸药的爆速和装药密度愈大,在同样结构和环境条件下,所生成的聚能射流破甲威力愈大;

(2)在形状相似,其他条件相同的情况下,炸药柱的外径 d 直接同战斗部的破甲深度成正比,即药柱外径愈大,破甲威力愈大。

(3)药型罩的材料直接决定着聚能射流的密度,而射流密度愈大,则破甲深度愈大。在金属材料中,以紫铜药型罩破甲性能最好,故使用最普遍。但近些年来,新发展的贫铀合金(提炼铀 235 剩下的废渣铀 238)制成的药型罩,破甲性能有很大的提高。

(4)药型罩的形状对破甲威力影响很大。已经得到应用的有锥形、双锥形、半球形、喇叭形等,各种形状的药型罩在爆炸条件相匹配的条件下皆能获得好的破甲效果。锥形药型罩形成的射流稳定性好,且工艺也较简单,因而使用最广泛。喇叭形药型罩可以增大破甲深度,但形成射流的稳定性差,且工艺复杂,所以很少采用。

表 4-5　药型罩锥角与破甲深度的关系

药型罩锥顶角(2α)	30°	40°	50°	60°	70°
静破甲深度相对值(L_j/d)	6.3	5.56	5.3	5.13	4.95

圆锥形药型罩锥角 2α 的变化对破甲深度有显著的影响。表 4-5 列出了典型条件下(炸药爆速 8 300 m/s,药型罩材料为紫铜)的实验结果。当锥顶角 2α 增大时,静破甲深度将降低。但射流稳定性提高,穿孔直径也增大,后效作用好,通常设计战斗部的锥顶角选为40°~60°,当

战斗部直径较大时,锥顶角也取得稍大些。

喇叭形药型罩、双锥形药型罩都是变锥角的锥形药型罩,本质上与锥形药型罩相同,但因它们的顶部锥角小,底部锥角大,有利于提高射流头部速度,增大射流的速度梯度,同时使药型罩的母线相对增长,装药量可增多,因而可提高破甲深度。

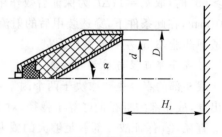

图 4 – 38　战斗部的结构参数

（5）炸高的影响。在静破甲试验中,药型罩锥形底部端面至靶板表面的垂直距离称为静止炸高,如图 4 – 38 中 H_J 所示。对于某一具体战斗部,在一定结构和爆炸条件下,都存在一个最有利的静止炸高。在最有利的静止炸高下,战斗部可以获得最大的静破甲深度。最有利炸高取决于战斗部的结构因素,通过合理确定风帽的长度来保证。通常最有利静止炸高是药型罩锥底直径的 $1 \sim 3$ 倍,即 $H_J = (1 \sim 3)d$。且当药型罩锥顶角 2α 愈大时,最有利炸高的相对值 H_J/d 也愈大。

（6）隔板。在战斗部起爆（传爆）药柱与药型罩之间设置隔板,通过延迟（或中断）药柱轴向爆轰传递和改变爆轰传播路径,来调整起始爆轰波阵面的形状,进而控制爆轰方向和爆轰达到药型罩的时间,同时还可提高爆炸载荷,以达到提高破甲深度的目的。隔板材料要求有良好的隔爆性能,可压缩性大,组织均匀,且各向同性,以保证起始爆轰波阵面的对称性与稳定性;且应具有一定的强度和韧性,不易碎裂。试验表明泡沫塑料、酚醛层压布板、酚醛塑料、蜡等材料制成的隔板,其静破甲深度提高的程度相近。战斗部的结构如图 4 – 38 所示。

4.2.4　杀伤战斗部

4.2.4.1　破片式杀伤战斗部的作用原理

破片杀伤战斗部是现役装备中最常见的主要战斗部形式之一,用于攻击飞机、飞航式导弹等空中目标,亦可攻击地面一切有生力量及机场上的各类飞机、汽车、雷达设备、各种轻重武器等。

破片式杀伤战斗部的作用特点是,利用战斗部爆炸后产生大量高速飞散的破片群直接打击目标,从而使目标损伤或破坏。破片对目标的破坏作用可以归纳如下:

（1）击穿破坏作用,破片击穿飞机的座舱、发动机、燃油系统、润滑系统、操纵系统以及飞机结构（如蒙皮、梁、框、翼肋等受力构件）等部件,使部件遭受破坏,失去作用而摧毁飞机。

（2）引燃作用,破片击中飞机的油箱使飞机着火而摧毁飞机。

（3）引爆作用,破片击中飞机携带的弹药使弹药爆炸而摧毁飞机。

其中击穿破坏和引燃作用是主要的。在高空以击穿破坏为主,引燃作用则由于高空空气稀薄而大大减弱。

破片式杀伤战斗部对目标的杀伤和破坏是靠具有一定动能并且具有一定分布密度的破片直接打击目标来实现的,其中破片的分布密度与形状大小则与战斗部的结构及材料有关。破片式杀伤战斗部可分为自然、可控和预制破片三种形式。所谓可控破片,是在壳体上刻槽,造成局部强度减弱,以控制爆炸时的破裂部位,形成大小、形状较为规则的破片。所谓预制破片,是预先制成破片,其形状可以是立方体、圆球、短杆等,装在壳体内,爆炸后飞散出去。这类杀伤破片的大小和形状规则,杀伤效果较令人满意。预制破片杀伤战斗部的壳体很薄,根据所要求的破片数和飞散要求,破片分一层、两层或多层形式用有机胶黏结成块,预先装填在战斗部壳体内。

可控破片又称为半预制破片,典型结构主要有壳体刻槽式杀伤战斗部、装药表面刻槽式杀伤战斗部和圆环叠加点焊式杀伤战斗部三种类型。壳体刻槽式杀伤战斗部应用应力集中的原理,在战斗部壳体内壁或外壁上刻有许多等距离交错的沟槽,将壳体壁分成许多尺寸相等的小块,当炸药爆炸时,由于刻槽处的应力集中,因而沿刻槽处破裂,破片的大小和形状由预刻的沟槽来控制,沟槽的形状为 V 形,组成斜交的菱形网格,沟槽深一般为壳体壁厚的 1/3。装药表面刻槽式杀伤战斗部是在炸药的表面上预先制成沟槽,爆炸时,在凹槽处形成聚能作用,将壳体切割成形状规则的破片,采用这种结构可以很好地控制破片的形状及尺寸。圆环叠加点焊式杀伤战斗部是使用许多圆环叠层堆积起来的,用点焊连接成战斗部壳体。爆炸时,圆环被拉断成破片。

图 4 - 39 所示是壳体内表面刻槽式杀伤战斗部。该战斗部壳体采用厚 7 mm,10 号普通碳钢板卷焊接而成,其内壁刻槽的槽深为 3 mm,V 形槽角度为 168°,为加强应力集中,槽底部较尖,为 45°。爆炸后,形成的每一菱形破片质量为 12 g。战斗部是由壳体、前底、后底、药柱和传爆管等组成的。内表面沟槽的形状如图 4 - 39(b)所示。

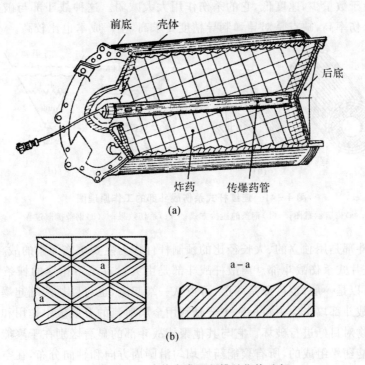

图 4 - 39　壳体内表面刻槽杀伤战斗部

图 4 - 40 所示是美国"百舌鸟"空地导弹预制破片杀伤战斗部,战斗部内装 1 万多个质量为 0.85 g 的立方体钢制破片,破片速度为 1 000~2 000 m/s,能击穿与雷达结构(天线支座、框架、机框等)等效的 2.175 mm 厚的装甲钢板。在战斗部前端设置了一个聚能药型罩,用来

销毁位于战斗部舱前面的制导舱。该战斗部的破片尺寸和质量小而数量多,适于对付地面的软目标和半硬目标。哈姆导弹战斗部破片的数量增加到 25 000 块,并用钨合金破片取代钢破片,提高了破片的穿透力。

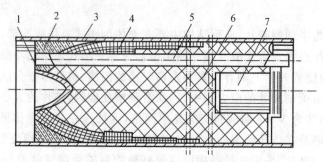

图 4 - 40　预制破片式杀伤战斗部
1—药型罩;　2—填料;　3—壳体;　4—预制破片;　5—电缆管;　6—炸药;　7—传爆管

　　连续杆式杀伤战斗部又称链条式杀伤战斗部(见图 4 - 41),其外壳是由若干钢条在其端部交错焊接并经整形而成的圆柱体。战斗部爆炸后,处于折叠状态的连续杆受装药爆炸力的作用逐渐展开,形成一个不断扩张的链条式金属杀伤环,连续杆环以一定的速度与空中目标碰撞时,对构件进行切割,使目标杀伤。连续杆环展开达到最大直径后就断裂成单独的杆,像普通破片一样,但由于数量少,速度低,它的杀伤作用大大减弱。这种战斗部与破片式战斗部相比,最大优点是杀伤率高,缺点是对导弹制导精度要求高,生产成本也比较高。

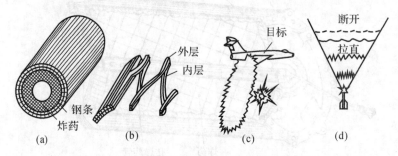

图 4 - 41　连续杆式杀伤战斗部的工作原理图
(a)构造示意图;　(b)钢条的连接方式;　(c)杀伤效果;　(d)钢条扩散过程

　　离散杆式战斗部是用独立的、大长径比的预制杆件作为主要杀伤元素的战斗部,从本质上说,类似于预制破片式杀伤战斗部。离散杆战斗部是由大量首尾不相连的杆条安装在装药外面组成的,杆条可以是一层,也可以是两层,可以从一端起爆,也可以从两端起爆。

　　聚能式杀伤战斗部攻击空中目标时主要是利用金属射流的有效破甲作用和金属质点能点燃目标内的易燃物对目标进行破坏。它与其他聚能战斗部的显著区别在于聚能装药不是一个而是由许多个聚能药垛组成的,所有聚能药垛均匀沿圆周方向和轴向分布,在空间构成一个威力网。图 4 - 42 所示是"罗蓝特"导弹战斗部结构示意图。带半球形药型罩的药垛沿轴向有 5 排,每排有 12 个,均匀地交错放置,药型罩直径为 35～40 mm,爆炸后每个药型罩能形成 50～60 个金属质点,质点速度达 3～4 km/s,成辐射分布。

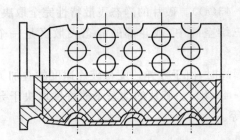

图 4-42　"罗蓝特"导弹战斗部结构示意图

4.2.4.2　破片式杀伤战斗部的主要性能参数

为了保证对目标的杀伤破坏作用,破片式杀伤战斗部必须具有足够数量和足够大小的破片,且每块破片必须具有足够的动能。即要求破片在目标附近应有一定的散布密集度,并具有足够大的动能飞向目标。

破片式杀伤战斗部的主要性能参数包括:N—— 有效杀伤破片总数;q_f—— 单个破片质量;Ω—— 破片飞散角;φ—— 破片飞散方向角;v_0—— 破片飞散初速。

1. 破片初速

破片初速是战斗部爆炸时,破片获得能量后达到的最大飞行速度。其计算公式为

$$v_0 = 1.236\sqrt{\dfrac{Q_e}{\dfrac{1}{\beta}+\dfrac{1}{2}}} \qquad (4-20)$$

式中　v_0—— 破片初速(m/s);

　　　Q_e—— 炸药爆热(J/kg);

　　　β—— 质量比,$\beta = m_e/m_f$;

　　　m_e—— 装药质量(kg);

　　　m_f—— 形成破片的壳体质量(kg)。

若以装填系数表示,则式(4-20)可改写为

$$v_0 = 1.236\sqrt{\dfrac{Q_e}{\dfrac{1}{K_a}-\dfrac{1}{2}}} \qquad (4-21)$$

式中,K_a 为装填系数,$K_a = m_e/(m_e + m_f)$。

计算破片初速常用格尼(Gurney)公式,该公式所依据的假设条件和所应用推导方法与上述是一致的,对于圆柱形壳体,格尼公式为

$$v_0 = \sqrt{2E}\sqrt{\dfrac{\beta}{1+\beta/2}} \qquad (4-22)$$

式中,$\sqrt{2E}$ 为格尼常数,或称格尼速度(m/s);E 可称为格尼能。

2. 破片飞散角及其破片密度分布

破片的飞散角是指战斗部爆炸后,在战斗部轴线所在的平面内,90% 有效破片所占的角度。在飞散角内,破片密度的分布通常是不均匀的,用符号 $\varphi_{0.9}$ 表示,试验表明,在静态飞散区内,破片密度 $\varphi_{0.9}$ 近似服从正态分布。

战斗部在静止条件下爆炸时,有 80%～90% 的破片沿其侧向飞散,而有 5%～10% 的破

片向前后方向飞散(见图4-43(a))。破片的静态飞散特性完全取决于战斗部结构、形状、装药性能及起爆传爆方式。在三维空间中,战斗部的静态飞散区是一个对称于战斗部纵轴的空心锥。

战斗部在动态条件下爆炸时,由于导弹速度与破片速度的叠加关系,因而使侧面破片飞散锥发生了向前倾斜(见图4-43(b))。破片的动态飞散特性取决于导弹的速度v,目标的速度v_T及破片的静态飞散特性等。

3.破片静态飞散方向角

破片静态飞散方向角是破片飞散方向与战斗部轴线正向(即弹轴方向)所成的夹角。由于破片飞散具有一定的张角,因此飞散方向角按张角的中心线计,记为φ。飞散方向角是根据引战配合的要求设计的,可以前倾或后倾,但为了使工程上易于实现,通常设计与弹轴正向成90°。

图4-43(c)所示为破片群静态飞散特性,其中,φ_1,φ_2为破片群的飞散范围角。

飞散范围角φ_1,φ_2是飞散角的两个边界值。它们是由战斗部金属壳体两端底部破片的飞散方向决定的。而两端底部破片的飞散方向主要取决于战斗部的长细比(即长度与直径之比)、炸药性能、装填系数、两端金属壳体的厚度和起爆管在战斗部中的位置等。

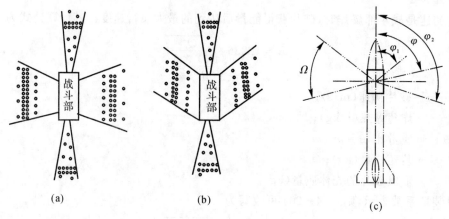

(a)　　　　　　　　(b)　　　　　　　　(c)

图4-43　战斗部破片的飞散

破片的静态飞散范围角φ_1,φ_2可由下式确定:

$$\varphi_i = \frac{\pi}{2} - \frac{26\sqrt{Q_e}\cos\theta_i}{v_e\sqrt{\frac{1}{K_a} - \frac{1}{2}}} \quad i = 1,2 \tag{4-23}$$

式中　　θ_1,θ_2——爆轰波到达边界时,波的法向与壳体表面的夹角;

　　　　v_e——炸药的爆速(m/s)。

由破片群飞散角Ω范围所形成的区域,称为破片群的静态飞散区。显然$\Omega = \varphi_2 - \varphi_1$

则

$$\Omega = \frac{26\sqrt{Q_e}}{v_e\sqrt{\frac{1}{K_a} - \frac{1}{2}}}(\cos\theta_1 - \cos\theta_2) \tag{4-24}$$

破片群飞散方向角φ表示破片群的平均飞散方向,亦即飞散角的二等分线与导弹纵轴之间的夹角。显然

$$\varphi = \frac{1}{2}(\varphi_1 + \varphi_2)$$

则

$$\varphi = \frac{\pi}{2} - \frac{26\sqrt{Q_e}}{2v_e\sqrt{\dfrac{1}{K_a} - \dfrac{1}{2}}}(\cos\theta_1 + \cos\theta_2) \qquad (4-25)$$

4. 单枚破片质量

单枚破片质量是破片式杀伤战斗部一枚破片炸前的设计质量,它是由破片的速度和目标的易损特性决定的。对付一定的目标,可以确定相应的杀伤准则。给定一个初速,就可以确定一枚破片的质量。

5. 杀伤破片总数

杀伤破片总数指战斗部在威力半径处对目标有杀伤作用的有效破片的总和。杀伤破片总数根据威力半径、破片飞散角和设计的破片密度确定,即

$$N = \frac{2\pi}{0.9 \times 57.3}R^2\varphi_{0.9}\gamma = 0.121\,8R^2\varphi_{0.9}\gamma \qquad (4-26)$$

式中　　N——杀伤破片总数(块);

$\qquad$ R——战斗部威力半径(m);

$\qquad$ γ——要求的 $\varphi_{0.9}$ 内的平均破片密度(块 $/m^2$)。

表 4-6 示出破片式杀伤战斗部的主要性能参数,战斗部所用的炸药装药大多数是以黑索金或奥克托金为主体的含铝粉的混合炸药。

表 4-6　破片杀伤战斗部主要总体指标

战斗部类型	战斗部质量/kg	破片质量/g	破片初速/(km·s⁻¹)	破片飞散角/(°)
地空导弹战斗部	>100 >11	9～20 2～3	3～2.6 1.8～2.5	10～40
空空弹战斗部	>11	2～3	1.8～2.3	10～22
超低空地空弹	1.5～2.0	2～2.5	1.3～1.8	9～14

6. 破片必需的打击动能

破片必需的打击动能 E 是指破片击穿目标所必需的最小动能。破片所需的打击动能如表 4-7 所示。

表 4-7　破片杀伤目标所需的动能

目标	人员	飞机	装甲(10 mm)	装甲(16 mm)
$E/(N\cdot m)$	78.5～98.1	1 472～2 453	3 434	10 202

破片击中目标时的打击动能为

$$E = \frac{1}{2}m_f v_{fT}^2 \qquad (4-27)$$

其中,m_f 为单枚破片的质量;v_{fT} 为破片击中目标时相对于目标的速度,其值为

$$\boldsymbol{v}_{fT} = \boldsymbol{v}_f - \boldsymbol{v}_T$$

其中,$\boldsymbol{v}_f$ 为破片击中目标时的存速(矢量);$\boldsymbol{v}_T$ 为目标的速度矢量。

$$v_{\mathrm{f}} = v_0 e^{-K_H R}$$

其中,v_0 为破片的初速,其值可按式(4-20)～式(4-22)计算;K_H 为破片的速度衰减系数(m^{-1});R 为战斗部的威力半径(m)。

$$K_H = \frac{C_x \rho g S_{\mathrm{f}}}{2q_{\mathrm{f}}}$$

其中,q_{f} 为破片的重力(N);S_{f} 为破片的迎风面积(m^2);C_x 为阻力系数。

4.2.4.3 定向杀伤战斗部

定向杀伤战斗部是近年来发展起来的一类新型结构的战斗部。传统的破片杀伤战斗部的杀伤元素沿径向基本是静态均匀分布的,这种均匀分布实际上是很不合理的。因为当导弹与目标遭遇时,不管目标位于导弹的哪一个方位,在战斗部爆炸瞬间,目标在战斗部杀伤区域内只占很小一部分,如图 4-44 所示。这就是说,战斗部杀伤元素的大部分并未得到利用。因此,人们想到能否增加目标方向的杀伤元素(或能量),甚至把杀伤元素全部集中到目标方向上去,这种把能量在径向相对集中的战斗部就是定向战斗部。定向战斗部的应用将大大提高对目标的杀伤能力,或者在保持一定杀伤能力的条件下,减少战斗部的质量。在使用定向战斗部时,导弹应通过引信或弹上其他设备提供目标脱靶方位的信息并选择最佳起爆位置。下面介绍几种典型的定向战斗部结构。

1. 产生破坏的壳体在外,装药在内的结构

这一类结构的壳体与径向均强性战斗部没有大的区别,但其所占的径向位置内部结构有很大的不同。首先把主装药分成互相隔开的四个象限(Ⅰ,Ⅱ,Ⅲ,Ⅳ),四个起爆装置(1,2,3,4)偏置于相邻两象限装药之间靠近弹壁的地方,弹轴部位安装安全执行机构,其结构横截面示意图如图 4-45 所示。

当导弹与目标遭遇时,弹上的目标方位探测设备测知目标位于导弹径向的某一象限内,于是通过安全执行机构,同时起爆与之相对的那个象限两侧的起爆装置,如果目标位于两个象限之间,则起爆与之相对的那个起爆装置,此时,起爆点不在战斗部轴线上而有径向偏置,叫偏心起爆或不对称起爆,由于偏心起爆的作用,改变了战斗部杀伤能量在径向均匀分布的情况,从而使能量向目标方向相对集中,起爆装置的偏置程度对径向能量的分布有很大影响,越靠近弹壁,目标方向的能量增量越大。

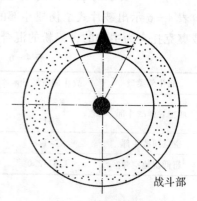

战斗部

图 4-44 空中目标在径向均强性战斗部杀伤区域横截面图

2. 装药位于产生破片的壳体之外的结构

这一类结构与径向均强性战斗部有很大区别,其典型结构如图 4-46 所示。图中示出了6 个扇形部分,各扇形装药之间用隔离炸药片隔开,后者与战斗部等长,其端部有聚能槽,用以切开装药外面的薄金属壳体(此壳体仅作为装药的容器,而不是为了产生破片),战斗部的中心部位为预制破片芯。在目标方位确定后,导弹给定信号使离目标最近的隔离炸药片起爆系统引爆隔离炸药片,在战斗部全长度上切开外壳,使之向两侧翻卷,并使该部分的扇形主装药被抛撒开而爆炸,为破片飞向目标方向让开道路。随后,与目标方位相对的主装药起爆系统起爆,使其余的扇形体主装药爆炸,推动破片芯中的破片无障碍地飞向目标。

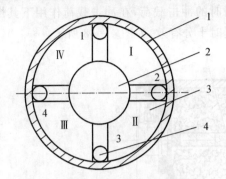

图 4-45　定向战斗部结构示意图(一)

1—破片层；　2—安全执行机构；
3—主装药；　4—起爆装置

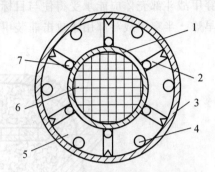

图 4-46　定向战斗部结构示意图(二)

1—薄内壳；　2—隔离炸药片；　3—薄外壳；
4—主装药起爆系统；　5—主装药；
6—预制破片芯；　7—隔离炸药片起爆系统

3.展开型结构

圆柱形战斗部分成 4 个互相连接的扇形体,预制破片排列在各扇形体的圆弧面上,各扇形体之间用隔离层分隔,隔离层中紧靠两个铰链处各有一个小型聚能炸药,靠中心有与战斗部等长的片状装药。两个铰链之间有一压电晶体,扇形体两个平面部分的中心各有一个起爆该扇形体主装药的传爆管,如图 4-47 所示。在确知目标方位后,远离目标一侧的小聚能装药起爆切开相应的两个铰链,与此同时,此处的片状装药起爆(由于隔离层的保护,小聚能装药和片状装药的起爆都不会引起主装药的爆炸),使四个扇形体以剩下的三对铰链为轴展开,破片即全部朝向目标,在扇形体展开过程中,压电晶体受压,产生大电流、高电压脉冲并输送给传爆管,传爆管引爆主装药,全部破片向目标飞去。

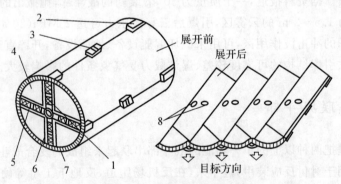

图 4-47　展开式定向战斗部

1—隔离层；　2—铰链；　3—压电晶体；　4—主装药；　5—小聚能装药；
6—片状装药；　7—破片层；　8—传爆管

4.2.5　半穿甲战斗部

半穿甲战斗部属于内爆战斗部,靠战斗部壳体的结构强度和引信的延迟作用,进入目标内部爆炸,壳体形成杀伤破片,并伴有强冲击波。半穿甲战斗部的头部有防跳弹装置。这种战斗部采用触发延时引信,以保证战斗部进入目标内部一定深度时起爆主装药。

半穿甲战斗部壳体应能承受得住与目标撞击时的冲击载荷,在冲击载荷作用下其爆炸装药不能早炸。半穿甲战斗部用于攻击非装甲舰艇时十分有效,如图 4-48 所示。

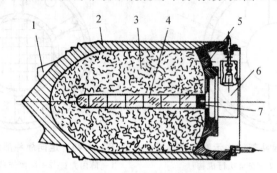

图 4-48 飞鱼系列导弹战斗部
1—防跳弹爪; 2—壳体; 3—炸药; 4—传爆药; 5—底部; 6—引信; 7—起爆药

4.2.6 云爆战斗部

云爆战斗部是指以燃料空气炸药(Fuel Air Explosive,FAE)作为爆炸能源的战斗部,也称 FAE 战斗部,其特点是燃料通过爆炸方式或其他方式均匀地分散在空气中,并与空气中的氧气混合成气-气、液-气、固-气等两相或多相云雾状混合炸药,在引信的定时作用下进行爆轰,形成"分布爆炸",从而达到大面积毁坏目标的效果。

云爆战斗部研制进展较快,目前已由一次引爆取代两次引爆,其关键技术是形成一个云雾区与及时可靠引爆。据资料报道,一个质量为 30 kg 装药的战斗部,抛撒出的燃料颗粒能形成直径为 15 m,高为 1.5~2 m 的云雾区,引爆后云雾区压力可达 2 MPa(20 atm),急速膨胀的爆轰能形成大面积的冲击波作用区,可用来破坏舰艇设备、地面设备,开辟直升机降落场所,扫雷等。缺点是两次引爆结构的可靠度较差、爆炸威力受气象条件的影响较大。

4.2.7 串联战斗部

串联战斗部是把两种以上的单一功能的战斗部串联起来组成的复合战斗部系统。串联战斗部最初主要应用于对付反应装甲,近年来,在反机场跑道,反地下工事等硬目标战斗部中都广泛应用了串联结构。

1.反击反应装甲的串联战斗部

反击反应装甲的串联战斗部结构如图 4-49 所示。该战斗部为破—破式两级串联战斗部,当破甲弹击中爆炸装甲时,第一级装药射流碰击爆炸装甲,引爆其炸药,炸药爆轰使爆炸装甲金属沿其法线方向向外运动和破碎,经过一定延迟时间,待爆炸装甲破片飞离弹轴线后,第二级装药主射流在没有干扰的情况下顺利击穿装甲。

2.反击混凝土目标的串联战斗部

反击混凝土坚固目标(机场跑道、混凝土工事等)的串联战斗部通常采用破-爆型战斗部,即前级为空心装药或大锥角自锻破片装药,后级为爆破战斗部。图 4-50 所示为装有单一双级破-爆型反跑道及反硬目标串联战斗部 BROACH 导弹结构。该类战斗部的工作特点是,前置的聚能装药在跑道路面打开一个大于随进战斗部直径的通道,随进战斗部在增速装药的作用下,通过该通道进入路面内部爆炸,使跑道达到较大的毁伤。

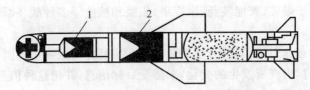

图 4-49 反击反应装甲的串联战斗部

1—第一级装药; 2—主装药

由于串联战斗部利用了不同类型战斗部的作用特点,通过合理的组合达到对一些典型目标的最佳破坏效果,因此,与单一战斗部相比,在达到相同毁伤效果时,往往战斗部的质量可大大减轻。特别是在低空投放,战斗部着速较低时,对地下深埋目标及机场跑道、机库等硬目标,串联战斗部更有独特的优势,近年来串联战斗部受到各国普遍重视。

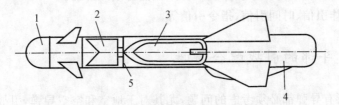

图 4-50 带有单一破-爆型串联战斗部的 BROACH 导弹

1—寻的头; 2—前驱空心装药; 3—随进爆破弹; 4—涡轮发动机; 5—隔板

4.2.8 引信和保险装置

任何类型的导弹都是为完成预定的战斗任务而研制的,当导弹飞抵目标区时,由导弹的战斗部和引信来完成预定的摧毁目标的战斗任务。

引信是利用环境信息和目标信息,或按预定条件(如时间、压力、指令等)起爆或引燃战斗部主装药的控制装置或系统。引信接收、变换、保存和传递信息,控制战斗部在相对于目标最佳的位置或时机起爆,以完成摧毁目标的任务。

引信具有安全控制即保险、解除保险、感觉目标、起爆控制 4 个基本功能。其中保险装置的作用是保证战斗部在勤务处理,发射直至与目标交会前引信的安全,但到达目标区时又能可靠地解除保险。引信和保险装置的作用虽然不同,但是在大多数情况下,在构造上往往将保险装置装在引信上,因此通常就把保险装置看作是引信的一部分。

引信分类的方式较多,可按作用方式、作用原理、配用的弹种、弹药的用途、安装部位、安全程度及输出特性等方式进行分类。根据对目标的作用方式,引信可分为触发引信和非触发引信两大类。

1.触发引信

触发引信又称着发引信或碰炸引信,它是通过与目标直接接触而作用的引信。其信息感受装置能感受目标的反作用力或碰撞时产生的惯性力,有机械触发、电触发和光触发等类型。

触发引信从碰击目标到爆炸序列最后一级传爆药爆炸所经历的时间称为引信的瞬发度,它对于战斗部对目标的毁伤效果有极大的影响。作用时间小于 1 ms 的为瞬发引信,作用时间为 1~5 ms 的为惯性引信,作用时间大于 5 ms 的为延期引信。

触发引信主要用于爆破、聚能装药、半穿甲、集束和核能等多种战斗部上。

2. 非触发引信

非触发引信又称近炸引信,其信号感受装置是利用目标周围物理场固有的某些特征,或引信周围物理场由于目标出现所发生的变化,来感受目标信息,并把这种信息转换成电信号。信号处理电路对这种电信号进行鉴别、分离、变换、运算及选择。当目标处于战斗部的最佳杀伤区时,输出激励信号,启动发火机构,适时引爆战斗部装药。

近炸引信的类型也较多,按感受目标信息的物理场不同,分为无线电、光、声、磁、静电、水压和气压等引信。按物理场及目标探测器的特点分为米波、微波、可见光、红外、紫外和激光等引信。按信息探测方法分为多普勒、调频、脉冲、脉冲多普勒和比相等引信。按物理场源位置分为主动式、半主动式、被动式和半被动式。此外还有制导引信、计算机引信等。

非触发引信主要用于杀伤、杀伤爆破、破片、核能等战斗部上。

此外,还有周炸引信、时间引信、指令引信等。

4.2.9　战斗部的引战配合特性

引战配合是所有导弹都必须考虑的问题,尤其对于地空和空空导弹,引战配合问题更显得突出。我们知道,战斗部的起爆是由引信控制的。因此设计人员的主要任务不只是设计一个孤立的引信和战斗部,而关键的问题是协调好引信的启动区和战斗部的动态杀伤区的配合问题,正确地选择引信的引爆位置和时刻,使战斗部的动态杀伤区恰好穿过目标的要害部位。

1. 战斗部的有效起爆区

战斗部动态杀伤区穿过(或说覆盖)目标要害部位,是破片杀伤目标的必要条件。如图 4-51 所示,战斗部起爆提前或滞后,动态杀伤区都不会穿过目标要害部位。因此,必须正确地选择战斗部的起爆位置和时刻。

显然,在目标周围空间存在这样一个区域:战斗部只有在这个区域内起爆时,其动态杀伤区才会穿过目标要害部位,破片才有可能杀伤目标。

我们称这个区域为战斗部的有效起爆区。在此,将动态杀伤区进入目标要害部位近端中点到离开远端中点时,战斗部起爆位置或时刻所构成的区域,定义为战斗部的有效起爆区。

这里所讨论的有效起爆区,是依据动态杀伤区确定的。此时,目标不动,导弹和战斗部破片以它们相对于目标的速度矢量接近目标。

战斗部起爆是由引信控制的,因此,战斗部的有效起爆区就成为引信设计的一个重要依据。

2. 引信的实际引爆区

为了与战斗部动态杀伤区和战斗部有效起爆区的分析相一致,引信实际引爆区也是相对目标来说的。

任何引信的引爆都是有条件的。显然,在目标周围空间存在这样一个区域,导弹只有位于这个区域内时,其引信才能正常引爆战斗部,称这个区域为引信的实际引爆区。引信引爆区除了主要取决于引信本身的灵敏度、敏感方位和延迟时间等因素外,还与目标情况和导弹、目标交会参数有关。

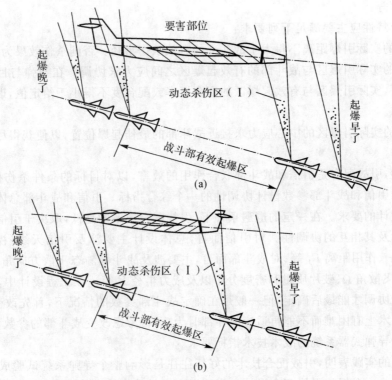

图 4 - 51　战斗部有效起爆区

3. 引战配合特性:引信与战斗部的配合

引战配合是所有导弹都必须考虑的问题。对于采用全向作用战斗部的导弹而言,引信只需在目标处于战斗部的有效摧毁半径之内引爆战斗部,就可能摧毁目标。这是比较简单的引战配合问题。

对于防空导弹,大多数采用定向战斗部,这就使引战配合问题变得很复杂。这种战斗部爆炸后,远处的目标(导弹与目标之间的距离大于战斗部有效杀伤半径)固然不可能被杀伤,近处的目标也未必一定能被破片击中。只有当目标的要害部位恰好处于战斗部的动态杀伤区内时,目标才有可能被杀伤。

为了使战斗部动态杀伤区恰好穿过目标的要害部位,必须正确地选择引信的引爆位置或时刻。这就涉及引信与战斗部配合特性(简称引战配合特性)问题。所谓引战配合特性,是指引信的实际引爆区与战斗部的有效起爆区之间配合(或协调)的程度。只有当引信的实际引爆位置落入战斗部的有效起爆区内时,战斗部的动态杀伤区才会穿过目标的要害部位。

影响引战配合特性的因素如下:

(1)遭遇条件:导弹和目标的速度、姿态角和交会角、遭遇高度、脱靶量等。

(2)目标特性:要害部位的尺寸、位置和分布情况,目标质心位置、目标的反射和辐射特性等。

(3)战斗部参数：静态飞散角和飞散方向角；破片的大小、质量和初速等。

(4)引信参数：对于无线电引信，这些参数含天线方向性图的宽度和最大辐射方向的倾角、引信的灵敏度、发射机功率和延迟时间等。对红外引信，这些参数含通道的接收角、延迟时间、引信的灵敏度等。

引战配合特性应主要满足下列要求：

(1)引信的实际引爆距离不得大于战斗部的有效杀伤半径。否则杀伤效果为零。

(2)引信的实际引爆区与战斗部的有效起爆区之间应力求协调。在导弹与目标的各种预期遭遇条件下，实际引爆区与有效起爆区的配合概率或配合度不得小于给定值，以满足预期杀伤效果的要求。

(3)引信的实际引爆区的中心应力求接近战斗部的最佳起爆位置，以便获得尽可能大的杀伤效果。

综上所述，引战配合是引信和战斗部联合作用的效率，以对目标的条件杀伤概率表示，它是衡量或评价引信和战斗部参数设计协调性的一个综合指标。引信和战斗部总体指标必须满足引战配合设计的要求。在一定的遭遇条件下，引战配合效率的高低，取决于引信和战斗部总体参数的设计及其相互的协调性。对引信而言，总体设计主要涉及引信天线（视场）的倾角 Ω_f、延迟时间 τ_f、作用距离 R_f 等；对战斗部而言，主要涉及战斗部静态飞散方向角 φ、破片飞散初速 v_0、破片飞散角 Ω、破片质量和密度分布以及威力半径 R 等。在工程设计中，有关的各项指标必须相互协调才能最后确定，但一般是在确定战斗部参数的情况下，首先改变引信参数，直至引信在技术上有困难而不能再适应战斗部时为止，再考虑改变战斗部的参数，最后使引战配合效率满足导弹武器系统的战术技术指标要求。

导弹研制的实践表明，引战配合技术的好坏往往是影响整个导弹系统试验成败和能否及时定型的关键。一个好的引战配合设计方案可以在满足杀伤效率的要求下最大限度地减小战斗部质量，从而减小整个导弹的起飞质量。

4.2.10　战斗部的选择

战斗部类型在导弹方案设计时根据已经确定的战术技术要求确定，有时在军方的战术技术要求中指定战斗部的类型。

战斗部类型选择与所攻击目标的特性，导弹总体分配给战斗部的质量与尺寸，制导精度要求密切相关。选择战斗部类型主要应从目标特性出发，目标特性包括目标易损性、目标生存力。一般来说，对付空中目标的反飞机导弹（防空导弹、空空导弹），其战斗部大多数是采用杀伤式战斗部（破片式、连续杆式、离散杆式）；对付体积小、生存力低的目标，一般采用破片式战斗部；对付允许的最大脱靶量小、目标体积大、速度低时，选用连续杆式战斗部；对付速度高、生存力强的目标时，采用离散杆式战斗部较好。对付装甲目标的导弹（如反坦克导弹、反舰导弹），主要采用聚能战斗部、穿甲（半穿甲）战斗部。对付地面目标的导弹（战术弹道导弹、空地导弹）常采用爆破战斗部、半穿甲战斗部等。

对付同一种目标，可以选用几种类型的战斗部，这就需要根据允许的战斗部质量、尺寸和制导精度，在仔细研究相类似战斗部使用经验的基础上，选择几种类型的战斗部进行设计，然后进行评价，从中确定战斗部的最佳类型。

4.2.11　引战系统设计要求

4.2.11.1　战斗部设计要求

1. 爆破战斗部设计要求

爆破战斗部的主要要求包括冲击波波阵面超压、比冲量、密集杀伤半径等。

2. 聚能装药战斗部设计要求

聚能装药战斗部的主要要求包括破甲深度、穿孔直径、炸高、穿透率等。

3. 破片式战斗部设计要求

破片式战斗部的主要要求：质量、体积、有效杀伤半径（作为地面检验，提出杀伤元素对等效靶板的穿透能力）、杀伤破片总数、单枚破片质量、破片静态飞散角，破片动态飞散角、破片静态平均飞散初速、破片密度等。

4. 连续杆式战斗部设计要求

连续杆式战斗部主要是对其杆长、杆数、杆重及扩张的速度、断开时圆环的半径提出要求。

5. 离散杆式战斗部设计要求

离散杆式战斗部要求类同于破片战斗部，其杀伤元素为离散杆，对其初速、杆的飞散方位角、杆飞散角应提出要求，杆在周向上应服从均匀分布，尺寸要求包括杆长、直径，爆炸效果应要求杆完整率、杆条密度及杀伤性能。

6. 定向战斗部设计要求

定向战斗部的主要要求：杀伤元素飞散的定向性、有效杀伤半径、杀伤元素总数、单枚元素质量、元素静态飞散角；杀伤元素动态飞散角、杀伤元素静态平均飞散初速；杀伤元素密度及战斗部总质量和体积。

4.2.11.2　引信设计要求

1. 近炸引信设计要求

(1)体制选择：近炸引信有红外引信、主动激光引信、主动雷达引信等类型，应根据导弹研制总要求规定的目标特性、使用条件、抗干扰特性要求，综合技术成熟程度等因素选定引信体制。

(2)启动概率：引信对典型目标的启动概率应大于99%。

(3)作用距离：对空目标来说，引信作用距离是指引信能够确定"目标存在"时的弹目距离。对地目标来说，特征参数为"炸高"。作用距离的计量方法有以下几种：

1)导弹与目标外部之间的最小距离；

2)导弹与目标红外辐射源中心之间的最小距离；

3)导弹与目标面心之间的最小距离等。

选用何种计量方法应结合近炸引信的类别和引战系统的具体情况考虑。

作用距离应与允许的脱靶量相协调，以确定引信对典型目标的可靠作用距离范围，并要求近炸引信作用无死区。应根据对典型目标的可靠作用距离范围确定引信的工作灵敏度、频带和信噪比等，并满足虚警概率要求。

(4)虚警概率：近炸引信的虚警概率 P_f 与引信的带宽、工作时间以及动态门限信噪比有

关，一般要求不大于 10^{-6}。则

$$P_f = t_f \Delta f e^{-\frac{1}{2}\left(\frac{b}{\sigma}\right)^2} \tag{4-28}$$

式中　t_f——引信在弹道上最大工作时间；

　　　Δf——引信通信频带带宽；

　　　b——门限电平；

　　　σ——噪声的均方根值。

(5)延迟时间：为了使战斗部能准确杀伤目标要害部位，控制炸点的延迟时间是引信设计非常重要的任务。防空导弹引信的延迟时间是指从引信感知到目标存在到引信给出起爆信号的时间，它主要取决于导弹与目标交会时导弹与目标的相对速度，导弹与目标的交会角，并与目标大小有关。

(6)抗干扰能力：近炸引信应具有较高的抗背景干扰、人为的有源及无源干扰能力。对无线电近炸引信主要是抗宽带压制式干扰、瞄准噪声式干扰及无源干扰的能力。对光学引信要求具有抗地物、阳光、云雾、烟尘干扰的能力。另外要求引信应在电源加电和电源掉电波动时不会虚警早炸。

(7)截止距离：为了抗有源干扰、无源干扰及背景干扰，对近炸引信有截止距离的要求，引信对截止距离外的信号不响应。当截止距离与引信最大作用距离发生矛盾时，需采用变截止距离设计技术。

(8)接收路径与弹轴倾角：对于对空目标而言，为了适应导弹与目标多种交会状态，并使引信延迟时间有更大的可调范围，尽可能使探测方向相对导弹纵轴有一定倾角。引信作用距离与脱靶量近似有如下关系：

$$r = L\sin(\beta - \gamma)$$
$$\gamma = \arcsin(v_T \sin\theta / v_r) \tag{4-29}$$

式中　r——脱靶量，m；

　　　L——引信的作用距离，m；

　　　γ——弹目交会角，rad；

　　　β——探测方向与弹轴倾角，rad；

　　　v_T——目标速度，m/s；

　　　v_r——导弹目标相对速度，m/s；

　　　θ——弹道倾角，rad。

当导弹与目标交会角较大时，倾角 β 不能太小，一般应不小于 $65°$，无线电近炸引信天线的方向图为绕弹轴形成对称的空心圆锥体，一般要求方向图主瓣与弹轴倾角应不小于 $65°$，并要求天线方向图的主瓣场强绕弹轴均匀分布，还应对主瓣宽度及主副瓣电平比有相应要求。

2.触发引信设计要求

当导弹撞击目标时触发引信应正常工作。触发引信一般采用惯性触发，即利用导弹与目标的撞击过载使引信工作，一般要求：撞击过载不小于 $-200g$ 时不启动；撞击过载不大于 $-250g$，持续时间 1 ms 时，应可靠启动。考虑到撞击过载的持续时间极短，触发引信应能快速响应，可靠动作且是不可逆的。

当导弹未遇靶未炸时，自炸引信应工作。自炸引信一般采用电子式计时引信，自炸引信一般大于最大制导飞行时间。

4.3　制导控制系统方案选择和要求

导弹制导控制系统在导弹系统中具有极为重要的作用,其任务就是保证导弹在飞行过程中,根据目标的运动情况,克服各种干扰因素,使导弹按照预定的弹道,准确地命中目标。

将导弹导向并准确地命中目标是制导控制系统的中心任务。为了完成这个任务,制导控制系统必须具备下列基本功能:

(1)导弹在飞向目标的过程中,不断地测量导弹和目标的相对位置,确定导弹的实际运动相对于理想运动的偏差,并根据所测得的运动偏差形成适当的操纵指令,此即"导引"功能。

(2)按照导引系统所提供的操纵指令,通过控制系统产生一定的控制力,控制导弹改变运动状态,消除偏差的影响,即修正导弹的实际飞行弹道,使其尽量与理论弹道(基准弹道)相符,以使导弹准确地命中目标,此即"控制"功能。

4.3.1　制导控制系统的组成及分类

制导控制系统以导弹为控制对象,包括导引系统和控制系统两部分,其基本组成如图 4－52 所示。

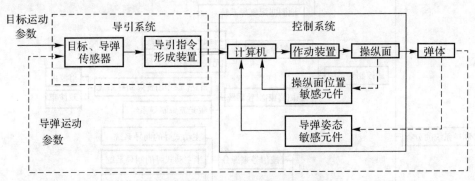

图 4－52　导弹制导系统的基本组成

导引系统用来测定或探测导弹相对目标或发射点的位置,按照要求的弹道形式形成导引指令,并把导引指令送给控制系统。导引系统通常由导弹、目标位置和运动敏感器(或观测器)及导引指令形成装置等组成。

控制系统响应导引系统来的指令信号,产生作用力迫使导弹改变航向,使导弹沿着要求的弹道飞行。控制系统的另一项重要任务是保证导弹在每一飞行段稳定地飞行,因此也常称为稳定回路。稳定回路中通常含有校正装置,用以保证其有较高的控制质量。控制系统通常由导弹姿态敏感元件、操纵面位置敏感元件、计算机(或综合比较放大器)、作动装置和操纵面等组成。

各类导弹由于其用途、目标的性质和射程的远近等因素的不同,具体的制导设备差别较大。各类导弹的控制系统都在弹上,工作原理也大体相同,而导引系统的设备可能全部放在弹上,也可能放在制导站或导引系统的主要设备放在制导站。

制导控制系统主要按导引系统分类,而其飞行控制系统工作原理大体相同,仅仅弹上设备的复杂程度不同。根据制导系统的工作是否与外界发生联系,可将制导系统粗略地分为两种类型,即程序制导系统和从目标获取信息的制导系统。

在程序制导系统中,由程序机构产生的信号起控制作用。这种信号确定所需的飞行弹道,制导系统的任务是力图消除弹道偏差。飞行程序在飞行器发射前根据目标坐标给定,因此这种制导系统只能导引导弹攻击固定目标。相反,带有接收目标状态信息的制导系统,可以在飞行过程中根据目标的运动改变飞行器的弹道,因此这种系统既可以攻击固定目标也可以攻击活动目标。

按制导系统的特点和工作原理,一般可分为自主制导、遥控制导、自动寻的制导和复合制导系统,如图 4-53 所示。

按飞行弹道又可分为初始段制导、中段制导和末段制导。

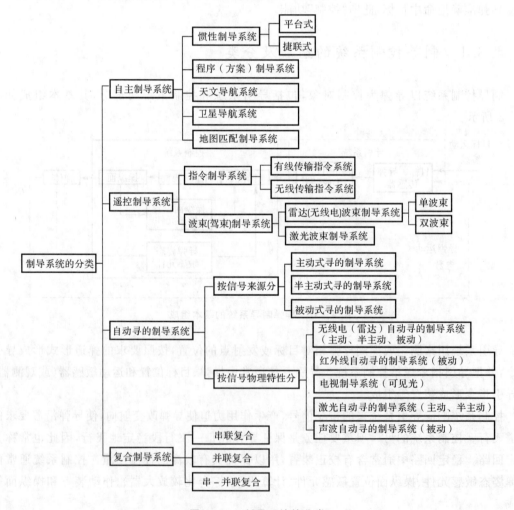

图 4-53 制导系统的分类

4.3.2　惯性敏感元件

导弹制导控制系统包括导引系统和控制系统两个部分,多数导弹控制系统的组成及结构基本相同,但所用部件的数量及其具体的工作原理,则因导弹的类型、采用的制导技术及制导精度的要求等的不同而有所差异。导弹导引系统的主要装置是测量装置,在遥控系统中测量装置一般为测角仪,在自寻的系统中测量装置为导引头。导弹的控制系统一般包括信号综合放大器、敏感元件、执行装置等,这里的敏感元件主要是陀螺仪、加速度计等。

导弹的敏感元件用来感受导弹飞行过程中弹体姿态和质心横向加速度的瞬时变化,反映这些参数的变化量和变化趋势,产生相应的电信号供给控制系统。有时还感受操纵面的位置。自主制导的导弹中,还要敏感直线运动的偏差。感受弹体转动状态的元件用陀螺仪,感受导弹横向或直线运动的元件用加速度计和高度表。

4.3.2.1　陀螺仪

陀螺仪是惯性测量装置最重要的组成单元之一。它是角运动的测量装置,它的基本原理是刚体定点转动的力学原理。

一般来说质量轴对称分布的刚体当它绕对称轴高速旋转时,都可以称为陀螺。陀螺自转的轴叫陀螺的主轴或转子轴。把陀螺转子装在一组框架上,使其有两个或三个自由度,这种装置就称为陀螺仪。三自由度陀螺仪的陀螺转子装在两个环架上,它能绕三个相互垂直的轴旋转,如果将三自由度陀螺仪的外环固定,陀螺转子便失去了一个自由度,这时就变成了二自由度陀螺仪。

1.三自由度陀螺仪

三自由度陀螺仪也称自由陀螺仪或定位陀螺仪,其示意图如图 4-54 所示。

三自由度陀螺仪的基本功能是敏感角位移。根据三自由度陀螺仪在导弹上安装方式的不同,可分为垂直陀螺仪和方向陀螺仪。

垂直陀螺仪的功能是测量弹体的俯仰角和滚动角,其安装方式如图 4-55 所示。陀螺仪主轴与弹体坐标系 Oy_1 轴重合,内环轴与弹体纵轴 Ox_1 重合,外环轴与弹体坐标系 Oz_1 轴重合。俯仰角输出电位器的滑臂装在外环轴上,电位器绕组与弹体固连,滚转角输出电位器的滑臂装在内环轴上,电位器绕组与外环固连。

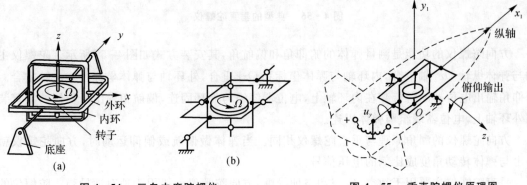

图 4-54　三自由度陀螺仪　　　　　　图 4-55　垂直陀螺仪原理图

陀螺仪测角的原理:导弹发射瞬间,陀螺仪的内环轴与Ox_1重合,外环轴与Oz_1轴重合,导弹在飞行过程中,电位器绕组与弹体一起运动,这时,不会有外力矩作用到陀螺仪上,由于陀螺仪的定轴性,其转子轴(主轴)在空间的方向不变,转子轴绕陀螺仪内、外环轴的转角皆为零,因此电位器的滑臂在空间方位不变。当弹体滚转或做俯仰运动时,电位器的滑臂与绕组间的相对转动,使电位器产生输出电压,其幅值与弹体转动的角度成线性关系。

某雷达遥控指令制导导弹上安装的垂直陀螺仪如图4-56所示。陀螺仪除陀螺转子、框架、输出电位器等主要部分外,还有一些辅助机构,如制锁机构,其作用是锁住内环与外环的位置,以保证导弹发射时陀螺仪的转子轴与Oy_1轴一致,并使陀螺仪的三个轴互相垂直,同时也保证在存放和运输中,陀螺仪的内环、外环与壳体不相碰撞,使陀螺仪的精度不受破坏。

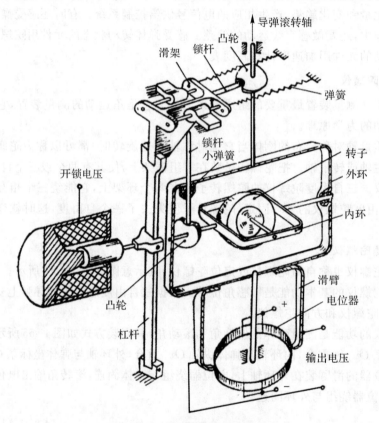

图4-56　典型的垂直陀螺仪

方向陀螺仪的功能是测量弹体的俯仰角和偏航角,其安装方式如图4-57所示。陀螺仪主轴与弹体纵轴Ox_1轴重合,内环轴与弹体坐标系Oz_1重合,外环轴与弹体坐标系Oy_1轴重合。俯仰角输出电位器的滑臂装在内环轴上,电位器绕组与外环固连,偏航角输出电位器的滑臂装在外环轴上,电位器绕组与弹体固连。

方向陀螺仪的测角原理与垂直陀螺仪相同。当弹体做偏航或俯仰运动时,方向陀螺仪就输出与弹体转动角度成比例的电压信号。

垂直陀螺仪主要用于地空、空空和空地导弹,方向陀螺仪一般用于地对地导弹。陀螺仪的安装应尽量靠近导弹的质心部位,以保证测量的准确性。

2.二自由度陀螺仪

利用陀螺的进动性,二自由度陀螺仪可做成速率陀螺仪和积分陀螺仪。速率陀螺仪用来测量导弹绕某一坐标轴的转动角速度,因此又称为角速度陀螺仪。速率陀螺仪的原理如图 $4-58$ 所示,用来测量弹体绕 Oy_1 轴的加速度 ω_{y_1}。陀螺仪只有一个框架,框架轴的方向与弹体纵轴 Ox_1 平行,当导弹以角速度 ω_{y_1} 绕 Oy_1 轴转动时,由陀螺仪进动的右手定则可知,陀螺仪将沿 Ox_1 轴反方向产生陀螺反力矩 M_g,这个力矩迫使转子轴并带动内环向 Oy_1 轴方向转动。然而,内环的运动受到弹簧和阻尼元件的限制,在陀螺仪进动过程中,弹性元件与阻尼元件将产生与进动方向相反的弹性力矩和阻尼力矩,因此当陀螺力矩与弹簧力矩平衡时,框架停止转动,此时角度传感器输出电压与陀螺力矩成正比,而陀螺力矩与弹体转动角速度成正比。因此,角度传感器输出电压与弹体转动角速度成正比。阻尼器的作用是对框架的起始转动引入阻尼力矩,消除框架转动过程中的振荡。

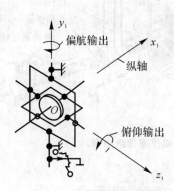

图 4-57　方向陀螺仪原理图

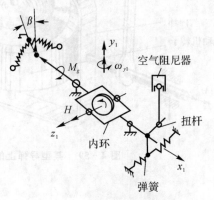

图 4-58　速率陀螺仪原理图

图 $4-59$ 为某型导弹上的速率陀螺仪。导弹上有两个速率陀螺仪,一个用来测量导弹绕 Oy_1 轴摆动的角速度,在导弹上的安装方式是,转子轴沿导弹 Oz_1 方向,框架轴沿导弹纵轴 Ox_1 方向;另一个用来测量导弹绕 Oz_1 轴摆动的角速度,在导弹上的安装方式是,转子轴沿导弹 Oy_1 方向,框架轴沿导弹纵轴 Ox_1 方向。

测速积分陀螺仪是在二自由度陀螺仪基础上去掉弹簧增设阻尼器和角度传感器而构成的。与速率陀螺仪相比,它只缺少弹性元件,而阻尼器起了主要作用。实际中应用的测速积分陀螺仪都是液浮式结构。典型的液浮式积分陀螺仪的原理结构如图 $4-60$ 所示。陀螺转子装在浮筒内,浮筒被壳体支撑,浮筒与壳体间充有浮液,浮筒受的浮力与其重力相等,以保护宝石轴承。

当陀螺仪壳体(与弹体固连)绕 Ox_1 轴以角速度 ω_{x_1} 转动时,陀螺仪产生一个和角速度 ω_{x_1} 成比例的陀螺力矩,这个力矩使浮筒绕 Oy_1 轴进动,悬浮液的黏性对浮筒产生阻尼力矩。设浮筒的进动角速度为 $\dot{\alpha}_n$,则阻尼力矩为

$$M_z = K_z \dot{\alpha}_n$$

式中, K_z 为阻尼系数。

陀螺仪的陀螺力矩为

$$M_g = \omega_{x_1} H$$

式中, H 为陀螺转子的动量矩。

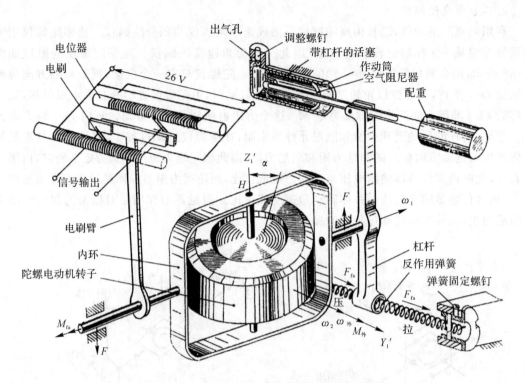

图 4-59　某型导弹上的速率陀螺仪原理结构图

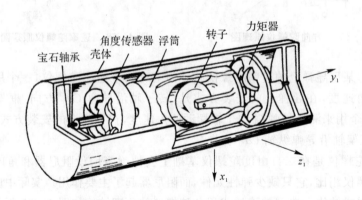

图 4-60　测速积分陀螺仪原理结构图

当 $M_z = M_g$ 时,陀螺处于平衡状态,故有

$$\dot{\alpha}_n = \frac{H}{K_z}\omega_{x_1}$$

积分得

$$\alpha_n = \frac{H}{K_z}\int_0^t \omega_{x_1}\,\mathrm{d}t$$

由上式可以看出,陀螺仪的转动角度 α_n 与输入角速度 ω_{x_1} 的积分成比例,故称为积分陀螺仪。

4.3.2.2　加速度计

加速度计是导弹控制系统中的一个重要惯性敏感元件,用来测量运动物体的线加速度。它的工作原理是基于作用在检测质量上的惯性力与运动物体的加速度成正比。它输出与运动载体的运动加速度成比例的信号。在惯性制导系统中,它可测得导弹的切向加速度,经过两次积分,便可确定导弹相对于起点的飞行路程。常用的加速度计有重锤式加速度计和摆式加速度计两种类型。

1. 重锤式加速度计

重锤式加速度计原理如图 4 - 61 所示。加速度计的基座与导弹固连在一起。当导弹加速运动时,基座也一起做加速运动,其加速度为 a,由于基座上的惯性质量块 m 相对于基座向相反方向运动,此时,连接基座和质量块间的弹簧就会受到压缩或拉伸,直到弹簧的恢复力 $F_t = K\Delta S$ 等于惯性力时,质量块相对于基座的位移量才不再增大。忽略摩擦阻力,质量块和基座有相同的加速度,即

$$a = a'$$

弹簧的恢复力

$$F_t = K\Delta S$$

惯性力

$$F = ma'$$

因此

$$a = a' = \frac{F_t}{m} = \frac{K}{m}\Delta S$$

式中的 K 和 m 是已知的,所以只要测出质量块的位移量 ΔS,便知道基座的加速度。

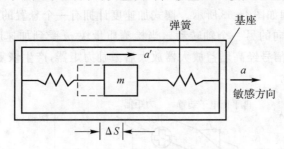

图 4 - 61　重锤式加速度计原理图

重锤式加速度计由惯性体(重锤)、弹簧片、阻尼器、电位器和锁定装置等组成,其结构如图 4 - 62 所示。惯性体悬挂在弹簧片上,弹簧片与壳体固连,锁定装置是一个电磁机构,在导弹发射前,用衔铁端部的凹槽将重锤固定在一定位置上。导弹发射后,锁定装置解锁,使重锤能够活动,阻尼器的作用是给重锤的运动引入阻力,消除重锤运动过程中的振荡。加速度计安装在导弹上时,应使敏感轴与弹体的某个轴平行,以便测量导弹飞行时沿该轴产生的加速度,加速度计的敏感方向如图 4 - 62 所示。

导弹在等速运动时,弹簧片两边的拉力相等,惯性体不产生惯性力,惯性体在弹簧片的作用下处于中间位置;导弹加速运动时,由于惯性力的作用,惯性体相对于壳体产生位移,将拉伸弹簧片,当惯性体移动了某一距离时,弹簧片的作用力与惯性力平衡,使惯性体处于相应的位置上,与此同时,与惯性体固连的电位器滑臂也移动同样的距离,这个距离与导弹的加速度成比例,所以电位器的输出电压与导弹的加速度成比例。

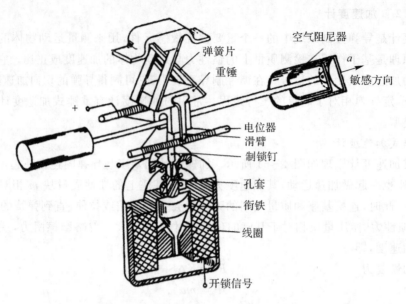

图 4 - 62　典型的重锤式加速度计结构图

2.摆式加速度计

摆式加速度计原理如图4-63所示。摆式加速度计拥有一个悬置的检测质量块,相当于单摆,可绕垂直于敏感方向的另一个轴转动。当检测质量块 m 受到加速度作用偏离零位时,由传感器检测出信号,该信号经高增益放大器放大后激励力矩器,产生恢复力矩。力矩器线圈中的电流与加速度成正比。

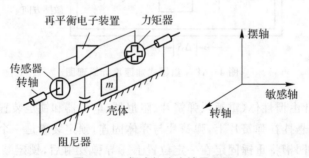

图 4 - 63　摆式加速度计原理图

摆式加速度计的检测质量块的支撑结构简单、可靠、灵敏,因而得到了广泛应用。

4.3.3　自主式制导

在这种制导系统中,控制导弹飞行的导引信号的产生不依赖于目标或指挥站(地面或空中的),而仅由安装在导弹内部的测量仪器测量地球或宇宙空间物质的物理特性,从而决定导弹的飞行轨迹,制导系统和目标、指挥站不发生联系,称为自主制导。

导弹发射前,预先确定了其弹道,导弹发射后,由弹上制导系统的敏感元件不断测量预定的参数,如导弹的加速度、导弹的姿态、天体位置、地磁场和地形等,这些参数在弹上经适当处理以后与预定的弹道运动参数进行比较,一旦出现偏差,便产生导引指令进行修正,使导弹沿着预定弹道飞向目标。

为了确定飞行器的位置,在飞行器上必须安装位置测量系统。常用的测量系统有惯性系统、天文导航系统、磁测量系统等。自主式制导设备是一种由各种不同作用原理的仪表所组成的十分复杂的动力学系统。

自主制导的全部制导设备都装在弹上,导弹和目标及指挥站不发生联系,故隐蔽性好,抗干扰性强。但是,导弹一经发射出去,就不能再改变其飞行弹道,因此只能用于攻击固定目标或将导弹导引到预定区域。自主式制导系统一般用于弹道导弹、巡航导弹和某些战术导弹的初始飞行段或中段制导。

自主式制导根据控制信号形成的方法不同,可分为惯性制导、程序制导、天文导航、地图匹配制导等几大类。

4.3.3.1　惯性制导

惯性导航是一种自主式导航方法。用来完成惯性导航任务的设备,称为惯性导航系统,简称为惯导系统。惯性导航的基本原理是以牛顿力学定律为基础,在导弹内用加速度计测量导弹运动的加速度,通过积分运算获得导弹速度和位置的信息,利用这些信息进行导引。加速度计的测量和导航计算机的推算都是在相对选定的参考基准,即导航坐标系内进行的。而导航坐标系,又是靠陀螺仪来建立的。惯导系统是一种完全自主的导航系统,它不依赖任何外部信息,也不向外辐射能量,具有很好的隐蔽性、抗干扰性和全天候导航能力。特别是可以实时提供导弹稳定控制所需的各种信息,是一种难以取代的导弹导航系统。

1. 惯导系统的组成

惯导系统的基本组成包括惯性测量装置与导航计算机。惯性测量装置由陀螺仪(有时简称为陀螺)和加速度计及附属电路组成。前者用来测量相对于惯性空间的角运动,后者用来测量相对于惯性空间的线运动。将这两种惯性元件安装在导弹上,它们测得的角运动和线运动的合成,便是导弹相对于惯性空间的运动。这样便可求得导弹相对于惯性空间的位置。根据陀螺仪和加速度计在导弹上的安装方式不同,分为平台式惯性测量装置和捷联式惯性测量装置两种。在平台式惯性测量装置中,陀螺和加速度计被安装在一个特制的稳定平台上。工程上,通常将这样的惯性测量装置称为陀螺稳定平台,简称为平台。在捷联式惯性测量装置中,陀螺和加速度计与导弹的弹体固联。工程上,通常将此捷联式装置称为惯性测量装置或惯性测量组合。

(1)陀螺稳定平台。陀螺稳定平台是平台式惯导系统的核心部件。按其具有的平衡环多少可分为双环、三环和四环式平台。在导弹上最常见的为三环平台。

三环平台具有三个平衡环架,并用三个独立的伺服回路进行稳定,共同构成"万向支承"。三个环架分别称为外环、中环和内环,内环就是平台的台体。在台体上装有惯性元件:陀螺和加速度计。平台的伺服回路由陀螺、伺服电路、力矩电机和平衡环架所组成。

平台的基本功能是用物理的方法在运动载体上建立一个三维的直角坐标系,这个直角坐标系的物理载体就是平台的台体。换句话说,就是用平台的台体来模拟导航参考系,并为安装在台体上的加速度计提供测量基准。由于导航参考系可分为相对惯性空间定位的惯性参考系和跟踪当地水平面的动参考系两种,因此,平台的工作方式也可分为"稳定"和"跟踪"两种。

(2)惯性测量装置(简称惯测装置)。惯测装置或惯性敏感元件有各种陀螺和加速度计,最常见的惯测装置是由三个单自由度速率陀螺仪或用两个双自由度动调陀螺仪和三个加速度计及附属电路组成捷联式惯性测量装置,并被直接固连在弹体上。

同平台一样,惯测装置也是在导弹上用物理的方法建立一个三维的直角坐标系。所不同的是在惯测装置中没有用万向环架支承的平台台体和对其进行稳定的伺服回路,陀螺和加速度计都直接安装在弹体上,它们的测量轴分别按规定的方向沿弹体系正交配置。就是说,惯测装置模拟的不是导航系,而是弹体系。惯测装置不仅要保证陀螺、加速度计的安装精度,还要有良好的热学特性、电磁兼容性和弹上恶劣力学环境的适应性,这些都是惯测装置设计中必须解决的问题。

(3)导航计算机。导航计算机是由硬件和软件共同组成的计算机系统。它和平台或者惯测装置一起构成闭合回路,完成惯导系统的初始对准、误差补偿和导航计算等多项任务,它是惯导系统不可缺少的重要组成部分。

2.惯导系统的分类

惯导系统可分为平台式和捷联式两大类。

(1)平台式惯导系统。平台式惯导系统的原理如图 4-64 所示。这种惯导系统主要由陀螺稳定平台、导航计算机和控制显示器等部分组成。

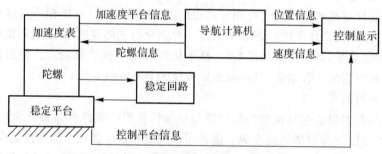

图 4-64　平台式惯导系统原理框图

陀螺稳定平台是平台式惯导系统的主体部分。其作用是在运载体上实现所选定的导航坐标系,为加速度计提供精确的安装基准,使 3 个加速度计的测量轴始终沿导航坐标系的 3 根坐标轴定向,以测得导航计算所需的运载体沿导航坐标系三轴的加速度。

根据所选取的导航坐标系的不同,可分为空间稳定平台式惯导系统与当地水平平台式惯导系统。前者平台所建立的是惯性坐标系,一般用于弹道式飞行器如弹道导弹、运载火箭和一些航天器。后者平台所建立的是当地水平坐标系如地理坐标系或地平坐标系,一般用于飞航式飞行器,如飞机和巡航导弹,还用于舰船和地面战车。

陀螺稳定平台是以陀螺仪为敏感元件的三轴稳定装置。借助伺服回路(或称稳定回路),使平台绕 3 根轴保持空间方位稳定;借助修正回路,使平台始终跟踪当地地理坐标系。因此,安装在平台上的 3 个加速度计能够精确地测得运载体相对地球运动的加速度。

在导航计算机中,还要进行有害加速度(如运载体运动引起的向心加速度、运载体运动与地球自转相互影响引起的哥氏加速度)的补偿计算、陀螺仪和加速度计误差以及其他误差的补偿计算。而且,导航计算机还要计算出平台跟踪地理坐标系的角速度,以此作为控制信号,用来修正平台所需稳定的方位。

计算机输出的导航参数包括经度 λ、纬度 φ、高度 H 以及东向速度 v_E、北向速度 v_N、天自速

度 v_D 等。稳定平台测出的姿态参数包括俯仰角 ϑ、横滚角 γ 和航向角 φ。

　　(2)捷联式惯导系统。捷联式惯导系统是计算机技术发展的产物,平台的功能由计算机完成。由于没有实体稳定平台,陀螺和加速度计只能固连在弹体上构成捷联式惯性测量装置。陀螺组合和加速度计组合测量的是导弹相对惯性空间的角速度矢量和线加速度矢量在弹体坐标系上的分量,并经接口电路送入导航计算机。但实际需要的并不是这些弹体系上的参数,而是导弹相对地球的速度、位置和姿态等。为此,在计算机中定义一个虚拟的导航坐标系(例如,地理系),作为导航计算的基准。由于在平台式惯导系统中,导航系是用物理平台来模拟的,那么,在捷联惯导系统中,仍然可以使用"平台"的概念,称虚拟的导航系为数学平台。在计算机中,每个采样周期都将惯性元件在弹体系上测得的数据投影到数学平台上,得到导弹相对导航系的加速度,则下面的导航计算就和平台式惯导系统没有什么两样了。由此可见,在捷联惯导系统中,是用计算机来完成稳定平台的功能。图 4 - 65 为捷联式惯导系统的原理框图。

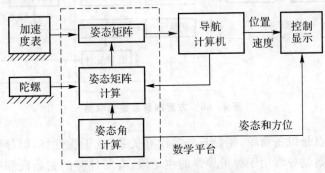

图 4 - 65　捷联式惯导系统原理框图

　　捷联式惯导系统由于不再使用复杂的机电平台,因此,具有体积小、质量轻、低成本、结构简单和便于维修等优点。此外,捷联式惯导系统的最大优点还在于它适合采用多余度技术,使系统的任务可靠性能成倍地提高,而且当多个陀螺都正常工作时,能够提供重复测量,借助先进的数据处理技术可减小单个陀螺测量误差的影响,从而提高系统的导航精度。

　　当然,捷联式惯导系统也有缺点,首先,由于没有能隔离载体角运动的平台,惯性元件直接固连在弹体上,因此,载体的角运动将直接作用到惯性元件上而引起动态误差,而且对捷联式陀螺的角速率测量范围也提出了很高的要求。其次,在捷联式惯导系统中,导航计算机除了必须完成与平台式惯导系统等量的导航计算外,还必须完成多项外加的计算任务。例如,对惯性元件的误差补偿计算、求解矩阵微分方程、加速度信号的坐标变换、为提取姿态角而进行的反三角函数运算等。因此,对计算机的运算速度和内存容量都提出了很高的要求。但是随着惯性器件制造工艺和计算机技术的发展,在某新一代导弹特别是战术导弹中,用捷联式惯导系统取代平台式惯导系统将是大势所趋。

4.3.3.2　方案制导

　　所谓方案就是根据导弹飞向目标的既定轨迹,拟制的一种飞行计划。方案制导系统则能导引导弹按这种预先拟制好的计划飞行。导弹在飞行中的引导指令根据导弹的实际变量值与预定值的偏差来形成。方案制导系统实际上是一个程序控制系统,因此方案制导系统也称为程序制导系统。

　　方案制导系统一般由方案机构和弹上控制系统两个基本部分组成,如图 4 - 66 所示。方案制导的核心是方案机构,它由传感器和方案元件组成。传感器是一种测量元件,可以是测量导弹飞行时间的计时机构,或测量导弹飞行高度的高度表等,它按一定规律控制方案元件运动。方案元件可以是机械的、电气的、电磁的和电子的,方案元件的输出信号可以代表俯仰角随飞行时间变化的预定规律,或代表弹道倾角随导弹飞行高度变化的预定规律等。在制导中,方案机构按一定程序产生控制信号,送入弹上控制系统。弹上测量元件(陀螺仪)不断测出导弹的俯仰角、偏航角和滚动角。当导弹受到外界干扰处于不正确姿态时,相应通道的测量元件就产生稳定信号,并和控制信号综合后,操纵相应的舵面偏转,使导弹按预定方案确定的弹道稳定地飞行。

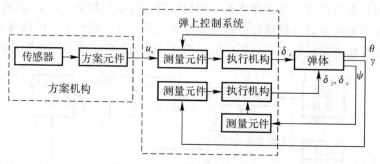

图 4-66　方案制导系统方框图

　　方案制导的优点是设备简单,制导与外界没有关系,抗干扰性好,但导引误差随飞行时间的增加而增加。方案制导常用于弹道导弹的主动段、有翼导弹的初始段和中段制导以及无人驾驶侦察机和靶机的全程制导。

　　典型的舰对舰飞航式导弹的飞行弹道如图 4-67 所示。导弹发射后爬升到 A 点,到 B 点后转入平飞,至 C 点方案飞行结束,转入末制导飞行。可见,飞航式导弹的两段弹道(爬升段和平飞段)均为方案制导,末制导可采用自动寻的导引或其他制导技术。

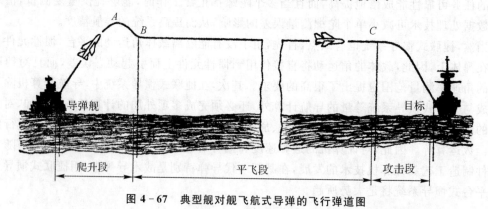

图 4-67　典型舰对舰飞航式导弹的飞行弹道图

4.3.3.3　天文导航

　　天文导航是根据导弹、地球、星体三者之间的运动关系来确定导弹的运动参量,将导弹引向目标的一种自主制导技术。导弹天文导航系统一般有两种,一种是由光电六分仪或无线电六分仪跟踪一个星体,引导导弹飞向目标。另一种是用两部光电六分仪或无线电六分仪分别观测两个星体,根据两个星体等高圈的交点,确定导弹的位置,引导导弹飞向目标。

六分仪是天文导航的观测装置,它借助于观测天空中星体来确定导弹的地理位置。根据其工作时所依据的物理效应不同,可以分为光电六分仪和无线电六分仪。

光电六分仪一般由天文望远镜、稳定平台、传感器、放大器、方位电动机和俯仰电动机等部分组成,如图 4 - 68 所示。

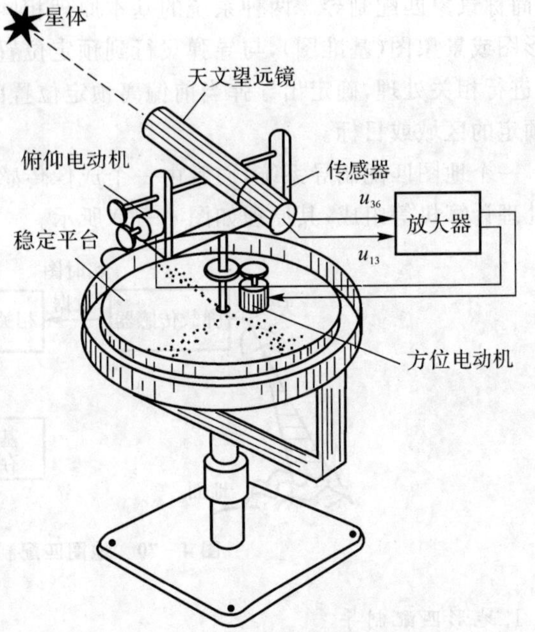

跟踪一个星体的导弹天文导航系统,由一部光电六分仪或无线电六分仪、高度表、计时机构、弹上控制系统等部分组成,其原理如图 4 - 69 所示。由于星体的地理位置由东向西等速运动,每一个星体的地理位置及其运动轨迹都可以在天文资料中查到,因此,可利用光电六分仪跟踪较亮的恒星或行星来制导导弹飞向目标。制导中,光电六分仪的望远镜自动跟踪并对准所选用的星体,当望远镜轴线偏离星体时,光电六分仪就向弹上控制系统输送控制信号。弹上控制系统在控制信号的作用下,修正导弹的飞行方向,使导弹沿着预定弹道飞行。导弹的飞行高度由高度表输出的信号控制。当导弹在预定时间飞到目标上空时,计时机构便输出俯冲信号,使导弹进行俯冲或末端制导。

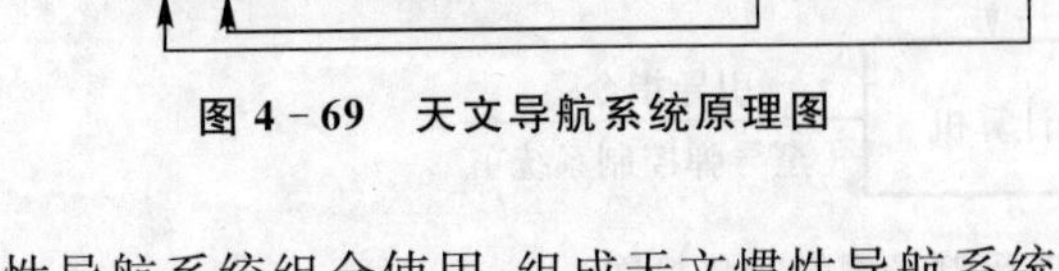

图 4 - 68　光电六分仪原理图

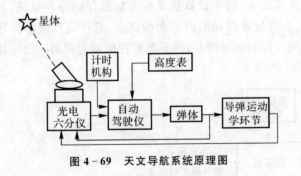

图 4 - 69　天文导航系统原理图

导弹天文导航系统完全自动化,精确度较高,而且导航误差不随导弹射程的增大而增大,但导航系统的工作受气象条件的影响较大,当有云、雾时,观测不到选定的星体,则不能实施导航。另外由于导弹的发射时间不同,星体与地球间的关系也不同,因此,天文导航对导弹的发射时间要求比较严格。为了有效地发挥天文导航的优点,该系统可与惯性导航系统组合使用,组成天文惯性导航系统。天文惯性导航系统利用六分仪测定导弹的地理位置,可以校正惯性导航仪所测得的导弹地理位置误差。如在制导中六分仪由于气象条件或其他原因不能工作时,惯性导航系统仍能单独工作。

4.3.3.4　地图匹配制导

地图匹配制导系统是在航天技术、微型计算机、空载雷达、制导、数字图像处理和模式识别的基础上发展起来的一门综合性新技术。国外已经成功地应用于巡航导弹和弹道导弹上,从而大大改善了导弹的命中精度。

所谓地图匹配制导就是利用地图信息进行制导的一种自主式制导技术。目前使用的地图匹配制导有地形匹配制导与景象区域相关器制导两种。地形匹配制导是利用地形信息来进行制导的一种系统,也叫地形等高线匹配制导;景象匹配区域相关器制导是利用景象信息进行制导,简称景象匹配制导。两种系统的基本原理相同,都是利用弹上计算机(相关处理机)预存的地形图或景象图(基准图),与导弹飞行到预定位置时弹上传感器测出的地形图或景象图(实时图)进行相关处理,确定出导弹当前偏离预定位置的纵向和横向偏差,形成制导指令,将导弹引向预定的区域或目标。

一个地图匹配制导系统,通常由一个成像传感器和一个预定航迹地形图存储器及一台相关处理计算机等组成,其原理如图 4-70 所示。

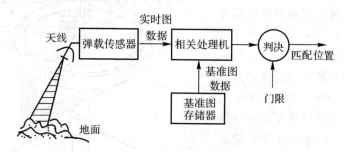

图 4-70　地图匹配制导系统原理图

1.地形匹配制导

地球表面一般是起伏不平的,某个地方的地理位可用周围地形等高线确定。地形等高线匹配就是将测得的地形剖面与存储的地形剖面比较,用最佳匹配方法确定测得地形剖面的地理位置,利用地形等高线匹配来确定导弹的地理位置,并将导弹引到预定区域或目标的制导系统,称为地形匹配制导系统。

地形匹配制导系统由雷达高度表、气压高度表、数字计算机及地形数据存储器等组成,其简化框图如图 4-71 所示。其中气压高度表测量导弹相对海平面的高度,雷达高度表测量导弹离地面的高度,数字计算机提供地形匹配计算和制导信息,地形数据存储器提供某一已知地区的地形特征数据。

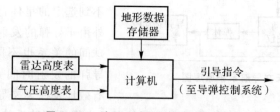

图 4-71　地形匹配制导系统简化框图

地图匹配制导系统的工作原理如图 4-72 所示。用飞机或侦察卫星对目标区域和导弹航线下的区域进行立体摄影,就得到一张立体地图。根据地形高度情况,制成数字地图,并把它存在导弹计算机的存储器中。同时把攻击目标所需的航线编成程序,也存在导弹计算机的存储器中。导弹飞行中,不断从雷达高度表得到实际航迹下某区域的一串测高数据,导弹上的气压高度表提供了该区域内导弹的海拔高度数据——基准高度。上述两个高度相减,即得导弹实际航迹下某区域的地形高度数据。由于导弹存储器中存有预定航迹下所有区域的地形高度数据(该数据为一数据阵列),这样,将实测地形高度数据串与导弹计算机存储的矩阵数据逐次一列一列地比较(相关),通过计算机计算便可得到测量数据与预存数据的最佳匹配。因此,只要知道导弹在预存数字地形图中的位置,将它和程序规定位置比较,得到位置误差就可形成导引指令,修正导弹的航向。

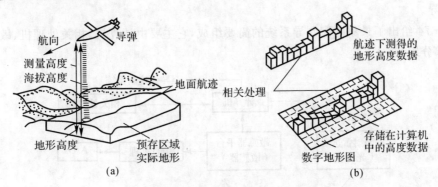

图 4-72　地形匹配制导系统的工作原理

可见,实现地形匹配制导时,导弹上的数字计算机必须有足够的容量,以存放庞大的地形高度数字阵列。而且,要以极高的速度对这些数据进行扫描,快速取出数据列,以便和实测的地形高度数据进行实时相关处理,才能找出匹配位置。

如果航迹下的地形比较平坦,地形高度全部或大部分相等,这种地形匹配方法就不能应用了。此时可采用景象匹配方法。

2. 景象匹配制导

景象匹配制导是利用导弹上传感器获得的目标周围景物图像或导弹飞向目标沿途景物图像(实物图),与预存的基准数据阵列(基准图)在计算机上进行配准比较,得到导弹相对目标或预定弹道的纵向横向偏差,将导弹引向目标的一种地图匹配制导技术。目前使用的有模拟式和数字式两种,下面主要介绍数字式景象匹配制导系统。

数字式景象匹配制导的基本原理如图 4-73 所示,它是通过实时图和基准图的比较来实现的。

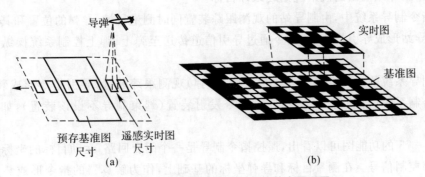

图 4-73　数字式景象匹配制导的基本原理图

(a)基本原理;　(b)相关处理

规划任务时由计算机模拟确定航向(纵向)、横向制导误差,对预定航线下的某些确定景物都准备一个基准地图,其横向尺寸要能接纳制导误差加上导弹运动的容限。遥感实时图始终比基准图小,存储的沿航线方向的数据量应足以保证拍摄一个与基准图区重叠的遥感实时图。当进行数字式景象匹配制导时,弹上垂直敏感器在低空对景物遥感,制导系统通过串行数据总线发出离散指令控制其工作周期,并使遥感实时图与预存的基准图进行相关处理,从而实现景象匹配制导。

图 4-74 给出了景象匹配制导系统的简要组成,它主要由计算机、相关处理机、敏感器(传感器)等部分组成。

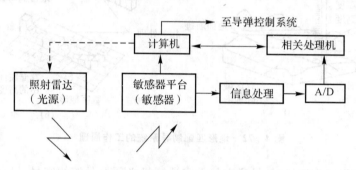

图 4-74 景象匹配制导系统的基本组成

研究和试验表明,数字式景象匹配制导系统比地形匹配制导系统的精度约高一个数量级,命中目标的精度在圆误差概率含义下能达到 3 m 量级。

4.3.4 遥控制导

遥控制导是指在远距离上向导弹发出导引指令,将导弹引向目标或预定区域的一种导引技术。遥控制导一般分为两大类,一类是遥控指令制导,另一类是驾束制导。

驾束制导系统中,制导站发出无线电波束或激光波束,导弹在波束内飞行,弹上制导设备感受它偏离波束中心的方向和距离,并产生相应的引导指令,操纵导弹飞向目标。在多数驾束制导系统中,制导站发出的波束应始终跟踪目标。

遥控指令制导系统中,由制导站的观测跟踪装置同时测量目标、导弹的位置和其他运动参数,并在制导站形成导引指令,该指令通过导引信道传送至弹上,弹上控制系统操纵导弹飞向目标。

遥控制导系统的主要组成部分包括目标(导弹)观测跟踪装置,导引指令形成装置(计算机),弹上控制系统(自动驾驶仪)和导引指令发射装置(驾束制导不设该装置),如图 4-75 所示。

由图 4-75 的功能图可以看出,遥控指令制导是一个闭合回路,运动目标的坐标变化成为主要的外部控制信号。在测量目标和导弹坐标的基础上,作为解算器的指令形成装置计算出指令并将其传输到弹上。早期的遥控指令制导系统往往使用两部雷达分别对目标和导弹进行跟踪测量,目前多用一部雷达同时跟踪目标和导弹的运动,这样不仅可以简化地面设备,而且由于采用了相对坐标体制,大大提高了测量精度,减小了制导误差。

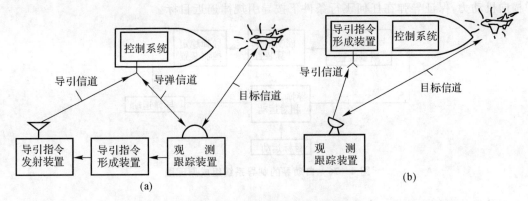

图 4 - 75　遥控制导系统示意图

驾束制导和遥控指令制导虽然都是由导弹以外的制导站引导导弹,但驾束制导中制导站的波束指向,只给出导弹的方位信息,而引导指令则由在波束中飞行的导弹感受其在波束中的位置偏差来形成。弹上观测装置不断地测量导弹偏离波束中心的大小和方向,并据此形成引导指令,使导弹保持在波束中心飞行。而遥控指令制导系统中的引导指令,是由制导站根据导弹、目标的位置和运动参数来形成的。

遥控制导系统由于其探测设备在地面或在其他弹外载体上,因此其制导精度随着导弹射程的增加而降低,为提高制导精度,遥控制导系统均在改善制导站的作用距离、探测跟踪精度和抗干扰能力等。同时,为了提高导弹的作用范围,减小近界距离,采用了提高引入段制导系统的快速性,另外从提前启控着手,采用了宽、窄波束双模式制导。在引入段初期采用宽波束制导,使导弹进入波束的时间提前,从而使控制提前,减小了近界距离。但为提高测角精度,在导弹引入波束后,需用窄波束制导。

遥控制导系统多用于地对空导弹和一些空对空、空对地导弹,有些战术巡航导弹也用遥控指令制导来修正其航向。早期的反坦克导弹多采用有线遥控指令制导。

4.3.5　自动寻的制导

自动寻的制导也称为自导引,它是用弹上制导设备接收目标辐射或反射的信息,实现对目标的跟踪并形成导引指令,引导导弹飞向目标的一种制导技术。

根据目标辐射或反射的能量形式不同,可将自动导引分为光学自动导引、无线电自动导引、声学自动导引三类。根据有无照射目标的能源及能源所在位置的不同,可将自动导引分为主动式、半主动式和被动式三种寻的制导系统。虽然上述的分类方法不同,但从自动导引系统的组成原理和工作原理来看,它们之间除了在目标辐射或反射能量的接收和转换上有差别之外,系统其余部分的组成原理和工作原理基本上是相同的。自动寻的制导系统组成原理框图如图 4 - 76 所示,由导引头、弹上信号处理装置与弹上控制系统等组成。

导引头实际上是制导系统的探测装置,分红外型、雷达型和激光型等多种,它的功用是根据来自目标的能流(热辐射,激光反射波,无线电波等)自动跟踪目标,并给导弹自动驾驶仪提供导引控制指令,给导弹引信和发射架提供必要的信息。弹上控制指令形成装置综合导引头及弹上敏感元件的测量信号,形成控制指令。弹上稳定控制装置根据制导信号产生适当的导弹横向机动力,保证导弹在任何飞行条件下按导引规律逼近目标。

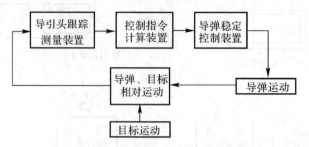

图 4-76 自动寻的制导系统组成原理图

自动寻的系统的制导设备全部在弹上,具有"发射后不管"的特点。这种特性使寻的制导系统在导弹上获得广泛应用。但由于它靠来自目标辐射或反射的能量来测定导弹的飞行偏差,作用距离有限,抗干扰能力差。一般用于空对空、地对空、空对地导弹和某些弹道导弹,用于巡航导弹的飞行末段,以提高末段制导精度。

4.3.5.1 按目标信息源所处的位置分类

根据导弹所利用能量的能源所在位置的不同,自动寻的制导系统可分为主动式、半主动式和被动式三种。

1. 主动式寻的制导

照射目标的能源在导弹上,对目标辐射能量,同时由导引头接收目标反射回来的能量的寻的制导方式,如图 4-77 所示。采用主动式寻的制导的导弹,当弹上的主动导引头截获目标并转入正常跟踪后,就可以完全独立地工作,不需要导弹以外的任何信息。

随着能量反射装置功率的增大,系统作用距离也增大,但同时弹上设备的体积和质量也增大,因此主动式寻的制导系统的作用距离有限,已实际应用的典型主动寻的系统是雷达自动寻的系统。

2. 半主动式寻的制导

照射目标的能量发射装置设在导弹以外的制导站或其他位置,弹上只有接收装置,如图 4-78所示。因此半主动式寻的制导系统的功率可以很大,该系统的作用距离比主动式寻的系统要大。

图 4-77 主动式寻的制导示意图

图 4-78 半主动式寻的制导示意图

3. 被动式寻的制导

由弹上导引头直接接收目标本身辐射的能量,导引头将以目标特定的物理特性(无线电波和红外线等)作为跟踪的信息源,形成导引信号,控制导弹飞向目标,如图 4-79 所示。被动式寻的制导系统的作用距离不大,典型的被动式自寻的系统是红外自寻的系统。

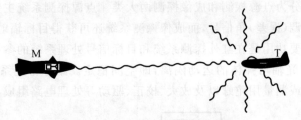

图 4 - 79　被动式寻的制导示意图

4.3.5.2　按目标信息的物理特性分类

按目标信息的物理特性分类,自动寻的制导系统又可分为红外自寻的制导系统、雷达自寻的制导系统、激光自动寻的制导系统、电视自动寻的制导系统等。

1. 红外自寻的制导系统

红外自寻的制导系统是利用目标辐射的红外线作为信号源的被动式自动寻的制导系统。红外自寻的制导系统通常设置在导弹的最前端,因此称为红外导引头。

红外线是一种热辐射,是物质内分子热振动产生的电磁波,其波长为 $0.76\sim1\,000\,\mu\mathrm{m}$,在整个电磁波谱中位于可见光与无线电波之间。凡是温度高于绝对零度($-273℃$)的物体,都能辐射红外线,一般情况下,取决于物体的温度及其表面辐射率。根据普朗克定律,不同温度的目标有不同的红外辐射波长和辐射强度,目标温度越高,辐射峰值波长越短,辐射强度越大。人体和地面背景温度为 300 K 左右,相对应最大辐射波长为 $9.7\,\mu\mathrm{m}$,涡轮喷气发动机尾喷管的有效温度为 900 K,其最大辐射波长为 $4.2\,\mu\mathrm{m}$。红外导引头正是根据目标和背景的红外辐射能量不同,从而把目标和背景区别开来,以达到导引的目的。

按功能分解,红外导引头通常由红外探测器、跟踪稳定、目标信号处理及导引信号形成等子系统组成,如图 4 - 80 所示。

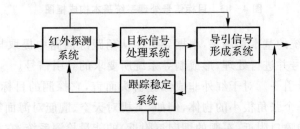

图 4 - 80　红外导引系统基本构成框图

红外探测系统是用来探测目标、获得目标有关信息的系统。若将被检测对象与背景及大气传输作为系统组成的环节来考虑,红外探测系统的基本构成框图如图 4 - 81 所示。

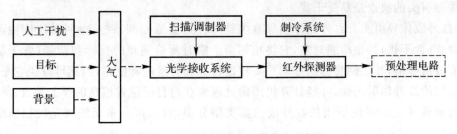

图 4 - 81　红外探测系统基本构成框图

红外探测系统可分为点源探测和成像探测两大类。点源探测系统主要用来测量目标辐射和目标偏离光轴的失调（误差）角信号，而成像探测系统还可获得目标辐射的分布特征。

跟踪稳定系统主要功用是在红外探测系统和目标信号处理系统的参与、支持下，跟踪目标和实现红外探测系统光轴与弹体的运动隔离，即空间稳定。跟踪稳定系统一般由台体、力矩器、测角器、动力陀螺或测量用陀螺以及放大、校正、驱动等处理电路组成，如图4－82所示。

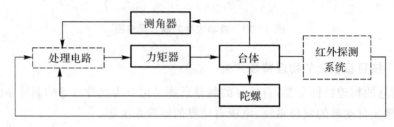

图4－82　跟踪稳定系统构成框图

目标信号处理的基本功用是将来自红外探测器组件的目标信号进行处理，识别目标，提取目标误差信息，驱动稳定平台跟踪目标。目标信号处理系统主要由前置放大、信号预处理、自动增益控制、抗干扰、目标截获、误差信号提取、跟踪功放等功能块组成，如图4－83所示。

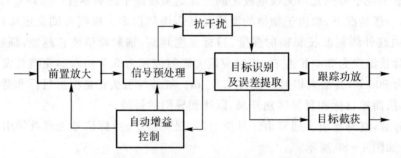

图4－83　目标信号处理系统基本构成框图

导引信号形成系统的基本功用是：根据导引律从角跟踪回路中提取与目标视线角速度成正比的信号或其他信号并进行处理，形成制导系统所要求的导引信号。

（1）红外非成像导引头。对于红外非成像导引头而言，它探测的目标具有一个共性，即比起背景来，它们都是一个张角很小的物体，例如，飞机对天空、舰艇对海面等。它是一种探测高温点目标（例如飞机的喷口附近，军舰的烟囱口附近）的能量检测系统，它需要从空间、时间、光谱等特征方面经过调制或滤波，抑制大面积背景形成的干扰，检出小目标信息。在红外非成像寻的系统中，光学系统将目标聚成像点，成像于调制盘上，因此也叫红外点源自寻的制导系统。红外点源自寻的系统从目标获取的信息只有一个点的角位置信号，没有区分多目标的能力，红外非成像导引头的缺点是易受干扰。

（2）红外成像导引头。红外成像制导系统是一种扩展源检测系统，也叫对比度检测系统，目标和背景（含干扰）都是检测对象，它将相邻两个瞬时所检测到的目标和背景（含干扰）信号值作为有效信号值，其识别目标的基础是要找出目标和背景的特征差，因此可以说它是一种通过摄取目标的红外辐射图像，并经计算机图像处理来获得目标位置信息的弹上装置。

按红外成像制导系统所用的红外成像器类型分类，目前可分多元线列光机扫描型（第一代)和红外焦平面型(第二代)两类。

从作战应用角度看,要求提高红外成像导引头的空间分辨率和热灵敏度,这就需要制作出几百元乃至几万元的红外探测器列阵。目前第一代红外成像导引头采用分立式多元探测器列阵,由于受工艺限制,最多只能利用200元以内的列阵探测器,这就限制了红外成像导引头的性能,采用扫描和凝视红外焦平面器件的第二代红外成像导引头,有效地提高了系统热灵敏度和空间分辨率,并降低了系统成本和缩小了体积,是红外成像导引头发展的必由之路。

红外成像导引头一般采用中、远红外实时成像器,以 $8\sim14~\mu m$ 远红外波段实时红外成像器为主,可以提供二维红外图像信息,利用计算机图像信息处理技术和模式识别技术,对目标图像进行自动处理,模拟人的识别功能,实现寻的制导系统智能化。

红外成像导引头可以在各种型号的导弹上使用,只是识别跟踪的软件不同。美国的"幼畜"导弹的导引头可以用于空地、空舰、空空三型导弹上。其工作原理是,在导弹发射前,由制导站的红外前视装置搜索和捕获目标,根据视场内各种物体热辐射的差别在制导站显示器上显示出图像。目标位置被确定之后,导引头便跟踪目标。导弹发射后,摄像头摄取目标的红外图像,进行处理得到数字化的目标图像,经过图像处理和图像识别,区分出目标、背景信号,识别出真假目标并抑制假目标。跟踪装置按预定的跟踪方式跟踪目标,并送出摄像头的瞄准指令和制导系统的导引指令,导引导弹飞向预定目标。

红外导引头,特别是日趋成熟的红外成像导引头,其制导精度高,抗干扰能力强,具有发射后不管的能力,战场隐蔽性好,具有较强的识辨目标要害和进行地形匹配的能力,但它对目标的探测距离通常比雷达型导引头近。红外成像制导与点红外制导相比,有很强的抗光电干扰能力,可使武器对目标进行全向攻击,有命中点选择的能力;红外成像制导与电视制导相比,红外成像制导可昼夜工作,能识别目标易损部位。因此,红外成像制导是当今精确制导的主流。

2.雷达自寻的制导系统

雷达导引头是利用目标自身或反射电磁波特性,发现目标、测量目标参数及跟踪目标的电子设备。雷达导引头选用微波波段电磁波,不受白天、夜间及气候环境的影响,全天候工作,且导引头自动寻的实现"发射后不管"。随着雷达技术的发展,可实现远的作用距离、高的跟踪精度、强的抗干扰能力,因此在战争中起着主导作用,被广泛应用于军事装备中。

雷达导引头由天线系统、雷达接收机、数字信号和数字数据处理系统、天线伺服系统、调频系统和发射机系统组成,如图 4-84 所示。

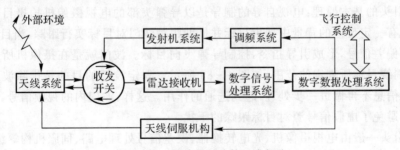

图 4-84　雷达导引头的组成部分

外部环境送给雷达导引头的信号包括雷达回波、地面杂波和人工干扰等。天线系统输出的信号包括目标的角度信息和多普勒频率,其中多普勒频率包含弹目接近速度信息。这些微弱的回波信号经过收发开关,送到雷达接收机进行放大、滤波和变换。然后在数字信号处理器中提取出目标角度信息和弹目接近速度信息。再送至数字数据处理器,经过滤波估值得到目标运动的信息,再加上飞控系统测得的导弹自身的信息,形成对天线伺服机构的控制指令,再通过天线伺服系统的运动,改变天线跟踪目标的角度,同时形成调频系统的控制指令,改变发射机的频率,实现对目标回波的多普勒频率跟踪。数字处理系统还要把目标运动参数和弹目接收速度估值送给飞控系统,形成导弹控制指令。

雷达自寻的制导有主动、被动和半主动三种形式。雷达自寻的制导的特点是探测距离远,可提供视线角速度和相对速度等信息,但它易受无线电干扰,同时,由于噪声和探测死区的存在,制导误差较红外型导弹大。

毫米波雷达自寻的制导是目前正在发展的一种比较有前途的制导技术,多用于精确制导武器。毫米波通常是指波长为 1～10 mm 的电磁波,其对应的频率为 30～300 GHz,毫米波的波长和频率介于微波与红外波段之间,兼有这两个波段固有的特性,是高性能制导系统比较理想的选择波段。

毫米波制导目前有两个工作波段:即 8 mm 和 3 mm。毫米波制导系统的特点是,制导设备的体积小、质量轻,穿透大气的损失较小,测量精度高,分辨能力强,抗干扰能力强,鉴别金属目标能力强;毫米波制导的主要缺点是,探测目标的距离短,即使在晴朗的天气,导引头所能达到的探测距离也很有限。但随着毫米波振荡器功率的提高,噪声抑制以及其他方面技术水平的提高,探测距离有望增大。

3. 电视自寻的制导系统

随着光电转换器件 CCD(电荷耦合器件)、ICCD(微光像增强器)和高速实时图像处理技术的快速发展,电视导引头在空地导弹、飞航导弹等武器系统中得到了应用。

电视制导是由弹上电视导引头利用目标反射的可见光信息实现对目标捕获跟踪,导引导弹命中目标的被动寻的制导技术。电视自寻的制导系统根据其跟踪方式的不同有多种,按摄像敏感器的性能可分为可见光电视自寻的制导、红外光电视自寻的制导和微光电视自寻的制导。按在视场中提取目标位置的信息不同可分为点跟踪(即边缘跟踪、形心跟踪系统)和面相关跟踪电视自寻的系统。电视制导有两种工作方式,一种是发射前锁定目标工作方式,一般用于近程导弹;一种是发射后锁定目标工作方式,即人在回路中工作方式,这种工作方式用在中远程导弹上。

电视导引头的基本原理:电视自寻的制导是以导弹头部的电视摄像机拍摄目标和周围环境的图像,从有一定反差的背景中选出目标并借助跟踪波门对目标实行跟踪,当目标偏离波门中心时,产生偏差信号,形成引导指令,控制导弹飞向目标。波门就是在摄像机所接收的整个景物图像中围绕目标所划定的范围,如图 4-85 所示。划定波门的目的是排除波门外的背景信息,对这些信息不再做进一步处理,起到选通的作用。这样,波门内的视频信号,目标和背景之比加大了,避免了虚假信号源对目标跟踪的干扰。

电视导引头一般由电视摄像机、光电转换器、误差信号处理电路、伺服机构等组成,简化框图如图 4-86 所示。摄像机把被跟踪的目标光学图像投射到摄像靶面上,并用光电敏感元件把投影在靶面上的目标图像转换为视频信号。误差信号处理器从视频信号中提取目标位置信息,并输出驱动机构的信号,以使摄像机光轴对准目标。对地面背景复杂的目标,电视导引头目前还不能自动识别,需要人工参与。制导站上有显示器,以使操作者在发射导弹前对目标进行搜索、截获,在发射导弹后观察目标的情况。在电视导引头锁定目标后,人可以不参与工作,导引头自动跟踪目标;在被跟踪目标丢失后,导引头应重新搜索目标,在人的参与下并再次截获跟踪目标。

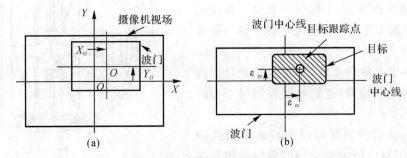

图 4 – 85　波门的几何示意图

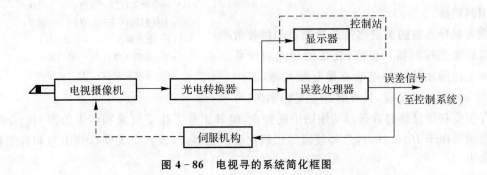

图 4 – 86　电视寻的系统简化框图

　　电视自寻的制导的优点在于:工作可靠、分辨率高(和红外成像自寻的制导相比)、隐蔽性好、可直接成像、不易受无线电干扰;其缺点是受气象条件影响较大。

　　4. 激光自寻的制导系统

　　激光自寻的制导是由弹外或弹上的激光束照射目标,弹上的激光导引头利用目标漫反射的激光,捕获跟踪目标,导引导弹命中目标的制导技术。使用最多的是照射光束在弹外的激光半主动制导技术。

　　激光有方向性强,单色性好,强度高的特点,因此激光器发射的激光束发散角小,几乎是单频率的光波,而且在发射的光束截面上集中了大量的能量,因而激光寻的制导系统具有制导精度高,目标分辨率高,抗干扰能力强,结构简单,成本低的特点。但激光制导系统的正常工作容易受云、雾和烟尘的影响。

　　激光半主动导引头主要由光学系统、激光探测器和放大电路、信息处理电路及机械结构组成。光学系统的功能是收集、会聚激光能量并滤除阳光及杂波。光学系统可以是透射式的,也可以是折射式的。会聚透镜通常装在万向支架上,以适应跟踪的需要。激光探测器是四象限元电二极管,用来完成光电转换,经放大及信息处理电路处理过的四路信号送给随动系统即可控制弹的飞行。机械结构主要起支撑光学部件、探测器、电路板并与弹体相连接的作用。

　　图 4 – 87 为某导弹激光半主动导引头结构示意图。导引头由光学系统、探测器、陀螺平台和电子设备组成。目标反射的激光束经球形外罩 5 后,由主反射镜 4 反射,经滤光片 8 聚焦在激光探测器上。为减小入射能量的损失,增大反射系数,主反射镜表面镀有反射层。

陀螺平台中的陀螺转子是一块永久磁铁3，其上附有机械锁定器10和主反射镜4，这些部件随陀螺转子一起旋转，增大了转子的转动惯量，激光探测器7装在内环上，不随转子转动。机械锁定器用于在陀螺不工作时保证陀螺转子轴与导弹纵轴重合。

导引头中设有解码电路，以便与激光目标指示器的激光编码相协调，逻辑电路控制导引头的工作方式。

激光导引头的探测器可以是旋转扫描式的（带调制盘），但更广泛的是采用四象限探测器阵列。这一点与红外自寻的不同，红外自寻的系统多采用调制盘。

激光制导系统的关键部件是激光器和接收激光能量的激光探测器。目前，装备的激光制导系统基本上都采用掺钕的钇铝石榴石激光器，工作于 $1.06~\mu m$ 近红外波段，具有脉冲重复频率高（可

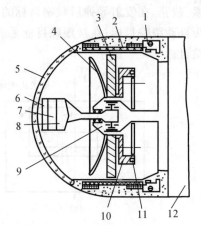

图 4-87　激光半主动导引头

1—碰合开关；　2—线包；　3—磁铁；
4—主反射镜；　5—外罩；　6—前放；
7—激光探测器；　8—滤光片；
9—万向支架；　10—锁定器；
11—章动阻尼器；　12—电子舱

以使导引头获得足够的数据），功率适中的特点，但其正常工作受气象和烟尘的影响。今后趋向于使用工作于 $10.6~\mu m$ 远红外波段的二氧化碳激光器，以改善全天候作战能力和抗烟雾干扰的能力。

4.3.6　复合制导

4.3.6.1　复合制导

复合制导是由几种制导系统依次或协同参与工作来实现对导弹的制导的。复合制导系统设计的首要问题是复合方式的选择问题。选择复合方式考虑的主要因素，是武器系统的战术技术指标要求、目标及环境特性、各种制导方式的特点及相应的技术基础。大多数防空导弹的初始飞行段采用自主式制导，以后采用其他制导。复合制导可分为：自主式＋寻的制导；指令制导＋寻的制导；波束制导＋寻的制导；捷联惯性制导＋寻的制导；自主式＋TVM制导；程序制导＋捷联惯性制导＋寻的制导等。例如采用"捷联惯性制导＋无线电指令修正＋主动雷达末制导"复合制导体制的空空导弹，可使导弹在惯性中制导段利用载机雷达提供的目标信息，通过数据链，随时对导弹进行修正，实现最佳的中制导段弹道。在交接段（中制导段与末制导段的过渡段）为雷达导引头截获目标提供必要的信息，并把导弹引导到能保证导引头可靠截获目标的"空间篮筐"内。这样有助于克服导弹发射时导引头作用距离的局限性，从而使导引头准确、稳定、快速地截获和跟踪目标，增大发射距离。例如，美国的 AIM-120 先进中距导弹，俄罗斯的 P-77 中距导弹，采用的复合制导体制都是捷联惯性制导＋数据链修正＋主动雷达末制导。

复合制导设计中一个重要问题是不同制导方式的转换问题，它包括两个方面：一是不同制导段弹道的衔接，二是不同制导段转换时目标的交接班。交接班，是指从一种制导方式转到另

一种制导方式,交接班性能及其弹道平稳性直接影响着导弹末制导导引头对目标的截获概率及末段的制导控制品质。例如,交接班时导弹位置偏差和导弹从一种制导方式到另一种制导方式时导弹空间方位的协调性,若不协调,则导引头就不可能捕获目标。因此,在复合制导系统中,交接班问题是两种制导方式转换的限制条件。对于不同的复合制导,限制条件也就不同。

中、末制导交接班主要应考虑以下问题:

1)弹道交接班算法设计及其在交接班过程中的弹道平稳性;

2)飞行控制系统协助导引头截获目标的方式方法;

3)中、末制导交接班姿态角误差和位置误差的分配;

4)中、末制导交接班导引头截获概率计算:包括影响中制导精度的因素分析、目标指示误差建模以及目标机动的影响;

5)交接班过程中制导信息的交接方式、传递及转换;

6)交接班导引头未截获目标时,其扫描初始状态的设定。

下面简介美国"爱国者"导弹采用的复合制导系统,该系统为自主式+指令+TVM复合制导体制。初制导采用自主式的程序制导,在导弹从发射到相控阵雷达截获之前这段时间内,利用弹上预置的程序,通过自主组件进行预置导航,该组件可使导弹稳定并进行粗略的初始转弯。当相控阵雷达截获跟踪导弹时,初制导结束,中制导开始。

中制导采用指令制导。在中制导段,相控阵雷达既跟踪测量目标,又跟踪测量导弹,地面制导计算机比较目标与导弹的位置,形成导弹控制指令,控制导弹按期望的弹道飞向适当位置,以便中、末制导实施交班。在中制导段还要形成导引头天线的预定控制指令,控制导引头天线指向目标。与此同时,导引头开始截获照射目标的回波信号,一旦导引头截获回波信号,就通过导引头上的发射机转发到地面,地面作战指挥系统就将其转入末段制导。

末段采用 TVM 制导(是指令与半主动寻的制导的组合)。在 TVM 制导段,相控阵雷达仍然跟踪测量导弹和目标,但与中制导不同,此时相控阵雷达用线性调频宽脉冲对目标进行跟踪照射。另外在形成控制指令时,使用了由导引头测量的目标信息。由于导弹距离目标越来越近,导引头测得的目标信息比雷达测得的信息精度高,因此保证了制导精度,克服了指令制导精度低的缺点。

为了提高导弹在各种复杂战场环境条件下的抗干扰和反隐身能力,先进导弹还采用多模制导技术。多模制导是指同一制导段(如末制导段),采用两种或两种以上频段或制导方式,例如红外与射频制导同时进行工作,采用毫米波主动雷达导引头和凝视红外成像导引头的复合、毫米波主动雷达导引头和宽带无线电被动导引头的复合等。复合制导则是指制导段采用两种或两种以上制导方式进行工作,例如人工与自导相结合的制导。一般认为复合制导涵盖多模制导。随着未来战场环境变得越来越恶劣,单一频段或模式的制导,将难于适应未来战争的要求,因此多模制导或复合制导现已成为精确制导技术发展的重要方向。多模或复合制导可以充分发挥各自的优势,弥补各自的不足,从而可极大地提高武器的作战效能。

4.3.6.2　采用复合制导的原则

对于射程较远的战术导弹,其航迹都可以大致分为三段,即初始段、中段和末段。

从简化系统、提高可靠性和减少质量的观点看,应尽量避免采用多种制导组成的复合制导。但随着目标的飞行高度向高空和低空发展和防空导弹作战区域的扩大,用单一的制导方式控制导弹杀伤目标已有困难。例如对付远距离目标用遥控指令时制导精度达不到要求,用主动或半主动寻的制导时,截获和稳定自动跟踪目标的距离不能满足要求。因此提出了复合制导系统,合理地利用一些单一制导系统的良好特性取长补短,来达到控制导弹杀伤目标的目的。因此,需要考虑下列原则。

1. 采用初段制导的原则

初段制导又称"发射段制导",简称"初制导"。初制导系统用来保证射程,是从发射瞬间到导弹到达一定速度进入中制导前的制导。对有助推器的导弹,这一段是到助推器脱落瞬间为止。

由于导弹制造、安装存在误差,导弹离轨时有扰动以及阵风等偶然因素,使发射段弹道散布很大。当导弹加速到正常飞行速度时,难以准确地进入中制导作用范围,这种情况就要加初制导。

初始段时间很短,速度变化大,平均速度小,和正常飞行的中段相比有很多不同特点。常用程序或惯性等自主制导。一般用摆动发动机或单独的制导设备来实现。

如果能保证初始段结束时,导弹能进入中制导的作用范围,可不用初制导。

2. 采用中制导的原则

中制导又称"中段制导",是从初制导结束到末制导开始前的制导。中制导很重要,是导弹弹道的主要制导段。一般制导时间较长。中制导系统的任务是控制导弹的飞行弹道,将导弹导向目标,使导弹被置于某一尽可能有利的位置,以便使末制导系统能"锁住"目标。或者说中制导的使命首先是将导弹制导到末制导能"锁住"目标的距离内,但不要求精确的终点位置。中制导系统是导弹的主要制导系统。中制导结束时的制导精度,可确定导弹接近目标时,是否要采用末制导。当不用末制导时,习惯上称为全程中制导。此时中制导的制导精度就决定了该导弹的命中精度。

中制导通常采用自主制导或遥控制导。捷联式惯性制导是远程导弹普遍采用的中制导方式。

3. 采用末制导的原则

末制导又称"末段制导",是导弹在中制导结束到与目标遭遇或在目标附近爆炸时的制导。末制导通常采用寻的制导系统,其任务是保证导引准确度。脱靶量最小是末制导设计的主要要求,因此,在末段仍沿用中制导时采用的制导规律是不可取的。当中制导精度不能满足战术技术要求时,常在弹道末段采用作用距离不远但制导精度很高的寻的制导。

是否采用末制导,取决于中制导误差的大小能否保证满足战术技术要求。对于不同类型的导弹,这种要求是不同的。下列条件若不能满足时,则必须考虑采用末制导。

(1) 对于反舰导弹和反坦克导弹,要求制导误差小于目标的最小横向尺寸。即 $CEP \leqslant b/2$,其中 CEP 为圆概率偏差;b 为军舰(或坦克)的高度。

(2) 对于反飞机导弹,要求制导误差小于导弹战斗部的有效杀伤半径,即 $\sigma \leqslant R/3$,R 为战斗部的有效杀伤半径。

4.3.7 飞行控制系统

飞行控制系统(以下简称飞控系统)是导弹制导控制系统的重要组成部分,一般由自动驾驶仪与弹体动力学环节构成闭合回路,也称为稳定控制系统或稳定回路。

飞控系统原理结构图如图 4 - 88 所示。在飞控系统中,自动驾驶仪通常包括传感器、控制电路、气动舵机或推力矢量执行机构等弹上设备;而弹体动力学通常包括气动力控制面或推力矢量控制面和弹体,弹体是控制对象。在弹体动力学已经确定的条件下,飞控系统的设计实际上就是自动驾驶仪的设计。

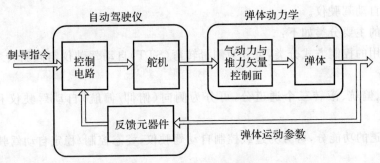

图 4 - 88　飞控系统原理结构图

自动驾驶仪的功能是控制和稳定导弹的飞行。所谓控制是指自动驾驶仪按控制指令的要求操纵舵面偏转或改变推力矢量方向,改变导弹的姿态,使导弹沿基准弹道飞行。所谓稳定是指自动驾驶仪消除因干扰引起的导弹姿态的变化,使导弹的飞行方向不受扰动的影响。稳定是在导弹受到干扰的条件下保持其姿态不变,而控制是通过改变导弹的姿态,使导弹准确地沿着基准弹道飞行。显然,稳定是控制的前提,而稳定与控制又是矛盾的。导弹在飞行过程中,可以认为弹体外形是不变的,而导弹的飞行高度、速度、质量、质心位置都在变化,也有可能有较大的外干扰,再加上快速大机动要求对稳定度的限制,这些都增大了稳定和控制综合设计的难度。

4.3.7.1　系统的组成及分类

飞控系统中,弹体作为控制对象,自动驾驶仪是控制器。自动驾驶仪一般由弹体状态参数反馈器件(惯性器件)、控制电路和舵机系统组成。

常用的惯性器件有自由陀螺仪、测速陀螺仪和线加速度计等,分别用于测量导弹的姿态角、姿态角速度和线加速度等。

控制电路由数字电路和(或)模拟电路组成,它用于各种控制量与反馈量的综合、信号的变换和放大,包括实现调节规律和校正网络需要的电路,以形成对舵机的控制信号。此外,还有逻辑和时序控制电路以及微处理器、存储器和接口电路等。

舵机系统的功能是根据控制信号去控制相应空气动力控制面的运动或改变推力矢量的方向。它由角位置反馈电位计、信号综合、变换和功率放大电路、驱动器、舵机能源以及传动机构组成。其中,功率放大电路、驱动器、舵机能源以及传动机构往往随舵机类型(冷气舵机、燃气舵机、液压舵机或电动舵机)不同而不同。

一般来说,自动驾驶仪中控制导弹在俯仰平面内运动的部分,称为俯仰通道;控制导弹在偏航平面内运动的部分,称为偏航通道;控制导弹绕弹体纵轴转动运动的部分,则称为滚转通道。它们与弹体构成的闭合回路,分别称为俯仰稳定回路、偏航稳定回路和滚转稳定回路。对于轴对称的"+"字形气动布局导弹来说,俯仰(稳定)回路和偏航(稳定)回路一般是相同的,通常称为侧向稳定回路或侧向回路;对于"×"字形气动布局的导弹,没有偏航与俯仰回路之分,因为导弹的偏航运动和俯仰运动都由两个相同的回路(通常称为Ⅰ回路和Ⅱ回路)的合成控制实现,习惯上,将Ⅰ回路和Ⅱ回路也称为侧向稳定控制回路,相应地称滚转稳定回路为倾斜稳定回路或倾斜回路。

旋转导弹的自动驾驶仪通常没有滚转通道,只用一个侧向通道控制导弹的空间运动,因而又称为单通道自动驾驶仪。

飞控系统的主要分类如下:

1)按所采用的控制方式分类,可分为侧滑转弯(STT)自动驾驶仪与倾斜转弯(BTT)自动驾驶仪。

2)按俯仰、偏航、滚转三个通道分,可分为侧向(俯仰/偏航)自动驾驶仪和横滚自动驾驶仪。

3)按单通道的功能分,可分为过载控制自动驾驶仪;姿态控制/稳定自动驾驶仪;高度控制自动驾驶仪。

4)按对控制增益的调整方法分,可分为分段调整增益自动驾驶仪;开环(如惯性基准)自适应自动驾驶仪;闭环(如模型参考/自校正调节器)自适应自动驾驶仪。

4.3.7.2 弹体动力学模型

1.力和力矩模型

轴对称导弹弹体动力学模型通常建立在弹体坐标系,以利于进行导弹姿态的计算。

(1)升力:

$$Y = C_y q S$$

(2)轴向阻力:

$$X = C_x q S$$

(3)侧向力矩:

$$\begin{cases} M_y = m_y q S L_B + m_{y}^{\omega_y} \omega_y q S L_B^2 / 2v \\ M_z = m_z q S L_B + m_{z}^{\omega_z} \omega_z q S L_B^2 / 2v \end{cases}$$

(4)滚转力矩:

$$M_x = m_x q S L_B + m_{x}^{\omega_x} \omega_x q S L_B^2 / v$$

(5)一片舵面的铰链力矩:

$$M_h = m_h q S L_B$$

2.动力学和运动学模型

导弹弹体的运动可以看作质心的运动和绕质心转动的合成运动。

(1)质心动力学方程:

$$\left. \begin{aligned} & m \frac{dv}{dt} = P \cos \alpha \cos \beta - X - mg \sin \theta \\ & mv \frac{d\theta}{dt} = P(\sin \alpha \cos \gamma_V + \cos \alpha \sin \beta \sin \gamma_V) + Y \cos \gamma_V - Z \sin \gamma_V - mg \cos \theta \\ & -mv \cos \theta \frac{d\psi_V}{dt} = P(\sin \alpha \sin \gamma_V - \cos \alpha \sin \beta \cos \gamma_V) + Y \sin \gamma_V + Z \cos \gamma_V \end{aligned} \right\} \quad (4-30)$$

(2)绕质心转动动力学方程:

$$J_x \frac{\mathrm{d}\omega_x}{\mathrm{d}t} = M_x - (J_z - J_y)\omega_y\omega_z$$

$$J_y \frac{\mathrm{d}\omega_y}{\mathrm{d}t} = M_y - (J_x - J_z)\omega_x\omega_z \qquad (4-31)$$

$$J_z \frac{\mathrm{d}\omega_z}{\mathrm{d}t} = M_z - (J_y - J_x)\omega_y\omega_x$$

(3) 质心运动学方程:

$$\frac{\mathrm{d}x}{\mathrm{d}t} = v\cos\theta\cos\psi_V$$

$$\frac{\mathrm{d}y}{\mathrm{d}t} = v\sin\theta \qquad (4-32)$$

$$\frac{\mathrm{d}z}{\mathrm{d}t} = -v\cos\theta\sin\psi_V$$

(4) 姿态运动学方程:

$$\frac{\mathrm{d}\vartheta}{\mathrm{d}t} = \omega_y\sin\gamma + \omega_z\cos\gamma$$

$$\frac{\mathrm{d}\psi}{\mathrm{d}t} = \frac{1}{\cos\vartheta}(\omega_y\cos\gamma - \omega_z\sin\gamma) \qquad (4-33)$$

$$\frac{\mathrm{d}\gamma}{\mathrm{d}t} = \omega_x - \tan\vartheta(\omega_y\cos\gamma - \omega_z\sin\gamma)$$

(5) 导弹质量方程:

$$\frac{\mathrm{d}m}{\mathrm{d}t} = -\dot{m}_F \qquad (4-34)$$

(6) 角度几何关系方程:

$$\sin\beta = \cos\theta[\cos\gamma\sin(\psi-\psi_V) + \sin\vartheta\sin\gamma\cos(\psi-\psi_V)] - \sin\theta\cos\vartheta\sin\gamma$$

$$\cos\alpha\cos\beta = \cos\vartheta\cos\theta\cos(\psi-\psi_V) + \sin\vartheta\sin\theta \qquad (4-35)$$

$$\sin\gamma_V\cos\theta = \cos\alpha\sin\beta\sin\vartheta - (\sin\alpha\sin\beta\cos\gamma - \cos\beta\sin\gamma)\cos\vartheta$$

方程式(4-30)至式(4-34)共 13 个微分方程,加上三个角度关系方程,共 16 个方程,求解方程组可得到导弹在任一瞬间的位移运动和姿态运动。

3. 动力学系数

当采用小扰动线性化,忽略二阶以上微量以及导弹气动力、气动力矩的次要因素时,可使方程实现线性化。同时采用通道分离假设(当轴对称导弹滚转角速度 $\dot{\gamma}$ 较小时),可以得到导弹运动的简化方程,在速度坐标系中,这些方程如下:

(1) 弹体纵向运动小扰动模型:

$$\ddot{\vartheta} + a_1\dot{\vartheta} + a_2\alpha + a_3\delta_z = 0$$

$$\dot{\theta} = a_4\alpha + a_5\delta_z \qquad (4-36)$$

$$\vartheta = \theta + \alpha$$

式中　$a_1 = -\dfrac{M_z^{\omega_z}}{J_z}$ —— 气动阻尼动力系数(1/s);

$\quad\quad a_2 = -\dfrac{M_z^\alpha}{J_z}$ —— 静稳定动力系数(1/s²);

$$a_3 = -\frac{M_z^{\delta_z}}{J_z} \text{——操纵动力系数}(1/\text{s});$$

$$a_4 = \frac{P + Y^\alpha}{mv} \text{——法向力动力系数}(1/\text{s});$$

$$a_5 = \frac{Y^{\delta_z}}{mv} \text{——舵升力动力系数}(1/\text{s})。$$

(2)弹体倾斜运动小扰动模型:

$$\ddot{\gamma} + c_1 \dot{\gamma} = -c_3 \delta_x$$

式中　$c_1 = -\dfrac{M_x^{\omega_x}}{J_x}$ ——滚动阻尼动力系数$(1/\text{s})$;

$\quad\quad c_3 = -\dfrac{M_x^{\delta_x}}{J_x}$ ——副翼效率动力系数$(1/\text{s}^2)$。

4. 弹体传递函数

(1)纵向运动传递函数。

1)当$(a_2 + a_1 a_4) > 0$时,导弹纵向运动传递函数为

$$W_{\delta_z}^{\vartheta}(s) = \frac{K_d(T_{1d}s + 1)}{T_d^2 s^2 + 2\xi_d T_d s + 1}$$

$$W_{\delta_z}^{\alpha}(s) = \frac{K_d T_{1d}}{T_d^2 s^2 + 2\xi_d T_d s + 1} \tag{4-37}$$

$$W_{\delta_z}^{n_y}(s) = \frac{v}{57.3g} \frac{K_d}{T_d^2 s^2 + 2\xi_d T_d s + 1}$$

式中

$$T_d = \frac{1}{\sqrt{|a_2 + a_1 a_4|}}$$

$$K_d = -\frac{a_3 a_4}{|a_2 + a_1 a_4|}$$

$$T_{1d} = \frac{1}{a_4}$$

$$\xi_d = \frac{a_1 + a_4}{2\sqrt{|a_2 + a_1 a_4|}}$$

2)当$(a_2 + a_1 a_4) < 0$时,导弹纵向运动传递函数为

$$W_{\delta_z}^{\vartheta}(s) = \frac{K_d(T_{1d}s + 1)}{T_d^2 s^2 + 2\xi_d T_d s - 1}$$

$$W_{\delta_z}^{\alpha}(s) = \frac{K_d T_{1d}}{T_d^2 s^2 + 2\xi_d T_d s - 1} \tag{4-38}$$

$$W_{\delta_z}^{n_y}(s) = \frac{v}{57.3g} \frac{K_d}{T_d^2 s^2 + 2\xi_d T_d s - 1}$$

(2)倾斜运动传递函数。

导弹倾斜运动传递函数为

$$W_{\delta_x}^{\omega_x}(s) = \frac{\dot{\gamma}(s)}{\delta_x(s)} = \frac{K_{dx}}{T_{dx}s + 1} \tag{4-39}$$

式中,$K_{dx} = -c_3/c_1$;$T_{dx} = 1/c_1$。

4.3.7.3　侧向控制回路

图 4-89 是指令制导和寻的制导系统中常用的侧向控制回路的原理图。它由速率反馈回路和线加速度计反馈回路组成。图 4-90 为这种控制回路的计算结构图。如果导弹是轴对称的,则使用两个相同的自动驾驶仪控制弹体的俯仰和偏航运动。我们以俯仰通道为例。

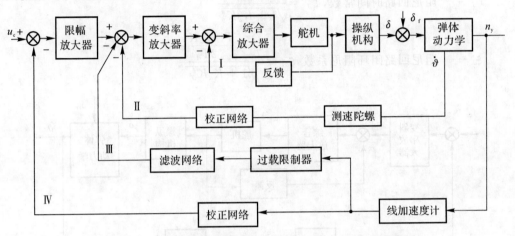

图 4-89　由测速陀螺仪和加速度计组成的侧向控制回路原理图

Ⅰ— 舵系统；　Ⅱ— 阻尼回路；　Ⅲ— 过载限制回路；　Ⅳ— 控制回路

u_c— 指令电压；　δ— 舵偏角；　$\dot\vartheta$— 俯仰角速度；　n_y— 过载；　δ_f— 等效干扰舵偏角

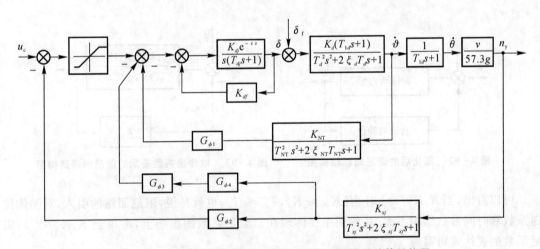

图 4-90　具有测速陀螺仪和加速度计的稳定回路计算结构图

1. 阻尼回路

由测速陀螺仪和加速度计组成的侧向稳定回路是一个多回路系统,阻尼回路在稳定回路中是内回路。从图 4-89 中把阻尼回路分离出来,如图 4-91 所示。进一步简化后,阻尼回路的结构图如图 4-92 所示。

将图 4-92 中的弹体动力学用传递函数 $W^{\dot\vartheta}_{\delta_z}(s)$ 表示,由于舵回路时间常数比弹体时间常数小得多,测速陀螺时间常数通常也比较小,自动驾驶仪可用其传递系数 $K^{\dot\vartheta}_{\vartheta}$,则以传递函数表示的阻尼回路结构图如图 4-93 所示。经推导提高系统稳定回路阻尼的闭环传递函数为

$$\frac{\dot{\vartheta}(s)}{\delta_z(s)} = \frac{K_d^*(T_{1d}s+1)}{T_d^{*2}s^2 + 2\xi_d^* T_d^* s + 1}$$

式中　K_d^* —— 阻尼回路闭环传递系数，$K_d^* = \dfrac{K_d}{1 + K_d K_{\dot{\vartheta}^z}^{\delta}}$

　　　　T_d^* —— 阻尼回路时间常数，$T_d^* = \dfrac{T_d}{\sqrt{1 + K_d K_{\dot{\vartheta}^z}^{\delta}}}$

　　　　ξ_d^* —— 阻尼回路闭环阻尼系数，$\xi_d^* = \dfrac{\xi_d + \dfrac{T_{1d}K_d K_{\dot{\vartheta}^z}^{\delta}}{2T_d}}{\sqrt{1 + K_d K_{\dot{\vartheta}^z}^{\delta}}}$

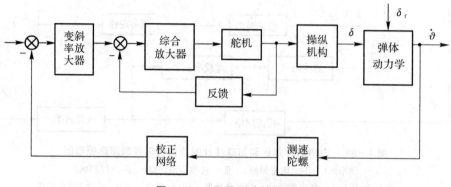

图 4 - 91　阻尼回路结构图

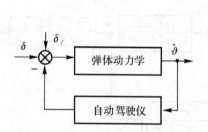

图 4 - 92　简化后的阻尼回路结构图

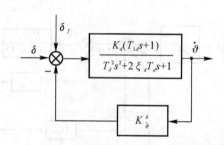

图 4 - 93　以传递系数表示的阻尼回路结构图

可以看出，当 $K_d K_{\dot{\vartheta}^z}^{\delta} \ll 1$ 时，有 $K_d^* \approx K_d$，$T_d^* \approx T_d$，也就是说，阻尼回路的引入，对弹体传递系数和时间常数影响不大，其作用主要体现在对阻尼系数的影响上，考虑到 $K_d K_{\dot{\vartheta}^z}^{\delta} \ll 1$，阻尼系数的表达式可写为

$$\xi_d^* = \xi_d + \frac{T_{1d}K_d K_{\dot{\vartheta}^z}^{\delta}}{2T_d}$$

此式说明，引入阻尼回路，使补偿后的弹体俯仰运动的阻尼系数增加，$K_{\dot{\vartheta}^z}^{\delta}$ 越大，ξ_d^* 增加的幅度越大，因此阻尼回路的主要作用是用来改善弹体侧向运动的阻尼特性。

2. 控制回路

控制回路是在阻尼回路的基础上，加上由导弹侧向线加速度负反馈组成的指令控制回路。线加速度计用来测量导弹的侧向线加速度 $v\dot{\vartheta}$（实际上是测量过载 $n_y = v\dot{\vartheta}/57.3g$），是控制回路的重要部件，它的精度直接决定着从指令 u_c 到过载的闭环传递系数的精度。

控制回路中除线加速度计外，还有校正网络和限幅放大器。校正网络除了对回路本身起补偿作用外,还有对指令补偿的作用。校正网络的形式和主要参数是由系统的设计要求确定的。如果只从自动驾驶仪控制回路来看,有时不需要校正就能满足性能要求,在这种情况下,校正网络完全是为满足制导系统的要求。

根据阻尼回路的分析结果,阻尼回路的闭环传递系数可等效为一个二阶振荡环节,假定线加速度计安装在质心上,可得到控制回路等效原理结构图如图 4 - 94 所示。

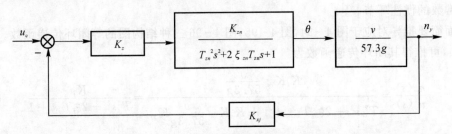

图 4 - 94　侧向控制回路等效原理结构图

最常见的侧向控制回路有两种基本形式,一种是在线加速度计反馈通路中有大时间常数的惯性环节,如图 4 - 95 所示,这种稳定回路适用于指令制导系统;另一种稳定回路是在主通道中有大时间常数的惯性环节,如图 4 - 96 所示,这种稳定回路适用于寻的制导系统。

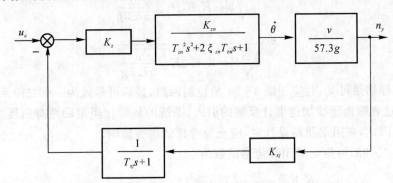

图 4 - 95　指令制导系统常用的侧向稳定回路

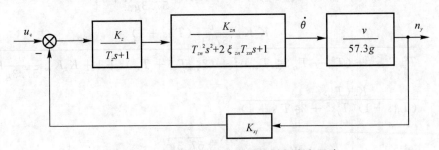

图 4 - 96　寻的制导系统常用的侧向稳定回路

对指令制导的导弹,常采用线偏差作为控制信号,从线偏差到过载要经过两次积分,无线电传输有延迟,因此,要求稳定回路具有一定的微分型闭环传递函数特性,以部分补偿制导回路引入大时间延迟。而在稳定回路中,只要在线加速度反馈回路中,引入惯性环节,就可方便地达到这个目的,这就是指令制导系统中稳定回路的线加速度计反馈通道中,常常要串入一个较大时间常数的惯性环节的原因。

与指令制导系统不同,寻的制导系统中,对目标的测量及控制指令的形成均在弹上,其时间延迟较小,而噪声直接进入自动驾驶仪,这样不仅不要求稳定回路具有微分型闭环特性,相反却要求有较强的滤波作用。同时,寻的制导系统要求尽量减小导弹的摆动,使姿态的变化尽可能小,以免影响导引头的工作。为达到这个目的,在自动驾驶仪的主通道中往往要引入有较大时间常数的惯性环节。

下面简要推导对应于图4-94,图4-95,图4-96三种结构图的等闭环传递函数。对应于图4-94,可推得其闭环传递函数为

$$\frac{n_y(s)}{u_c(s)} = \frac{K_z K_{zn} \dfrac{v}{57.3g}}{T_{zn}^2 s^2 + 2\xi_{zn} T_{zn} s + 1 + K_z K_{zn} \dfrac{v}{57.3g} K_{xj}} = \frac{K_j}{T_j^2 s^2 + 2\xi_j T_j s + 1} \qquad (4-40)$$

式中

$$K_j = \frac{K_z K_{zn} \dfrac{v}{57.3g}}{1 + K_z K_{zn} K_{xj} \dfrac{v}{57.3g}}$$

$$T_j = \frac{T_{zn}}{\sqrt{1 + K_z K_{zn} K_{xj} \dfrac{v}{57.3g}}}$$

$$\xi_j = \frac{\xi_{zn}}{\sqrt{1 + K_z K_{zn} K_{xj} \dfrac{v}{57.3g}}}$$

由以上推导结果可见,对应于图4-94的控制回路,最后可等效为一个二阶系统,且$T_j < T_{zn}$,$\xi_j < \xi_{zn}$,这表明由于线加速度计反馈的引入,系统的频带比阻尼回路有所展宽,而阻尼系统有所下降。因此,在阻尼回路设计时,应充分考虑到这种影响。

对应于图4-95,可推得其闭环传递函数为

$$\frac{n_y(s)}{u_c(s)} = \frac{K_z K_{zn} \dfrac{v}{57.3g}(T_{xj}s + 1)}{(T_{xj}s + 1)(T_{zn}^2 s^2 + 2\xi_{zn} T_{zn} s + 1) + K_z K_{zn} \dfrac{v}{57.3g} K_{xj}} =$$

$$\frac{K_z K_{zn} \dfrac{v}{57.3g}(T_{xj}s + 1)}{T_{zn}^2 T_{xj} s^3 + (T_{zn}^2 + T_{xj} 2\xi_{zn} T_{zn})s^2 + (2\xi_{zn} T_{zn} + T_{xj})s + 1 + K_z K_{zn} \dfrac{v}{57.3g} K_{xj}} =$$

$$\frac{K_j(T_{xj}s + 1)}{(T_{j1}s + 1)(T_j^2 s^2 + 2\xi_j T_j s + 1)} \qquad (4-41)$$

式中

$$K_j = \frac{K_z K_{zn} \dfrac{v}{57.3g}}{1 + K_z K_{zn} K_{xj} \dfrac{v}{57.3g}}$$

T_{j1},T_j,ξ_j由式(4-41)分母的三阶方程确定。

从式(4-41)可见,这种控制回路的闭环传递函数中,在分子上增加了$(T_{xj}s + 1)$微分项,因此具有微分作用,可以补偿指令制导系统的时间延迟,其分母可分解为一个惯性项和一个二次项。因此若主导极点是惯性项,则其动态品质表现为惯性环节的特性;若主导极点是二次

项,则其动态品质表现为振荡特性。

对应于图 4-96,可推得其闭环传递函数为

$$\frac{n_y(s)}{u_c(s)} = \frac{K_z K_{zn} \dfrac{v}{57.3g}}{(T_z s + 1)(T_{zn}^2 s^2 + 2\xi_{zn} T_{zn} s + 1) + K_z K_{zn} \dfrac{v}{57.3g} K_{xj}} =$$

$$\frac{K_z K_{zn} \dfrac{v}{57.3g}}{T_{zn}^2 T_z s^3 + (T_{zn}^2 + 2T_z \xi_{zn} T_{zn})s^2 + (2\xi_{zn} T_{zn} + T_z)s + 1 + K_z K_{zn} \dfrac{v}{57.3g} K_{xj}} =$$

$$\frac{K_j}{(T_{j1} s + 1)(T_j^2 s^2 + 2\xi_j T_j s + 1)} \tag{4-42}$$

式中
$$K_j = \frac{K_z K_{zn} \dfrac{v}{57.3g}}{1 + K_z K_{zn} K_{xj} \dfrac{v}{57.3g}}$$

T_{j1},T_j,ξ_j 由式(4-42)分母的三阶方程确定。

从式(4-42)可见,这种控制回路的闭环传递函数中,与式(4-41)相比,在分母中增加了 $(T_{j1}s+1)$,与式(4-42)相比分子中少了 $(T_{xj}s+1)$。因此具有较强的滤波作用,且使 ϑ 摆动较小,故适宜于在自寻的制导系统中应用。

4.3.7.4 滚动回路

1. 导弹滚转角的稳定

滚转稳定回路的基本任务是消除干扰作用引起的滚转角误差。为了稳定导弹的滚转角位置,要求滚转稳定回路不但是稳定的,稳定准确度要满足设计要求,而且其过渡过程应具有良好品质。

典型的应用角位置陀螺仪和校正网络的滚转角稳定回路如图 4-97 所示。

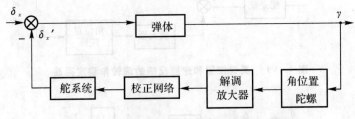

图 4-97 具有角位置反馈的滚转角稳定回路

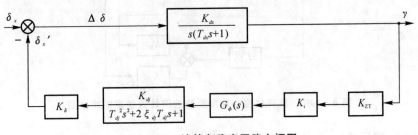

图 4-98 滚转角稳定回路方框图

设校正网络的传递函数为 $G_\phi(s)$，角位置陀螺仪的传递系数为 K_{ZT}，舵回路的传递函数为

$$\frac{K_{dj}}{T_{dj}^2 s^2 + 2\xi_{dj} T_{dj} s + 1}$$

则滚动回路的方框图如图 4-98 所示，图中 K_δ 为舵机至副翼间的机械传动比，K_i 为可变传动比。

图 4-98 稳定回路的闭环传递函数为

$$\frac{\gamma(s)}{\delta_x(s)} = \frac{\dfrac{K_{dx}}{s(T_{dx}s+1)}}{1 + \dfrac{K_0}{s(T_{dx}s+1)}\dfrac{1}{T_{dj}^2 s^2 + 2\xi_{dj} T_{dj} s + 1}} = \frac{K_{dx}(T_{dj}^2 s^2 + 2\xi_{dj} T_{dj} s + 1)}{s(T_{dx}s+1)(T_{dj}^2 s^2 + 2\xi_{dj} T_{dj} s + 1) + K_0}$$

$$(4-43)$$

式中，$K_0 = K_{dx} K_A$ 为开环传递系数

$$K_A = K_{ZT} K_i K_{dj} K_\delta$$

有些情况下，为了改善角稳定回路的动态品质，引入角速度陀螺仪回路，如图 4-99 所示。为了讨论方便，假定舵系统是理想的放大环节，同时把角位置陀螺和测速陀螺都简化为放大环节，这样可得到具有滚转角位置和滚转角速度反馈的稳定系统框图，如图 4-100 所示。

图 4-99 和图 4-100 中，δ_γ 为等效的扰动副翼偏转角；K_{dj} 为不计惯性的执行机构传递系数；K_{NT} 为测速陀螺仪传递系数；K_{ZT} 为位置陀螺仪传递系数。

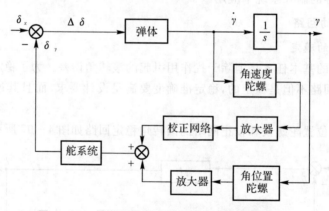

图 4-99　具有位置和速度反馈的滚转角稳定回路

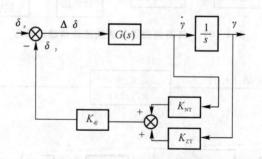

图 4-100　具有位置和速度反馈的滚转角稳定回路框图

引入测速陀螺反馈后，系统的闭环传递函数为

$$\frac{\gamma(s)}{\delta_x(s)}=\frac{\dfrac{K_{dx}}{(T_{dx}s+1)s}}{1+\dfrac{K_{dx}K_{dj}(K_{ZT}+K_{NT}s)}{(T_{dx}s+1)s}}=\frac{K'}{T'^2s^2+2\xi T's+1}$$

式中　　$K'=\dfrac{K_{dx}}{K_0}$;

　　　　$K_0=K_{dj}K_{dx}K_{ZT}$ 为开环传递系数;

　　　　$\xi'=\dfrac{1+K_{dj}K_{dx}K_{NT}}{2\sqrt{K_0T_{dx}}}$;

　　　　$T=\sqrt{T_{dx}/K_0}$。

由上式可以看出,引入测速陀螺反馈后,理想情况下滚转角稳定系统是一个二阶振荡环节,其阻尼系数 ξ' 比 ξ 增大了,选择合适的测速陀螺传递系数 K_{NT},可以使滚转角稳定系统具有所需的阻尼特性,同时增大位置陀螺传递系数 K_{ZT},可以减小系统的时间常数,提高系统的快速性。

可见,由测速陀螺仪组成的反馈回路起阻尼作用,使系统具有良好的阻尼性;自由陀螺仪组成的反馈回路稳定导弹的滚转角。

2. 导弹滚转角速度的稳定

为了降低扰动对滚转角速度的影响,把滚转角速度限制在一定的范围内,可采用测速陀螺反馈或在弹翼上安装陀螺舵的方式,这两种不同的实现方式,其作用都相当于在弹体滚转通道增加测速反馈。

以采用测速陀螺反馈的稳定系统为例,系

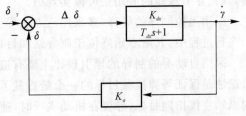

图 4 - 101　滚转角速度稳定回路框图

统回路由测速陀螺仪、滚转通道执行装置及弹体等构成。假设执行装置为理想的放大环节,放大系数为 K_{dj},测速陀螺仪用传递系数为 K_{NT} 的放大环节来近似,设反馈回路的总传递系数为 $K_a=K_{NT}K_{dj}$,简化后的具有测速陀螺的滚转角速度稳定系统的框图如图 4 - 101 所示,图中 δ_γ 为等效扰动舵偏角。

系统的闭环传递系数为

$$\frac{\dot{\gamma}(s)}{\delta_\gamma(s)}=\frac{K_{dx}}{T_{dx}s+(1+K_{dx}K_a)}=\frac{K_{dx}}{1+K_{dx}K_a}\frac{1}{\dfrac{T_{dx}}{1+K_{dx}K_a}s+1}$$

由上式可以看出,由于引入滚转角速度反馈,系统的传递系数减小为原来的 $1/(1+K_{dx}K_a)$,相当于增加了弹体阻尼,同时,时间常数减小为原来的 $1/(1+K_{dx}K_a)$,系统过渡过程加快了。

4.3.8　导引规律的选择

导引规律是将导弹导向目标的运动规律,简称导引律。它根据导弹和目标之间的相对运动参数(如视线角速度、相对速度等)形成制导指令,使导弹按一定的飞行轨迹攻击目标。

导引规律是导弹控制系统设计的重要内容,它描述导弹在向目标接近的整个过程中所应遵循的运动规律,它决定了导弹的飞行弹道特性及其相应的弹道参数。导弹按不同的导引规律制导,飞行的弹道特性和运动参数是不同的。导弹的弹道参数又是导弹气动外形、推进系统、制导系统和引战系统设计以及确定导弹载荷等的重要依据。

导引规律对导弹的速度、机动过载、制导精度和单发杀伤概率有直接的影响,而速度、过载、精度和单发杀伤概率是决定导弹杀伤目标空域的大小及形状等特性的重要因素,由此可知,研究导弹的导引规律能使导弹在给定条件下提高和改善导弹的性能,确定或改进导引规律在导弹系统设计中占有重要地位。

导引规律有很多种,包括经典导引规律和现代导引规律。经典导引规律是建立在早期经典理论概念基础上的制导规律,包括追踪法、前置角或半前置角法、三点法、平行接近法以及比例导引法等。现代导引规律是建立在现代控制理论和对策理论基础上的制导规律,目前主要有线性最优、自适应制导以及微分对策等导引规律。经典导引规律需要的信息量少,结构简单,容易实现,因此现役战术导弹大多数还是使用经典导引规律或其改进形式。现代导引规律较之经典导引规律有许多优点,如脱靶量小,导弹命中目标时姿态角满足需要,抗目标机动或其他随机干扰能力强,弹道平直,弹道需用过载分布合理,可扩大作战空域等。但是,现代导引规律结构复杂,需要测量的参数较多,给导引规律的实现带来了困难。随着微型计算机的发展,现代导引规律的应用是可以实现的。

采用遥控制导的导弹,多采用三点法导引规律。三点法导引规律是导弹在攻击目标的整个飞行过程中,其质心始终位于制导站和目标位置的连线上。

采用自动寻的制导的导引规律主要有追踪法、前置角法、平行接近法以及比例导引法等。追踪法是保证导弹拦截目标的一个最直截了当的方法。它有两种方法,一是姿态追踪法,导弹的纵轴直接指向目标,导弹在机动飞行时,速度向量总是迟后于弹轴的指向。这种导引规律最容易实现,导引头一般固定于弹体上,只要使敏感轴指向目标即可,它要求导引头具有宽视场角。二是速度追踪法,在导弹接近目标的制导过程中,导弹速度向量与导弹、目标连线相重合。实现这种导引规律有两种方案,一种是用具有随动系统的导引头,使其敏感轴直接沿风标稳定,亦即使导引头敏感轴方向与导弹速度指向一致。另一种是用三自由度陀螺和攻角传感器分别测量弹体姿态角和攻角,间接地实现敏感轴沿风标稳定。

前置角法是追踪法的推广,导弹在飞行中其轴(或速度向量)与导弹、目标的连线具有一个角度。

平行接近法是指在导弹的运动过程中,导弹与目标的连线始终平行于初始位置,即如果在导弹发射时刻,导弹与目标的连线倾角为某一角度,则当导弹接近目标时,导弹与目标的连线应总为该固定的角度。也就是说,连线不应有转动角速度。

比例导引法是使导弹速度向量的旋转角速度(或弹道法向过载)与目标视线的旋转角速度成正比例。它的特点是,导弹跟踪目标时发现目标视线的任何旋转,总是使导弹向着减小视线角的角速度方向运动,抑制视线的旋转,使导弹的相对速度对准目标,力图使导弹以直线弹道飞向目标,它能敏感地反映目标的运动情况,能对付机动目标和截击低空飞行的目标,并且导引精度高,因此它被广泛地应用。

比例导引法是追踪法、前置角法和平行接近法的综合描述,是自动寻的导引规律中最重要的一种。当比例导引法的导航比增益取 1 时,它就是追踪法;若取导航比增益为零时,它就是前置角法;当导航比增益趋向无穷大时,它就变成了平行接近法。因此追踪法、前置角法、平行接近法都可以被看作比例导引法的特殊情况。

一般采用追踪法、三点法和比例导引法这三种导引规律,其他形式的导引规律均可归结为这三种之一。

在初步设计时,导弹需要的加速度和产生的脱靶量是两个重要的参数。在三种导引规律中,只有比例导引法可以响应快速机动的目标。在波束制导系统中,由于导弹必须位于瞄准线上,目标的任何机动都可能造成导弹飞行弹道的很大偏差,产生很大的法向加速度。基于追踪法导引时,速度向量总是对准目标,故在接近目标时,它同样会产生很大的偏差。

影响脱靶量的参数有:① 传感器的偏差角;② 噪声;③ 目标的航向;④ 目标的加速度;⑤ 目标速度;⑥ 阵风;等等。

表 4-7 给出了选择导引规律的整个原则。原则的第一条表明,在所有情况下选择比例导引是最为适用的。但必须注意。在设计过程中的成本和复杂性也是考虑的主要因素。

表 4-7　对付空中威胁所有导引规律比较

		目标航向	目标速度	目标加速度	传感器偏差	噪声	阵风
三点法	良好		✓			✓	
	一般				✓		✓
	差	✓		✓			
追踪法	良好		✓			✓	✓
	一般				✓		
	差	✓					
比例导引	良好	✓	✓	✓			✓
	一般						
	差					✓	

导引规律影响导弹的弹道特性、导弹的需用过载、过载在弹道上的分布和导引精度等。因此,导引规律的选择是十分重要的。下面给出选择的基本原则:

(1) 理论弹道应通过目标,至少应满足预定的制导精度要求,即脱靶量要小。

(2) 弹道横向需用过载变化应光滑,各时刻的值应满足设计要求,特别是在与目标相遇区,横向需用过载应趋近于零,以便保证导弹以直线飞行截击目标。如果所设计的导引规律达不到这一指标,至少应该考虑导弹的可用过载和需用过载之差应有足够的富余量,且应满足下列条件:

$$n_{ya} \geqslant n_{yn} + \Delta n_1 + \Delta n_2$$

式中　n_{ya} —— 导弹的可用过载;

　　　n_{yn} —— 导弹的弹道需用过载;

　　　Δn_1 —— 导弹为消除随机干扰所需的过载;

　　　Δn_2 —— 消除系统误差所需的过载。

(3) 目标机动时,导弹需要付出相应的机动过载要小。

(4) 抗干扰能力要强。

(5) 适合于尽可能大的作战空域杀伤目标的要求。

（6）导引规律所需要的参数应便于测量，测量参数的数目应尽量少，以便保证技术上容易实现，系统结构简单、可靠。

4.3.9 制导控制系统设计要求

4.3.9.1 制导控制系统的主要性能指标

导弹制导控制系统的总体设计目标是，在导弹受到外部环境干扰时能克服干扰，使导弹稳定在预定的弹道上；当攻击目标时，能接受导引头的控制信号，依据制导律控制导弹飞向目标并最后击毁目标。导弹制导控制系统的主要性能指标包括：

1.导弹的制导方式

（1）单一制导；

（2）复合制导；

（3）多模制导。

2.制导精度

制导精度应满足一定概率的脱靶量。

3.抗干扰能力

（1）抗目标或敌方的无线电有源干扰、无源干扰的能力；

（2）抗红外干扰机干扰或红外诱饵干扰弹干扰的能力；

（3）抗背景干扰的能力。

4.导弹飞行速度、高度和过载范围

（1）速度范围（$v_{\max}$，$v_{\min}$）；

（2）高度范围（$H_{\max}$，$H_{\min}$）；

（3）最大过载（$n_{x\max}$，$n_{y\max}$）。

5.时间特性和攻击距离

（1）归零或初始段时间，最大中制导飞行时间，最大飞行时间；

（2）发动机工作时间；

（3）最大发射距离；

（4）最小发射距离。

6.制导规律

（1）追踪法；

（2）前置角或半前置角法；

（3）三点法；

（4）平行接近法；

（5）比例导引法。

7.控制方式

（1）旋转式单通道控制；

（2）STT 三通道控制；

（3）BTT 控制；

（4）气动力／推力矢量复合控制；

（5）直接力控制。

8. 系统响应特性与控制能力

（1）超调量 $\sigma\%$ ；

（2）调节时间（或时间常数）及带宽；

（3）姿态角稳定误差；

（4）最大舵偏角 $\delta_{\max}$ 及最大舵偏角速度 $\dot{\delta}_{\max}$ ；

（5）最大舵机输出力矩。

9. 结构尺寸、质量、质心、转动惯量和接口要求

（1）结构尺寸：长度 L ，直径 D ；

（2）质量特性 $m(t)$ 和质心位置 $x_T(t)$ ；

（3）转动惯量；

（4）机械连接方式：卡环式、法兰盘式、螺纹式、楔形块式；

（5）电气接口：与导弹各舱段和发射装置间的电气接口。

10. 制导系统硬件的寿命和可靠性

（1）寿命：使用寿命、贮存寿命、总寿命和寿命周期；

（2）挂飞平均无故障间隔时间（MTBF）；

（3）任务可靠度。

11. 制导系统硬件使用维护特性和环境适应性

（1）使用维护特性；

（2）环境适应性；

（3）电磁兼容性。

4.3.9.2　导引系统设计要求

对采用精确制导技术的导弹武器来说，导引系统的主体就是导引头。对导引头设计的总要求是在战术技术指标规定的使用条件（包括规定的背景及干扰条件）及作战空域内，完成对目标的探测、识别和跟踪，测量导弹目标相对运动参数，提供导弹制导所需的导引信息。

1. 红外导引系统

（1）体制及波段选择。应根据战术技术指标对导弹截获距离和抗干扰要求及实现可能，确定红外导引头采用的探测体制，是单元调制盘式调制体制或多元脉位式调制体制或线列扫描成像体制或面阵凝视成像体制。目前发展趋势是采用成像体制。为提高抗干扰能力，其工作波段发展趋势采用多波段，工作波段的选择主要取决于目标辐射特性、干扰辐射特性、大气窗口、主要背景辐射等因素，以保证获得最高信噪比。并根据最大跟踪能力、最大跟踪场、最大角加速度、稳定精度、平台负载确定跟踪稳定平台体制是动力陀螺式或速率稳定平台式或捷联稳定式。

（2）截获距离。导引系统探测距离是导弹探测到目标的距离，它与系统的探测灵敏度、目标的红外辐射特性、目标与背景的温差、大气传输特性及导弹相对目标的方位等有关。当信噪比超过一定值时，导引头可转入自动跟踪，此时弹目距离为截获距离，应根据战术技术要求确定，应比允许发射距离更远，应考虑从截获到发射之间的延迟所对应的距离。

（3）探测、截获和虚警概率。目标探测就是从含噪声的信号中检测出目标信息。导引头的目标信号中含有多种噪声,包括背景噪声、热噪声、电磁噪声、探测器噪声等;可作为白色高斯噪声或有色高斯噪声处理,其概率密度为

$$P(x) = \frac{1}{\sqrt{2\pi}} \frac{1}{\sigma} e^{(x-m)^2/2\sigma^2}$$

式中　　m——x 的均值;

　　　　σ—— 均方差。

信号加噪声的联合概率密度函数一般也认为服从正态分布。

对单次检测虚警概率 P_f 和探测概率 P_d 分别表示如下:

虚警概率 P_f

$$P_f = \frac{1}{2} \left(1 - \text{erf}\, \frac{\text{TNR}}{\sqrt{2}} \right)$$

探测概率 P_d

$$P_d = \frac{1}{2} \left(1 + \text{erf}\left(\frac{\text{SNR} - \text{TNR}}{\sqrt{2}} \right) \right)$$

$$\text{erf}(x) = \frac{2}{\sqrt{\pi}} \int_0^x \exp\left(-t^2/2 \right) \mathrm{d}t$$

$$\text{SNR} = \frac{s}{\sigma}$$

式中　　SNR—— 信号 s 与噪声均方根值之比;

　　　　TNR—— 阈值与噪声均方根值之比。

从虚警概率和探测概率的公式可知,虚警概率 P_f 只与 TNR 有关,TNR 越大,虚警概率越低;探测概率与 TNR 和 SNR 均有关。当虚警概率一定时,即 TNR 确定,要提高探测概率只有提高 SNR。

系统总体设计时,可根据平均虚警时间 T_f(它表示系统两次虚警之间的平均时间间隔)与虚警概率的关系,求出虚警概率。它们的关系如下:

$$T_f = \frac{1}{2\Delta f P_f}$$

式中,Δf 为系统噪声带宽。

为了既能满足检测指标又不降低探测距离,必须进行多帧检测,总的探测概率 $P_{d(M/N)}$ 及多帧虚警概率 $P_{f(M/N)}$ 为

$$P_{d(M/N)} = \sum_{k=M}^{N} C_N^k P_d^k (1 - P_d)^{N-k}$$

$$P_{f(M/N)} = \sum_{k=M}^{N} C_N^k P_f^k (1 - P_f)^{N-k}$$

式中　　N—— 连续检测帧数;

　　　　M—— 检测到目标帧数;

　　　　P_d—— 单帧探测概率;

　　　　P_f—— 单帧虚警概率。

当导引头探测目标可转入跟踪时的信噪比所对应的探测概率为截获概率。

(4)探测视场和空间分辨率。导引头的探测视场有瞬时视场、搜索视场。

瞬时视场是指导引头瞬时观察到的空域范围。搜索视场是指按特定规律扫描,在搜索一帧的时间内导引头瞬时视场所能覆盖的空域范围,一般要求约为 6°圆锥角。红外导引头瞬时视场一般要求约为 3°圆锥角,太大背景干扰大,太小难以瞄准。

有的导引头为提高截获概率,采用扫描方式来扩大导引头的搜索视场,捕获目标后再以小视场进行跟踪。圆锥扫描搜索视场一般约为 6°圆锥角,俯仰方位扫描一般约为 6°×6°。

红外导引头空间分辨率表示对目标细节的分辨能力。例如对观察距离约为 10 km 的目标,在正侧方观察长 10 m,翼展 10 m 的目标,目标的张角为 1 mrad,取可分辨因素为 4,则空间分辨力应为 0.25 mrad。

(5) 随动能力。为迅速捕获目标,要求导引头位标器具有与机载雷达随动能力,包括随动最大角度,最大角速度,应尽可能与跟踪雷达的跟踪能力相匹配。

(6) 跟踪能力。

1) 最大跟踪角速度。根据导弹攻击区和制导系统的要求确定目标视线最大角速度,根据最大视线角速度,确定导引头的最大跟踪角速度能力。

2) 最大跟踪离轴角。对采用比例导引的导弹,根据导弹与目标的速比 b 以及导弹的需用攻角 α_{max} 确定导引头最大跟踪离轴角为

$$\varphi_{max} \geqslant \arcsin \frac{\sin (q_T - \theta_T)}{b} + \alpha_{max}$$

式中　　q_T——目标视线角;

　　　　θ_T——目标航迹角。

3) 跟踪快速性。导引头的跟踪快速性取决于对导引系统的带宽要求,要求太快,不利于滤除导引噪声,太慢则将影响跟踪能力。根据弹道上的不同阶段和不同的滤波算法应有不同的要求,应用弹道仿真确定。

(7) 抗干扰。

1) 抗人工干扰。主要是考虑抗诱饵弹的干扰。应能给出对战术技术指标规定的干扰形式的平均抗干扰概率,包括干扰弹与目标的能量比、投放时间、投放间隔、投放方式、数量、工作波段、类型等。

2) 抗背景或环境干扰。在下视下射时应能对抗地物、海浪背景的影响;能在不均匀的亮云背景下正常截获跟踪目标;有较高的抗太阳干扰能力,例如,一般要求导引头偏离太阳夹角大于 12°应能正常工作。

(8) 输出特性。

1) 导引信号。为实现导引律,导引系统应输出导引律需要的所有信号。

2) 导引传递函数。导引传递函数是指单位角速度输入下的导引头输出电压,它与失调角信号成比例。导引传递函数是导弹导航比的一部分。一般要求导引传递函数误差不大于额定值的 ±10%。

3) 通道耦合系数。在多通道导引系统中,在规定的条件下某个通道的输入引起另一个通道的耦合输出,该输出与某个通道输出的比称为通道耦合系数,一般要求不大于 0.1。

4) 测量误差。对采用比例导引的导弹,导引头测量误差主要有目标相对导弹视线角速度的测量误差、失调角零位的测量误差。引起失调角零位测量误差的因素较多,如导引头的信息处理误差,导引头的装配误差,通道耦合误差,干扰、背景引起的误差,弹体耦合引起的误差,陀

螺回转中心与位标器质心不重合引起的漂移,随机机构的间隙使失调角测量值的不确定等。测量零位误差一般不超过 0.1°。

输出噪声也会造成导引头的测量视线角速度的误差,使制导信号产生波动。一般要求在目标能量足够时,视线角速度的测量噪声的均方根值不大于 0.1°/s。

(9)失控距离。当导弹接近目标时,导弹因导引头跟踪能力不够,目标可能超出导引头视场而失去控制。如果失控距离大,将使脱靶量大。

导弹脱靶量的表达式如下:

$$r = \frac{1}{2}(a_{TB} - a_{MB})t_{gB}^2 - v_B t_{gB}$$

$$t_{gB} = D_B / |\dot{D}_B|$$

$$v_B = D_B \dot{q}_B$$

式中　　r——导弹脱靶量;

　　　a_{TB}——目标失控时刻的横向加速度(垂直视线);

　　　a_{MB}——导弹失控时刻的横向加速度(垂直视线);

　　　t_{gB}——导弹失控时刻的剩余时间;

　　　D_B——导弹失控距离;

　　　$\dot{D}_B$——导弹失控时刻相对目标的接近速度;

　　　$\dot{q}_B$——导弹失控时刻的视线转动角速度。

有的导弹要求失控距离不超过 140 m,可以满足制导精度 7 m(95%落入概率)的要求。

(10)锁定能力。在导引头截获目标之前,有的导弹采用机械锁,有的导弹采用电锁,必须根据系统允许瞄准误差的分配提出锁定精度及动态品质。

(11)导引头工作准备时间。根据战术技术要求,并结合系统达到正常工作的最小时间,如陀螺达到稳定工作时间、探测器达到制冷温度的时间确定要求。

(12)连续工作时间。连续工作时间按战术技术要求确定,应考虑战斗飞行需要时间的要求。

(13)物理参数。导引头的外形必须满足导弹气动外形的要求,导引头的质量、质心按导弹总体结构设计分配的指标。

(14)制冷。应要求导引头的制冷气体的介质、纯度(露点、允许杂质颗粒度大小),达到制冷温度的时间。

2. 雷达导引系统

雷达导引头有主动雷达导引头、半主动雷达导引头和被动雷达导引头三种。下面以某型复合制导空空导弹的主动雷达导引头为例阐述其基本要求。

(1)工作波段及工作波形。空空导弹雷达导引头可供选择的波段有 X,Ku,Ka,W 波段;根据导弹研制总要求中提出的导引头截获距离、抗干扰性能、大机群空战条件下电磁兼容性和战术使用要求,分析发射功率器件、天线、接收机、信息处理等技术的发展水平,进行性能、经费、进度三坐标综合论证,和使用方共同确定导引头的工作波段。

(2)截获距离。主动雷达导引头的截获距离就是导弹可进入主动雷达末制导的距离,它决定了空空导弹发射后不管的距离,也影响复合制导导弹攻击区的远边界和载机的脱离距离,从而影响载机的生存率和作战效率。

对不同的目标,在不同的背景下,导引头的截获距离不同。截获距离还与系统对导引头的目标指示精度有关。一般应确定在给定条件下导引头独立工作时的截获距离。并应考虑自由空间的截获距离和低空尾后下射时的截获距离。

(3)导引头探测灵敏度。导引头探测灵敏度是在导引头发射机工作状态下接收机能探测到目标的最小能量,一般用 dB·W 为单位。导引头探测灵敏度是根据导引头截获距离要求而确定的。

(4)发射机潜能。发射机潜能为导引头发射机平均功率与天线增益的乘积,用来表征导引头的辐射能量,一般用 dB·W 为单位。一般要求发射机潜能在所有工作环境条件下均应不低于规定指标,对其要求应满足导引头截获距离所需的潜能。

(5)截获概率。导引头单独工作时,在规定的截获距离上应保证具有规定的截获概率。对于复合制导的导弹,在中、末制导交接班时,主动雷达导引头的截获概率是导弹系统的指标,它与目标的雷达反射截面积(RCS)、导引头天线波瓣宽度及目标指示误差的大小有关。目标指示误差又与机载武器系统和导弹系统的多种误差有关,如机载雷达的测角误差、测距误差、测速误差,导弹的对准误差和导航误差,导弹的结构安装误差以及天线指向误差等因素有关。这些误差又随攻击距离变化。导引头的波瓣宽度也随弹目距离变化,一般要通过制导系统数字仿真来确定中、末制导交接班时导引头满足规定的截获概率。

(6)多目标和群目标攻击能力。多目标攻击能力是指机载雷达能分辨的多个目标进行攻击时,导引头根据装定的飞行任务,应能截获、跟踪载机分配给自己的目标。群目标攻击能力是指对机载雷达不能分辨的密集编队的目标攻击时,导弹能攻击密集编队目标中的被指定该导弹的优选目标。它是根据战术技术指标确定的。

(7)分辨率。分辨率是指导弹测量目标角度及接近速度可分辨的最小值。导引头的角度分辨率取决于波束宽度及角度鉴别器的性能;导引头的速度分辨率由速度跟踪窄带滤波器的带宽决定。

(8)下视下射能力。导引头在飞行控制系统的协助下应能避开地面反射的杂波,迎头或尾后攻击位于载机下方的目标。由于地面杂波的复杂性,一般应规定导引头在典型条件下的低空下视能力(包括目标高度,弹与目标的高度差等)。

(9)导引头搜索特性要求。若导引头在“允许截获”指令后规定时间内未能截获目标,应自动转入搜索状态,包括角度搜索和速度搜索。一般应规定导引头的角度搜索、速度搜索范围和搜索周期。对于无测距功能的主动雷达导引头,由于不能同时接收和发射,存在距离遮挡问题。为了不漏掉目标,在角度搜索和速度搜索时,停在每一步的驻留时间应大于距离遮挡周期。为了缩短搜索周期,在条件允许时,应尽可能增大多普勒滤波器宽度,多普勒滤波器的带宽最好对应目标速度指示误差允许的最大值。

(10)导引头速度跟踪特性。应根据导弹与目标的接近速度范围确定多普勒滤波器的跟踪范围。应根据导弹与目标的接近加速度范围确定导引头应能跟踪多普勒频率变化率的能力。

(11)导引头单脉冲角鉴相器失调角的测量精度。失调角的测量精度影响导引头对视线角速度的测量精度,它是影响导弹制导精度的重要因素。应规定在各种不同信噪比条件下的失调角的测量精度,包括斜率、零位和测量噪声均方差的指标。

(12)导引头主动通道的动态范围。根据不同距离、不同目标的反射能量以及目标有源干扰能量的可能范围,确定导引头接收机正常工作的动态范围,一般应不低于 100 dB。当输入信号电平在 100 dB 范围内变动时,要求导引头的等强信号线方向改变不大于规定值。

(13)位标器的技术要求。

1)天线预偏角。根据导弹截获目标时的需要确定天线预偏角度范围、天线预偏时间及预偏精度。

2)天线跟踪角度范围。应根据导弹自主飞行时导引头跟踪目标的最大离轴角(视线与弹轴的夹角),并考虑弹体在飞行中的摆动幅度来确定导引头天线跟踪角度(框架角)的范围。

3)天线跟踪角速度范围。应根据弹道的实际需要,确定导引头自主跟踪目标时对应的最大跟踪角速度。

4)天线稳定装置的漂移。天线稳定装置的漂移分静态漂移和动态漂移。天线稳定装置静止状态测量目标视线角速度的零位误差称为天线稳定装置的静态漂移;在导弹自主飞行中,因天线稳定装置受导弹加速度惯性力的作用引起的漂移称为动态漂移。天线稳定装置静态漂移和动态漂移是影响视线角速度测量精度的重要因素。天线稳定装置的漂移大小与陀螺漂移、位标器的质量偏心、位标器结构间隙和惯性力的大小及方向有关,应根据详细数值仿真分析其对制导精度的影响,来确定对位标器漂移的技术要求。

5)天线稳定系统去耦系数。天线稳定系统去耦系数定义为因弹体摆动引起的导引头视线角速度测量值的扰动与弹体摆动角速度之比,它反映了天线伺服系统对弹体摆动的去耦能力。一般应规定不同频率、不同幅度弹体摆动条件下对应的去耦系数。应根据导引头视线角速度的测量精度对其进行要求。

(14)测量误差。对采用比例导引的导弹,对弹目视线角速度的测量精度,尤其是大信噪比条件下(导弹与目标距离很近时)弹目视线角速度的测量精度是影响导弹制导精度的关键因素。视线角速度的测量一般是通过测量导引头角跟踪回路的失调角来实现的。视线角速度的测量误差与失调角的测量误差、天线稳定装置的漂移、通道耦合等有关。一般要求,导引头对视线角速度测量的零位误差不大于 $0.1°/s$;视线角速度为 $1°/s$ 时,视线角速度的测量误差一般不大于 10%;通道耦合不大于 10%。

视线角速度测量的输出噪声会使制导信号产生波动,从而引起弹道的波动,要求对导引头测量信号进行滤波。当目标能量信噪比足够大时,一般要求视线角速度测量噪声的均方根值不大于 $0.1°/s$。

(15)抗干扰。

1)导引头应具有良好的抗背景干扰和抗无源干扰能力。

2)导引头应具有良好的抗自卫式干扰和支援式干扰能力。

3)导引头应具有跟踪干扰源的能力。

这些能力要满足研制总要求规定的抗干扰能力。

(16)天线罩技术要求。

1)电性能。应规定导引头天线罩在工作波段上的透过率和天线罩折射误差斜率。天线罩的透过率影响导引头的作用距离,一般应大于 0.9。在弹体摆动时,天线罩对雷达电磁波的折射误差会对视线角速度的测量产生干扰,并会降低导弹在高空的稳定性。一般应通过制导系统的仿真,确定天线罩折射误差斜率的上限允许值。

2)物理特性。天线罩应满足使用环境要求,包括静强度、动强度、热载荷、密封和雨蚀等。

(17)数据链接收装置的技术要求。数据链接收装置的技术要求包括工作频段、带宽、点频数、频率稳定度、接收机灵敏度、副载频及频率稳定度、编码与解码方法、接收天线增益、机弹同步信号等。

(18)导引头准备时间。导引头准备时间包括导引头加温时间、导引头准备好时间,还应规定导引头发射机供电后进入正常工作的时间。

(19)自检能力。自检能力包括地面检测自检覆盖率,空中发射前自检覆盖率。

4.3.9.3　飞行控制系统设计要求

对不同的导弹飞行控制系统有很大的差异,其指标体系也不完全相同。以下主要对采用惯导的空空导弹飞行控制系统提出设计要求。

1. 对准精度和导航精度

应根据截获概率的要求,并结合飞机武器系统能达到的水平,确定机载惯导和弹载惯导粗对准允许误差和精对准误差要求,在不考虑坐标系对准误差的条件下,确定导弹飞行规定时间后的导弹位置精度、速度精度、姿态精度要求。

2. 加速度计及角速度传感器测量范围

根据弹道上导弹可能出现的加速度及弹体角速度范围,确定加速度计及角速度传感器测量范围要求。

3. 对滤波算法的要求

(1)在中制导段,利用载机装定的数据和通过数据链通道接收的数据,对载机和目标信息进行预测,形成控制算法要求的导弹目标相对位置矢量、目标速度矢量和剩余飞行时间估值。

(2)当导弹允许截获时,给出目标指示和允许截获指令。

(3)对导引头的角度测量信息进行滤波和外推导弹目标相对位置、目标速度和目标加速度的估值;角度滤波算法具有抗地杂波、镜像、间断杂波和假目标等能力。

(4)协助导引头实现速度跟踪和抗速度拖引干扰。

(5)算法保证在有目标优选标志时,能按目标优选标志对群目标进行优选。

4. 对制导规律的要求

按要求实现规定的制导规律或特种弹道算法。

5. 对稳定回路的要求

(1)对稳定性的要求。导弹稳定系统应保证导弹在所有自主飞行条件下弹体绕俯仰、偏航、滚转三个轴的空间稳定性,即稳定回路三个通道的稳定性。空空导弹稳定回路的纵向通道(俯仰、偏航)的工作频带一般为 $1\sim2$ Hz。为保证导弹机动飞行时在各种干扰力矩作用下弹体俯仰、偏航、滚转三个轴的稳定性,一般要求滚动通道的频带应大于 10 Hz。按照经典的线性控制理论,在规定的带宽下,一般要求稳定回路的幅稳定裕度不小于 6 dB,相对稳定裕度一般不小于 $30°$。

但考虑到系统的非线性、时变性,特别是有弹载计算机控制的导弹,由于软件设计的复杂性和时延的不确定性,一般要在作战空域中的各种典型条件下,通过数字仿真、半实物仿真和程控弹的发射,逐步调整稳定算法及指标要求,确保系统是稳定的。

对有数据链的导弹,导弹应尽可能将数据链接收天线的极化方向对准载机发射信号源的极化方向,并要避免弹体遮挡,以保证数据链信息的接收。这样,在中制导阶段就要求弹体滚转角稳定在要求的值上,误差在 $-15°\sim+15°$ 范围内。

(2)对稳定回路复现控制过载的要求。一般来说,空空导弹的稳定回路应有快速响应导弹控制指令的能力,以便对付高机动目标。但在不同的高度上,目标的机动能力相差很大,对导弹的快速性要求也应不同。格斗主要在低空进行,目标的机动能力强,离轴发射角度大,对导弹的快速性要求高,其稳定回路的时间常数一般应小于 0.2 s;而在高空,由于目标机动能力下降,对导弹的快速性要求可较低。

(3)启控时间的要求。导弹离开载机一定距离后,才允许导弹接入控制指令,开始有制导的飞行。稳定回路接入控制指令的时间为导弹启控时间。导弹启控时间应根据保证载机的安全来确定,导轨式发射时,一般从物理分离开始计时;弹射发射时,从导弹发动机建立推力后开始计时。

(4)抑制弹体弹性振动的影响。应设计结构滤波器或采用其他方法,对导弹弹体结构的一阶弯曲(必要时包含二阶弯曲)固有频率进行有效抑制,使稳定回路没有接近弹体弹性固有振动频率的输出,以防止控制系统发生伺服颤振。

6. 对舵机的要求

舵机用来执行导弹控制指令,操纵舵面偏转,产生控制力和力矩。在导弹上通常采用的有电动舵机、气动舵机和液压舵机。

液压舵机输出力矩大,抗负载能力强,响应速度快,但其结构复杂,设计加工制造成本高,能源笨重,体积、质量较大,使用维护不方便;气动舵机以高压冷气或燃气为能源,其输出力矩、抗负载能力、响应速度等方面虽不如液压舵机,但其结构简单,制造成本低,质量、体积小,维护使用方便,一般用于小型导弹上;电动舵机以弹载电池为能源,采用稀土永磁直流电动机,响应速度快,体积、质量小,使用维护方便,且易实现自检,大大提高了任务可靠度,近年来广泛用于各种大小的导弹上。

根据舵机反馈的原理不同,舵机又分为位置反馈式和力矩平衡式。若舵偏角随动舵偏角指令,称为位置反馈式舵机,主要用于有自动驾驶仪的导弹上。若舵偏角的大小与输入控制力矩成比例,称为力矩平衡式舵机,如"响尾蛇"空空导弹上的气动舵机,其舵偏角的大小取决于作用在舵面上的气动铰链力矩与控制力矩的平衡位置,它随导弹飞行高度和速度而变化。

对于位置反馈式舵机,根据导弹稳定回路动态特性要求,特别是滚动通道的动态特性要求,要求舵机具有快速响应能力,其通频带应尽量宽,一般对空载角速度、最大输出力矩、最大舵偏角和规定输入力矩下的带宽提出要求;对于力矩平衡式气动舵机,要求舵机的频带要比弹体的频带窄,以抑制弹体振荡,一般仅根据导弹可用过载的要求对舵机的最大输出力矩和最大舵偏角提出要求。

舵机的零位误差要求以通常可实现的加工、安装精度为宜,一般不大于 0.5°。

应对弹体结构颤振的可能性进行分析,一般要求舵机的频带还要低于弹体一阶弯曲模态频率,并对舵传动系统的间隙或频率提出要求,以避免结构颤振。

在导弹挂飞或应急发射时,一般要求舵面锁定,以保证安全。

4.4 总体结构方案选择和要求

导弹弹体结构是导弹的重要组成部分,它由弹身和气动力面组成,弹身通常分为数个舱段,气动力面主要包括弹翼、尾翼(安定面)、舵面等。为了实现舵面操纵及导弹各级之间的分离,还包括舵面操纵机构及级间的分离机构。

弹体的功用是把导弹各舱段和舵翼面连接成一个整体,使其具有良好的空气动力外形,承受和传递各种载荷,保证弹内的组件具有良好的工作环境,使导弹完成预定的战斗任务。

导弹结构设计的内容包括总体结构设计和部件结构设计。总体结构设计的依据是气动外形、总体布局、气动力面几何形状、外载荷估算报告、质量和质心要求、使用环境条件及维护测试要求、气动加热计算报告等。总体结构设计的内容包括全弹结构布局、分离面设置与形式设计,弹体与发射装置以及弹体内部各组件位置、空间、质量分配与调整、组件在弹体结构内安装设计及协调。组件结构设计是对弹体总体结构设计进行细节设计,即以组件(舱段、气动力面或特殊功能部件)为单元,把组件的具体构造、外形尺寸、材料、剖面形状、尺寸精度要求和质量要求进行细致的设计,最后得到全套从零件到各级装配用的生产图纸和技术要求。

4.4.1　导弹的结构形式与分类

一般来说,弹体是由骨架元件(纵、横向骨架元件)和蒙皮构成的薄壁结构,其结构特点如下:容易形成流线型的气动外形;从力学角度看是高次静不定结构,局部小开口一般不影响结构的承载能力;由于材料大致沿结构剖面的外缘分布,刚度大,质量轻。

弹体的结构形式,可以按加工方法和承受弹体载荷的主要受力元件进行分类。

1. 按不同的加工方法分

(1)装配式结构。蒙皮、骨架元件单独制造,而后通过一定的连接(铆接、焊接、螺接、胶接等)方式装配成一个整体。因此,按装配方法的不同,又可分为铆接结构、焊接结构、胶接结构等。这类结构零件及装配工作量大,采用工装较多,生产周期长,互换性要求高。

(2)整体式结构。这种结构特点是蒙皮和骨架为一体。可以用机械加工、铸造、化学铣切、模锻、旋压、纤维缠绕或模压等方法加工成型。因此,结构零件数量少,装配工作量小,工装少,材料可以合理分布,容易实现模块化和互换。这类结构已逐渐成为战术导弹的主要结构形式。

2. 按承受弹体载荷的主要受力元件分

(1)梁式。蒙皮较薄,弹体的弯矩和轴向力主要由较强的纵向元件(梁)来承受。

(2)桁条式。结构由蒙皮和布置较密的纵向元件(桁条)构成。蒙皮在桁条支持下一起承受弹体载荷。

(3)硬壳式。结构中一般不设纵向元件,弹体载荷全部由蒙皮承受。

4.4.2　气动力面构型及设计

气动力面是翼面、舵面、安定面、反安定面以及副翼的统称,是弹体的重要部件。气动力面结构设计的要求是翼面应具有良好的气动性能,质量小,承载大,同时必须保证具有良好的强度和刚度,而且结构简单,工艺性好,使用维护方便。

由于各种气动力面的结构形式和基本要求都类似,故本节主要讨论弹翼的构型与设计问题。导弹常用的翼面构造形式有蒙皮骨架式翼面、整体结构翼面、夹芯结构翼面、复合材料结构翼面及折叠翼面等。

4.4.2.1 蒙皮骨架式翼面

蒙皮骨架式翼面可按其有无翼梁而分为梁式及单块式。

1. 梁式结构翼面

翼面由蒙皮、桁条、翼肋、纵墙、连接件和翼梁组成。按照翼梁数目不同，可分为单梁式、双梁式及多梁式翼面，其中以单梁式翼面较多。

在梁式结构翼面中，翼梁是主要受力构件，它承受弹翼的全部弯矩、剪力，并与前后纵墙及上下蒙皮组成的闭室承受扭矩。桁条的数目不多，也较弱，它主要和蒙皮一起承受局部气动载荷。蒙皮较弱，不参加承受弯矩作用，只承受局部气动载荷及扭矩。翼肋在承受蒙皮传来的空气动力时像翼梁一样在翼肋平面内受力，并把力传给翼梁腹板及蒙皮。

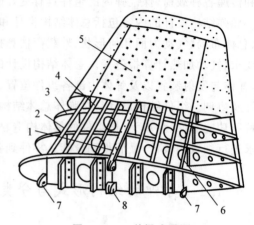

图 4-102 单梁式翼面

1—翼梁； 2—前墙； 3—翼肋； 4—桁条； 5—蒙皮；
6—后墙； 7—辅助接头； 8—主接头

为了更好地传递剪力和扭矩，在梁式翼面中通常还设置前、后辅助接头和前、后纵墙。梁式结构仅在翼展较大的翼面中采用，图4-102所示为一典型的单梁式翼面。

2. 单块式结构翼面

单块式弹翼的特点主要表现在蒙皮和纵向构件上，即蒙皮较厚，在纵向无强的翼梁，但安排有较多的桁条和纵墙，由蒙皮、墙和桁条铆接在一起构成壁板来承受和传递弹翼上的载荷。这种结构主要受力构件是蒙皮，安排在翼型外缘，能较好地利用结构高度，提高承载能力，减轻构造质量。图4-103所示是一种典型的单块式结构。

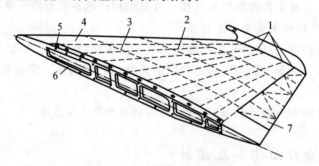

图 4-103 单块式结构弹翼

1—纵墙； 2—桁条； 3—翼肋； 4—蒙皮； 5—槽口； 6—对接孔； 7—副翼

4.4.2.2 整体结构翼面

整体结构将蒙皮和加强件(桁条和翼肋等)合为一体。特点是蒙皮容易实现变厚度，加强肋可以合理分布，零件少，连接件少，铆缝少，表面光滑，外形较准确，强度高，刚度好，结构简单，材料单一，装配工作量小。

整体结构分为组合式、实心式及整体夹芯式。

1. 组合式

组合式由整体加工成型的上下两块壁板,用铆钉或螺钉装配而成,图 4 - 104 所示是其典型结构,壁板蒙皮是变厚度的,壁板有辐射梁式及网格式。辐射梁起加强蒙皮及传递剪力作用,并将翼面载荷以最短的传递路线传给主接头。网格式壁板格子形状有长方形、正方形及菱形。其沿弦向、展向均有较好的刚度,同时网格加工方便。上述两种壁板均需在铆钉孔处制出凸台,以便铆接。

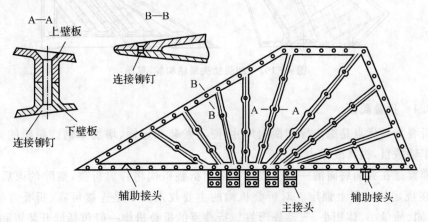

图 4 - 104　组合式整体结构翼面

壁板材料一般用铝合金,可采用机械加工、化学铣切及模锻方法加工。弹翼与弹身的连接为多点式连接形式,其好处是将弹翼上的气动载荷分散传递给弹身,使弹翼及弹身不必过度加强其传力区的强度及刚度,可减少传力区的结构质量。

2. 实心式

对于尺寸小的薄翼面和舵面常采用实心结构,它可以用机械加工、锻造等方法制成,结构简单,加工方便,其结构如图 4 - 105 所示,所用材料多为铝合金。

3. 整体夹芯式

整体夹芯翼面用铝合金机械加工而成,实心剖面中间钻出成排斜深孔以减重,孔内填充硬质泡沫塑料。此结构与实心平板弹翼相比质量减轻约 50%,加工方便,成本低,多用于厚度较大的翼面,如图 4 - 106 所示。

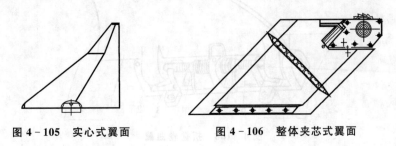

图 4 - 105　实心式翼面　　　　**图 4 - 106　整体夹芯式翼面**

4.4.2.3　夹层结构式翼面

夹层结构是由面板和芯材组成的,按不同的芯材可分为加强肋夹层结构和蜂窝夹层结构,目前,最常用的还是加强肋夹层结构。这种结构的特点是,加强肋为变厚度辐射状框架,蒙皮为等厚度钛合金板。蒙皮与加强肋之间用点焊固定,翼、舵面周边用滚焊连接(见图4-107)。

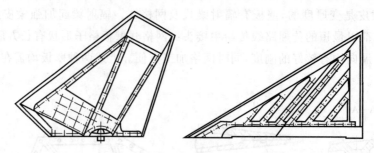

图4-107 加强肋夹层结构舵、翼面

4.4.2.4 折叠翼面

采用折叠翼的优点是缩小导弹横向尺寸,便于贮装和运输,增加车辆或舰艇的运载能力,减少阵地车辆数目,提高战斗力。

折叠弹翼是在翼面展向的一部分或翼根部用折叠机构将弹翼折叠,解除约束后翼面即自动展开并在规定的位置上锁定。对折叠机构的主要技术要求是连接可靠、折叠方便、展开迅速、锁紧牢固、质量小、体积小、气动外形好。折叠翼的折叠机构一般包括展开装置和锁紧装置两部分。展开装置的作用是使处于折叠状态的翼面在一定条件下展开。对于大型折叠弹翼,展开装置也是折叠装置,即展开装置也起折叠作用,它是自动展开和自动折叠的。但在小型导弹上,大多数是人工折叠的,但翼面的展开一般是自动的。锁定装置作用是折叠部分展开后,将其和弹翼的固定部分可靠地锁定成一个整体,以便共同承担气动力。

可以从不同角度将折叠展开机构进行分类。按展开的能源分,有弹(扭)簧力式、压缩空气式、燃气压力式、液压作动筒式等。按折叠方式分,有全翼折叠式和部分弹翼折叠式等。

1. 全翼折叠式

全翼折叠式可使导弹在储运和发射装置上的径向尺寸最小,最常见的有:

(1)卷叠式。弹翼由弹簧钢板做成或在弹翼根部装有弹簧装置,弹翼折叠后装入发射筒内由筒壁约束,发射出筒后,在弹簧的作用下弹翼自动张开,如图4-108所示。

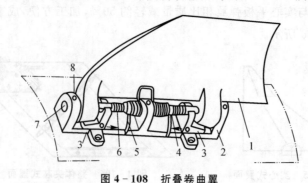

图4-108 折叠卷曲翼

1—卷曲翼; 2—支座; 3—锁紧件; 4—弹簧座; 5—扭簧; 6—小弹簧; 7—转轴; 8—螺钉

(2)潜入式。弹翼潜入弹身之内,弹身开有潜伏槽及潜入空间,弹翼折叠后导弹装入发射筒(箱)内。

(3)尾叠式。弹翼折叠于弹身尾端,弹翼折叠后,外廓尺寸与弹身直径相等,发射后用发动机的燃气或弹力装置使弹翼展开,这种翼面属非操纵性稳定尾翼。

(4)纵向折叠。整个弹翼向后转动,直到紧贴于弹身为止甚至潜入弹体之内。

2.部分折叠式

部分折叠式应用最多的有以下几种:

(1)横向折叠。以弹翼的中部或靠近根部进行折叠,称为横向折叠,适用于各种不同大小的导弹。小型弹一般用弹簧机构展开,如图 4 - 109 所示。

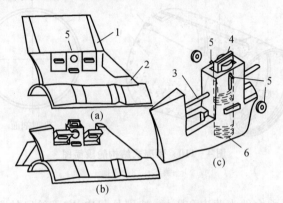

图 4 - 109　横向折叠外翼

(a)展开状态;　(b)折叠状态;　(c)局部放大(下锁状态)

1—外翼部分;　2—翼根部分;　3—转轴;　4—锁紧件;　5—按钮及其轴;　6—弹簧

(2)多次折叠式。由于一次折叠仍不能满足减小径向尺寸的要求,因此必须两次折叠,但其结构复杂,一般只能在特殊情况下应用。

(3)伸缩型折叠。弹翼做成如拉杆天线型,导弹在储运发射前,弹翼收缩于翼根或弹体内,由专用装置或火箭筒(管)壁进行约束。导弹在发射后,收缩部分由弹簧力或其他能源作用,使收缩部分自动弹出,并予以锁定进入工作状态。

4.4.3　弹身构型与设计

弹身是导弹弹体的重要组成部分,其功能是把弹体的各部件如弹翼、舵面、发动机等连成一体,形成设计的气动外形,承受并传递各种载荷,保证导弹的正常飞行;装载战斗部、推进剂和各种仪器设备,并保证其必要的工作条件。弹身通常由若干个舱段组成,如导引头舱、战斗部舱、制导控制舱、油箱和发动机舱等。

弹身一般可分为头部、圆柱段和尾段三部分,头部形状有半椭球形、圆锥形及抛物线形等,尾段形状有截锥形及抛物线形等。

弹身一般是由纵向(梁、桁条)、横向(隔框)加强件和蒙皮组成的薄壁结构。按不同的加工方法可分为装配式结构和整体结构两大类;按承受弹体载荷的主要承力构件不同,可分为梁式、桁条式、硬壳式等形式。

4.4.3.1 硬壳式结构舱段

硬壳式结构特点是整个舱体主要由较厚的蒙皮和较多的隔框组成,一般没有纵向加强件,弹体的弯矩、轴力、剪力和扭矩全部由蒙皮承受。采用较多的隔框主要是为了维持弹体外形,提高蒙皮在受压时的稳定性,加强框还要承受框平面内的集中载荷。它适合于直径较大的舱段,而直径较小的舱段,由于工艺原因,一般采用整体式结构。这种结构较梁式或桁条式结构构造简单,气动光滑,易于保证舱段密封,有效容积大,工艺性良好。其缺点是承受纵向集中力较差。硬壳式结构舱段简图如图 4-110 所示。

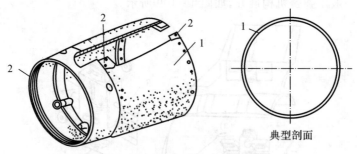

图 4-110 硬壳式结构舱段简图

1—蒙皮; 2—隔框

硬壳式舱段的主要承力件为蒙皮和隔框,特别是蒙皮,它是舱段的主体。蒙皮厚度主要根据强度刚度要求而定,即根据外载计算蒙皮内力,再按失稳强度条件进行校核。

4.4.3.2 整体式结构舱段

整体式结构可视为骨架与蒙皮合二为一的结构形式,如整体铸造舱段、圆筒机加舱段、内旋压舱段、化铣焊接舱段等。它的受力特点是,舱段的全部载荷都由具有纵向、横向加强件的整体壁板(或筒体)来承受。这种结构除具有硬壳式结构的优点外,还具有材料连续、零件数量少、装配工作量小、强度刚度大、外形质量高等优点。但由于受到加工条件的限制,用于大弹径的舱段较困难,较小弹径的舱段几乎都采用整体式结构。

1. 整体铸造舱

在整体式结构舱段中,铸造舱具有许多独到特点和优点。近年来,由于铸造材料、铸造工艺和检测手段的日益完善,铸件质量和尺寸精度不断提高,铸造舱在国内外的战术导弹中获得了普遍应用。特别是一些受力大、载荷复杂、固定设备部位多、强度刚度要求大的舱段尤为适合。

按照铸造材料的不同,铸造舱可选用铸铝合金或铸镁合金。在铸造方法上,广泛采用低压铸造、差压铸造等先进铸造工艺。铸铝舱的缺点是材料机械性能偏低,质量不易稳定。

图 4-111 所示为整体舱段铸造,局部机械加工而成的壳体,这种结构一般用在装有舵机的舱段。由于要有固定舵机设备的凸台和加强框,以及安装舵轴的台肩,用铸造的方法可以形成整体的结构,节省各种焊接、铆接件,加工量少,刚度好,适合于较大弹径的舱体以及大批生产。材料通常采用铸造铝合金。

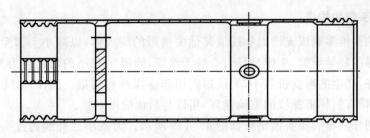

图 4 - 111　整体式铸造舱段

2. 内旋压舱段

内旋舱是利用内旋压成型工艺,将蒙皮、端框和内部环框旋成一体的内旋压壳体,再铆上口框、支架即成舱体,它具有以下明显优点。

(1)强度刚度大。它既具有整体结构材料连续的特点,又具有铆接结构材料机械性能高的优点,其结构强度比铸铝舱、铆接舱都高。

(2)质量轻。蒙皮厚度可根据设计选择,不受工艺条件限制,且易制成变截面,壁厚精度高。舱体质量要比铸造舱轻 20% 以上。

(3)外形质量高,气动外形好。内外表面属于机加工成型,其准确度、对称性、表面质量都较高。

(4)工装通用性好、工装数量少。一套旋模即可适用于外径相同的各个舱段,且产品尺寸可以自由调整,设计更改和改型设计方便。图 4 - 112 所示为某型号典型的内旋压舱体。

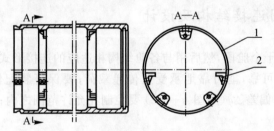

图 4 - 112　某型号内旋压舱构造示意图

1—内旋压壳体;　2—承件支架

3. 圆筒机加舱段

图 4 - 113 所示为圆筒机械加工壳体,壳体是主要承力构件,能承受轴向力、剪力、弯矩和扭矩,内部容积大,但壳体不宜设置大开口,开口处必须有加强措施。这种形式结构简单,表面质量好。

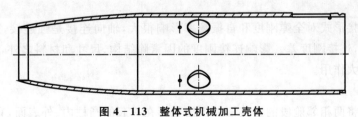

图 4 - 113　整体式机械加工壳体

4.4.3.3 头锥的构造

战术导弹的头锥多制成光滑抛物线或其他尖拱形的旋成体,以减小头部阻力。采用雷达半主动或主动寻的制导导弹,头锥是导引头的天线罩,除要求有小的气动阻力外形,还要求对电磁波透过性好,产生的畸变折射小,天线罩需用非金属材料制造。图 4-114 所示是锥形天线罩,后端胶接带有斜梯形螺纹的玻璃钢环,用以与后面舱段对接。

采用红外制导的导引头头锥结构如图 4-115 所示。为减小红外线透过头罩时衰减和折射,头罩用光学玻璃制成半球形,通过固定环与壳体黏结。

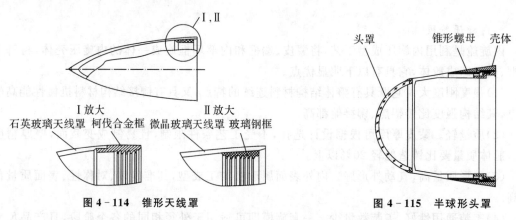

图 4-114　锥形天线罩　　　　图 4-115　半球形头罩

4.4.4　舱段间连接结构及设计

弹身通常设计成若干个舱段,然后用与各舱结构相适应的连接形式连接起来,组成整个弹身。舱段连接处要连接可靠,能可靠地承受及传递载荷;要保证装配偏差要求,即位移偏差 $\Delta\alpha$,弯折偏差 $\Delta\varphi$ 和扭转偏差 $\Delta\psi$(见图 4-116)要控制在允许范围之内;此外还要求装拆方便,并便于密封。

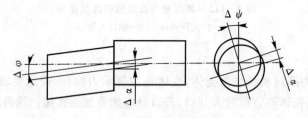

图 4-116　舱段间的连接偏差

舱段间的连接形式对全弹刚度和自振频率影响很大,轴向连接是强连接,连接刚度好,径向连接是弱连接,连接刚度差。影响连接刚度的因素除结构、尺寸和材料之外,接触间隙、摩擦等诸因素也起很大作用。

1.套接

套接连接是将两相邻舱段的连接框加工出可套在一起的圆柱内、外表面,它们的配合面套在一起并沿圆周用径向螺钉连接起来。舱段间的配合偏差主要靠套入面的配合精度、舱段端面的垂直度以及螺钉螺孔配合精度来保证。舱段间的弯矩、轴力、扭矩由配合面的挤压和螺钉受剪来传递。

套接连接结构简单,传力比较均匀,框缘没有被削弱,结构较轻,工艺性也好。很适合于刚度较好的中小直径舱段之间的连接。图 4 - 117 为套接螺钉连接舱段的示意图。

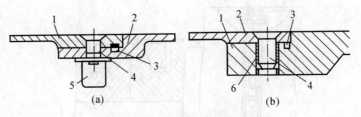

图 4 - 117 套接螺钉连接示意图

(a)托板螺母形式; (b)钢丝螺纹衬套形式

1,2—连接框; 3—密封圈; 4—连接螺栓; 5—托板螺母; 6—钢丝螺纹衬套

2.盘式连接

盘式连接是通过两个舱段连接框的端面对接,用沿圆周分布和弹身轴线平行或不平行的螺栓连接固定,可分为轴向盘式连接、折返螺栓连接、斜向盘式连接等。

如图 4 - 118 所示为轴向盘式连接。这种连接形式,弯矩由部分螺栓受拉和框的部分端面受挤压来传递,轴向力由框的端面受挤压传递,剪力由销钉和螺栓传递。对接偏差由连接框的端面垂直度和销孔的对合精度来保证。这种对接形式的对接孔加工比较容易,弯折偏差比套接时要小。由于容易提高对接框的抗弯刚度,故适合于弹径较大、载荷较大的舱段连接。弹径500 mm 以上的舱段大都采用这种形式。

3.螺纹连接

两个舱段的连接处分别加工出内、外螺纹,直接用螺纹进行连接。为防止松动,两舱段连接好后,用止动螺钉紧固。图 4 - 119 所示为螺纹连接的典型形式。$\Delta\alpha$ 由配合面的配合精度、同轴度来保证;$\Delta\varphi$ 由舱段端面垂直度来保证。螺纹连接的优点是结构简单、装拆方便,连接强度、刚度大,可利用空间大,加工容易,但这种连接形式的扭转偏差 $\Delta\psi$ 较难保证。多用于无相对转角要求的相邻舱段,如天线罩与舱段的连接。

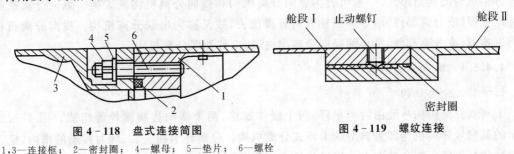

图 4 - 118 盘式连接简图

1,3—连接框; 2—密封圈; 4—螺母; 5—垫片; 6—螺栓

图 4 - 119 螺纹连接

4.外卡块式连接

如图 4 - 120 所示,在两个舱段的外表面配合处,加工成斜面。舱段对接时将两个半圆形外卡块装在舱段上,用绑带和两头有左右螺纹的螺栓把它们箍接成一个整环。拧紧螺桩,抽紧绑带,可使外卡块的斜面与舱段斜面紧密配合,从而可把两个舱段连接起来。两个舱段的对接

端面上,需安装两个定位销钉,用以传递扭矩和保证位移偏差不超过允许值。该连接形式的主要优点是连接刚度较大,装拆开敞性好。缺点是配合面较多,加工精度要求高,成本高。这种连接形式适用于中小弹径的舱段连接。

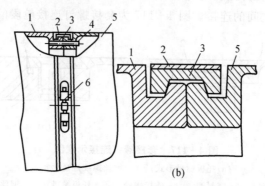

图 4-120 外卡块式连接

1,5—舱段; 2—外卡块; 3—绑带; 4—定位销; 6—左右螺栓(爆炸螺栓)

4.4.5 分离机构方案

分离机构是两级或多级导弹间连接的特殊组合件,它起着级间连接与级间分离两个重要作用。为了使导弹速度快、飞行距离远、质量小,往往采用两级形式,在助推器工作结束后,就需要将助推器壳体抛掉。分离机构的作用就在于分离前将助推级与二级导弹可靠地连接起来,而在预定分离瞬间,则迅速、可靠地将助推器与二级导弹本体分离。因此对分离机构的主要要求是:

1)连接可靠。使导弹在使用及飞行过程中,在各种静、动载荷作用下,一、二级弹体连接牢固,并要保证连接精度要求。

2)分离可靠。在分离信号给出后,能迅速、可靠地使分离部分脱离导弹本体,并要尽量减少对二级弹体的干扰作用。

分离机构的构造形式,一般可分为纵向分离机构和横向分离机构两大类。纵向分离机构是将助推器(或分离部件)沿导弹纵轴方向分离出去,故又称为串联分离机构。横向分离机构是将助推器(或分离部件)沿导弹径向分离出去,故又称并联分离机构。

4.4.5.1 纵向分离机构

1.卡环式分离机构

卡环式分离机构一般由两个半环、两个爆炸螺栓、两个横向连接螺栓等组成。图 4-121 所示的某型号分离机构即为典型的卡环式分离机构。分离环卡在一、二级对接舱的槽内,使其对接贴紧并传递弯矩和轴向力。当导弹给出级间分离信号时,爆炸螺栓引爆,推出横向连接螺栓,解除了分离环约束,在一级气动阻力及二级发动机燃气冲击力作用下,实现导弹的级间分离。

卡环式分离机构的主要优点是机构简单、传力直接、占用舱内空间小、分离可靠、维护使用也很方便,不足之处是连接刚度稍差,不适用于大直径的导弹。

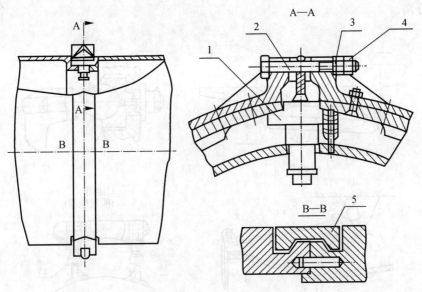

图 4 - 121 卡环式分离机构

1—爆炸螺栓; 2—横向螺栓; 3—螺母; 4—锁紧螺母; 5—分离环

2. 轴向爆炸螺栓式分离机构

图 4 - 122 所示为用爆炸螺栓直接连接导弹一、二级的纵向分离机构,分离机构主要由防爆盒里面的角撑、橡皮减震垫、爆炸螺栓等组成。爆炸螺栓本身既是连接件又是释放件,结构形式比较简单。根据弹径不同、载荷不同,可以布置不同的螺栓数量,如 4 个、6 个、8 个等,在弹道式导弹一般都安排 10 个以上。

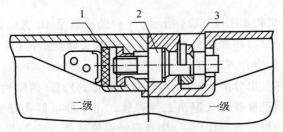

图 4 - 122 轴向爆炸螺栓连接的分离机构

1—橡皮减震垫; 2—爆炸螺栓; 3—特型螺母

这种分离机构连接强度刚度大,连接可靠,无外突物,气动外形好,靠爆炸螺栓直接释放,分离可靠,装拆维护也方便,对于大、中、小型导弹都适于采用。

4.4.5.2 横向分离机构

1. 悬挂式分离机构

图 4 - 123 所示为某型号悬挂式分离机构简图。该机构由前后悬挂接头、后支撑杆及一组释放机构组成。在助推器点火后,燃气流冲击位于喷口处的后悬挂接头的旗状板,再通过一套传动机构使助推器后悬挂点被解除连接。由于助推器前接头只能承受向前作用的助推器推力,后支撑也没有与弹体固连,所以当助推器工作完毕时,在重力及气动阻力作用下就自动与

二级弹体分离。

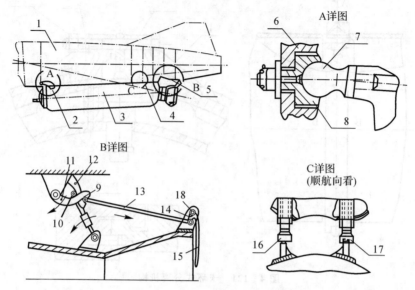

图 4 - 123 悬挂式分离机构

1—弹体； 2—前悬挂接头； 3—助推器； 4—后支撑； 5—后悬挂接头； 6—支架； 7—球形接头；
8—球窝； 9—横轴； 10—小轴； 11—制动块； 12—锁钩； 13—撑杆；
14—小销； 15—旗形件； 16—左后支撑； 17—右后支撑； 18—B轴

　　这种连接与分离机构的特点是构造简单，分离可靠，装拆也较方便，其缺点是助推器的推力仅通过前接头单点传递，给二级弹体的受力传力带来一定的困难。

　　2.集束式分离机构

　　某型号集束式分离机构如图 4 - 124 所示。4 台助推器呈 45°方向并联于弹体四周，助推器用前、后接头（即分离机构）和弹体相连。前接头为球头球窝结构（见Ⅰ详图），可以调节，是受力主接头。后接头结构为分离环。

　　其工作原理是，导弹发出分离信号后，爆炸螺栓起爆，分离环解除约束，在助推器系统阻力作用下分离环向后移动，助推器球头退出二级弹体。由于助推器头部装有 5°斜角的头锥，在头锥升力、圆柱段升力和惯性力等作用下，绕其后轴螺栓移动，4 台助推器迅速成伞状张开，同时向后移动，直至分离环滑出弹体，一、二级完全脱离，整个分离过程结束。

　　该分离机构连接牢固、分离可靠，适宜于多个助推器的较大型导弹上，在设计、制造及安装调节上技术要求比较高。

4.4.6 结构设计要求

　　弹体各部分的功能不同，要求也不同，结构设计要综合考虑协调多方面的因素和要求，设计目标是保证导弹有最好的性能，设计时应遵循以下的一些基本要求。

　　1.气动外形要求

　　尽可能提高空气动力表面的品质，对理论外形的误差应严格控制并提高表面光滑品质，保证导弹具有良好的气动性能和飞行性能。设计中应采用整体式、整体加强框式等局部刚度高的结构形式,减少分离面和舱口数目,提高弹体刚度和减轻质量。尽量避免或减小突出外表面的台阶、缝隙等可能增大阻力、降低升力的外表结构,不能避免时应加整流罩。结构设计应满足舵轴在弹体、舵面上的位置要求。

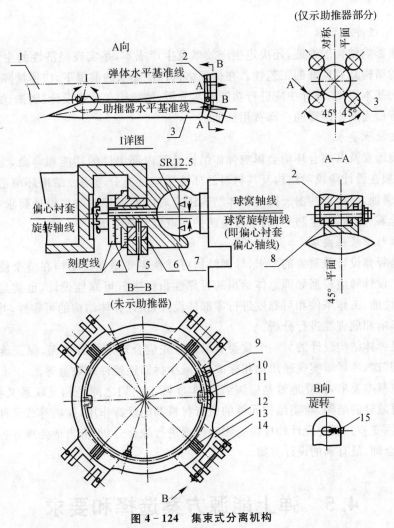

图4-124 集束式分离机构

1—弹体; 2—助推器分离环; 3—助推器; 4—刻度盘; 5—保险销; 6—偏心衬套; 7—偏心球窝;

8—助推器后接头; 9—爆炸螺栓; 10—尾舱; 11—滑块; 12—滚轮; 13—分离环叉耳;

14—连接螺栓; 15—止动螺丝; $\triangle_1$—偏心衬套偏心值; $\triangle_2$—偏心球窝偏心值

2. 质量、质心要求

结构设计应满足总体方案设计规定的质量指标,满足对质心位置的要求。为了保证导弹结构质量最小,在保证导弹性能的前提下,尽可能使设备或选择的成品件质量、尺寸小;导弹内部安排要紧凑,相关的组件尽量靠近;所有管路、电缆尽可能短;把舱体设计成承力结构,即舱体既是设备的壳体又是弹身的一部分,充分利用结构的功能,达到减重的目的;在保证工艺及维护使用要求的前提下,弹身分离面数量最少,弹体口盖数量最少;充分发挥零部件的综合受力作用,减少构件数量。根据刚度和强度指标合理选定剖面尺寸,既保证弹体结构质量最小,又有合适的强度和刚度。

3.强度及刚度要求

导弹在发射、飞行、运输及使用过程中,都会受到很大的载荷,弹体结构最主要的任务之一是保证结构具有足够的强度和刚度来承受各种载荷,使结构不被破坏,又不产生不允许的变形。

4.工艺性、经济性要求

工艺因素影响结构的性能,还决定生产效率及生产成本,是实现经济性的主要因素,因此要求所设计的结构具有良好的工艺性。在保证结构性能要求的前提下,应尽量降低成本,这是经济性要求的基本原则,设计中应进行功能成本分析,使结构在导弹设计、制造、试验、贮存、维护使用的全寿命周期中所需的全部费用最低。

5.环境适应性要求

各种环境因素及其综合环境会影响弹体结构及其内部组件的功能和寿命,为了提高产品的可靠性,必须在设计阶段对结构及其材料的环境适应性充分考虑。结构环境适应性要求主要有防热、防腐蚀、防振动冲击。同时弹体结构还有对内部组件的防护设计要求,包括热环境防护、潮湿、盐雾、霉菌、沙尘防护,力学环境防护和电磁干扰防护。

6.可靠性与维修性要求

可靠性是导弹设计最重要的要求,导弹结构可靠性主要是保证结构在整个使用周期内不破坏或失效。设计师应根据导弹总体给出的可靠性指标进行可靠性设计,也就是根据已知的外载荷、材料性能、工作条件和可靠度进行零部件设计,预计弹体结构的可靠性,并对弹体结构故障模式及影响和危害性进行分析。

维修性是弹体结构设计的另一个重要要求。首先应合理选择分离面,保证维修时的可拆性和可达性;其次,要尽量实现通用化和标准化,减少拆卸连接件的数量等。

上述各项基本要求,孤立地看是应该满足,但实际上它们之间是相互联系又相互制约的。例如为了获得最轻的结构,希望结构元件的所有材料都能发挥作用,这就导致元件的剖面形状复杂化,工艺性变差。因此设计师应综合多种因素进行综合分析,恰当地处理好各项要求间的矛盾,得出最合理、最有利的设计方案。

4.5　弹上能源方案选择和要求

弹上能源为导弹在发射时及自主飞行时给弹上设备提供能源,以满足它们的工作需求。如导引头位标器陀螺组件稳速和进动所需要的用电,续冷导引头探测器所需要的用电或用气,导引头、驾驶仪、引信等设备电子线路的用电及舵机工作时所需的用电或用气,等等。

4.5.1　弹上能源的类型

导弹能源系统包括电源系统、气源系统和液压源系统。

电源系统一般由一次电源、二次电源及其电源转换控制装置组成,一次电源有热电池或涡轮电机,近代多采用化学电池,二次电源大多采用电源变换模块变换得到。电源系统为导弹所有部件提供电能,满足各用户要求的电源电压、电流和供电时序;电源转换装置完成对一次电源的点火激活,并判断其电压正常后立即完成由导弹发射装置供电到弹上电源供电的状态转换。

弹上气源有燃气或制冷气源。制冷气源主要由气瓶、充气阀、压力表、电磁阀、干燥过滤器和管道组成。冷气源导引头提供探测器制冷能源,或为位标器跟踪系统、舵机和涡轮发电机提供能源。为了减小贮气瓶的体积,弹上制冷气源一般都是高压的。只用于导引头探测器续冷的贮气瓶由于工作时间短、制冷耗气量小,所需容积很小,一般不会超过 10 mL。用于推动气动舵机的贮气瓶容积相对要大得多,具体量值由舵机的耗气量与工作时间、贮气瓶的充气压力等因素确定。同时用于探测器续冷和推动舵机的气瓶容积需要考虑两者的耗气量,选择适用于两种用途的介质。对介质的纯净度要求应按制冷需要提出和保证。

燃气源主要是燃气发生器,它由点火器、药柱、过滤器和壳体等组成。燃气发生器是导弹上常用的一种能源,可以用来推动燃气舵机操纵导弹飞行,也可以用来驱动涡轮带动发电机发电。

液压源是用液体作为工质的动力源。弹载液压源是导弹液压伺服机构(液压舵机、天线伺服机构等)赖以工作的动力源。根据工作方式分为开式(又称挤压式)和泵式两种。

开式液压源多为高压气体(空气或氮气),挤压油箱中的液体供舵机使用,舵机使用过的工作液随之排出弹外。开式液压源结构简单,工作可靠,价格低廉,但体积太笨重,一般工作时间小于 30 s。如美国 AIM - 7E 导弹舵机的液压能源。

泵式液压源则是由电机或涡轮带动液压泵高速旋转,泵将液压油从油箱打到高压管路中去,供舵机使用,舵机使用过的工作油液再流回到油箱里去,油箱里的油再打到高压管路中去,如此往复不断地工作。泵式液压源虽结构复杂,价格昂贵,但体积小,较适宜用于中远程导弹。如俄罗斯白杨导弹的舵机能源。

4.5.2　弹上电源总体设计

弹上电源是弹上的一种主要能源。弹上供电系统是导弹电气系统的重要组成部分。弹上电源及供电系统的总体设计是导弹总体设计的内容之一,其任务是根据导弹总体和弹上设备的供电要求,确定弹上电源的产生、变换和分配方案。

4.5.2.1　弹上电源的分类

现代导弹具有各种不同功能的电子和电气设备,需要多种不同的电源。

1. 按电源的种类分

(1)直流电源。一般需要有多种不同的额定电压、电流、电压稳定度及纹波系数等要求的直流电源。

(2)交流电源。一般也需要多种不同的频率、波形、电压、电流和相数等要求的交流电源。

2. 按电源的产生和使用方式分

(1)一次电源。导弹的弹上电源是一次性使用的。平时它以某种形式的能量贮存,当需要使用时,可在很短时间内激活,产生符合要求的电能。这种弹上电源称为一次电源。

(2)二次电源。一次电源产生的电源种类一般都不能完全满足各弹上设备的供电要求,需要经变流器变换成满足弹上设备要求的各种电源。该变流器可以多次使用,称为二次电源。

4.5.2.2 一次电源的特点与要求

1. 一次电源的特点

(1)化学电源的特点。

1)铅酸电池。铅酸电池一般以铅(Pb)作为负极活性剂,二氧化铅(PbO_2)作为正极的活性剂,用氟硅氢酸(H_2SiF_6)的水溶液作为电解液。

防空导弹上使用的铅酸电池,电解液贮存在弹性容器内。需要电池工作时,利用弹上其他能源(如弹上的气压能源等)将电解液挤压进每个单体电池,电池便开始激活和工作。

铅酸电池虽然价格比较便宜,但由于其体积比能量和质量比能量都比较小,低温性能也不好,在低温下使用时,需要给电池预先加温,现在的导弹很少采用这种电池。

2)锌银电池。这种电池以氧化银(Ag_2O)作正极板的活性物质,用多孔的锌板作负极,以氢氧化钾(KOH)或氢氧化钠($NaOH$)水溶液作电解液。

锌银电池在低温下的容量要降低:一般在$-10℃$时为常温下额定容量的50%;在$-20℃$时为常温下额定容量的40%左右。因此在低温下使用时,应预先对其加温。

与铅酸电池相比,锌银电池价格比较昂贵,但由于它的质量比能量和体积比能量比铅酸电池大,其比功率高,而且内阻小,可大电流放电,放电时电压平稳。特别是采用化学加热自动激活锌银电池还具有准备时间短,激活和加热总时间小于$1.5\ s$,在低温下使用时不需要单独进行加温等优点,因此在20世纪七八十年代,防空导弹大都采用这种电池作为弹上一次电源。如美国的"爱国者"、法国的"响尾蛇"等防空导弹都采用贮备式自动激活锌银电池作为弹上一次电源。

3)热电池。热电池是一次性使用的储备式熔盐电解质原电池。在常温下它的电解质是不导电的固体,使用时用电流引燃电点火头或用撞针机构撞击火帽,点燃电池内部的烟火热源,使电池内部温度迅速上升,达$600℃$以上,使电解质熔融并形成高导电率的离子导体,从而使电池激活。

热电池的负极材料采用碱金属或碱土金属,主要包括钙、镁、锂及锂和铝硅的合金。正极材料有铬酸盐、硫酸盐、磷酸盐、钼钨铁的氧化物、重金属的氧化物和二硫化铁等。电解质一般采用氯化锂-氯化钾低共熔盐。

一般热电池的最佳工作温度在$450\sim550℃$,电池在这个温度范围内的持续工作时间称为热电池的热寿命。它是热电池的重要性能参数,与热电池的电化学体系、加热剂、隔热材料、贮热方法和电池大小有关。因此对于一定电化学体系的热电池来说,除严格控制加热剂的发热量外,还要在电池堆两端加上隔热片,周围包裹隔热层,以延长电池的热寿命。

热电池与已经使用的镉镍电池、铅-硅氟酸(或硼氟酸)电池、锌银电池比较,具有明显的优点。当工作时间短、要求体积和质量很小时,其优越性更为突出。特别是Li/FeS_2体系热电池,由于放电时极化很小,在整个放电过程中内阻变化不大,它有当今其他电池所没有的超高速放电能力。上述几种电池的功率密度和能量密度比较如图4-125所示。

从这几种电池性能比较可以看出,热电池是一种高能贮备电池。它具有工作可靠、比功率大、脉冲放电能力强、使用温度范围广、结构牢固、环境适应能力好、不需维护、贮存寿命长和成本较低等优点,在军事和航天技术上应用越来越广泛。

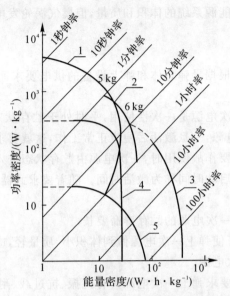

图 4 - 125　几种电池的功率密度和能量密度比较

1—热电池；2—锌银电池；　3—锂-二氧化硫电池；　4—镍镉电池；　5—碱性二氧化锰电池

(2)燃气涡轮发电机。燃气涡轮发电机主要由壳体、定子组合件、转子组合件、涡轮及端盖组成。采用燃气涡轮发电机作为弹上一次电源时,其组成框图如图 4 - 126 所示。

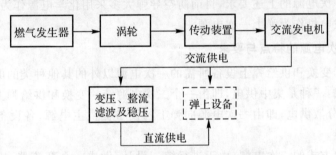

图 4 - 126　燃气涡轮发电机组成框图

燃气涡轮发电机安装在舵机上,其动力源是由燃气发生器产生的高压燃气。燃气经过喷嘴,产生具有一定压力和流量的射流,推动涡轮转动,通过传动装置带动交流发电机按规定的转速旋转,产生弹上设备所需要的交流电源,同时经变流器供给弹上设备所需的其他种类的电源。

交流发电机应满足以下要求：

1)交流发电机的电气性能(如输出电压、频率、电流等)应满足要求；

2)应具有电压和频率自动调整装置,以保证输出电压和频率的稳定；

3)应采用自激,不需另外设置激磁电源；

4)应采用质量好、耐热性强的材料,使其尺寸和单位功率的质量远小于一般工业用相同功率的发电机的尺寸和单位功率的质量；

5)可靠性、力学环境条件等其他性能指标应满足导弹总体要求。

采用燃气涡轮发电机有一定的优点,例如当弹上的舵系统采用液压能源时,燃气涡轮还可以带动液压泵,可减小弹上能源系统的体积和质量,但燃气涡轮发电机制造和使用维护都比较复杂。

2. 一次电源的要求

选用一次电源体制,要根据导弹总体和弹上设备的供电要求而决定。选用一次电源的一般要求为:

(1)可靠性高。由于一次电源是一次性使用,平时处于贮存状态,不能用激活的办法检查其性能。它又是弹上的主电源,一旦激活后便应正常工作,这就要求其有更高的可靠性。

(2)启动时间短。当需要作战使用时,一次电源由贮存状态进入工作状态的启动时间要尽量缩短。对于化学电源,其启动时间称为激活时间。随着要求武器系统快速反应能力的提高,要求激活时间越短越好。

(3)贮存寿命长。要求一次电源的贮存寿命要长。

(4)体积、质量小。为了使弹上一次电源做到体积小、质量轻,应采用质量比能量和体积比能量高的电源作为弹上一次电源。

(5)环境适应能力强。要求弹上一次电源具有抗振、抗过载、耐机械冲击性能和耐旋转能力,同时能满足高低温、高低气压和湿热、霉菌等环境条件要求。

(6)使用维护方便。要求弹上一次电源能不要预先加温便可以在全天候的条件下使用,而且平时不需进行维护。

(7)性能/价格比高。要求弹上一次电源既要性能优越,又要价格便宜。

根据对导弹一次电源的上述要求,目前防空导弹大多采用化学电源作为弹上一次电源,也有采用燃气涡轮发电机作为弹上一次电源。

4.5.2.3 二次电源的特点与要求

二次电源用于变换和供给弹上设备所需的一次电源以外的其他种类的电源。二次电源可以有两种供电方式:一种是集中供电,即由一个二次电源统一变换和供给弹上各设备所需的二次电源;另一种是分散供电,即由一次电源向弹上各设备提供主电源,各设备所需的二次电源由各设备自行变换。

采取集中供电方式的二次电源,由于进行统一设计,做成一个变流器,比分散变换的变换效率高。但当弹上设备安装比较分散,而且所需的二次电源的种类又比较多时,采取集中供电,将增加二次电源的供电电缆,同时弹上各设备单元调试也需要单独的二次电源供电。

防空导弹上采用的二次电源,有机电式和电子式两种变流器。

1. 机电式变流器的特点

机电式变流器由电动机-发电机组成。由一次电源供给直流电动机的直流电源,直流电动机带动交流电机转动,变换成弹上设备所需的交流电源。

这种机电式变流器效率比较低,体积、质量也比较大,电动机和发电机都有旋转机械部分,可靠性较低,使用维护也不方便,现在已被电子式变流器所取代。

2. 电子式变流器的特点

电子式变流器由电子线路组成,其体积小,质量轻,可靠性、工作寿命以及使用维护等性能均比机电式变流器优越,因此现代导弹一般采用这种变流器。图 4-127 是一种用于防空导弹的电子式变流器的原理框图。

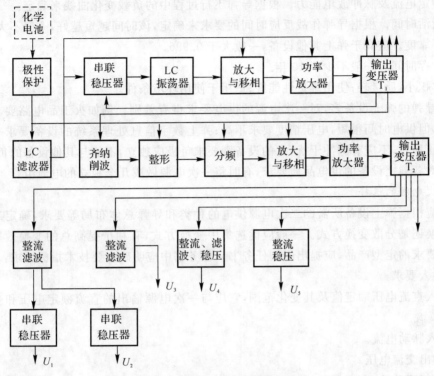

图 4 - 127　电子式变流器原理框图

　　一次电源的直流电压经极性保护、LC 滤波器和串联稳压器后对 LC 振荡器供电。振荡器产生的频率为 f_1 的正弦电压经放大与移相后驱动推挽功率放大器,再供给输出变压器 T_1。输出变压器 T_1 的次级输出弹上设备所需的频率为 f_1 的各种不同电压。串联稳压器的输出电压受输出变压器 T_1 的一路次级电压的控制,构成频率为 f_1 的交流电压的稳幅系统,保证输出交流电压的稳定。

　　由输出变压器 T_1 的另一路次级输出电压经稳压二极管限幅后加到整形电路,再经分频、放大与移相后激励推挽功率放大级,再供给输出变压器 T_2,其次级输出弹上设备所需的频率为 f_2 的方波电压。

　　将频率为 f_2 的方波电压经整流、滤波和稳压,产生弹上设备所需的其他直流电压。

4.5.2.4　弹上供电系统总体设计

弹上供电系统总体设计主要是确定弹上一次电源、二次电源和供电线路的方案。

1. 一次电源的选择

确定一次电源时,首先应选择符合要求的定型产品,这可以节省研制经费、缩短研制周期。如果没有符合要求的定型产品,则要提出一次电源研制任务书。任务书中应明确主要技术指标要求。

（1）额定电压。它应根据弹上设备所需的一次电源和有关标准来确定。例如选用化学电源时,应符合航天部标准“化学电源电压系列”中的规定。

（2）偏差要求。应根据弹上设备的供电要求和所选用的一次电源体系能够达到的指标来确定,一般为 $\pm10\%$。

(3)额定电流及脉冲放电能力。根据导弹飞行过程中的负载变化曲线来确定。

(4)激活时间。根据导弹作战反应时间的要求来确定,该时间越短越好,一般不大于1 s。

(5)可靠度。应高于弹上其他设备,一般大于0.996。

(6)贮存时间。一般不少于10年。

(7)体积小,质量轻;使用维护性能好;适用于使用环境条件。

战术导弹的弹上设备多,对一次电源的供电要求也有差别。例如火工品电路要求起爆脉冲电流大,但供电时间很短,电压精度要求不高;弹上数字信息处理系统的设备要求一次电源的供电电压稳定,不应有脉冲干扰;有的设备则要求负极应独立,不能与其他设备的负极相连。为了保证对各弹上设备的供电品质要求,有时将一次电源做成几个独立的电池组。

2.二次电源的选择

首先应根据弹上设备所需的二次电源供电的种类和导弹总体布局等要求,确定二次电源是集中变换还是分散变换方式。一般应优选集中变换方式,有利于提高总的变换效率。如果没有符合要求的定型产品,应提出研制任务书。任务书中应明确主要技术指标要求:

(1)输入要求。

1)输入直流电压额定值及其变化范围,它应与一次电源输出的直流额定电压和变化范围相一致;

2)输入脉动电流。

(2)输出交流电压。

1)波形(正弦波、方波等);

2)电压额定值;

3)电压误差;

4)负载电流额定值;

5)负载特性;

6)输出电压的温度系数;

7)波形失真度;

8)频率额定值;

9)频率偏差;

10)频率的温度系数;

11)电压稳定度。

(3)输出直流电压。

1)电压额定值;

2)电压误差;

3)负载电流额定值;

4)负载电流的变化范围;

5)输出电压的温度系数;

6)电压稳定度;

7)负载稳定度;

8)输出纹波有效值;

9)输出纹波峰-峰值。

（4）效率。

1）DC/AC 逆变器：不小于 60％；

2）DC/DC 变换器：不小于 70％。

（5）环境条件要求。

（6）体积和质量。

（7）可靠度。

（8）电磁兼容要求。

（9）使用维护要求。

3.供电线路方案

确定了弹上一次电源和二次电源的方案后，可以根据各弹上设备的用电要求，确定供电线路方案。确定供电线路方案的原则是：

（1）确保供电系统工作可靠；

（2）保证满足各弹上设备对供电品质（如电压、电流等）的要求；

（3）对弹上设备工作不产生干扰；

（4）力求减小供电电网的体积和质量；

（5）供电电网要求安装、测试和维护方便。

根据上述原则，确定供电线路的形式和线制。供电电网可分为辐射式（开式）和封闭式两种。直流供电线路有双线制与单线制。交流电网有单线制、双线制和三线制。

单线制的直流电网虽然可以减轻供电电网的质量，但公用负线容易产生干扰信号。现代防空导弹的弹上设备要求有良好的电磁兼容性，因此直流电网应采用双线制，交流电网根据相数应采用双线制或三线制。

确定了供电线路的形式和线制后，便可以拟定供电电网图，并根据导弹飞行过程的负载变化曲线进行供电电网计算，根据计算结果对电网的设计方案加以改进，确定合理的供电电路方案。

确定了弹上一次电源、二次电源和供电线路方案后，便基本上完成了弹上电源总体设计。

4.5.3 弹上气源总体设计

4.5.3.1 分类、组成及工作原理

凡是用气体做工质来传递力和控制信号的动力源，称之为弹上气源。气源实质上是气体的贮存装置和发生装置。可按图 4-128 进行分类。

1.冷气源

冷气源是相对于热气源而言的。热气源气温通常高达 1 200℃；冷气源通常是指常温下的高压空气、高压氮气和高压氦气。将它们压缩到气瓶内，以压力能的形式贮存，使用时打开气瓶开关，气体从气瓶内流出，将气体的压力能转换成为其他形式的能。冷气源实际上是一个贮气装置，其组成如图 4-129 所示。各主要部件的功能如下：

（1）气滤。气滤是将气体中的杂质滤掉，净化气体，确保系统能正常工作。气滤的过滤精度要依据系统的需要，防空导弹一般为 10 μm。

（2）单向阀。单向阀是专门为充放气体用的装置。充气时用专用工具将单向阀打开，气体

就可通过单向阀向气瓶充气,当充到所需的压力时,取下专用工具,单向阀自动关闭气路,这时气瓶始终保持一定的压力。

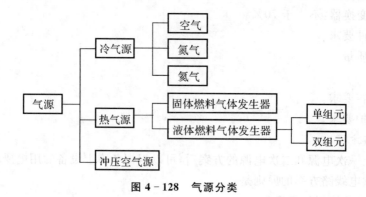

图 4-128　气源分类

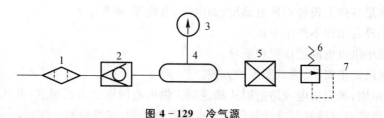

图 4-129　冷气源

1—气滤；　2—单向阀；　3—压力表；　4—气瓶；　5—减压阀；　6—电爆阀；　7—管路

(3)压力表(或压力传感器)。压力表是气瓶内的压力显示装置。当气瓶压力过高时,应自动或人工采取放气措施。当气瓶压力低于要求时,应向气瓶补充充气。

(4)气瓶。气瓶是贮存气体的装置。一般为球形,也有环形的。气体种类根据用途而定,舵机和解锁机构一般用氮气,探测器制冷用氩气。气瓶的充气压力一般为 $35\sim40$ MPa,为减少体积,目前充气压力已高达 70 MPa。

(5)减压阀。减压阀在系统中起减压作用,即将气瓶里的高压气体减到系统所需要的值,对气动舵机来讲使用压力一般为 $1\sim3$ MPa;对挤压式能源来讲,一般使用压力为 $18\sim21$ MPa。

(6)电磁阀或电爆阀。电磁阀的功能是控制气体的流向,根据负载的需要随时打开阀门实施供气,不工作时则阀门关闭;电爆阀的功能则是打开气路实施供气,过程是不可逆程序。

(7)管路。管路是输送气体的装置,管路的直径和走向要依据实际情况而定,安装时要特别注意防止引起颤振。

2.热气源

热气源是将固体燃料(或者是液体燃料)点燃,或者是单组元燃料在催化剂的作用下进行分解以后,在发生器内产生高温高压的气体,使化学能转变成为压力能,气体流经喷嘴以后将压力能转变成动能,通过燃气导管输送到负载上,然后根据不同的需要再转换成其他形式的能。如可将其转换成电能、机械能等。热气源实质上是气体发生装置。

由于固体发生器使用维护方便,所以被广泛用做热气源。固体发生器多为端面燃烧,一般使用低温缓燃火药,火药的燃温一般为 1 200℃左右,燃速一般为 $2\sim5$ mm/s。双基药和复合药均可用做固体发生器的主装药,固体发生器组成如图 4-130 所示。

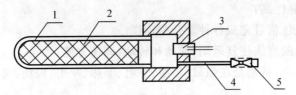

图 4 - 130　固体火药气体发生器

1—壳体；　2—火药；　3—点火器；　4—导管；　5—喷嘴

点火器的点火压力,主要取决于点火空间和喷嘴喉径的大小以及装药量的多少。点火压力要大于火药的稳定燃烧压力,火药的稳定燃烧压力一般为 3～4 MPa,点燃主装药的峰值压力一般要求小于 10 MPa,从点火器通电到主装药开始燃烧约 0.1 s,这说明固体发生器具有良好的启动特性。由于主装药燃烧产生的气体温度高达 1 200℃,所以热防护是其主要的问题,一般金属很难长期承受,因此对飞行时间不长(一般小于 30 s)、惯性负载较小的导弹(如 SA - 7,TOR 等),由发生器、燃气控制阀、作动筒等组成的热燃气伺服系统控制导弹的姿态。由于热燃气伺服系统体积小、质量轻、结构简单,随着热防护问题的不断解决,工作时间会越来越长,有着广泛的应用前景。

对于大中型导弹,由于工作时间长(一般大于 50 s),负载力矩大,直接应用热燃气伺服系统有一定的困难,所以一般都不直接使用热燃气推动作动筒,而是经过某种转换,如用热燃气吹动涡轮,涡轮带动液压泵旋转使其先转换成压力能,然后再根据需要再转换成其他形式的能,因此热气源一般都用做初级能源。

3. 冲压空气源

凡是采用冲压发动机作为动力装置的导弹均可利用进气道中的冲压空气作为工质。利用冲压空气做动力源的要求如下：

(1)冲压空气压力未满足要求以前,必须有初级能源；

(2)冲压空气满足要求时,应能及时地进行切换,用冲压空气代替初级能源工作,如图 4 - 131所示。

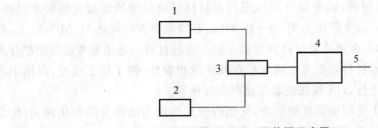

图 4 - 131　双能源示意图

1—冲压空气；　2—燃气发生器；　3—切换阀；　4—涡轮泵；　5—管路

4.5.3.2　气源的特点与应用

1. 气源的优点

(1)工作介质是气体,不管是贮存气体还是冲压空气,气体来源方便,工作时气体直接排出弹外,不会对其他设备造成污染；

(2)气体黏性系数小,因此在管路中流动时压力损失小；

(3)系统简单,可靠性高;

(4)可直接利用气压信号完成各种复杂的动作;

(5)易于实现快速的直线往复运动、摆动和转动,调速方便;

(6)环境适应能力强,特别是在强磁、辐射、静电、湿热、冲击、振动、离心等恶劣的场合下能可靠地工作。

2.气源的缺点

(1)气体有弹性,可压缩,因此当负载发生变化时,传递运动不够平稳、均匀,刚性较差;

(2)传递效率低,不易获得很大的力或力矩;

(3)噪声较大;

(4)对热气流还要考虑热防护问题;

(5)受环境温度影响较大。

3.气源的应用

(1)可直接给舵机提供气体,把气体的压力能转换成为机械能,使舵面偏转,即气动舵机;

(2)可用于吹动涡轮,使涡轮高速旋转并带动液压泵或发电机,或两者兼而有之,将气体的压力能转换成为液压能或电能,即涡轮泵发电机能源系统;

(3)可直接给油箱供气,将油箱里的液压油挤到舵机里去供舵机工作,将气体的压力能转变成液压能然后再转变成机械能,即挤压式能源;

(4)可给油箱增压,使油箱变为增压油箱,确保泵的充填性能,使之工作更加可靠;

(5)可给蓄压器充气,使蓄压器成为吸收液压冲击和瞬时补充能量的装置。

4.5.3.3　气源的设计与计算

对冷气源来讲,其关键是气瓶设计;对热气源来讲,其关键是气体发生器的设计。

1.气瓶的设计与计算

(1)明确对气瓶的设计要求。

气瓶在充灌状态下长期贮存不允许漏气,但是在长期贮存条件下,由于材料老化等因素的影响,总有一定量的漏气,因此一般规定在一定的时间内(不考虑环境温度对气体的影响)气瓶内的压力应保持在一定的范围内,因此对气瓶所用的密封材料及焊缝的焊接质量要求很高。为了减少充灌气体的体积,一般充灌压力为 35～40 MPa,有特殊要求的可达 70 MPa 以上,故气瓶的材料均采用高强度的合金钢或者是高强度铝合金。密封材料的选用要考虑长期贮存时的老化问题,气瓶材料与密封材料还要考虑到与贮存气体的相容性,便于加工成型,焊接工艺要好,焊缝质量一般都要求进行 X 光探伤或者是超声波探伤等。

气瓶在充灌状态下,由于受环境温度的影响,气瓶内的充气压力随温度的变化较大,越是高压变化越大,因此要尽量采用惰性气体,气瓶要具备随时能检测瓶的压力。当气压小于某一规定值时,要进行适时补气;当气压超过某一规定值时,气瓶要有自动放气装置,随时进行放气,确保气瓶的安全与可靠。

(2)确定气瓶容积。气瓶的终压应由工作压力来确定,如果工作压力为 p 的话,考虑到压力损失,一般要高出 $0.25\%～0.5\%$。

气瓶的终压压力为

$$p_2 = p + \Delta p \tag{4-44}$$

由理想气体状态方程得到气瓶的初始状态为

$$p_1 V_1 = m_1 R T_1 \tag{4-45}$$

气瓶供气结束后，气瓶内剩余气体的状态方程为

$$p_2 V_2 = m_2 R T_2 \tag{4-46}$$

油箱里的状态方程为

$$pV = mRT \tag{4-47}$$

由式(4-45)得

$$m_1 = \frac{p_1 V_1}{R T_1} \tag{4-48}$$

由式(4-46)得

$$m_2 = \frac{p_2 V_2}{R T_2} \tag{4-49}$$

由式(4-47)得

$$m = \frac{pV}{RT} \tag{4-50}$$

气瓶里气体的初始质量 m_1 应该等于气瓶剩余气体的质量 m_2 和油箱里的气体质量 m 之和。由式(4-48)、式(4-49)、式(4-50)得

$$m_1 = m_2 + m \tag{4-51}$$

即

$$\frac{p_1 V_1}{R T_1} = \frac{p_2 V_2}{R T_2} + \frac{pV}{RT} \tag{4-52}$$

经变换整理以后得

$$V_1 = \frac{pV(c_1 / c_2)}{c_2 p_1 - (p + \Delta p)} \tag{4-53}$$

式中　　V_1——气瓶的容积(L)；

　　　　p——贮箱的工作压力(MPa)；

　　　　V——贮箱的体积(L)；

　　　　p_1——气瓶的初始压力(MPa)；

　　　　R——气体常数；

　$p + \Delta p$——气瓶的终压压力(MPa)；

　　　Δp——减压阀的压力损失一般为 $0.25 \sim 0.5$ MPa；

　c_1，c_2——为修正系数。系数选取见表 4-8。

表 4-8　c_1，c_2 数值选取表

p_1 / p_2	10	7	4	2
c_1	0.55	0.60	0.70	0.82
c_2	0.75	0.80	0.87	0.90

(3) 适当选取气瓶的外形尺寸。导弹上常见的气瓶形状有球形和环形两种。气瓶的外形尺寸要依据弹体所给定的空间适当选取，既要充分利用空间又要在保证工作安全可靠性的前提下，使气瓶的体积最小、质量最轻，又要便于成形加工。

从质量观点来看，球形气瓶受力最好，与其他形状相比其结构质量最轻，如果空间允许的话最好采用球形气瓶。而环形气瓶受力较差，质量较大，但从部位安排来讲，易于充分利用弹

体空间,因此也经常采用。

(4) 确定气瓶的壁厚

球形气瓶的壁厚按下式计算:

$$\delta = \frac{pd}{4\sigma_b\psi - p} \tag{4-54}$$

式中　δ——气瓶的壁厚(mm);

　　　p——气瓶内的计算压力(MPa);

　　　d——气瓶的内径(mm);

　　　σ_b——气瓶的材料强度极限(MPa);

　　　ψ——焊缝强度削弱系数。气瓶属高压容器,安全系数较大,一般选取 2 ~ 2.5。

内径 d 可根据已确定的气瓶容积求得

$$V_1 = \frac{1}{6}\pi d^3 \tag{4-55}$$

$$d = \sqrt[3]{6V_1/\pi}$$

$$\delta = \frac{p\sqrt[3]{6V_1/\pi}}{4\sigma_b\psi - p} \tag{4-56}$$

环形气瓶的壁厚按下式计算:

$$\delta = \frac{pd}{2\sigma_b\psi - p} \tag{4-57}$$

式中　δ——环形气瓶的壁厚(mm);

　　　p——气瓶内的计算压力(MPa);

　　　d——圆环小圆直径(mm);

　　　D——圆环大圆半径(mm);

　　　σ_b——气瓶的材料强度极限(MPa);

　　　ψ——焊缝强度削弱系数。

2.气体发生器的设计与计算

(1)明确固体发生器设计要求。

1)发生器是产生高温高压燃气的装置。为了保证发生器可靠工作,减小体积和质量,发生器的壳体材料一般选用高强度的合金钢或者是高强度的钛合金。

2)双基药、复合药均可做发生器的主装药,但要求火药燃烧温度越低越好,燃速不易太高,目前国内几种缓燃火药,燃温一般在 1 200℃左右(实测温度),燃速一般在 2~5 mm/s。

3)由于发生器属高温高压容器,因此要采取特殊措施,绝对不允许漏气,确保系统可靠工作。

4)由于固体火药受温度影响大,所以要求燃料的燃烧速度的敏感性要小,低温时要保证能正常点火并且点火延迟时间小。

5)由于火药受高、低温影响较大,装药时为了保证工作时间的要求,药柱的总长要按高温时的燃速考虑;为了满足低温时的功率要求,应按低温燃气流量考虑装药。根据实际经验,高、低温功率相差近一倍,因此在总体设计时要采取必要措施,使之高、低温均能正常工作,如有的采用保温措施,有的则采用放气喷嘴等措施。

(2)发生器主装药的选择。

1)发生器的主装药一般选低温缓燃均质的双基火药,火药的燃烧温度越低越好,在相同功率的情况下燃速越低越好,这样可在相同的工作时间内,减少药柱的长度和质量。

2)火药的温度敏感系数越小越好,火药的温度敏感系数一般为$(0.03\%)/℃$(在 6 MPa,$-40\sim60℃$ 条件下)。

3)火药的临界燃烧压力一般为 3~4 MPa,火药的工作压力只要大于临界燃烧压力就行,一般火药的工作压力为 5~7 MPa,点火峰值压力一般小于 10 MPa。

4)一般发生器的主装药采用端面燃烧,为点火可靠,药面上开有环形槽。

5)发生器的功率计算

$$N_f = \frac{N_b}{\eta_b \eta_w} \tag{4-58}$$

式中　N_f—— 发生器的功率(kW);

　　　N_b—— 泵的输出功率(kW);

　　　η_w—— 涡轮效率;

　　　η_b—— 泵的效率。

(3) 发生器的喷嘴选择。发生器的喷嘴要能承受高温高速气体的冲刷,因此多采用耐热材料制成,工作时间短的(小于 20 s)喷嘴,材料可选用耐热不锈钢;工作时间长的(大于 50 s)可选用钨渗铜或钨钼合金,钨渗铜因加工性能好,又耐热、耐冲刷,因此应用较多。

在发生器的工作压力和喷嘴的出口压力选定以后,喷嘴的面积比可用下式求得

$$f = \frac{F_c}{F_{kp}} = \frac{(2/\kappa + 2)^{1/(\kappa-1)} - (p_0/p_c)^{1/\kappa}}{\frac{\kappa+1}{\kappa-1}[1 - (p_c/p_0)^{(\kappa-1)/\kappa}]} \tag{4-59}$$

式中　F_c—— 喷嘴的出口截面积(mm^2);

　　　F_{kp}—— 喷嘴的临界截面积(mm^2);

　　　p_c—— 喷嘴的出口压力(MPa);

　　　p_0—— 喷嘴的燃烧室压力(MPa);

　　　κ—— 气体的绝热指数。

(4) 燃气的绝热功

$$L_g = \frac{\kappa}{\kappa-1}RT[1 - (p_c/p_0)^{(\kappa-1)/\kappa}] \tag{4-60}$$

式中　R—— 气体常数;

　　　T—— 火药燃烧温度(K)。

(5) 喷嘴的质量流量

$$\dot{m}_p = \frac{XF_{kp}p_0}{\sqrt{RT}} \tag{4-61}$$

式中　$\dot{m}_p$—— 喷嘴的质量流量(kg/s);

　　　X—— 修正系数。

(6) 发生器的气体生成量

$$m_f = \nu u S \tag{4-62}$$

式中　m_f—— 发生器的气体生成量(kg/s);

　　　ν—— 火药的密度(kg/cm^3);

u——火药的线燃烧速度(cm/s);

S——火药的燃烧面积(cm^2)。

4.5.4 液压源的总体设计

4.5.4.1 分类、组成及工作原理

凡是用液体作为工质来传递力和控制信号的动力源称之为液压能源系统,简称液压源。液压源属于二次能源,它的初级能源有电源、气源等。如气瓶挤压式液压能源、冷气涡轮泵液压能源和热燃气涡轮泵液压能源等。

1.开式液压源

开式液压源原理组成如图 4-132 所示。

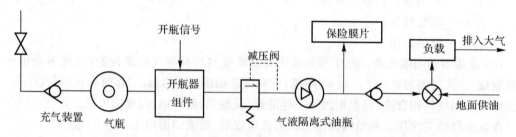

图 4-132 挤压式液压源工作原理框图

2.泵式液压源

泵式液压源原理组成如图 4-133 所示。

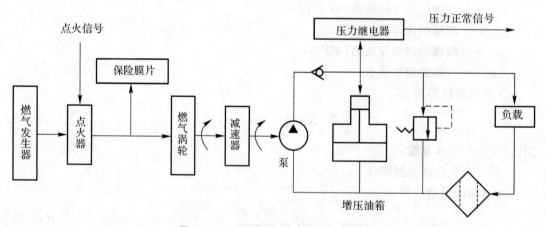

图 4-133 泵式液压源工作原理框图

4.5.4.2 液压源的特点与要求

(1)液压源的优点。

1)能获得较大的传动力及传动功率,单位质量传递的功率大,当传动功率相同时,采用液压传动可减轻质量,缩小体积;

2)与电源、气源相配合,可实现多种自动循环控制;

3)速度、扭矩、功率均可实现无级调速,运动比较平稳,便于实现平稳地换向,易于吸收压力脉动和冲击,调速范围较宽,快速性较好;

4)能自行润滑,磨损较小,使用寿命长,液压元件易于实现通用化、标准化,从而可缩短设计和制造周期,降低成本。

(2)液压源的缺点。

1)由于泄漏难以避免,因而影响工作效率;

2)元件的制造精度要求高,加工比较困难;

3)油温及黏度变化较大,直接影响到系统的工作性能;

4)系统调整和维护的技术要求较高。

(3)对液压能源的要求。

液压能源除了满足系统的压力流量要求以外,还应满足以下要求:

1)保持油液的清洁度,一般为 $5\sim10~\mu m$;

2)防止空气混入系统,空气进入系统后则将使系统工作不稳定,并使快速性降低,再则容易产生气穴,使泵不能正常工作;

3)注意油液油温温升,油温太高易缩短油液寿命,如 10 号航空油在温度 $125\sim140\,^{\circ}\!C$ 时,油液寿命为 50 h;

4)尽量减小液压泵输出流量的脉动及负载流量变化对油源压力的影响,保持电源压力恒定,油源压力脉动频率应高于系统的谐振频率。

4.5.4.3　液压源的主要部件及功能

(1)液压泵。液压泵是系统的能量转换装置,即将机械能转换成液压能。防空导弹上一般使用轴向柱塞泵,体积小、质量轻、噪声小、效率高。

(2)油箱。油箱主要用于贮油、散热、分离油液中的杂质和空气,为保证泵的充填性能,防空导弹使用的油箱多为增压油箱,增压油箱主要有两种,一种是活塞式油箱,一种是皮囊式油箱。

(3)油滤。油滤用于滤除油液中的杂质。如果油液不干净,直接影响舵机的正常工作,有可能使舵机卡死,一般滤油净度为 $5\sim10~\mu m$。

(4)单向阀。单向阀用于防止高压管路中的油液倒流。此阀一般设置在泵的出口处。

(5)蓄压器。蓄压器是贮存和释放液体压力能的装置,其功能有三个:

1)吸收系统的冲击压力,消除脉动现象;

2)补偿泄漏,保持系统压力;

3)瞬时补充流量,满足负载速度要求。

防空导弹上一般采用皮囊式蓄压器,油气分离,反应迅速,尺寸小,质量轻,皮囊里的气体一般为惰性气体(氮气或氦气),也有采用干燥空气的。

(6)溢流阀。溢流阀用于控制系统的压力,当系统的压力未达到工作压力时,此阀处于关闭状态,随着压力不断升高,当达到工作压力时,此阀打开,油液全部从此阀泄掉,此时系统压力就维持在一定的范围内。因此溢流阀的启闭特性很重要,直接影响到系统的动态特性。

4.5.4.4　液压源的设计与计算

1.工况分析

对液压能源系统的设计来讲,归根结底是确定系统的压力和流量,也就是说确定系统的输出功率,如图 4-134 所示。

图中曲线 1 为能源的流量-压力曲线,曲线 2,3,4 为负载曲线。由图可见,曲线 1 与负载曲线 2 相切于 b 点,即能源的最大输出功率点与负载曲线的最大功率点相重合,并且满足下式:

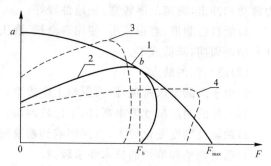

$$F_b = \frac{2}{3} F_{max} = \frac{2}{3} p_1 A_0 \qquad (4-63)$$

式中 F_b—— 最大功率点处的负载力(N);

p_1—— 作用在活塞上的压力(亦即舵机入口压力)(MPa);

A_0—— 活塞面积(cm^2)。

图 4-134 负载与能源功率匹配曲线

满足以上两个条件,则认为两者是最佳匹配。曲线 3 表明能源的流量不足,不能满足系统的快速性要求;曲线 4 表明能源的输出压力不足,不能满足最大负载力的要求。因此能源的设计任务就是依据负载曲线及负载速度,确定能源系统的压力和流量曲线完全包容负载曲线,并使两者处于最佳匹配状态。

弹上能源系统在设计初步阶段,仅只能知道某些特征点,如图 4-134 所示中的 a 点为最大空载流量,b 点为最大功率点的负载力和负载速度。因此要设计出一个完好的能源系统有一定的困难,特别是对定量泵 — 蓄压器组成的能源系统,如何正确地分配泵和蓄压器的流量是一个优化设计问题。如果能知道舵偏速度 $\dot{\delta}$ 与工作时间 t 的运动规律,如 $\dot{\delta} = \delta_0 \omega \cos \omega t$,则就能合理地分配泵和蓄压器的流量。如果参数选择得合理,舵偏速度要求合理,流量分配得当,则可使系统结构质量降低,体积减小,降低能源消耗,改善系统的动态特性和静态品质,提高液压刚度,使系统能稳定、有效地工作。如美国的"潘兴"导弹,对一个舵机来讲,泵只提供 2 L/min 的常值流量,而蓄压器则要瞬时提供 7.5 L/min 流量。

2. 系统压力的选择

系统压力是指泵的出口压力。出口压力选取时除了需保证负载的入口压力以外,还要考虑管路中的压力损失,以及管路中的回油压力,由下式表示:

$$p_x = p_1 + \Delta p_2 + p_3 \qquad (4-64)$$

式中 p_x—— 系统压力,由泵负责提供(MPa);

p_1—— 负载的入口压力(MPa);

Δp_2—— 管路中的压力损失(MPa);

p_3—— 回油管路中的压力(MPa)。

弹上能源系统压力一般为 21 MPa,采用高压系统的主要优点是,在相同的输出功率条件下,由于压力高可减小流量,可选择尺寸小、质量轻的元件组成系统,使系统结构紧凑,质量轻。

3. 确定负载力

负载力是指作用在活塞上的外力之和,由下式表示:

$$\sum F = F_1 + F_2 + F_3 \qquad (4-65)$$

或

$$\sum M = M_1 + M_2 + M_3 \qquad (4-66)$$

式中　$\sum F(\sum M)$ —— 负载力(矩),$(N,(N \cdot m))$;

　　　$F_1(M_1)$ —— 作用在舵面上的铰链力矩所产生的力(矩),$(N,(N \cdot m))$;

　　　$F_2(M_2)$ —— 惯性力(矩),由转动部件做加速运动时产生,$(N,(N \cdot m))$;

　　　$F_3(M_3)$ —— 摩擦力(矩),$(N,(N \cdot m))$。

作用在活塞上的液压力由泵提供,只要作用在活塞上的液压力大于活塞上的负载力,活塞就可以运动。

4. 系统流量的确定

系统流量是指空载时为满足负载速度的要求,能源所应提供的最大流量,由下式表示:

$$q_{\max} = \sqrt{3} \sum A_0 v_b + q_x \tag{4-67}$$

式中　$q_{\max}$ —— 系统所应提供的总流量(L/min);

　　　A_0 —— 单个活塞面积(cm^2);

　　　v_b —— 活塞的负载速度(mm/s);

　　　q_x —— 泄漏量(L/min)。

5. 确定泵的功率

泵的输出功率由下式表示:

$$N_p = \frac{p_x q_p}{612} \tag{4-68}$$

式中　N_p —— 泵的输出功率,是选择其他形式初级能源的依据(kW);

　　　p_x —— 泵的出口压力(MPa);

　　　q_p —— 泵提供的常值流量(L/min)。

4.5.5　弹上能源设计要求

1. 对电源系统要求

采用热电池的能源要求,需规定热电池的种类、电池个数、热电池的激活时间、点火安全电流、可靠激活电流、电源电压输出的电压范围、供电电流、供电时间及电压的波纹要求,电源电压输出回路的内阻要求、发射装置电源和导弹电源的切换方式等。在导弹发射指令到来前,电源组件应能可靠传输发射装置提供的各路电源;在导弹发射指令到来时,由机上直流+27 V激活弹上电源的电池(根据需要,有的导弹同时激活引信电源的电池);在判断电池各路电压正常后,电源组件应输出"电池电压正常"信号分别送往发射装置和舵机;当导弹分离插头脱离发射装置时,应可靠实现机、弹供电转换。

采用涡轮发电机的电源系统由涡轮发电机、谐振回路及供电电路组成。导弹采用的涡轮发电机是属于单相高频定子磁通可换向的感应子式永磁发电机,其动力源是燃气发生器。对该电源的要求:为了导弹供电多种类需要的变换,要求输出的交流电频率较高,如5 300~7 000 Hz。要求输出的交流电压转换为直流的各种电压(对应的电压、电流要求),另外当燃气压力波动时要求谐振回路能稳定发电机的电压和频率。

2. 对燃气源要求

对燃气源的要求包括电点火器点火电流、保证导弹制导正常工作时间、工作压力范围、起始压力峰值和达到第一个压力峰值的时间、从点火开始到压力达到正常压力的时间和要求。

3.对冷气源要求

对冷气源的要求包括气源介质(根据导弹需要选择氮气或氦气或空气或氩气等)、气源压力范围、供气介质露点、洁净度要求、最大供气量、连续供气时间的要求。

思考题与习题

1.火箭发动机的性能可用哪些主要参数来表征？为什么？

2.从性能、结构、使用方便性等方面比较固体和液体火箭发动机的优、缺点。

3.选择空气喷气发动机或火箭发动机的依据及其理由是什么？选择空气发动机和火箭发动机的类别(涡喷或冲压;液体或固体火箭发动机)需考虑哪些因素？

4.爆破战斗部毁伤目标的机理是什么？冲击波超压和比冲量的定义是什么？

5.杀伤战斗部毁伤目标的机理是什么？为杀伤目标，它需要满足哪些条件？如杀伤战斗部的装填系数 $K_a = 0.5$，装药为 TNT 炸药，破片质量 $m_f = 10$ g，目标与导弹的速度比 $v_t/v = 1$，尾后(进入角为零)攻击目标，为杀伤目标所要求的打击动能为 2.5×10^3 N·m 时，高度为 5 km 时的杀伤半径是多少？

6.对空中目标、地面软目标和装甲目标(硬、点目标)一般选择哪种战斗部？为什么？

7.攻击固定目标的现代巡航导弹，其制导系统一般选用哪种类型？为什么？末段加景象匹配的作用与理由是什么？

8.适用于攻击活动目标的无线电指令制导与寻的制导各有哪些优、缺点？TVM 体制有哪些优点？为什么？还存在哪些缺点？

9.红外寻的制导与雷达寻的制导相比，有哪些优点和缺点？近距格斗空空导弹为什么大多采用红外寻的制导？

10.采用初始制导与末制导的原则是什么？如中制导(惯性制导)的制导误差不能保证末制导(寻的制导)截获目标时，可采取哪种措施来解决？

11.确定导弹的飞行特性(射程、飞行速度和使用高度)时有哪些考虑？欲设计一种反舰导弹，其主发动机采用冲压发动机，试问其适宜的巡航高度和特征点速度(助推器工作结束时的速度和巡航速度)应是多少？为什么？

12.导弹翼面部位安排与结构形式选择时考虑哪些问题？

14.如何进行各设备舱的布局和结构形式选择？

14.导弹级间分离有哪些方式？各种方案的优、缺点是什么？

15.弹上能源的类型有哪些？进行能源选择时需要考虑哪些因素？

16.某型导弹能源系统采用挤压式能源，已知油箱的体积 $V = 2$ L，油箱的工作压力 $p = 18$ MPa，气体的初始温度 $T = 17℃ = 290$ K，气瓶的初始压力 $p_1 = 45$ MPa，求气瓶的容积。

17.已知某气体发生器泵的常值体积流量 $q_p = 35$ L/min；泵的效率 $\eta_p = 0.85$；涡轮效率 $\eta_w = 0.25$；工作时间 30 s；发生器火药参数为：$R = 39.6$；$T = 1473$ K；$\kappa = 1.26$；$u = 5.28$ mm/s；$p_0 = 6$ MPa；$p_c = 0.1$ MPa，求发生器各部分参数。

第5章 导弹构形设计

5.1 概 述

构形设计最终要为导弹提供完美的气动外形、合理的部位安排和轻而强的结构布局，它是导弹研制过程中首先遇到的系统设计问题，也是导弹方案设计工作中的一个重要组成部分。构形设计包括导弹的气动外形设计和部位安排与质心定位。

导弹外形设计是指优选导弹的气动布局，即优选弹体各部件（弹身、弹翼、舵面等）的相对位置，而后从导弹应具有良好的气动特性出发，综合考虑导弹布局、制导系统特性和结构特性等因素，确定弹体各部件的外形参数和几何尺寸。部位安排与质心定位的任务是将弹上有效载荷（引信、战斗部）、各种设备（导引头、惯导设备、弹上计算机等）、动力装置（如发动机）及伺服系统（如舵机、操纵系统）等，进行合理的安排设计，使其满足总体设计的各项要求。

导弹外形设计是导弹系统设计中涉及面广、综合性强、难度大的工作之一。只有结合导弹部位安排的具体情况、弹上设备的类型及导弹巡航飞行平均速度、导弹可用过载、平衡攻角、静稳定度等主要设计参数；导弹质量、质心、转动惯量的数据；综合多种因素的影响，充分利用气动方面的成果和已有型号的经验，才能设计出先进的符合要求的气动外形。

部位安排与导弹外形设计是同时进行的，也是一项综合性很强的设计任务，它要与各方面反复协调、综合平衡、不断调整，才能将导弹外形与各部分位置确定下来；才能设计出导弹的外形图和部位安排图。基于外形设计和部位安排三维视图计算得到的气动性能与质量、质心、转动惯量等，作为导弹各系统设计的总体参数依据。

5.1.1 构形设计的要求

构形设计必须满足如下具体要求：

(1)满足导弹战术技术指标和弹上各系统工作要求；

(2)充分利用最佳翼身干扰、翼面间干扰以及外挂物与翼身的干扰，设计出最大升阻比的外形布局，并保证在使用攻角和速度范围内，压力中心的变化尽可能小；

(3)在作战空域内，满足导弹机动性、稳定性与操纵性的要求；

(4)应使总体结构布局合理，减小弹体上的脉动压力及滚动力矩；

(5)通常要保证在最大使用攻角范围内，空气动力特性特别是力矩特性尽可能处于线性范围，减小非线性对系统带来的不利影响。随着近代大攻角的应用，研究适合于大攻角飞行的布局形式；

(6)外形设计应满足隐身要求，使雷达散射面积最小；

(7)便于发射、运输、贮存与实战使用；

(8)对于高超声速导弹，尤其是弹道导弹，外形设计要保证弹体所受的气动阻力最小及气动加热最低。

5.1.2 外形设计的流程

气动外形设计是构形设计中首要而困难的任务之一,它与导弹飞行性能的要求、制导控制的要求以及弹上各设备的关系十分密切。纵观国内外各型导弹的外形可以得知,导弹外形设计都不是单纯的气动设计,而是综合了多种因素反复协调与迭代的结果。外形设计与导弹各部分的关系如下:

1. 与导引头头罩设计的关系

头罩的形状、直径、长细比、钝度不仅影响到全弹的气动特性,尤其是超声速下的波阻特性,而且还影响到头罩的误差斜率。采用小钝度、大长细比头部,有利于减小阻力,但需进行头罩的误差斜率补偿设计。

2. 与控制系统设计的关系

气动外形设计与控制系统设计的关系极为密切,导弹外形设计历来就是随控布局设计。弹体作为控制系统的控制对象,其气动参数的特性与精度直接影响到控制系统的操稳特性、快速性和鲁棒性。

气动舵面的设计要保证在使用攻角和速度范围内,压力中心的变化尽可能最小;受舵机功率的限制,设计中要设法减小铰链力矩,提高快速性和操纵性。

控制系统设计和六自由度数字仿真及半实物仿真需要气动外形设计得到的各种飞行状态和控制姿态下的气动力与力矩参数。为了得到气动参数的三维描述,需要制订详细的风洞试验计划,以获得足够的气动数据,用风洞试验的气动数据进行数字和半实物仿真。

3. 与发动机设计的关系

气动力的阻力特性和弹径直接影响发动机推力特性和装药量,进而影响到导弹的飞行速度与动力射程,因此,外形设计应尽可能设法减小全弹阻力以减少发动机装药量。对于采用吸气式发动机导弹的外形设计来说,进气道的外形及布局形式对全弹的气动力特性和发动机的工作都有很大的影响,必须采用一体化设计方法对翼面和进气道进行一体化布局设计。

4. 与引战系统的关系

气动力面位置的确定既要满足气动性能的要求,又要避免遮挡或者压住引信天线(或者窗口)和战斗部,而影响引信正常工作和战斗部的杀伤效率。

5. 与全弹结构强度设计的关系

气动设计中以气动集中载荷、分布载荷、热载荷提供给结构静强度设计,将气动弹性非定常气动力提供给结构进行颤振与伺服气弹分析。

6. 与发射装置设计的关系

对机载导弹来说,气动设计向发射装置提供挂机时弹、架气动集中与分布载荷,以进行发射装置结构设计。

7. 与载机兼容性的关系

机载导弹的外形与尺寸首先要满足装挂时的限制要求,弹长、翼展、舵展直接影响到挂机方式、装弹量和载机的隐身能力。导弹在挂机时,要分别分析导弹对载机的操稳特性、颤振边界、对爬升率的影响,载机对导弹离机姿态和初始轨迹的发射安全性影响。

8. 与飞行性能设计的关系

气动性能直接影响到飞行性能,需要进行数字仿真以验证是否达到飞行性能指标要求,进而优化气动外形设计。

　　可以看出,气动外形设计与各部分的设计是一个迭代的过程,需要多次反复才能完成,设计者需要具有较全面的知识和综合能力,以便设计出一种能满足飞行性能要求且与制导、控制相匹配,简单、高效的气动外形方案。

　　导弹气动外形设计的流程如图 5－1 所示。

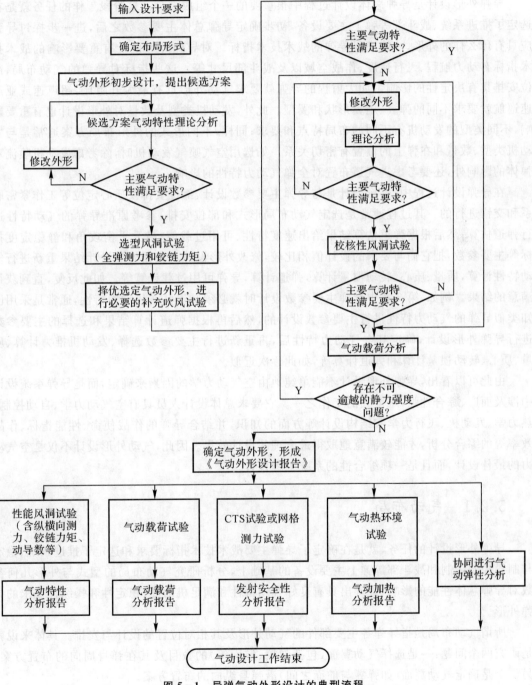

图 5－1　导弹气动外形设计的典型流程

5.2 导弹外形设计

导弹外形设计是导弹总体设计过程中很重要的一个组成部分。这阶段工作的任务就是在选定了推进系统、战斗部等弹上主要设备,初步确定导弹总体主要参数之后,进一步探讨导弹应具有什么样的外形,才能满足导弹的战术技术指标。对导弹外形设计有重要影响的战术技术指标有动力航程、飞行速度、作战空域以及战斗部尺寸等。这些指标对导弹的气动布局、部位安排具有决定性的影响。如大射程的导弹就要求气动外形具有最大升阻比,超声速或亚声速巡航就要求不同的弹翼、尾翼形状和翼型。此外,发动机类型及数量对外形设计也有重要影响,不同类型的发动机有不同的布局特点和要求;同样,不同形式的外形布局方案通常是与发动机类型、数量和在弹上的位置有密切关系。如选用空气喷气发动机时,除考虑发动机喷流对弹体的影响外,还要考虑进气道布置对全弹气动力特性的影响。

在导弹设计过程中,外形设计是与导弹主要参数设计、部位安排及质心定位等工作紧密联系和交错进行的。其过程通常是选定气动布局形式和部位安排;参考原准导弹的气动特性进行弹道估算;然后根据弹道估算结果给出速度特性、可用过载值、最大平衡攻角和静稳定度指标等主要参数,把它们与要求的设计值相比较,修改外形设计。根据外形设计结果重新进行气动特性计算,质量、质心、转动惯量计算,弹道计算,导弹可用过载计算等。如此反复,直到获得满意的结果。例如,第3章中导弹主要参数设计时就必须知道其空气动力特性,通常是采用已知类似导弹的气动力特性进行主要参数设计的,然后再根据弹道计算结果和选择的主要参数进行导弹外形设计,确定其空气动力特性后,再重新进行主要参数选择、发动机推力计算、质量、质心、转动惯量计算和弹道计算等,如此逐次近似。

由此可以看出,导弹外形设计不能单纯地由空气动力学的因素来确定,而是导弹系统设计中涉及面广、综合性强,难度大的工作之一。它要求总体设计人员具有空气动力学、自动控制、热力学、发动机、飞行力学和结构设计等方面的知识,并结合导弹的作战使命、性能指标、作战效率等的综合分析,才能较满意地取得最合理的设计效果。因此,气动外形设计不仅是空气动力的最佳设计,而且是一项综合性的系统工程设计。

5.2.1 气动布局

导弹外形设计的任务,就是在确定了导弹主要战术技术指标要求和选定了推进系统、稳定与制导控制体制和战斗部等弹上主要设备的基础上,分析研究气动布局的型式与外形几何参数对导弹总体性能的影响,设计出具有良好气动特性和满足机动性、稳定性和操纵性要求的导弹外形。

所谓气动布局是指导弹各主要部件的气动外形及其相对位置的设计与安排。具体来说就是研究两个问题:一是选择气动翼面(包括弹翼、舵面等)的数目及其在弹身周向的布置方案;另一个是确定气动翼面(如弹翼与舵面之间)沿弹身纵向的布置方案。

衡量各种气动布局优劣的标准,对于不同类型的导弹是不同的,如反飞机的地空导弹和空空导弹,攻击的是高速的活动目标,要求导弹的机动性高,操纵性好。同时,由于导弹本身的飞行速度很大,一般是超声速或高超声速,阻力对燃料消耗量的影响很大,应力求导弹外形具有最小的阻力特性。近程反舰和反坦克导弹对付的是低速运动的活动目标,要求导弹具有良好的机动性和稳定性,控制系统结构简单,气动特性上并无过高的要求。而对中远程巡航导弹来说,则要求导弹具有良好的空气动力特性,升阻比大,横向稳定性好,发动机要有良好的进、排气与工作条件等。

5.2.1.1　翼面在弹身周侧的布置形式

弹翼的布置形式,根据其在弹身周侧的配置有两种不同方案:一种是平面布置方案(亦称飞机式方案,面对称翼面布置方案),这一方案的特点是导弹只有一对弹翼,对称地配置在弹身两侧的同一平面内,如图 5-2 所示;另一种是空间布置方案(亦称轴对称翼面布置方案),这种方案包括的各种形式,如图 5-3 所示。

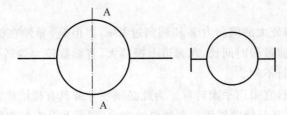

图 5-2　平面布置方案

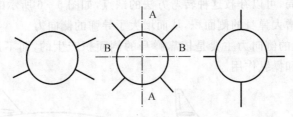

图 5-3　空间布置方案

下面分别介绍这两种布置方案的特点。

1. 面对称翼面布置的特点

面对称翼面布置是由飞机移植而来的,它有阻力小、质量轻、倾斜稳定性好等特点,这一点对远程导弹的意义很大;其次,这种布局的导弹,其升力方向(亦即导弹对称面)始终对着目标,所以战斗部可采用定向爆炸结构,使质量大为减轻;第三,这种弹翼布置在载机上悬挂方便。但面对称布置的导弹侧向机动性差。这种布置在转弯时可采用下述办法:

(1)平面转弯。导弹转弯时不滚转,转弯所需的向心力由侧滑角 β 产生,同时推力在 Z 方向也有一分量(见图 5-4)。

在这种情况下,导弹在空间飞行时同时有攻角 α 和侧滑角 β,这两个角度的大小靠方向舵及升降舵的偏转来保证。这种转弯方法可以简化控制系统,但所产生的侧向力 Z 很小,侧向过载 n_z 也很小,故只能作平缓的侧向转弯,而不能作急剧的侧向机动。对于飞航导弹,当目标固定或速度不大时,由于不必在水平面内作急剧的机动动作,侧向力只起修正作用(因可能有航向导引误差及侧风),在这种情况下可以应用平面转弯。

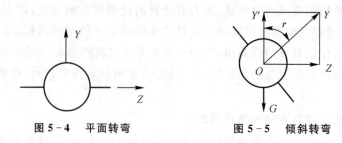

图 5-4　平面转弯　　　　　　　图 5-5　倾斜转弯

（2）倾斜转弯（协调转弯）。导弹转弯前先作滚转动作，即通过副翼，产生一个滚转力矩，导弹滚转一个 γ 角之后，使升力 Y 偏转的同时产生侧向力 Z（见图 5-5），至于升力的大小，则可以由攻角 α 来调整。这种转弯是通过副翼和升降舵同时协调动作来实现的，故称之为协调转弯。

倾斜转弯可以获得较大的侧向力 Z 和侧向过载 n_Z。但是，导弹在机动飞行过程中，要做大角度的滚转运动，过渡过程时间长，在弹道上振荡大，将导致较大的制导误差，给控制系统设计带来困难，对掠海飞行不利。

为了简化控制系统，宜采用平面转弯。为此必须使导弹具有横滚稳定性，转弯只靠升力 Y 及侧向力 Z，此时，副翼只起辅助作用。在倾斜转弯中，副翼及升降舵都要起主要作用；至于方向舵则只起到保证不发生侧滑的作用。

适当选择气动布局，可以补救这种转弯方法的缺点，如图 5-6 所示的两种发动机布局，由于充分利用了发动机增大弹身的侧面积，从而增大了导弹的侧向力。

应当注意，弹体上的侧向力主要是依靠弹身的侧面积产生的，而不是依靠垂直尾翼产生的。垂尾主要起稳定和操纵作用。

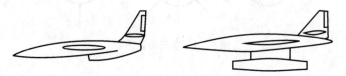

图 5-6　发动机的两种布置方案

对于反飞机导弹，因在各个方向都要求较大的需用机动过载，故平面转弯不能满足这种要求，此时只能采用倾斜转弯技术，即 BTT 控制（Bank-to-Turn）技术。BTT 控制导弹的特点是，在控制导弹截击目标的过程中，随时控制导弹绕其纵轴转动，使导弹合成法向加速度矢量总是落在导弹的最大升力面内（对飞机型导弹而言，指图 5-2 中的 A—A 平面，对"×"字形导弹而言，指图 5-3 中的 A—A 面和 B—B 平面，也称为有效升力面）。

BTT 控制可以分为三种类型：BTT-45，BTT-90，BTT-180。它们三者的区别是，在制导过程中，控制导弹滚动的角度范围不同，分别为 45°，90°，180°。其中，BTT-45 控制型，仅适用于×字形或＋字形布局的导弹。BTT 系统控制导弹滚动，从而使得所要求的法向过载落在它的有效升力面内。由于两个对称面的导弹具有两个相互垂直的有效升力面，如图 5-3 所示，所以，在制导过程中的任一瞬间，只要控制导弹滚动小于或等于 45°，便可实现所要求的法向过载与有效升力面重合的要求，从而使导弹以最大法向过载飞向目标。

BTT-90，BTT-180 两类控制均是用在面对称布置（飞机型）的导弹上。这种导弹只有一个有效升力面,即与弹翼垂直的对称面。欲使所要求的法向过载方向落在有效升力面内,控制导弹滚动的最大角度范围为±90°或±180°。其中 BTT-90 导弹具有产生正、负两个方向攻角,或正、负两个方向升力的能力;而 BTT-180 导弹仅能提供正向攻角或正向升力。这一特性往往与导弹配置了冲压式发动机有关。

轴对称布置的导弹所用的控制方案与 BTT 控制不同。导弹在飞行过程中,保持导弹相对纵轴稳定,控制导弹在俯仰和偏航两个平面上产生相应的法向过载,其合成法向过载指向控制规律所要求的方向。为了便于与 BTT 加以区别,称这种控制为侧滑转弯 STT(即 Skid-to-Turn的缩写)。

BTT 与 STT 导弹控制系统比较,其共同特点是两者都是由俯仰、偏航、滚动三个通道的控制系统组成的,但各通道具有的功用不同。表 5-1 列出了 BTT 与 STT 导弹控制系统的组成与各个通道的功用。

BTT 导弹与 STT 导弹相比,在改善与提高战术导弹的机动性、飞行速度、作战射程和命中精度等方面均有优势,也提高了导弹与冲压发动机的兼容性。

从气动外形设计的角度来看,BTT 导弹为了获得最大的升力,应该摒弃传统的 STT 导弹轴对称的设计思想,而采用非周向对称的气动布局,非轴对称气动外形,大攻角非线性气动设计,并充分利用涡升力以提高可用过载。

表 5-1　BTT 和 STT 导弹控制系统的组成

类别	STT	BTT-45	BTT-90	BTT-180
俯仰通道	产生法向过载,具有提供正、负攻角的能力	(同 STT)	(同 STT)	产生单向法向过载,具有提供正攻角的能力
偏航通道	产生法向过载,具有提供正、负侧滑角的能力	(同 STT)	欲使侧滑角为零,偏航必须与倾斜协调	(同 BTT-90)
滚动通道	保持倾斜稳定	控制导弹绕纵轴滚动,使导弹合成法向过载落在最大升力面内,最大倾斜角为45°	控制导弹滚动,使合成法向过载落在弹体对称面上,最大倾斜角为90°	(同 BTT-90)但最大倾斜角为180°
附注	适用于轴对称或两个对称面的不同导弹布局	仅适用于两个对称面的导弹	仅适应于面对称型导弹	(同 BTT-90)

采用 BTT 控制技术的导弹一般多采用一对弹翼,在较大攻角情况下,"一"字形弹翼提供的法向力明显大于"×"字形的两对弹翼,而阻力则明显小于两对弹翼的导弹,显然导弹气动性能的重要指标—升阻比将明显地提高了。

BTT 导弹弹身设计宜采用非圆截面(椭圆、矩形等)。因为弹身对升力的贡献主要取决于它的迎风面投影面积,而采用椭圆和矩形截面将会有效地增加弹身的迎风面投影面积。

在高 $Ma(Ma > 2)$ 和较大攻角($\alpha > 12°$)的情况下,弹身升力的贡献提高很快。

在 $Ma > 2$ 的情况下,弹身的位势流线性升力增加很快,并保持较稳定的数值。

在较大攻角情况下,弹身背风面基本全部产生了稳定的对称涡分离区。这个分离区越大,涡强越强,则弹身的非线性涡升力就越大。一般来说,它与弹身的迎风面投影面积成正比,与攻角的二次方成正比。

在截面面积相等的情况下,不难算出:采用长短轴比 $\frac{b}{a}=2$ 的椭圆截面比圆截面的弹身的涡升力贡献约提高 40%。如 $\frac{b}{a}=3$,则涡升力贡献约提高 70%。显然采用非圆截面弹身设计的思想是很引人注目的。

近些年来,国外在导弹的气动布局和气动外形研究设计中结合 BTT 控制技术做了大量的工作。它们研究和发展的思路是由 STT 普通轴对称布局和外形发展到圆柱形的单一平面系统,继而又对先进的融合系统和吸气式系统(采用冲压发动机)进行了大量的研究和试验。部分研究成果已运用到型号设计中,取得了良好的效果。系统发展示意图如图 5-7 所示。

采用冲压发动机的导弹,气动外形设计与进气道设计结合,可充分发挥 BTT 导弹与冲压发动机的优势。国外对吸气式系统(采用冲压发动机)进行了大量的气动、推进系统一体化设计的研究工作,如图 5-8 所示。

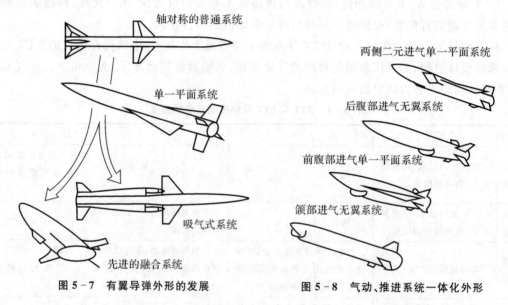

图 5-7　有翼导弹外形的发展　　　图 5-8　气动、推进系统一体化外形

2.轴对称翼面布置的特点

常用的轴对称翼面布置形式有"＋"字形布置方案(＋-＋形)、"×"字形布置方案(×-×形)和混合形布置方案(＋-×形),它们均为气动轴对称形式,其主要特点:

(1) 无论在哪个方向均能产生同样大小的升力,该力是通过飞行过程中控制舵面,获得相应的 α 角和 β 角而产生的,即各个方向都能产生最大的机动过载,因此在攻击活动目标的导弹上得到广泛应用。

(2) 升力的大小和作用点与导弹绕纵轴的旋转无关,即导弹无论如何旋转,升力的大小和作用点均不变。这一优点对掠海飞行的导弹尤为重要,也是它在近程飞航导弹上得到广泛应用的重要原因。

(3) 在任何方向产生升力都具有快速响应的特性,大大简化了控制与制导系统的设计。

(4) 在大攻角情况下,将引起大的滚动干扰,这就要求滚动通道控制系统快速性好。

(5) 由于翼面数目多,必然质量大,阻力大,升阻比小,为了达到相同的速度特性,需要多消耗一部分能量；另外，导弹上的四个翼面基本上是雷达的四个反射器，这就增加了敌方雷达对导弹的探测面和可探测性。

从便于载机悬挂或从地面发射架上发射来看，"×"形要比"＋"形方便些。

当要求过载 $n_y > n_z$ 时，可采用斜"×"字形或"H"字形布局。这种情况在可操纵航空炸弹及航空鱼雷上较多，故在这类导弹上采用这种形式。

3. 尾翼或舵面在弹身周侧的布置

尾翼或舵面在弹身周侧的布置形式很多，常见的几种形式如图 5-9 所示。在选择的时候主要考虑对导弹稳定性和操纵性的影响，然后再考虑其他方面的影响。

图 5-9 中的(a)和(b)是轴对称形式，与×字形及＋字形弹翼具有完全相同的特性，多用于地空和空空导弹上。

图 5-9 中的(c)是人字形尾翼，三个尾翼互成 $120°$ 布置，这种布局可以提供足够的航向稳定性。另外，当有侧滑角 β 时，尾翼所产生的滚转力矩导数(m_x^β)近似等于零。这样可以减轻弹翼上副翼的负担。

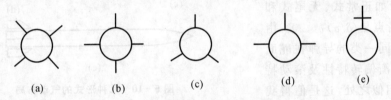

图 5-9　舵面在弹身周侧的布置

图 5-9 中的(d)和(e)，将水平尾翼固定在弹身两侧或垂直尾翼上，这是为了保证水平尾翼在任何飞行状态下具有足够的效率。由于它们的布置是非对称的，当攻角 α 和侧滑角 β 存在时，会造成较显著的滚转力矩 M_x。

图 5-9 中的(c)，(d)和(e)三种形式多用于弹翼平面布置的飞航导弹上。

当布置尾翼时，从气动布局观点主要考虑：

(1)弹翼弹身阻滞气流对尾翼的影响；

(2)弹翼下洗流对尾翼的影响，当超声速时还要考虑激波系的影响；

(3)弹身旋涡对尾翼的影响；

(4)水平尾翼与垂直尾翼的相互影响；

(5)发动机喷流对尾翼的影响。

由于影响因素多且复杂，所以在选择时只能根据现有试验数据，最后位置的确定则常常依靠风洞试验，甚至在飞行试验以后。

5.2.1.2　翼面沿弹身纵轴的布置形式

按照弹翼与舵面沿弹身纵轴相对位置的不同，气动布局基本上可以分成下列几种形式(见图 5-10)。

(a)正常式，由靠近导弹质心附近或在导弹前弹体的弹翼与装在弹身尾段处的舵面组成的气动布局形式，如美国的 AIM-120 空对空导弹，英国的"长剑"地对空导弹，法国的"飞鱼"反舰导弹；

(b)鸭式，由靠近前弹身头部的舵面与装在后弹身尾段的弹翼组成的气动布局形式，如美

国的"响尾蛇"空对空导弹,俄罗斯的"道尔-M1"地对空导弹,中国的 PL-5 空对空导弹;

(c)无尾式,只有弹翼和其后缘处舵面组成的气动布局形式,如美国的"霍克"地对空导弹,苏联的 X-59 空对地导弹;

(d)旋转弹翼式,由靠近导弹质心的旋转弹翼与装在弹身尾段的尾翼组成的气动布局形式,如美国的"麻雀3"空对空导弹,意大利的"阿斯派德"空对空导弹,美国的"海麻雀"舰对空导弹;

(e)无翼式,只在弹身尾段处装有舵面,而无弹翼的气动布局形式。这种气动布局形式多用于大攻角、高机动的导弹,如英国的 ASRAAM 空对空导弹,美国的爱国者地对空导弹等。

从操纵平衡特点来看,上述几种气动布局形式又可以归纳成两类,即一类为舵面在前(如鸭式和旋转弹翼式),其特点是 $(\delta/\alpha)_b > 0$(脚注 b 表示平衡状态时);另一类为舵面在后(如正常式、无尾式和无翼式),其特点是 $(\delta/\alpha)_b < 0$。由此特点出发,同一类的导弹在舵面效率、舵面平衡偏转特性及滚动特性方面有其相似之处,这是值得我们注意的特点。

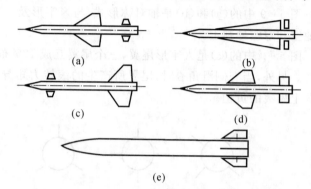

图 5-10 几种形式的气动布局

比较气动形式好坏的指标及准则很多,某些指标可以从量的方面来加以分析,某些指标则只能从质的方面作比较。例如从气动阻力、升力及铰链力矩等方面来看,在一般情况下正常式和鸭式相差不大。因此在确定气动布局时,到底采用鸭式或正常式中哪一种,往往不仅考虑气动性能的优劣,一般还需考虑导弹的稳定性、机动性和操纵性;导弹部位安排的方便性;对制导系统和发动机等工作条件的适合程度等方面的问题。下面就这些问题对几种气动布局形式予以简单分析研究。

5.2.1.3 气动布局的横滚稳定性分析

导弹以攻角 α、侧滑角 $\beta(\alpha \neq \beta)$ 飞行时,因气流不对称产生的相对于纵轴的滚动力矩称为斜吹力矩,又称为"诱导滚动力矩"。有时会因为气动布局不当而使斜吹力矩达到很大数值,其方向可能是正号也可能是负号,力矩的数值可能超过偏转横滚控制面所能提供的滚动控制力矩,因此,在选择气动布局时就应采取措施减小斜吹力矩,使导弹获得较好的横滚稳定性。

产生斜吹力矩的原因,归纳起来有下列五个方面:

(1)翼尖影响。当侧滑角 β 不等于零时,翼尖的马赫锥也将倾斜过来,如图 5-11 所示。这样一来,左右两翼尖受马赫锥影响的范围不一样,受影响范围大的,其升力减少得多,使得导弹受到一个正的滚动力矩 $M_{x①}$。

(2)翼根影响。其原因同上,由图 5-11 可知,左翼阴影部分大于右翼阴影部分,它使导弹受到一个负的滚动力矩 $M_{x②}$。

(3)左右两翼后掠效应不同。由 5-12 可知,当 Ma 相当大时(如 $Ma > 3$),后掠角能提高弹翼升力系数对攻角的导数 C_y^α,故后掠效应增大,则升力也增大,此时,得到正的滚动力矩

$M_{x③}$（见图 5-11）。当 Ma 不太大时（如 $Ma < 2$），后掠角的增加只能降低 C_y^a 之值,故此时适得相反的效果,即 $M_{x③}$ 为负值。

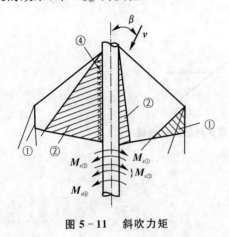

图 5-11　斜吹力矩

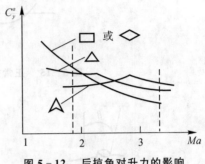

图 5-12　后掠角对升力的影响

（4）弹翼处于弹身的阴影区内,则升力要相应地减小。如图 5-11 所示的情况下,产生负的滚动力矩 $M_{x④}$。

以上四个因素中,第一项是主要的,因力臂长,第三项次之,第二、四项影响较小,因力臂很小。

（5）前翼洗流影响的不对称。这种影响所引起的 M_x 在鸭式气动布局上比较严重。下面对鸭式和正常式两种形式进行分析比较。

首先讨论正常式（见图 5-13）。弹翼后部的下洗分布如曲线所示,当侧滑角 β 还不太大时,右尾翼位于下洗最严重处,而左尾翼则位于下洗曲线的凹部,故左边升力损失不及右边大,造成一个正的斜吹力矩 M_x。

在 β 角逐渐增大后,情况就逐渐变化（见图 5-14）。右尾翼已位于弹翼后方的上洗区,作用在此翼面上的升力不但不减小,反而增加,而左尾翼则位于弹翼的下洗区,升力减小,故造成一负的斜吹力矩。

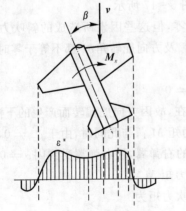

图 5-13　正常式导弹当 β 角不大时的
　　　　　下洗分布

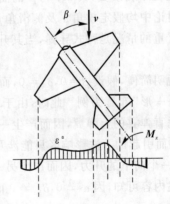

图 5-14　正常式导弹当 β 角较大时的
　　　　　下洗分布

由上可知,正常式导弹因此而产生的斜吹力矩 M_x 是随 β 的变化而变化的,其变化曲线如图 5-15 所示。

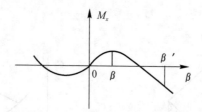

图 5-15　正常式导弹 M_x 随 β 角的变化曲线

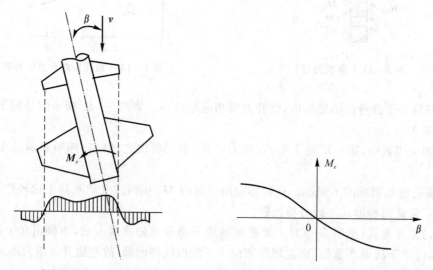

图 5-16　鸭式导弹当 $\beta \neq 0$ 时的下洗分布　　**图 5-17　鸭式导弹 M_x 随 β 角的变化曲线**

对于鸭式气动布局,这种情况比较严重。由图 5-16 可以看出,即使当 β 较小时,由于前舵面小,左右弹翼作用的下洗流方向不同,因而,产生较大的滚动力矩。β 越大,这种情况也越严重,M_x 的极性不会改变,其 M_x 与 β 的曲线关系如图 5-17 所示。

以上讨论中均假定攻角 α 及侧滑角 β 都不等于零,但这些因素所造成的斜吹力矩都不是很大。最严重的情况是鸭式导弹,当其升降舵转角 δ_z 及方向舵转角 δ_y 都不等于零时所产生的斜吹力矩。

为了说明简便,假设 $\beta = 0$,$\delta_z = 0$,而 $\alpha \neq 0$,$\delta_y \neq 0$。

以"+-+形"布置为例。此时,由于攻角 α 的存在,故因方向舵偏转而产生的下洗影响区,只能涉及垂直弹翼的上弹翼,因而产生一正的斜吹力矩 M_{x1};与此同时,由于 $\delta_y \neq 0$,故升降舵后因 α 存在而引起的下洗影响区只能涉及水平弹翼的右弹翼,使右弹翼受到因 $\alpha \neq 0$ 而引起的下洗,得到一个向下的升力,因而产生另一正的斜吹力矩 M_{x2}。

由上述内容可知,因 $\alpha \neq 0$,$\delta_y \neq 0$ 而引起的斜吹力矩为

$$M_x = M_{x1} + M_{x2}$$

同理可以证明,当 $\alpha = 0$,$\delta_y = 0$,而 $\beta \neq 0$,$\delta_z \neq 0$ 时也会产生斜吹力矩,当 β,δ_z 符号为正时,这样产生的力矩与前述的力矩方向相反。故当 $\alpha \neq 0$,$\delta_y \neq 0$,$\beta \neq 0$,$\delta_z \neq 0$ 时,产生的斜吹力

矩系数可表示为下式：

$$m_x = A(\alpha\delta_y - \beta\delta_z)$$

式中，A 是马赫数及翼面几何参数的函数，由实验方法得出。

上述关系式可用于 $\alpha \leqslant 8°$，$\beta \leqslant 8°$ 的情况下，当这两个角度增大时，斜吹力矩 $\boldsymbol{M}_x$ 与 α 或 β 的线性关系也渐遭破坏。

弄清楚斜吹力矩产生的主要原因后，下面进一步分析鸭式"+-+"形布局在定态飞行时由于不对称洗流在弹翼上引起的滚动力矩。

在定态飞行中作用在导弹上的诸空气动力是互相平衡的，在平衡状态下，有如下的关系：

$$\alpha = -\frac{m_z^{\delta_z}\delta_z}{m_z^{\alpha}}, \qquad \alpha = K_1\delta_z$$

$$\beta = -\frac{m_y^{\delta_y}\delta_y}{m_y^{\beta}}, \qquad \beta = K_2\delta_y$$

因为导弹是轴对称的，即在各个对称平面内的情况是一样的。故有

$$\frac{m_z^{\delta_z}}{m_z^{\alpha}} = \frac{m_y^{\delta_y}}{m_y^{\beta}}$$

即

$$K_1 = K_2 = K$$

所以

$$K_1 = \frac{\alpha}{\delta_z} = K_2 = \frac{\beta}{\delta_y}$$

即

$$\alpha\delta_y = \beta\delta_z$$

所以斜吹力矩系数 $m_x = A(\alpha\delta_y - \beta\delta_z) = 0$。

这个结论是假定斜吹力矩 $\boldsymbol{M}_x$ 与 α 或 β 成线性关系而得到的，而且未计及前述的四个产生斜吹力矩的因素，所以是近似的。

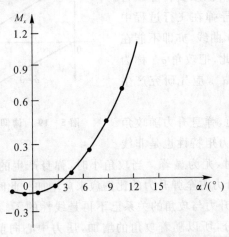

图 5-18　鸭式舵面滚动力矩特性

正因为"+-+"形或"X-X"形鸭式布局在定态飞行时的滚动力矩等于零，故这种气动布局还经常被采用。但当 α，β 不是平衡状态时，则仍会产生滚动力矩，而且从一种平衡飞行状态转到另一种平衡状态的过渡过程中也要产生滚动力矩。故这种形式的导弹通常有绕纵轴的振荡运动，从而增大了控制误差。因此从横滚稳定性来说，在所有气动布局中，鸭式是最不利的。由于横滚稳定性不佳，滚动力矩较大，而鸭式的舵面面积较小，因此，鸭式导弹不能用舵面

差动来起副翼作用。图5-18所示为"X-X"形布置,鸭式舵作副翼偏转5°时的风洞试验结果,可以看出,在小攻角情况下,副翼完全失去控制能力。因此鸭式导弹通常在弹翼上配置副翼,这样将带来操纵系统及结构上的复杂化,这是鸭式导弹的主要缺点之一。

在分析了正常式和鸭式布局斜吹力矩产生的原因之后,我们可以联想到无尾式和旋转弹翼式。无尾式的滚动力矩与正常式相近似,但由于其舵面靠近弹翼后缘,故下洗影响更为微弱。旋转弹翼式与鸭式横滚特性类似,但由于旋转弹翼面积大,而尾翼面积小,且其攻角 α 较小,故其洗流不对称的影响远远没有鸭式严重,所以通常旋转弹翼也可作为差动舵来起副翼作用。

5.2.1.4 气动布局对机动性的影响

为了使导弹具有良好的机动性,可以从提高导弹的飞行速度、增大弹翼面积、采用良好的弹翼形状和增大导弹可以使用的攻角等方面来考虑。

导弹的速度受战术技术条件和动力装置推力的限制,也与外形设计的好坏有关。设计时尽量采用升阻比大的翼面形状自然是设计人员力求达到的指标。利用增大弹翼面积来提高导弹的机动性并不是我们所希望的。因此增加导弹攻角是提高机动性比较简便的方法。但是,增大攻角受到下列两个因素的限制:第一是俯仰力矩性能的非线性;第二是滚动力矩性能的非线性。其中俯仰力矩性能的非线性与气动布局有密切关系。下面着重研究第一个原因。

俯仰力矩系数 m_z 随攻角 α 的变化曲线如图5-19所示。

由图可知,在攻角 $\alpha > \alpha^*$ 后,m_z 曲线的斜率逐渐增大,线性关系遭到破坏。在 m_z^α 变号时,静稳定性即完全消失,而自动驾驶仪都是按一定的 m_z^α 值设计的,$|m_z^\alpha|$ 值改变将导致自动驾驶仪特性变坏。因此导弹在飞行过程中不能使用非线性段的 $m_z(\alpha)$ 曲线,亦即不能在 $\alpha > \alpha^*$ 的条件下飞行。因此,把攻角 α^* 称为导弹的极限攻角。要提高 α^*,应先研究产生非线性的原因。

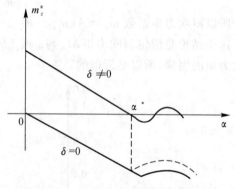

图5-19 俯仰力矩系数随攻角的变化

由空气动力学课程知道,弹身升力随攻角的变化是非线性的,弹身的力矩特性也是非线性的。特别是当攻角稍大时,尤为显著。当攻角小时,弹身产生的升力占全弹升力的比值较小,而当攻角增加时,弹身升力占全弹升力的比例愈来愈增加。此时尽管弹翼上的升力变化还是线性的,但整个导弹的总升力与攻角的关系已不再是线性的了。而且由于弹身头部的升力是整个弹身升力的主要部分,所以随着攻角的增加,压力中心向前移动,导致导弹静稳定性降低。

从以上观点出发,则 m_z 与 α 的线性关系和 α^* 之值与参数 $\dfrac{S_B}{S}$、$\dfrac{L'}{b_A}$ 有关。式中,S 为弹翼面积;S_B 为弹身最大横截面积;L' 为弹翼根弦前缘到弹身头部顶点长度(见图5-20);b_A 为弹翼平均气动弦长。

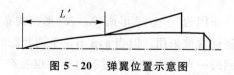

图5-20 弹翼位置示意图

这些参数对 α^* 影响的试验数据如图 5-21 所示。

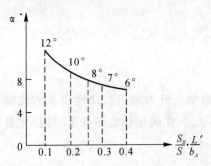

图 5-21　弹翼、弹身参数对极限攻角的影响

根据上述原因的分析,可得出提高 α^* 的办法:

(1)增加静稳定性 $|m_z^\alpha|$,即气动中心后移,这样可得到较高的 α^*(见图 5-22)。

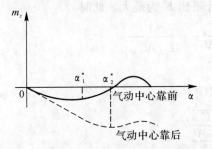

图 5-22　气动中心对极限攻角的影响

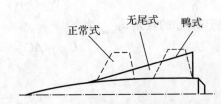

图 5-23　三种气动布局的极限攻角比较

(2)减小 $\dfrac{S_B}{S}$ 或 $\dfrac{L'}{b_A}$。如图 5-23 所示三种气动布局中,对于无尾式气动布局,$\dfrac{S_B}{S}$ 及 $\dfrac{L'}{b_A}$ 均最小,故最有利于提高 α^*,对于鸭式气动布局,$\dfrac{L'}{b_A}$ 最大,故最不利。正常式介于两者之间。

如因需用过载较大,因而要求增加弹翼面积,则因弹翼面积增加可以导致极限攻角 α^* 的增加,最后可使可用过载增加更快些(见图 5-24)。

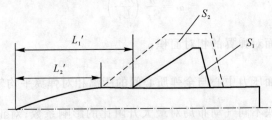

图 5-24　弹翼面积对极限攻角的影响

5.2.1.5　气动布局对升阻比特性的影响

所谓升阻比,就是导弹在某一飞行状态下,升力与阻力的比值,即

$$K = \frac{Y}{X} = \frac{C_y}{C_x}$$

由空气动力学中可知

$$C_x = C_{x0} + C_{xi}$$

当攻角不大时

$$C_x = C_{x0} + AC_y^2$$

式中　C_{xi}—— 诱导阻力系数；

　　　A—— 诱导系数。

显然，对导弹来说，总是希望在升力满足机动性要求的前提下，导弹的阻力最小，也就是说，导弹应具有最大升阻比 K_{max}。在满足什么条件下，导弹才具有最大升阻比呢？只要对 K 求极值便可获得，即

$$K = \frac{C_y}{C_x} = \frac{C_y}{C_{x0} + AC_y^2}$$

求其一阶导数，使其等于零，并解得

$$C_{x0} = AC_y^2$$

即当零升阻力 C_{x0} 等于诱导阻力 AC_y^2 时，导弹的升阻比 K 为最大。此时

$$K_{max} = \left(\frac{C_y}{C_x}\right)_{max} = \frac{C_y}{2AC_y^2} = \frac{1}{2\sqrt{AC_{x0}}}$$

相应于 K_{max} 的攻角 $a_{K_{max}}$ 为

$$C_{x0} = AC_y^2 = A\left(C_y^\alpha\right)^2 \alpha_{K_{max}}^2$$

所以

$$\alpha_{K_{max}} = \frac{\sqrt{\dfrac{C_{x0}}{A}}}{C_y^\alpha}$$

下面以正常式和鸭式为例来讨论不同气动布局对 K_{max} 的影响。许多文献曾研究过这一问题。为了说明结论，这里只引用如下的公式和结论：

$$\overline{K}_{max} = \frac{K_{max}}{(K_{max})_0} = \frac{1}{\sqrt{1+\omega}}$$

式中　K_{max}—— 表示某一静稳定性下导弹平衡时的最大升阻比值；

$(K_{max})_0$—— 表示当静稳定性为零时相应的最大升阻比值。

$$\omega = \frac{n}{\overline{S}_R}\left(\frac{m_z^{c_y}}{\overline{L}_t}\right)^2$$

式中　$\overline{S}_R = \dfrac{S_R}{S}$—— 舵面对弹翼的相对面积；

　　　$\overline{L}_t = \dfrac{L_t}{b_A}$—— 舵面压力中心与全弹质心间的距离相对弹翼平均气动弦之比；

　　　n—— 反映不同气动布局对最大升阻比的影响系数；对正常式 $n=1.7$；对鸭式 $n=0.8$。

由上式看出，即使气动布局具有同样的 $\overline{S}_R$，$\overline{L}_t$ 和 $m_z^{c_y}$ 值，鸭式在升阻比方面仍然是略优于正常式的。图 5-25 说明了这一现象。

从这两种气动布局来看，在导弹平衡状态，由于鸭式舵面偏转角与弹翼攻角同向，而正常式则相反，所以鸭式的总升力较正常式的大，如图 5-26 所示。而总的阻力则与舵面偏转角的方向关系不大，因此鸭式的升阻比比正常式的大。另外，导弹的静稳定性愈大，则要求舵面平

衡偏转角愈大,即阻力增大,因此随静稳定值的增大,升阻比的损失愈显著。

进行导弹气动外形设计时除考虑稳定性和操纵性外,还应把提高升阻比作为一个重要因素予以考虑。

升阻比的大小与翼面数目及其在弹身周向的布置方案也有较大的关系。对于轴对称的气动外形,提高升阻比的潜力不大,效果也有限;而对于面对称布置方案,提高升阻比的潜力比较大,效果也比较显著。面对称外形的导弹一般只在对称面内进行转弯机动,因而便于在该方向上采取相应的增升措施,较之轴对称外形更容易获得较高的升阻比。

当导弹总体设计时,除合理选取气动布局和弹翼参数之外,还可以采取如下增升措施:

(1)采用非旋成体剖面的弹身,如:椭圆形剖面,当其长短轴之比为2:1时,理论上其升力为旋成体的2倍;

(2)采用前缘弯曲的弹翼;

(3)采用翼-身融合体,改善横向流的绕流特性,提高翼身组合体的非线性升力。

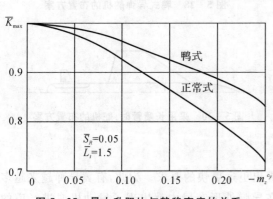

图5-25 最大升阻比与静稳定度的关系

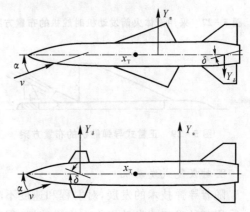

图5-26 正常式和鸭式气动布局

5.2.1.6 气动布局的部位安排分析

这是选择气动布局的又一个重要因素。由于发动机类型及数量对气动布局有重要影响,不同类型的发动机有不同的布局特点和要求,所以弹身内部设备及舵机舱的安排困难,往往不得不采用这种或那种气动布局,现在就这方面的问题分别加以说明。

1. 对火箭发动机

当导弹采用液体火箭发动机时,鸭式的部位安排无甚困难,如图5-27所示。当采用正常式时,舵机舱常受发动机喷管的制约,对舵机的尺寸要求较严。随着舵机尺寸的小型化,若弹身直径较大,舵机安排比较容易;若弹身直径较小时,舵机的安排就比较困难。

当发动机为固体火箭发动机时,采用鸭式对保证静稳定度及承力构件的布置问题都较容易解决,如图5-28所示。其中(a)形式较简单,但质心位置移动较大,而(b)形式将固体火箭发动机移至质心附近,但由于采用了斜喷管,所以推力的轴向分量降低了。实际上这两种方案都有采用。

若改为正常式,则舵面恰好位于固体火箭发动机喷流的影响区,无法工作(见图5-29)。

如将喷管位置与舵面位置错过 45°,则因喷流所经之处气流受到干扰,舵面的气动性能要受到影响,操纵性及稳定性也将受到影响,故这种形式实际上很少用。

为了避免这种缺点,可将固体火箭发动机移至质心附近,采用延长尾喷管,使其由弹身内部通至尾部排出喷流,如图 5-30 所示。但这样一来,舵面的操纵机构将做得较复杂,特别是当舵面需差动时;另一方面是弹身容积利用很不好。

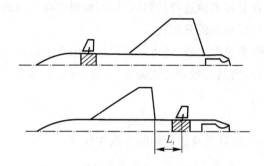

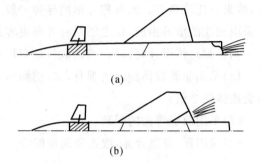

(a)

(b)

图 5-27　采用液体火箭发动机时舵机的布置方案

图 5-28　鸭式导弹舵机的布置方案

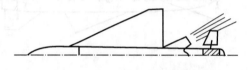

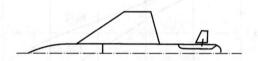

图 5-29　正常式导弹舵机的布置方案

图 5-30　采用长喷管时,舵机的布置方案

2.对吸气式发动机

随着导弹技术的发展,对射程和速度不断提出更远更快的要求。为此,有翼导弹越来越多地采用各种吸气式发动机作为推进装置,因此在导弹外形布局中就出现了发动机或进气道的布置问题。

以火箭发动机为动力的导弹,不存在进气道的布局问题。而采用吸气式发动机的导弹,在外形布局上有两种情况,一是一个或两个发动机外挂在弹身上,发动机(带进气道)成为弹体外形的一部分;二是发动机在弹身内,作为发动机重要部件的进气道外露在弹身表面,成为弹身外形的一部分。早期的冲压发动机导弹由冲压发动机和固体助推器简单组成,将冲压发动机挂在弹身外部,两种发动机在结构和工作过程上互不相干,这使得导弹的尺寸和发射质量较大,系统比较复杂。随着"整体式"技术的发展,导弹与吸气式发动机更多的是采用一体化布局,有关发动机进气道布置方案将在后面讲述。

3.起飞段的操纵问题

如图 5-31 所示,从起飞段操纵这一点来看,鸭式要方便得多,纵向操纵可由前舵来担任,滚动操纵可由弹翼上的副翼来担任。在正常式上,因联合质心位置很靠近舵面,故舵面已不能用于纵向操纵,而必须在助推器的安定面上安装舵面,并要这种舵面同时起副翼作用,那是很困难的事。因此,在这种情况下,一般在起飞段上导弹不操纵其俯仰运动,只操纵其滚动运动。

图 5 - 31 两种气动布局的重心位置

4. 滚动运动的操纵

如图 5-32 所示,由于鸭式气动布局中前舵的下洗作用影响很大,故此种形式中一般不宜采用差动舵面来操纵滚动运动,而在弹翼上安装副翼,如导弹弹身尾部装有固体火箭发动机,则副翼操纵机构的安装就较困难。

对正常式,无论利用差动舵面或副翼,问题的解决并无困难(见图 5-33)。

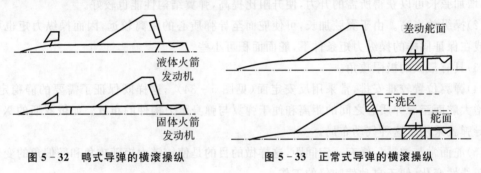

图 5 - 32 鸭式导弹的横滚操纵　　　　图 5 - 33 正常式导弹的横滚操纵

5.2.1.7 几种气动布局的综合分析

上面讨论了气动布局几个方面的特性,这里对鸭式、正常式、无尾式、旋转弹翼式和无翼式的特点作一归纳,以便于分析比较。

1. 鸭式的特点

(1)舵面在弹身前部,离导弹质心距离较远,舵面效率高,故舵面面积可小些,所需的舵机功率也可小些。

(2)舵面与弹翼靠近弹身两端远离质心,便于静稳定性的调整。

(3)易于进行部位安排。

(4)舵面产生的控制力与导弹机动所需产生的法向力为同一方向对机动有利,但舵面控制时的飞行气流角为攻角与舵偏角相加$(\alpha+\delta)$,舵面易达到失速角。

(5)由于舵面翼展小,面积小,对其后翼面下洗影响小。但由于鸭式舵在翼前面,舵面产生的升力几乎被弹翼上由于舵面下洗而减少的升力相抵消,全弹升力几乎与舵面升力无关。

(6)具有较大的斜吹力矩,横向稳定性不好。一般来讲,舵面不宜用来作差动副翼,需要有单独副翼来进行滚动控制。

2. 正常式的特点

(1)弹翼在舵面之前,弹翼不受舵面偏转时产生的洗流影响,气动力系数较为线性,纵向和横向稳定性较好。

(2)舵面差动可同时用作副翼,不必在弹翼上安置副翼,操纵机构和弹翼结构比较简单。

（3）舵面偏转角与弹体攻角方向相反，舵面产生控制力的方向始终与弹体攻角产生的升力方向相反，全弹的合成法向力是攻角产生的力减去舵偏角产生的力，使升力受到损失，因此其升力特性与响应特性较鸭式和旋转弹翼式布局要差。

（4）舵面处的当地有效气流角小，即$(\alpha-\delta)$，在大攻角飞行时舵面不易失速，舵面载荷与铰链力矩也相应减小。

（5）舵面位于弹翼洗流区，当采用全动舵时舵面升力被下洗掉很多，因此，舵的操纵效率比鸭式低，舵面面积比鸭式大。

（6）舵面由于装在发动机喷管的周围，其空间有限，舵机的体积和功率均受到限制。

3. 无尾式的特点

无尾式布置是由正常式布局演变而来的，在弹翼后缘布置舵面。这种布局有如下特点：

（1）升阻比高。无尾式布局减少了翼面数量，从而减小了导弹的零升阻力。当翼展受到限制时，增加弦长可以获得所需的升力，使升阻比提高，弹翼结构性能也较好。

（2）操纵效率高。由于翼弦加长，可使舵面至导弹质心的距离较远，因而操纵力矩也可大些。或在保证同样的操纵力矩条件下，舵面面积可小些。

（3）具有最大的极限攻角。

（4）弹翼位置较难安排，常采用反安定面（见图5-34）。这样既保证了需要的静稳定性，又可增大舵面至导弹质心之间的距离和便于弹翼与弹身承力构件的布置。如俄罗斯的 X-59 空地导弹就采用了这种气动布局。

（5）舵面常与弹翼后缘有一定间距，这样做的目的是使铰链力矩随攻角和舵偏角的变化更趋近于线性变化，便于自动驾驶仪的工作。

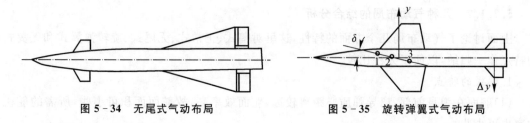

图5-34 无尾式气动布局   图5-35 旋转弹翼式气动布局

4. 旋转弹翼式的特点

旋转弹翼式为弹翼可偏转控制，而尾翼是固定的布局形式。它不同于其他布局，如正常式或鸭式布局的控制，都是通过偏转舵面，使弹体绕质心转动，从而改变攻角来产生升力的；而旋转弹翼式布局主要依靠弹翼偏转直接产生所需要的升力。

图5-35表示旋转弹翼式布局的受力情况，由图可见，当旋转弹翼偏转 δ 角时，就产生正的或负的俯仰力矩，由平衡条件可得下式：

$$m_z = m_z^\delta \delta + m_z^\alpha \alpha_b = 0$$

即

$$\alpha_b = -\frac{m_z^\delta}{m_z^\alpha}\delta$$

或

$$\frac{\alpha_b}{\delta} = -\left(\frac{m_z^\delta}{m_z^\alpha}\right)$$

对于静稳定的气动布局来说，$m_z^\alpha < 0$，则有：

当 $m_z^\delta > 0$ 时，$\dfrac{\alpha_b}{\delta} > 0$；

当 $m_z^\delta < 0$ 时，$\dfrac{\alpha_b}{\delta} < 0$；

当 $m_z^\delta = 0$ 时，$\dfrac{\alpha_b}{\delta} = 0$。

（1）三种质心位置的受力分析。旋转弹翼式布局是靠转动弹翼来进行平衡和操纵的，平衡力矩是由作用于安定面上的下洗升力产生的。由于导弹质心相对于压力中心的位置不同，满足平衡的条件也是不同的。下面按三种不同的质心位置来分析平衡条件。

1）质心位于升力 Y 作用点较前的位置 1。此时升力 Y 对质心的力矩较大，为了平衡 Y 对质心产生的纵向力矩，作用在尾部安定面上的下洗升力 ΔY 不足以平衡这个力矩，故对质心 1 产生一个俯冲力矩，使弹身攻角 α 变成负值，从而来实现气动力矩平衡。此时的平衡攻角 $\alpha = \alpha_b$ 已为负值，即 $\alpha_b < 0$。

由平衡条件可得

$$\frac{\alpha_b}{\delta} = -\left(\frac{m_z^\delta}{m_z^\alpha}\right)$$

又因为 $\dfrac{\alpha_b}{\delta} < 0$；

$$\left(\frac{m_z^\delta}{m_z^\alpha}\right) > 0$$

但 $m_z^\alpha < 0$，故必须要求 $m_z^\delta < 0$。所以当质心位置较前时，为满足平衡条件，m_z^δ 必须是负值。

2）质心位于升力作用点稍前的位置 2。此时尾部安定面上下洗升力 ΔY 对质心的力矩与升力 Y 对质心的力矩相平衡，故不必有攻角即可达到平衡，即 $\alpha_b = 0$。

由平衡条件可知，为满足平衡要求

$$m_z^\delta = 0$$

3）质心位于升力 Y 作用点之后的位置 3。此时为保持平衡，必须使平衡攻角为正值，即 $\alpha_b > 0$。

根据平衡条件，必须有 $m_z^\delta > 0$。

由上述分析可知，不同的质心位置会对 m_z^δ 提出不同的要求，同样移动旋转弹翼的位置或改变尾部安定面的大小，也可得到同样的效果。在上述三种质心位置中，究竟哪一种最好呢？

第一种情况 $\alpha_b < 0$，使升力下降，此是不利的。

第二种情况 $\alpha_b = 0$，故其弹身不能用以产生升力，而且由于安定面的升力要比弹翼升力小些，故也不可取。

第三种情况质心位置最有利，是旋转弹翼式布局常用的配置情况。一般可取

$$\frac{\alpha_b}{\delta} = 0.15 \sim 0.2$$

由此可知，对于旋转弹翼式布局，其质心宜位于翼身组合体的压力中心之后。

（2）旋转弹翼式的特点。

1）动态特性好，系统响应快，过渡过程振荡小。图 5 - 36 显示了旋转弹翼式控制、鸭式控

制和正常式控制的响应特性,从中看出旋转弹翼式的响应特性是最快的。

当舵面偏角由 0 增至预定值 δ 时,攻角 α 尚未立即达到平衡值,故其相应的过载 n_y 也不是马上达到最大值,而要经过一定时间,但在过载 n_y 达到最大值后,由于惯性,还要继续增加,故有如图 5-36 所示的波动情况。

旋转弹翼式布局的弹翼既是导弹的主升力面又是控制面,弹翼偏转角 δ 就是产生过载 n_y 的直接因素,而且弹身的需用攻角不大(约 3°),故快速性好,且波动的衰减也比较快;至于其他的气动布局如正常式,先由舵面偏转角 δ 产生控制力改变弹体姿态产生攻角,再使弹体产生所需的法向力,因此平衡攻角的产生需要一定的过渡时间,且波动较大,衰减也要慢些,由此可见,旋转弹翼式对控制信号的响应最为迅速。

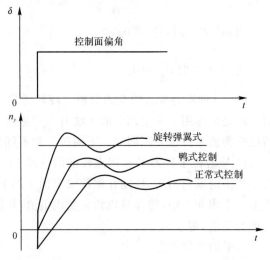

图 5-36 不同气动布局响应特性的比较

2)弹身攻角可保持较小的值($\approx 3°$),而其他形式的弹身攻角可达 $10° \sim 15°$(或更大些),这个条件有利于吸气式发动机进气道的设计,也便于采用自动寻的制导导弹的布局设计。

3)因为弹身攻角小,斜吹力矩 M_x 也要小些,可利用弹翼的差动作副翼。

4)过载波动可以减小,因为

$$n_y = \frac{Y}{G} = \frac{(C_y^\alpha \alpha + C_y^\delta \delta) qS}{G}$$

对于旋转弹翼,因其第一项较小,故因弹身波动而引起的过载波动只通过 δ 来影响。

5)弹翼位置较难配置,操稳特性不易调整。由前面分析可知,翼身组合体的压心均需在质心的前面,这样就因主动段时质心靠后,而使导弹静稳定度减小甚至出现静不稳定。为使弹体达到一定静稳定性要求,则要求弹翼又不能太靠前,这样又使得被动段时质心前移,有可能移到弹翼压心的前面,而出现反操纵,通常要用自动驾驶仪引入人工稳定。

6)弹翼靠近弹体质心,操纵力臂短,故弹翼面积大,铰链力矩大,需要大功率的舵机,例如液压舵机。

7)迎风阻力大,且空气动力存在明显的非线性,给控制系统设计带来高的要求。

8)当弹翼偏转时,弹身与弹翼间有间隙,这会使升力稍为降低。

5. 无翼式布局

无翼式布局的导弹具有细长弹身和"X"字形舵面,而无弹翼。这种气动布局形式产生升力的主要部件是弹身,为了区别只有弹身和稳定尾翼的导弹,有人又称该无翼式为无翼尾舵式。通过大量研究表明,这种布局有以下特点:

(1)导弹最大使用攻角可由通常的 $10° \sim 15°$ 提高到 $30°$;最大使用舵偏角可由 $20°$ 增加到 $30°$。因此,导弹具有大的机动过载和舵面效率。

(2)具有需要的过载特性。利用无翼式布局通过增大使用攻角提高导弹的机动过载;同时利用在小攻角时有较小的升力特点,可以限制可用过载,从而较好地解决了高低空可用过载不同要求的矛盾。

（3）大大改善了非线性气动力特性。采用大攻角飞行，最大的问题是产生非对称的侧向力，而无翼式布局由于取消了弹翼和相应减小了舵面，从而大大改善了非对称气动力特性。

（4）具有较高的舵面效率和需要的纵向静稳定性。这种布局舵面前无弹翼干扰，故舵面效率较高。由于在攻角增加时，弹身升力呈非线性增加，而弹身的压力中心接近弹身的几何中心，通常在质心之前，故当攻角增加时，静稳定性相应减小，使机动过载大幅度增大。因而这种布局也能较好地解决高低空机动过载的矛盾。

（5）具有较轻的质量和较小的气动阻力。由于减少了主翼面，导弹的结构质量大大降低，零升阻力也相应减小。

（6）结构简单，操作方便，使用性能好。由于外形简单，所以结构设计、生产工艺、操作使用都较方便，外加导弹展向尺寸小，给发射系统带来方便。

无翼式布局的导弹由于以上特点，近年来越来越被国内外重视和采用。例如具有反导能力的美国"爱国者"防空导弹和有的近程弹道导弹末级，均采用了这种气动布局。

5.2.1.8　导弹助推器和多级导弹的布置方案分析

导弹助推器在弹上的布置通常有并联、串联和整体式三种形式，如图5-37所示。

从气动阻力、组合装配、运输、发射及安装调整等工艺方面来看，串联式较并联式有利。如从空中载机上发射，由于串联式高度小，也便于悬挂。串联式布局的缺点是必须分别设计和研制每一级，增加了研制成本和周期；飞行器长细比大，抗弯曲刚度差，横向载荷大；飞行器长度尺寸大，使发射准备和勤务工作复杂化。对于二级有翼导弹来说，由于沉重的助推器置于后部，使整个导弹的质心后移，这样为了保持导弹在助推段具有一定的静稳定性，必须在助推器上安装较大的安定面，使整个导弹的压力中心也向后移动。同时，在助推器抛掉后，导弹的质心产生突然的前移，还会引起静稳定度的变化，使弹体产生波动。

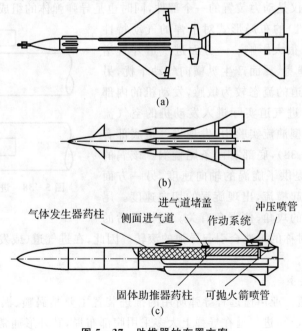

图 5-37　助推器的布置方案

(a)串联式；　(b)并联式；　(c)整体式

早期的以冲压发动机为动力的导弹使用串联式或并联式外装助推器。这会引起导弹外形尺寸、质量和气动阻力可观的增加，并造成总体布局上的困难；在助推段结束后被抛掉的笨重助推器外壳，有可能干扰导弹的姿态、危害发射阵地等。对助推器和冲压发动机进行"整体化"设计而形成的组合发动机，称为整体式火箭冲压发动机。这种"整体式"技术，大大提高了容积利用率，有利于使用冲压发动机的导弹的小型化。

助推器和冲压发动机的整体式布局方案是将助推器与冲压发动机共用同一燃烧室，把助推器的固体推进剂放置在冲压发动机的共用燃烧室中，组合发动机本体直接成为弹体的后半段。由于工作压力不同，助推器和冲压发动机有各自的喷管，嵌套安装。为了实现助推级向主级工作的转换，"转级控制装置"感受助推发动机熄火信号，使"助推喷管释放机构"迅速抛掉助推器喷管及堵盖，露出冲压发动机的喷管，使主级发动机点火启动。工作转换过程大约在300 ms内迅速、准确、可靠地依次完成。这种整体式布局方案由于系统复杂，多用于小型或中型的空空和地空导弹。

助推器和冲压发动机的另一种整体式布局方案是将固体助推器连同其壳体"塞进"冲压发动机的共用燃烧室中。这种方案用在发射质量大和发动机工作时间长的地地导弹和空地导弹上。使用塞入式固体推进剂助推器有如下优点：可以在专门的试验台上，对助推器和冲压发动机分开单独进行研制；可使用质量较小的带有气膜冷却的燃烧室，发动机工作时间能得到最大限度的延长；不同射程带有不同固体推进剂助推器的不同用途导弹，都可以使用同一种冲压发动机，如 ASM‐MSS 双用途导弹。

在选用助推器安排形式时，究竟采用哪一种形式，应根据导弹的气动性能、飞行性能及使用要求来确定，还需考虑技术掌握的程度和使用上的经验。

5.2.1.9　发动机进气道布置方案分析

随着吸气式推进系统的发展，导弹与动力装置的一体化布局是当前有翼导弹研制的重要方向，此时，进气道不仅是动力装置的一个部件，同时也是导弹弹体的组成部分。

进气道（或发动机）的布局形式对全弹的气动特性和发动机的工作都有很大影响。一方面进气道外置增加了导弹的阻力，对弹身、翼面产生纵横向气动干扰，另一方面发动机对进气道的流态较为敏感，发动机的内部参数和性能指标随着进气道实际进入发动机的空气流量而变化。在导弹模型油流实验中，发现进气道底部有侧向流产生（见图 5‐38），底部有两条尾橇涡。该涡的产生，一方面是来流提供了旋涡的轴向速度，另一方面是进气道底部收缩引起横流，出现旋涡的切向速度。尾橇涡的强度还与导弹的攻角、侧滑角有关。尾橇涡后的

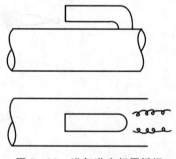

图 5‐38　进气道底部尾橇涡

翼面会引起下洗，不对称的下洗会引起导弹的滚转。因此，在进气道（或发动机）布局中应尽可能减少有害干扰。

1．常用进气道类型

（1）亚声速进气道。亚声速远程导弹所用的推进装置主要是涡喷、涡扇发动机，其进气系统通常采用"S"形进气道，进气道在导弹上大多采用腹部布局，其外形通常有如下三种：

1)外露式。为保证进气道的流量和避开弹体附面层的影响,要求进气口离开弹体表面一定距离,进气道与弹体之间有较大空隙,如图5-39所示。这种类型的进气道通常是直接安装在弹上并对其外露部分进行适当的整流。这种进气道设计方便,但增大了弹体的结构高度,同时对弹体气动干扰较大。

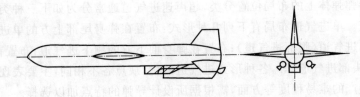

图 5 - 39　外露亚声速进气道示意图

2)半嵌入式。半嵌入式进气道内形设计必须与导弹外形设计相配合。因进气口部分地或全部地浸没在弹体附面层内,附面层的流动状态直接影响着进气道内流特性的品质,所以增大了进气道内形设计难度,但降低了弹体结构高度,对导弹气动干扰小。

3)嵌入式。嵌入式进气道的进气口就在弹体表面上,如图5-40所示,这种进气道气动干扰小,稳定性好。

(2)超声速进气道。超声速进气道按在设计工作状态下,超声速滞止到亚声速过程相对于进气道进口截面进行分类,可分为3种:若超声速气流在进口截面之外滞止为亚声速,称为外压式进气道;若滞止过

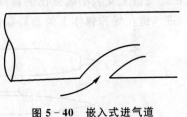

图 5 - 40　嵌入式进气道

程在进气道以内进行,称为内压式进气道;若滞止过程跨于进口截面内外,则称为混合式进气道。这3种类型的进气道如图5-41所示。

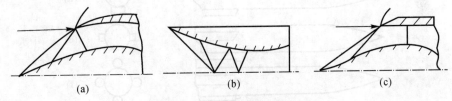

(a)　　　　　　　　　(b)　　　　　　　　　(c)

图 5 - 41　3 种超声速进气道类型
(a)外压式;　(b)内压式;　(c)混合式

超声速进气道还可按压缩表面的几何形状分类。根据进气道压缩表面的几何形状,超声速进气道还可分为平面式和空间式两类,常称为二元和轴对称式,如图5-42所示。

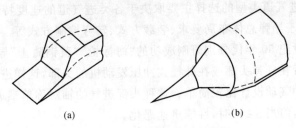

(a)　　　　　　　　　(b)

图 5 - 42　典型的超声速进气道
(a)平面式;　(b)轴对称式

目前发展的超声速有翼导弹,多数采用整体式火箭冲压发动机。超声速导弹所用的冲压发动机进气道,以往多数属于轴对称式,如早期美国的"黄铜骑士"导弹、俄罗斯的"SA-6"导弹、英国的"海标枪"导弹等。近年来,法国研制成功的 ASMP 导弹以及欧洲的"流星"空对空导弹均采用了二元进气道。

进气道在导弹弹体上的布局位置分类,超声速进气道通常分为如下三种类型。

1)单进气道。单进气道布局有下列几种形式:布置在弹身尾部上方的单进气道;布置在弹身尾部下方的单进气道(腹部进气道);布置在弹身前下方的颏下进气道;布置在弹身头部的中心锥式进气道(头部进气道)等,各种形式进气道的优、缺点各不相同,主要表现在进气条件、外部气动性能和生产的难易程度等方面,需根据所设计导弹的特点加以选择。

2)双进气道。双进气道布局多采用弹身两侧和弹身两下侧布置形式。从发动机进气条件来说,后者好一些;从减少外形阻力来说,前者好一些。

3)四管(个)进气道。整体式固体火箭冲压发动机多采用四管进气道形式,进气道剖面形状有圆形和长方形两种。四管进气道可采用十字形布局和 X 形布局两种形式,为减小阻力系数,在进气道上安装小展弦比的弹翼。

进气道在导弹弹体上的布局如图 5-43 所示。

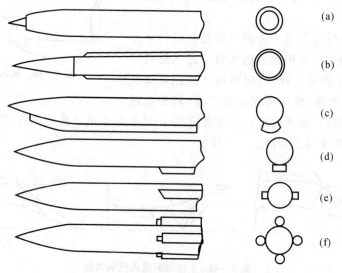

图 5-43　不同进气方案的进气道

2.进气道类型和布局的选择

可供整体式冲压发动机选用的进气道类型一般有轴对称和二元进气道,有时也选用如图 5-44 所示的类型。进气道类型的选择主要取决于各类进气道的速度特性和攻角、侧滑特性,而布局位置主要取决于导弹总体布局要求、装载方式、转弯控制方式等。

英美两国于 20 世纪 50 年代分别研制成功的"海标枪""黄铜骑士"导弹,采用的都是轴对称单锥进气道,它配置在导弹头部或在外挂式冲压发动机的头部,这样进气道与弹体之间的气动干扰很小,进气道的气动设计比较简单。这种头部进气的轴对称单锥进气道在攻角 $\alpha < 6°$ 的条件下气动性能较好,但当 $\alpha \geq 8°$ 时,性能迅速恶化。

如果弹身头部需要安放雷达或红外导引装置,就难以采用头部进气道。对于射程较小的小型空空或空地导弹,要求在制导转接处和末制导控制期间,以大攻角飞行以获得需要的机动性,在这种情况下,可选择尽可能靠前的两个位于 45°腹侧(弹身两下侧布置形式)的二元进气道,这样可使进气道少受弹体的影响,导弹可借助发动机气动力获得较大攻角,实现高的机动性。这样布置的二元进气道本身也具有较好的攻角特性。当导弹所要求的攻角和侧滑角较小时,可选择 2 个或 4 个旁置的轴对称进气道。

研究表明,颏下进气道(布置在弹身前下方)和两侧进气道具有良好的正攻角特性,随着攻角的增大,流量系数和临界总压恢复系数不仅不减少,反而有所增加。与轴对称进气道相比,二元进气道具有较好的攻角特性。目前以先进的整体式冲压发动机为动力的导弹,不少选用二元进气道,例如,法国的 ASMP 空地导弹就选用位于弹体两侧的二元进气道。

5.2.2　导弹外形几何参数的选择

前面在选择导弹主要设计参数 $\bar{P}$,p_0 时,已经使用了 $C_y(Ma,\alpha)$,$m_z(Ma,\alpha)$,$C_x(Ma,\alpha)$ 等一系列的数据,而在本节中将讨论如何选择外形几何参数。有了几何参数才能得到气动数据,这就是说,几何参数选择工作也是反复进行、逐次近似的,而且这部分工作对于导弹的气动特性有着决定性的影响。

外形几何参数选择是外形设计中的重要内容,现在分别讨论弹翼、弹身和舵面(包括旋转弹翼)几何参数的选择原理。

5.2.2.1　翼面几何参数的选择与确定

表征弹翼的几何参数是由平面形状参数和剖面形状参数组成的。

平面形状参数如图 5-44 所示,包括展弦比 λ;尖削比(或称梢根比,梯形比)η;后掠角 χ_0 的下标表示是多大百分比弦线。

$$\lambda = \frac{l}{b_{av}} = \frac{l^2}{S}$$

$$\eta = \frac{b_k}{b_0}$$

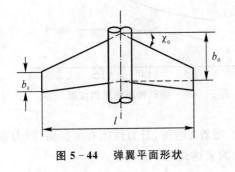

图 5-44　弹翼平面形状

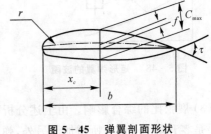

图 5-45　弹翼剖面形状

剖面形状参数如图 5-45 所示,包括翼型;相对厚度 $\bar{c} = \dfrac{c_{max}}{b}$;最大厚度的相对位置 $\bar{x}_c = \dfrac{x_c}{b}$;弯度 f;前缘半径 r;后缘角 τ。

弹翼几何参数的选择原则是,既要使气动性能好,又要能满足结构特性和部位安排的要求。也就是说,既要能产生必要的过载,又要使结构质量为最小。

1. 展弦比 λ 的选择

(1)展弦比对升力特性的影响。展弦比对翼面升力特性的影响 如图 5-46 和图 5-47 所示。

由图可见,增大展弦比 λ,会使翼面升力线斜率增加。在低速时(如 $Ma < 0.6$)这种影响越明显,而在高速时,展弦比 λ 对升力的影响就比较小,且随马赫数的增加,越来越不明显,这是由于小展弦比"翼端效应"作用所引起的。当展弦比 λ 减小时,弹翼的"翼端效应"增大,上下翼面压力的沟通严重,压差减小,所以 C_y^α 减小。在亚声速情况下,这一效应遍及整个翼面,超声速时仅限于翼端前缘发出的马赫锥内。因此超声速流中展弦比对 C_y^α 的影响随速度的增加而减小,其影响程度与亚声速流相比变得很微弱。

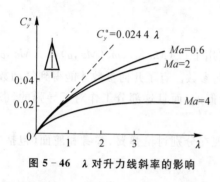

图 5-46 λ 对升力线斜率的影响

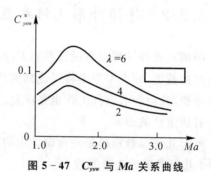

图 5-47 C_{ysw}^α 与 Ma 关系曲线

(2)展弦比对阻力特性的影响。对一定根弦长度,展弦比增加会使翼展增加,这往往会受到使用上的限制。而对于一定的翼展,展弦比增加会使平均几何弦长减小,从而使摩擦阻力有所增加;同样 λ 增加,也会使波阻增加,特别是低马赫数时更为明显,如图 5-48 和图 5-49 所示。

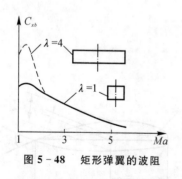

图 5-48 矩形弹翼的波阻

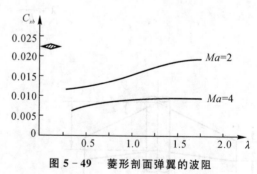

图 5-49 菱形剖面弹翼的波阻

(3)展弦比的综合影响。由上述分析可以看出,随着 λ 增加,升力性能有所提高,阻力系数(主要是零升阻力)也有所增加。另外,弹翼展弦比的表达式为

$$\lambda = \frac{l^2}{S}$$

由上式看出,增大展弦比意味着翼展的加长,这在实际使用中,会受到发射装置的制约,翼展大小是受到限制的。因此存在着一个性能折中,即 λ 选择既要照顾升力特性、阻力特性,又要满足实际使用的需要。为了求得最佳展弦比,定义下列升阻力函数 F:

$$F = F_1 + F_2 \quad \text{升阻力函数}$$

式中　$F_1 = \dfrac{C_{x0}}{(C_{x0})_{\max}}$　——标准阻力系数；

$F_2 = \dfrac{1/C_y^\alpha}{1/(C_y^\alpha)_{\max}}$　——标准升力系数。

按照上式,如果在展弦比允许的范围内,把 F 绘制成如图 5-51 所示的图线,则由升阻力函数的最小值就确定了所要求的展弦比。这个展弦比对应于最小的阻力函数 F_1,而使升力函数 F_2 达到了最大值。为方便起见,图 5-50 中的横坐标为 $b/b_{\max}$。

从图 5-50 看出,最佳平均几何弦长对应于 A 点。

$$b = \left(\frac{b}{b_{\max}}\right)_A b_{\max}$$

因此,展弦比用以下各式确定(对三角翼):

$$b_0 = \frac{3}{2} b_{av}$$

$$l = \frac{2S}{b_0}$$

$$\lambda = \frac{l^2}{S}$$

由于弹翼翼展通常受到限制,升阻力函数 F 在 A 点左右均很平坦,故选择 B 点为 $b/b_{\max}$ 的最佳值。因为 F 在这个区域以内变化很小,B 点处相当于增大翼弦减小翼展,亦即 B 点处对应的弦长要比 A 点长些。

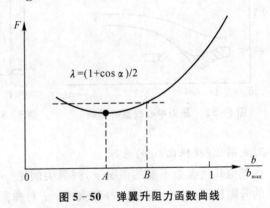

图 5-50　弹翼升阻力函数曲线

展弦比的取值一般为:

正常式或鸭式:1.2;

无尾式:0.6;

旋转弹翼式:$2 \sim 4$;

亚声速飞行器:$4 \sim 6$;

亚声速反坦克弹:2。

2.后掠角 χ 的选择

翼面后掠角主要对阻力特性有影响。采用后掠翼的主要作用有两个,一是提高弹翼的临界马赫数,以延缓激波的出现,使阻力系数随马赫数提高而变化平缓;二是降低阻力系数的峰值,两者的综合影响如图 5-51 所示。

为此,大多数高亚声速和低超声速导弹,均采用大后掠角弹翼,速度再提高后,延缓激波出现已对降低波阻无实际意义,故高速导弹不需要采用大后掠弹翼。

由图 5-52 可见,χ 增加使压力中心后移。同时当后掠角增加时,弹翼所受扭矩也就增大,近似地说,弹翼质量与 $\dfrac{1}{(\cos\chi)^{1.5}}$ 成正比。当 $Ma < 1.5$ 时,一般采用梯形后掠弹翼;当 $Ma > 1.5$ 时,采用平直弹翼或三角弹翼,或平直弹翼与三角弹翼之间的弹翼。

对于弹翼的后缘,为了使副翼的转轴垂直于导弹的纵轴,往往将后缘作成前掠的(见图 5-53)。同时,为了保证一定的刚度,对于弹翼翼尖弦长 b_k,不能取得太小,否则只能把副翼向弹翼翼根靠近,就会降低副翼效率(见图 5-54)。

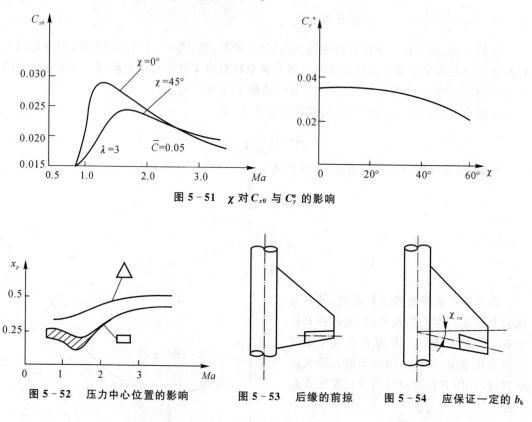

图 5-51　χ 对 C_{x0} 与 C_y^α 的影响

图 5-52　压力中心位置的影响　　图 5-53　后缘的前掠　　图 5-54　应保证一定的 b_k

3. 尖削比(梢根比)η 的选择

在其他几何参数不变的情况下,弹翼尖削比 η 对空气动力特性的影响较小。但三角翼($\eta=0$)的升阻比要较矩形翼($\eta=1$)稍高些。η 对弹翼质量的影响却较大,η 减小时气动载荷集中在弹翼根部,且在 $\bar{c}$ 相同的情况下,随着 b_0 的增加,使弹翼根部的厚度 c_0 也增大,这对弹翼承载是有利的,故可使弹翼质量减小。因此,一般都选取较小的 η 值。由于 η 的变化范围很大,三角翼的 $\eta=0$,矩形翼的 $\eta=1$,且三角翼的升阻比大于矩形翼。但为了保证弹翼翼尖有一定的结构刚度,并有利于部位安排,一般并不采用三角弹翼,而采用小尖削比的梯形弹翼。

4. 相对厚度 $\bar{c}$ 的选择

弹翼阻力与相对厚度 $\bar{c}$ 密切相关。随着相对厚度 $\bar{c}$ 的增加,阻力增大。相对厚度对阻力的影响在高速时要比低速时严重,低速时,$\bar{c}$ 值增加主要影响弹翼的分离区,使压差阻力提高;而高速时,$\bar{c}$ 值的增加,使临界马赫数降低,激波出现较早,波阻增加。波阻与相对厚度 $\bar{c}$ 的二次方成正比,因此,高速导弹的翼面在结构强度及刚度允许情况下,$\bar{c}$ 值应尽量小,而低速导弹翼面的相对厚度可大些。

通常,当为超声速弹翼时,$\bar{c}=0.02\sim0.05$,当为亚声速弹翼时,$\bar{c}=0.08\sim0.12$。

5. 翼型的选择

翼面上的压力主要与自由气流方向和翼表面间的夹角有关,故超声速与亚声速的翼剖面形状差别很大。翼剖面形状如图 5－55 所示。

常用的超声速翼型有：

（a）菱形；

（b）六边形；

（c）双弧形；

（d）钝后缘形。

常用的亚声速翼型有：

（e）不对称双弧翼型（$\bar{f}\neq0$）；

（f）对称双弧翼型（$\bar{f}=0$）；

（g）层流翼型。

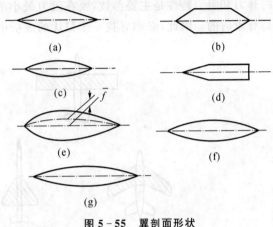

图 5－55　翼剖面形状

超声速翼型的特点是外形简单，具有尖前缘，有利于减弱前缘激波。在超声速的四种翼型中，菱形波阻最小，但结构工艺与刚度要差些，尤其后缘的刚度更差；六角形是从结构强度和刚度出发对菱形剖面的改进，但其波阻稍大于菱形；双弧形从阻力观点与质量角度看，均与六角形相近，但加工比较复杂；钝后缘形用于强度、刚度有特殊要求的小弹翼上。如少数导弹，特别是整体结构的导弹，有的采用带有适当钝后缘的翼型，用以降低阻力损失。

亚声速翼型的特点是具有一定的流线型，前缘圆滑，利于产生前缘吸力和减小阻力。在亚声速的三种翼型中，不对称双弧翼型，其最大厚度在 25％～40％弦长处，气动特性较好，结构布局比较容易实现；对称双弧翼型，最大厚度位于 40％～50％翼弦处，该翼型有较高的临界马赫数，阻力较小，最大升力系数值也不太大；层流翼型，最大厚度位于 50％～60％翼弦处，目的是使气流层流化。但在翼型很薄时，最大厚度位置即使后移，也很难实现翼型层流化。该翼型只有在升力系数较小时，才能使阻力系数较小。

近代研制的超临界翼型，具有较好的跨声速特性，其前缘比较饱满，上表面的压力分布平缓，下表面有前压加载，后缘有反弯度存在，这一切均有延缓激波的出现，提高升阻比的效果。

此外，构造形式对翼型的选择也有影响，若为单梁式或单接头，则用菱形翼型；若为实心结构，也用菱形翼型；若为双梁式或多梁式，则用六边形；为一般构造形式，则用双弧形。

6. 弹翼平面形状的选择

弹翼的平面形状很多，常见的有平直翼、梯形翼、后掠翼、三角翼、切尖三角翼、拱形翼、S 形翼和边条翼等，参见图 5－56。

飞行速度大小是选择弹翼外形的主要依据。由前面讨论可知，低速飞行的导弹宜采用大展弦比无后掠的弹翼，其升力大而阻力小；跨声速飞行宜采用后掠翼，后掠角可以延缓临界马赫数的出现，改善导弹的跨声速特性，降低波阻，一般常用的后掠角范围在30°～65°之间；超声速导弹大多采用三角形或切尖三角形的弹翼，与矩形翼相比，其根弦长，相对厚度小，波阻小，升阻比大。从结构观点而言，三角翼的内部容积较大，在翼内布置管、线等比较容易；另外，由于根部绝对厚度大，从而使作用在翼梁缘条和弹翼蒙皮上的法向应力减小，可减小弯矩和受力件的横截面积。切尖三角翼、拱形翼、S 形翼都由三角翼变形而来。切尖三角翼主要是为了改善三角翼的工艺性而设计的。拱形翼和 S 形翼纯粹是为了改善导弹的空气动力特性而设计的,但在工艺方面带来一些不利的影响,因此对一次性使用的导弹一般不用。综上所述可知,弹翼的升力和阻力特性是主要参数,要在阻力最小的情况下获得最大的升力。实现这个要求通常是有矛盾的。因此,必须寻找一个最优的或折中的弹翼平面形状参数。

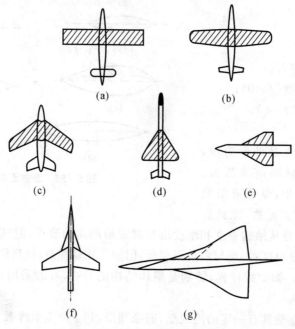

图 5 - 56   常见的弹翼平面形状
(a)平直翼;   (b)梯形翼;   (c)后掠翼;   (d)三角翼;   (e)切尖三角翼;   (f)拱形翼;   (g)S形翼

在近代的飞行器上采用了边条翼,它具有良好的跨声速气动特性。边条翼是以中等后掠角和展弦比的翼面为基础的,翼根部区域的前缘向前延伸,形成一个后掠角很大(大于70°)的细长前翼,这种翼面的延伸部分成为"边条"。边条翼的外翼后掠角小,在超声速情况下,波阻大,但内翼(即边条)后掠角大,相对厚度小,它的减阻作用足以弥补外翼波阻大的不足,同时随马赫数的变化,边条翼的焦点位置变化很小。综合起来,边条翼的超声速阻力并不大,能保证其良好的超声速气动特性。

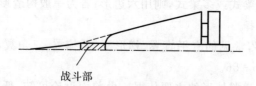

战斗部

图 5 - 57   切去弹翼根部前缘部分

在选择弹翼平面形状参数 λ, x, η 时,还必须考虑到其他的因素,例如:为使弹翼不致遮挡战斗部爆炸产物的飞散效果,故在靠近弹身安装战斗部的弹翼根部前缘部分,应当削去一块(见图 5 - 57);若为图 5 - 58 所示结构,翼身连接的主接头在两舱段相连处(即在分离面处),而必须要求附加前接头能在两燃料箱之间的空隙处。这样,就要求根部弦长 b_0 不能太长,否则会使附加接头难装。

如果翼身接头位置已定为 A(不能采用 A')点(见图 5 - 59),则最好采用平直弹翼。

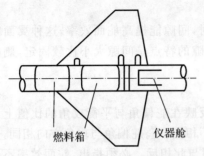
图 5 - 58　弹翼弹身连接接头的影响

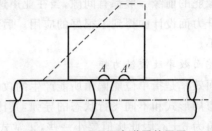
图 5 - 59　采用平直弹翼的原因

5.2.2.2　舵面几何参数的选择与确定

舵面的功用是使导弹具有一定的操纵能力,以便控制导弹按一定轨迹飞行,减少或消除外界干扰因素的影响,以达到命中精度的要求。

选择舵面几何参数时应考虑舵面的形式、舵面处的流场、舵面效率、铰链力矩以及确定舵面尺寸的原则等。舵面设计应以导弹的全部飞行状态为依据,进行理论分析计算和作详细的风洞试验校核等。下面就舵面参数选择问题作一综述。

1.舵面的形式和特点

舵面有前舵(鸭式)、尾舵(正常式)、后缘舵和翼尖舵等,其主要特点如下:

鸭舵布置在弹翼之前,它的特点是效率高、响应快、操纵特性不受其他部件的影响。但是,舵面产生一个洗流场,会引起较大的斜吹力矩。

尾舵布置在弹体尾部,舵面处在弹身和翼面的尾流区内,工作流场比较复杂。目前近区下洗的应用受到重视,当尾涡未完全卷起时,下洗流场虽不稳定,但下洗小,舵面可获得较高的效率。从设计紧凑和减小载荷的观点出发,翼舵靠近也有好处。这种舵面形式目前获得了应用。

后缘舵是指舵面在翼面的后缘处,可用作副翼及其他舵面。它的特点是结构紧凑、操纵简便,但效率较低。

舵面布局的基本要求:

(1)操纵效率稳定可靠、变化范围适度;

(2)舵面压力中心位置变化单调及量值小;

(3)铰链力矩方向一致及量值适当。

2.舵面的流场影响

当考虑舵面的流场影响时着重分析舵、翼面相对位置和间隙的影响。

(1)舵、翼面相对位置的影响。鸭舵不受紊乱流场影响,但是鸭舵产生的洗流场尾涡在舵面平均弦长 3~5 倍后才完全卷起。在不同的飞行攻角下,鸭舵偏转不对称,洗流对翼面升力有影响。正常式尾舵的效率在近区下洗时比远区下洗的影响要小一些。后缘副翼的效率主要取决于舵面压力中心位置和舵干扰影响引起的翼面压力中心的变化。

(2)间隙的影响。转动舵面与非转动部分之间存在间隙,其值的大小与舵面偏转角度有关。当间隙不大时,例如间隙只有当地附面层厚度之半时,间隙系数可取 0.95 左右。当间隙较大,超过附面层厚度,且舵根弦平均厚度与间隙可比拟时,间隙的影响不能用一个系数来考虑,应该用两个不同部件的相互干扰流场来分析。尤其是确定铰链力矩时,干扰洗流对压力中心的影响十分明显,不应忽略。

后缘舵的前缘一般都有间隙,当在亚声速飞行时,间隙能提高舵面效率,这种翼面间隙法在近代升力面设计中得到了很好的应用。后缘舵间隙的特点是间隙大小比较固定,侧向间隙影响区小。

3.舵面效率及铰链力矩

舵面效率是指单位舵偏角所能产生的攻角,它反映在舵偏角与平衡攻角的比值上。对不同气动布局形式和不同飞行状态的导弹,其比值也不相同。鸭舵偏角与攻角方向相同,舵面的有效攻角为$\delta+\alpha$,因此比值要小一些,正常式尾舵则与此相反。必须指出,舵面效率不是越高越好,而是要选择一个适度范围,对导弹运动的影响不要过于敏感。但是,比值也不能太小,否则操纵过于迟缓,这对精确制导的导弹是不允许的。

在设计中,通常要求铰链力矩方向一致、大小适中并具有与舵偏角成线性变化的关系,这一要求对亚声速巡航导弹来说是比较容易实现的。对于飞行速度范围较宽的导弹,实现上述要求存在很大困难。亚声速时气动面压心在 1/4 弦线附近,超声速时压心在弦长的 35％～50％之间变化,就是说,一个经过亚、跨、超声速飞行的导弹,舵面压心变化很大,因此在照顾几种状态情况下,铰链力矩设计存在一个优选问题。

为了减少舵面的压心随速度变化,目前最常用的方法是在舵面平面形状上下功夫。基本方案有三种,一是采用前缘折转的新月形舵;二是采用前缘内外翼外形舵;三是采用开缝式舵。这三种舵可以使压心变化范围限制在 40％～50％根弦。内外翼外形舵具有舵面小而紧凑的特点,比较容易实现,法国的响尾蛇导弹就是采用这种形式的。

为了控制铰链力矩的最大值,可以通过选择铰链轴的办法来实现,由于动压与速度二次方成比例,因此主要选择的设计情况是超声速下压心最靠后的状态,其他状态只需进行校核。

4.舵面几何参数的确定

(1)前舵和尾舵尺寸的确定。前舵和尾舵尺寸确定的条件是可用过载 n_{ya} 和舵面极限偏转角。可用过载可从导弹机动飞行所需的最大需用过载 n_{yn} 关系式求得,即 $n_{ya} \geqslant n_{yn}$。舵面极限偏转角通常要求不大于 $20°$。因为当舵面偏转角过大时,不仅诱导阻力要增大,还使力矩呈非线性。

计算舵面面积 S_R 可按下列几个步骤进行:

1)分析确定弹道上可作为设计情况的特征点,并计算出在该点上的需用过载 n_{yn};

2)算出相应的平衡攻角 α_b:$\alpha_b \approx \dfrac{n_{ya} m g}{C_y^\alpha q S}$;

3)定出舵面最大偏转角,一般 $\delta_{max} \not> 20°$;

4)确定出舵面的 m_z^δ:$m_z^\delta = -\dfrac{\alpha_b}{\delta_{ef}} m_z^\alpha$;

式中,δ_{ef} 为舵面有效偏转角,$\delta_{ef} = \delta_{max} - 2°$;

5)由 m_z^δ 式初算出舵面面积 S_R。

即由

$$m_z^\delta = \frac{S_R}{S} C_y^\delta k_R \frac{x_T - x_{pR}}{b_A}$$

求得

$$S_R = \frac{S m_z^\delta}{C_y^\delta k_R \dfrac{x_T - x_{pR}}{b_A}}$$

式中　　S_R——舵面面积；

　　　　S——参考面积；

　　　　k_R——修正系数；

　　　　x_T——质心位置；

　　　　x_{pR}——舵面压心位置。

6) 比较各特征点上所需要的 S_R，取其最大值。

由于 m_z^α 与 S_R 有关，故上述计算只能逐次近似地进行，即由 $S_R \to m_z^\alpha \to m_z^\delta \to S_R$。或选择 S_R 与导弹的部位安排同时进行，一面选择 S_R，一面改变弹翼的位置，以获得适当的 S_R。

根据统计，地空、空空导弹，可取舵面面积 S_R 为弹翼面积 S 的 $5\% \sim 8\%$ 左右；反坦克导弹的舵面面积为弹翼面积的 $4\% \sim 10\%$ 左右。

(2) 副翼尺寸的选定。选定副翼尺寸应考虑满足下列条件：

1) 要能平衡斜吹力矩；

2) 要能平衡固定翼面安装误差而引起的滚转力矩及推力偏心力矩；

3) 要有 $2°$ 贮备，以稳定导弹；

4) 要有足够的刚度，不允许发生副翼反效现象。

由于斜吹力矩目前还只能用风洞试验来确定，故靠计算来确定副翼面积（S_a）不可靠，由统计资料可粗略地取

$$\frac{S_a}{S} = 0.03 \quad （正常式）$$

$$\frac{S_a}{S} = 0.06 \quad （鸭式）$$

副翼最大偏转角可取为 $\pm 15°$。在"$\times$"或"$+$"字形布局的弹翼上如只装一对副翼，则另一对弹翼上受载要轻些，而装副翼的这一对弹翼受载大。若装两对副翼可使构造受力均匀些，但构造要复杂些。

在正常式布局中用差动式舵面较多，此时舵面面积及副翼面积应如此选择，使其在联合作用时仍能保证单独副翼在工作时所应起的作用。

(3) 飞航导弹垂直舵面面积 S_R 的选择。垂直舵面面积的选定，应保证导弹有必要的航向静稳定性及横向自振频率。

1) 航向静稳定性 m_y^β：

$$m_y^\beta = -C_{zB}^\beta \frac{S_B}{S} \frac{x_T - x_{pB}}{L_B} - C_{zR}^\beta k_R \frac{S_R}{S} \frac{x_T - x_{pR}}{L_B} < 0$$

式中　　L_B——弹身长度；

　　　　x_{pB}——弹身压心位置。

由于 $C_{zB}^\beta < 0, x_T - x_{pB} > 0$，故上式中第一项为正，但 $m_y^\beta < 0$，故第二项为负值，即 $C_{zR}^\beta < 0$，在计算时，可取

$$C_{zB}^\beta = -C_{yB}^\alpha$$

$$C_{zR}^\beta = -C_{yR}^\alpha (K_{\alpha\alpha})_R$$

式中，$(K_{\alpha\alpha})_R$ 为 $\alpha\alpha$ 状态下的干扰系数。

当 m_y^β 已知时，即可由上式算出 S_R，通常 m_y^β 可用统计值来定。

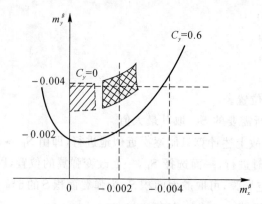

图 5-60 m_y^β 与 m_x^β 比值的可用范围

试验指出,要获得良好的气动性能,m_y^β 与 m_x^β 一定要适当配合起来,m_y^β 主要取决于垂直尾翼,而 m_x^β 主要取决于上反角及后掠角。

图 5-60 中,曲线以上为适用区,阴影线部分为现代超声速飞机的统计范围。

由图可知,m_x^β 受 C_y 的影响较大,而 m_y^β 受 C_y 限制不大。

2）全弹所产生的静稳定力矩要大于弹身力矩的 50%,即要求

$$\left| \frac{m_y^\beta}{m_{yB}^\beta} \right| \geqslant 1.5$$

3）横向自振频率 $f \leqslant 1.5 \sim 2.0$ Hz,f 可由下式定出:

$$f = \frac{1}{2\pi} \sqrt{\frac{57.3 m_y^\beta q S L_B}{J_z}}$$

5.2.2.3   弹身外形及其几何参数的选择

弹身的功用是装载有效载荷、各种设备及推进装置等,并将弹体各部分连接在一起,因此必须具有一定的容积。弹身是一个阻力部件,随着飞行速度的提高,弹身日趋细长化。弹身对升力和力矩的作用也不可忽视。通常,弹身由头部、中部和尾部组成,故弹身外形设计,就是指头部、中部和尾部的外形选择和几何参数确定。

1.弹身外形的选择

（1）头部外形。有翼导弹的头部外形通常有圆锥形、抛物线形、尖拱形、半球形和球头截锥形等数种,其外形如图 5-61 所示。

弹道导弹常用的头部外形有单锥形、组合锥形、曲线母线形和锥—柱—裙形等,如图 5-62 所示。

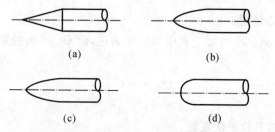

图 5-61   有翼导弹的几种头部外形示意图
（a）锥形; （b）抛物线形; （c）尖拱形; （d）半球形

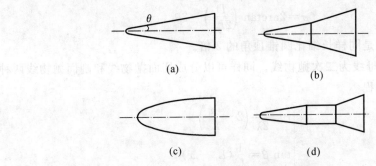

图 5 - 62　弹道导弹常用的头部外形

(a) 单锥形；　(b) 组合锥形；　(c) 曲线母线形；　(d) 锥 — 柱 — 裙形

为分析头部特性，设置直角坐标系 $r-x$，取头部外形理论顶点为坐标原点。x 轴为导弹纵轴，逆航向为正，r 轴过弹体纵剖面，则常用的头部外形母线方程有以下几种。

1) 锥形：外形为半顶角 β_0 的圆锥（见图 5 - 63）。

$$\begin{cases} r = Kx \\ \tan\beta_0 = K \end{cases}$$

式中，K 为系数。

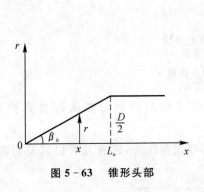

图 5 - 63　锥形头部　　　　**图 5 - 64　切面蛋形头部**

2) 圆弧形（蛋形、尖拱形）：外形母线是圆弧曲线的一部分。当母线在与弹身圆柱相连处的斜率等于零时称为切面蛋形，反之称为割面蛋形。

切面蛋形（见图 5 - 64）的母线方程为

$$\begin{cases} r = R\left[\sqrt{1 - \left(\dfrac{L_n - x}{R}\right)^2} - 1\right] + \dfrac{D}{2} \\ \tan\beta = \dfrac{L_n - x}{R + r - \dfrac{D}{2}} \end{cases}$$

式中　D——头部母线与弹身连接处直径；

　　　R——头部母线圆弧半径；

　　　L_n——头部总长度。

显然，切面蛋形头部半顶角 σ 与锥形头部半顶角 β 应满足下列关系：

$$\sigma = 2\arctan\left(\frac{D}{2L_n}\right) = 2\beta_0$$

即切面蛋形头部的顶角是同样长细比圆锥顶角的 2 倍。

3）抛物线形：头部母线为二次抛物线。同样可以分成切面抛物线和割面抛物线两种。

切面抛物线母线方程

$$\begin{cases} r = \dfrac{x}{2\lambda_n}\left(2 - \dfrac{x}{L_n}\right) \\[2mm] \tan\beta = \dfrac{1}{\lambda_n}(L_n - x) \end{cases}$$

式中，$\lambda_n = L_n/D$ 为头部长细比。

显然，当头部长细比相同时，割面抛物线较切面抛物线更加尖锐。

4）最小波阻形（原始卵形）：最小波阻形相应于给定的头部长细比具有最小波阻的特性，外形母线方程为

$$r^2 = \frac{D^2}{\pi\left[t\sqrt{1-t^2} + \arccos(-t)\right]}$$

式中

$$t = 2\left(\frac{x}{L_n}\right) - 1$$

5）指数曲线：头部母线为指数曲线，母线方程为

$$r = \frac{D}{2}\left(\frac{x}{L_n}\right)^n \quad 或 \quad \bar{r} = (\bar{x})^n$$

式中

$$\bar{r} = \frac{头部任一位置处半径}{头部最大半径}$$

$$\bar{x} = \frac{距头部理论顶点距离\ x}{头部总长度\ L_n}$$

n 为指数，一般可取 $0.60 \sim 0.75$ 之间，通常采用的指数母线头部具有钝顶特性，即 $\beta_0 = 90°$。

6）其他特定头部母线：除上述几种典型的头部母线曲线外，还有几种以其发明者命名的头部外形，其母线方程为

$$\bar{r} = \frac{1}{\sqrt{\pi}}\sqrt{\varphi - \frac{1}{2}\sin 2\varphi + c\sin 3\varphi}$$

式中

$$\varphi = \arccos(1 - 2\bar{x})$$

当 $c = 0$ 时称为冯·卡门形头部；$c = 1/3$ 时称为 L—V— 哈克形头部（见图 5-65）。

(a) 指数曲线，$r_1 = r_b\left(\dfrac{x_1}{L_n}\right)^n$；

(b) 抛物线系列，$r_1 = r_b\dfrac{\left[2(x_1/L_n) - K(x_1/L_n)^2\right]}{2 - K}$；

(c) 哈克系列、正切尖拱和冯·卡门形头部。

选择头部外形，要综合考虑空气动力性能（主要是阻力）、容积、结构、有效载荷及制导系统要求。对弹道导弹来说，战斗部的类型和威力大小决定了头部形状，而对有翼导弹来说，制导系统往往成了决定因素。各种头部外形性能具有不同的特点。

从空气动力性能看，当头部长度与弹身直径比一定时，在不同马赫数时，锥形头部阻力最

小,抛物线头部次之,而半球形头部阻力最大。

从容积和结构要求看,半球形、球头截锥形和曲线母线头部较好,抛物线形和尖拱形头部一般,而锥形头部较差。

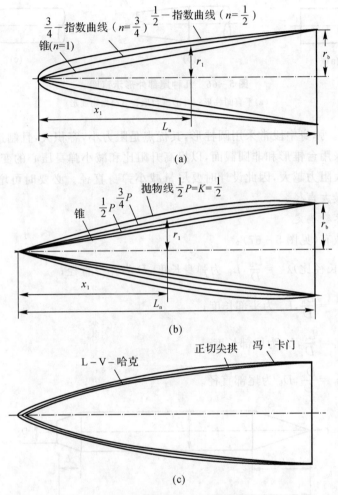

图 5－65　长细比等于 3 的头部剖面

从制导系统要求看,半球形与球头截锥形头部比较适合红外导引头或电视导引头工作要求,抛物线头部与尖拱形头部较适用于雷达导引头工作要求。有些导弹头部的抛物线方程直接由雷达波要求导出。

为此,头部外形要根据具体要求,综合确定。

应当指出,超声速导弹设计中,头部的尖点是不存在的,一般给出一段相切的圆弧,这个圆弧的半径不能过大,当其直径小于头部最大直径的 0.1 倍时,对波阻影响很小,可以略去不计。低亚声速导弹的头部,为了得到吸力,有时设计成卵形或具有较大的圆弧面。半球形头部前端加针状物可以改变激波状况,减小阻力。中远程弹道导弹或运载火箭的头部外形为了满足防热特性的要求,都不作尖头,而总是采用半球形钝头的外形,其半球钝头的直径与弹体直径之比一般应不大于 $0.05\sim0.10$ 为宜,即 $D_n/D=0.05\sim0.10$。

(2)尾部外形。尾部形状通常有平直圆柱形、锥台形和抛物线形三种,为满足特殊需要,也有倒锥形尾部等,其外形如图 5-66 所示。

尾部外形选择主要考虑内部设备的安排和阻力特性,在满足设备安排的前提下,尽可能选用阻力小,加工简单的尾部外形,如锥台形尾部。

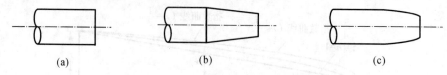

图 5-66　几种尾部外形示意图
(a)平直圆柱形；　(b)锥台形；　(c)抛物线形

(3)中段外形。弹身中段常采用圆柱形,其优点是阻力小,容积大,且制造方便。但有的有翼导弹弹身中段采用台锥形和非圆截面,以提高升阻比和减小弹身压心的变化量。

弹身直径越大阻力越大,因此设计时要尽量减小弹身直径。必要时可增加腹鳍和局部鼓包以缩小弹体的最大直径。

2.弹身几何参数确定

弹身几何参数有(见图 5-67):

弹身长细比(长径比)$\lambda_B = \dfrac{L_B}{D}$,$L_B$ 为弹身长度,D 为弹身直径；

头部长细比 $\lambda_n = \dfrac{L_n}{D}$,$L_n$ 为头部长度；

尾部长细比 $\lambda_t = \dfrac{L_t}{D}$,$L_t$ 为尾部长度；

尾部收缩比 $\eta_t = \dfrac{D_b}{D}$,D_b 为尾部直径。

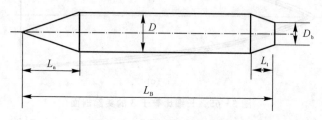

图 5-67　弹身的几何参数

(1)头部长细比 λ_n 的确定。头部长细比 λ_n 对头部波阻影响较大,由图 5-68 所示头部阻力系数(波阻系数)曲线可见:λ_n 越大,阻力系数越小,当 $\lambda_n > 5$ 时,这种减小就不明显了；头部顶端越尖,在同一马赫数下,头部激波强度也越弱,故头部阻力系数也越小。

考虑到 λ_n 增加,会引起头部容积的减小,不利于头部设备的安置,因此在超声速飞行条件下,通常取 $\lambda_n = 3 \sim 5$。

弹道导弹的头部阻力系数 C_x 的大小在很大程度上取决于头部钝度或头部锥角 β 以及头部长细比 λ_n。随着头部钝度或头部锥角的增加,加剧了弹体对迎面绕流的扰动,使绕流在头部区域加速、升温、增压,空气黏性亦被改变,因而引起阻力的急剧增长。带半球形头部柱体的阻力系数从 $Ma = 0.7$ 时即开始急剧增长(见图 5-69)。对钝锥体头部,如果头部前端钝度半径比底部半径的 1/4 还小,则阻力增加不大,但当前端钝度半径继续增大时,头部阻力明显增加(见图 5-70)。而尖锥、尖拱或曲线母线形头部柱体的阻力则较之钝头柱体的阻力小得多,且在跨声速和小长细比时,曲线母线头部较之锥形头部在阻力值上更呈现出优越性(见图 5-71)。

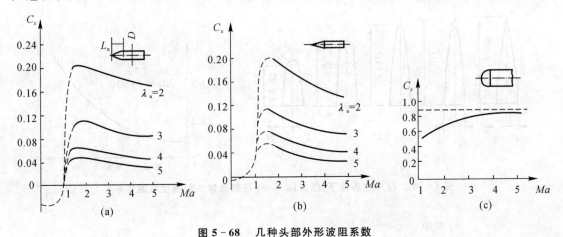

图 5-68　几种头部外形波阻系数

(a) 抛物线头部阻力系数；　(b) 锥形头部阻力系数；　(c) 半球形头部阻力系数

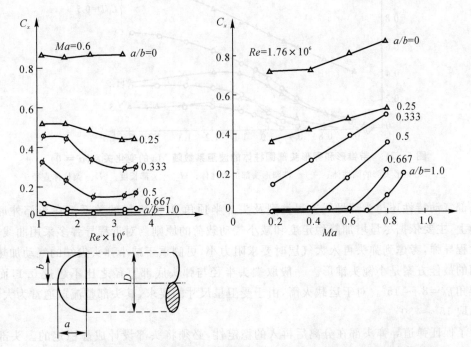

图 5-69 柱形物体头部钝度对阻力的影响($\alpha = 0$) 随 Ma 数和 Re 数的变化关系

对弹道导弹来说,头部装置战斗部,其 λ_n 选择与战斗部的类型、威力大小和几何尺寸等密切相关。当战斗部容积 V_n 一定时,λ_n 增大则头部半顶角 β_0 减小,因而头部波阻减小。但 λ_n 太大则由于战斗部变得更加细长,将导致其爆炸效果变坏、威力下降,所以二者必须兼顾。根据总体设计理论和实际应用经验分析,对近程弹道导弹,由于弹道较低,气动阻力损失大,故 λ_n 可选得较大,而对中远程导弹及运载火箭,由于其弹道很高,阻力损失不占主要部分,故 λ_n 选得较小。通常的选择范围是：

近程弹道导弹：$\lambda_n = 2 \sim 3$；

中远程弹道导弹及运载火箭：$\lambda_n = 1.5 \sim 2$。

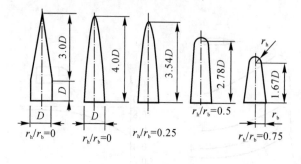
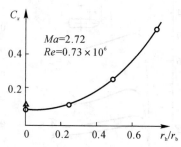

图 5-70　超声速条件下，阻力（$\alpha = 0$）与旋成体头部钝度值的关系

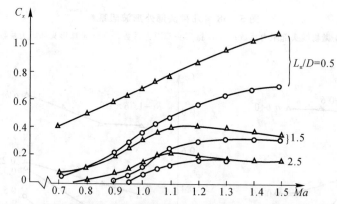

图 5-71　带锥形和卵形头部圆柱体的波阻系数随 Ma 的变化关系（$\alpha = 0$）

△— 带锥形头部的圆柱体；　〇— 带卵形头部的圆柱体；　L_n— 头部长度；　D— 圆柱体直径

头部气动特性还与头部母线方程类型及头部半顶角 β_0 有密切的关系。在头部外形母线的选择上，主要依据尽量增加静稳定度和减小气动载荷的原则。对近程导弹多采用曲线母线；对中远程导弹，考虑到弹头再入大气层时要求阻力小，更侧重于减小弹头尖端的气动加热。因此采用的最佳方案是小钝头锥形。一般取端头半径与弹头底部直径之比不超过 0.1，而锥体的半锥角 $\beta_0 = 8° \sim 15°$。对于运载火箭，由于受卫星尺寸的要求，其头部整流罩通常为大钝锥，半锥角取 $15° \sim 30°$。

为了保证弹道导弹头部在分离后再入的稳定性，必须将头部设计成静稳定的。头部的稳定部件通常采用稳定裙，稳定裙外形可以是头部母线的延续，也可以在头部后段接一段截锥体。保证飞行稳定的头部静稳定度通常在 15% ～ 30% 之间选取。

（2）尾部长细比 λ_t 和收缩比 η_t 的确定。尾部 λ_t 和 η_t 的确定，也是在设备安置允许的条件下，按阻力最小的要求来确定的。

随着 λ_t 和 η_t 的增加，尾部收缩越小，气流分离和膨胀波强度越弱，尾部阻力就越小。同样 η_t 的增加，其尾部阻力也相应减小，其阻力系数随马赫数的变化曲线，如图 5-72 所示。

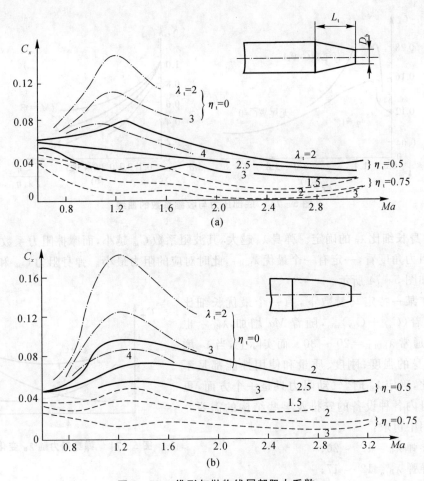

图 5-72　锥形与抛物线尾部阻力系数

（a）锥形尾部阻力系数；　（b）抛物线形尾部阻力系数

但随着 λ_t 和 η_t 的增加，底部阻力也增加。由于底部阻力系数

$$(C_{xd})_{\eta_t < 1} = -(\overline{C}_{xd})K_\eta \frac{S_b}{S_B}$$

式中　$\overline{C}_{xd}$——尾部无收缩时的底部阻力系数；

　　　K_η——收缩系数；

　　　S_b——弹身底部面积；

　　　S_B——弹身最大截面积（参考面积）。

$-\overline{C}_{xd}$，K_η 变化曲线如图 5-73 所示。由图可见，当 λ_t 和 η_t 增加时，K_η 都随着增加，因而阻力系数也相应增加。

由此可见，当采用收缩尾部时，增加了一部分尾部阻力，但减少了一部分底阻，同时尾部收缩又引来了产生负升力和负力矩，所以，如何采用收缩尾部参数，要综合考虑各方面因素。实际上，往往是根据结构上的安排要求，一般取尾部收缩角 8° 为宜。依现有导弹统计，有翼导弹通常是 $\lambda_t \leqslant 2 \sim 3$，$\eta_t = 0.4 \sim 1$。

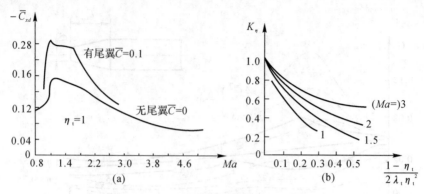

图 5 – 73　底部压力与收缩系数的曲线

（3）弹身长细比 λ_B 的确定。弹身 λ_B 越大，其波阻系数 C_{xb} 越小，而摩擦阻力系数 C_{xf} 越大，故从合成阻力角度看，一定有一个最优 λ_{BOPT}，此时对应的阻力最小。弹身阻力 C_{xb} 和 C_{xf} 随 λ_B 变化曲线如图 5 – 74 所示。

一般在某一特定马赫数下，有一个最优长细比 λ_{BOPT}，对应着 $(C_{xf}+C_{xb})_{min}$，随着 Ma 增加，λ_{BOPT} 也有所增加，通常 $\lambda_{BOPT}=20\sim30$。而实际上，当 λ_B 增加时，对弹身的强度、刚度、质量和使用性能都是不利的。因此，确定 λ_B 时，气动阻力只是一个方面，更要考虑弹身内各种设备的安排及某些结构的需要。在实际应用中可取：

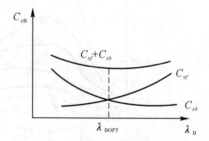

图 5 – 74　弹身阻力随 λ_B 变化曲线

　　地空导弹 $\lambda_B=12\sim20$；

　　空空导弹 $\lambda_B=12\sim17$；

　　飞航导弹 $\lambda_B=9\sim15$；

　　反坦克导弹 $\lambda_B=6\sim12$。

（4）弹身直径 D 的确定。弹身直径 D 一般是从保证弹身的最小容积 W_B 来考虑的。也可根据以下几个主要因素之一来确定：战斗部直径，导引头直径，发动机直径，气动性能要求，系列化和标准化要求。从中选取要求最大的一个因素，作为弹身直径。

如要保证最小容积 W_B，则先按下列方法来计算：

$$W_B=\frac{m_{战斗部}}{\gamma_{战斗部}}+\frac{m_{仪器设备}}{\gamma_{仪器设备}}+\frac{m_{发动机}}{\gamma_{发动机}}+\frac{m_{贮箱和油}}{\gamma_{贮箱和油}}=\left(\frac{K_{战斗部}}{\gamma_{战斗部}}+\frac{K_{仪器设备}}{\gamma_{仪器设备}}+\frac{K_{发动机}}{\gamma_{发动机}}+\frac{K_{贮箱和油}}{\gamma_{贮箱和油}}\right)m_2$$

式中　　$K_战$，$K_仪$，$K_发$，$K_贮$——各部分相对质量因数，可由质量分析来确定；

　　　　$\gamma_战$，$\gamma_仪$，$\gamma_发$，$\gamma_贮$——各部分密度，可由统计资料来确定；

　　　　　　m_2——起飞质量，由导弹主要参数选择来确定。

然后按下面的半经验公式，来确定弹身直径 D。

对于尖头　　　　　　　　　$D=1.08\sqrt{\dfrac{W_B}{\lambda_B-2.5}}$

对于钝头　　　　　　　　　$D=1.08\sqrt{\dfrac{W_B}{\lambda_B-1.3}}$

5.3 部位安排与质心定位

部位安排与质心定位是总体设计中一项繁杂、细致而重要的工作。

质心定位的作用是保证导弹在飞行过程中有必要和适度的稳定性和操纵性,保证导弹具有足够的机动性。

部位安排的任务是将弹上各承载面及弹内各分系统部件、组件等进行合理地布置,使其满足总体设计的各项要求。

部位安排和质心定位二者是紧密联系而不可分的,部位安排是质心定位的依据,而质心定位是部位安排的结果。

对不同类型的导弹,部位安排没有一个绝对通用的方式,但考虑的原则是共同的:在部位安排过程中,应尽量使整个导弹具有合理的质心和压力中心位置,保证导弹在飞行过程中具有良好的稳定性与操纵性。

部位安排工作的主要任务是:

(1) 确定弹体上各承载面(弹翼、舵面等)相对弹身的位置,从而决定了导弹的焦点位置 x_F。

(2) 确定弹上所有载重的布置,从而决定了导弹的质心位置 x_T。

(3) 协调并确定导弹各部件的结构承力形式、传力路线、工艺方法;确定分离面、主要接头形式与位置、舱口数量与位置、电缆管路敷设等。

完成以上任务必须满足下列要求:

1) 保证导弹整个飞行过程中,满足导弹总体对稳定性和操纵性的要求。

2) 保证弹上各种设备及装置具有良好的工作条件,以保证它们良好的工作性能。

3) 保证导弹在作战使用中的快速性,使用维护方便。

4) 使导弹结构简单、紧凑、质量轻、工艺性好。

这一阶段的工作成果应有:

1) 绘制出导弹的三面图。

2) 绘制出导弹的部位安排图。

部位安排与导弹外形设计是同时进行的,是一项复杂的综合性很强的工作,在导弹设计过程中,因受各种条件的制约,要与各方面反复协调、综合平衡、不断调整,才能将导弹外形与各部分位置确定下来,才能设计出导弹的三面图及部位安排图。

5.3.1 稳定性与操纵效率

导弹稳定性、机动性和操纵性历来是导弹设计所追求的重要性能,气动布局设计、部位安排及质心定位的目的就是要达到预定的指标要求。

5.3.1.1 稳定性与操纵性的概念及指标

早期的导弹通常设计成静稳定的,所谓静稳定性是指处于平衡飞行状态的导弹,在受到外界扰动后一般会偏离其原来的飞行状态,在干扰消失的初始瞬间,导弹若具有恢复到原来飞行状态的趋势,则称其具有静稳定性。

纵向静稳定性通常用以下静稳定指标来表示:

$$m_z^\alpha = C_y^\alpha \frac{x_\mathrm{T} - x_\mathrm{p}}{b_\mathrm{A}} < 0$$

或

$$m_{z^y}^c = \frac{x_\mathrm{T} - x_\mathrm{p}}{b_\mathrm{A}} < 0$$

由上式可知,要使导弹具有纵向静稳定性,必须保证导弹质心位于压力中心之前,这亦是部位安排的一个中心问题。

操纵性是指导弹弹体对操纵舵面的响应特性,即舵面偏转单位角度引起弹体运动参数变化的大小及其响应速度。通常可用单位舵偏角产生的力矩大小来表示,如 m_z^δ。

部位安排还要满足操纵性的要求,即满足机动过载的要求。操纵力的产生过程基本上就是相应操纵机构的操纵过程,无疑,操纵性好,法向操纵力就产生得快,机动性就好。

5.3.1.2　操稳比(δ/α)指标

在总体布局设计中,操稳比(δ/α)也是一个重要指标。该比值选得过小,会出现操纵过于灵敏的现象,一个小的舵面偏转误差会引起较大的姿态扰动;若比值选得过大,会出现操纵迟滞的现象。

对操稳比的要求取决于:

1)飞行高度和速度的变化范围;

2)导弹是否具有静稳定性,飞行过程中静稳定度的变化大小;

3)弹体结构的要求;

4)导弹控制系统类型及其要求等。

飞行器类型	$(\delta/\alpha)_b = -m_z^\alpha/m_z^\delta$
正常式	$-1.0 \sim -1.5$
鸭式	$0.8 \sim 1.2$
无尾式	$-1.2 \sim -2.0$
旋转弹翼式	$4 \sim 10$
$(\delta/\alpha)_b$ — 平衡时升降舵偏角与攻角之比	

选择适当操稳比(δ/α)的方法之一,就是根据 m_z^α 与 m_z^δ 的比例,利用导弹的设计经验,可以得到 m_z^α/m_z^δ 的参考范围。表 5-2 列出不同布局形式导弹的操稳比,可以作为初步设计时参考。

在任何飞行条件下,任何飞行时间都保持表中的比例数值,显然是不可能的,实际上只能要求接近表中数值。

5.3.1.3　确定导弹静稳定度需要考虑的因素

导弹的静稳定性与机动性是相互制约的,静稳定度愈大,机动性愈差;静稳定度小,过渡过程时间长,使控制回路动态误差增大,甚至发散而无法控制。因此在选择静稳定度值时,既不是愈大愈好,也不是愈小愈好,而是有一个约束范围。

1. 考虑试验与计算误差的约束边界

由于导弹质心位置 x_T 和焦点位置 x_p 的计算误差,通常在确定静稳定度时要留一定余

量。压力中心位置误差可取

$$\Delta x_{\mathrm{p}} \approx 0.005 L_{\mathrm{B}} \sim 0.01 L_{\mathrm{B}}$$

同样,质心误差可取
$$\Delta x_{\mathrm{T}} \approx 0.005 L_{\mathrm{B}}$$

式中,L_{B} 为导弹弹身长度。

　　为综合平衡这些误差,并留有一定余量,可参考以下数据:

$$x_{\mathrm{p}} - x_{\mathrm{T}} \geqslant 0.02 L_{\mathrm{B}}$$

即
$$m_z^a \leqslant C_y^a \left(\frac{-0.02 L_{\mathrm{B}}}{b_{\mathrm{A}}} \right)$$

　　2.考虑导弹角振荡频率的约束边界

　　设舵偏角瞬时地由 0 至 δ,则 α 的变化会有滞后作用,如图 5-75 所示。导弹这种绕其质心的角振荡频率与静稳定度 m_z^a 有关,m_z^a 越大,作用在导弹上的力矩也愈大,角加速度愈大,角频率越高;此外导弹转动的快慢与导弹的转动惯量也有关。由"导弹飞行力学"知识可知:若不计阻尼力矩,导弹角自振频率 f 可表示为

$$f = \frac{1}{2\pi} \sqrt{\frac{-57.3 m_z^a q S b_{\mathrm{A}}}{J_z}}$$

或
$$m_z^a = -\frac{0.689 f^2 J_z}{q S b_{\mathrm{A}}}$$

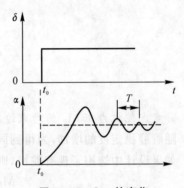

图 5-75　δ, α 的变化

　　利用上式求 m_z^a 时,角振荡频率 f 是受限制的,限制 f 的主要原因是控制系统通频带 f_{c} 的要求,通常通频带 f_{c} 要求高于角振荡频率 f 值的 $5 \sim 10$ 倍,即 $f_{\mathrm{c}} = (5 \sim 10)f$。因此,若角振荡频率取值大,势必通频带大,这将使控制系统复杂,给设计工作带来困难;但角振荡频率也不能太小,否则会引起过渡过程时间的增加,造成控制系统的动态误差增大,甚至发生共振现象。

　　另外,导弹弹体的结构频率 f_{g} 通常高于通频带 f_{c} 值的 1.5 倍以上,即 $f_{\mathrm{g}} \geqslant 1.5 f_{\mathrm{c}}$,则 $f_{\mathrm{g}} \geqslant (7.5 \sim 15)f$。弹体的结构频率与弹体的刚度有关,弹体刚度愈好,结构质量愈大,因此,限制了弹体结构的固有频率值,从而也限制了角振荡频率的最大值。

即
$$m_z^a \ll \frac{-0.689 f_{\mathrm{c}}^2 J_z}{q S b_{\mathrm{A}}}$$

　　下列数据可供导弹初步方案设计时,确定静稳定度和角振荡频率时参考。

地空导弹:

$H < 4 \sim 5 \mathrm{~km}, f \geqslant 3 \sim 4 \mathrm{~Hz}$;

$H = 20 \sim 25 \mathrm{~km}, f \geqslant 1.2 \sim 1.5 \mathrm{~Hz}$。

空空导弹:

$H = 20 \sim 25 \mathrm{~km}, f \geqslant 1.6 \sim 1.8 \mathrm{~Hz}$。

飞航导弹:

$f < 1.5 \sim 2.0 \mathrm{~Hz}$。

　　3.导弹机动性要求的约束边界

　　导弹的机动性是指导弹迅速改变飞行状态(飞行速度的大小和方向)的能力,通常用单位舵偏角所产生的过载大小来衡量。

$$\frac{n_y}{\delta} = \frac{-(C_y^\alpha qS + P)m_z^\delta}{mgm_z^\alpha} \tag{5-1}$$

由式(5-1)可以看出,导弹的机动性与导弹的静稳定度是相互矛盾的。若$|m_z^\alpha|$值增加,n_y/δ就减小。因此,由机动性要求便限制了静稳定度的大小。由于高空空气密度小,速压远小于低空,是实现机动性要求的严重情况,故静稳定度应满足:

$$|m_z^\alpha| \leqslant \left| \frac{(C_y^\alpha qS + P)m_z^\delta}{mg\dfrac{n_y}{\delta}_{\max}} \right|_{\text{高空}}$$

式中　　n_y——导弹高空需用过载;

　　　　$\delta_{\max}$——导弹允许的最大舵偏角。

4. 极限攻角 α^* 的约束边界

在高空,导弹机动性小,为保证机动性,应使$|m_z^\alpha|$适当减小,此时会使极限攻角α^*相应减小,另外由于$|m_z^\alpha|$减小之后,所需平衡攻角α_b却要增加,因此,应使$\alpha_b < \alpha^*$。

$$\frac{\alpha_{b_{\max}}}{\delta_{\max}} = -\frac{m_z^\delta}{m_z^\alpha}$$

$$\alpha_{b_{\max}} = \frac{-m_z^\delta \delta_{\max}}{m_z^\alpha} < \alpha^*$$

$$|m_z^\alpha| \geqslant \left| \frac{-m_z^\delta \delta_{\max}}{\alpha^*} \right|_{\text{高空}}$$

5. 考虑舵机力矩 M_P 的约束边界

随着静稳定度的增加,为得到同样大小的过载n_y,舵偏角就需加大,相应的铰链力矩也增大。如果设计中选用了现有舵机,则需考虑舵机力矩对静稳定度的限制:

$$M_P \geqslant (m_{hm}^\alpha \alpha + m_{hm}^\delta \delta)qS_R b_A$$

式中,m_{hm}^α,m_{hm}^δ为铰链力矩系数对α,δ的导数。

利用式(5-1),对上式整理后得

$$M_P \geqslant -\left(m_{hm}^\delta - m_{hm}^\alpha \frac{m_z^\delta}{m_z^\alpha} \right) \frac{n_y GqS_R b_A m_z^\alpha}{(C_y^\alpha qS + P)m_z^\delta}$$

由于低空过载大,速压大,故一般危险情况在低空。

5.3.1.4　放宽静稳定度设计

上述经典方法是把导弹气动布局设计成具有足够的静稳定性,但是导弹的稳定性和操纵性是随着飞行状态不断变化的。导弹在飞行过程中,速度由亚声速加速到超声速,甚至达到高超声速,压力中心位置有较大变化;而随着推进剂的消耗,其质心位置也发生相应的变化,这些变化将导致导弹稳定性随飞行过程而改变。显然,传统的静稳定导弹设计,对导弹总体布局提出了苛刻的要求,这就限制了导弹性能的提高和气动效率的改进。

近年来,随着系统工程、自动控制与计算技术的飞速发展,促使导弹设计思想与设计方法发生了很大变化。放宽静稳定度设计的含义是导弹允许设计成静不稳定、中立稳定或静稳定,也允许把导弹设计成起飞时呈静不稳定,中间飞行接近中立稳定,末段飞行是静稳定的。当导弹呈静不稳定或中立稳定时,必须由自动驾驶仪进行人工稳定,使弹体驾驶仪系统稳定。已采用的综合稳定回路设计技术,可以放宽对静稳定度的要求,可以实现中立稳定甚至小的静不稳定的导弹总体布局设计。

采用放宽静稳定度设计后,可使导弹升力加大,升阻比提高,导弹质量减轻,从而提高了导弹的机动性;但同时,又带来了导弹自身动态稳定性的变差。为保证导弹飞行过程的稳定性,已经采用飞行稳定控制回路(自动驾驶仪)中自适应的增稳措施来解决。

研究结果表明,导弹飞行稳定控制回路允许的最大静不稳定度,与综合稳定回路的频带宽度成正比,与导弹的长度成正比;与速度和飞行高度成反比。静不稳定导弹的稳定控制回路作用,不但改善了导弹系统的动态品质,而且使静不稳定导弹在稳定控制回路参与下,变成了飞行稳定的等效稳定导弹系统。

为满足总体参数和系统设计要求,对于静不稳定导弹的稳定回路设计,通常要求满足以下条件:

1)导弹的动力系数满足

$$\left| a_2(\alpha) \right|_{\max} < -\frac{a_3 a_4}{a_5}$$

2)尽可能提高舵效率 a_3;

3)稳定回路具有足够的频带宽度;

4)尽量约束质心变化范围。

5.3.1.5　调整稳定性和操纵性的措施

进行导弹总体布局设计时,要求导弹具有适度的稳定性和操纵性。保证导弹的稳定性,实质上是安排导弹质心位置和压力中心位置之间的相互关系,保证质心和压力中心的差值在一定的合理范围内;保证导弹的操纵性,实质上是安排导弹质心位置和操纵合力中心之间的相互关系,保证质心和操纵合力中心的差值在某一合理的范围内。实施的方法通常是改变导弹的气动布局或调整部位安排,改变质心位置。具体办法:

1)移动弹翼位置。它是最有效的办法,因为导弹大部分升力是由弹翼产生的。

2)改变尾翼的位置和面积。

3)改变舵面的位置和面积。

4)增设反安定面,调整其位置与面积。

5)改变导弹内部设备与装置的位置。

6)利用配重调整质心,这是最不利的办法。在一般情况下,可以兼用上述几种措施。

5.3.2　部位安排设计

5.3.2.1　保证各系统及设备具有良好的工作条件

进行部位安排时必须考虑弹上各种系统及设备的特殊要求,以保证它们获得良好的工作环境,可靠而正常地工作。

1.战斗部

战斗部属危险部件,又是全弹中质量较大的设备,为便于使用维护与最大可能地发挥战斗部的杀伤威力,要求战斗部独立形成一个舱段,并保证安装、拆卸方便;要求战斗部外壳尽可能就是舱体的外壳,其外部不应有较强的构件(如弹翼、尾翼等),以免影响爆破效果。

战斗部在安排上有三种形式:位于头部,也有位于中部的,个别的位于尾部。对付空中目标的导弹,战斗部多数采用杀伤式(如破片式、连续杆式、多聚能式等),故战斗部较多位于中部,将头部位置留给导引头。对付装甲目标和地面有防护目标的导弹,安排战斗部时需要考虑战斗部前方舱段的环境。例如聚能破甲战斗部为了保证破甲时,金属流对目标的有效杀伤或使战斗部穿入目标内爆炸,多数战斗部位于头部,或者战斗部前方的舱段应给聚能射流预留一个通道。对付地面目标的杀伤战斗部,若采用触发引信,为了减小杀伤破片被地面土壤吸收,提高杀伤效应,战斗部有时放在尾部。

2. 近炸引信

近炸引信应尽量靠近战斗部,以免电路损耗增大,影响战斗部起爆。为保证其可靠性,应远离振源。对红外近炸引信,应尽量安置在导弹头部或开有窗口的弹身舱段;对无线电近炸引信,天线可安置在前弹身舱段的内表面或外表面,需保证天线在任何飞行情况下,无线电波不受弹体的阻挡,同时避免高温气流的影响,以免使收发信号发生畸变。

触发引信应安置在较强结构之处,如弹身前段的加强框、弹翼或鸭式布局舵面的前缘等处。

3. 导引头

由于雷达型或光学型导引头,都要求其天线或位标器正前方具有开阔的视野,以便于在大范围内对目标进行搜索、捕获和跟踪,弹身头部是满足这一要求的最佳部位。所以通常将导引头相关的组件包装成一个整体,安装在弹身头部,外加天线罩(整流罩)加以保护,并改善气动性能。

4. 控制设备

控制设备中的敏感部件在弹上的安装部位有一定要求,如惯性器件,为了准确感受导弹质心位置的运动参数,最好将它们安排在导弹质心附近,并远离振动源。速率陀螺能敏感弹体的弹性振动,因此,尽可能把它安排在离节点较远的波峰处,如图 5-76 所示,避免或减小由于弹体弹性振动引起的角速度信号失真和避免严重情况下引起的共振。安排这些敏感部件时,不仅应进行弹性体的振动特性计算,还应进行振动特性及共振特性试验。

5. 舵机及操纵系统

舵机为控制导弹舵面或副翼偏转的伺服机构,应尽可能靠近操纵面(舵面或副翼),这样可以简化操纵机构和减小操纵拉杆的长度,提高控制准确度。舵机安装位置应便于调整和检测,拉杆应有调节螺栓。活动间隙不仅会造成操纵面的偏转误差,而且容易引起舵系统的激烈振动,因此对活动间隙必须检查和调整。对操纵面的零位和极限偏角,也需要检查与调整,避免造成上下舵面偏转不对称和传动比的非线性等。

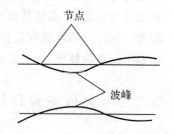

图 5-76 角速度陀螺安放的影响

6. 发动机

如果采用液体火箭发动机,由于它的燃料是通过输送系统送至发动机内的,因此它的燃料箱可以较灵活安排,一般安排在导弹质心附近,使质心变化小,而发动机本身一般都安置在导弹的尾部。

如果采用固体火箭发动机,则有两种可能布置方案,如图 5-77 所示。第一种是将固体火

箭发动机安装在导弹尾部,这种布置方案对发动机十
分有利,喷管喉径部分可安装舵机和舵面。缺点是导
弹的质心变化幅度过大,有可能在导弹初始飞行段出
现不稳定情况,而在飞行末段,导弹静稳定性变大,操
纵、机动性能降低,影响导弹的命中精度。第二种是
将固体火箭发动机置于弹身中间,这种布置方案的优
点是全弹质心变化幅度小,不影响导弹的稳定性和机

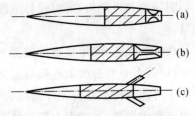

图 5 - 77　固体火箭发动机安置方案

动性。缺点是给尾喷管的安排带来困难。解决的方法:一是采用长尾喷管,即在发动机燃烧室
尾部连接中央延长喷管直至弹体尾部,使燃气流从弹身尾部排出,以减小弹体底部阻力。由于
燃烧室的燃气温度高达 2 000 K,长喷管必须采取隔热措施。长喷管方案的另一个缺点是空
间利用率低。为了利用长喷管周围的空间,要求将设备设计成特殊的形状。二是采用斜喷管,
斜喷管的倾斜角一般为 12°～18°,应使喷管轴线尽可能通过导弹质心,但不免会产生推力偏心
与推力损失。另外还应考虑避免高温燃气对尾舵及弹体的影响。为此可将喷管与舵面叉开安
排,且舱体上应有隔热措施。

　　如果采用整体式火箭冲压发动机,发动机一般放于尾部,进气道的布置则有数种可能的安
排方案,如图 5 - 78 所示。

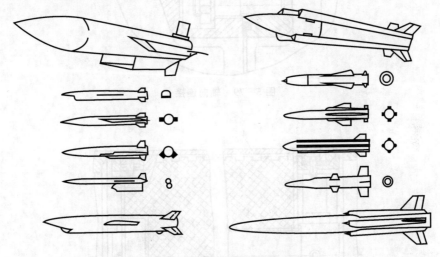

图 5 - 78　进气道的布局和安排

7. 能源装置

　　导弹上能源由电源和液压源组成,两者可以分开,也可以合并成一个整体,形成电液伺服
装置。舵系统是弹上消耗能源最多的设备,能源的安装位置应紧靠舵系统。电源应安置在各
用电设备的中央,有利于电源的稳定工作和电缆连接。

5.3.2.2　保证导弹质量小

1)在保证导弹性能前提下,尽可能选择质量尺寸小的设备与部件。

2)导弹内部安排要紧凑,不要有多余的空间。相关的部件应尽量靠近,所有管路、电缆应
尽可能短。有些相关的设备尽可能设计成整体,再装入弹内,以便有效利用空间与使用维护方

便。如制导舱和控制舱,可以设计成舱体兼作设备的壳体,避免重复包装,可充分利用空间,减小质量。

3)在保证工艺、使用要求的前提下,应使分离面数量最少,舱体的口盖数量最少。因为分离面多、口盖多必然会增加连接与加强的元件,导致质量增加。

4)尽可能发挥部件与元件的综合受力作用,减少元件数量。例如连接舱体的加强框又可用于固定弹内设备;有时框上还设计有吊挂接头或发射用的导向块。这样一件多用,有利于减轻质量。

5)为减小阻力,应避免与减少外表面的凸出物。但这不是绝对的。在某些情况下,管路、电缆放在弹身外也有可能会使总质量减小,或工艺性好、使用方便,这时管路、电缆放在弹身外面是合理的。对于这类问题应作具体分析比较。

5.3.2.3 保证导弹具有良好的工艺性,使用维护方便

1)要有足够数量的分离面,尽量采用统一的连接形式,舱体分离面的连接形式对全弹的刚度和自振频率影响很大。轴向连接(见图 5-79)是强连接,径向卡块连接(见图 5-80)的尺寸较小,连接刚度好。

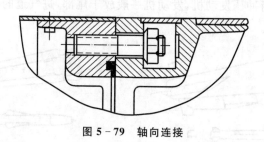

图 5-79 轴向连接

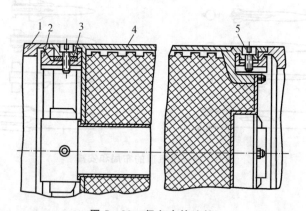

图 5-80 径向卡块连接

1—舱体; 2—卡块; 3—弹簧片; 4—舱体; 5—螺钉

2)功用相似的同类设备或环境要求相同的设备尽可能安排在同一个舱段内。这种集中安排方式便于该系统的检测、调整、更换和保证其环境条件。如自动驾驶仪、舵系统、液压能源等应安排在一起,通常称为控制舱。

3)需要拆卸的部件与设备,在部位安排时应保证其拆卸方便和留有必要的装配空间,并在拆卸时不影响其他设备而能单独进行,同时拆卸时不应损伤结构。对于拆卸频繁的设备应尽

可能安放在舱口附近。

4)弹上应开必要的口盖,用于连接测试插头,进行检测、调试及维修等操作。

5)保证互换性。这是成批生产所必需的,在单件试制过程中,虽不要求那么高,但在设计中也应考虑实现互换的可能性,如调整弹翼的安装角等问题。

5.3.3　导弹的三面图与部位安排图

导弹总体布局是在不断协调、计算及试验校核的过程中形成的,需要许多专业人员与各个科研、试制部门的共同协作,反复多次才能完成。总体布局的结果可以用数学方法描述,也可用图形或文字表示。随着计算机技术的发展以及交互计算机图形学的出现,现在基本上已利用计算机及其软件来进行导弹外形设计及部位安排了。

5.3.3.1　导弹外形三面图

三面图是表征导弹外形和几何参数的图形,包括外形平面图与三维图。外形设计的结果应充分体现在气动外形三面图中。三面图的形成有一个从近似到最终的过程,在初步确定导弹的主要尺寸和参数后,画出导弹的初步三面图,在完成质心定位、气动计算、稳定性与操纵性计算和风洞试验后,形成正式三面图。

在三面图中应表示出导弹的气动布局、质心变化、外形几何参数以及外形尺寸,标出构成导弹外形的各部分相对位置,舵面、副翼的转轴位置。用数学方程式或坐标图给出弹体头部、尾部及进气道内形面的有关数据。如图5-81所示为某导弹三面图的示意图。有了三面图之后,便可根据它制作风洞试验模型,进行风洞试验,并进行详细的气动分析、气动计算、制导系统回路分析、模拟试验等。

5.3.3.2　导弹部位安排图

部位安排的结果,具体反映在导弹的部位安排图上。导弹的研制过程,也是部位安排图的细化、完善、检验的过程。在方案设计的初期,图纸反映的是导弹的布局设想,弹上设备通常用方块表示。随着设计工作的深入和反复协调结果,弹内设备及部件应采用实际的实物模型。

部位安排图应表示出导弹气动布局,即表示弹翼、尾翼、舵面相对弹身的位置;发动机、助推器的布置方案;弹上所有设备的安装位置和连接关系;导弹舱段的划分情况和分离面的位置;此外还应考虑使用运输中所需吊挂接头、发射定向钮、运输支承点的位置等等。由此确定导弹的质心变化,以满足适度的稳定性、操纵性要求。

绘制部位安排图时,弹内设备之间应留有足够的间隙,以便于安装与拆卸,并在振动环境下不致发生摩擦和碰撞。电缆、管路等往往难于在部位安排图上表示,但需要留出必要的边缘空间。为解决弹体和分系统、电缆、管路、大口盖和舱口等的安装、协调问题,可配合制作比例尺寸为1∶1的样弹(弹内设备一般为实物)进行。

部位安排图通常不直接用于生产,它是质心定位、转动惯量计算、外载荷计算、弹体结构设计、弹上设备安装与协调、工艺装备和地面设备的协调等的主要依据。它与三面图是相辅相成的,也是绘制导弹总图、水平测量图、支承吊挂图、标志图等的主要依据。

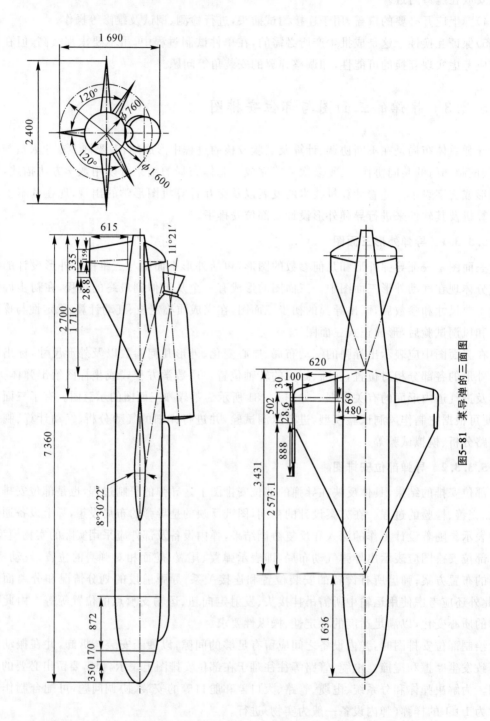

图5-81 某导弹的三面图

部位安排是一项涉及面广,影响因素多的综合性工作,因此,即使在相同原则指导下进行此项工作,各类导弹的部位安排形式也差异很大。图 5 - 82 为某导弹的部位安排示意图。

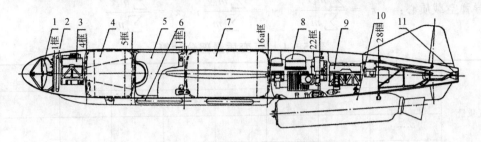

图 5 - 82 某导弹的部位安排示意图

1—末制导雷达天线; 2—环形气瓶; 3—雷达发射机; 4—燃烧剂箱; 5—战斗部; 6—柱形气瓶;

7—氧化剂箱; 8—自动驾驶仪; 9—雷达接收机; 10—固体火箭发动机; 11—推力室

5.3.4 质心位置计算及转动惯量计算

三面图和部位安排图完成之后,即可计算在运输、发射、飞行等各种状态下导弹的质量、质心位置和转动惯量。计算的结果用作弹道计算、气动特性计算、载荷计算、导弹稳定性和操纵性计算、导弹结构设计、发射装置和运输装填设备设计等的依据。设计过程中,质量、质心位置和转动惯量的计算要反复进行多次。最后以导弹实际称重和质心、转动惯量实际测量值为准。

5.3.4.1 坐标系

为了计算方便,一般选取弹身外形的理论顶点作为坐标原点的弹体坐标系,x 轴与导弹纵轴重合,指向弹体尾部为正,y 轴在垂直对称面内,向上为正,z 轴在弹体水平面内,顺航向向左为正。按此坐标系计算导弹的质心。

计算转动惯量的坐标系原点选在瞬时质心上,坐标轴指向与弹体坐标轴平行。但是,在计算转动惯量过程中,也要使用弹体坐标系。

5.3.4.2 质心位置计算

质心位置计算的基本依据是部位安排图。随着部位安排的改变,质心位置计算也需重复进行,并随着弹内设备质量的不断落实,逐渐逼近,最后精确定位计算结果。

在进行质心计算时,为便于检查和调整质心,宜将不变质量与可变质量(如燃料等)分开计算,计算时可采用表 5 - 3 和表 5 - 4 形式进行计算。

表 5 - 3 不变质量部分计算

类别	名称	质量 /kg	质心 /mm			静矩 /(kg · mm)		
			x	y	z	mx	my	mz
不变质量	弹身							
	弹翼							
	……	……	……	……	……	……	……	……
	合计	$\sum m_i$	$\sum x_i$	$\sum y_i$	$\sum z_i$	$\sum m_i x_i$	$\sum m_i y_i$	$\sum m_i z_i$

导弹空载质量：
$$\sum m_i$$

导弹空载质心：
$$x_T = \frac{\sum m_i x_i}{\sum m_i}; \quad y_T = \frac{\sum m_i y_i}{\sum m_i}; \quad z_T = \frac{\sum m_i z_i}{\sum m_i}$$

表 5 - 4 可变质量部分计算

消耗质量	冷气						
	氧化剂						
	……						
	合计	$\sum m_i$				$\sum m_i x_i$	$\sum m_i y_i$	$\sum m_i z_i$

导弹满载质量：
$$\sum m_i（包括空载质量）$$

导弹满载质心：
$$x_T = \frac{\sum m_i x_i}{\sum m_i}; \quad y_T = \frac{\sum m_i y_i}{\sum m_i}; \quad z_T = \frac{\sum m_i z_i}{\sum m_i}$$

上式中 $\sum m_i x_i, \sum m_i y_i, \sum m_i z_i$ 应包括空载计算中全部静矩。

通常在进行质心计算时，需要给出不同的计算状态，如一级状态质心变化或二级状态的质心变化。还需要给出计算步长，即推进剂消耗某一定值计算一个点，直至推进剂消耗完毕。

5.3.4.3 转动惯量计算

转动惯量是导弹的重要结构参数，其值的大小直接影响导弹的动力学特性。通常需要算出绕导弹质心对三轴的转动惯量 J_x, J_y 和 J_z。

计算转动惯量时，需利用上述质量和质心的数据。转动惯量的计算公式为

$$J_z = \sum J_i - m x_T^2$$

式中　J_z——导弹绕通过其质心 Z 轴的转动惯量；

J_i——导弹内各设备对理论顶点的转动惯量，其表达式为

$$J_i = J_{i0} + m_i x_i^2$$

J_{i0}——i 设备绕本身质心的 J_z；

x_i——i 设备质心离理论顶点的 x 坐标；

m——导弹的质量；

x_T——导弹的质心坐标。

当上述公式用空载质量、质心坐标计算时，则求得空载之转动惯量；当采用满载质量与质心坐标计算时，则可求得相应满载时的转动惯量。

相对于其他坐标轴 (x, y) 的转动惯量亦用相同方法求得。

目前的 CAD 软件均可测得设备的质心及转动惯量，但质心及转动惯量随时间的变化曲线仍需按上述公式求得。应当指出，液体推进剂自身的转动惯量与固体的计算方法有所不同，需要加以修正。

思考题与习题

1. 试述构形设计的基本内容及其主要要求。

2. 试述平面形（"一"字形）布局的优、缺点。为什么倾斜转弯技术（BTT）又成为现代有翼导弹技术发展的新热点？

3. 试述"X"或"十"字形布局的优、缺点。为什么它是目前占统治地位的一种布局形式？

4. 按翼面沿弹身纵向的配置形式，常见的导弹气动布局的形式有哪几类？试述其各自的基本特点。

5. 试从升阻比特性、极限攻角、部位安排和起飞段的操纵等几个方面比较正常式与鸭式的优、缺点。

6. 试述斜吹力矩产生的物理原因是什么？鸭式布局的斜吹力矩为什么比正常式布局的严重？可为什么鸭式布局仍得到广泛的应用？为减小鸭式布局的斜吹力矩，改善其横滚特性，可采取哪些措施？

7. 试述无尾式布局的优、缺点。为什么这种布局的弹翼位置不好安排？如何解决？这种布局适用于何种导弹？

8. 试述旋转弹翼式的优、缺点。为什么这种布局的过载波动小，允许质心位置的变化范围大，快速性好？它适用于何种导弹？

9. 试述无翼式气动布局的基本特点。它用以控制导弹质心运动的法向力从何而来？为什么早期的空空、地空导弹从未出现过这种布局？它的出现与发展的技术基础是什么？

10. 助推器有哪几种安排形式？并分析其主要的，特别是在分离特性和产生干扰力矩方面的优、缺点。确定其安定面面积和选择其几何参数时，有哪些基本的考虑？

11. 试述亚声速和超声速翼型的基本特点。试从气动阻力，强、刚度，工艺性等方面比较三种超声速翼型的优、缺点。

12. 弹翼主要的几何参数有哪些？对超声速导弹最关键的几何参数是哪个？它影响导弹的哪些性能？选择时所要解决的主要矛盾是什么？超声速导弹的弹翼，为什么要选用小展弦比？

13. 为确定弹翼的平面形状，需要哪些参数？如弹翼的展弦比 $\lambda = 1.22$，根梢比 $\eta = 6.85$，前缘后掠角 $\chi_0 = 65°$，$S = 2.3 \ m^2$，试画出其平面形状。如弹径 $D = 500 \ mm$，试求其外露面积值及其几何参数。

14. 对跨、低超和超声速导弹，为确定其后掠角时有哪些考虑？为什么？

15. 试述确定舵面面积时，应满足的基本条件及其计算步骤。计算时，为什么需要通过迭代调整弹翼位置，才能得到最终的计算结果？

16. 弹身的几何参数通常有哪些？试述选择弹身及其头部、尾部长细比 λ_n，λ_t，η_t 时的主要考虑。

17. 试述适合高超声速飞行的弹身、舵面及其剖面形状是哪种外形？为什么？

18. 部位安排的任务及其基本要求是什么？它与气动布局、外形设计有无关系？试举例说明。

19. 保证静稳定性的物理本质是什么？说明静稳定性与操纵性、机动性之间的关系。

20. 对自身具有静稳定性的导弹，设计时为确定导弹的静稳定度有哪些考虑？何谓放宽静稳定度设计？导弹自身能否设计成静不稳定的，为什么？放宽静稳定度有哪些优点和问题？

21. 为改变导弹的静稳定度，可采取哪些方法？其中哪个方法最有效？采取这种方法时应注意什么问题？

22. 为保证战斗部（含引信）和弹上制导设备的工作条件，部位安排时应注意哪些问题？

第6章 导弹系统性能分析

6.1 导弹制导精度分析

6.1.1 概述

导弹武器系统在执行作战任务的过程中,最重要的战斗行动就是用导弹对各种目标进行射击。由于各类目标的性质不同,机动能力、对抗能力及运动特性有差别,加之导弹本身的战术技术性能的限制,各类干扰因素及误差源作用的结果,使导弹对目标射击时,达到预定目的的程度和效果将会有显著的差异。即使同一类导弹(或同一型号)对不同目标进行射击,其射击效果也是不一样的。制导精度分析是研究导弹对目标射击效果的重要内容,也是确定导弹杀伤概率的前提。

当导弹向目标进行重复射击时,由于外界和内部大量随机因素的影响,导弹的运动轨迹(即弹道)不可能重合,因此,形成了弹道的散布。这一散布与导弹导向目标的误差(即制导误差)紧密相关。作用在导弹武器系统上的外界和内部的随机因素主要有以下几种。

1)目标辐射、反射特性起伏引起的起伏误差;

2)弹上和地面制导设备的固有干扰(噪声);

3)导弹外形、质量、质心、转动惯量、制导回路各环节的惯性等造成的干扰;

4)动力装置推力变化和推力偏心的干扰;

5)由于观察、测量仪器加工、装配不精确和结构不完善等引起的干扰;

6)大气的干扰。电磁场干扰和大气条件(气压、温度、湿度、风力、风向等)不稳定引起的空气动力干扰;

7)工业干扰。由国民经济和日常生活广泛使用的各种电器设备而产生的干扰;

8)对方制造的干扰。

……

在上述外界和内部干扰的作用下,导弹制导回路形成控制信号不准确、传递有变形、执行有偏差,同时,控制命令的形成、传递和执行都不能在瞬时完成,存在着延迟现象。这样,必然形成弹道的散布,因而产生了制导误差。

制导误差是由弹道之间的偏差量表示的。在讨论制导误差之前,先介绍与制导误差有关的几个概念。

(1)运动学弹道。将导弹视为可控质点,由运动学方程和理想约束方程所确定的导弹质心运动轨迹,称为运动学弹道。如导弹按导引方法飞行,则运动学弹道主要由导引方法所确定。研究运动学弹道实质上是研究可操纵质点的运动学问题。

（2）动力学弹道。由动力学方程和运动学方程所确定的导弹质心运动轨迹，称为动力学弹道。凡考虑到作用力而计算出的弹道，均属于动力学弹道。动力学弹道实质上是研究可操纵质点或质点系的动力学问题。

（3）理想弹道。将导弹视为完全按理想制导规律飞行的质点，其质心在空间运动的轨迹，称为理想弹道。

当制导系统是在无误差、无延迟、无惯性的理想条件工作时，仅研究作用力与质点（导弹）运动之间的关系，即可得到导弹在空间飞行的运动参数。

理想弹道属于动力学弹道的范畴，是一个可控质点的动力学问题。

（4）理论弹道。理论弹道又称"基准弹道"或"未扰动弹道"。它是将导弹视为可控刚体，假设制导系统参数值是额定的，初始条件完全符合给定的理论条件，大气参数是标准的，导弹性能参数和结构外形均为理论设计值，发射和飞行过程中无随机干扰，目标为固定的或作规律性的机动运动，对满足以上条件的导弹运动方程组求解得出的导弹质心运动的轨迹。

理论弹道属于动力学弹道范畴，是一个可控质点系的动力学问题。一般来讲，理论弹道是相对实际弹道而言的。

弹道式导弹的理论弹道通常称为"标准弹道"。

（5）实际弹道。实际弹道就是导弹在实际飞行中的质心运动轨迹。它是在既考虑弹体和各系统惯性，又考虑外界和内部真实的随机干扰条件下的弹道。

实际弹道只能在每一枚导弹实际飞行过程中测得。因每一枚导弹的随机因素各有差异。即使同一种型号、同一批产品，在相同的发射条件下，实际弹道也都不一样。

（6）实际弹道的平均弹道。在多次重复射击条件下，各条实际弹道在每一瞬时的平均位置所形成的弹道，称为实际弹道的平均弹道。

（7）靶平面。通过目标质心且与导弹相对速度向量相垂直的平面，称为靶平面，如图 6-1 所示。

（8）制导误差。在每一瞬时，导弹的实际弹道相对于理论弹道的偏差，称为制导误差。

（9）脱靶量。在对空射击中，常用脱靶量这一概念。所谓脱靶量，就是在靶平面内，导弹的实际弹道相对于理论弹道的偏差。可见，脱靶量就是靶平面内的制导误差（见图 6-2）。

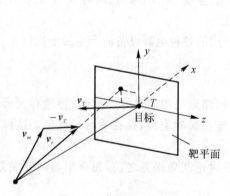

图 6-1　靶平面示意图

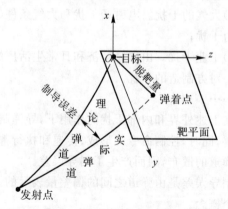

图 6-2　制导误差与脱靶量

6.1.2 导弹制导误差的分类和性质

6.1.2.1 按照性质分类

制导误差按其性质可分为系统误差和随机误差两类(见图 6 - 3)。

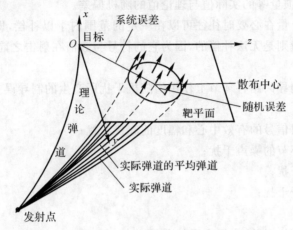

图 6 - 3 系统误差和随机误差

1. 系统误差

系统误差是指导弹实际弹道的平均弹道相对于理论弹道的偏差。如果将实际弹道的平均弹道与靶平面的交点称为实际弹道的散布中心,那么,系统误差就是散布中心到目标相对速度坐标系原点的距离。实际弹道与靶平面的交点围绕散布中心散布。

在多次重复射击中,系统误差保持不变或按某一确定的规律变化。一般地说,只要弄清系统误差的来源和变化规律,就可以通过输入相应的校正量将系统误差消除。如果系统误差取决于目标的运动参数,而这些运动参数在多次重复射击中又在很大范围内变化,这时要精确补偿这样的系统误差是比较困难的。

2. 随机误差

随机误差是指导弹的实际弹道相对其平均弹道的偏差。在靶平面上,随机误差表示实际弹道与靶平面的交点相对于散布中心的离散程度。

在多次重复射击时,随机误差随各次射击的不同而不同。每次射击之前,随机误差的大小和方向都是不知道的。因此,随机误差只能在一定范围内减小,但是,不可能完全消除。

6.1.2.2 按照产生的原因分类

制导误差按其产生的原因可分为动态误差、起伏误差和仪器误差三类。

1. 动态误差

动态误差是指由理论弹道的弯曲和重力对弹道的作用以及导弹和制导系统各环节存在着惯性而产生的制导误差。

动态误差产生的外在条件是导引方法要求理论弹道弯曲和重力对导弹的作用,产生的内在原因是导弹和制导系统各环节存在着惯性。由于惯性的作用,故控制命令的形成、传递和执行都出现了滞后现象(即延迟),因而就产生了动态误差。此外,重力对导弹的作用是使导弹的弹道向地面偏转,这就引起了附加的动态误差。显然,导弹和制导系统各环节的惯性越大,它们所产生的动态误差也愈大,要求理论弹道越弯曲,它所引起的动态误差也愈大。

动态误差既有系统分量,也有随机分量。系统分量主要依赖于导引方法、目标的运动规律、导弹和制导系统各环节的动力学特性等的平均状态。随机分量主要依赖于导弹和制导系统各环节的动力学参数的随机变化。这些随机变化主要是指制导系统各环节的延迟特性及导弹的质量、质心和转动惯量等的实际值与理论值的随机偏差。

动态误差的系统分量在必要时往往可以在一定的范围内予以补偿,即对控制指令进行相应的修正。而随机分量则是无法补偿的,因为它的符号与数值在射击之前都是不知道的。

2. 起伏误差

起伏误差是指由制导回路各环节上作用的随机干扰所产生的制导误差。这些随机干扰主要有:

1)目标辐射或反射信号的有效中心和幅度的起伏干扰;

2)制导系统各个环节的噪声干扰;

3)自然界的起伏干扰;

4)对方施放的电子干扰;

……

起伏误差全部是随机误差,它没有系统分量。

导弹和制导系统各环节的惯性对动态误差和起伏误差都有影响。导弹和制导系统各环节的惯性越小,由此引起的动态误差也越小,但起伏误差的影响就越明显、越严重。反之,惯性越大,导弹和制导系统受随机干扰的影响愈小,但它们的滞后现象也越严重,动态误差也就越大。

3. 仪器误差

仪器误差是指由于制导回路结构不完善,各种仪器和装置的加工、装配不精确,使得控制指令的形成、传递和执行不准确、不稳定而产生的制导误差,也称为工具误差。

仪器误差既有系统分量,也有随机分量。系统分量主要由目标、导弹坐标测量设备和控制指令形成设备等的仪器误差的系统分量组成。随机分量是由制导系统各个仪器设备在加工、装配中的随机偏差引起的。

仪器误差的大小在很大程度上与仪器设备的额定参数、元器件及各种组合件的调整精度、日常的储存条件和维修质量等有关。

动态误差的系统分量和仪器误差的系统分量构成了制导误差的系统误差;动态误差的随机分量、仪器误差的随机分量和起伏误差构成了制导误差的随机误差。

6.1.3 导弹制导误差数字特征量

受大量随机因素影响的制导误差(y,z)是一个二维随机变量。从概率论的角度看,随机变量的数学期望和方差(或标准偏差)是描述该随机变量最具有代表性的两个数字特征。前者描述了随机变量的平均状态;后者描述了随机变量的离散状态。

总的制导误差(r向量)由动态误差(r_d向量)、起伏误差(r_c向量)和仪器误差(r_s向量)组成(见图6-4)。它们之间的关系为

$$r = r_d + r_c + r_s \tag{6-1}$$

将这 4 个向量分别投影到 y 轴和 z 轴上,得

$$y = y_d + y_c + y_s \tag{6-2}$$

$$z = z_d + z_c + z_s \tag{6-3}$$

式中　y, z——分别为 r 在 y 轴和 z 轴上的投影;

　　　y_d, z_d——分别为 r_d 在 y 轴和 z 轴上的投影;

　　　y_c, z_c——分别为 r_c 在 y 轴和 z 轴上的投影;

　　　y_s, z_s——分别为 r_s 在 y 轴和 z 轴上的投影。

由概率论知,几个随机变量之和的数学期望等于各个随机变量数学期望之和,即

$$y_0 = y_{d0} + y_{c0} + y_{s0} \tag{6-4}$$

$$z_0 = z_{d0} + z_{c0} + z_{s0} \tag{6-5}$$

因为起伏误差完全是随机的,没有系统分量,故其数学期望为零。所以 $y_{c0} = z_{c0} = 0$

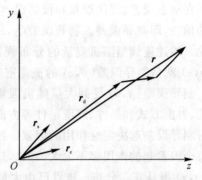

图 6-4　制导误差与其各组成部分

则

$$\left. \begin{array}{l} y_0 = y_{d0} + y_{s0} \\ z_0 = z_{d0} + z_{s0} \end{array} \right\} \tag{6-6}$$

式(6-4)～ 式(6-6) 中:

y_0, z_0 分别表示制导误差的数学期望(即系统误差) 在 y 轴和 z 轴上的投影;

y_{d0}, z_{d0} 分别表示动态误差的数学期望(即系统分量) 在 y 轴和 z 轴上的投影;

y_{c0}, z_{c0} 分别表示起伏误差的数学期望(即系统分量) 在 y 轴和 z 轴上的投影;

y_{s0}, z_{s0} 分别表示仪器误差的数学期望(即系统分量) 在 y 轴和 z 轴上的投影。

制导误差的数学期望(y_0, z_0)就是它的系统误差,它描述了实际弹道的平均状态,决定了实际弹道散布中心的位置。

可以认为动态误差、起伏误差和仪器误差是相互独立的。由概率论知,几个独立随机变量之和的方差等于各个随机变量方差之和,即

$$\left. \begin{array}{l} \sigma_y^2 = \sigma_{y_d}^2 + \sigma_{y_c}^2 + \sigma_{y_s}^2 \\ \sigma_z^2 = \sigma_{z_d}^2 + \sigma_{z_c}^2 + \sigma_{z_s}^2 \end{array} \right\} \tag{6-7}$$

随机变量相对于散布中心的离散程度,既可以用方差(σ^2) 描述,也可以用标准偏差(σ) 描述,用后者更方便一些,则

$$\left. \begin{array}{l} \sigma_y = \sqrt{\sigma_{y_d}^2 + \sigma_{y_c}^2 + \sigma_{y_s}^2} \\ \sigma_z = \sqrt{\sigma_{z_d}^2 + \sigma_{z_c}^2 + \sigma_{z_s}^2} \end{array} \right\} \tag{6-8}$$

式中,σ_y, σ_z 分别表示制导误差在 y 轴和 z 轴方向的标准偏差;下标 d,c,s 分别表示"动态","起伏" 和"仪器"。

制导误差的标准偏差(σ_y, σ_z) 就是它的随机误差,它决定了实际弹道相对于散布中心的离散程度。

在求 $\sigma_y, \sigma_z, y_0, z_0$ 过程中,可以用理论方法,也可以用制导过程的计算机仿真方法、实弹射击和组合方法等。

6.1.4 导弹制导误差的分布规律

在动态误差、起伏误差和仪器误差的共同作用下,形成了导弹实际弹道相对于理论弹道的总的偏差,即制导误差。制导误差(y,z)是二维的连续型随机变量,它在$(-\infty,+\infty)$范围内变化。描述连续型随机变量的分布规律有两种方式:概率密度和分布函数。制导误差规律$f(y,z)$就是制导误差(y,z)的概率密度。

制导误差(y,z)受到大量随机因素的影响,这些因素包括目标、导弹、弹上和弹外的制导系统、射击方式和条件、环境条件等方面的各种随机因素。在大量的随机因素中,又找不到一个对制导误差起决定性作用的因素。按照概率论大数极限定律,若影响随机变量的因素很多,且每个因素起的作用都不太大,那么,这个随机变量服从正态分布规律。因此,导弹的制导误差(y,z)服从正态分布。这点已由大量的实验和实践证实。

6.1.4.1 一般情况

制导误差(y,z)一般情况的标志有3条:① 弹道在靶平面内的散布为一般的椭圆;② y与z具有相关性;③ 制导误差的坐标轴与散布椭圆的主轴不一致。

制导误差的分布规律如图 6-5 所示。

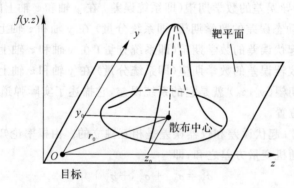

图 6-5 制导误差的分布规律

由概率论知,一般情况下,服从正态分布的制导误差(y,z)的概率密度可表示为

$$f(y,z)=\frac{1}{2\pi\sigma_y\sigma_z\sqrt{1-\rho_{yz}^2}}\exp\left\{-\frac{1}{2(1-\rho_{yz}^2)}\left[\frac{(y-y_0)^2}{\sigma_y^2}-\frac{2\rho_{yz}(y-y_0)(z-z_0)}{\sigma_y\sigma_z}+\frac{(z-z_0)^2}{\sigma_z^2}\right]\right\}$$

$$(6-9)$$

$$\rho_{yz}=\frac{\int_{-\infty}^{+\infty}\int_{-\infty}^{+\infty}(y-y_0)(z-z_0)f(y,z)\mathrm{d}y\mathrm{d}z}{\sigma_y\sigma_z}=\frac{\mathrm{Cov}(y,z)}{\sigma_y\sigma_z} \qquad (6-10)$$

式中　　σ_y,σ_z——分别为随机变量 y,z 的标准偏差;

$\qquad y_0,z_0$——分别为随机变量 y,z 的数学期望;

$\qquad\quad \rho_{yz}$——随机变量 y 与 z 的相关系数;

$\mathrm{Cov}(y,z)$——随机变量 y 与 z 的协方差。

6.1.4.2 特殊情况

制导误差(y,z)概率密度的一般表达式(6-9)是比较复杂的,但在许多情况下可以简化。

如果认为制导误差在 Oy 轴和 Oz 轴上相互独立,则 $\rho_{yz}=0$,且散布椭圆的主轴与制导误差的坐标轴一致。这时,式(6-9) 可简化为

$$f(y,z) = \frac{1}{2\pi\sigma_y\sigma_z}\exp\left\{-\frac{1}{2}\left[\frac{(y-y_0)^2}{\sigma_y^2}+\frac{(z-z_0)^2}{\sigma_z^2}\right]\right\} \tag{6-11}$$

显然,这是椭圆散布,y_0,z_0 为椭圆中心的坐标,σ_y,σ_z 分别为椭圆的长半轴和短半轴。

对于某些导弹而言,其实际弹道散布椭圆的长轴和短轴很接近。比如 SA-2 导弹的 $\sigma_z/\sigma_y=0.94\sim1.03$。在这种情况下,可近似地认为 $\sigma_y=\sigma_z=\sigma$,即将椭圆散布近似地看作圆散布。这时,式(6-11) 又可简化为

$$f(y,z) = \frac{1}{2\pi\sigma^2}\exp\left\{-\frac{1}{2}\left[\frac{(y-y_0)^2+(z-z_0)^2}{\sigma^2}\right]\right\} \tag{6-12}$$

当导弹的实际弹道为圆散布时,用极坐标描述制导误差的概率密度,会使杀伤概率的计算更方便一些。制导误差在两种坐标系上的关系见图 6-6,即

$$\left.\begin{aligned}y&=r\sin\eta,\quad z=r\cos\eta\\y_0&=r_0\sin\eta_0,\quad z_0=r_0\cos\eta_0\end{aligned}\right\} \tag{6-13}$$

式中　　r,η—— 分别为实际弹道在靶平面上的脱靶量和脱靶方位角;

r_0,η_0—— 分别为实际弹道的平均弹道在靶平面上的脱靶量和脱靶方位角。

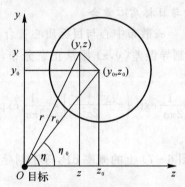

图 6-6　制导误差在两种坐标系上的关系

将式(6-13) 代入式(6-12) 的指数中,则

$$-\frac{1}{2}\left[\frac{(y-y_0)^2+(z-z_0)^2}{\sigma^2}\right] = -\frac{1}{2\sigma^2}\left[(r\sin\eta-r_0\sin\eta_0)^2+(r\cos\eta-r_0\cos\eta_0)^2\right] =$$
$$-\frac{1}{2\sigma^2}\left[r^2+r_0^2-2rr_0\cos(\eta-\eta_0)\right]$$

这时,式(6-12) 可改写为

$$f(y,z) = \frac{1}{2\pi\sigma^2}\exp\left\{-\frac{1}{2\sigma^2}\left[r^2+r_0^2-2rr_0\cos(\eta-\eta_0)\right]\right\} \tag{6-14}$$

按照二重积分变量替换法则,由直角坐标变换为极坐标时,$f(r,\eta)$ 等于 $f(y,z)$ 乘上一个雅克比行列式的模,即

$$f(r,\eta) = f(y,z)\left|D\left(\frac{y,z}{r,\eta}\right)\right| \tag{6-15}$$

坐标变换的雅克比行列式为

$$D\left(\frac{y,z}{r,\eta}\right) = \begin{vmatrix} \dfrac{\partial y}{\partial \eta} & \dfrac{\partial y}{\partial r} \\ \dfrac{\partial z}{\partial \eta} & \dfrac{\partial z}{\partial r} \end{vmatrix} = \begin{vmatrix} r\cos\eta & \sin\eta \\ -r\sin\eta & \cos\eta \end{vmatrix} = r\cos^2\eta + r\sin^2\eta = r \qquad (6-16)$$

将式(6-14)和式(6-16)代入式(6-15),得

$$f(r,\eta) = \frac{r}{2\pi\sigma^2}\exp\left\{-\frac{1}{2\sigma^2}[r^2 + r_0^2 - 2rr_0\cos(\eta - \eta_0)]\right\} \qquad (6-17)$$

6.1.5 导弹命中给定区域的概率

当计算一发导弹或多发导弹杀伤概率时,往往需要知道单发导弹命中给定区域的概率。在获得制导误差的分布规律和数字特征之后,就可以计算单发导弹命中任意形状的给定区域的概率。所谓给定区域,是指导弹战斗部起爆后有可能摧毁(或杀伤)目标的全部弹着点组成的区域。它既可以是目标在靶平面上的投影,也可以是以目标质心或几何中心为中心的某个特定区域。假设靶平面上导弹的制导误差服从正态分布,而制导误差的数学期望和均方差均为已知量。在上述条件下来确定导弹命中给定区域的概率。

6.1.5.1 单发导弹命中给定半径圆内的概率

1.弹道为圆散布,散布中心与目标质心重合

弹道为圆散布,表明 $\sigma_y = \sigma_z = \sigma$;散布中心与目标质心重合,表明无系统误差,即 $y_0 = z_0 = 0$。由前面的分析和推导可知,制导误差(y,z)服从正态分布,其概率密度可由式(6-12)简化为

$$f(y,z) = \frac{1}{2\pi\sigma^2}\exp\left\{-\frac{y^2 + z^2}{2\sigma^2}\right\} = \frac{1}{2\pi\sigma^2}\exp\left\{-\frac{r^2}{2\sigma^2}\right\} \qquad (6-18)$$

式中,r 为脱靶量,$r = \sqrt{y^2 + z^2}$。

导弹命中单元面积 $\mathrm{d}S$(见图6-7)上的概率 $\mathrm{d}P$,等于制导误差的概率密度函数与单元面积的乘积,即

$$\mathrm{d}P = f(y,z)\mathrm{d}S \qquad (6-19)$$

而

$$\mathrm{d}S = r\mathrm{d}\eta\mathrm{d}r \qquad (6-20)$$

将式(6-18)和式(6-20)代入式(6-19),得

$$\mathrm{d}P = \frac{1}{2\pi\sigma^2}\exp\left\{-\frac{r^2}{2\sigma^2}\right\}r\mathrm{d}\eta\mathrm{d}r$$

将上式对脱靶方位角 η 从 0 到 2π 积分,就得到了导弹命中单元圆环的概率为

$$P(r < R < r + \mathrm{d}r) = \int_0^{2\pi}\frac{r}{2\pi\sigma^2}\exp\left\{-\frac{r^2}{2\sigma^2}\right\}\mathrm{d}\eta\mathrm{d}r = \frac{r}{\sigma^2}\exp\left\{-\frac{r^2}{2\sigma^2}\right\}\mathrm{d}r \qquad (6-21)$$

因为单元圆环的宽度 $\mathrm{d}r$ 是无穷小量,所以式(6-21)表示导弹命中以目标质心为圆心、以 r 为半径的圆周上的概率。显然,导弹命中以 r 为半径的单位宽度圆环上的概率就是脱靶量 r 的概率密度,即

$$f(r) = \frac{r}{\sigma^2}\exp\left\{-\frac{r^2}{2\sigma^2}\right\} \qquad (6-22)$$

表达式(6-22)称为瑞利分布函数。

由概率论知,导弹命中给定半径 R 的圆内的概率为

$$P(r < R) = \int_0^R f(r) \mathrm{d}r = \int_0^R \frac{r}{\sigma^2} \mathrm{e}^{-\frac{r^2}{2\sigma^2}} \mathrm{d}r$$

进行变量替换,令 $t = r^2/2\sigma^2$,则 $r = 0$ 时,$t = 0$;$r = R$ 时,$t = R^2/2\sigma^2$,$\mathrm{d}t = r\mathrm{d}r/\sigma^2$。因此

$$P(r < R) = \int_0^{\frac{R^2}{2\sigma^2}} \mathrm{e}^{-t} \mathrm{d}t = -\mathrm{e}^{-t}\Big|_0^{\frac{R^2}{2\sigma^2}} = 1 - \mathrm{e}^{-\frac{R^2}{2\sigma^2}}$$

$$(6-23)$$

式(6-23)就是弹道为圆散布,当散布中心与目标质心重合时,导弹命中以目标质心为圆心,以 R 为半径的给定圆内的概率表达式。

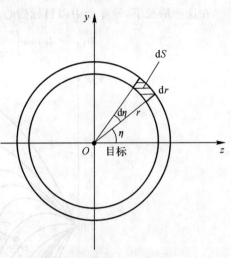

图 6-7 导弹命中单元面积

【例 6-1】 设一地空导弹对目标进行射击,该导弹战斗部的毁伤半径是 30 m,根据分析得知目标在靶平面上的投影为圆形,弹着点在散布平面的标准偏差 $\sigma = 17$ m,求该导弹对圆形目标的命中概率。

【解】 由式(6-23)可得

$$P(r < R) = 1 - \exp\left[-30^2/(2 \times 17^2)\right] = 0.789$$

2. 弹道为圆散布,散布中心与目标质心不重合

弹道为圆散布,表明 $\sigma_y = \sigma_z = \sigma$;散布中心与目标质心不重合,表明存在系统误差,即 y_0 和 z_0 不同时等于零。这时,制导误差 (y, z) 的概率密度见式(6-12),即

$$f(y, z) = \frac{1}{2\pi\sigma^2} \exp\left\{-\frac{1}{2\sigma^2}\left[(y - y_0)^2 + (z - z_0)^2\right]\right\}$$

若用极坐标表示制导误差,则其概率密度见式(6-17),即

$$f(r, \eta) = \frac{r}{2\pi\sigma^2} \exp\left\{-\frac{1}{2\sigma^2}\left[r^2 + r_0^2 - 2rr_0\cos(\eta - \eta_0)\right]\right\}$$

将 $f(r, \eta)$ 对脱靶方位角 η 从 0 到 2π 积分,得

$$f(r) = \int_0^{2\pi} f(r, \eta) \mathrm{d}\eta = \int_0^{2\pi} \frac{r}{2\pi\sigma^2} \exp\left\{-\frac{1}{2\sigma^2}\left[r^2 + r_0^2 - 2rr_0\cos(\eta - \eta_0)\right]\right\} \mathrm{d}\eta =$$

$$\int_0^{2\pi} \frac{r}{2\pi\sigma^2} \exp\left\{-\frac{r^2 + r_0^2}{2\sigma^2}\right\} \exp\left\{\frac{rr_0}{\sigma^2}\cos(\eta - \eta_0)\right\} \mathrm{d}\eta =$$

$$\frac{r}{\sigma^2} \exp\left\{-\frac{r^2 + r_0^2}{2\sigma^2}\right\} \int_0^{2\pi} \frac{1}{2\pi} \exp\left\{\frac{rr_0}{\sigma^2}\cos(\eta - \eta_0)\right\} \mathrm{d}\eta = \frac{r}{\sigma^2} \exp\left\{-\frac{r^2 + r_0^2}{2\sigma^2}\right\} I_0\left(\frac{rr_0}{\sigma^2}\right)$$

$$(6-24)$$

而

$$I_0\left(\frac{rr_0}{\sigma^2}\right) = \int_0^{2\pi} \frac{1}{2\pi} \exp\left\{\frac{rr_0}{\sigma^2}\cos(\eta - \eta_0)\right\} \mathrm{d}\eta \qquad (6-25)$$

式(6-25)等号右端的积分称为虚变量零阶贝塞尔函数,记为 $I_0(rr_0/\sigma^2)$。此函数的值可从数学手册中查到。

当脱靶量 r 的概率密度满足式(6-24)时,称 r 服从莱斯分布或广义的瑞利分布。显然,瑞利分布是莱斯分布在 $r_0 = 0$ 时的特殊情况。

在这种情况下，导弹命中以目标质心为圆心、以 R 为半径的圆内之概率可表示为

$$P(r < R) = \int_0^R \frac{r}{\sigma^2} \exp\left\{-\frac{r^2 + r_0^2}{2\sigma^2}\right\} I_0\left(\frac{rr_0}{\sigma^2}\right) \mathrm{d}r \qquad (6-26)$$

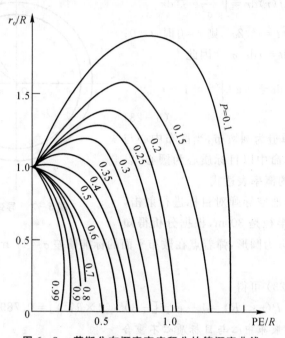

图 6-8　莱斯分布概率密度积分的等概率曲线

式(6-26)的积分不能用初等函数表示，通常是用数值积分方法做出莱斯分布概率密度积分的等概率曲线图，如图6-8所示。图中的 PE 为概率偏差；P 即 $P(r < R)$。由此等概率曲线图即可确定导弹命中给定圆内的概率。

6.1.5.2　单发导弹命中复杂图形区域的概率

导弹命中目标在靶平面上的投影，就意味着命中了目标。而目标在靶平面上投影的形状一般是个复杂的图形。导弹命中任意复杂图形区域内的概率都可以通过在该区域上积分制导误差的概率密度 $f(y,z)$ 而得到，即

$$P[(y,z) \in S_\mathrm{T}] = \iint_{S_\mathrm{T}} f(y,z)\mathrm{d}y\mathrm{d}z \qquad (6-27)$$

式中，S_T 为目标在靶平面上的投影面积

将式(6-11)代入式(6-27)得

$$P[(y,z) \in S_\mathrm{T}] = \iint_{S_\mathrm{T}} \frac{1}{2\pi\sigma_y\sigma_z} \exp\left\{-\left[\frac{(y-y_0)^2}{2\sigma_y^2} + \frac{(z-z_0)^2}{2\sigma_z^2}\right]\right\} \mathrm{d}y\mathrm{d}z \qquad (6-28)$$

对于极不规则形状的区域，一般只能用数值积分法近似地求解式(6-28)。实际上，为了便于计算，往往将不规则区域简化成规则形状或几种规则形状的组合。这些规则形状可以是圆形、矩形等。

1. 单发导弹对矩形目标的命中概率

假设目标在靶平面上的投影面积为矩形。导弹对矩形目标射击时，散布中心与目标质心

重合,即散布中心、瞄准中心和矩形中心三者重合在原点,设矩形的边长分别为 $2a,2b$,于是在区域 $-a \leqslant y \leqslant a$ 和 $-b \leqslant z \leqslant b$ 内积分,则得到导弹命中矩形区域的概率为

$$P[(y,z) \in S_{\mathrm{T}}] = \frac{1}{2\pi} \int_{-a}^{a} \int_{-b}^{b} \exp\left[-\frac{y^2}{2\sigma_y^2} - \frac{z^2}{2\sigma_z^2}\right] \mathrm{d}\left(\frac{y}{\sigma_y}\right) \mathrm{d}\left(\frac{z}{\sigma_z}\right) \tag{6-29}$$

当有系统误差存在,散布中心与瞄准中心不重合时,

$$P[(y,z) \in S_{\mathrm{T}}] = \frac{1}{2\pi} \int_{-a}^{a} \int_{-b}^{b} \exp\left[-\frac{(y-y_0)^2}{2\sigma_y^2} - \frac{(z-z_0)^2}{2\sigma_z^2}\right] \mathrm{d}\left(\frac{y}{\sigma_y}\right) \mathrm{d}\left(\frac{z}{\sigma_z}\right) \tag{6-30}$$

如果 $\sigma_y = \sigma_z = \sigma$,式(6-29)可写成标准形式,即

$$P[(y,z) \in S_{\mathrm{T}}] = \left[\frac{1}{\sqrt{2\pi}} \int_{-a/\sigma}^{a/\sigma} \exp\left(-\frac{y^2}{2}\right) \mathrm{d}y\right]\left[\frac{1}{\sqrt{2\pi}} \int_{-b/\sigma}^{b/\sigma} \exp\left(-\frac{z^2}{2}\right) \mathrm{d}z\right] \tag{6-31}$$

式(6-31)中包括两个正态分布函数积分的乘积,此两个量均可利用正态分布函数积分表查得(由数学手册),进而直接求得对矩形目标射击的命中概率。

【例 6-2】 设有一反坦克导弹在有效射程范围内对坦克目标射击,其弹着点在散布平面内的标准偏差 $\sigma_y = \sigma_z = 0.5$ m,而坦克的正面轮廓可用 1.8×2.7 m^2 的等效矩形面积来近似,求该反坦克导弹的命中概率。

【解】 设散布中心与散布平面内的等效矩形中心重合。由式(6-31)得

$$P[(y,z) \in S_{\mathrm{T}}] = \left[\frac{1}{\sqrt{2\pi}} \int_{-0.9/0.5}^{0.9/0.5} \exp\left(-\frac{y^2}{2}\right) \mathrm{d}y\right]\left[\frac{1}{\sqrt{2\pi}} \int_{-1.35/0.5}^{1.35/0.5} \exp\left(-\frac{z^2}{2}\right) \mathrm{d}z\right] =$$
$$2\Phi(1.8) \times 2\Phi(2.7)$$

查正态分布函数 $\Phi(1.8) = 0.4641, \Phi(2.7) = 0.4965$。代入上式可得到此反坦克导弹的命中概率为

$$P[(y,z) \in S_{\mathrm{T}}] = 2 \times 0.4641 \times 2 \times 0.4965 = 0.9217$$

2. 单发导弹对正方形目标的命中概率

当目标外廓在靶平面上的投影面积是正方形时,且散布中心与目标质心重合,则导弹命中正方形区域的概率可利用式(6-29)及式(6-31)求得,取 $y = z, a = b$,因为正方形是矩形的特例。则

$$P[(y,z) \in S_{\mathrm{T}}] = \left[\frac{1}{\sqrt{2\pi}} \int_{-a/\sigma}^{a/\sigma} \exp\left(-\frac{y^2}{2}\right) \mathrm{d}y\right]^2$$

或

$$P[(y,z) \in S_{\mathrm{T}}] = \left[\frac{1}{\sqrt{2\pi}} \int_{-b/\sigma}^{b/\sigma} \exp\left(-\frac{z^2}{2}\right) \mathrm{d}z\right]^2 \tag{6-32}$$

【例 6-3】 同例 6-1,并设目标在靶平面上投影的正方形面积等于圆的面积 $\pi R^2 = (2a)^2$,$\pi 30^2 = (2a)^2$,则 $a = 26.587$ m,求单发导弹的命中概率。

【解】 由例 1 已知,$\sigma = 17$ m,则 $a/\sigma = 26.587/17 = 1.564$,代入式(6-32)得

$$P[(y,z) \in S_{\mathrm{T}}] = \left[\frac{1}{\sqrt{2\pi}} \int_{-1.564}^{1.564} \exp\left(-\frac{y^2}{2}\right) \mathrm{d}y\right]^2 = [2\Phi(1.564)]^2 = 0.7766 \approx 0.777$$

由例 6-3 和例 6-1 比较可以看出,单发导弹命中圆形目标的概率和命中面积相等的正方形目标的概率相差很小。

6.1.6 制导误差的各种表示方法

6.1.6.1 系统误差的表示

系统误差是在靶平面上实际弹道的散布中心相对于目标质心的偏差。表示这种单点对单点的偏差有以下两种方法(见图6-9)。

(1)直角坐标系中的(y_0,z_0)。(y_0,z_0)是散布中心在直角坐标系中的位置坐标,即散布中心在y,z两轴上的投影值。

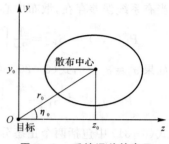

图6-9 系统误差的表示

(2)极坐标系中的(r_0,η_0)。(r_0,η_0)是散布中心在极坐标系中的位置坐标,r_0和η_0分别表示散布中心的脱靶量和脱靶方位角。

6.1.6.2 随机误差的表示

随机误差是在靶平面上实际弹道(即实际弹着点)相对于散布中心的偏差,它是随机散布的一群点对于一个点的偏差。随机误差常用的表示方法有以下几种。

1. 标准偏差(σ)

制导误差(y,z)是二维随机变量,其概率密度$f(y,z)$是一个正态曲面。此曲面的形状决定了在靶平面内实际弹着点相对于其散布中心的离散程度(用随机误差描述),而标准偏差(σ_y,σ_z)又唯一地决定了此曲面的形状。因此,用标准偏差(σ_y,σ_z)表示制导误差的随机误差是科学、严谨的。

标准偏差σ_y,σ_z是$f(y,z)$曲面的拐线(椭圆)的长、短半轴,它们可分别由y和z的方差开二次方获得。知道了σ_y和σ_z,$f(y,z)$的形状和大小就完全确定了。

2. 圆概率偏差(CEP)

圆概率偏差是广泛用于描述各种武器系统射击精确度的散布量度。

定义:圆概率偏差是指以期望弹着点(散布中心)为圆心的一个圆的半径。而且在稳定发射条件下,向目标发射大量导弹时,有50%的弹着点散布于此圆内。通常以CEP来表示。

圆概率偏差是根据圆散布正态分布规律求出的。我们已知道对圆形目标的命中概率表达式

$$P(r<R)=1-\mathrm{e}^{-\frac{R^2}{2\sigma^2}}$$

按照CEP的定义,得

$$P(r=R_{0.5})=1-\mathrm{e}^{-\frac{R_{0.5}^2}{2\sigma^2}}=0.5$$

即

$$\mathrm{e}^{-\frac{R_{0.5}^2}{2\sigma^2}}=0.5$$

则

$$\left.\begin{array}{l}R_{0.5}=\mathrm{CEP}=\sqrt{2\ln 2}\cdot\sigma=\sqrt{2\times0.693\,2}\cdot\sigma=1.177\,4\sigma\\[2mm]\sigma=0.849\,3\mathrm{CEP}\end{array}\right\} \tag{6-33}$$

因此可知,圆概率偏差是一个方向上的标准偏差σ的1.177 4倍。通常认为标准偏差σ是单变量或一个方向上的散布度量,而圆概率偏差CEP则常被认为是弹着点的二维随机变量,

即两个方向上的散布度量。应当注意到标准偏差 σ 是大样本统计特征量,它是根据对给定分析的武器系统进行大量射击试验结果或经验所得的统计结果。因此根据有限数量导弹射击试验结果所得的 σ 估计值将受采样误差的影响。

根据命中概率,对圆概率偏差也可作另一种解释。假定武器系统的射击误差散布等于标准偏差 σ 的值,如果用该武器系统对一个半径为 $R = 1.177\ 4\sigma$,圆心位于期望弹着点(瞄准中心为目标中心且与散布中心重合)的圆形目标进行射击,则导弹命中这一特定目标的概率是 0.5。由此可以预料,将会有一半的导弹命中目标,而另一半将脱靶。

利用圆概率偏差作为武器系统设计精确性的量度是很方便的,因为 $\mathrm{CEP} = 1.1774\sigma$,它与多方向的标准偏差 σ 之间有依赖关系,可以互相转换。因此,各类武器都广泛应用圆概率偏差作为射击散布量度。

【例 6 - 4】　设某巡航导弹对半径 $R = 50$ m 的目标进行射击,由误差分析已知圆概率偏差 $\mathrm{CEP} = 10$ m,求该导弹命中目标的概率。

【解】　由 $\mathrm{CEP} = 20$ m 且 $\mathrm{CEP} = 1.177\ 4\sigma$　$\sigma = 20/1.177\ 4 = 17$ m

则
$$P(r < R) = 1 - \mathrm{e}^{-\frac{(50)^2}{2(17)^2}} = 0.987$$

3. 概率偏差(PE)

定义:落入对称于散布中心且平行于 y 轴或 z 轴的无限长的带状区域的概率为 0.5 时,此带状区域宽度的一半称为概率偏差,用符号 PE 表示,如图 6 - 10 所示。

在无系统误差、y 与 z 相互独立,且弹道为圆布的情况下,若将有 1/2 弹着点落入宽度为 2PE 的带状区域记为 $S_{0.5}$,则按照 PE 的定义,有

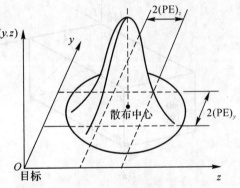

$$P[(y, z) \in S_{0.5}] = \iint_{S_{0.5}} f(y, z)\mathrm{d}y\mathrm{d}z = 0.5$$

$$P[(y, z) \in S_{0.5}] = 2\Phi\left(\frac{\mathrm{PE}}{\sigma}\right) - 1 = 0.5$$

$$\Phi\left(\frac{\mathrm{PE}}{\sigma}\right) = (0.5 + 1)/2 = 0.75$$

标准正态分布

$$\Phi(z) = \frac{1}{\sqrt{2\pi}} \int_{-\infty}^{z} \mathrm{e}^{-\frac{1}{2}t^2} \mathrm{d}t$$

图 6 - 10　PE 的定义

由正态分布函数表查 $\Phi\left(\dfrac{\mathrm{PE}}{\sigma}\right) = 0.75$,即可得

$$\left.\begin{aligned}\mathrm{PE} &= 0.674\ 5\sigma \\ \sigma &= 1.482\ 6\mathrm{PE}\end{aligned}\right\} \tag{6 - 34}$$

由式(6 - 33)和式(6 - 34),求得

$$\left.\begin{aligned}\mathrm{PE} &= 0.572\ 9\mathrm{CEP} \\ \mathrm{CEP} &= 1.745\ 6\mathrm{PE}\end{aligned}\right\} \tag{6 - 35}$$

PE 是研究散布时常用的标志量,有距离 PE 和方向 PE 之分。它不仅表示了弹着点的散布程度,而且表示在一个坐标方向上半数射弹的命中范围。因此,研究弹着点散布时常常用概率偏差来代替方差。尤其导弹对地面(海面)目标攻击时,多用概率偏差 $(\mathrm{PE})_y$,$(\mathrm{PE})_z$,即纵向概

率偏差和横向概率偏差来描述弹着点的散布程度。

6.2 防空导弹单发杀伤概率的计算

6.2.1 单发导弹杀伤概率的一般表达式

6.2.1.1 目标相对速度坐标系

在讨论防空导弹武器系统杀伤目标概率的过程中,往往将空中目标看作是不动的,而导弹则以相对速度向目标接近。分析导弹相对目标的运动,通常多采用相对速度坐标系。相对速度坐标系如图6-11所示。坐标系的原点 O 原则上可以取在目标的任一点上。为了方便起见,当导弹采用无线电引信时,原点通常取在目标的质心上;当导弹采用红外线引信时,原点通常取在发动机的喷口处。Ox 轴与导弹相对于目标的速度矢量 v_r 方向一致,Oz 轴在水平面和靶平面内,指向右方;Oy 轴在靶平面内,其指向按右手坐标定则确定。

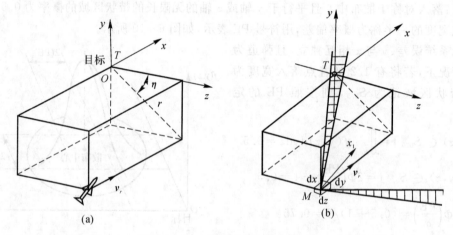

(a)   (b)

图 6-11 目标相对速度坐标系

6.2.1.2 单发导弹杀伤概率的一般表达式

单发导弹杀伤单个空中目标的概率是分析、计算各种情况下导弹杀伤概率的基础。下面根据目标相对速度坐标系(见图6-11(b))来推导单发导弹杀伤概率的一般表达式。

首先,讨论导弹战斗部在目标附近 (x,y,z) 点处的 $\mathrm{d}x\mathrm{d}y\mathrm{d}z$ 微体中起爆并杀伤目标这一随机事件(记为 A)发生的概率。显然,事件 A 是一个复杂的随机事件,该事件又可按时间先后分作两个独立的事件。

第一个事件是导弹战斗部在目标附近 (x,y,z) 点处的 $\mathrm{d}x\mathrm{d}y\mathrm{d}z$ 微体中起爆(记为 B)。这一事件发生的概率由战斗部在 (x,y,z) 点处起爆的概率密度 $f(x,y,z)$ 确定,即

$$P(B) = f(x,y,z)\mathrm{d}x\mathrm{d}y\mathrm{d}z \qquad (6-36)$$

$f(x,y,z)$ 又称为射击误差规律。

第二个事件是导弹战斗部在(x,y,z)点处起爆后杀伤空中目标(记为 C)。这一事件发生的概率用 $G(x,y,z)$ 表示,即

$$P(C)=G(x,y,z) \tag{6-37}$$

$G(x,y,z)$ 又称为目标坐标杀伤规律。

显然,要杀伤一个空中目标,上述两个独立事件必须同时发生。即

$$A=B\bigcap C$$

根据概率的乘法定理,战斗部在位于点(x,y,z)处的微体 $\mathrm{d}x\mathrm{d}y\mathrm{d}z$ 内起爆并杀伤目标的概率为

$$\mathrm{d}P_1=P(A)=P(B)P(C)=f(x,y,z)\mathrm{d}x\mathrm{d}y\mathrm{d}z G(x,y,z)$$

其实,导弹的战斗部在目标附近任一点处都可能起爆,所有可能起爆的点构成了一个互不相容的样本空间。按照全概率公式,单发导弹杀伤单个空中目标的概率可表示为

$$P_1=\int_{-\infty}^{+\infty}\int_{-\infty}^{+\infty}\int_{-\infty}^{+\infty}f(x,y,z)G(x,y,z)\mathrm{d}x\mathrm{d}y\mathrm{d}z \tag{6-38}$$

为了计算单发导弹杀伤单个空中目标的概率 P_1,必须首先确定射击误差规律 $f(x,y,z)$ 和目标坐标杀伤规律 $G(x,y,z)$。

射击误差规律 $f(x,y,z)$ 由制导误差(y,z)的概率密度 $f(y,z)$ 和非触发引信引爆点散布的概率密度 $\Phi(x,y,z)$ 决定,即

$$f(x,y,z)=f(y,z)\Phi(x,y,z) \tag{6-39}$$

$f(y,z)$ 又称为制导误差规律,它主要取决于制导回路的特性及导弹的运动和动力特性。$\Phi(x,y,z)$ 又称为引信引爆规律,它取决于引信引爆点的散布特性。$\Phi(x,y,z)$ 可表示为

$$\Phi(x,y,z)=\Phi_1(x/y,z)\Phi_2(y,z) \tag{6-40}$$

式中,$\Phi_1(x/y,z)$ 为当给定制导误差(y,z)时,引信引爆点沿 x 轴的散布规律(或概率密度);$\Phi_2(y,z)$ 为与制导误差有关的引信引爆概率。

将式(6-39)和式(6-40)代入式(6-38),则得到单发导弹杀伤单个空中目标之概率的基本表达式。

$$P_1=\int_{-\infty}^{+\infty}\int_{-\infty}^{+\infty}\int_{-\infty}^{+\infty}f(y,z)\Phi_1(x/y,z)\Phi_2(y,z)G(x,y,z)\mathrm{d}x\mathrm{d}y\mathrm{d}z \tag{6-41}$$

在式(6-41)被积函数的 4 个因式中,只有 $\Phi_1(x/y,z)$ 和 $G(x,y,z)$ 与 x 有关。因此,引入一个新的函数 $G_0(y,z)$:

$$G_0(y,z)=\int_{-\infty}^{+\infty}\Phi_1(x/y,z)G(x,y,z)\mathrm{d}x \tag{6-42}$$

称它为目标条件坐标杀伤规律,或称为二元目标杀伤规律。它反映了引信特性、战斗部特性以及引信与战斗部的配合问题。

将式(6-42)代入式(6-41),则单发导弹杀伤目标的概率可表示为

$$P_1=\int_{-\infty}^{+\infty}\int_{-\infty}^{+\infty}f(y,z)\Phi_2(y,z)G_0(y,z)\mathrm{d}y\mathrm{d}z \tag{6-43}$$

若目标相对速度坐标系用极坐标(r,η)表示时,式(6-42)和式(6-43)可改写为

$$G_0(r,\eta)=\int_{-\infty}^{+\infty}\Phi_1(x/r,\eta)G(x,r,\eta)\mathrm{d}x \tag{6-44}$$

$$P_1=\int_0^{2\pi}\int_0^\infty f(r,\eta)\Phi_2(r,\eta)G_0(r,\eta)\mathrm{d}r\mathrm{d}\eta \tag{6-45}$$

当 $f(r,\eta)$，$\Phi_2(r,\eta)$ 和 $G_0(r,\eta)$ 仅与 r 有关时，式(6-44)和式(6-45)可改写为

$$G_0(r) = \int_{-\infty}^{+\infty} \Phi_1(x/r)G(x,r)\mathrm{d}x \qquad (6-46)$$

$$P_1 = \int_0^\infty f(r)\Phi_2(r)G_0(r)\mathrm{d}r \qquad (6-47)$$

应当指出，式(6-45)中被积函数各因式的表达式，并非简单地将式(6-43)中的变量改写一下即可获得，而是按照积分的变量置换法则进行必要的推导才能得到。

式(6-38)、式(6-41)、式(6-43)、式(6-45)和式(6-47)都是计算单发导弹杀伤单个目标概率的一般表达式。显然，为了获得单发导弹的杀伤概率，必须研究以下问题：

1) 武器系统的制导误差(y,z)，目的是获得制导误差规律 $f(y,z)$。

2) 战斗部、引信的类型和参数以及引信的引爆特性和战斗部破片的飞散特性。这些问题与引信引爆点沿 x 轴的散布规律 $\Phi_1(x/y,z)$、引信引爆概率 $\Phi_2(y,z)$ 和目标坐标杀伤规律 $G(x,y,z)$ 关系密切。

3) 引战配合特性。这个问题影响到 x 的积分限、$\Phi_1(x/y,z)$ 和 $G(x,y,z)$ 的确定。

4) 导弹与目标的遭遇条件。这个问题影响到引战配合特性的优劣。

5) 目标的易损性。这个问题直接影响到 $G(x,y,z)$ 的确定。

6.2.2　目标条件坐标杀伤规律和引信引爆概率

6.2.2.1　目标条件坐标杀伤规律的近似公式

目标条件坐标杀伤规律 $G_0(y,z)$ 是导弹制导误差(y,z)的函数。它表示目标易损性和导弹战斗部、引信的综合性能。$G_0(y,z)$ 不仅与脱靶量 $r(r=\sqrt{y^2+z^2})$ 有关，还往往与脱靶方位角 η 有关，这是由于：目标易损性与战斗部起爆点相对于目标的方位有关；另外，因脱靶的方位不同，引信战斗部配合特性可能也不同。

计算目标条件坐标杀伤规律是比较困难的，可以由理论分析加上实验数据所获得的半经验公式近似地确定 $G_0(y,z)$。随着 r 的增大，破片分布的面密度和撞击目标的速度都将下降，因而导弹的杀伤概率也随之变小。确定 $G_0(y,z)$ 的半经验公式可表示为

$$G_0(r,\eta) = 1 - \mathrm{e}^{-\frac{\delta_0^2(\eta)}{r^2}} \qquad (6-48)$$

式中，$\delta_0(\eta)$ 为目标条件坐标杀伤规律与 η 有关的综合参数。当战斗部给定时，它取决于目标类型、射击条件和脱靶方位角 η。

一般情况下，目标条件坐标杀伤规律 $G_0(r,\eta)$ 主要取决于脱靶量 r 的大小，而与脱靶方位角 η 的关系不明显。因此，计算导弹的杀伤概率时，大多以目标的圆条件坐标杀伤规律代替目标的二维条件坐标杀伤规律。目标的圆条件坐标杀伤规律可表示为

$$G_0(r) = 1 - \mathrm{e}^{-\frac{\delta_0^2}{r^2}} \qquad (6-49)$$

圆条件坐标杀伤规律综合参数 δ_0 为

$$\delta_0 = \frac{1}{2\pi} \int_0^{2\pi} \delta_0(\eta)\mathrm{d}\eta \qquad (6-50)$$

式(6-49)的曲线关系如图 6-12 所示。

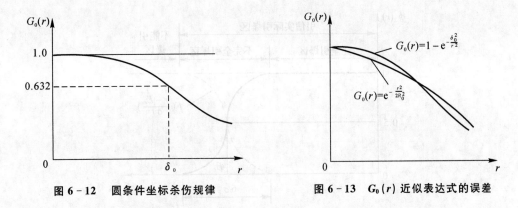

图 6-12　圆条件坐标杀伤规律　　　　图 6-13　$G_0(r)$ 近似表达式的误差

当圆条件坐标杀伤规律的综合参数 δ_0 等于脱靶量 r 时，由式(6-49)求得

$$G_0(r = \delta_0) = 1 - e^{-1} = 0.632$$

目标圆条件坐标杀伤规律 $G_0(r)$ 还有其他近似表达式，如

$$G_0(r) = e^{-\frac{r^2}{2R_0^2}} \tag{6-51}$$

式中

$$R_0^2 = 1.5\delta_0^2$$

则

$$G_0(r) = e^{-\frac{r^2}{3\delta_0^2}} \tag{6-52}$$

用式(6-51)或式(6-52)代替式(6-49)时，误差不超过 $4\% \sim 9\%$（见图 6-13）。这样代替的结果：在脱靶量比较小时，$G_0(r)$ 降低；在脱靶量比较大时，$G_0(r)$ 增大。

6.2.2.2　引信的引爆概率

由单发导弹杀伤概率的表达式中知道，$\Phi_2(y,z)$ 表示与制导误差有关的引信引爆概率。

无线电引信和红外线引信的引爆概率可表示为

$$\Phi_2(y,z) \approx \Phi_2(r) = 1 - F\left(\frac{r - E_f}{\sigma_f}\right) \tag{6-53}$$

式中　　$r = \sqrt{y^2 + z^2}$ ——脱靶量；

$\quad\quad\quad E_f$ ——引信引爆距离的数学期望；

$\quad\quad\quad \sigma_f$ ——引信引爆距离的标准偏差；

$\quad\quad\quad F\left(\dfrac{r - E_f}{\sigma_f}\right)$ ——正态分布的分布函数。

$\Phi_2(r)$ 的变化规律如图 6-14 所示，它可以根据绕飞试验的结果来确定。从图 6-14 看出，引信的实际引爆区可分为三个部分：

当 $r \leqslant E_f - 3\sigma_f$ 时，引信的引爆概率接近于 1，即引信只要在这个范围内，必然能引爆战斗部，这个区域称为引信的完全引爆区；

当 $E_f - 3\sigma_f < r < E_f + 3\sigma_f$ 时，引信的引爆概率小于 1，即引信在这个范围内引爆时，有可能成功也有可能失败，这个区域称为引信的不完全引爆区；

当 $r \geqslant E_f + 3\sigma_f$ 时，引信的引爆概率等于零，即引信在这个范围内引爆时，必然失败，称这个区域为不能引爆区。

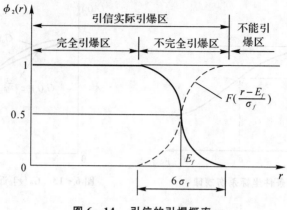

图 6 - 14　引信的引爆概率

为简便起见,在一般情况下,无论是无线电引信还是红外线引信,均可近似取 $\Phi_2(r)$ 为

$$\Phi_2(r) = \begin{cases} 1, & r \leqslant r_{f\max} \\ 0, & r > r_{f\max} \end{cases} \tag{6-54}$$

式中,$r_{f\max}$ 是与引信最大引爆距离相对应的导弹脱靶量。

6.2.3　单发导弹的杀伤概率

前面已讨论了单发导弹杀伤概率的一般表达式,在直角坐标系中该式为

$$P_1 = \int_{-\infty}^{+\infty} \int_{-\infty}^{+\infty} f(y,z) \Phi_2(y,z) G_0(y,z) \mathrm{d}y\mathrm{d}z$$

在极坐标系中该式为

$$P_1 = \int_0^\infty f(r) \Phi_2(r) G_0(r) \mathrm{d}r$$

显然,若知道了导弹武器系统的制导误差规律 $f(r)$,目标条件坐标杀伤规律 $G_0(r)$ 和引信引爆概率 $\Phi_2(r)$,单发导弹的杀伤概率即可求得。下面讨论几种特殊情况。

6.2.3.1　无系统误差的情况

当实际弹道的散布中心与目标的质心相重合时,系统误差等于零。由于在大多数情况下,系统误差可以通过加入校正信号予以消除,对于一个成熟的导弹武器系统而言,都可以认为其系统误差为零。

(1) 导弹制导误差服从圆散布(即 $\sigma_y = \sigma_z = \sigma$),脱靶量的概率密度函数为瑞利分布,则

$$f(r) = \frac{r}{\sigma^2} \mathrm{e}^{-\frac{r^2}{2\sigma^2}}$$

目标条件坐标杀伤规律为圆形:

$$G_0(r) = 1 - \mathrm{e}^{-\frac{\delta_0^2}{r^2}}$$

且非触发引信的引爆半径不受限制,引信的引爆概率 $\Phi_2(r) = 1$。

在上述条件下,单发导弹的杀伤概率可表示为

$$P_1 = \int_0^\infty \frac{r}{\sigma^2} \mathrm{e}^{-\frac{r^2}{2\sigma^2}} (1 - \mathrm{e}^{-\frac{\delta_0^2}{r^2}}) \mathrm{d}r$$

进行变量替换，令 $\frac{r^2}{2\sigma^2}=t$，$\mathrm{d}t=\frac{2r}{2\sigma^2}\mathrm{d}r$，则

$$P_1=\int_0^\infty \mathrm{e}^{-t}(1-\mathrm{e}^{-\frac{\delta_0^2}{2\sigma^2 t}})\mathrm{d}t=\int_0^\infty \mathrm{e}^{-t}\mathrm{d}t-\int_0^\infty \mathrm{e}^{-\left(t+\frac{\delta_0^2}{2\sigma^2 t}\right)}\mathrm{d}t=1-\int_0^\infty \mathrm{e}^{-\left(t+\frac{\delta_0^2}{2\sigma^2 t}\right)}\mathrm{d}t$$

上式中积分 $\int_0^\infty \mathrm{e}^{-\left(t+\frac{\delta_0^2}{2\sigma^2 t}\right)}\mathrm{d}t$ 可用柱函数变换的汉克尔函数 $K_1(\chi)$ 表示，即

$$P_1=1-\frac{\sqrt{2}\delta_0}{\sigma}K_1\left(\frac{\sqrt{2}\delta_0}{\sigma}\right) \tag{6-55}$$

式中，$K_1(\chi)$ 为一阶汉克尔函数，$\chi=\frac{\sqrt{2}\delta_0}{\sigma}$。$K_1(\chi)$ 已做成表格（见表 6-1）。只要算出 χ 值，$K_1(\chi)$ 值即可由相应的表 6-1 中查出。

表 6-1　一阶汉克尔函数表

χ	$K_1(\chi)$	χ	$K_1(\chi)$	χ	$K_1(\chi)$	χ	$K_1(\chi)$
0.0	∞	2.5	0.073 89	5.0	0.004 045	7.5	0.000 265 3
0.1	9.853 8	2.6	0.065 28	5.1	0.003 619	7.6	0.000 238 3
0.2	4.776 0	2.7	0.057 74	5.2	0.003 239	7.7	0.000 214 1
0.3	3.056 0	2.8	0.051 11	5.3	0.002 900	7.8	0.000 192 4
0.4	2.184 4	2.9	0.045 29	5.4	0.002 597	7.9	0.000 172 9
0.5	1.656 4	3.0	0.040 16	5.5	0.002 326	8.0	0.000 155 4
0.6	1.302 8	3.1	0.035 63	5.6	0.002 083	8.1	0.000 139 6
0.7	1.050 3	3.2	0.031 64	5.7	0.001 866	8.2	0.000 125 5
0.8	0.861 8	3.3	0.028 12	5.8	0.001 673	8.3	0.000 112 8
0.9	0.716 5	3.4	0.025 00	5.9	0.001 499	8.4	0.000 101 4
1.0	0.601 9	3.5	0.022 24	6.0	0.001 344	8.5	0.000 091 20
1.1	0.509 8	3.6	0.019 79	6.1	0.001 205	8.6	0.000 082 00
1.2	0.434 6	3.7	0.017 63	6.2	0.001 081	8.7	0.000 073 74
1.3	0.372 5	3.8	0.015 71	6.3	0.000 969 1	8.8	0.000 066 31
1.4	0.320 8	3.9	0.014 00	6.4	0.000 869 3	8.9	0.000 059 64
1.5	0.277 4	4.0	0.012 48	6.5	0.000 779 9	9.0	0.000 053 64
1.6	0.240 6	4.1	0.011 14	6.6	0.000 699 8	9.1	0.000 048 25
1.7	0.209 4	4.2	0.009 938	6.7	0.000 628 0	9.2	0.000 043 40
1.8	0.182 6	4.3	0.008 872	6.8	0.000 563 6	9.3	0.000 039 04
1.9	0.159 7	4.4	0.007 923	6.9	0.000 505 9	9.4	0.000 035 12
2.0	0.139 9	4.5	0.007 078	7.0	0.000 454 2	9.5	0.000 031 60
2.1	0.122 7	4.6	0.006 325	7.1	0.000 407 8	9.6	0.000 028 43
2.2	0.107 9	4.7	0.005 654	7.2	0.000 366 2	9.7	0.000 025 59
2.3	0.094 98	4.8	0.005 055	7.3	0.000 328 8	9.8	0.000 023 02
2.4	0.083 72	4.9	0.004 521	7.4	0.000 295 3	9.9	0.000 020 27
						10.0	0.000 018 65

【例 6 - 5】 已知 $\sigma_y = \sigma_z = 10 \text{ m}$，$\delta_0 = 25 \text{ m}$，无系统误差。试求单发导弹的杀伤概率。

【解】

$$\chi = \frac{\sqrt{2} \times 25}{10} = 3.54$$

查一阶汉格尔函数表得

$$K_1(3.54) = 0.021$$

因此

$$P_1 = 1 - 3.54 \times 0.021 = 0.926$$

(2) 导弹制导误差和非触发引信启动规律与第 1 种情况相同，而目标条件坐标杀伤规律由下式表示：

$$G_0(r) = e^{-\frac{r^2}{2R_0^2}}$$

则

$$P_1 = \int_0^\infty \frac{r}{\sigma^2} e^{-\frac{r^2}{2\sigma^2}} e^{-\frac{r^2}{2R_0^2}} dr = \int_0^\infty \frac{r}{\sigma^2} e^{-\frac{r^2}{2}\left(\frac{R_0^2 + \sigma^2}{\sigma^2 R_0^2}\right)} dr$$

进行变量替换，令 $t = \frac{r^2}{2}\left(\frac{R_0^2 + \sigma^2}{\sigma^2 R_0^2}\right)$，$dt = \left(\frac{R_0^2 + \sigma^2}{\sigma^2 R_0^2}\right) r dr$，则

$$P_1 = \frac{R_0^2}{R_0^2 + \sigma^2} \int_0^\infty e^{-t} dt = \frac{R_0^2}{R_0^2 + \sigma^2} = \frac{1}{1 + (\sigma/R_0)^2} \tag{6-56}$$

【例 6 - 6】 已知 $\sigma_y = \sigma_z = \sigma = 10 \text{ m}$，$R_0 = 30 \text{ m}$，无系统误差。试求导弹的杀伤概率。

【解】

$$P_1 = \frac{1}{1 + (10/30)^2} = 0.9$$

6.2.3.2 有系统误差的情况

当实际弹道的散布中心与目标的质心不重合时，系统误差 r_0 不等于零，即其分量 y_0 和 z_0 不同时等于零。对于技术尚不成熟的导弹武器系统而言，应该考虑系统误差的存在。

(1) 导弹制导误差服从圆散布（即 $\sigma_y = \sigma_z = \sigma$），脱靶量的概率密度函数为

$$f(r) = \frac{r}{\sigma^2} e^{-\frac{r^2 + r_0^2}{2\sigma^2}} I_0\left(\frac{r r_0}{\sigma^2}\right)$$

目标条件坐标杀伤规律为

$$G_0(r) = 1 - e^{-\frac{\delta_0^2}{r^2}}$$

非触发引信的引爆半径不受限制。

在这些条件下，单发导弹的杀伤概率为

$$P_1 = \int_0^\infty \frac{r}{\sigma^2} e^{-\frac{r^2 + r_0^2}{2\sigma^2}} I_0\left(\frac{r r_0}{\sigma^2}\right)\left(1 - e^{-\frac{\delta_0^2}{r^2}}\right) dr \tag{6-57}$$

此积分式一般用数值积分法求解。

(2) 导弹制导误差和非触发引信启动规律与第 1 种情况相同，而目标条件坐标杀伤规律为

$$G_0(r) = e^{-\frac{r^2}{2R_0^2}}$$

则

$$P_1 = \int_0^\infty \frac{r}{\sigma^2} e^{-\frac{r^2 + r_0^2}{2\sigma^2}} I_0\left(\frac{r r_0}{\sigma^2}\right) e^{-\frac{r^2}{2R_0^2}} dr = \frac{1}{\sigma^2} e^{-\frac{r_0^2}{2\sigma^2}} \int_0^\infty r e^{-r^2\left(\frac{R_0^2 + \sigma^2}{2R_0^2 \sigma^2}\right)} I_0\left(\frac{r r_0}{\sigma^2}\right) dr$$

此式求解后，得

$$P_1 = \frac{1}{\sigma^2} e^{-\frac{r_0^2}{2\sigma^2}} \frac{R_0^2 \sigma^2}{R_0^2 + \sigma^2} e^{\frac{r_0^2}{2\sigma^2}\left(\frac{R_0^2}{R_0^2 + \sigma^2}\right)} = \frac{R_0^2}{R_0^2 + \sigma^2} e^{-\frac{r_0^2}{2\sigma^2}\left(1 - \frac{R_0^2}{R_0^2 + \sigma^2}\right)} \tag{6-58}$$

当无系统误差时，即 $r_0 = 0$，则

$$P_1 = P'_1 = \frac{R_0^2}{R_0^2 + \sigma^2}$$

上式与式(6-56)是相同的,表明无系统误差是有系统误差的特殊情况。其中,P'_1 即式(6-56)表示的 P_1,它是无系统误差时单发导弹的杀伤概率。因此,式(6-58)可改写为

$$P_1 = P'_1 \mathrm{e}^{-\frac{r_0^2}{2\sigma^2}(1-P'_1)} \tag{6-59}$$

【例 6-7】 已知 $\sigma_y = \sigma_z = 10 \ \mathrm{m}, R_0 = 30 \ \mathrm{m}, r_0 = 15 \ \mathrm{m}$,试求单发导弹的杀伤概率。

【解】
$$P'_1 = 0.9$$

$$P_1 = 0.9\mathrm{e}^{-\frac{15^2}{2\times 10^2}(1-0.9)} = 0.9\mathrm{e}^{-0.112\,5} = 0.8$$

6.2.4 多发导弹对单个目标的杀伤概率

当单发导弹的杀伤概率不够高时,用单发导弹射击单个目标就难以有较大的把握杀伤目标。为了达到预期的杀伤概率要求,需要用 n 发导弹对同一个目标进行射击。这些导弹可能是同一个火力单位发射,也可能是从几个火力单位发射。

符号意义:

n—— 发射的导弹数;

A—— n 发导弹杀伤单个目标(事件);

$\overline{A}$—— n 发导弹未杀伤单个目标(事件);

A_i—— 第 i 发导弹杀伤单个目标(事件),$i = 1, 2, \cdots, n$;

$\overline{A}_i$—— 第 i 发导弹未杀伤单个目标(事件)。

根据概率论原理,事件 $\overline{A}$ 相当于 $\overline{A}_1, \overline{A}_2, \cdots, \overline{A}_n$ 这 n 个事件"同时发生",即

$$\overline{A} = \bigcap_{i=1}^{n} \overline{A}_i$$

当各发导弹杀伤目标是相互独立的事件时,则

$$P(\overline{A}) = P(\bigcap_{i=1}^{n} \overline{A}_i) = \prod_{i=1}^{n} P(\overline{A}_i)$$

按照对立事件概率之间的关系,有

$$P(\overline{A}) = 1 - P(A), \quad P(\overline{A}_i) = 1 - P(A_i)$$

则 n 发导弹杀伤单个目标的概率为

$$P_n = P(A) = 1 - \prod_{i=1}^{n}[1 - P(A_i)] = 1 - \prod_{i=1}^{n}(1 - P_{1i}) \tag{6-60}$$

式中 P_n—— n 发导弹杀伤单个目标的概率;

P_{1i}—— 第 i 发导弹杀伤单个目标的概率。

若各发导弹杀伤目标的概率都相等(即 $P_{1i} = P_1$)时,式(6-60)可改写为

$$P_n = 1 - (1 - P_1)^n \tag{6-61}$$

P_n 与 P_1 的关系曲线如图 6-15 所示。在不同的 P_1 和 n 值下,P_n 的数值见表 6-2。

从表 6-2 可以看出,对单个目标进行射击时,杀伤概率的提高与发射导弹的数量并不成正比例。例如,当 $P_1 = 0.75$ 时,发射第 2 发导弹,使杀伤概率提高了 0.187;发射第 3 发导弹,使杀伤概率提高了 0.047;发射第 4 发导弹,使杀伤概率提高了 0.012;发射第 5 发导弹,使杀伤概

率提高了 0.003；发射第 6 发导弹，仅使杀伤概率提高了 0.000 8。由此可见，当单发导弹的杀伤概率比较低时，想通过发射多发导弹来提高杀伤概率，必然显著地增大导弹的消耗量。而应尽量提高单发导弹的杀伤概率。

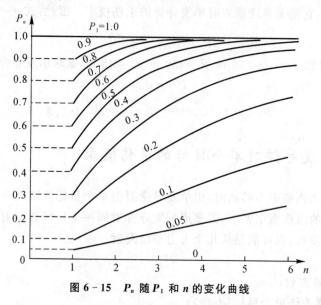

图 6 - 15 P_n 随 P_1 和 n 的变化曲线

当 P_1 已知时，由式(6-61)可以求得保证给定杀伤概率 P_n 时，所必需发射的导弹数量 n。这时式(6-61)可改写为

$$n = \frac{\lg(1 - P_n)}{\lg(1 - P_1)} \quad （向大的方向取整数） \tag{6-62}$$

表 6 - 2 P_n 随 P_1 和 n 的变化数据

P_1 \ n	2	3	4	5	6
0.10	0.190 0	0.270 0	0.350 0	0.410 0	0.470 0
0.15	0.280 0	0.390 0	0.480 0	0.560 0	0.620 0
0.20	0.360 0	0.490 0	0.590 0	0.670 0	0.740 0
0.25	0.440 0	0.580 0	0.680 0	0.760 0	0.820 0
0.30	0.510 0	0.660 0	0.760 0	0.830 0	0.880 0
0.35	0.580 0	0.720 0	0.820 0	0.880 0	0.920 0
0.40	0.640 0	0.780 0	0.870 0	0.920 0	0.950 0
0.45	0.700 0	0.830 0	0.910 0	0.950 0	0.970 0
0.50	0.750 0	0.870 0	0.940 0	0.970 0	0.980 0
0.55	0.800 0	0.910 0	0.960 0	0.980 0	0.990 0
0.60	0.840 0	0.940 0	0.970 0	0.990 0	0.995 0
0.65	0.877 0	0.967 0	0.985 0	0.995 0	0.998 0
0.70	0.910 0	0.973 0	0.992 0	0.998 0	0.999 0
0.75	0.937 0	0.984 0	0.996 0	0.999 0	0.999 8
0.80	0.960 0	0.992 0	0.998 0	0.999 8	
0.85	0.977 0	0.997 0	0.999 5	0.999 9	
0.90	0.990 0	0.999 0	0.999 9		
0.95	0.997 0	0.999 9			

6.3　防空导弹武器的杀伤区和发射区

杀伤区和发射区是防空导弹武器系统的综合性能指标,是防空导弹武器系统战术、技术性能的集中表现。发射区是在杀伤区的基础上确定的,发射时机的确定与杀伤区、发射区密切相关。对于作战指挥员来说,只有对杀伤区和发射区有一个比较深入的了解,才能正确、灵活地确定导弹的发射时机,才能正确地确定防空导弹部队的战斗部署,才能灵活地运用火力,充分发挥武器系统的战术、技术性能。

6.3.1　防空导弹的杀伤区和发射区

6.3.1.1　防空导弹的杀伤区

杀伤区是防空导弹武器系统的一个重要的作战综合性能指标。它决定了导弹所应具有的射程、高度和航路捷径。

防空导弹武器系统杀伤区是一个空间区域,在此空域内,导弹以不低于某一给定的概率杀伤空中目标。显然,在杀伤区内各个点上,导弹杀伤目标的概率不尽相同,但是,不得低于某一给定值。

1.地面参数直角坐标系

杀伤区一般用地面参数直角坐标系来描述,以远界、近界、高界和低界的位置来表示。

地面参数直角坐标系的坐标原点 O 取在制导站或导弹发射点;OX 轴在水平面上,且平行于目标速度矢量在该平面上的投影;OH 轴沿铅垂线向上;OP 轴垂直于 XOH 平面,且按右手坐标系定则确定指向,如图 6-16 所示。

空中目标 T 在这一坐标系中的三个坐标为 H_T,X_T,P_T。坐标 H_T 表示目标所在的高度,坐标 P_T 表示目标运动的航路捷径。航路捷径可理解为由坐标原点到目标航向在水平面上投影的最短距离。航路捷径一般不采用正或负的概念,而采用目标以右航路捷径或以左航路捷径相对于制导站(或导弹发射点)而运动的概念。当计算目标航迹时,若目标向航路捷径作临近飞行,则 X_T 为正;若目标过航路捷径作远距离飞行,则 X_T 为负。而当发射点固定,目标作直线运动时,航路捷径则为常数。

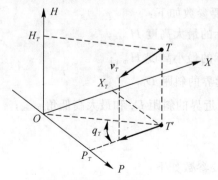

图 6-16　地面参数直角坐标系

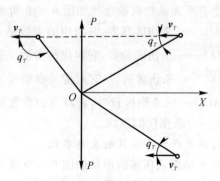

图 6-17　目标的航向角

从目标在水平面内的投影点（T'）到坐标原点的连线与目标航向投影之间的夹角 q_T，称为目标运动的航向角，如图 6-17 所示。航向角在 0° 到 180° 范围内变化。当航向角在 0° 到 90° 之间变化时，目标作临近航路捷径的飞行；当航向角在 90° 到 180° 之间变化时，目标作远离航路捷径的飞行。

2. 空间杀伤区

在地面参数直角坐标系中，空间杀伤区的典型形状如图 6-18 所示。

杀伤区的空间图形比较复杂，为了便于分析，再考虑到杀伤区各剖面的相似性，工程上通常把这个复杂的空间图形用两个平面图形来表示。这两个平面图形分别称为垂直平面杀伤区和水平平面杀伤区（或杀伤区的垂直平面和水平平面）。如果以不同的航路捷径作垂直平面切割空间杀伤区，则得到一系列的垂直平面杀伤区；以不同高度的水平平面去切割空间杀伤区，则得到一系列水平平面杀伤区。在实际应用中，通常只对几种典型情况下的平面杀伤区进行分析。下面将以航路捷径 $P=0$ 的垂直平面杀伤区和某一典型高度的水平平面杀伤区为例，来讨论杀伤区的主要参数和影响各个边界的主要因素。

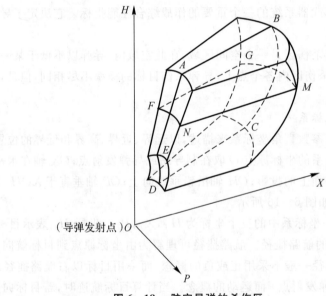

图 6-18 防空导弹的杀伤区

3. 垂直平面杀伤区的主要参数

垂直平面杀伤区的形状如图 6-19 所示，其主要参数如下：

$\overline{AB}$——杀伤区高界，它对应的参数是杀伤目标的最大高度 H_{max}；

$\overline{DC}$——杀伤区低界，它对应的参数是杀伤目标的最小高度 H_{min}；

$\overline{BC}$——杀伤区远界，它对应的参数是杀伤区远界的斜距 D_f；

$\overline{AED}$——杀伤区近界，它对应的参数是杀伤区近界的斜距 D_s 和最大高低角 ε_{max}；

h——杀伤区的纵深。

4. 水平平面杀伤区的主要参数

水平平面杀伤区的形状如图 6-20 所示，其主要参数如下：

$\overline{GM}$——杀伤区远界，它对应的参数是杀伤区远界斜距 D_f 在水平面上的投影 d_f；

$\overline{GF}$, $\overline{MN}$——杀伤区侧界，它们对应的参数是杀伤区的最大航路角 q_{max}；

h_0——也称杀伤区纵深，由图 6-20 看出 $h_0 = h(H, P)$。这里值得注意的是，杀伤区纵深 h 和 h_0 是不同的；

P——航路捷径。图 6-20 中几个 P 值的意义如下：

P_{max}——杀伤区远界的最大航路捷径；

P_0——杀伤区近界的最大航路捷径；

P_T——目标的航路捷径。

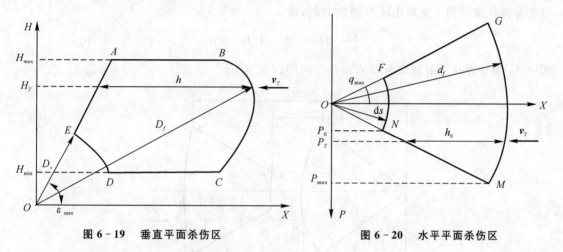

图 6-19　垂直平面杀伤区　　　　　图 6-20　水平平面杀伤区

5.影响杀伤区各边界的主要因素

杀伤区边界通常与导弹武器系统性能、射击条件和空中目标特性等因素有关。这些主要因素是：

(1)给定导弹杀伤空中目标概率值的大小；

(2)目标的飞行性能、辐射或反射特性以及易损性等；

(3)制导站目标跟踪雷达的探测性能；

(4)导弹飞行弹道特性和机动能力；

(5)导弹制导回路性能和导引方法；

(6)导弹战斗部和引信的类型、特性以及引战配合特性的优劣；

(7)射击条件；

……

6.3.1.2　防空导弹的发射区

1.发射区的概念

在发射导弹时，能够使导弹在杀伤区内与目标遭遇的所有目标位置所构成的空间区域，称为导弹的发射区。也就是说，当目标进入发射区时发射导弹，导弹就会在杀伤区内与目标遭遇。

由发射区的定义可知，导弹的发射区与杀伤区有着密切的联系。发射区的形状和大小除了与杀伤区的形状和大小有关之外，还与目标的飞行特性(比如是否机动等)有关。

不言而喻，发射区也是一个复杂的空间形体。为了便于分析，同样取一系列的垂直平面和水平平面进行切割,即可获得一系列的垂直平面发射区和水平平面发射区。

为了正确地选择防空导弹的发射时机和连续射击的导弹数目,必须知道导弹发射区的位置、形状和大小。

发射区的确定与目标的飞行特性有关,下面以水平平面的杀伤区和发射区为例,当目标作等速直线水平飞行时,说明确定发射区的基本方法。如图 6-21 所示,$MNFG$ 为某一高度上的水平平面杀伤区,而 $M'N'F'G'$ 则为 $MNFG$ 所对应的发射区。当目标作等速直线水平飞行时,确定发射区的条件只有一个:目标从发射区某点 B' 飞到杀伤区的对应点 B 时所需的时间等于导弹从发射到飞至杀伤区 B 点的时间,即

$$\frac{B'B}{v_T} = t_B \quad 或 \quad B'B = v_T t_B$$

式中,t_B 为导弹从发射到飞至 B 点所需的时间。

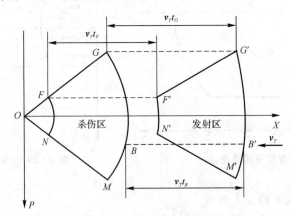

图 6-21 水平平面发射区

显然,在目标作等速直线水平飞行时,确定发射区的一般方法是,从杀伤区 $MNFG$ 内任一点 x 出发,把 x 点向目标飞行的相反方向移动 $\overline{xx'}$ 距离,而 $\overline{xx'} = v_T t_x$,t_x 是导弹飞至 x 点所需的时间。这样就获得了 x 点在发射区内所对应的 x' 点。如此反复,就可以获得杀伤区各边界对应的发射区边界。这样水平平面发射区 $M'N'F'G'$ 就可以确定下来。由于导弹飞到杀伤区各点所用的时间不一样,所以,发射区的形状和大小与杀伤区的形状和大小并不完全一样。即发射区并不是杀伤区平移的结果。

当目标作等速直线水平飞行时,垂直平面发射区的确定方法与水平平面发射区的确定方法相同,如图 6-22 所示。

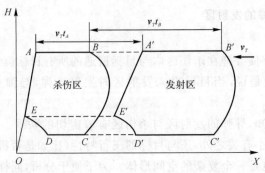

图 6-22 垂直平面发射区

2.可靠发射区

所谓可靠发射区是指这样一个空间区域:当目标进入这个空域时发射导弹,无论目标如何飞行(直线飞行或机动飞行),导弹都将可靠地以给定的概率要求在杀伤区之内杀伤目标。由此可见,可靠发射区是目标作等速水平直线飞行时的导弹发射区与目标作机动飞行时的导弹发射区相重合的区域,它同时满足两个发射区的所有限制条件。

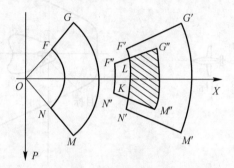

图 6 - 23　可靠发射区

明确了可靠发射区的定义,确定可靠发射区的方法很简单。把目标作等速直线飞行时的导弹发射区和目标作机动飞行时的导弹发射区按同一比例画在一张图上,则两个发射区相重合的部分就是可靠发射区(如图 6 - 23 中所示的阴影部分)。

图 6 - 23 中,

$MNFG$——水平平面杀伤区;

$M'N'F'G'$——目标作等速直线飞行时,导弹的发射区;

$M''N''F''G''$——目标作机动飞行时,导弹的发射区;

$M'KLG''$——导弹的可靠发射区。

6.3.2　空空导弹的发射区(攻击区)

6.3.2.1　概述

要使空空导弹杀伤目标,必须严格地限制导弹的发射区域。与防空导弹武器系统类似,空空导弹武器系统也有一个发射区(又叫攻击区)。攻击区的大小及其特征是反映空空导弹武器系统的综合性能指标。它不仅提供了简单的使用条件,而且还全面地评价了武器系统的优劣,从而为今后改进武器系统指出了方向。

空空导弹的攻击区是目标周围的这样一个空域:当载机在此空域内发射导弹时,导弹就能以不低于某一给定的概率杀伤目标。若在此区域外发射导弹时,导弹杀伤目标的概率将低于某一给定值,甚至下降为零。

在空空导弹总体方案设计阶段,一般是首先分析研究空空导弹的理论发射区。所谓理论发射区,是因为它是在以下假设条件下进行计算所得到的。

(1)只是从可能命中目标的角度来确定该发射区,并未计及杀伤概率的大小。亦即,若载机在理论发射区之内发射导弹时,导弹有可能命中目标;若载机在理论发射区之外发射导弹时,导弹肯定不能命中目标;

(2) 导弹与目标在同一水平平面内运动；

(3) 导弹严格地沿着理论弹道飞行。

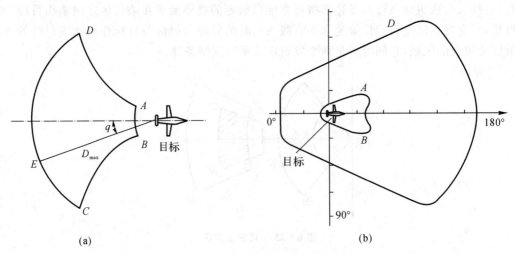

图 6 – 24　空空导弹攻击区
(a) 尾后攻击区 ； (b) 全向攻击区

图 6 – 24 为空空导弹攻击区的示意图。图 6 – 24(a) 是用于尾后攻击的某空空导弹的攻击区。图中：

$\overline{AB}$——攻击区近界或内界，它对应的参数是导弹武器系统允许的最小发射距离 D_{min}；

$\overline{CD}$——攻击区远界或外界，它对应的参数是导弹武器系统允许的最大发射距离 D_{max}；

$\overline{AD}$，$\overline{BC}$——攻击区的侧界，它对应的参数是导弹武器系统允许的最大发射角；

q——E 点进入角（发射角）。

全向攻击区是导弹在目标前后及侧向的一定范围内均允许发射的区域，如图 6 – 24(b) 所示。

攻击区中内边界为最小允许发射距离边界，即近界；外边界为最大允许发射距离边界，即远界。从空空导弹攻击区可以看出，迎头攻击的最大允许发射距离与最小允许发射距离明显大于尾后攻击的最大允许发射距离与最小允许发射距离。这是因为迎头攻击时，导弹与目标间的相对速度是两者之和；而尾后攻击时，导弹与目标间的相对速度则是两者之差。在同样时间内迎头比尾后飞行距离更远。

6.3.2.2　影响攻击区边界的主要因素

影响攻击区边界的主要因素如下：

(1)导引头截获目标的距离；

(2)弹上能源的工作时间；

(3)引信解除保险的时间；

(4)导弹与目标的最小、最大相对速度；

(5)导弹可用过载；

(6)导引头的视场角；

(7)导引头的最大跟踪角速度等。

思考题与习题

1. 导弹的制导误差按其性质和原因,可分为哪几种? 联系弹道的散布,系统误差和随机误差可说明什么物理现象?

2. 产生动态误差、仪器误差、起伏误差的原因是什么? 动态误差反映哪两种弹道之间的差别? 它为什么具有系统分量和随机分量? 试举例说明之。为什么起伏误差无系统分量,全部是随机分量,其主要的误差源是什么?

3. 对某一空中目标发射了 20 发导弹,在铅垂面(俯仰通道)内的制导误差 $y_i(\mathrm{m})$ 的测量结果分别为 $3, -1.5, 7.8, 3, 5, 2.5, -7, -6, 3.5, -4, 1, 6, 2.5, -2, 7.5, 5.5, -3.8, -4.8,$ $5.2, -1.2$,试求导弹的散布中心和方差。

4. 导弹制导系统的系统误差为零,随机误差为圆分布,试问:如其均方差为 8 m,则导弹落入距目标不大于 15 m 的概率是多少? 又如导弹落入距目标不大于 25 m 的概率为 0.95,其均方差应是多少?

5. 如导弹制导系统的系统误差为零,随机误差为圆分布,$\sigma_y = \sigma_z = 10$ m,目标条件坐标杀伤规律也是圆散布,$\delta_0 = 28$ m,当引信启动半径不受限制时,求该导弹攻击单个目标的杀伤概率 P_1 是多少? 如其他条件不变,而 $G_0(r) = \mathrm{e}^{-\frac{r^2}{2R_0^2}}$,其中 $R_0 = 25$ m 时,P_1 是多少?

6. 如单发导弹攻击单个目标的杀伤概率 $P_1 = 0.7$,若对目标连续发射三发导弹($n = 3$),试问其杀伤概率 P_1 是多少? 如要求对单个目标的杀伤概率为 $P_n = 0.99$,当 $P_1 = 0.7$ 时,需连续发射多少发导弹? 如杀伤区纵深只能保证连续发射两发导弹,即 $n = 2$,则应要求 P_1 是多少?

7. 何谓地空导弹的杀伤区与发射区? 限制杀伤区远界、近界、高界、低界、最大高低角 $\varepsilon_{\max}$ 和最大航路角 $q_{\max}$ 的主要因素有哪些? 如导弹在发射瞬间,目标立即作反导弹机动,以过载 n_{yt} 作盘旋运动,如欲保证不论目标机动与否,仍能在杀伤区内杀伤目标,如何确定其水平面内相应的发射区(称之为可靠发射区)?(提示:目标的盘旋半径为 $R = v_t^2/g\,(n_{yt}^2 - 1)^{1/2}$,目标机动转过的角度 $\Delta\varphi = v_t t/R$,其中 t 为导弹从发射至与目标交会的飞行时间。)

8. 何谓空空导弹的攻击区? 它与地空导弹的发射区有哪些差别与相似之处? 限制空空导弹攻击区的远边界、近边界和侧边界的主要因素有哪些?

第7章 多级运载火箭设计

7.1 运载火箭的概念

7.1.1 运载火箭飞行原理

火箭是依靠火箭发动机产生的推力向前运动的。在运动过程中,发动机不断地向外喷出高速燃气流,随着推进剂的消耗,火箭的质量不断地减小,因此,火箭的运动是一个变质量物体的运动。

如图 7-1 所示,火箭的前进速度为 v,发动机燃气流以相对火箭的速度 u_e 向后喷出,单位时间喷出的燃气质量用 $\dot{m}_F$ 表示,则火箭每瞬时的质量随时间的变化关系可表示为

$$m = m_0 - \int_0^t \dot{m}_F \, dt$$

式中 m_0——火箭起飞时刻的质量;

 m——火箭在瞬时 t 时刻的质量。

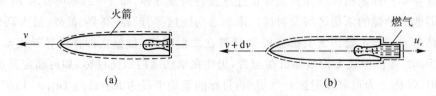

图 7-1 火箭直线运动示意图

(a) t 时刻; (b) $t + dt$ 时刻

由于火箭的质量是逐渐减少的,所以,火箭的质量变化率 $\dfrac{dm}{dt}$ 是负值,$\dot{m}_F = -\dfrac{dm}{dt}$。

根据动量守恒定律,火箭系统在 dt 时段内的动量变化等于外力的冲量。由此可以导出下式:

$$m \frac{dv}{dt} = -\frac{dm}{dt} u_e + \sum F_i \tag{7-1}$$

式中 $\dfrac{dm}{dt} u_e$——表示发动机燃气流速度的动量变化率,即火箭推力;

 $\sum F_i$——表示作用在火箭上的其他外力的合力。

7.1.2　作用在火箭上的力

作用在火箭上的力有火箭推力 P、地球引力 G、空气动力 R 和控制力等,如图 7-2 所示。

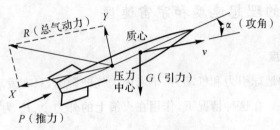

图 7-2　作用在火箭上的力

1. 推力

火箭发动机的推力由两部分组成,一部分是由火箭发动机喷出的燃气流的动量变化产生的,称为火箭推力的动分量;一部分是由发动机出口压力 p_e 与当地大气压 p_a 不相等产生的,称为火箭推力的静分量。火箭推力的表达式为

$$P = \dot{m}_F u_e + (p_e - p_a) A_e$$

式中, A_e, p_e 分别为火箭发动机喷管出口的截面积和静压力。

从发动机推力表达式可以看出,火箭的推力大小与火箭的飞行速度无关,与火箭发动机喷出的燃气流速度成正比,而且随火箭飞行高度增大而增加。

2. 引力

地球引力是影响火箭飞行的重要因素。根据牛顿万有引力定律,地球引力与距离二次方成反比,与火箭质量成正比。在考虑地球自转的情况下,火箭除了受到地心引力 G_0 之外,还要受到因地球自转所产生的离心惯性力 F_I。则重力表达式为

$$G = G_0 + F_I = mg + F_I$$

地心引力加速度的大小随离地球表面高度的增加而减小,与地球半径 R_0,地球表面引力加速度 g_0 和离地球表面高度 H 有如下关系:

$$g = g_0 \frac{R_0^2}{(R_0 + H)^2}$$

火箭所受的离心加速度为　　　　$a = (R_0 + H) \omega_z^2 \cos \varphi$

式中　　R_0——地球半径,其平均值为 6 371 km。

　　　　g_0——地球表面引力加速度,工程上一般取 $g_0 = 9.806$ m/s^2 ≈ 9.81m/s^2;

　　　　φ——地球纬度角;

　　　　ω_z——地球自转角速度, $\omega_z = 7.292 \times 10^{-5}$ rad/s

3. 空气动力

作用在火箭上的空气动力 R 沿速度坐标系可分解成三个分量,分别为阻力 X,升力 Y 和侧力 Z。空气动力的表达式为

$$R = (X^2 + Y^2 + Z^2)^{-2}$$

由于空气动力的作用点(常称为"压心")与火箭的质心不重合,所以空气动力 R 还产生相

应的气动力矩。

4.控制力

由于提供控制力的方式不同,控制力的形式各不相同,图7-2中未标出控制力。

7.1.3 火箭的理想速度和宇宙速度

7.1.3.1 理想速度

忽略火箭所受到的地球引力和气动力,不考虑大气的影响,只在发动机推力作用下火箭的飞行速度称为理想速度。在这种情况下,作用在火箭上的外力 $\sum F_i$ 为零,火箭的运动方程式(7-1)可以简化为

$$m \frac{\mathrm{d}v}{\mathrm{d}t} = -\frac{\mathrm{d}m}{\mathrm{d}t} u_e$$

进而可以导出

$$v = -u_e \ln \frac{m}{m_0}$$

此式即为火箭的理想速度,也称为齐奥尔科夫斯基公式。把火箭关机点的条件代入上式,即可得到火箭关机时刻能达到的理想速度为

$$v_k = -u_e \ln \frac{m_k}{m_0} = -u_e \ln \mu_k \qquad (7-2)$$

或

$$m_0 = m_k \mathrm{e}^{\frac{v_k}{u_e}}$$

式中　m_0——起飞时刻火箭的质量;

　　　m_k——关机时刻火箭的质量;

　　　μ_k——火箭关机点(或停火点)质量比,$\mu_k = \dfrac{m_k}{m_0}$。

从理想速度公式可以看出,火箭结构质量越小,推进剂的质量越大,也就是火箭的质量比越小,火箭在关机时刻达到的理想速度就越大。因此,提高火箭的飞行速度有两个办法,一是提高火箭发动机产生的燃气流排出速度,选用高能推进剂,并提高火箭发动机的性能;另一个办法是降低火箭的结构系数,即尽可能减轻火箭关机点的死重,尽量增加推进剂的加注量。

飞行中随着推进剂的消耗,火箭的质量不断下降,贮箱内的推进剂不断减少,空出的贮箱壳体成为无用的质量。如果能够把这部分无用的质量从火箭上分离掉,显然可提高火箭的最终速度。用这种思想设计的火箭就称为多级火箭。多级火箭由几个独立的单级火箭组成,它与单级火箭相比有以下优点:

1) 多级火箭在每级工作完毕后可以抛掉不需要的质量,因而在火箭飞行过程中,能够获得良好的加速性能,逐步达到预定的飞行速度;

2) 多级火箭各级发动机是独立工作的,可以按照每一级的飞行条件设计发动机,使发动机处于较好的工作状态;

3) 多级火箭可以灵活地选择每一级推力的大小和工作时间,以适应发射轨道要求、轨道测量要求以及飞行过载的要求。

多级火箭的理想速度

$$v_k = -\sum_{i=1}^{n} u_{ei} \ln \mu_{ki} \qquad (7-3)$$

式中，n 为火箭级数；u_{ei} 和 μ_{ki} 分别为第 i 级喷射速度和停火点质量比。

当假定各级的 u_{ei} 和 μ_{ki} 相等时

$$v_k = -nu_e \ln \mu_k$$

则有

$$\mu_k = \sqrt[n]{e^{-v_k/u_e}}$$

上式表示，在给定的入轨速度条件下，相对于单级火箭来说，多级火箭降低了每个火箭级的停火点质量比 μ_k 的要求。

7.1.3.2　宇宙速度

1.第一宇宙速度

1687 年，牛顿在《自然科学的数学原理》一书中指出，让物体围绕地球旋转，利用旋转产生的离心力可以克服地球的引力，飞入太空。人造飞行器能够在空间围绕地球作圆周运动而不被地球的引力拉下来所必须具有的速度就是第一宇宙速度。

按照牛顿理论，忽略大气的作用，假设地球为圆球，可以导出第一宇宙速度的表达式

$$v_{\mathrm{I}} = \sqrt{g_0 R}\sqrt{R/r} \qquad (7-4)$$

式中，r 为飞行器至地球中心的距离。

当 $r=R$ 时 $\qquad v_{\mathrm{I}} = \sqrt{9.81 \times 6\ 371\ 004} = 7.91\ \mathrm{km/s}$

人们通常称 v_{I} 为第一宇宙速度。由第一宇宙速度的表达式可以看出，随着飞行器高度的增加，围绕地球运行物体所需要的速度会减少，详见表 7-1。

表 7-1　围绕地球最小的运动速度与高度的关系

H/km	0	200	400	600	800	1 000	2 000	4 000	35 786
$v_{\mathrm{I}}/(\mathrm{km \cdot s^{-1}})$	7.91	7.79	7.67	7.56	7.46	7.35	7.90	7.20	3.075

2.第二宇宙速度

当人造航天器围绕地球作圆周运动的速度超过第一宇宙速度并达到一定值时，飞行器就会脱离地球的引力场而进入太阳系，成为太阳系中的一颗人造卫星。此时人造航天器达到的速度叫作第二宇宙速度，也称为"逃逸速度"。

由理论分析，可以导出第二宇宙速度的理论计算公式

$$v_{\mathrm{II}} = \sqrt{2g_0 R}\sqrt{R/r} \qquad (7-5)$$

取 $r=R$ 时

$$v_{\mathrm{II}} = \sqrt{2g_0 R} = 11.18\ \mathrm{km/s}$$

第二宇宙速度是人造航天器在地球表面脱离地球引力场，进入太阳系所需的最小速度。

3.第三宇宙速度

从地球表面发射的人造航天器，脱离太阳系进入宇宙所需的最小速度叫作第三宇宙速度。同样，可以导出第三宇宙速度为

$$v_{\mathrm{III}} = 16.63\ \mathrm{km/s}$$

7.2 运载火箭的主要技术指标

1.运载能力

运载火箭的运载能力是根据有效载荷的质量、目标轨道及发射场的地理位置所确定的。下面为典型火箭的运载能力技术指标。

长征二号 E(CZ-2E):200 km 圆轨道,轨道倾角 28.5°,有效载荷质量 9.5 t。

长征三号 B(CZ-3B):地球同步转移轨道(GTO),轨道倾角 28.5°,有效载荷质量 5.1 t。

一般轨道有:

近地轨道 LEO(Low Earth Orbit);

地球同步转移轨道 GTO(Geosynchronous Transfer Orbit);

太阳同步轨道 SSO(Sun Synchronous Orbit)。

另外还有:

中近地轨道 LMEO(Low— Medium Earth Orbit);

地球同步静止轨道 GEO(Geostationary Earth Orbit)。

在运载能力的设计中要进行火箭构形选择及轨道分析,以期得到最节省能量的最优轨道,将最大的有效载荷质量送到所需要的轨道上去。运载火箭轨道类型及运载能力见表 7-2。

2.入轨精度

不同用途的有效载荷有不同的入轨精度要求。运载火箭与有效载荷分离时刻的入轨精度按下列 6 个轨道要素给出:半长轴 a、椭圆偏心率 e(或近地点高度 h)、轨道倾角 i、升交点赤经 Ω、近地点幅角 ω、轨道周期 T。这些要素的精度是由入轨点的位置偏差、速度偏差和发射时间偏差所决定的,它取决于运载火箭的制导精度及发射时刻的偏差。入轨精度要求见表 7-3。

3.入轨姿态精度

入轨姿态精度指有效载荷分离后有效载荷的姿态角偏差及角速度。入轨点的初始姿态及角速度精度由火箭姿态控制系统所确定。

4.有效载荷整流罩净空间

有效载荷整流罩内可供安装有效载荷的空间称为净空间。净空间的规定明确了有效载荷的外包络不能超过所规定的净空间。规定净空间必须考虑静态的各种对接框的机械加工误差及动态(飞行时)的各种热、力载荷引起的变形。

在运载火箭提供发射服务时,有效载荷结构的局部可以允许超出净空间的规定,但必须通过双方协调,经运载火箭研制方分析、协调,并在接口控制文件中加以确认。

5.有效载荷接口

有效载荷接口包括机械接口和电气接口。

机械接口主要是指有效载荷与火箭对接的尺寸和连接、分离方式。国际上通用的机械接口有 937,1194,1497 等,它是指对接的名义尺寸,单位为 mm。这些接口在国际上较为常用,但还没有达到国际标准化的程度。

电气接口主要指有效载荷需要运载火箭提供的电信号特性及相互间电气连接的协调关系,如接插件的型号、接点数、电特性等。

表 7 - 2　运载火箭系列轨道类型、运载能力和性能参数

运载火箭系列 项目	小型	中型			大型			重型		
轨道类型	低轨道	低轨道	地球同步转移轨道	太阳同步轨道	低轨道	地球同步转移轨道	太阳同步轨道	低轨道	地球同步转移轨道	太阳同步轨道
轨道运载能力（或有效载荷质量）/kg	300~1 000	1 200~5 000	1 400~2 500	300~3 200	5 000~10 000	2 500~4 500	3 000~5 000	20 000~50 000	10 000~30 000	10 000 以上
起飞质量/10³ kg	小于 100	190~240			~430			1 000~2 500		
级数	2~3	2~3			2~3			2~3 或大于 3		
级间组合形式	串联组合型	串联组合型			并联、串联组合型			并联、串联组合型		
箭体直径/m	2.25	3.35			8.25（芯级直径 $d=3.35$m）			12-14（芯级直径 $d=4.9$m）		
全箭长度/m	~30	~50			~60			~60		
型号系列代号	LM-XX	LM-XX			LM-XX			LM-XX		
整流罩/卫星、卫星/过渡锥接口	由星箭研制单位协商确定	由星箭研制单位协商确定			由星箭研制单位协商确定			由星箭研制单位协商确定		
整流罩直径/m	2.6、3.0、3.35	2.6、3.0、3.35			3.35、4.2			4.2、4.9		

表 7 - 3　入轨精度要求

名称	低轨道	转移轨道
半长轴	$a-$	$\pm100\sim180$ km
近地点高度	$(h\pm5)$km	$\pm15\sim30$ km
轨道倾角	$(i\pm0.5)°$	$\pm(0.15°\sim0.2°)$
轨道周期	$(T\pm8)$s	—
近地点幅角	$\omega-$	$\pm0.5°\sim1°$
升交点赤经	$\Omega-$	$\pm0.5°\sim1°$

6. 环境要求

环境包括过载、冲击、振动、噪声、热、电磁兼容等。

有效载荷应能承受运载火箭在发射准备期间及火箭飞行期间产生的上述环境。有效载荷所能承受的环境也是运载火箭设计的依据之一。在提供发射服务时应明确上述环境指标,以便使有效载荷方能判断是否能适应这些环境指标。

7. 可靠性要求

可靠性是指火箭在规定的条件下和规定的时间内,完成规定任务的概率。

可靠性包括飞行可靠性和发射可靠性。

火箭飞行可靠性定义:运载火箭完成发射点火后,在规定的环境条件下,按规定的飞行程序及要求,将有效载荷送入预定轨道的能力。

火箭发射可靠性定义:火箭运载系统在规定的贮存期内,在规定的地面环境条件下,按规定的要求完成发射准备及点火任务的能力。

目前国际上成熟的运载火箭的可靠性水平:飞行可靠性指标为 0.95 以上,发射可靠性指标为 0.9 以上;载人运载器的飞行可靠性已达到 0.98～0.99 以上。

中国载人运载火箭 CZ - 2F 的飞行可靠性指标为 0.97,发射可靠性指标为 0.88。

7.3　运载火箭的总体方案设计

总体方案设计是继可行性论证之后,总体设计的首要环节,此项工作需要经过多次反复,直到整个研制阶段结束才能最后完成。

7.3.1　火箭构形的选择

选择火箭构形是确定火箭总体方案所遇到的首要问题,包括采用液体火箭或者固体火箭、单级火箭或者多级火箭,以及多级火箭的连接方式等。

一般液体低轨道运载火箭为两级,中、高轨道运载火箭为三级或三级以上,逃逸轨道和星际航行轨道运载火箭为三级或三级以上。

固体运载火箭多为三级或三级以上。

中、小型运载火箭,级间多采用串联组合;大型、重型运载火箭一般采用并联和串联组合型,一子级为火箭并联组合或贮箱并联组合,二子级为贮箱串联组合或贮箱并联组合,二子级或三子级串联在下面子级的芯级或中间贮箱上。低轨道的大型、重型运载火箭,可采用并联的所谓"一级半"或"二级半"的组合型式,即助推火箭提前分离掉的芯级并联助推器组合方案或双并联—串联(指一、二子级均为并联捆绑组合,级间串联组合)组合方案。

多级火箭的连接方式有串联、并联和混合式三种方案,如图 7-3 所示。

串联式火箭各级依次同轴配置,纵向连接呈宝塔形。在飞行时先是最下面一级工作,第一级工作结束后将无用的推进剂贮箱或固体火箭发动机壳体抛掉,第二级再工作,依此类推。

串联式方案有下述优点:

1)对接机构简单,火箭结构紧凑,总体结构功效高,故起飞质量较小;

2)级间分离可靠,分离故障少;

3)气动阻力小;

4)装配、运输、发射设备简单。

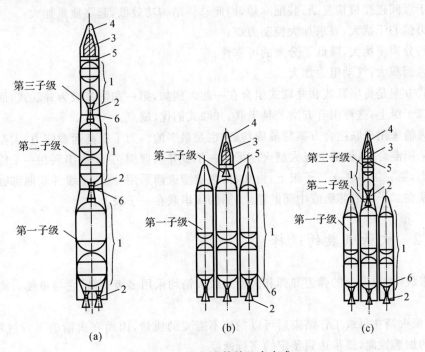

图 7-3　多级火箭的组合方式

(a)串联式;　(b)并联式;　(c)混合式

1—推进剂箱;　2—火箭发动机;　3—有效载荷;　4—头部整流罩;　5—仪器舱;　6—级间承力接头

串联式的缺点:

1)必须分别设计和研制每一级,尤其对大型火箭,需要设计和研制大直径结构,因此增加了研制周期和成本;

2)在飞行中,第二级及以后各级发动机的点火,均处于高空低压状态,复杂且可靠性较低;

3)火箭长细比大,抗弯曲刚度差,对飞行中的弹性振动稳定不利,使运输和飞行中的横向载荷加大;

4)火箭长度大,增加了发射设备和勤务操作的困难。

并联式是将火箭的各级纵轴平行(或倾斜一个小角度)组合,故常称为"捆绑式"结构。并联式火箭各级之间的连接,可以是机械分离连接结构,还可以用液压机构将各级推进剂输送系统连接在一起。发射时可以是先旁侧级火箭点火工作,推进剂耗尽后分离,然后中间发动机点火工作继续飞行,也可以是中间发动机与旁侧发动机同时点火,然后依次抛掉或同时抛掉。

并联式火箭有以下优点:

1)长度短;

2)发射时各发动机在地面同时点火,可靠性高;

3)由于使用通用件或已有火箭组合,因此可简化和加快大型火箭的研制进度,节省经费和提高可靠性;

4)并联式火箭的各部分能做成可拆卸的,因此运输比较方便。

并联式有以下缺点:

1)火箭的径向尺寸大,因此发射设备比较复杂且费用高;

2)由于级间连接机构复杂、装配麻烦,因此总体结构功效低,起飞质量加大;

3)推力偏心干扰大,要求加大控制力矩;

4)级间分离干扰大,降低了分离的可靠性;

5)迎风面积大,气动阻力加大。

混合式方案是将串联式和并联式组合在一起。例如,第一和第二级为并联式,而第三级则串联在第二子级上,这种组合方案兼具串联、并联式的优、缺点。

多级火箭采用串联组合方案是最成功的,也是最多的。为了提高运载能力,大型或重型运载火箭可采用混合式,例如三级大型火箭采用一子级并联捆绑、二子级串联在一子级的芯级或中间贮箱上,第三级串联在二子级上;再如,四级重型火箭采用一、二子级并联捆绑、级间串联,三子级串联在二子级的芯级或中间贮箱上,第四级串联在三子级上。

7.3.2　火箭级数的选择

一般来说,中程以上的弹道导弹和大型运载火箭均采用多级火箭,它与单级火箭相比有以下优点:

(1)多级火箭在每级工作结束后可以抛掉不需要的质量,因而在火箭的飞行过程中,能够获得良好的加速性能,逐步达到预定的飞行速度。

(2)多级火箭各级发动机是独立工作的,可以按照每一级的飞行条件设计发动机,使发动机处于最佳工作状态,也就提高了火箭的飞行性能。

(3)多级火箭可以灵活地选择每一级推力的大小和工作时间,以适应发射轨道的要求、轨道测量要求以及卫星和载人飞船对飞行过载的要求。

在讨论多级火箭的级数选择之前,先定义几个名词术语。

(1)级(或子火箭)——起飞时整个火箭称为第一级火箭,第一级发动机工作完毕以后,抛去无用部分壳体,剩余部分称为第二级,依此类推。

(2)子级——第 n 级火箭除去负载或上面级以后称为火箭的第 n 子级。例如第一级火箭除去第二级(第二级火箭是第一级火箭的负载),即称为第一子级。第 n 级火箭除去第 $n+1$ 级火箭即为第 n 子级。级(或子火箭)和子级的关系如图 7-4 所示。

（3）子级结构质量系数 σ —— 某子级除去推进剂后剩余质量与该子级总质量之比。

（4）火箭级间质量比 ε —— $i+1$ 上面级（即载荷）质量与 i 级火箭质量之比。

（5）有效载荷 —— 指火箭最后一级所运载的弹头或卫星等航天器。

（6）火箭载荷比 E —— 火箭有效载荷质量与起飞总质量之比值（m_P/m_0）。

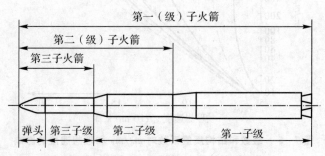

图 7-4　子火箭（级）和子级的关系示意图

选择多级火箭的级数，粗略分析时可用表征多级火箭理想速度的齐奥尔科夫斯基公式，多级火箭理想速度的齐奥尔科夫斯基公式又可表示为

$$v_k = \sum_{i=1}^{n} I_{svi} \ln \frac{m_{0i}}{m_{ki}} \tag{7-6}$$

式中　I_{svi} —— 第 i 级发动机真空比冲；

　　　m_{0i} —— 第 i 级火箭的总质量；

　　　m_{ki} —— 第 i 级火箭的熄火质量；

　　　n —— 级数。

为讨论问题方便，作如下简化假设：

1）各级的真空比冲相等，即 $I_{svi} = I_{sv}$；

2）子级结构质量系数相等，即 $\sigma_i = \sigma$；

3）火箭级间质量比相等，即 $\varepsilon_i = \varepsilon = E^{\frac{1}{n}}$。

则式（7-6）简化成

$$v_k = n I_{sv} \ln \frac{1}{\sigma(1-\varepsilon)+\varepsilon} \tag{7-7}$$

或者

$$v_k = n I_{sv} \ln \frac{1}{\sigma(1-E^{\frac{1}{n}})+E^{\frac{1}{n}}} \tag{7-8}$$

有效载荷质量与火箭起飞质量的比值 m_0/m_P 为

$$\frac{m_0}{m_P} = \frac{1-\sigma}{1/e^x - \sigma}$$

$$x = \frac{\Delta v}{g I_{sv}}$$

式中　m_P —— 有效载荷质量；

　　　Δv —— 火箭的速度增量。

用式（7-8）在不同 I_{sv}，σ，n 条件下，做出火箭所获得的理想速度 v_k 与 m_0/m_P 的关系如图 7-5、图 7-6 所示。

从图 7-5 可见，降低结构质量系数 σ 以及增加级数 n，使火箭运载性能提高。

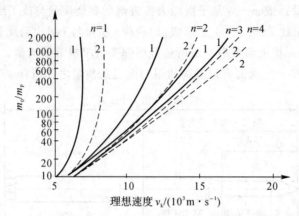

图 7－5　级数和结构质量系数对 m_0/m_P 和理想速度的影响

1—$\sigma = 0.1, I_s/g_0 = 300$ s；　2—$\sigma = 0.06$

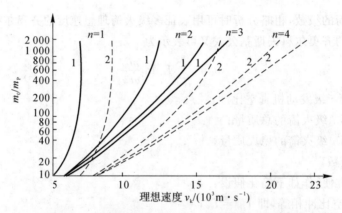

图 7－6　级数和比冲对 m_0/m_P 和理想速度的影响

1—$I_s/g_0 = 300$ s，$\sigma = 0.1$；　2—$I_s/g_0 = 400$ s

从图 7－6 可见,提高火箭比冲以及增加级数 n 也可以使火箭获得较高的飞行速度。尤其在大的有效载荷比时性能提高的幅度更大。

由此两图可见,在同样的结构系数和比冲下,级数增加使火箭运载性能提高,但二级比一级提高的幅度大,三级比二级提高的幅度小一些,四级以后提高的幅度就更小些。

上述公式和图表可对级数选择作一个粗略的定量分析,其分析步骤如下:

1)按有效载荷轨道要求换算成需要的理想速度;

2)按有效载荷的质量及所需的理想速度估算出火箭起飞质量或载荷比的范围;

3)在确定选用的推进剂后估算出真空比冲;

4)按经验统计数据给出各子级的结构系数;

5)计算分析得出级数。

实际上,级数选择并不完全依靠计算结果,通常按经验及国内现有的技术水平来决定级数。一般液体低轨道运载火箭为两级,中、高轨道运载火箭为三级或三级以上,逃逸轨道和星际航行轨道运载火箭为三级或三级以上。固体运载火箭多为三级或三级以上。

7.3.3　有效载荷方案

有效载荷必须与火箭总体协调一致,对于运载航天器的运载火箭而言,一般不按照某一特定的运载任务设计,而是尽量使运载火箭对不同的有效载荷和不同的轨道任务具有适应性。同样,航天器一般也不按照某一运载火箭的要求设计,而是使其具有标准化、通用化的特点。运载火箭在确定总体方案时,主要关心有效载荷的特性有下列几项:

1)有效载荷的轨道要求;

2)有效载荷的最大质量;

3)有效载荷的质量特性:质心位置,绕纵、横轴的惯量及惯性矩,推进剂充填系数等;

4)有效载荷的最大轮廓尺寸;

5)有效载荷的机械接口与电气接口;

6)有效载荷分离时刻的姿态要求等。

同时,一般应对潜在的、待发射的有效载荷的特性进行统计,以确定其典型的特性范围,使火箭方案设计时留有足够的余量,有利于争取多种有效载荷发射任务。

7.3.4　推进系统方案分析与选择

运载火箭上所使用的推进系统主要有液体火箭发动机和固体火箭发动机两大类,相应采用的化学推进剂有固、液之分。液体和固体火箭发动机相比较特点如下:

1)液体推进剂能量大、比冲高,尤其是低温推进剂能达到很高的比冲,这对大型火箭是十分重要的。

2)液体火箭发动机推力调节和推力向量控制比较容易,能够连续调节推力大小和采用多种向量控制方式,这对运载火箭进行长时间多种轨道的飞行是很方便的。

3)液体火箭加速性不如固体火箭快,这对航天飞行(例如载人飞行)有利,对作战使用不利。

4)液体火箭发动机参数随飞行时间变化不大,且发动机性能偏差小,基本上不受环境条件(例如环境温度)的影响,而固体发动机则相反。

5)固体推进剂密度大,可以减小火箭的尺寸和质量,对武器使用性能有利。

6)固体推进剂不需要在发射场临时加注,因而可缩短发射准备时间。

7)固体火箭发动机结构简单,系统可靠性高。

8)固体火箭发动机维护使用方便,经济性好。

根据上述分析,固体和液体火箭发动机特点各异,不可一概而论。一般来说,运载火箭多采用液体火箭发动机,以便充分利用其推进剂能量高及控制方便等优点。对弹道导弹宜采用固体火箭发动机,以提高武器系统的作战使用性能。

不论对液体还是固体推进剂都有以下共同要求,第一,应具有尽可能大的热值,使发动机获得高的比冲;第二,应具有尽可能大的密度,使箭体多装推进剂。此外,还要求液体推进剂腐蚀性小,毒性小;固体推进剂机械强度高、化学稳定性好。

7.3.5 控制系统方案

运载火箭控制系统的作用是控制火箭姿态稳定,使其按预定弹道飞行,并控制火箭发动机关机,达到预定的速度,将有效载荷送入预定的轨道。

运载火箭控制系统方案有自主式、指令式和混合式。目前,运载火箭多采用自主式控制系统,实现制导、姿态控制和测试发射控制功能,由敏感元件、中间装置、供配电装置、执行机构和测试发射控制系统组成,如图7-7所示。图中点划线以上部分是装在箭上的设备,称之为"飞行控制系统",简称控制系统。

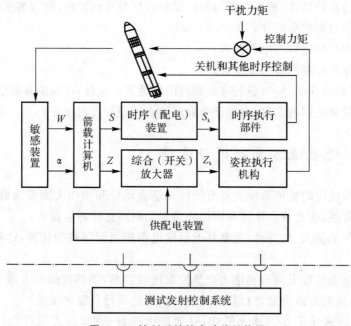

图 7-7 控制系统综合功能结构图

控制系统按功能和专业技术特点又可分为制导系统、姿态控制系统(以下称姿控系统)、电源配电系统和测发系统。

制导系统由测量、控制装置和计算机组成,其功用是测量和计算火箭的位置、速度、加速度、射程、轨道参数等,与预先装定的参数比较,形成制导指令。通过导引信号控制火箭方向,使它沿着一定的弹道飞行;当满足关机条件时发出关机指令,使有效载荷进入预定轨道。

姿态控制系统由敏感装置、计算机和执行机构三部分组成。敏感装置测量箭体姿态的变化并输出信号;计算机对各姿态信号和导引指令按一定控制规律进行运算、校正和放大并输出控制信号;执行机构根据控制信号产生控制力矩,控制火箭的姿态。

控制系统综合包括电源配电、时序和测试线路等,将制导和姿态控制系统综合组成一个完整系统。

7.3.5.1 制导系统

制导系统的任务是在火箭飞行中,克服各种干扰,适时发出关机指令和导引指令,保证火箭沿预定轨道飞行和有效载荷的入轨精度。目前中国运载火箭一般采用平台惯性制导,其组成如图 7-8 所示,捷联制导也有应用。

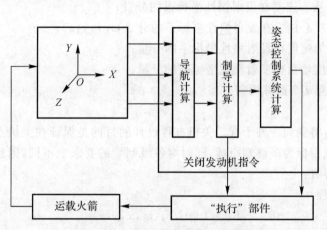

图 7-8 制导系统原理组成示意图

制导包括导航、导引及关机三部分。导航是显示火箭的飞行状态,它可以直接解算出火箭实时的速度与位置,称显式制导;也可以不解算出火箭实时的速度与位置,而计算出特征量来进行导引或关机,称隐式制导。导引是将火箭导向制导期望的飞行路线。关机方程可以是简单的按小扰动原理建立的摄动制导关机方程,也可以按落点(或理论弹道关机点)迭代求出特征量进行全量制导的关机方程。因此按照关机方式及导航方式可分为摄动隐式制导方案、摄动显式制导方案及全量式制导方案。摄动制导方案是建立在小扰动原理之上的。弹道式导弹或运载火箭的标准弹道是没有干扰的弹道。在干扰作用下,火箭偏离标准弹道。在扰动不太大时,可以看作在标准弹道附近的摄动。因此,可以用摄动理论来解决制导问题。全量式制导方案是以某些参数,例如,落点的经纬度、理论弹道关机点的弹道参数或卫星入轨点参数等作为制导的终端条件,控制火箭的运动,使之满足给定的条件,这样可以保证偏差最小。

制导系统设计的主要工作是确定导航方程、关机方程、导引方程、实现工具误差补偿。

1. 导航方程

制导系统一般采用显式制导方式。平台显式制导方案是将平台上的加速度计测量的视加速度 a 与计算的引力加速度 g 相加,得到火箭飞行的加速度 $\dot{v}$,积分后得到火箭的瞬时速度 v,再进行积分得到火箭的瞬时位置 s,实现显式制导,其框图如图 7-9 所示。

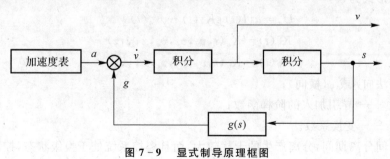

图 7-9 显式制导原理框图

导航方程如下:

$$v_{si} = v_{s(i-1)} + \Delta W_{si} + 0.5(g_{si} + g_{s(i-1)})\tau$$

$$s_i = s_{(i-1)} + [v_{s(i-1)} + 0.5(\Delta W_{si} + g_{s(i-1)})\tau]\tau$$

式中 v_s—— 火箭质心速度在发射惯性坐标系的分量;

s—— 火箭质心位置在发射惯性坐标系的分量,$s(x,y,z)$;

g_s—— 引力加速度在发射惯性坐标系的分量;

ΔW_s—— 视速度增量在发射惯性坐标系的分量;

τ—— 表示第 i 个运算周期。

2.关机方程

火箭在飞行中,将受到各种干扰。关机方程设计的目的是保证在关机点满足制导精度的要求,由于制导系统指标为多终端指标,同时对各级制导的要求也不同,因此可以采用不同形式的关机方程,主要有:

射程型关机方程

$$K_\omega = L(v_x, v_y, v_z, x, y, z)$$

式中 K_ω—— 关机特征量;

$\overline{K}_\omega$—— 关机特征量标准值。

当 $K_\omega \geqslant \overline{K}_\omega$ 时,发出关机信号。

速度型关机方程

$$K_\omega = v(v_x, v_y, v_z)$$

当 $K_\omega \geqslant \overline{K}_\omega$ 时,发出关机信号。

半长轴型关机方程

$$K_\omega = a(v_x, v_y, v_z, x, y, z)$$

当 $K_\omega \geqslant \overline{K}_\omega$ 时,发出关机信号。

3.导引方程

导引控制保证火箭在飞行中沿预定轨道飞行,导引控制包括法向导引和横向导引两部分,导引控制和关机控制一起对轨道各特征点(各关机点、入轨点等)进行控制,以满足火箭对制导系统的各项要求。

导引控制是通过姿态控制系统来实现的。制导系统法向和横向导引量分别送入姿态控制系统的俯仰通道和偏航通道的控制方程。依据线性叠加原理控制火箭发动机偏转,达到导引控制的目的。

导引方程形式为

$$U_a = a_0^a I(t)[K_a(t) - \overline{K}_a(t)]$$

$$K_a(t) = K_a(t, v_x, v_y, v_z, x, y, z)$$

$$\overline{K}_a(t) = K_a(t, \overline{v}_x, \overline{v}_y, \overline{v}_z, \overline{x}, \overline{y}, \overline{z})$$

式中 $a = \varphi$(法向)或 ψ(横向);

$I(t)$ 函数 —— 导引加入的阶梯函数;

K_a —— 变换系数。

由于在级间分离期间,分离产生的干扰较大,而且姿控系统处于换级状态,控制力矩较小,因此要选择合适的起、止导时间。火箭飞行时,当受到大干扰的作用时,法向导引、横向导引信号会变得很大。为保证姿态稳定,要对导引信号进行限幅控制。根据各级发动机的特性,所提供的控制力、控制力矩,对各级导引信号的限幅控制采取不同的限幅值。

4.工具误差补偿

当平台系统误差较大时,需进行工具误差补偿。

1) 工具误差补偿项目。陀螺仪补偿 9 项:

X 陀螺:$D(x)_F, D(x)_x, D(x)_y$;

Y 陀螺:$D(y)_F, D(y)_x, D(y)_y$;

Z 陀螺:$D(z)_F, D(z)_x, D(z)_y$。

加速度计补偿 6 项:

X 加速度计:k_{0x}, k_{1x};

Y 加速度计:k_{0y}, k_{1y};

Z 加速度计:k_{0z}, k_{1z}。

2) 工具误差补偿方法。采用实时补偿方法。补偿原理为,由箭上计算机接收在惯性稳定平台上相互正交的 3 个加速度计实时输出的脉冲数,计算出视速度增量 $\Delta W'_x, \Delta W'_y, \Delta W'_z$,累加后的值 $\Delta W_x, \Delta W_y, \Delta W_z$ 经工具补偿计算得到修正值 $\delta W_x, \delta W_y, \delta W_z$,修正值与视速度增量相减后的数值 $\Delta W_{xb}, \Delta W_{yb}, \Delta W_{zb}$ 送入导航方程,得到经过补偿的火箭实时速度 v 及位置 r。

5.制导误差分配

制导误差包括方法误差和工具误差两部分。

(1)方法误差。考虑火箭在外干扰作用下,由于制导方法的不完善所带来的制导误差。

制导误差考虑的主要外干扰偏差量如表 7-4 所示。

表 7-4　主要外干扰偏差量

名称	单位	名称	单位
结构质量偏差	%	发动机推力线横移	mm
加注量偏差	%	发动机安装角偏差	(′)
氧化剂起飞前消耗量偏差	kg	发动机推力偏差	kN
燃烧剂起飞前消耗量偏差	kg	发动机比冲偏差	m/s
起飞质量偏差	%	发动机秒流量偏差	%
停火点质量偏差	%	发动机后效冲量偏差	kN·s
产品质心横移	mm	正推火箭安装角偏差	(′)
产品质心纵向偏差	%	气动系数偏差	%
绕横轴转动惯量偏差	%	速度头偏差	%
绕纵轴转动惯量偏差	%	大气密度偏差	%
箭体轴线偏斜	(′)	大气压力偏差	%
发动机推力线偏差	(′)		

(2)工具误差。工具误差包括惯性平台系统误差和箭载计算机的误差。由于箭载计算机的误差与惯性平台系统误差相比小得多,可不考虑。工具误差主要有平台的静态误差、动调陀螺的静态误差、挠性摆式加速度计静态误差。

根据需要和可能,对制导误差进行分配,其中工具误差根据各种误差模型的分析计算,具体化到各项误差系数的要求。

制导系统对惯性器件主要误差有如下要求:

（1）对挠性加速度计的要求：与 g_0 无关的误差系数（X,Y,Z 表相同）；刻度因数（X,Y,Z 表相同）；与 g_0 有关的误差系数等。

（2）动调陀螺仪的精度要求：与 g_0 无关的漂移系数；与 g_0 有关的漂移系数；不等弹性漂移系数等。

（3）对平台系统的要求：初始对准误差；平台回路误差等。

7.3.5.2　姿控系统

运载火箭姿控系统的主要任务是，通过来自敏感装置的姿态信息控制火箭绕质心的运动，确保各级、段在各种内外干扰作用下稳定飞行，使各状态量（姿态及摆角等）控制在允许的范围之内；按飞行程序信号和制导系统发出的导引信号，通过改变运载火箭姿态，实现制导系统对运载火箭绕质心运动的要求；对运载火箭上面级进行调姿定向。

1. 系统组成及主要方案

运载火箭绕质心运动可分解为绕其 3 个箭体主轴的角运动，与之对应的有 3 个基本控制通道，分别对运载火箭的俯仰轴、偏航轴和滚动轴进行控制和稳定。3 个控制通道组成基本相同，每个通道的控制装置有测量火箭运动状态的敏感装置（如平台、速率陀螺等）、形成控制指令的中间装置（包括检波、前置滤波、计算机和放大器等）和产生操纵作用的执行机构（如伺服机构、姿控喷管等）。由控制装置和控制对象（箭体）组成 3 个控制回路，完成对火箭绕质心运动的控制。

姿控系统方案可按工作原理和组成分类，按工作原理可分为连续式和数字式、线性和非线性控制，按组成系统的关键装置又可细分，如平台（＋速率陀螺）-计算机-执行机构方案、捷联惯组-计算机-执行机构控制方案等。目前中国在用的和在研的运载火箭均采用数字式系统方案。

2. 姿控系统设计

姿控系统设计输入（依据）为各阶段姿控系统设计任务书和制导系统导引增益要求，主要内容有箭体总体布局及飞行程序（级、段、时序）；发动机及喷管安装方式，摆角合成公式；敏感元件安装位置；箭体运动方程；刚体运动方程系数偏差；弹性参数（横向、扭转）及运动方程系数偏差；干扰（结构干扰、风干扰）及合成原则；各级段初始条件和设计指标要求。

（1）设计方法。姿态控制是控制运载火箭的绕质心运动。描述运动的原始动力学方程为一组非线性时变微分方程组。由于存在弹性振动、液体晃动，故方程组非常复杂，为便于使用成熟的方法进行稳定性分析设计，从工程观点出发必须进行一定的简化，常应用小姿态角偏差的假定及方程系数固化原理，把原始方程组变为仅适用于该固化时间的单通道常系数线性微分方程组，使俯仰、偏航及滚动通道可以独立分析、设计。简化的理由是，运载火箭结构上一般是绕纵轴对称且扰动产生的姿态都限定在小偏差范围，因此可对动力学方程组进行线性化并把其运动简化为俯仰、偏航及滚动 3 个独立的平面运动；由于姿态变化是短周期运动，其运动过程比方程组系数变化要快得多，在响应过程中，可近似认为方程组系数不变。理论分析所使用的各控制装置模型，也都经过统计、简化处理，用传递函数形式表示。

通常用于单输入、单输出的姿态控制系统分析方法，是经典控制理论的频率响应法，数学基础是拉普拉斯变换，在频率域进行分析设计。对带有姿控喷管的典型非线性系统（上面级），经谐波线性化后近似在频率域进行分析设计或应用相平面法在时域进行分析设计。若 3 个通道交连比较严重，则需要应用现代控制论中的线性控制理论直接对多输入、多输出系统进行分析,或者先进行解耦处理,对解耦后的 3 个通道分别进行设计。

以上假设和简化处理对分析设计结果都会带来一定的影响,通常采用设计任务书中给出的原始箭体运动方程,用数学仿真或半实物仿真进行检查,并以此对原设计进行修改,使之达到设计要求。

(2)控制方程及原理框图。根据选用的系统方案和控制装置列写控制方程并绘制原理框图,用于完整描述姿控系统组成、相互关系和信号流程。原理框图见图 7-10,其敏感元器件输出为模拟量的情形。以捆绑火箭一级为例,姿控系统控制方程为

$$\delta_\varphi = [a_0^\varphi(t)W_{PT}(s)\Delta\varphi + a_1^\varphi(t)W_{ST}(s)\Delta\dot\varphi]W_Q(s)D_X^\varphi(z)H_0(s)W_{SF}(s)$$

$$\delta_\psi = [a_0^\psi(t)W_{PT}(s)\Delta\psi + a_1^\psi(t)W_{ST}(s)\Delta\dot\psi]W_Q(s)D_X^\psi(z)H_0(s)W_{SF}(s)$$

$$\delta_\gamma = [a_0^\gamma(t)W_{PT}(s)\Delta\gamma + a_1^\gamma(t)W_{ST}(s)\Delta\dot\gamma]W_Q(s)D_X^\gamma(z)H_0(s)W_{SF}(s)$$

式中　　　　　　　$\delta_{\varphi(\psi,\gamma)}$——发动机摆角;

$$a_0^{\varphi(\psi,\gamma)}(t) = K_{PT}K_JK_QK_{A/D}K_C^{\varphi(\psi,\gamma)}K_{D/A}K_Y^{\varphi(\psi,\gamma)}K_{SF};$$

$$a_1^{\varphi(\psi,\gamma)}(t) = K_{ST}K_JK_QK_{A/D}K_C^{\varphi(\psi,\gamma)}K_{D/A}K_Y^{\varphi(\psi,\gamma)}K_{SF};$$

　　$K_{PT}W_{PT}(s)$——平台传递函数;

　　$K_{ST}W_{ST}(s)$——速率陀螺传递函数;

　　　　　K_J——检波器增益;

　　$K_QW_Q(s)$——前置滤波器传递函数;

　　　　$H_0(s)$——零阶保持器传递函数;

　　$K_{SF}W_{SF}(s)$——执行机构传递函数;

$K_{A/D},K_{D/A},K_C^{\varphi(\psi,\gamma)}$——计算机 A/D,D/A 增益及计算补偿函数;

　　$K_Y^{\varphi(\psi,\gamma)}$——综合放大器波道静态增益;

　　$D_X^{\varphi(\psi,\gamma)}(z)$——数字网络。

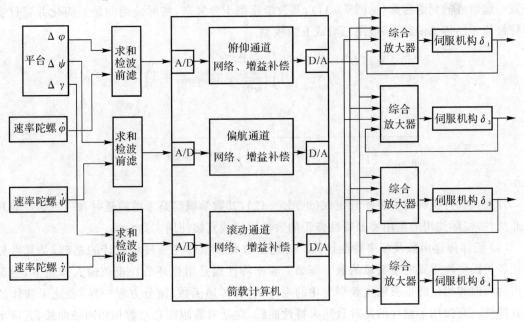

图 7-10　姿控系统原理框图

（3）系统主要控制装置数学模型及参数。

1）敏感测量装置 —— 姿态角敏感装置（平台、自由陀螺仪、惯性组合）。它的选取和技术要求一般由制导系统提出，姿控系统仅对所关心的静态增益和动态特性提出要求；而对速率陀螺和横、法向加速度计则要提出全面要求，并确定安装位置。描述敏感装置的数学模型一般用二阶振荡环节描述（其中平台包括自身的减振器），传递函数为

$$W_{XX}(s) = \frac{K_{XX}}{\frac{s^2}{\omega_{XX}^2} + 2\xi_{XX}\omega_{XX}s + 1}$$

式中　　K_{XX}—— 静态增益；

ω_{XX}—— 固有频率；

ξ_{XX}—— 阻尼系数；

XX—— 表示被描述的器件名称，如 PT 表示平台。

2）中间装置。根据选取的控制方案、信号流程、采用的敏感装置、执行机构类别和性能及需完成的控制任务确定中间装置的功能、组成（检波、求和、前置功放、前置滤波、校正、综合等）及相互连接方式和匹配关系。一般检波、求和、前放和 D/A 均看作纯放大环节，前置滤波则根据需要用有源网络实现，如二阶滤波、传递函数为

$$W_L(s) = \frac{K_L}{\frac{s^2}{\omega_L^2} + 2\xi_L\omega_L s + 1}$$

D/A 变换一般采用零阶保持，传递函数为

$$W_{HO}(s) = \frac{1 - e^{-Ts}}{s}$$

3）执行机构。对于以改变推力矢量产生控制作用的执行机构（伺服机构）与功放和操纵装置一起组成的伺服回路（见图 7-11），其数学模型十分复杂，实际使用的是经简化并通过实测特性修正的传递函数，一般用三阶或五阶模型

$$W_{SF}(s) = \frac{K_{SF}}{\left(\frac{s}{\omega_{SF1}} + 1\right)\left(\frac{s^2}{\omega_{SF2}^2} + 2\xi_{SF2}\omega_{SF2} + 1\right)}$$

或

$$\frac{K_{SF}}{\left(\frac{s}{\omega_{SF1}} + 1\right)\left(\frac{s^2}{\omega_{SF2}^2} + 2\xi_{SF2}\omega_{SF2} + 1\right)\left(\frac{s^2}{\omega_{SF3}^2} + 2\xi_{SF3}\omega_{SF3} + 1\right)}$$

表示。

开关式执行机构由姿控喷管组成（见图 7-12），其数学模型是考虑纯延时和一阶惯性的开关非线性，实际使用的是用实测特性修正的数学模型或直接使用实测曲线。

（4）箭体传递函数及频率特性计算。传递函数和频率特性是频域设计的基础，是其微分方程经拉氏变换得到的复数域的数学模型。频率特性则是指该环节在正弦输入作用下，稳态输出的幅值和相位随正弦输入频率变化的规律，它和传递函数、微分方程一样，表征了箭体的固有特性。直接用于设计的是对数频率特性曲线，包括对数幅频和对数相频两条曲线，其横坐标为参考输入信号的圆频率（rad/s），按对数分度，纵坐标表示对数幅频特性的函数值，即输出

与输入幅值之比(dB)和对数相频特性的函数值,即输出与输入相位之差(°)、线性分度。应对各特征秒额定、上限、下限状态进行计算。

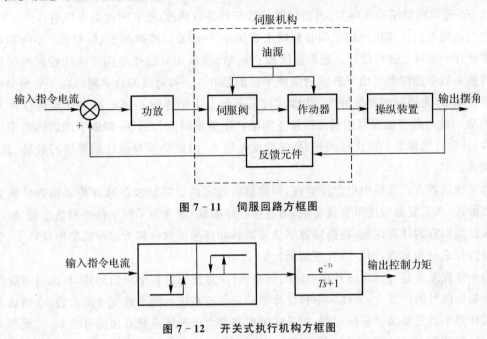

图 7 - 11 伺服回路方框图

图 7 - 12 开关式执行机构方框图

(5)系统综合与稳定性分析。

1)选取系统增益。$a_0^\varphi, a_0^\psi, a_0^\gamma$ 是指控制装置中姿态角偏差到发动机摆角之间的稳态放大系数,取值决定于控制精度和稳定性要求,一般随飞行时间变化。

$a_1^\varphi, a_1^\psi, a_1^\gamma$ 是指控制装置中速率陀螺敏感的姿态角速度到发动机摆角之间的稳态放大系数,取值应考虑姿态稳定所需的信号超前量和各控制装置(主要是伺服机构)的惯性,一般 a_1 随时间变化的规律与 a_0 类似。

g_2 是指控制装置中横、法向加速度表敏感的线加速度到发动机摆角之间的稳态放大系数,加速度反馈可以起到减小由外界干扰引起的姿态角偏差、弹道倾角偏差、发动机摆角及合成攻角的效果,为达到不同的目的应选取不同的系数值。

$a_z^\psi, a_z^\varphi (K_u^\psi, K_u^\varphi)$ 是指导引通道静态增益,a_z^ψ, a_z^φ 表示从输入横、法向导引速度到发动机摆角之间的稳态放大系数;K_u^ψ, K_u^φ 表示从输入导引电压到发动机摆角之间的稳态放大系数。这些系数根据制导系统导引要求确定。

2)设计校正网络。姿态控制系统要同时对刚体姿态、弹体弹性振动、推进剂晃动进行控制和稳定,对如此复杂的系统目前都采用频域方法进行分析、设计。在控制方案和系统增益确定后,姿控系统设计的任务就是确定能对刚体姿态运动、弹体弹性振动、推进剂晃动都能稳定并有足够稳定裕度的校正网络。由自动控制原理可知,系统开环频率特性的低频段表征了闭环系统的稳态性能;中频段表征了闭环系统的动态性能;高频段表征了闭环系统的复杂性和滤波性能。因此频域设计的实质,就是在系统中加入频率特性形状合适的校正网络,使形成期望形状的开环频率特性。为保证系统控制精度,低频段要有足够的幅值;为保证系统具有适当的稳定裕度,中频段对数幅频曲线穿越零分贝线的斜率,应为每倍频程 6 dB 左右;高频段应尽快减小幅值,以便滤掉不必要的高频附加运动和内、外干扰。首先用最难设计的特征秒(考虑上、下限状态)选取网络结构和参数,再通过其他特征秒进行修改,必要时选取变网络。

数控系统是由计算机完成中间装置的主要任务,一般是以经典的连续(模拟)系统频域设计为基础在 s 平面上进行设计。选取连续校正网络,然后用双线性变换将连续校正网络传递函数转换为数字滤波器。由于连续网络频率范围是 $0 \sim \infty$,对应的数字网络在 s 平面上则是以采样频率 ω_s 为周期的离散特性。因此,在 s 平面上用于连续系统的稳定性判据仅在 $0 \sim \omega_s/2$ 有效。此时数字滤波器相对连续校正网络产生频率畸变,在同一频率下两者的频率特性不一样,其设计结果低频段比较理想,高频段误差较大,因此必须对设计结果进行校验、修正,直至满足要求。

数字滤波器在计算机中由程序实现,即将最后确定的数字滤波器脉冲传递函数转换为差分方程形式,视其复杂程度可直接实现,即直接程序编制;或者为了便于修改网络参数、减小由于字长限制引起的计算误差,将高阶数字滤波器脉冲传递函数分解为多个低阶串联环节,分别用差分方程表示和实现,即串联程序编制。

由于数控系统是对连续信号按一定的频率采样(量化),经数字量的运算,再通过零阶保持器形成指令信号的。因此,采样频率和计算字长是数控系统的两个最关键的参数,必须认真选取。采样频率首先要满足采样定理,即采样频率必须大于两倍系统有用信号频率,其次要考虑零阶保持器的幅、相特性影响,和完成所有计算所需时间,采样频率过低将影响系统稳定性,采样频率过高将导致累积误差过大。运载火箭系统截止频率一般在 0.15~1.5 Hz 之间,弹性振动频率对于上面级可达 10~15 Hz,因此一般取采样频率为 40~100 Hz(采样周期 10~25 ms),而导引量的计算由于频带较低,小于 0.15 Hz,一般取采样频率为 10 Hz(采样周期为 100 ms)。数字的精度(包括系数量化、输入输出量化、运算过程量化),即字长将影响计算精度,严重时还将影响稳定性,因此必须分别认真选取,一般 A/D,D/A 应大于 12 位,计算字长应大于 16 位。CZ-2 和 CZ-3 系列 A/D,D/A 为 12 位,计算字长为浮点 32 位。

对于数控系统还必须考虑高频干扰通过折叠效应对稳定性的影响,理论上可以选取足够高的采样频率,通过数字滤波消除高频干扰,实际上干扰是随机的且频带很宽,当提高采样频率有实际困难时,通常采取在计算机采样之前进行高频滤波,把高于 1/2 采样频率的信号全部滤掉,防止折叠效应的出现。

3)控制参数综合协调,确定及分配控制装置参数。为了在额定、上限、下限状态和所有飞行时刻达到对刚体、弹性、晃动的稳定,必须对按特征秒初步选取的控制参数进行协调处理,找出能兼顾所有状态的系统参数。一般系统增益随时间按折线形式变化,校正网络则仅在选定时刻更换。对于通过稳定性分析选取的系统增益,根据实际情况分配到每个控制装置,使整个系统工作协调,避免由于某处信号过大出现限幅或过小降低抗干扰能力。

4)设计指标。设计任务书中明确给出姿态控制系统设计指标要求,为保证这些指标的实现,姿控系统本身应在额定、上限、下限状态具有一定稳定余量,针对目前的设计方法和上、下限取值范围,并考虑到实现的可能,表 7-5 给出各项稳定指标应达到的值(参考值)。

表 7-5　姿态控制系统各项稳定指标值

指标名称		系统状态	
		额定	上、下限
刚体指标	相位裕度	30°	10°
	低频幅裕度	4 dB	2 dB
	高频幅裕度	3 dB	1.5 dB
晃动指标	相位裕度	30°	15°
弹性(扭转)指标	幅值裕度	6 dB	2 dB
	相位裕度	40°	20°

7.3.5.3　控制系统综合设计

控制系统综合设计,是将制导、姿控方案设计提出的各种参数要求和总体设计对控制系统提出的各项要求,转化为对系统的线路(整机)划分,以及对各个具体线路(整机或整件)的参数、输入输出的信号形式、传输、匹配、动作时序以及操纵关系等等的具体要求的工程设计。这使得综合设计必然按整机或整件的功能类型来研究控制系统的综合结构。图 7-7 就反映了这些研究的结果。系统可分为敏感装置、中间装置、执行机构或部件、供配电装置、辅助装置和将这些装置连接起来的电缆网。

一般敏感装置的 α,W 信号均以电脉冲的形式输出。角速率信号脉冲频率与角速率成正比,角位置信号脉冲总数与角度成正比,加速度信号脉冲频率与加速度成正比。对于信号脉冲的宽度和幅度有严格的要求,以便计算机的接口电路用限幅、限宽方法抑制干扰信号。

有的敏感装置,α 参数取交流载波调制信号的模拟量形式,其幅度与角度或角速度成正比,而相位与载波信号相同时为正极性,相反时为负极性。这种情况就要在送入计算机前用相敏检波滤波装置将与角或角速率成正比的低频电压调制信号解调出来并经过低通滤波后送入计算机中的 A/D 变换器,转换成数字形式后再经过姿控软件程序处理。

箭机是最主要的中间装置,它输出 S,Z 两类信号,S 是关机和以关机及起飞时刻为基准的时序指令代码或基准脉冲,Z 是姿态控制指令电压。

其他中间装置有综合放大器或开关放大器、时序(配电)装置。综合放大器用于摇摆发动机或游动发动机执行机构的控制,它除接受已经由箭载计算机计算后并经过 D/A 变换的指令电压信号外,还接受由执行机构输出的位置反馈电压信号。开关放大器用于控制产生固定控制力矩的姿控喷管电磁活门的开关。

对于多级火箭,一般这两种放大器都是靠近受控执行机构安装的,这样一方面可以缩短反馈信号传输距离,一方面当受控级火箭完成任务后分离时可以一并分离掉,有利于减轻上面级质量,增加火箭运载能力。

时序配电装置的功用是将箭机输出的时序代码进行锁存、分配、隔离、功放后去接通或断开相应的时序执行部件(电爆管桥丝或电动活门控制线圈)。

7.3.6 发动机推力矢量控制方案

推力矢量控制是一种通过主推力相对于弹轴的偏转产生改变火箭方向所需操纵力及力矩的技术。推力矢量控制一般是指推力大小和方向均受控制。尽管推力矢量控制系统是发动机的重要组成部分,然而正确地选择推力矢量控制系统方案却不只是推进系统设计人员的任务,因为火箭控制力的确定不但与火箭总体和控制系统设计密切相关,而且选择和评价推力矢量控制系统的重要准则都是对特定的火箭而言的。因此,需要火箭总体、控制系统及系统工程人员密切配合才能做出正确的选择。

不同用途和运载能力的火箭对推力矢量控制装置的要求不尽相同,但是基于完成控制和稳定任务的一些基本要求是相同的。推力矢量控制装置应满足以下基本要求:

(1)应有足够大的致偏能力。致偏能力是指系统在一定效率下所能达到的最大推力向量偏角,其大小直接反映了推力向量控制系统能提供的侧向控制力的大小。提供的最大推力向量偏角必须大于火箭要求的偏角,以满足火箭姿态稳定与控制的要求。

(2)作动力矩要小。推力矢量控制装置的作动力矩直接影响伺服机构(亦称执行机构)功率、质量、尺寸的大小。因此作动力矩应尽可能地小。

(3)动态特性要好。与伺服机构一起作为控制系统执行机构的推力矢量控制装置应具有较好的动态响应特性,控制指令信号与控制力之间应有良好的线性关系,滞后小,频率响应快。频率响应是指推力向量控制系统对控制信号的响应快慢,或者说是从接到控制指令到系统提供需要的侧向力所需时间的长短。

(4)轴向推力损失应小。大多数推力矢量控制装置都会造成发动机轴向推力损失,从而造成速度和射程损失。为此应尽量减小推力矢量控制装置所造成的推力损失。

(5)工作可靠,质量小,结构紧凑,维护使用方便,易于制造,成本低廉。

关于推力矢量控制的类型,方案,优、缺点及研制应用情况详见表 7-6 和表 7-7。

表 7-6 火箭发动机推力矢量控制方案及其特性

类型	控制方案	原理	优点	缺点	研制应用情况
二次喷射	①液体二次喷射 ②气体二次喷射	利用向喷管内喷射气体或液体来改变燃气流的方向	不需要特殊的活动连接及相应的密封结构	需要增加气体或液体供应调节系统	可用在需要较小控制力矩的上面级火箭的动力装置上;液体二次喷射已使用;气体二次喷射曾研制
机械致偏装置	③燃气喷流致偏罩(或致偏环)	靠用安装在喷管出口的机械装置来改变射流方向	推力损失较小;作动功率小,质量轻	类似燃气舵,使飞行器产生底面回流	曾研制
	④燃气舵		结构简单;作动功率小,转动速率高	推力损失大,为 $0.5\% \sim 2\%$,故使用受限制;烧蚀严重	已使用;多用在小型战术导弹上
	⑤扰流片		作动功率小,转动速率高	类似燃气舵,用于全尺寸发动机的研制时间长	

续　表

类型	控制方案	原理	优点	缺点	研制应用情况
	⑥ 发动机整体摆动				
	⑦球窝喷管		无推力损失；推力矢量角与喷管运动方向呈直线性	滑动密封连接零件受热严重	摆动喷管是现代固体火箭发动机推力矢量控制所广泛采用的方式，但在高温高压条件下摆动喷管的设计十分复杂，方案⑦、⑪曾研制；⑧、⑩已使用；⑨未使用
	⑧柔性喷管		无滑动受热零件和平衡环；气体密封可靠	复杂的组合安装	
	⑨转动喷管				
	⑩轴承摆动喷管				
	⑪轴承喷管				

　　由表 7－6 可见，推力矢量控制装置种类很多，如何正确选择，需要火箭总体、控制系统和发动机三方面的设计者密切配合，共同协商确定。选择前应对各种推力矢量控制装置性能特点有所了解，这些性能是致偏能力（即提供的最大推力向量偏角）、频率响应、伺服机构的功率及尺寸、轴向推力损失、喷管效率和可靠性等，见表 7－7。必须指出，在选择推力矢量控制装置时，不能孤立地比较某种装置性能的高低，必须结合火箭的具体要求进行，还要考虑其技术成熟程度、安装维护方便和经济性等。

表 7－7　各种推力矢量控制装置性能比较

类型		装置名称	最大推力矢量偏角/(°)	最大响应频率/Hz	伺服系统功率及尺寸	轴向推力损失
活动喷管系统		铰接接头摆动喷管	15	2～5	较大	小
		柔性喷管	15	2～5	大	小
		液浮喷管	15	10	中	小
		旋转喷管	10	2	较大	小
固定喷管系统	机械偏转	燃气舵	10	10～15	小	大
		扰流片	18	10～15	小	较大
		偏流环	18		中	中
		摆动帽	30	10	中	中
	二次喷射	液体二次喷射	6	12	小	增加轴向推力
		气体二次喷射	10	15	小	增加轴向推力
		侧向喷气顺序启动发动机	50			
活动发动机系统		游动发动机	7		小	小
		球形发动机			小	小

7.3.7 分离系统方案

运载火箭飞行中的分离一般有助推器分离、级间分离、有效载荷整流罩分离、有效载荷分离、逃逸分离等。

分离系统的基本功能和要求:一是火箭在地面和空中飞行时,应使将要分离的两部分可靠地连接在一起;第二则是当下面级箭体工作结束以后,根据预定指令及时、准确、安全、可靠地将下面级分离。因此,任何分离系统都包括两部分装置:即固定连接机构和分离装置,缺一不可。

由于分离是用本身储备的能量或用反向气流的能量使两部分箭体产生相对运动的,因此分离系统应满足以下基本要求。

1)保证两部分箭体可靠分离,在分离过程中对上面级的运动扰动要小。

2)保证两部分箭体连接一起时可靠、紧凑并质量轻。

3)操作安全简便。

有效载荷分离常用两种形式:减速分离和弹射分离。减速分离又称制动分离,即在末级火箭上安装反推火箭或反推冷气喷流装置,使末级火箭减速,达到分离目的。弹射分离是指由分离冲量装置产生的分离力直接作用在有效载荷上,使之沿火箭纵轴向前加速,达到分离目的。图 7-13 所示是分离冲量采用压缩螺旋弹簧的弹射分离系统。弹射分离方式目前国内外普遍采用,采用减速分离方式分离时,有效载荷基本不受其他外力的干扰,有利于提高入轨精度,但当采用固体反推火箭时,对有效载荷可能有污染。

级间分离常用两种分离方式:冷分离和热分离。冷分离是在下面级推力基本消失、上面级发动机尚未启动时,连接解锁装置解锁,依靠分离冲量装置使两级分离,在两级分离到上面级发动机能正常启动的情况下,上面级发动机再启动。热分离是在下面级推力尚未消失、上面级发动机即点火工作,并当其推力达到一定值时,连接解锁装置解锁,上面级依靠其发动机推力加速,下面级在上面级发动机燃气流的压力和气动阻力作用下减速,两级分离。这种方式要求级间段为敞开式结构。从结构上看,这种方式比冷分离更简单可靠。

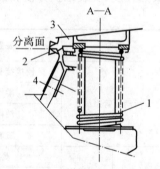

图 7-13 弹簧弹射分离系统

1—分离弹簧; 2—包带;

3—卫星下端分离框;

4—末级转接锥

助推器的分离方式按其分离冲量来源,可分为以下两种方式:采用辅助分离冲量装置分离、利用惯性力作用分离。第一种分离方式具有系统简单、分离可靠、分离程序简单等优点。对于小型助推器,可采用分离弹簧做分离冲量装置。对于大型助推器,一般多采用固体分离火箭,分别安装在助推器上、下端或中间位置。助推器分离时,引爆解锁装置,点燃分离火箭,产生侧向推力,将助推器推离芯级,如图 7-14 所示。第二种分离方式是在助推器下端安装球形铰支接头与芯级连接,分离前,由爆炸螺栓帽锁住,分离时,爆炸螺栓或螺帽引爆,使铰支球头解锁,同时上端的连接接头也解锁,此时火箭仍加速飞行,助推器的惯性力对下端铰支球头座产生力矩,使助推器绕球头转动,在离心力作用下甩出去,与芯级分开,如图 7-15 所示。这种分离系统较简单,分离时冲击载荷较小,对大型助推器,分离过程中可能对芯级引起较大的干扰。

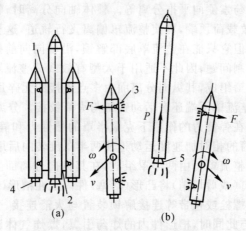

图 7－14 采用分离火箭的助推器分离

（a）分离前； （b）分离后

1—上接头； 2—下接头； 3—分离火箭； 4—助推发动机；5—芯级发动机；

P—芯级发动机推力； F—分离火箭侧向推力； ω—助推器分离角速度； v—助推器相对分离速度

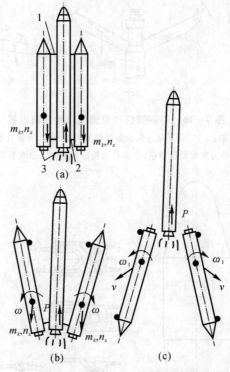

图 7－15 利用惯性力作用的助推器分离

（a）助推发动机关机； （b）上连接头接头解锁，助推器在惯性力作用下绕下铰支点转动；

（c）助推器脱离芯级

1—上连接接头； 2—下铰支点； 3—发动机；

m_k , n_x—助推器惯性力； P—芯级发动机推力； ω_1—助推器分离角速度；

v—助推器相对分离速度； ω—助推器绕下铰支点转动的角速度

按有效载荷整流罩抛掷轨迹,有效载荷整流罩分离方式大致可分为整体轴向分离、下端铰链约束侧向转动分离及炸药索侧向平推分离等。整体轴向分离时,整流罩整体壳段沿火箭纵轴向前推出,直到超过有效载荷顶端,再使整流罩偏离飞行轨道,这种分离方式虽然使整流罩结构设计简单,分离面少,但它只能在整流罩底部解锁,沿轴向向前推出,使分离时间加长,还增加了整流罩分离后的控制问题,因此不适用于大型有效载荷整流罩。下端铰链约束侧向转动分离方式的整流罩由两瓣组成,其纵向分离面由多点连接的无碎片爆炸螺栓、无污染炸药索或拉杆式解销机构连接,整流罩下端还有活动铰链与火箭铰接。分离时,爆炸螺栓(或炸药索)引爆解锁,压缩弹簧伸长,在弹簧力的作用下克服半罩的惯性力和静摩擦力,两半罩各自绕下端活动铰链向外转动,火箭的相对加速度运动迫使两半罩旋转向后甩出,如图 7−16 所示。炸药索侧向平推分离方式的整流罩仍由两半罩组成,在其纵向分离面上用条形无污染炸药索分离插接接头连接,并用铆钉(或剪切销)将凸形(活塞)件固定在槽形(气缸)件内,如图 7−17 所示。半罩下端框可用爆炸螺栓或包带等连接解锁装置与火箭连接。分离时,首先使整流罩下端框连接解锁装置解锁,与此同时,槽形件内的炸药引爆,爆炸气体通过钢管上的孔进入槽形件腔内,使折叠的气囊管膨胀,增大活塞同气缸之间的压力,从而推动活塞件移动,剪断铆钉,同时产生所需之推力,以一定的平动和转动速度将两半罩甩出。当推力冲程结束时,爆炸气体被包封在气囊内,故不会产生污染。

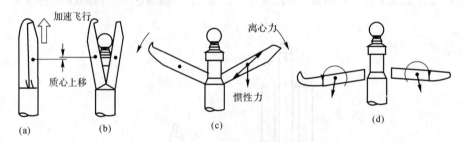

图 7−16 下端铰链约束侧向转动分离过程

(a)分离前; (b)两半罩连接面解锁弹簧释放能量,半罩开始转动;

(c)离心力克服惯性分量,半罩自动脱出铰链; (d)两半罩抛出

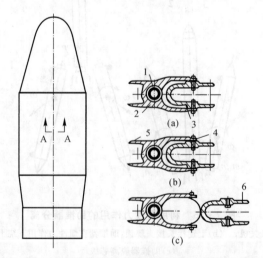

图 7−17 卫星整流罩无污染炸药索侧向平推分离系统

(a)分离前; (b)炸药索引爆剪断铆钉; (c)气囊管膨胀两半罩分离

1—炸药索; 2—衰减管; 3—可折叠气囊管; 4—铆钉剪断; 5—槽型(气缸)件; 6—凸形(活塞)件

逃逸系统的任务是当运载火箭整流罩分离前发生重大危险,威胁到航天员生命安全时,负责航天员脱离危险区,并为航天员的返回着陆提供必要条件。

逃逸分离系统是一项针对性极强,系统设计可靠性必须大于 0.995 的系统工程,可参考相关参考文献。

7.4　运载火箭的总体技术性能参数

总体方案初步确定之后,另一项工作是确定总体技术性能参数。只有在总体方案及总体技术性能参数确定之后,火箭的基本型式及特性才能明确,各方面的技术工作才能开展。因此,总体方案及技术性能参数确定是至关重要的,也是最基础的工作。如果总体方案和总体技术性能参数选择不当,可能给火箭的研制工作带来大的反复,或者给火箭带来难以克服的固有缺陷。

与总体方案一样,总体技术性能参数选择及确定也是方案设计的首要环节,也需要经过多次反复,直到初样设计结束才能最后完成。

7.4.1　总体设计参数

火箭主要总体设计参数是指能够确定火箭飞行轨道主要特性和火箭结构基本特征(火箭的质量、推力和几何尺寸等)的一些主要参数,它是总体技术性能参数的重要组成部分。在方案设计中,总体设计参数是根据给定的理想速度、入轨点参数、有效载荷质量和准备采用的总体方案,通过质量分析和运载能力分析而确定的。

7.4.1.1　单级火箭的主要设计参数

为了引出火箭的设计参数,首先考察一下火箭在飞行速度方向上的简化动力学方程:

$$m\frac{\mathrm{d}v}{\mathrm{d}t} = P\cos a - C_x q S_M - mg\sin\theta \qquad (7-9)$$

式中　　m—— 火箭质量;

　　　　P—— 有效推力;

　　　　q—— 动压头;

　　　　S_M—— 火箭最大横截面积。

推力由真空推力 P_v 和喷口静压产生的推力分量 $A_e p_a$ 组成,即 $P = P_v - A_e p_a$,代入式 (7-9) 并经简化、积分得一级停火点速度

$$v_{k1} = \int_0^{t_{k1}} \frac{P_v}{m}\mathrm{d}t - \int_0^{t_{k1}} g\sin\theta\mathrm{d}t - \int_0^{t_{k1}} \frac{C_x q S_M}{m}\mathrm{d}t - \int_0^{t_{k1}} \frac{A_e p_a}{m}\mathrm{d}t - \int_0^{t_{k1}} \frac{P_v}{m}\frac{\alpha^2}{2}\mathrm{d}t =$$
$$v_{I1} - \Delta v_{g1} - \Delta v_{X1} - \Delta v_{T1} - \Delta v_{a1} \qquad (7-10)$$

式中　　　$v_{I1} = \int_0^{t_{k1}} \frac{P_v}{m}\mathrm{d}t$—— 一级理想速度;

　　　　$\Delta v_{g1} = \int_0^{t_{k1}} g\sin\theta\mathrm{d}t$—— 一级重力损失;

$$\Delta v_{X1} = \int_0^{t_{k1}} \frac{C_x q S_M}{m} \mathrm{d}t \quad\text{——一级阻力损失；}$$

$$\Delta v_{T1} = \int_0^{t_{k1}} \frac{A_e p_a}{m} \mathrm{d}t \quad\text{——一级喷口压力损失；}$$

$$\Delta v_{a1} = \int_0^{t_{k1}} \frac{P_v}{m} \frac{\alpha^2}{2} \mathrm{d}t \quad\text{——一级攻角损失，因一级攻角小，可忽略；}$$

$$p_a \quad\text{——工作高度的大气压力；}$$

$$A_e \quad\text{——喷管出口截面积。}$$

为了导出火箭速度与基本特征参数之间的关系，需做参数变换，固对 t 做变换

$$\mathrm{d}t = \frac{\mathrm{d}m}{-\dot{m}_F} = -\frac{\mathrm{d}m/m_0}{\dot{m}_F/m_0}$$

令

$$\mu = m/m_0$$

则

$$\mathrm{d}t = -\frac{\mathrm{d}\mu}{\dot{m}_F/m_0} = -\frac{P_0 \mathrm{d}\mu}{g_0 \dot{m}_F (P_0/m_0 g_0)} = -\frac{I_{s0}}{N_0 g_0} \mathrm{d}\mu \tag{7-11}$$

式中　$N_0 = \dfrac{P_0}{m_0 g_0}$ ——地面推重比；

$I_{s0} = \dfrac{P_0}{\dot{m}_F}$ ——地面比冲（m/s）。

将式（7-11）代入式（7-10）各项中，得到

$$v_{I1} = \int_0^{t_{k1}} \frac{P_v}{m} \mathrm{d}t = -\int_1^{\mu_{k1}} \frac{P_v}{m} \frac{I_{s0}}{N_0 g_0} \mathrm{d}\mu = -\int_1^{\mu_{k1}} I_{sv} \frac{\mathrm{d}\mu}{\mu} = -I_{s0} a_e \ln \mu_{k1} \tag{7-12}$$

式中　$a_e = \dfrac{I_{sv}}{I_{s0}}$ ——比冲比；

$\mu_{k1} = \dfrac{m_{k1}}{m_0}$ ——一级火箭停火点质量比。

$$\Delta v_{g1} = \int_0^{t_{k1}} g \sin \theta \mathrm{d}t = -\frac{I_{s0}}{N_0 g_0} \int_1^{\mu_{k1}} g \sin \theta \mathrm{d}\mu \tag{7-13}$$

$$\Delta v_{X1} = \int_0^{t_{k1}} \frac{C_x q S_M}{m} \mathrm{d}t = -\frac{I_{s0}}{N_0 P_M} \int_1^{\mu_{k1}} \frac{C_x q}{\mu} \mathrm{d}\mu \tag{7-14}$$

式中　$P_M = \dfrac{m_0 g_0}{S_M}$ ——单位面积上的起飞载荷。

$$\Delta v_{T1} = \int_0^{t_{k1}} \frac{A_e p_a}{m} \mathrm{d}t = -\frac{I_{s0}}{N_0 g_0} \frac{A_e}{m_0} \int_1^{\mu_{k1}} \frac{p_a}{\mu} \mathrm{d}\mu = -I_{s0}(a_e - 1) \int_1^{\mu_{k1}} \frac{p_a}{p_0} \frac{\mathrm{d}\mu}{\mu} \tag{7-15}$$

可见，单级火箭的主要设计参数有 I_{s0}（或 I_{sv}），μ_{k1}，N_0，a_e，P_M 和 m_0。其中 m_0 虽然不直接影响飞行速度，但它也是确定火箭基本特征的重要参数。

7.4.1.2　多级火箭的主要设计参数

多级火箭的速度等于各级的速度增量之和，即各级产生的理想速度之和减去各级的速度损失：

由式（7-6），多级火箭的理想速度为

$$v_k = \sum_{i=1}^n I_{svi} \ln \frac{m_{0i}}{m_{ki}} = -\sum_{i=1}^n I_{svi} \ln \mu_{ki}$$

重力损失为

$$\Delta v_g = \sum_{i=1}^{n} \Delta v_{gi} = -\sum_{i=1}^{n} \left(\frac{I_{svi}}{a_{ei} N_{0i} g_0} \int_{1}^{\mu_{ki}} g \sin \theta \mathrm{d}\mu \right)$$

对于上面级 $a_{ei} = 1$，阻力损失和喷口压力损失可以忽略不计；当要求攻角大时应考虑攻角损失。

因此，多级火箭的主要设计参数有 I_{svi}，μ_{ki}，N_{0i}，a_{ei}，P_M 和 m_{0i}。其中各级起飞质量 m_{0i} 可以用一级起飞质量 m_{01} 和级间比 ε_i 来表示。

（1）第 i 级真空比冲 I_{svi}

$$I_{svi} = \frac{P_{vi}}{\dot{m}_{Fi}} \tag{7-16}$$

式中　P_{vi}——第 i 级真空有效推力；

　　　$\dot{m}_{Fi}$——第 i 级推进剂质量流量。

火箭的真空比冲愈高，理想速度愈大。

（2）第 i 级停火点质量比 μ_{ki}

$$\mu_{ki} = \frac{m_{ki}}{m_{0i}} \tag{7-17}$$

式中　m_{ki}——第 i 级停火点质量；

　　　m_{0i}——第 i 级起飞质量。

理想速度与 $\ln(1/\mu_{ki})$ 成正比，μ_{ki} 越小，v_k 越大。

（3）第 i 级推重比 N_{0i}

$$N_{0i} = \frac{P_{0i}}{m_{0i} g} \tag{7-18}$$

式中，g 为引力加速度。

推重比表征每级的加速性，N_{0i} 越大，加速性越好，特别是对于第一级重力损失小，但空气阻力损失大，因此要选取适当的 N_{0i} 值。

（4）第 i 级比冲比 a_{ei}

$$a_{ei} = \frac{I_{svi}}{I_{s0}} \tag{7-19}$$

表示从地面到高空发动机比冲增加的倍数。它取决于燃烧室压力、喷管膨胀比和燃烧产物的比热比。通常按照第一级设计高度选择膨胀比来确定，变化范围不大。

（5）第 i 级单位面积上的起飞载荷 P_{Mi}

$$P_{Mi} = \frac{m_{0i} g}{S_{Mi}} \tag{7-20}$$

式中，S_{Mi} 为第 i 级火箭的截面积。

P_{Mi} 表示作用在火箭单位横截面积上的起飞载荷。当 $m_{0i} g$ 一定时，P_{Mi} 愈小，表明 S_{Mi} 愈大，火箭越短粗，由空气阻力产生的速度损失越大，所以 P_{Mi} 表征空气阻力使火箭减速的程度。

（6）第 i 级火箭起飞质量 m_{0i} 及级间质量比 ε_i

$$\varepsilon_i = \frac{m_{0,i+1}}{m_{0i}} \tag{7-21}$$

式中　　$m_{0,i+1}$——第 $i+1$ 级起飞质量；

　　　　m_{0i}——第 i 级起飞质量。

级间质量比 ε_i 反映火箭的质量分配特性，它影响 μ_{ki}，从而影响火箭理想速度。

7.4.2　运载能力分析

火箭总体设计的主要目的之一就是满足运载能力要求，因此对火箭的运载能力进行分析是一项重要的工作。运载能力是指运载火箭发射最大有效载荷质量的能力，一般称最大运载能力。在总体设计阶段，运载能力分析有下述 4 部分工作。

1. 根据运载能力要求确定火箭的总体参数

在方案论证阶段，规定了运载能力要求后，要进行总体参数的选择和计算。为了确定总体参数，先要选择火箭的主要方案，如推进剂和发动机类型、级数、外形和部位安排。再根据运载能力要求确定火箭的总体参数（详见下面"总体设计参数选择及优化"）。

2. 计算不同轨道条件下的运载能力

在确定运载火箭总体参数后要计算不同轨道条件下的运载能力，供相关的用户在使用运载火箭时参考。计算时要给出不同轨道参数（轨道近地点高度、远地点高度、轨道倾角等，在某些情况还要考虑近地点幅角）下的运载能力。对一些特殊轨道，如太阳同步轨道、地球同步转移轨道、地球逃逸轨道也要作运载能力分析。

图 7－18 所示为某型号的 GTO 轨道的运载能力与轨道参数的关系。

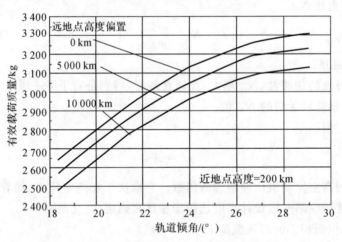

图 7－18　轨道运载能力与轨道参数的关系

3. 分析推进剂温度对运载能力的影响

对采用双组元液体推进剂的液体运载火箭，推进剂温度变化会引起运载能力的变化。当推进剂温度偏离额定值时，推进剂的密度会发生变化，推进剂密度变化会引起下列几方面影响：

（1）影响推进剂的加注量；

（2）影响发动机的混合比，为保证发动机关机时推进剂剩余量最小相应要调整推进剂的加注比，进而影响推进剂的总加注量；

(3)影响加注液位所对应的贮箱加注容积；

(4)影响发动机流量和推力。

根据上述影响可以分析推进剂温度对运载能力的影响。

4.计算干扰因素对运载能力的影响

在给定总体参数、轨道条件和推进剂发射温度时，火箭最大运载能力还要受到各种干扰因素（火箭各种参数的偏差、外界干扰和发射条件偏离额定情况等）的影响，这时火箭的最大运载能力是个复杂的随机变量，设最大运载能力的概率分布密度为 $f(x)$，对于某一最大运载能力值 G_{P1}，$x \geqslant G_{P1}$ 的概率为

$$P(x \geqslant G_{P1}) = 1 - \int_0^{G_{P1}} f(x) \mathrm{d}x$$

反之，给定概率水平 P，可以根据最大运载能力的分布密度函数确定在该概率水平下的运载能力 G_{P1}。最大运载能力的概率水平涉及火箭飞行中制导关机可靠性，通常要求最大运载能力的概率水平为 0.997。因此火箭的最大运载能力可定义为，在某一接近 1 的概率水平下，火箭推进剂耗尽时所能达到的运载能力的下界。为了保证火箭的入轨精度，火箭最后一级发动机是按制导系统指令关机的，因此最大运载能力也可以这样定义：火箭以接近于 1 的概率实施制导关机所能达到运载能力的下界。这两种定义是等价的。

火箭的最大运载能力实际上是把运载能力划分为两部分：一部分是可用运载能力，另一部分是不可用运载能力。$x \leqslant G_{P1}$ 部分为可用运载能力，$x > G_{P1}$ 部分为不可用运载能力。不可用运载能力可以称为运载能力安全余量，这部分运载能力折算成推进剂量，就成为推进剂安全余量，推进剂安全余量是以某一概率水平来补偿飞行中各种干扰对最大运载能力的影响，这时火箭的最大运载能力以同样概率水平得到保证。

推进剂安全余量是使最大运载能力减小的死重。实际上，决定火箭运载能力最重要的参数是主动段烧去的推进剂质量与火箭总质量的比值。火箭停火点质量越大，在起飞质量一定条件下此比值越小。停火点质量是箭体、发动机、控制仪器等的质量和推进剂安全余量的总和。当其他情况相同时，推进剂安全余量愈大，则最大运载能力将愈小。由于这一原因，把所有影响运载能力的因素都用推进剂安全余量加以补偿是不适宜的，通常推进剂安全余量只用于补偿随机干扰对运载能力的影响。计算推进剂安全余量时，作为随机干扰加以考虑的因素愈多，则火箭的停火点质量就愈大。通常对于在发射前能够准确地确定的那部分因素（如推进剂温度）是不考虑它们对推进剂安全余量的影响的。

计算干扰因素对最大运载能力的影响，先要确定干扰因素和其概率分布的数量特性，随后计算这些干扰对运载能力的影响，计算方法有工程估算法和随机试验法（蒙特卡罗法），根据计算结果就可确定推进剂安全余量。

火箭在进行若干次飞行后，可根据飞行测量结果对最大运载能力作进一步修正。

7.4.3　多级火箭的质量方程

火箭总体设计另一个同样重要的目的是合理分配各部分结构质量，使其最小。质量方程即是建立火箭起飞质量与各主要总体设计参数之间的关系。通过质量分析可明确火箭各部分质量对起飞质量的影响，了解各参数之间的内在联系，以便更合理地选择这些参数。

火箭的总质量可以表示成各部分质量之和,即

$$m_0 = m_{01} = m_P + \sum_{i=1}^{n} (m_{Si} + m_{Fi}) \tag{7-22}$$

式中 $m_0 = m_{01}$ —— 火箭的总质量(起飞质量);

m_P —— 有效载荷的质量;

m_{Si} —— 第 i 级火箭箭体的结构质量(含伺服机构等);

m_{Fi} —— 第 i 级火箭推进剂质量。

第 i 级子火箭的总质量则可由下式确定:

$$m_{0i} = m_{0,i+1} + m_{Si} + m_{Fi} \tag{7-23}$$

式中,$m_{0,i+1}$ 指第 $i+1$ 级火箭的总质量,对于最后一级即为有效载荷 m_P。

通常有效载荷的质量是指火箭箭头的总质量,即包括卫星或飞船舱以及箭头的控制设备仪器等,这一部分质量一般由用户或任务指标给定。可用下式表示:

$$m_{0,n+1} = m_P = m_A + m_{csa} \tag{7-24}$$

式中 m_A —— 卫星或飞船舱质量;

m_{csa} —— 末级仪器舱的总质量。

至于各子级的结构质量和推进剂质量则与总体设计方案密切相关。特别是动力装置的类型是决定一级结构质量和推进剂质量的关键因素,此外,推进剂质量除与动力装置类型有关外,最终还要根据战术技术性能指标来确定。

7.4.3.1 装有液体火箭发动机的火箭质量方程

装有液体火箭发动机的火箭其子级结构质量可以写成下面形式:

$$m_{Si} = m_{cai} + m_{eni} + m_{tii} + m_{Fti} \tag{7-25}$$

式中 m_{cai} —— i 子级控制设备的质量;

m_{eni} —— i 子级发动机结构质量;

m_{tii} —— i 子级尾舱、仪器舱、电缆网和共用的装配件质量;

m_{Fti} —— 推进剂箱体、增压系统、导管、附件等结构质量。

下面分别对各部分质量进行分析。

1. 发动机结构质量

发动机结构质量 m_{en} 一般取决于推力、发动机结构形式、所用的材料性能以及燃烧室压力和喷管出口压力等。因此对特定的发动机,发动机结构质量

$$m_{eni} = f(P_{vi}, p_{ci}, p_{ai})$$

在作近似分析时,通常要简化上式而仅用推力表示发动机结构质量,即

$$m_{eni} = \frac{b_i}{g_0} P_{vi} \tag{7-26}$$

式中 b_i —— 发动机的"密度"(无量纲系数);

P_{vi} —— 发动机真空推力;

m_{eni} —— 发动机结构质量。

利用设计参数 λ_{vi}(子火箭总质量与真空推力比),即可根据子火箭的总质量求发动机的结构质量

$$m_{eni} = \frac{b_i}{\lambda_{vi}} m_{0i} \tag{7-27}$$

2. 结构舱段的质量

在总体设计初期,可以将尾舱、仪器舱及电缆网和控制设备(不含某级)的质量 m_{ti},近似地认为与子火箭的总质量成正比,即

$$m_{cai} + m_{tii} = N_i^0 m_{0i} \tag{7-28}$$

式中,N_i^0 为无量纲统计系数。

当考虑到上节提到的发动机结构质量 m_{eni} 时,则可以合并成下式:

$$m_{cai} + m_{eni} + m_{tii} = N_i m_{0i} \tag{7-29}$$

式中

$$N_i = N_i^0 + \frac{b_i}{\lambda_{vi}}$$

称为第 i 级火箭的结构质量系数。

3. 推进剂箱体结构质量

推进剂箱体的结构质量 m_{Ft} 取决于推进剂的容积、箱体结构形式和相对长度以及材料的强度特性等因素。对按常用的相对长度做成的铝合金结构箱体,可假设其质量与推进剂容积成正比,即

$$m_{Fti} = \rho_{Fti} \frac{m_{Fi}}{\rho_{Fi}} \tag{7-30}$$

式中　　ρ_{Fti} —— 结构系数(空箱平均密度 kg/m^3);

ρ_{Fi} —— 推进剂平均密度(kg/m^3)。

令

$$\alpha_{Fti} = \rho_{Fti}/\rho_{Fi}$$

则推进剂箱体的结构质量为

$$m_{Fti} = \alpha_{Fti} m_{Fi} \tag{7-31}$$

上式表明推进剂箱体结构质量是与该级推进剂质量成正比的函数。

4. 推进剂非工作储量

推进剂非工作储量 Δm_{Fi} 是指火箭在起飞前消耗的推进剂、发动机导管内灌注量、贮箱内非消耗性剩余量和安全余量,是火箭飞行中不可利用的。因此,可归纳成消极质量进行计算,通常认为其质量与推进剂质量成正比,即

$$\Delta m_{Fi} = \alpha_{mFi} m_{Fi} \tag{7-32}$$

将式(7-31)、式(7-32)合并,则可将其质量方程表示成以下形式:

$$m_{Fti} + \Delta m_{Fi} = K_i m_{Fi} \tag{7-33}$$

式中,$K_i = \alpha_{Fti} + \alpha_{mFi}$ 为经验系数。

5. 第 i 级子火箭推进剂工作储量

第 i 级子火箭推进剂工作储量 m_{Fi},将由总体设计根据飞行性能要求通过参数计算确定,通常用第 i 级子火箭推进剂相对质量因数 μ_{ki} 的形式来表征,其定义是

$$\mu_{ki} = \frac{m_{Fi}}{m_{0i}}$$

故有

以及

$$m_{Fi} = \mu_{ki} m_{0i}$$

$$m_{Fti} + \Delta m_{Fi} = K_i \mu_{ki} m_{0i} \tag{7-34}$$

综合以上各质量方程,可以将装有液体火箭发动机的火箭的第 i 级子火箭的总质量表示如下:

$$m_{0i} = m_{0,i+1} + [N_i + (1+K_i)\mu_{ki}]m_{0i} \qquad (7-35)$$

解上式得

$$m_{0i} = \frac{m_{0,i+1}}{1 - N_i - (1+K_i)\mu_{ki}} \qquad (7-36)$$

考虑到

$$m_{01} = \frac{m_{01}}{m_{02}}\frac{m_{02}}{m_{03}}\cdots\frac{m_{0n}}{m_P}m_P$$

于是通过上式就可以转换成多级火箭的总质量公式

$$m_0 = m_{01} = \frac{m_P}{\prod_{i=1}^{n}[1 - N_i - (1+K_i)\mu_{ki}]} \qquad (7-37)$$

由式(7-36)可以转换出 i 级子火箭推进剂相对质量因数 μ_{ki} 与其他结构参数的关系

$$\mu_{ki} = \frac{1 - N_i}{1 + K_i} - \frac{\varepsilon_i}{1 + K_i}$$

或写成

$$\mu_{ki} = \frac{1 - N_i - \varepsilon_i}{1 + K_i} \qquad (7-38)$$

式中

$$\varepsilon_i = \frac{m_{0,i+1}}{m_{0i}}$$

称为各子火箭的级间质量比。

按以上各式计算装有液体火箭发动机的火箭的质量,必须事先选择好以下几项系数,即 $N_i, b_i, \rho_i, \alpha_i$。这些系数在总体设计阶段由于并无准确的设计图纸,很难对各个零部件质量进行准确计算,只能使用统计数据或原准火箭的数据。在具体设计中运用统计数据时,需要考虑火箭技术发展中长期以来的变化趋势,不同时期的火箭其统计数据不同。因此质量方程的系数不是一成不变的。

必须指出,上述讨论计算结构质量系数的方法,只可用来求火箭的总质量 m_{0i} 或推进剂的相对质量因数 μ_{ki},亦即求火箭的总质量特性,如果用来计算各组件的质量则会出现较大偏差。至于进一步的质量计算以及质量与设计参数之间的相互关系,则可参阅相关的部件质量分析。

7.4.3.2　装有固体火箭发动机的火箭质量

装有固体火箭发动机的火箭其子级结构质量 m_{Si} 是由 i 子级发动机的结构质量 m_{eni} 和火箭尾段含级间段(火箭其余各级控制仪、伺服机构等的质量可计算在尾段的级间段内)等的质量 m_{tai} 组成。可用下式表示

$$m_{Si} = m_{eni} + m_{tai} \qquad (7-39)$$

1.固体火箭发动机的结构质量

固体火箭发动机的全部结构质量 m_{eni} 可以表示为下面的形式:

$$m_{eni} = m_{cyi} + m_{cdi} + m_{ini} + m_{ni} \qquad (7-40)$$

式中　　m_{cyi} —— 燃烧室圆柱段壳体质量;

　　　　m_{cdi} —— 燃烧室封头质量;

m_{ini}—— 燃烧室防热层质量；

m_{ni}—— 喷管质量。

引入固体火箭发动机结构质量系数 α_{eni}，因此，固体火箭发动机的结构质量 m_{eni} 通常以推进剂质量和发动机结构质量系数来表示

$$m_{\text{eni}} = \alpha_{\text{eni}} m_{Fi} \tag{7-41}$$

2. 固体火箭尾段和级间段等的质量

固体火箭尾段和级间段等的质量 m_{tai}，除包括壳体本身结构质量外，还包含该级控制设备、伺服机构和电缆网的质量在内，初步计算时，可近似地认为与该级子火箭的总质量成正比，即

$$m_{\text{tai}} = N_i m_{0i} \tag{7-42}$$

例如，火箭第一级和上面各级的 N_i 值可分别取为 $N_i = 0.009 \sim 0.012$。

3. 第 i 级固体火箭推进剂质量

第 i 级固体火箭推进剂质量 m_{Fi} 可以用下式表示：

$$m_{Fi} = m_{Fwi} + \Delta m_{Fi}$$

式中　m_{Fwi}—— 根据战术技术性能确定的推进剂质量；

Δm_{Fi}—— 非工作储量，指起飞前的消耗量和工作结束后的剩余量。

由于固体火箭发动机非工作储量是很小的，故一般通过修正系数 K_{wi} 来考虑，此修正系数根据各类火箭的统计数据进行选择，于是第 i 级推进剂质量又可以表示为下面的形式

$$m_{Fi} = K_{wi} m_{Fwi} \tag{7-43}$$

将式（7-43）代入式（7-41），则可得

$$m_{\text{eni}} = \alpha_{\text{eni}} K_{wi} m_{Fwi} \tag{7-44}$$

综上所述，第 i 级子火箭的总质量 m_{0i} 写成下面形式

$$m_{0i} = m_{0,i+1} + m_{\text{eni}} + m_{\text{tai}} + m_{Fi}$$

将右边各项公式代入后，则有

$$m_{0i} = m_{0,i+1} + N_i m_{0i} + K_{wi}(1 + \alpha_{\text{eni}}) m_{Fwi} \tag{7-45}$$

引入火箭的推进剂相对质量因数 $\mu_{ki} = m_{Fwi}/m_{0i}$，则式（7-45）变成

$$m_{0i} = m_{0,i+1} + N_i m_{0i} + K_{wi}(1 + \alpha_{\text{eni}}) \mu_{ki} m_{0i}$$

经变换、整理后可得到下式：

$$m_{0i} = \frac{m_{0,i+1}}{1 - N_i - K_{wi}(1 + \alpha_{\text{eni}}) \mu_{ki}} \tag{7-46}$$

或者写成

$$\mu_{ki} = \frac{(1 - N_i) m_{0i} - m_{0,i+1}}{K_{wi}(1 + \alpha_{\text{eni}}) m_{0i}} \tag{7-47}$$

同理，引入火箭级间质量比 $\varepsilon_i = \dfrac{m_{0,i+1}}{m_{0i}}$，则式（7-47）可改写成

$$\mu_{ki} = \frac{1 - N_i - \varepsilon_i}{K_{wi}(1 + \alpha_{\text{eni}})} \tag{7-48}$$

考虑到

$$m_{01} = \frac{m_{01}}{m_{02}} \frac{m_{02}}{m_{03}} \cdots \frac{m_{0n}}{m_P} m_P$$

于是通过上式，就可以得到具有 n 级固体火箭的总质量公式

$$m_0 = m_{01} = \frac{m_{\mathrm{P}}}{\prod\limits_{i=1}^{n} \left[1 - N_i - K_{\mathrm{w}i}(1 + \alpha_{\mathrm{eni}})\mu_{\mathrm{k}i} \right]} \tag{7-49}$$

从上式可以看出，当有效载荷的质量给定时，火箭的总质量将由四个系数 N_i，$K_{\mathrm{w}i}$，α_{eni}，$\mu_{\mathrm{k}i}$ 确定。系数 N_i 与 $K_{\mathrm{w}i}$ 的散布较小，而且可以根据统计数据确定。子火箭推进剂相对质量因数 $\mu_{\mathrm{k}i}$ 是射程（或速度）的函数，可由轨道设计来确定。

设计固体火箭的主要难点是确定发动机的结构质量系数 α_{eni}，由于此系数的大小主要取决于所用的结构材料，也取决于药柱形状和在燃烧室内布置的形式，因此，要设法从统计数据中选取平均值，其具体计算方法可参见相关的质量分析文献。

7.4.4 入轨精度分析

7.4.4.1 入轨精度概念

运载火箭将有效载荷（飞船、卫星等）准确送入预定运行轨道，是运载火箭圆满完成发射卫星任务的重要标志。入轨精度是有效载荷实际运行轨道与预定轨道的偏差，是运载火箭控制系统的重要性能指标。有效载荷轨道主要参数有长半轴 a、偏心率 e、轨道倾角 i、近地点幅角 ω、升交点赤经 Ω。

一般轨道参数的误差服从均值为 0（没有系统误差）的正态分布，用标准偏差值 σ 来表示，它以 0.682 7 的概率落在 $\pm\sigma$ 区域范围之内，最大偏差 3σ 即以 0.997 3 的概率落入 $\pm3\sigma$ 区域范围之内。

入轨精度有时只对某些轨道参数有一定要求，因此运载火箭能够满足有效载荷入轨精度要求，并且有一定余量。但随着航天发射服务市场的发展，反映有效载荷轨道参数偏差的类型越来越丰富，入轨精度的要求越来越高，例如轨道高度要求、轨道周期要求等等。不同用户提出不同轨道参数要求，因此单纯用 5 大要素的入轨精度已经不能满足用户要求，必须提供轨道参数误差的协方差阵。

有时假设轨道 5 大要素的误差之间是不相关的，从而由简单的轨道计算公式推导出其他有关轨道参数的入轨精度。但实践证明，这种假设是不正确的，有些轨道参数之间有着很强的相关性，需要用有效载荷轨道参数偏差的协方差阵的形式来表达为

$$\begin{bmatrix} \sigma_a^2 & \sigma_{ae} & \sigma_{ai} & \sigma_{a\omega} & \sigma_{a\Omega} \\ & \sigma_e^2 & \sigma_{ei} & \sigma_{e\omega} & \sigma_{e\Omega} \\ & & \sigma_i^2 & \sigma_{i\omega} & \sigma_{i\Omega} \\ & & & \sigma_\omega^2 & \sigma_{\omega\Omega} \\ & & & & \sigma_\Omega^2 \end{bmatrix}$$

1）其对角线元素即是轨道参数 a, e, i, ω, Ω 的标准方差，非对角线元素是轨道参数偏差的协方差元素；

2）由轨道参数偏差的协方差就可以推导出所有轨道参数的精度；

3）可计算出各轨道参数偏差之间相关程度：

$$\rho_{pq} = \frac{\sigma_{pq}}{\sigma_p \sigma_q} \quad (p, q = a, e, i, \omega, \Omega)$$

当 ρ_{pq} 接近于 1 时,表示相关性强;当 ρ_{pq} 接近于 0 时,表示相关性弱;

4)由基本协方差阵可适当调整相应入轨参数的精度要求;

5)利用协方差阵,可以合理布置测量设备,更好捕获目标。

7.4.4.2　影响入轨精度的主要因素

影响有效载荷入轨精度的主要因素有以下几种:

1. 制导系统方法误差

制导系统方法误差主要是由于制导方案不完善而造成的。当存在外干扰作用时,就产生制导系统方法误差。一般外干扰有火箭起飞质量偏差、发动机秒耗量偏差、比冲偏差、推力偏差(其中只有二项是独立的),其次还有发动机推力线偏斜(横向、法向)、发动机推力线横移(横向、法向)、质心横移(横向、法向)、风(纵风、横风)、气动参数偏差(如阻力、升力等)。

2. 制导系统工具误差

由于参与控制的敏感(测量)仪器,如平台系统的陀螺和加速度表的误差,造成的轨道偏差称为工具误差。

加速度表本身的测量误差也是造成制导工具误差的主要因素。一般加速度表的误差包括安装误差、零次项误差、比例误差及高次项误差;陀螺仪误差有零次项、一次项漂移;平台误差有静态误差和动态误差等。

3. 非制导误差

非制导误差一般包括如下几方面。

1)后效误差:制导控制结束以后,由发动机后效工作段产生的误差。它主要是实际发动机推力变化规律同理论后效推力变化曲线的偏差造成的,一般运载火箭采用末修控制,大大减小了后效误差的影响。

2)瞄准误差:由地面或者其他初始对准设备造成的误差。

3)引力异常的影响:由实际地球引力场同标准地球引力场的偏差造成。

4)起飞零点的影响:火箭准时起飞是保证升交点赤经 Ω 精度的重要因素。准确确定发动机工作时序,以及准确得出火箭起飞触点接通时间是火箭准时起飞的重要条件。

5)提前断调平瞄准时间的影响:提前断调平瞄准时间将对平台基准产生很大的影响,目前该影响在弹道计算中修正,或者在箭上计算机进行制导系统实时补偿,使提前断调平瞄准时间的影响减小到最低程度。

6)姿态控制影响:在没有制导控制的动力飞行段,或者制导控制不完善时(没有全程控制),姿态控制(采用力矩控制)也会对轨道参数产生偏差。

7)导航计算初始条件的偏差:导航计算的初始条件,如火箭起飞时间、惯性系统中初始速度和位置偏差,将对轨道参数产生一定的偏差。

8)其他误差:如地球物理常数,大地测量参数的误差等。

7.4.4.3　入轨精度分析方法

在发射有效载荷之前,对运载火箭的入轨精度进行分析,一般采用理论分析计算、数学仿真、半实物仿真等方法得到运载火箭能具备的入轨精度。制导误差一般通过偏差弹道计算得到。

制导系统方法误差的计算方法如下:

1)先算出标准弹道,计算出制导控制参数(如关机、导引等参数);

2)不加任何干扰,求出在制导控制作用下(关机与导引下)的零干扰弹道,并求出零干扰条件下的轨道参数;

3)再分别加入各种干扰,求出在各种干扰作用下的轨道参数,以及与零干扰条件下的轨道参数之差;

4)一般干扰是相互独立且误差服从正态分布,故总的方法误差可以用均方根方法求得。

制导系统工具误差计算是在零干扰弹道的基础上,通过每个误差系数和相应的误差模型,计算相应的偏差弹道,得到在每个工具误差系数条件下的最末级制导关机时间,并相应得到在此关机时间下的零干扰弹道的弹道参数,由此弹道参数计算有效载荷轨道参数,同标准时间关机的零干扰弹道下的有效载荷轨道参数进行比较,得到的偏差值就是相应的制导系统工具误差。所有的制导系统工具误差源可以认为是相互独立的,这样通过均方根方法可以得到总的制导系统工具误差。

制导系统工具误差以及方法误差都可以通过数学仿真和半实物仿真得到。由于半实物仿真包含其他误差,因此,一般以数学仿真得到的数据为依据,而通过半实物仿真进行验证性考核。当半实物仿真同数学仿真有很大偏差时,就必须查清楚原因。

其他误差造成的入轨偏差都可以通过计算干扰弹道的方法得到。

在发射有效载荷结束以后,入轨精度分析方法相对于武器来说要简单,它不需要进行误差分离,除了特殊情况外,没有必要分清每个工具误差源的影响。一般,利用遥测、外测数据对运载火箭的入轨精度进行分析。

1)利用末级关机时间点的外弹道测量数据可以分析、估计制导系统总误差。对于发射有效载荷而言,末级火箭弹道参数的捕获和保精度测量是非常重要的。利用关机点的飞行时间、速度分量、位置分量可以计算相应的轨道参数 a,e,i,ω,Ω,它同理论轨道参数之差,就是由制导误差造成的轨道偏差。外测数据可以从雷达测量得到,也可以由 GPS/GLONASS 全球定位系统得到。其他测量手段(如 USB)得到也是可取的。当外测精度较高时,由外测数据估算的轨道比较符合有效载荷实际飞行轨道。

2)利用遥测得到的末级发动机关机点的弹道参数(飞行时间、速度分量、位置分量)估算有效载荷轨道参数,它同理论关机时间的轨道参数的偏差,就是制导系统方法误差。由上述制导总误差扣除方法误差就得到制导系统工具误差。如箭上计算机没有采取制导系统工具误差补偿,那么,在不考虑天地影响的条件下,从地面平台(或其他惯性测量组合)单元测试结果也可以估算制导系统工具误差。遥测报轨比较接近理论轨道,但由于包含制导系统工具误差,与有效载荷实际飞行的轨道差异较大。

3)利用惯性测量组合的加速度表在关机点到有效载荷分离点的遥测输出结果,或者利用同一段时间的外测数据可以估算后效误差对轨道的影响。

4)利用外遥测弹道数据还可以进一步分析制导系统工具误差、方法误差是由那些参数造成的,如利用遥测加速度表和推进剂液位传感器等输出数据分析发动机推力、流量、比推力偏差等。利用外、遥测弹道参数之差的变化规律,可以大致分析出影响工具误差的主要误差源。

7.4.5　总体设计参数选择及优化

如前节所述,火箭主要总体设计参数有真空比冲 I_{svi}、停火点质量比 μ_{ki}、推重比 N_{0i}、比冲比 a_{ei}、单位面积上的起飞载荷 P_{Mi}、火箭起飞质量 m_{0i} 及级间质量比 ε_i。

火箭停火点速度是选择以上参数的基本出发点,是设计参数的函数。为了满足既定的停火点速度要求,上述参数有多种组合,但一般来说,选择起飞质量最小的参数组合是最终目的。

选择设计参数的常用方法是先进行估算,然后采用计算机进行优化。前者比较粗糙,但可以作为后者计算的初始参数。本节仅介绍前者。

1. 真空比冲 I_{svi} 选择

真空比冲是一个比较独立的参数,在选定了推进剂的前提下,结合发动机研制、设计水平,即可基本确定。

2. 真空比冲与地面比冲之比 a_e 选择

选择 a_e 实质上是选择发动机喷管出口压力或是选择发动机喷管设计高度。所谓喷管设计高度是指在此高度上外界大气压力等于设计状态下喷管出口压力,此时喷管处于最佳状态,能够保证喷流充分膨胀,比冲增大。喷管出口压力减小,则喷管出口面积应增大,喷管长度也增加,喷管的质量也增加,反过来又影响停火点速度。

对于多级火箭的第一级,由于喷管质量仅占火箭总结构质量很小一部分,故一般按地面大气压来设计喷管出口面积;对于上面级(二、三级以上),应考虑按实际飞行高度的环境压力来设计喷管。

按经验统计,一般 a_e 取 $1.10 \sim 1.15$。

3. 第一级单位面积上起飞载荷 P_M 选择

P_M 可用火箭的长细比和直径来表示:

$$P_M = \frac{m_{0i}g}{S_M} = L\bar{\rho}g = \lambda d_m\bar{\rho}g$$

式中　$\lambda = \dfrac{L}{d_m}$——火箭长细比;

　　　$\bar{\rho}$——火箭加注推进剂后的平均密度;

　　　d_m——火箭第一级直径。

火箭总长细比 λ 影响到火箭的飞行性能和使用性能,在火箭的起飞质量确定之后,长细比主要决定于直径的大小。正确地选择火箭的直径是至关重要的,它应该考虑以下因素:

1) 有利于火箭的部位安排,特别要考虑尾段发动机的安装及级间分离的碰撞问题。

2) 有利于减小飞行阻力损失。

3) 有利于火箭的姿态控制。直径愈大,箭体弹性频率增加,有利于弹性稳定。直径选择不当会使箭体刚性、弹性、晃动之间交连加重,使姿态稳定难于综合。

4) 有利于减轻火箭的结构质量。如贮箱长细比必须适中,以减轻质量。

5) 有利于减小飞行和地面操作载荷。火箭长细比过大会使飞行弯矩增大,地面起吊、起竖载荷增加。

6) 有利于运输。要考虑铁路、公路桥梁、涵洞的尺寸和转弯半径限制。如采用空运及海运,也需考虑各种因素的制约。

7) 有利于火箭的制造生产,应考虑到充分利用现成的工装设备,以缩短生产周期、降低成本。

8) 有利于发射场工程建设设施的改造及施工。

单级液体火箭长细比建议取 8.5 ~ 11;而二级取 10 ~ 14;三级以上液体火箭可适当加大。

4. 起飞推重比 N_{0i} 选择

火箭起飞推重比的选择与下列因素有关:

1) 起飞推重比增加,火箭的加速度增大,轴向过载加大,同时主动段缩短,程序转弯角速度就要增加,因此,火箭的攻角及横向过载系统都随之增加,使飞行期间的载荷增加,引起火箭的结构质量增加;

2) 当第一级推重比增加时,则在稠密大气层里的速度加大,阻力增大引起速度损失增加;

3) 推重比增加使最大速度增大,从而气动力矩增加,姿态控制力需增加;

4) 第一级推重比增加使火箭加速性加大,起飞漂移量减小,火焰对发射场地面设施烧蚀程度减小,有利于发射场塔架及发射台的设计

多级火箭的推重比选择按经验可以选择在 1.2 ~ 1.6 的范围,它可以和起飞质量及质量比的选择一起结合进行。

5. 级间质量比 ε_i 的选择

多级火箭的各级质量分配是影响运载能力的重要因素。影响级间比选择的因素很多,主要是有效载荷质量、有效载荷轨道要求、各级发动机性能和各级结构质量水平等。

级间比的选择必须考虑理想速度和重力损失,并需要与推力选择一起考虑。简化的估算方法主要有以下两种:

1) 用理想速度估算级间质量比,估算结果得出多级火箭的质量分配应遵循等比级数规律,即按最佳质量分配时,火箭各级的级间质量比应相等,即为常数。

2) 考虑重力损失及阻力损失存在时,多级火箭的最佳级间质量分配并不完全符合等比级数规律,而随着各级发动机的喷流速度、初始推重比、火箭转弯程序等的不同而有差异。

思 考 题

1. 什么是火箭的理想速度和三个宇宙速度? 单级火箭能否发射人造地球卫星,为什么?

2. 运载火箭的主要技术指标有哪些?

3. 运载火箭的构形有哪些形式? 各种构形的优、缺点是什么?

4. 运载火箭控制系统的基本组成有哪些? 试说明导航、导引和制导的概念,影响制导精度的因素有哪些?

5. 多级火箭的主要设计参数有哪些? 它们主要影响火箭的哪些性能?

6. 影响有效载荷入轨精度的主要因素有哪些? 运载火箭入轨精度的分析方法与武器相比有何不同?

第8章 航天器任务分析与轨道设计

8.1 航天器系统任务分析

任务分析是航天器总体方案设计的顶层工作。分析用户对航天器的任务需求,并在与用户沟通和论证中,不断明确航天器设计的输入条件,以形成具有阶段性意义的、清晰化的总体目标和约束条件。

任务分析工作是在接到用户的初步任务要求后,协调并明确用户对航天器的任务要求,特别是用户尚未形成清晰的初步要求或者未能表达真实意图。在实际工程设计中,由于用户在技术和经验等方面的客观限制,往往难以一次性准确表达自身需求,因此,任务分析的过程是信息交互,并形成一致意见的过程,也使得任务分析工作显得非常重要。

任务分析的过程是一个讨论和迭代的过程,也是用户和航天器设计方交流的过程,基于与用户方的沟通,找出满足用户要求的技术途径,对方案设想的各个要素进行构建,提出航天器总体方案设想。其中,总体设计人员应运用专业知识协助用户完善技术要求,使方案设计基本合理,技术途径基本可行,约束条件适度,技术指标适用。

8.1.1 任务要求

任务要求是航天器系统设计的目标,也是航天器设计的依据和约束条件,通常由用户方(或者航天器设计方协助下)提出。任务要求一般包括任务目标、使用技术指标、经费预算与研制周期等。通俗地讲,就是要在什么时间,以多少经费构建一个什么样航天器及其应用系统,实现在军用、民用、商业、公益等方面的某种价值(其价值部分可以通过用技术指标方式描述)。

以 2030 年开展的载人登月飞行器任务为例,对其任务要求进行虚拟描述:

预计在 2030 年完成两艘 15 吨级载人登月飞行器研制(一艘主份、一艘备份),实现奔月轨道重型运载火箭直接发射下,3 人乘组的月球表面着陆并安全返回任务,利用科学仪器及航天员对月球表面进行考察,突破我国载人登月关键技术,实现中国人首次登陆月球,为进一步和平利用月球资源奠定基础,经费总预算 150 亿元。

值得关注的是,在现代航天器设计中,研制周期和经费是衡量航天器设计水平的重要因素。航天器研制周期与航天器任务定义(承担任务的多少和功能要求等)、使用技术指标高低、研制经费多少、承担单位所具备的条件(人员、设备、管理等)以及研制策略(包括总体方案、阶段划分、产品流程及套数等)具有密切的关系。研制经费逐渐向市场化运作方向发展,与航天器的数量,是否包括地面系统,是否采用公用平台等密切相关,同时作为竞争性产品在成本和利润叠加后,相对于竞争对手竞争策略也是决定经费需求的重要因素。

在最近十年的发展过程中,由航天器承制方主动发掘和创造航天器的任务需求成为一种新的模式,这种模式是由航天器承制方主导,以军事及社会需求为出发点,主动构建航天器系统并相应地提出初步解决方案,并据此方案向相关用户方进行介绍,并适应用户需求进行调整,力争得到用户认可,并上升为用户提出的要求,最终赢得任务承制。

表 8-1   任务要求示例表

要素	示例
时间	2030 年
经费	150 亿
航天器及其应用系统	载人登月飞行器 月球表面着陆并安全返回任务,利用科学仪器及航天员对月球表面进行考察
某种价值	突破我国载人登月关键技术,实现中国人首次登陆月球,为进一步和平利用月球资源奠定基础
程度描述(指标)	15 吨级 3 人乘组

8.1.2   任务分析方法

在接到用户提出的航天器任务要求后,总体设计人员可开展任务分析。提出基本技术途径是任务分析的主要目标,同时过程中对用户的任务要求进行合理修正。

寻找基本技术途径就是对构成航天器任务的主要要素进行比较和选择,包括轨道、有效载荷、航天器平台和大系统选择和方案设想等。此时的技术途径只是个概要的设计和分析,可供下一步总体设计参考。

找出基本技术途径的一般方法可以按照下列三个步骤进行:一是制订一个常用的备选对象表;二是建立分析树;三是修剪分析树。下面以建立一个载人登月任务为虚拟示例,来说明找出基本技术途径的方法。

(1)制订一个常用的备选对象表。备选对象可以有无数个,但是经过多年的航天器研制实践,总体设计师已有很多成熟的经验,有成熟的发射各种轨道的航天器工程大系统,有成熟的航天器仪器设备、分系统,乃至公用平台,对于新研制的航天器还可参考国外有关资料,因此,总体设计师就可以在有限的有关对象中挑选。本项任务的备选对象表见表 8-2,首先应根据任务要求,对非强制约束项进行梳理,也就是识别飞行任务的可变单元。比如,要求中"采用重型运载火箭直接发射实现奔月轨道"为强制约束,对轨道有决定影响,则排除"近地多圈"及"交会对接再奔月"方案,由于并未明确对推进系统的要求,则此项目就是可变单元。理论上,可选对象数目几乎是无限的,而对于大多数单元来说,依据设计经验和当前技术水平,往往又是有限对象中的筛选。

表 8 - 2 备选对象表

项目		可选内容	最普通的可选方案	考虑原则
载荷		生保系统	水:存储、净化再生、在轨合成 氧气:存储、在轨再生	单位质量最大供应量可靠性
		尺寸和灵活性	密封舱大空间 返回舱大空间	气密安全性,返回安全性,乘员舒适性
公共舱		推进系统	是否需要:冷气、单组元、双组元、电推进、核 热推进	根据轨道选择和约束条件来确定
		姿态控制	不需要、自旋、三轴稳定 相对导航不需要、多手段冗余、单一手段	
		能源	太阳能、化学电能、核能源 本体安装、单自由度或双自由度太阳翼	
发射系统		运载工具	CZ - 2F、CZ - 7、CZ - 5 新型重型火箭	根据航天器和轨道定义确定
		发射场	西昌、酒泉、海南、太原等	
轨道			直接奔月轨道、长半轴调整、倾角调整、拱线调整	根据航天器任务时间、总质量(推进剂 耗量)、测控等要求确定
测控			测控站、北京测控中心、西安测控中心、天文 VLBI 国际联合测控	

(2)建立分析树。识别各种可能的选择对象后,建立"一棵分析树"。这种分析树的最简明形式是列出飞行任务可选对象的各种可能组合。实际操作过程中,往往通过经验积累,来减少一些各种组合的数量,而又不漏掉可能是很重要的可选对象。如图 8 - 1 所示以载人奔月为假想对象,进行分析树设计。由于轨道模式、推进模式等不同,可以梳理出多种基本方案。

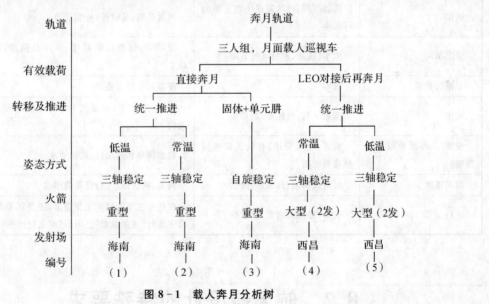

图 8 - 1 载人奔月分析树

(3)修剪分析树。在建立分析树后,对其进行检查和分析,通过比较,仅保留各种明智的组合。在上面所选例子中,由于人作为有效载荷,所以自旋稳定的姿态方式无法适应,因此首先进行裁剪;运载火箭应选取满足基本需求,经济性和成熟性最好的作为选项,由于国家已经启动巨型火箭的研制,且其经费已经落实,并不受本方案影响,所以可作为优先选择项。

有一点值得注意,绝不能机械地定义各种方案,几乎对于任何飞行任务,凡是由基本单元完成的功能总会有更好的新方法去实现它。一种廉价的新型运载工具可以大大地改变现有的设计方案,任务目标或用户采用不同的方案也可大大提高性能或大大降低成本。在方案论证初期,鼓励通过集思广益,细心发掘任何一个"闪光的创意"。

8.1.3 系统主导因素

系统主导因素是指飞行任务的主要参数或特性,即影响性能、成本、风险或进度且用户或设计人员可以控制的那些参数。正确地识别系统的关键主导因素,是航天任务分析和设计的关键。

不同的飞行器由于任务不同其系统主导因素也不同,表8-3列出空间飞行任务中最常见的系统主导因素,以及限制它们的因素和受它们限制的因素。

表 8 - 3 一般的系统主导因素

主导因素	限制主导因素的项目	受主导因素限制的项目
尺寸	运载火箭整流罩或舱的尺寸	有效载荷尺寸(经常是天线直径或孔径)
在轨质量	高度、倾角、运载工具	有效载荷质量是系统规模的最核心指标,它在很大程度上决定了设计和制造的成本
能源	尺寸、质量	有效载荷和公用舱设计、系统灵敏度、在轨寿命
数据速率	存储、处理、天线尺寸、现地面系统的限制条件	发送给用户的信息,能否请求星上处理
通信	覆盖范围、地球站或中继卫星的可用性	覆盖范围、及时性、控制能力
姿态指向	成本、质量、控制系统方案	分辨率、地理位置精度、系统总精度,影响航天器成本
卫星的数量	成本	覆盖频率和重叠率
高度	运载工具、性能要求、质量	性能、生存率、覆盖特性(瞬时视站和寻访速率)、通信
覆盖(几何覆盖和时间覆盖)	轨道、时间安排、有效载荷视场和观测时间	数据频率和连续性、机动要求
时间进度	时间线和运行、决策、通信	覆盖、响应性、飞行任务的用途
运行	成本、工作人员数量、通信	往往是主要的成本主导因素,主要误差源,迫切要求自主运行(还能挽救"已夭折"的飞行任务)

8.2 航天器设计的特殊要求

航天器系统是由有效载荷、结构、电源、热控、控制、推进和测控等分系统组成的。在分系统下还可分为子系统,如测控分系统下有遥测、遥控和跟踪子系统。在航天器系统上一层还有航天器工程大系统,该工程大系统又是由航天器、运载火箭、发射场、地面测控中心和地面应用系统等组成的。航天器总体设计与其他工程项目(包括各种车辆、飞机、导弹和火箭)设计最根本的区别就在于航天器总体设计具有下列特殊要求:需要能够适应空间环境,满足大系统中各个系统的约束(运载火箭、发射场、地面测控船/站、地面应用系统),要满足长寿命及高可靠的要求,要考虑安全性和风险性,需要具有高度自主控制功能,要按研制流程研制航天器,考虑公用平台的设计要求等。

1. 能够适应空间环境

适应热真空和各种辐射环境。总体设计要使航天器能够适应原子氧、真空、太阳电磁辐射(热能、光能、紫外线等)、空间粒子辐射(电子、质子、宇宙线等)等环境。在设计中,除对各分系统仪器设备(特别对电子元器件)提出耐受上述环境和仪器设备温度控制要求外,还要设计合理的外形和布局,以保证航天器具有良好的散热面和具有防护空间辐照等环境的措施。

克服太阳、月球和地球非球形等的引力摄动。对围绕地球运行的航天器来说,它的轨道不是单受地心引力的作用,同时它还受到太阳、月亮引力的作用。另外,由于地球是个非规则球形,而且质量分布也不均匀,因此地球作用在轨道上引力在不同位置是有差异的。这些引力的作用,使航天器绕地球运行的轨道及位置产生摄动。另外,对于低地球轨道航天器还受大气阻力的摄动。因此,大多数航天器需要有轨道修正能力,在航天器设计中要给予保证。

适应其他空间环境。航天器在轨运行时会受到地磁场的作用,除要利用地磁场作姿态调整外,要提出剩磁控制要求。另外,航天器在轨运行时会受到微流星和人为产生的空间碎片等威胁,在航天器设计时要分析和研究,并要设法减缓空间碎片和进行防护。尤其对载人航天器,要给予高度重视,一定要采取安全和可靠的防护措施。

2. 满足大系统中各个系统的约束

航天器要发挥它的功能作用必须用运载火箭在发射场发射,通过地面测控中心对运载火箭和航天器测控,使航天器进入预定轨道,并对航天器姿态和轨道等进行调整,然后,在地面应用系统(返回式卫星和科学试验卫星除外)配合下工作,才能最终发挥航天器的功能作用。

运载火箭约束。航天器是运载火箭的有效载荷,航天器设计的分离质量、选择的轨道参数、在发射时的方位角及航天器分离时的姿态精度和轨道精度要受到运载火箭的能力限制;航天器外形最大包络尺寸要受火箭上的(航天器)整流罩有效空间的限制(不用整流罩的返回式卫星的外形要满足运载火箭气动特性要求);航天器的整体纵向和横向刚度要不低于运载火箭的要求;航天器的质心与几何中心(以航天器与运载火箭对接框几何中心为基准)的偏差要满足运载火箭的要求;航天器整体和各分系统的仪器设备及其安装连接的强度要能经受运载火箭在起飞、飞行和分离时所产生的过载、振动、噪声和冲击等力学环境而不会损伤;航天器还要对同运载火箭之间的机、电、热接口进行详细设计和协调,除此之外,航天器和运载火箭还要满足电磁兼容性要求等。

发射场的约束。发射场是用于运载火箭和航天器在发射前的总装、测试、加注和发射的场所,它由技术区和发射区及其相关部分组成。航天器对技术区的总装、测试及加注等使用的厂房面积尺寸、空气环境(温度、湿度、洁净度等)、吊装设备、供电、推进剂供给、通信设备、电磁环境、安全设施(接地、防雷、防爆和消防)等都有一定要求。航天器对发射区吊装、测试、通信、塔架、电磁环境及气象等也有一定要求。这些要求经协调确定后就作为双方的制约条件。当然这些对航天器总体设计而言可不作为主要因素考虑。如果航天器有什么新的要求可通过协调解决。但是发射场的地理纬度、运载火箭射向限制(与运载能力,火箭一、二级落点限制有关)也是航天器总体设计必须要考虑的约束条件。

地面测控船、站的约束。地面测控船、站的约束包括地面测控船、站对航天器测控频段、测控体制的约束,地面测控船、站的地理位置对控制弧段的约束等。地面测控船、站与航天器之间无线电信息传递接口,主要有无线电频率、发射功率、天线方向图及增益、航天器测控设备灵敏度、测控体制、测控程序、测控要求、调制方式、数据处理、加解密等都要通过设计和现有条件调研确定后作为双方的制约条件。这些条件属于航天器总体设计内容,设计完成后,以文件形式作为要求,双方遵照执行。

地面应用系统的约束。地面应用系统的约束包括用户对航天器提出的使用技术要求和航天器与地面应用系统的无线电接口要求。应用卫星(除返回式卫星)与地面应用系统之间都是通过无线电手段用实时或延时方法来传递有用信息的。如通信卫星是通过无线电完成地面通信站之间通信信息转发任务的;导航卫星是通过卫星无线电测距和授时来确定用户位置的;对地遥感卫星都要通过数据传输系统向地面实时或延时发送遥感信息。因此航天器与地面应用系统的无线电频段、通信体制、信息传输和性能指标等要求是重要的约束条件。总体设计人员也要对空间通信链路进行分析计算,一方面检查用户要求是否合理;另一方面,如果总体设计有困难,不能满足用户要求时,便需要和用户进行协商调整。用户对航天器提出的使用功能和性能指标要求是实现航天器最终功能的要求,它是总体设计师进行设计的最原始的输入要求,又是最重要的约束条件。总体设计师在航天器研制过程中要始终保证这些要求的实现。

3. 要满足长寿命、高可靠的要求

由于研制和发射航天器成本很高,又处在上述恶劣环境中工作,一旦发射不可维修等原因,因此,要求航天器在适应上述环境的同时还要具有长寿命、高可靠的性能要求。

影响航天器寿命的因素主要有电子元器件抗空间粒子辐射的能力、太阳能电池在空间环境下的性能衰减量、用于航天器轨道和姿态调整的推进剂的多少以及活动部件润滑效果等。

可靠性的保证要依靠可靠性设计、试验和研制质量管理。可靠性设计主要是按照"优选目录"选择耐粒子(总剂量)辐射和其他空间环境的质量优良的元器件、原材料,电子元器件要按照"降额准则"降额使用,电路设计要考虑热设计、抗力学设计、容错设计、冗余设计、潜通路分析、防单粒子事件设计、电磁兼容性设计,电源过压过流保护,整机备份等。另外,还需要进行分系统、系统级故障模式影响分析(FMEA)等,对于单点失效需要采取特殊质量保证措施;在地面要充分做好各种规定量级的试验;加强研制质量管理。

4. 要考虑安全性和风险性

由于航天器系统复杂,成本很高,并带有易燃易爆的推进剂和火工品,另外,结构设计、容器设计、元器件降额设计、电路冗余设计等都要有一定的余量,但是由于发射质量和研制成本的限制,其余量不可能很大,因此在研制航天器时要充分考虑安全性和风险性。

安全性的保证要靠安全性设计和研制过程中的安全管理。安全性设计,一般要考虑主承力构件要有足够的刚度,其强度要有一定的安全余量;推进剂贮箱设计要有一定的安全余量;仪器电路和航天器系统电缆网设计要满足电磁兼容性要求;火工品采用安全钝感型;火工品管理器设计要有多道安全保险;电路焊装、调试和各种电测试要有安全防护措施;实验室和各种厂房的电源要符合安全用电要求;易燃易爆的推进剂加注要有安全和消防措施等。

风险性要考虑技术风险、经济风险和时间进度风险。尤其是总体方案设计一定要考虑周全细致,避免由于方案性错误造成大返工;在研制过程中尽量避免出现各种质量事故,以降低经济风险和时间进度风险。要通过专门的风险分析和采取有效措施,使风险降低到最小或可接受的程度。

　　5.具有高度自主控制功能

　　简单的自主功能。航天器入轨后,在轨长期运行期间对航天器在空间的姿态测量和控制、对各个分系统的仪器设备备份件切换、对蓄电池充/放电、对电源剩余电流的分流控制、全调节母线电压控制、对热控分系统电加热器通断电控制等都需要简单的自主控制。这样可减小对地面测控站的负担,并减少人为差错引起的故障。

　　自主制导、导航与控制。高度自主控制功能是航天器除有上述简单的自主控制功能外,航天器在轨运行期间对其轨道位置测量和控制能够自主完成。即航天器在无地面支持下,能够排除各种干扰,通过自主制导、导航与控制技术(智能控制),调整轨道和姿态到正常状态,以减少对地面测控站的依赖。尤其对于在军事对抗环境下的军用卫星以及深空探测器,高度自主控制功能意义更大。

　　6.要按研制流程研制航天器

　　如前所述,航天器工程是一个非常复杂的工程系统,而且研制成本高、周期长、风险大,因此,在航天器总体设计初期就要遵循航天器研制阶段性原则,制订研制流程。研制流程包括研制技术流程和研制计划流程。制订研制流程要充分和合理地考虑研制阶段的划分和各种地面模拟试验,以确保航天器的研制质量。对于应用现有公用平台或有较小改动的平台时,要加强分析,通过分析代替试验,以达到整体优化的目标。

　　7.考虑公用平台的设计要求

　　研制一个新型航天器的周期需要 8 年左右,而其结构、电源、姿态与轨道控制、推进、测控和热控等分系统形成的平台还可继续用于其他新研制的同类型航天器或研制规模相当的其他新航天器。此时,常常把该平台称为公用平台。为了缩短研制周期、降低成本,在全新航天器方案设计时应将航天器平台有目的地设计成能适应多种有效载荷的公用平台。

8.3　航天器轨道设计

　　轨道设计是航天器总体设计中非常关键的内容,是飞行剖面设计的基础,对系统方案的性能及其他分系统设计均具有重要的影响,因此轨道选择及设计在航天器顶层设计中起到统领性作用。

　　对于不同任务、不同轨道类型的航天器轨道设计内容差异很大,必须根据航天器肩负的使命来完成航天器的轨道设计及其相关设计内容。航天器的轨道设计大致包括以下内容:航天器任务分析(主要分析航天器任务对轨道的要求),轨道类型的选择,轨道参数设计,轨道数学模型建立,轨道摄动因素分析,轨道精确计算,轨道误差分析,航天器可测控条件分析和测控弧段计算,轨道捕获、轨道保持策略确定,变轨策略和最优变轨研究,发射窗口的分析和计算,太阳高度角计算,卫星地影计算等。

8.3.1　轨道设计过程

　　轨道设计技术人员在进行工作之前,必须深刻了解用户的总体需求(或者是用户的基本想法），并努力捕获到对载荷以及轨道相关联的最主要要素，通常可按照表8-4的基本流程进行工作，得到2～3种方案设想，供用户和相关分系统讨论。

表8-4 轨道设计过程概要

序号	步骤
1	选择基本轨道类型（LEO/GEO/MEO、单星/星座、单星/星群）
2	确定与轨道有关的飞行任务要求
3	估计特定轨道的适用范围
4	进行任务轨道的设计权衡
5	评定发射、回收以及减缓离轨的处理约束
6	建立速度增量 Δv 预算，并评估
7	形成一套完整指标
8	必要时，重复上述过程

第一步 选择基本轨道类型

根据总体任务需求，特别是载荷的初步设计基线，来对轨道的基本类型进行选取（参见表8-5）。比如，通信载荷要求对特定区域的不间断通信链路支持，那么，可以有 GEO 轨道、闪电轨道、低轨星座等三个基本轨道类型的选择，可以以此为起点，开始论证工作。

第二步 确定与轨道有关的飞行任务要求

对每一个任务（乃至任务中的每一段），都需要确定与轨道有关的任务要求。这些要求主要体现在对轨道要素的约束上，如轨道高度（影响遥感载荷空间分辨率，影响通信载荷的功率水平）、轨道周期（影响遥感载荷的时间分辨率，影响通信载荷的连续接通时间）。同时，维持轨道以及回避一些环境特殊影响（辐射带）等也是需要权衡的内容。

第三步 估计特定轨道的适用范围

在进行轨道选择时，一般首先确定是否有某些已经公认的特殊轨道可供选用，如具有星下点定点特性的地球同步静止轨道（GEO）、具有地面光照条件相对稳定的太阳同步轨道（SSO）。应该考察每一种特殊轨道，看它所具有的特点是否和所花的代价相当。对于特殊轨道，倾角、高度等具有较为明确的限制，需要综合权衡给出建议。

第四步 进行任务轨道的设计权衡

在选定轨道的基础上，对主要参数影响进行评价。通常可先假定为圆轨道，然后对轨道倾角和轨道高度进行权衡。

表8-5 影响地球基准轨道设计的主要任务要求

任务要求	受影响的参数
覆盖	
连续性	
重访频率	轨道高度
视场（或幅宽）	轨道倾角
地面轨迹	节点（与部分轨道有关，通常为偏心率不为零的轨道）
面积覆盖率	
特定关心区域	

续　表

任务要求	受影响的参数
载荷性能 　　曝光时间（光学） 　　停留时间（无线电） 　　分辨率 　　载荷接收孔径	高度 降交点地方时（太阳同步轨道）
环境影响 　　辐照环境 　　照明条件	高度 倾角 降交点地方时（太阳同步轨道）
发射能力 　　发射成本 　　在轨质量 　　发射点限制	高度 倾角
地面通信 　　地面站位置 　　中继卫星位置 　　数据及实时性	高度 倾角
轨道寿命	高度

第五步　评定发射、回收以及减缓离轨的处理约束

航天器必须由运载火箭等运输工具发射入轨，运载工具对飞行任务的成本影响较大，它最终限定了发射到某一给定轨道高度和轨道倾角的航天器质量。轨道设计技术人员应较为了解各种可选用运载工具特性（通常为型谱化，如中国的长征系列运载火箭，覆盖各种需求），并在保证设计余量前提下，评估轨道方案。

返回式航天器，如载人飞船、空天飞行器（如美国 X - 37B）、早期的返回式卫星等主要涉及回收问题。轨道高度决定了总能量，由机动、倾角和高度影响的星下点轨道影响着回收落点区域。

如果航天器在相当长的时间内不再入大气层，则在其使用寿命终结时还必须对它进行处置，使之不危及其他航天器的安全。这对地球同步轨道的航天器特别重要，因为地球同步轨道位置的竞争十分激烈。再入大气层的航天器必须是可控再入或者使之分裂成碎片，以免对地球表面造成损害。尽管上述要求尚不具备强制意义，但有必要作为约束在轨道选择中加以考虑。

第六步　建立速度增量 Δv 预算，并评估

按照不同任务要求，根据所选定的轨道进行衔接，形成构建各轨道条件所需的速度增量估算（可按二体模型进行估算），获得总速度增量代价，并按齐奥尔可夫斯基公式进行推进剂折算，用于评估。

第七步　形成一套完整的指标

轨道设计的一项关键工作是编制有关文件，形成一套基本指标，具备对轨道的主要特征的描述（参见表 8 - 6）。

表 8-6　轨道的主要特征描述

阶段	参数	相关性能	举例
初始轨道	轨道高度（圆轨道为常值,椭圆轨道由半长轴和偏心率表达） 轨道倾角 升交点/降交点赤经（太阳同步轨道通常用降交点地方时） 以上通常需确定的某特定时刻,或者以窗口时间作为时刻点	重访周期 视场宽度 面积覆盖率（一天）	568 km 圆轨道($e=0$) $i=97.3°$ 降交点地方时 6:30
工作轨道	轨道高度 轨道倾角 升交点/降交点赤经/降交点地方时	重访周期 视场宽度 面积覆盖率（一天）	673 km 圆轨道($e=0$) $i=97.7°$ 降交点地方时 6:25

8.3.2　轨道设计分析

轨道设计师在轨道设计中,除根据航天器任务要求完成轨道设计外,还要完成与轨道设计相关的分析。

运载火箭能力分析,例如,能够发射航天器的质量、尺寸、近地点高度、远地点高度和倾角以及它们的精度等;主动段测控站的分布,一般对航天器只用作遥测监视;火箭射向的限制,主要考虑火箭一级和二级落点的安全,这对于轨道的倾角有限制;航天器轨道的自然寿命分析,这对低地球轨道（200～300 km）参数设计时需要考虑;航天器上遥感器（例如相机等）对地面覆盖的宽度分析,这是太阳同步、回归轨道设计的输入条件;静止轨道的天线对地面覆盖分析与轨道定点位置有关;遥感器地面分辨率,与轨道高度有关,一般分辨率随高度增加而降低;测轨和预报的精度（这项分析任务主要由地面测控部门去完成）,一般精度随高度增加,大气阻力减小而提高;相邻覆盖的重叠率要求;回归轨道的重复周期;太阳同步轨道的参数分析和确定;返回区域选择;返回航天器的返回制动火箭速度增量的分析;返回航天器返回点火姿态和时间对返回航程的影响分析;地球同步轨道转移轨道远地点发动机速度增量的分析;轨道修正的频度分析;轨道保持和捕获燃料消耗量分析;地面测控站分布及设备能力分析;航天器飞行程序的安排;其他分析。

8.3.3　航天器飞行测控程序设计

航天器轨道设计任务之一是安排航天器的飞行程序,即给出飞行事件按照时间顺序排列表。

航天器可测控条件是飞行程序设计中要考虑的条件之一。一般地面测控站可接收航天器遥测数据,可发射遥控指令。可测量航天器轨道的条件:航天器相对地面测控站的仰角在设备的允许范围内;航天器相对地面测控站角速度限制;测量设备的作用距离;航天器测控天线有效覆盖地面站等。其中某些具体分析方法见相关书籍。下面给出简化的发射地球同步轨道航天器一般的飞行测控程序。图 8-2 是发射地球同步轨道航天器的一般过程。表 8-7 是发射地球同步轨道航天器的简化飞行测控程序。

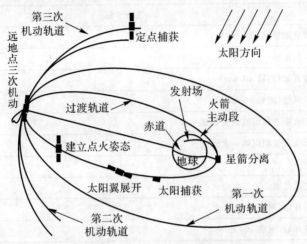

图 8 - 2　发射地球同步轨道航天器的一般过程

表 8 - 7　发射地球同步轨道航天器的简化飞行测控程序

时间	飞行事件
0_s	运载火箭起飞
t_1	运载火箭抛罩
t_2	一号站开始跟踪
t_3	二号站开始跟踪 一号站跟踪结束
t_4	运载火箭再定向,给卫星调姿,建立入轨姿态
t_5	三号站开始跟踪和监视,转移轨道段第一圈内(即至第一远地点前半圈)只有较远的三号站和四号站可以跟踪和监视
t_6	四号站开始跟踪和监视
0_s	航天器与火箭分离
t_1	三号站跟踪结束
t_2	四号站继续跟踪和监视
t_3	火工品管理器程控解锁南北太阳翼压紧点,即南北太阳翼展开
t_4	四号站测轨 60 min
t_5	地面发指令给火工品管理器,使定向天线解锁
t_6	地面指令启动天线马达,使定向天线展开
t_7	四号站跟踪结束
第二圈	本圈自航天器与火箭分离后第一个远地点算起至 490 N 发动机第一次熄火时刻为止。飞行时间仍从星箭分离算起。以下测控任务由较近的测控站(一号站,二号站)完成
t_8	地面站测轨 60 min
t_9	建立远地点点火姿态

续表

时间	飞行事件
t_{10}	卫星第一次进地影(近地点附近)
t_{11}	卫星第一次出地影
t_{12}	一号站跟踪开始(测轨 60 min)
t_{13}	二号站跟踪开始(测轨 60 min)
t_{14}	地面注入点火姿态的偏航偏置数据
t_{15}	地面指令远地点发动机第一次点火
第三圈	
第四圈	指令卫星完成远地点第二次点火
t_{16}	一号站跟踪开始(测轨 100 min)
t_{17}	二号站跟踪开始(测轨 100 min)
t_{18}	地面指令启动远地点点火程序
第五圈	
t_{19}	地面站测定轨 航天器在远地点发动机第二次熄火后,轨道周期与地球自转周期接近,航天器向定点位置漂移。地面站 24 h 内均能跟踪航天器。航天器在此轨道运行至定点位置附近时,要完成定点捕获,即进行第三次远地点点火
t_{20}	地面指令启动远地点点火模式
t_{21}	TC 指令航天器完成远地点第三次点火

8.4 航天器几种常用轨道

8.4.1 几种实用的轨道类型

在人类探索空间的实践过程中,发现了一些具有特殊性质的轨道,便利于空间应用,其中具有代表性的有太阳同步轨道、回归轨道、临界和冻结轨道、地球静止轨道等。以下就上述轨道进行介绍。

8.4.1.1 太阳同步轨道

太阳同步轨道卫星会在相同一天的本地时间经过特定的地球区域。即不管卫星什么时间观测给定的地面区域,太阳在天空的位置总是相同的。这种轨道对地球成像特别有用,因为地球表面给定区域的物体其阴影的投影角度相同,这就简化了不同日期拍摄图像的差别识别及比较工作。这种轨道的航天器,通常其轨道高度较低(周期短),以便至少每天能对整个地球表面覆盖一遍。

由于地球是一个非标准球形,质量分布不均匀,对航天器会产生非球形摄动力(主要为 J_2

摄动项影响),摄动的结果引起航天器的轨道平面绕地球进动,选择合适的太阳同步轨道倾角,使这种进动能保持轨道平面和地球与太阳之间连线的夹角在全年都是一个常数(0.985 6°/d,365 天共移动 360°),则这条轨道称为太阳同步轨道。沿此轨道运行的航天器,每天从南到北(升段)经过同一纬度的当地时间相同,从北到南(降段)经过同一纬度的当地时间也相同,即地面的光照条件大致相同。

能产生这种效果的精确的倾角依赖于轨道高度和偏心率。通常倾角在 $96° \sim 98°$ 之间时,将使轨道轻微逆行。根据摄动公式,轨道面进动角速度 $\dot{\Omega}$ 与轨道半长轴 a、偏心率 e、倾角 i 的关系可近似表示成

$$\dot{\Omega} = -9.94 \left(\frac{R_1}{a}\right)^{\frac{7}{2}} \frac{\cos i}{(1-e^2)^2} \quad ((°)/d) \tag{8-1}$$

式中,R_1 为地球赤道半径,$R_1 = 6\ 378.14\ \text{km}$。

若使 $\dot{\Omega} = 0.985\ 6$,则在近圆轨道条件下,简化为

$$\cos i = -4.773\ 44 \times 10^{-15} a^{7/2} \tag{8-2}$$

形成了太阳同步轨道特有的高度与倾角之间的对应关系。

太阳同步轨道应用很广,主要用于遥感航天器。这种轨道的优点是可以保持太阳光线和轨道面的夹角不变。因此,这种轨道航天器的太阳能电池阵能得到较好的光照条件。

回归轨道是指星下点轨迹出现周期性重叠的轨道,重复出现的周期称为回归周期。在回归轨道上运行的航天器,每经过一个回归周期,航天器又出现在以前经过的同一个地区。这样就可以对航天器覆盖的区域进行动态监视,以发现这一段时间内目标的变化。如果一条卫星轨道既是回归轨道又是太阳同步轨道,则该轨道称为太阳同步回归轨道。

有一个特殊的太阳同步轨道叫晨昏轨道,卫星轨道平面和地球被太阳照亮的一半一直处于黑夜的分隔平面。如果平面匹配稍有误差,则卫星可能一半时间在阳光下,一半时间在黑暗中,但晨昏轨道总能令卫星的太阳能帆板被太阳照射。例如中国的风云一号气象卫星就采用这种晨昏轨道,使太阳能帆板总能面向太阳,主要利用太阳能而非电池提供能源,并简化了热控设计的外部条件。

8.4.1.2　地球同步轨道

地球同步轨道的周期与地球自转周期相同,即轨道周期等于一个恒星日的长度(23h56′4″)。地球同步轨道的轨道半径 $r = 42\ 164.17\ \text{km}$,轨道高度 $h = r - R_1 = 35\ 786.03\ \text{km}$。

当航天器轨道面与地球赤道面重合,航天器运行方向和周期与地球自转相同,并且轨道偏心率等于零,则这种轨道称为地球静止轨道。地球静止轨道是指轨道倾角 $i = 0°$ 的地球同步轨道。在这条轨道上,航天器运行的方向和地球自转方向相同,从地面上看,航天器相对于地球是静止的。地球静止轨道卫星可覆盖地球超过三分之一的表面,若在轨道上均布 3 颗卫星,就能提供不包括极地地区的全球覆盖。因此地球静止卫星能提供广域地理范围的连续服务,这对电视和无线电广播来说非常有用,因为不需要存储转发机制就能实现广域地理范围的实时数据传输。此外地球静止卫星对于商业和军事通信也能提供必要的灵活性。

8.4.1.3　临界倾角轨道和冻结轨道

地球质量分布在赤道附近隆起,对航天器轨道的第二种影响是,航天器穿越赤道附近时所

受到的引力大于其他轨道弧段,在赤道处航天器运动速度加快,轨道半径趋向减少,引起轨道拱线在轨道平面内转动,同时引起偏心率的变化。关于轨道摄动,如仅考虑 J_2 项的影响,近地点幅角 ω 和偏心率 e 的变化率为

$$\left.\begin{aligned}\dot{\omega}&=-\frac{3nJ_2R_1^2}{2a^2\ (1-e^2)^2}\left(\frac{5}{2}\sin^2i-2\right)\\\dot{e}&=0\end{aligned}\right\} \tag{8-3}$$

拱线转动导致卫星经过同纬度的高度不断地变化,严重地影响卫星应用任务。例如对于采用大椭圆轨道服务于高纬度地区的通信卫星来说,远地点高 39 420 km,近地点高 1 000 km,偏心率 0.72,轨道周期为 12 h。如果使远地点始终处在北极上空,即拱线不得转动,轨道倾角应满足公式

$$\frac{5}{2}\sin^2i-2=0$$

此时的倾角 $i=63.43°$,或 $i=116.57°$,称为临界倾角,此类轨道称为临界倾角轨道,即近地点幅角平均变化率 $\dot{\omega}$ 为零的轨道。

近地点幅角不变,则远地点幅角也不变。若采用大偏心率的临界倾角轨道,ω 取 90° 或 270° 可以使航天器的星下点长时间地靠近远地点迂回。例如,俄罗斯的闪电通信卫星就是采用 12 h 的临界倾角轨道。其轨道参数:$2a=58\ 000$ km$(T=12$ h$)$,$e=0.75$,$i=63.43°$,$\omega=270°$。即近地点在南半球,高 600 km,远地点在北半球,高约为 40 000 km。

在其他轨道倾角下,轨道拱线都会发生进动。但是,这个结论是假设地球非球形摄动只有一阶 J_2 长期项而得出的。如果再考虑地球非球形摄动高阶小量的影响,结果将有变化。对于近似圆轨道(即 e 为小量),在计及 J_3 项的摄动时,即使轨道倾角不等于 63.43°,只要轨道近地点幅角和偏心率满足一定条件,轨道拱线运动也会停止。

引用地球扁平高阶摄动项 J_3 对轨道要素 ω,e 的影响,有

$$\dot{\omega}=-\frac{3nJ_2R_E^2}{2a^2\ (1-e^2)^2}\left(\frac{5}{2}\sin^2i-2\right)\left[1+\frac{J_3R_E}{2J_2a(1-e^2)}\left(\frac{\sin^2i-e\cos^2i}{\sin i}\right)\frac{\sin\omega}{e}\right]$$

$$\dot{e}=\frac{3nJ_3R_E^3\sin i}{4a^3\ (1-e^2)^2}\left(\frac{5}{2}\sin^2i-2\right)\cos\omega$$

式中,R_E 为地球平均半径。

为使拱线不转动,可选择合适的偏心率,使中括号项为零,同时设置合适的近地点幅角,使 $\dot{e}=0$。根据上式,合适的轨道设计如下:

$$\left.\begin{aligned}\omega&=90°\\e&=\frac{\sin i}{\dfrac{\cos^2i}{\sin i}-\dfrac{2aJ_2}{J_3R_E}}\end{aligned}\right\} \tag{8-4a}$$

由此,$\dot{\omega}=\dot{e}=0$,近地点幅角 ω 被保持,或称被冻结在 90°,此类轨道称为冻结轨道。在给定轨道倾角 i 和半长轴 a 后,就可以根据式(8-4a)计算出 e,这就是冻结轨道的条件,e 称为冻结轨道偏心率。又因为太阳同步轨道一般在 1 000 km 以下,即近似极轨道($\cos i=0$),所以,式(8-4a)可进一步简化为

$$e = -\frac{J_3 R_E \sin i}{2a J_2} \tag{8-4b}$$

对于长寿命的近地遥感卫星,太阳同步、回归特性为轨道应用提供了良好的条件。但是,由于偏心率摄动,椭圆轨道的拱线将在轨道面内旋转(旋转周期约为 4 个月)。这就导致任何同一地区轨道高度周期性的变化,使得在不同时间同一地区的遥感图片有不同的比例尺。如果要通过轨道机动来保持高度不变,将额外消耗燃料,冻结轨道就可解决这一问题。因为这种轨道的 ω 和 e 都"冻结"了,即轨道拱线不再进动。

8.4.2　航天器轨道选择

随着几十年来应用航天器的发展,完成各种应用航天器的任务而选择什么样的轨道已基本成熟,甚至在用户要求中就已提出。表 8-8 列出常用的几种类型轨道及其应用范围。根据表 8-8,总体设计师很容易地选择各种应用航天器的轨道。在总体方案论证中,总体设计师一方面进行具体轨道参数选择和轨道相关设计;另一方面要用较多的精力针对所选轨道去分析并提出用何种航天器方案去实现用户提出的航天器任务要求。

表 8-8　几种类型轨道的应用范围

轨道类型	应用范围	特性
地球静止轨道及其星座	国际通信、区域和国内通信广播、海事通信、移动通信、区域导航、区域气象观测等卫星	在赤道上空的位置几乎保持不变
太阳同步(回归)轨道及其星座	地球资源观测、全球气象观测、空间环境探测和科学技术试验、海洋监测等卫星	轨道旋转,使得轨道相对于太阳方位近似不变
甚低轨道	返回式遥感卫星、载人飞船、航天飞机、空间实验室、空间站等	地面分辨率高,运载火箭能力要求低
临界倾角大椭圆轨道(周期为 12h)及其星座	高纬度通信、空间环境探测和科学技术试验卫星	远地点/近地点不变
高(约 20 000 km)、中(约 2 000 km)、低(1 000 km 左右)轨道实现全球覆盖星座	全球移动通信(含少量固定通信)、全球导航、全球环境监测等卫星网	

航天器轨道或星座选择直接影响到航天器的总体方案和构形设计。例如,气象卫星选用太阳同步轨道时,卫星的总体方案可得到全球覆盖,星体采用三轴稳定;卫星的构形设计一般采用立方体外加双太阳翼,并使卫星的有效载荷对地定向,太阳能电池翼对日定向。如果气象卫星选用地球静止轨道时,卫星的总体方案可得到区域覆盖,星体一般可采用简单的双自旋稳定,有效载荷对地扫描;卫星的构形设计一般采用圆柱形,太阳能电池阵采用体装式。

反过来,航天器的方案又会对轨道(或星座)提出一定的要求。例如,为了提高地面分辨率要求轨道高度尽量低些,另外,航天器方案所要求的回归(重访)周期,需要由轨道设计实现。两者之间虽然需要进行协调,但轨道选择是航天器顶层设计,是航天器方案设计的前提或依据之一。

8.5 航天器对地面的覆盖

绝大多数应用航天器都利用了其空间覆盖特性,诸如对地遥感(包括陆地资源、海洋、气象、减灾、各种军事侦察等对地遥感航天器)、通信广播、导航等航天器。

对地遥感航天器在空间轨道上通过可见光、红外及合成孔径雷达等收集地面景物信息,向地面或星间传播信息则是以微波电磁波为载体的。而微波电磁波是沿直线传播的,因此,在轨道上,航天器的有效载荷对地面只能在一定可达范围(下面简称为视场角)内才能收集和传输信息。为了完成这类应用航天器的特殊任务,需要确定航天器在其轨道运行过程中能在地球上多大的范围内进行光学或信息收集和传输,即需要确定出对地面的覆盖范围,即确定出对地面的视场角。

8.5.1 航天器对地面的覆盖区

假定地球为正球体,航天器对地垂直定向,有效载荷遥感器视场为圆锥形,其中心线对准地心,视场角(半锥角)为 $\beta(°)$。则航天器在轨道上运行的任一点对地面的覆盖(见图 8-3)为球面角等于 $2d$ 的球帽区。其中:地心角 $d(°)$ 为航天器对地面的覆盖角,S 为航天器在轨位置,O 为地心,R 为地球半径,h 为航天器(相对地面)高度。ε 为地面最小可视仰角(观测仰角),即由于山丘或建筑的遮挡,使得小于仰角 ε 时就看不到,或接收不到航天器的信号。

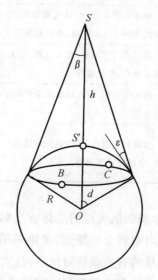

图 8-3 航天器对地面的覆盖

d 与 β 的关系由下式决定:

$$d = \arccos(\sin \beta) - \arccos \left(\frac{R+h}{R} \sin \beta \right) \qquad (8-5a)$$

如规定地面最小观测角为 $\varepsilon(°)$,则式(8-5a)应改写成

$$d = \arccos \left(\frac{R\cos\varepsilon}{R+h} \right) - \varepsilon \tag{8-5b}$$

航天器地面覆盖区的面积为 $4\pi R^2 \sin^2 \dfrac{d}{2}$，一个航天器在某个时刻只能覆盖全球表面积的 $\sin^2 \dfrac{d}{2} \times 100\%$。

设航天器 S 星下点 S' 的地心经度为 λ_s，地心纬度为 φ_s，地面覆盖区内任一点 C 的地心经度为 λ_c、地心纬度为 φ_c。这样，在地心直角坐标系 $O-x_1 y_1 z_1$ 内，S（航天器）的坐标 (x_{1s}, y_{1s}, z_{1s}) 和地面覆盖区内任一点 C 的坐标分量 (x_{1c}, y_{1c}, z_{1c}) 分别为（见图 8-4(a)）：

$$x_{1s} = (R+h)\cos\lambda_s\cos\varphi_s$$
$$y_{1s} = (R+h)\sin\lambda_s\cos\varphi_s$$
$$z_{1s} = (R+h)\sin\varphi_s$$
$$x_{1c} = R\cos\lambda_c\cos\varphi_c$$
$$y_{1c} = R\sin\lambda_c\cos\varphi_c$$
$$z_{1c} = R\sin\varphi_c$$

航天器 S 与其地面覆盖区内任一点 C 的距离不大于航天器 S 与其地面覆盖区（球帽）底边上任一点 B 的距离。按此条件（见图 8-4(b)），航天器 S 对地面的覆盖区满足下列不等式（根据球面三角形边的余弦定理）：

$$\cos\varphi_s\cos\varphi_c\cos(\lambda_s-\lambda_c) + \sin\varphi_s\sin\varphi_c \leqslant \cos d \tag{8-6a}$$

航天器 S 对地面覆盖区的边界由下列方程描述：

$$\cos\varphi_s\cos\varphi_b\cos(\lambda_s-\lambda_b) + \sin\varphi_s\sin\varphi_b = \cos d \tag{8-6b}$$

式中，λ_b 和 φ_b 分别代表地面覆盖区底边任一点 B 的地心经度和地心纬度。则

$$\Delta\lambda = \lambda_s - \lambda_b$$

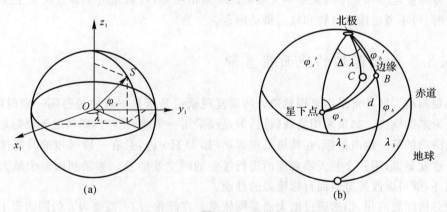

图　8-4

(a) 星下点 S 的坐标；　(b) 航天器对地面的覆盖

8.5.2　航天器对地面的覆盖带

航天器地面覆盖区仅表示航天器在空间轨道上某一位置对地面的覆盖。航天器沿空间轨

道运行对地面的覆盖情况由航天器的地面覆盖带来描述。为简便起见,假定轨道为圆轨道。在实际应用中,无论是对地观测航天器,还是卫星星座都是采用近似圆轨道(其偏心率近似等于零)。因此,在此假设下的分析还是实用的。

航天器沿圆轨道运动时,各时刻的覆盖角相同,即 d 不变。航天器沿轨道运行一圈,在垂直于星下点轨迹两侧、地心角为 d 的范围内形成一条地面覆盖带。图 8-5 示意图表示在墨卡托投影地图上绘制的星下点轨迹和覆盖带外沿轨迹。

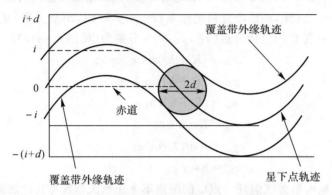

图 8-5   星下点轨迹和覆盖带外沿轨迹

航天器的地面覆盖能力用地面覆盖带的纬度范围与地面覆盖带的宽度来表征。地面覆盖带纬度的最大值和最小值决定了航天器沿圆轨道运动可覆盖的纬度范围;地面覆盖带的宽度决定航天器沿圆轨道运动可覆盖星下点轨迹两侧的范围,当星下点在赤道上时,地面覆盖带的宽度可用所覆盖的地理经度范围来表示。

星下点轨迹及地面覆盖带虽然会受地球自转和轨道摄动因素的影响,但这种影响对决定地面覆盖带纬度范围和宽度的关系不大或短期效果不明显,在轨道方案设计决定卫星的地面覆盖能力时,可不考虑地球自转和轨道摄动因素。

8.5.3   航天器环的地面覆盖带

对地观测航天器常常采用复现轨道。所谓复现轨道是指星下点轨迹每隔一定时间后,又能够重复原来的轨迹。如果采用复现轨道,但是仅采用一个航天器时,则该航天器对地面覆盖带纬度范围内的某一地面目标,在轨道复现周期(如 D 日)内,只有一段很短的时间被该航天器覆盖。这就是说,用一个航天器对地面进行覆盖的时空性能差。如果利用多个航天器组成航天器圆环,就可以改善对地面目标覆盖的性能。

为使分析问题简化,仍然假设航天器是圆轨道。在倾角为 i_0、高度为 h 的圆轨道上等间隔地放置 K 个航天器($S_1,S_2,\cdots,S_k$)。这 K 个航天器就形成了一个航天器环。环中每个航天器的高度相同,它们的地面覆盖角 d 也就相同。当环中航天器的个数 $K > 180°/d$ 时,相邻航天器的地面覆盖区就会有相互重叠的部分(见图 8-6)。图中 d_r 为卫星环中相邻卫星地面覆盖区重叠部分的地心角距,它称为航天器环的覆盖角。d_r 与 d 和 K 的关系可由球面直角三角形余弦公式求出

$$d_r = \arccos\left(\cos d / \cos \frac{180°}{K}\right) \tag{8-7}$$

　　这样,航天器环上各航天器沿同一圆轨道运行,就在星下点两侧形成了一个宽度为 d_r 的地面覆盖带。这个覆盖带称为航天器环的地面覆盖带。在不考虑地球自转和轨道摄动因素时,位于航天器环地面覆盖带内的地区在任何时刻都可为环内的 l 个航天器所覆盖,有时甚至可为两个航天器所覆盖。

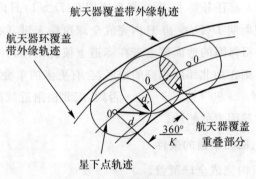

图 8 - 6　航天器环的覆盖角

　　航天器环地面覆盖带之外的地区称为航天器环的盲区。盲区可分为左右两块。盲区大小和分布与轨道倾角 i 及卫星环的覆盖角 d_r 有关。如图 8 - 7 所示,当 $d_r > i$ 时,左右盲区位于南北不同的半球;当 $d_r < i$ 时,左右盲区跨越赤道;当 $d_r = i$ 时,左右盲区与赤道相切;当 $d_r < i,i = 90°$ 时,左右盲区跨越赤道并对称。

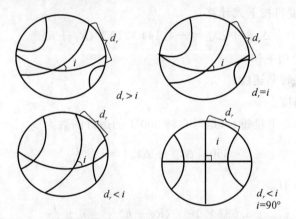

图 8 - 7　盲区与轨道倾角 i 及卫星环的覆盖角 d_r 的关系

8.6　太阳同步轨道主要参数的设计

8.6.1　太阳同步轨道的制约条件

　　对全球进行观测的气象卫星、地球资源卫星、侦察卫星等对地观测卫星,常采用太阳同步的回归近圆轨道,轨道高度一般小于 1 000 km。由于是近圆轨道,在 6 个轨道要素中,轨道偏

心率 e 已取为零值;对圆轨道,近地点幅角 ω 已无意义,轨道升交点赤经 Ω 和近地点的时刻 τ 对决定地面覆盖整体特性没有影响(对具体特定时段的覆盖有影响)。

轨道倾角 i 与轨道高度 h 按太阳同步轨道条件选定

$$\cos i = -0.098\,56\,(a/R_\mathrm{E})^{3.5}$$

轨道高度 h 要满足航天器任务要求,即在复现周期 $D(D>1)$ 日内完成全球覆盖。在航天器轨道的星下点轨迹复现周期 $D(D>1)$ 日内完成全球覆盖来讲,除了要保证星下点轨迹每隔 D 日能够重复,还应使相邻圈的地面覆盖带在赤道上彼此衔接,并有一定的重叠率。如前所述,在赤道上彼此衔接,则在南北纬度越高的地区,会有更多的重叠率。但是,要保证完成全球覆盖,还需要满足 $(i+d)>90°$(见图 8-5)。否则,南北极附近就覆盖不到。h 的取值要受到图像的地面分辨率要求等因素的制约。

8.6.1.1　太阳同步、回归轨道的条件

要求在复现周期 D 日内完成全球覆盖。

当考虑地球形状摄动时,升交点经度除因地球自转外,还有轨道面进动,则升交点每圈西移:

$$(\omega_\mathrm{e} - \dot{\Omega})T \tag{8-8}$$

在这种情况,回归轨道的条件为

$$360D = (\omega_\mathrm{e} - \dot{\Omega})TN \tag{8-9}$$

每圈西移地理经度可按下式计算:

$$\Delta\lambda_{\omega_\mathrm{e}} + \Delta\lambda_{\dot{\Omega}} = -4.144 \times 10^{-5}\,(R_\mathrm{E} + h)^{\frac{3}{2}} \tag{8-10}$$

式中　　R_E——地球平均半径;

ω_e——地球自转角速度;

h——轨道高度。

从复现条件可知,若卫星每日(地球自转 $360°$)的运行圈数为

$$360/\left|\Delta\lambda_{\omega_\mathrm{e}} + \Delta\lambda_{\dot{\Omega}}\right| = n \pm \frac{j}{D}$$

将式(8-10)代入有

$$8.687 \times 10^6 / (R_\mathrm{E} + h)^{3/2} = n \pm \frac{j}{D} \tag{8-11}$$

在满足式(8-11)时,就可保证星下点轨迹每隔 D 日($D>1$)能够重复。

式中,n 为待选正整数,j 为与 D 互质的数,可在 $1,2,\cdots,D-l$ 中选取。相应的复现总圈数 $N = nD \pm j$。

卫星每日运行 n 圈加或减 (j/D) 圈,就可保证星下点轨迹每隔 D 日重复。在轨道设计中,如果选用 $j=1$,则相邻圈的星下点轨迹排列具有规律性,这是它的优点。在这种情况下,如果卫星每日运行 $(n+1/D)$ 圈,则与第 m 圈星下点轨迹东邻的是第 $(m+n)$ 圈的星下点轨迹。如果卫星每日运行 $(n-1/D)$,则与第 m 圈星下点轨迹西邻的是第 $(m+n)$ 圈的星下点轨迹。下面给出上述情况的两种排列示例。图 8-8 给出 $D=4$,$n=3$ 和每日运行 $(n+1/D)$ 圈时星下点轨迹;图 8-9 给出 $D=4$,$n=3$ 和每日运行 $(n-1/D)$ 圈时星下点轨迹。

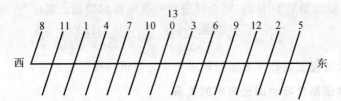

图 8 - 8　$D=4, n=3, N=13$,(即每天运行 $3+1/4$ 圈),东邻加 3 的星下点轨迹

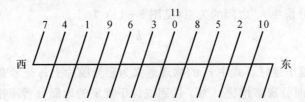

图 8 - 9　$D=4, n=3, N=11$,(即每天运行 $3-1/4$ 圈),西邻加 3 的星下点轨迹

8.6.1.2　轨道高度满足地面覆盖带的衔接条件

为了保证对地观测卫星能够得到全球任何地区的观测信息,轨道设计的高度应使卫星相邻圈的地面覆盖带在赤道上彼此衔接,并具有一定的重叠率(如果在赤道上彼此重叠,则在其他地理纬度就有更多的重叠率)。当然轨道高度 h 还需要满足另外的关系式。

在把卫星轨道设计成每日飞行 $(n \pm j/D)$ 圈的条件下,相邻圈星下点轨迹的经度在赤道上间隔 $\Delta \lambda_s$(见图 8 - 10)为

$$\Delta \lambda_s = \frac{360}{N} = \frac{360}{nD \pm j} \tag{8-12}$$

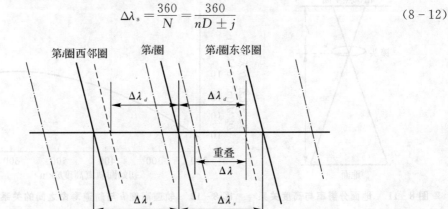

图 8 - 10　赤道覆盖带在经度上的重叠情况

考虑到低高度太阳同步轨道近似为极地轨道($i_0 \approx 90°$),则地面覆盖带在赤道上的宽度 $\Delta \lambda_d = d$,式中 d 为航天器覆盖角。d 取决于航天器轨道高度 h 和视场角 β 及最小观测角 ε,这样只有在 $2\Delta \lambda_d > \Delta \lambda_s$ 时(见图 8 - 10),即 $d > \Delta \lambda_s/2$,相邻圈的地面覆盖带才能彼此衔接。地面覆盖带衔接条件可写成

$$d > \frac{180}{nD \pm j} = \frac{1}{2} \Delta \lambda_s \tag{8-13}$$

根据图 8 - 10 表示的赤道上地面覆盖带在经度上的重叠情况,卫星将以经度方向上的最小

重叠率$\overline{\Delta\lambda}_{\min}\%$在复现周期$D$日内,对全球进行一次完整的覆盖。其中

$$\overline{\Delta\lambda}_{\min}\% = \frac{2\Delta\lambda_d - \Delta\lambda_s}{2\Delta\lambda_d} = 1 - \frac{180}{(nD \pm j)d} \tag{8-14}$$

式(8-14)以及覆盖重叠率方面的要求是决定轨道高度的制约条件。

8.6.1.3 轨道高度与地面分辨率的关系

对地观测卫星遥感图像的地面分辨率代表遥感图像上能分辨出独立地物之间的最小间距。在对地遥感器为胶片型相机对地垂直摄影的情况下,地面分辨率r_g与卫星轨道高度h、相机焦距f、相机摄影分辨率r_f之间的关系(见图8-11)为

$$r_g = \frac{h}{r_f f} \tag{8-15}$$

地面分辨率r_g越小越好。式中r_f的物理意义为感光胶片上每毫米宽度内可分辨的黑、白线对数。r_f越大,地面分辨率越优。为了达到或优于规定的地面分辨率指标,要求$h \leqslant fr_f r_g$,对其他类型的遥感器,相应也有反映h和r_g的关系式。

8.6.1.4 轨道高度和轨道寿命的关系

对圆轨道卫星,轨道寿命D_L取决于轨道高度h、卫星的阻力面积与卫星质量的比值$C_D S/M$以及大气密度随高度的变化规律,其数量关系有图表可查(参考图8-12)。图中C_D为卫星的阻力系数,S为计算阻力系数的参考面积。M为卫星的质量。对同一种卫星,h越高,D_L越长。图8-12中横坐标为初始轨道高度;纵坐标为卫星的归一化寿命(量纲为$m^2 \cdot d/kg$)。

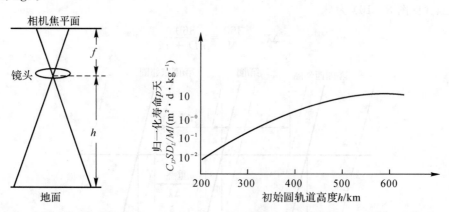

图8-11 地面分辨率与高度关系　　图8-12 轨道高度h与轨道寿命之间的关系曲线

8.6.2 确定轨道高度的步骤

根据卫星设计任务书中规定的复现周期D、地面分辨率r_g、覆盖(或图像)重叠率$\overline{\Delta\lambda}$、工作寿命D_w等指标以及所选用的有效载荷(遥感器)的视场角β、焦距f、分辨率r_f等性能参数,在卫星对地垂直摄影的条件下,回归、太阳同步、低高度圆轨道高度h的确定步骤为:

第一步:根据f,r_f和r_g确定h的上限$h_{\max}$,并据此选择卫星每日运行圈数$(n \pm j/D)$中的整数n,即根据下式选择:

$$8.687 \times 10^6 / (R_E + h)^{3/2} = n \pm \frac{j}{D}$$

第二步：由 β 和 h_{max} 按照式(8-5a)求出卫星地面覆盖角 d 的上限 d_{max}。

第三步：由 $\overline{\Delta\lambda}_{min} \geqslant \overline{\Delta\lambda}$ 的条件，按 D, n 和 d_{max} 选择 j(小于 D 并与 D 互质的正整数)并决定其前面的符号(即取 $+j$ 还是 $-j$)。

第四步：按 D, n, j 及其前面的符号，求出 h。

第五步：由所选择的 n, j 及其前面的符号和算出的 h，按照前面各个公式和轨道寿命曲线分别校核地面分辨率 r_g、覆盖重叠率 $\overline{\Delta\lambda}$、轨道寿命 D_L 大于工作寿命 D_w 等要求是否满足。如果上述校核通过，则所算出的 h 为轨道高度的可行值；如果上述校核部分或全部不通过，则需调整 n, j 重新计算，或提出修改卫星设计指标或提出遥感器性能指标的反要求。

思　考　题

1. 航天器任务分析的目的是什么？以火灾卫星为例，建立其备选对象表和任务分析树。

2. 航天器常用轨道类型有哪些？其应用范围是什么？

3. 影响航天器轨道选择的因素有哪些？轨道设计过程包含哪些步骤？

4. 航天器沿圆轨道运行时，其对地面的覆盖区和对地面的覆盖带与哪些因素有关？如何计算？

5. 太阳同步圆轨道与哪几个轨道要素有关？太阳同步、回归轨道的条件如何确定？

6. 轨道高度与地面分辨率和轨道寿命之间的关系是什么？在确定轨道高度时，如何兼顾复现周期、地面分辨率、工作寿命等参数的矛盾？

第9章 航天器空间物理环境

航天器设计要求和一般工程系统项目设计要求不同。其中,产生不同的最大原因之一是由于它会遇到一般工程系统项目所没有的一些特殊环境。这些特殊环境包括航天器在轨运行时所遇到的各种空间环境和在运载火箭发射时以及航天器返回时所产生的各种动力学环境和气动加热环境。

空间环境对航天器有着极其重要的影响,其中重力场、高层大气、太阳辐射影响航天器的轨道与寿命;地球磁场、高层大气、太阳辐射、重力梯度影响航天器的姿态;地球辐射带、太阳宇宙线、银河宇宙线、太阳辐射对航天器材料与涂层等造成辐射损伤;空间碎片、微流星对航天器的光学镜头、机械结构造成损伤;原子氧等使航天器的材料与涂层形成化学损伤;磁层等离子体、太阳电磁辐射影响航天器表面电位;地球电离层影响航天器的通信和测控;太阳电磁辐射、冷黑环境、高层大气的真空环境影响航天器的热状态。载人航天器还要受到空间环境的特殊影响。因为人对生存环境的要求极为严格,要求采取更为严格的防护措施。对长寿命的永久性空间站,应考虑空间环境的时间效应,例如,空间碎片和微流星的碰撞概率与航天器的特征尺度的 2 次方成正比,气动力矩与航天器特征尺寸的 3 次方成正比,一些在短时间内是"低概率"的事件,在长期飞行中成为不可忽视的因素。

这些特殊环境在系统工程观念中属于环境系统的一部分。根据系统工程观念,在航天器总体设计中要把这些特殊环境作为约束条件,即把这些特殊环境作为设计输入要求,使研制出的航天器能适应这些特殊环境。

9.1 近地空间环境

近地空间环境包括真空环境、原子氧环境、粒子辐射环境、太阳辐射环境、热环境、微流星与空间碎片环境、地球磁场环境和地球引力场环境等。

空间环境可分为自然环境、航天器诱导环境和人为环境。这些环境除少数可为航天器所利用或在航天器搭载应用外,大多数对航天器都是有害的。因此,在航天器设计中,除按一般工程设计学进行设计外,还要求航天器设计专门的防护措施,以适应这些环境。

空间自然环境是空间自然存在的环境,包括大气层、高真空、原子氧、各种粒子辐射、太阳辐射、微流星、重力场和地磁场等环境。航天器诱导环境是由于航天器在轨运行和工作时形成的环境。它有失重、喷气发动机羽流污染、材料放气污染等环境。人为环境是由于各国发射航天器时,人为产生的环境,包括废弃的航天器、空间碎片等;另外,还有运载火箭和航天器各种无线电射频引起的电磁干扰等环境。

9.1.1　真空环境

地球大气是指被地球引力场和磁场所束缚、包裹着地球陆地和水圈的气体层。大气层的大气密度基本上是随着高度的增加按指数规律下降的。另外,大气密度随着地理纬度、一年四季、一天 24 小时及太阳活动变化而出现一定的变化。大气质量分布如下:

大气在 0 ~ 20 km 范围占总质量的 90%;

大气在 0~ 50 km 范围占总质量的 99.9%;

大气在 100 km 以上占总质量的 0.000 1%。

因此,与地球大小相比,大气层是一个很薄的薄层。

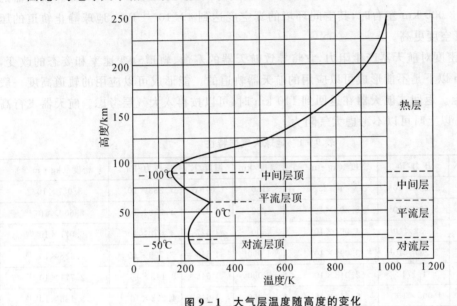

图 9 - 1　大气层温度随高度的变化

图 9 - 1 所示为大气层的温度随高度的变化。根据大气层温度的垂直分布,习惯上把它分成如图 9 - 1 所示的几层。

(1)对流层。从地面向上至温度出现第一极小值所在高度的大气层。由于它是对流作用而形成的,故称对流层。对流层内温度随高度的增加而较均匀地下降,温度垂直递减率平均为 6℃/km。

(2)平流层。从对流层顶以上至温度出现极大值所在高度的大气层。对流层顶部以上的大气温度随高度上升而上升,在 50 km 附近达到 0℃,其顶部温度为 -50 ~ -55℃。在这一范围,由于温度随高度上升而上升,所以大气稳定性较好,主要呈水平运动,故称平流层。

(3)中间层。从平流层以上温度随高度上升而下降出现第二极小值,在 80 km 附近温度降到 -100℃。该层称为中间层。

(4)热层。从中间层再往上温度随高度急剧上升,在 500 km 附近温度高达 700 ~ 2 000 K,平均温度为 1 000 K。由于这部分大气温度很高,所以称之为热层。

(5)外层大气。热层再往上就逐渐地过渡到行星际空间。大气层与行星际空间没有明显的界限。

在航天器设计中，从实用出发，可把对流层的大气称为低层大气，从对流层顶部到大约110 km 的大气称为中层大气，110 km 以上的大气称为高层大气，又把 1 000 km 以上的大气称为外大气层。

随着高度的增加大气越来越稀薄，也就是越来越接近真空。随着大气密度减小，大气压力也随之减小。度量环境真空度的高低一般不用大气密度，而是用大气压力，单位是 Pa。大气压力也是基本上随着高度的增加按指数规律下降的。

表 9-1 给出地球大气层基本特性，表示出温度、压力和密度随大气层高度而变化的情况。

在春秋季节时，北半球中纬度海平面处的大气标准压力 $p_0 = 101\ 325$ Pa。当航天器的轨道高度处于 100 km 左右时，其环境的真空度（即大气的压力）大约为 4×10^{-2} Pa。航天器的轨道高度达到 3 000 km 左右时，其空间环境的真空度达到 4×10^{-11} Pa。地球静止轨道的压力则更低，即真空度更高。

由于大气密度对航天器产生阻力，它将导致航天器的寿命、轨道衰变速率和姿态的改变，高度在 110 km 以下是不能形成可以应用的航天器轨道的。能形成可以应用的轨道高度一般在 170 km 以上。返回式航天器在返回到 110 km 时，可以按再入大气层考虑。航天器飞行高度在 1 000 km 以上时可以不考虑大气阻力。

表 9-1 地球大气层特性

高度/km	温度/K	压力/Pa	密度/(kg·m⁻³)	高度/km	温度/K	压力/Pa	密度/(kg·m⁻³)
0	288	1.013×10^5	1.125	150	679	7.383×10^{-4}	3.087×10^{-9}
20	218	5.509×10^3	8.801×10^{-2}	220	1 310	1.358×10^{-4}	2.600×10^{-10}
40	252	2.932×10^2	4.004×10^{-3}	300	1 527	4.070×10^{-5}	6.077×10^{-11}
60	251.7	2.237×10^1	3.095×10^{-4}	1 000	1 645	3.790×10^{-8}	4.438×10^{-14}
80	202.5	1.171	2.013×10^{-5}	2 000	1 645	8.145×10^{-11}	2.771×10^{-17}
100	210.0	4.005×10^{-2}	6.642×10^{-7}	3 000	1 645	4.253×10^{-11}	3.186×10^{-18}

9.1.2 原子氧环境

一般近地轨道航天器的高度在 200 km 以上。在距地球表面 200 ～ 1 000 km 高度范围内，残余大气中的成分包括氮、氧、氦、氢和氩等的分子或原子。但是在 300 ～ 500 km 范围内原子氧所占成分较多（见图 9-2）。图 9-2 还给出各种成分浓度变化的最大值和最小值。尽管大气层中原子氧在 300～500 km 范围内的平均数密度只有 $10^9 \sim 10^6/cm^3$，但是，对于高速飞行的各种航天器在前向表面形成的通量密度可达 $10^{13} \sim 10^{15}/(cm^2 \cdot s)$。

原子氧在轨道上的热动能并不高，一般为 0.01 ～ 0.025 eV，对应温度一般为 1 000 ～ 1 500 K，而航天器相对大气的速度接近 8 km/s，这就相当于原子氧以 5 eV 的能量与航天器前面相撞，这种冲击作用等价于 5×10^4 K 的高温，足以对空间材料产生重大的影响。更主要的问题在于原子氧是极强的氧化剂，它与航天器表面材料发生化学效应（如氧化、溅散、腐蚀、挖空等），从而导致航天器表面材料的质量损失、表面剥蚀以及物理、化学性能改变。这种高温氧化和高速碰撞对材料作用的结果是非常严重的。因此,低轨道航天器在设计时就需要考虑原子氧环境的影响。

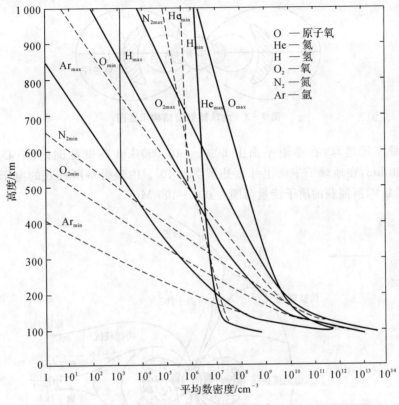

图 9 - 2　原子氧在空间分布

9.1.3　粒子辐射环境

航天器在近地空间轨道上受到空间粒子辐射的作用。空间粒子包括质子、电子、α 粒子和重离子。粒子辐射环境主要包括地球辐射带、太阳宇宙线和银河宇宙线三个部分。

9.1.3.1　地球辐射带

地球辐射带是被地球磁场捕获的带电粒子所形成的区域。这是由美国学者 Van Allen (范·艾伦)首先提出来的。他通过美国早期几颗卫星上探测到的数据,经过研究,认为是大量带电粒子被地球磁场捕获形成了辐射带。因此,地球辐射带又称为范·艾伦辐射带。后来,苏联通过卫星测量结果也证实了地球辐射带的存在。地球辐射带的大致结构如图 9-3 所示。

地球辐射带环绕在地球赤道周围上空,按空间分布可分为内、外两个辐射带。辐射带形状大体上是在地球赤道上空围绕地球形成环状构形。因为组成辐射带的带电粒子是沿着地球磁场的磁力线运动的,所以辐射带的边缘大体上与磁力线一致。由于太阳风改变了地球基本磁场的分布,迎日面受到压缩,呈压扁的半球状,背日面拉长,形成圆柱状磁尾(见图 9-4)。这样,使地球磁层顶成为不对称,而导致了磁层磁场的不对称性。因此,使得辐射带在向阳面和背阳面也有差异。辐射带主要由质子、电子和少量重核组成。

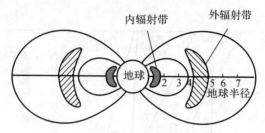

图 9-3　地球辐射带结构示意图

内辐射带靠近地球,在赤道平面上 $600 \sim 10\ 000$ km 高度范围内,中心位置高度为 $3\ 000\sim 5\ 000$ km,在地球子午面上纬度边界为 $\pm40°$。内辐射带所捕获的电子能量范围为 $0.04\sim 4.5$ MeV,所捕获的质子能量范围为 $0.1\sim400$ MeV。

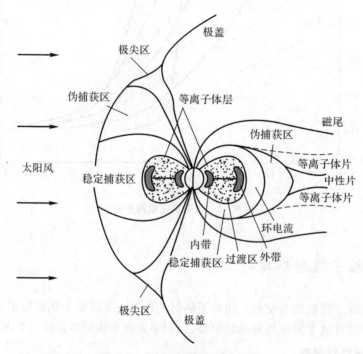

图 9-4　地球辐射带结构示意图

外辐射带是离地球较远的捕获粒子区。外辐射带在赤道平面上从 $10\ 000\sim 60\ 000$ km 的高度范围内,其中心强度位置离地面为 $20\ 000\sim25\ 000$ km,在地球子午面上纬度边界范围为 $\pm55°\sim \pm70°$。所捕获的粒子主要是电子,其能量范围为 $0.04\sim7$ MeV。也有能量很低的质子(通常在几兆以下)。内外辐射带之间粒子辐射强度较弱的区域称为槽区(或称为过渡区)。

下面介绍几个常用的单位定义:

(1)能量。能量单位是焦耳(J)。辐射技术中常用能量单位是电子伏(eV),1 eV 是一个电子经过 1 V 电位差电场加速获得的能量。电子伏与焦耳和尔格的关系为

$$1\ eV=1.6\times10^{-19}J=1.6\times10^{-12}erg$$

(2)通量。通量也叫注量率或通量密度,指单位时间通过单位面积的粒子数,其单位是粒

子数/(cm² · s)。

（3）全向通量。单位时间从所有方向穿过截面为 1 cm² 球体的粒子数，其单位是粒子数/(cm² · s)。

（4）单向通量。单位时间从某个方向入射到单位立体角和单位面积上的粒子数，其单位是粒子数/(cm² · s · sr)。

（5）微分通量。能量 E 到 $E + \mathrm{d}E$ 范围内的粒子通量。全向微分通量的单位为粒子数/(cm² · s · keV)，单向微分通量的单位为粒子数/(cm² · s · sr · keV)。

（6）积分通量。能量超过某一给定能量（E_0）的粒子通量。全向积分通量的单位为粒子数/(cm² · s)，单向积分通量的单位为粒子数/(cm² · s · sr)。

（7）累积通量。累积通量又叫注量，指单位面积上入射粒子的时间积分通量。

（8）吸收剂量。单位质量靶物质中沉积的辐射能量，单位为拉德（rad）和格瑞（Gy）。

$$1 \text{ rad} = 100 \text{ erg/g}$$

$$1 \text{ Gy} = 1 \text{ J/kg}$$

$$1 \text{ rad} = 10^{-2} \text{ Gy}$$

常用的辐射带经验模型是辐射带粒子通量模型。它是太阳活动高年或低年条件下用来计算给定粒子能量 E 和空间坐标时的粒子积分或微分通量。最新的静态模型是 AE-8 和 AP-8，分别是电子和质子通量模型。图 9-5 所示是 AE-8max 模型，它表示太阳活动高年期间具有不同能量的电子在磁赤道全向积分通量随 L（磁壳参量，以地球半径 R_E 为单位）的变化。由图 9-5 可以看出，电子能量越小，其全向积分通量值越大；每条曲线都有两个峰值，分别对应于内外辐射带的中心位置。内外辐射带电子全向积分通量峰值分别出现在 $L = 1.5 \sim 2.0$ 和 $L = 3.0 \sim 5.0$（地球半径）区域内。

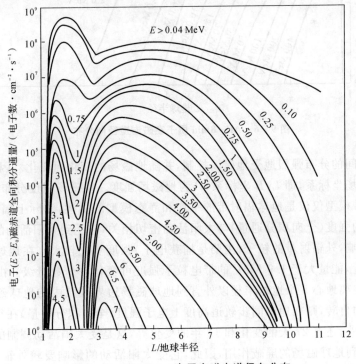

图 9-5　AE-8max 电子在磁赤道径向分布

　　最新的质子通量模型 AP‐8 包括 1970 年太阳活动高年状态的 AP‐8max 和 1964 年太阳活动低年状态的 AP‐8min 两部分模型。图 9‐6 所示是 AP‐8min 模型,它表示在太阳活动低年期间具有不同能量的质子在磁赤道全向积分通量随 L(地球半径数)的变化,即在磁宁静条件下 $L=1.15\sim6.6$(单位是平均地球半径 R_{E})和 $E=0.1\sim400$ MeV 范围内的质子通量模型。由图 9‐6 可以看出,质子能量越小,其全向积分通量值越大;每一种质子能量曲线只有一个峰值。这表明质子主要分布在内带,而外带只有少量质子,而且能量较低。即 L 值(离地球高度)越大,峰值越大(全向积分通量值),但质子能量越小。

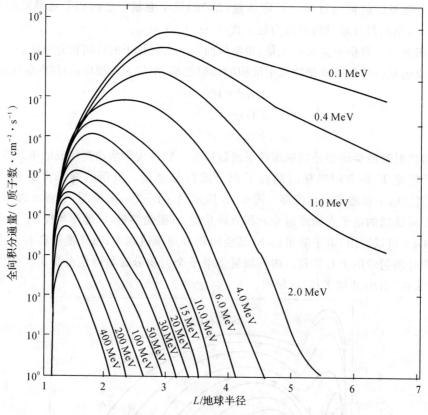

图 9‐6　AP‐8min 质子在磁赤道径向分布

　　辐射带在空间的分布强烈地受地磁场控制,并随地磁场的变化而变化。因此,准确的辐射带分布要用地磁场坐标系,即 L,B 坐标系,B 为地磁场强度。地磁场强度分布见 9.1.8 节(地球磁场)。辐射带模型仅仅是地球辐射带的平均和静态模型的描述,实际上辐射带粒子(捕获的电子和质子)的强度(全向积分通量)与太阳活动密切相关,它受到太阳活动的强烈调制。由于太阳活动的影响,外辐射带的粒子(主要是捕获电子)强度变化较大。在地球同步轨道高度(36 000 km)附近,能量大于 1.9 MeV 的带电粒子强度可变化一个数量级。由于太阳风压缩地球磁场,使得在离地心 5 个地球半径以外直到地球磁场边界区域内的地球磁场有很大的畸变,再考虑地球的自转,则在地球同步轨道高度上电子强度(全向积分通量)在每个昼夜可变化两个数量级。此外,还有 27 天的变化和 11 年的变化等,这是受太阳活动调制的结果。内辐射带的粒子强度受到地球磁场的屏蔽作用,因此,它受太阳活动的影响要较外辐射带小。例如,在 800 km 左右的高度上,1 MeV 的电子通量在太阳活动极大年约为 $3 \times 10^{10} (cm^2 \cdot d)^{-1}$,在太阳活动极小年约为 $1.5 \times 10^{10} (cm^2 \cdot d)^{-1}$。

9.1.3.2 太阳宇宙线

太阳耀斑爆发时所发射出来的高能粒子流,通常称为太阳宇宙线或太阳带电粒子辐射。它们绝大部分是质子流,故又常称为太阳质子事件。太阳表面宁静时不发射太阳宇宙线。

太阳宇宙线组成除质子外,还包含有少量的电子和 α 粒子及少数电荷数大于 3 的粒子,其中碳(C)、氮(N)、氧(O)等重核离子。

太阳宇宙线的能量一般在 1 MeV ~10 GeV 范围内,大多数在 1 MeV 至数百 MeV 之间。10 MeV 以下的太阳粒子称为磁暴粒子,能量低于 0.5 GeV 太阳质子事件称为"非相对论质子事件",能量高于 0.5 GeV 太阳质子事件称为"相对论质子事件"。

不同的太阳宇宙线事件从太阳到地球的传播时间是不同的。相对论事件传播时间通常小于 1 h,从开始到最大值需 3~20 min。非相对论质子事件传播时间从几十分钟到几十小时。

9.1.3.3 银河宇宙线

银河宇宙线是从太阳系以外银河各个方向来的高能带电粒子,其粒子通量很低,但能量很高。银河宇宙线的粒子能量范围是 $40 \sim 10^{13}$ MeV,甚至更高。银河宇宙线是由电子和元素周期表中所有元素的原子核组成的。元素周期表中前 28 种元素的核离子是其主要成分,其中成分(丰度)最大的是质子(氢核),约占总数的 84.3%,其次是 α 粒子,约占总数的 14.4%,其他重核成分约占总数的 1.3%。

银河宇宙线在进入日层前,还未受到太阳风的影响,其强度可认为是均匀的和恒定的,即不随空间和时间变化。但进入日层后,受太阳风的影响,银河宇宙线的强度逐渐减弱。另外,它们进入地球磁场作用范围之后,由于受到地磁场的强烈偏转,使得能量较低的粒子难于到达地球,同时产生纬度效应、经度效应,因此,出现东南西北不对称性。太阳活动低年时,银河宇宙线积分通量在距地面 50 km 以上的空间约为 4 粒子数/$(cm^2 \cdot s)$;在太阳活动高年时,银河宇宙线强度约比低年时减少 50%。

9.1.4 太阳辐射环境

9.1.4.1 太阳电磁辐射

太阳是一个中等恒星,它是一个炽热的气体球,可见的日面叫光球层,近似为 6 400 K 温度的黑体。光球层上面是一个透明的色球层,温度高达 5 000 K。在色球层上是日冕,温度高达 1.5×10^6 K。太阳不断地发射出能量为 4×10^{33} erg/s($1 erg = 10^{-7} J$)的电磁辐射,它包含了波长从 $10^{-8} \mu m$ 的 γ 射线到波长大于 10 km 的无线电波的各种波长电磁波。各电磁波段的名称可参见图 9-7,在图 9-7 中还示出大气对各种电磁波段的传输率(或相对应的吸收率)。

太阳电磁辐射是指在电磁谱段范围内的太阳能量的输出。通常用太阳常数来描述太阳电磁辐射能量。太阳常数是指在距离太阳一个天文单位处(即地球到太阳之间的平均距离,记为 1 AU,1 AU=$1.495\,978\,930 \times 10^8$ km),在地球大气层外垂直于太阳光线的单位面积上,单位时间内所接收到来自太阳的总电磁辐射能,单位为 W/m^2。美国国家航空航天局(NASA)所采用的太阳常数值为($1\,353 \pm 21$) W/m^2。中国航天工业也采用此值作为标准。

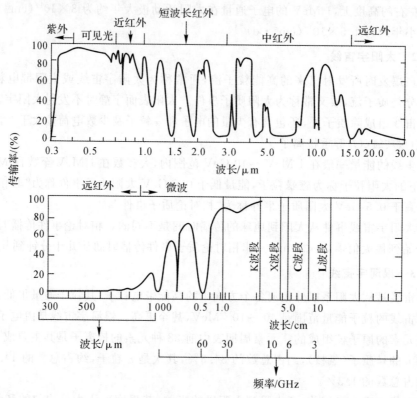

图 9 - 7　太阳电磁辐射

　　太阳黑子就是在太阳光球层上看到的暗区,黑子常常呈现为黑子群。黑子活动是太阳活动的一种,黑子活动基本上呈现平均 11 年一个长周期(黑子数最少到 10 以下,最多可到 200 个)的变化。太阳局部突然增亮的现象称为耀斑,太阳耀斑寿命为十几分钟至几小时。耀斑射出的电磁波主要分布在 X 射线、紫外线和射电波段。在特大爆发时,耀斑辐射的波长可包括由 0.000 2 nm～10 km 的广阔波段。耀斑除了发射电磁波外,同时还高速喷出质子、中子和电子。

　　太阳辐射可分为热辐射和非热辐射两部分。若辐射源质点辐射出的能量分布遵守波尔兹曼分布就称为热辐射;反之为非热辐射。波长在 0.28～1 000 μm 内的辐射能占太阳总辐射能的 99.43%,这些辐射主要来源是太阳光球的热辐射,其辐射功率比较稳定。在太阳辐射光谱的两端,即波长小于 0.28 μm 的紫外线、X 射线、γ 射线和大于 1 000 μm 的电磁波,主要来源是太阳日冕区的非热辐射。这些非热辐射的功率很小,但变化很大。它们的功率随太阳耀斑和黑子活动成倍或几十倍的变化。

　　不同波长的电磁波辐射能量各不相同。可见光的辐射强度最大。可见光和红外辐射能量占总能量的 90% 以上;无线电波、X 射线和紫外线占太阳总辐射能量的比例很小。太阳辐射波长在 0.276 ～4.96 μm 范围内的光谱能量占总太阳能的 99%。波长在 0.217 ～ 10.94 μm 范围内的光谱能量占总太阳能的 99.9%。波长在 0.18～40 μm 范围内的光谱能量占总太阳能的 99.99%。图 9-8 所示是大气层外太阳辐照度谱,图中还示出太阳辐照度谱与 5 777 K 黑体的能量分布相近似,并示出太阳暴发时的太阳辐照度谱。

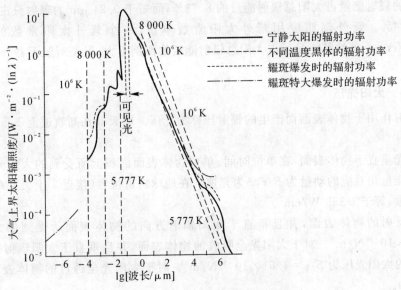

图 9 - 8　大气层外太阳辐照度谱

　　太阳辐射经过大气层时,会受到各种气体的吸收。图 9-9 是各种气体对太阳辐射吸收的概况。太阳在天顶位置,取大气臭氧总量为 0.35 cm,水汽总量相当于 2 cm 厚的液体水。下凹部分是气体对太阳辐射的吸收,由于在较宽的波段都有吸收,故称为吸收带。臭氧吸收带在紫外及可见光区,氧气吸收带在极紫外及 0.76 μm 附近,水汽吸收带主要在红外区。具体吸收比可参见图 9-7。

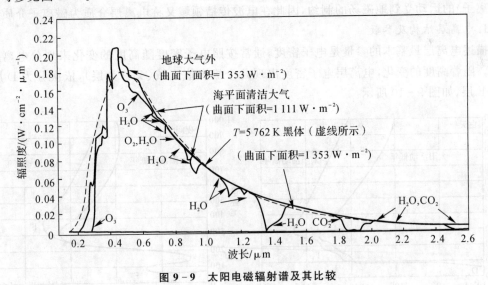

图 9 - 9　太阳电磁辐射谱及其比较

9.1.4.2　紫外辐射环境

　　在太阳可见光外波长较短的一侧是紫外辐射,即太阳电磁辐射中波长从 0.004～0.400 μm 范围内的辐射为紫外辐射(见图 9-7),紫外辐射按波长可划分为 3 个区域:近紫外(0.38～0.31 μm)、中紫外(0.31～0.17 μm)和远紫外(0.17 μm 以下)。

紫外线的辐射能量占太阳总辐射能量的 8.73%，而短于 0.24 μm 的辐射只占太阳总辐射能量的 0.14%。紫外辐照度用紫外太阳常数单位，一个紫外太阳常数的数值等于 11.805 4 W/cm²。虽然其能量所占太阳总辐射能量的比例不大，但是对航天器外表面材料有很大影响。

9.1.4.3　太阳光压

太阳辐射作用于物体表面而产生的辐射压称为光压。航天器在高轨道上飞行时要考虑光压的作用。

若太阳光垂直于物体表面，在单位时间、单位物体表面面积上所受到的太阳光能量为 S，则与这部分能量相对应的动量为 S/c，c 为光速。在地球轨道位置（接近 1 个天文单位）S 就是一个太阳常数，等于 1 353 W/cm²。

对于全反射的物体表面，并且垂直于太阳辐射方向的物体表面所受到的太阳光压为 $2S/c = 9.02 \times 10^{-6}$ N/m²。对于太阳光全吸收的物体表面，并且垂直于太阳辐射方向的物体表面所受到的太阳光压为 $S/c = 4.51 \times 10^{-6}$ N/m²。对于太阳光全透过的物体表面所受到的太阳光压为 0。

9.1.5　地球电离层

电离层是地球大气的一个重要层区，它是由太阳电磁辐射、宇宙线和沉降粒子作用于地球高层大气，使之电离而生成的由电子、离子和中性粒子构成的能量很低的准中性等离子体区域。地球电离层在 50 km 至几千千米高度间，温度在 180～3 000 K 范围之间，其带电粒子（电子和离子）的运动受到地磁场的制约，因此在电波传播领域又称电离层介质为磁离子介质。

1. 电离层结构及参数

描述电离层最基本的参量是电子密度，通常按照电子密度随高度的变化来划分电离层的结构。随着高度的变化，电离层电子密度出现几个极大值区域（又称为层），依次分为 D 层、E 层和 F 层，如图 9-10 所示。

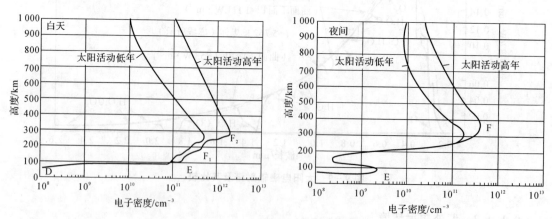

图 9-10　正常电离层结构示意图

电离层电子密度的高度分布随昼夜、季节、纬度和太阳活动而变化。由于白天和晚上的电离源（太阳电磁辐射）不同，电离层结构也有所不同，在夜间 D 层消失，而 E 层和 F 层电子密度减小；太阳活动高年和低年中，太阳电磁辐射的差异也导致电离层电子密度有很大差别。但共同的特点是在 $200\sim400$ km 高度之间电子密度有一个明显的峰值。

D 层是最低的电离层，一般处于高度为 $50\sim90$ km 的区域，主要的电离源是太阳 X 射线。该层的电子密度随高度的变化而迅速变化，具有较大的日变化，地方时午后出现最大值，午夜具有最小值，典型的正午值为 $10^8\sim10^9$ m^{-3}。同时该层还具有显著的季节变化，最大值出现在夏季，但最小值并非出现在冬季。

E 层处于高度为 $90\sim130$ km 的区域，由正常 E 层和偶现（Sporadic）E 层两部分构成。正常 E 层的电子密度最大值近中午出现；随季节的变化较大，夏季呈最大；随太阳活动呈正相变化，太阳活动最大时，同一地点白天 E 层的最大电子密度可增加 10％左右；最大电子密度出现在 110 km 高度附近，约为 10^{11} m^{-3}，夜间剩余值一般很小，为 $(1\sim4)\times10^9$ m^{-3}。偶现 E 层，又称为 Es 层，是出现在高度 $100\sim120$ km 的 E 层上的异常电离，与太阳辐射几乎没有直接关系。Es 在不同的纬度上具有明显的不同特征，在低纬度主要出现在白天，在中纬度主要出现在夏季，而在极区多出现在夜间。

F 层处于高度为 130 km 直到几千千米的广大区域，有时可分出 F_1 层和 F_2 层两部分。上下两层呈现不同的变化。F_1 层处于 $130\sim210$ km 高度上，其最大电子密度约为 2×10^{11} m^{-3}，夜间一般失去 F_1，F_2 层的区别。F_2 层是电离层的最高电离区域，处于高度 200 km 以上区域，其白天电子密度为 10^{12} m^{-3} 量级，夜间为 5×10^{11} m^{-3} 左右。F 层电子密度有明显的纬度变化，电子密度相差达两个数量级以上。

2. 电离层反常现象

电离层除了具有正常的结构背景以及不均匀结构以外，还有伴随着太阳耀斑、磁暴等全球性扰动过程而出现的电离层突然骚扰（SID，Sudden Ionosphere Disturbance）、电离层暴以及极区反常现象。

电离层突然骚扰。太阳耀斑爆发几分钟后，电离层的低层（主要是 D 层）经常出现电离度突然剧烈增强的现象，称为电离层突然骚扰。它造成日照半球上短波与中波信号立即衰落甚至完全中断，长波和超长波的天波相位发生突变（Sudden Phase Anomaly，简称 SPA 现象），地磁出现钩扰。骚扰持续时间为几分钟到几小时左右。SID 现象几乎牵涉无线通信和地球物理的一系列电磁现象，其出现率随太阳活动的增强而增强。

电离层暴。这是由太阳耀斑引起的一种电离层扰动。太阳耀斑爆发时，由于太阳局部发生扰动，抛射出大量带电粒子流或等离子体"云"，这些粒子流到达地球后，破坏了电离层的正常结构，引发电离层暴。电离层暴涉及范围广，可以遍布全球，在极光带最为严重。电离层暴对短波通信影响较大，短波吸收加剧甚至中断，造成无线电信号不稳，最大可用频率下降，信号场强大大减弱，以致无法维持通信。

极区反常现象。极区电离层与中、低纬电离层的区别在于极区的太阳光照条件的日变化和季节变化均比较小而且缓慢，容易受到太阳带电粒子流的影响。在极区经常产生极光和磁扰，甚至在磁静时期极区电离层扰动也很大。在磁扰期间，极区电离层有复杂的结构和变化，随磁暴的增长，Es 反射更高的频率，F 层回波消失；磁暴最大时，"回波"中断，即出现极盖吸收事件（The Polar Cap Absorption Event，PCA），这是由于太阳耀斑喷发出的 $5\sim20$ MeV 质子进入极盖区，使 D 层电离剧增而造成该区对电波的吸收剧烈增强。同时在夜间还出现极光带吸收事件。

9.1.6　热环境

航天器在轨道上所遇到的热环境有航天器接收到的外部热流、内部产生的热量和向深冷空间辐射热流等三部分。

外热流主要来自太阳直接热辐射、地球对太阳辐射的反射和地球热辐射三部分。地球对太阳辐射的反射是地球大气层对太阳辐射的反射（大气向上光）和大气向下光通过地球反射穿过大气层到航天器。地球热辐射是由于地球本身的温度为 300 K 而产生的热流。当航天器进入地球阴影时，航天器只接收地球热辐射的热量。航天器在空间热环境及内外热交换示意图见图 9-11。内部热流来自航天器各个分系统的仪器设备的耗电或机械摩擦等而产生的热量。同时，航天器的热量通过其专门设计的外表散热面向 4 K 深冷空间辐射出去。

一般对航天器的热设计来说，热环境主要考虑外部热流、内部热耗和空间热沉（即 4 K 深冷空间）。而对于高轨道来说，例如，地球静止轨道（轨道高度为 35 786 km），外热流主要就考虑太阳辐射，即忽略地球热辐射和反射。

在分析太阳辐射时，对任何轨道的航天器，太阳辐射强度（以太阳常数表示）都要考虑到日地距离和太阳光的入射角对它的影响。日地距离：1 月 3 日为近日点，太阳常数为 1 399 W/m^2；7 月 4 日为远日点，太阳常数为 1 309 W/m^2；太阳常数平均差±3.3%；太阳常数最大和最小差 6.8%。

当航天器的热设计是正确合理时，在轨道热稳定工况下，这种输入与输出的热量最终会达到平衡，使航天器的各个仪器设备处在要求的正常工作温度范围内。

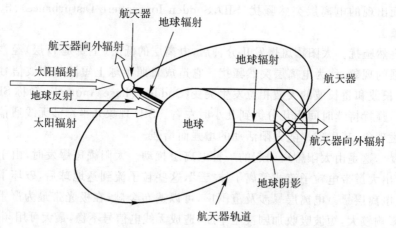

图 9-11　航天器在空间热环境及内外热交换示意图

9.1.7　微流星体与空间碎片

空间环境中还存在着大量中性的固态物质，主要包括微流星体和空间碎片两部分。前者是宇宙空间天然存在的微小天体，后者是人类航天活动造成的废弃物。

1. 微流星体

微流星体的起源。在火星轨道和木星轨道之间,有一个小行星带,其中有数以万计的小天体,沿着各自的轨道绕太阳公转。由于各种引力摄动,其轨道不断变化,免不了互相倾轧、碰撞。星体相碰时,除一部分升华外,产生的大部分碎片、尘粒仍在太阳系空间内沿绕日轨道运动。有的就向地球方向飞来,在进入地球大气时由于摩擦生热,在天空中产生很亮的光迹,称为流星(经过大气未烧完而落入地球表面的称为陨石。据估计,地球每昼夜飞入的流星体物质平均达数百吨)。而形成流星的物体称为流星体。体积和质量很小的流星体称为微流星体。这是微流星体的来源之一。

微流星体的第二个起源则来自彗星。彗星具有极为扁长的绕日轨道,当它从远离太阳处飞达近日点附近时,由于温度、辐射压力的剧烈变化而不断挥发、解体,形成微流星体。崩溃的彗星碎片在其轨道上能延伸很长的距离。当其与地球相遇时,就形成了流星雨。

太阳是银河系中的普通一星,它相对于附近恒星的运动速度约为 20 km/s;同时,又和附近的恒星一起,以约 250 km/s 的速度绕银河系中心旋转。因此,行星际的物质不能与恒星际物质绝对分开。微流星体的大部分起源于彗星,小部分起源于小行星。

2. 空间碎片

空间碎片是指在绕地球轨道运行的不再发挥作用的人造物体及其碎片。这些碎片大部分来源于废弃的航天器残骸和它们因爆炸和碰撞而产生的碎片。目前,在地球表面以上 2 000 km 范围内的碎片总质量已达 3 000 多吨。它们大都分布在人造卫星常用的轨道上,平均相对速度约为 10 km/s。与流星体一次性地掠过地球不同,空间碎片始终和航天器一同在地球周围运动,因此碰撞的机会很多。

空间碎片的空间分布与人类空间活动的区域有关,低轨道区域和地球同步轨道区域是空间碎片比较密集的两个区域。在低轨道区,高层大气的阻力作用是使空间碎片消失的主要原因,特别是较小的空间碎片,由于其面积与质量之比和尺度成反比,故越小的空间碎片陨落得越快。测量结果表明在 300～1 500 km 的高度范围内的密度都很高。图 9-12 是空间碎片密度随高度的分布。

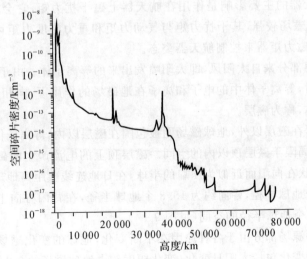

图 9-12　空间碎片密度随高度的分布

9.1.8 地球磁场

地球附近空间充满着磁场,按照磁场起源的不同,地球磁场可分为内源场和外源场。内源场起源于地球内部,它包括基本磁场和外源场变化时在地壳内的感生磁场。外源场起源于地球附近的电流体系,包括电离层电流、环电流、场向电流、磁层顶电流及磁层内其他电流(见图 9-13)。

地球磁场的主要部分是内源场中的基本磁场。基本磁场是地球固有的磁场,起源于地核中的电流体系。地球

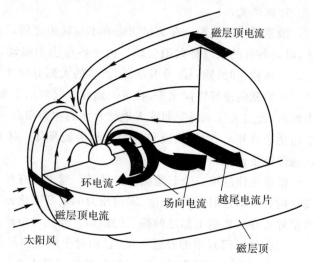

图 9-13 地球磁层电流系示意图

磁场十分稳定,只有极缓慢的长期变化,年变化率在千分之一以下。基本磁场又分为偶极子磁场、非偶极子磁场和地磁异常等几个部分。其中,偶极子磁场约占地磁场的 90%。在几百千米到几个地球半径高度的空间,地球磁场大体呈现为偶极子磁场。偶极子磁轴与地面的交点为地磁极,南北半球各一个,分别称为南磁极和北磁极。实际地球磁场的磁极位置在不断变化,相对地球自转轴偏离 $11.2° \sim 17°$。

地球磁场强度随磁纬增加而增加,磁纬从 $0°$ 增加到 $90°$,磁场强度从 0.311 G(高斯),增加到 0.622 G。磁场矢量方向大致与地面平行。若把地球磁场近似看作均匀磁场,用 B_0 表示磁赤道处的磁场强度,用 θ 表示地心矢量与磁赤道的夹角(称为磁纬),用 R 表示地心距,则地球空间磁场强度的幅值为

$$B = \frac{B_0}{R^3} (1 + 3 \sin^2\theta)^{1/2} \tag{9-1}$$

地球磁场对航天器的主要影响是作用在航天器上磁干扰力矩,它会改变航天器的姿态。在低地球轨道,由于磁场较强,其干扰力矩与气动力矩和重力梯度力矩可达同一数量级。但是,这一特性可使用磁力矩器来控制航天器姿态。

外源场中的重要部分来自太阳风,即太阳喷发出来的等离子体。由于它有极高的导电率,在它到达地球附近时,等离子体中的电子和离子在地磁场的作用下,向相反的方向偏转,形成一个包围地球的腔体,称为磁层。

等离子体被排斥在磁层以外,地球磁场则被包围在磁层以内,等离子体和磁层的边界称为磁层顶,地球磁场只局限于磁层顶以内的空间。磁层顶上的电流产生的磁场叠加在偶极子磁场上,使磁层顶的形状在向阳面近似为压扁的半球,在日地连线上距离地球最近,约 11 个地球半径,晨向约为 15 个地球半径,昏向约为 15.8 个地球半径,在背阳方向上,则近似为圆柱体,磁尾可延伸至 1 000 个地球半径的空间(见图 9-4)。

地球磁场中的外源场部分由于各种原因在不断变化,地球的变化磁场可分为平静变化场与扰动变化场。平静变化包括太阳日变化(变化幅度约占地球磁场的 0.1%)、太阴日变化(是日-月引力场引起大气潮汐运动发电机电流产生的)和年变化;扰动变化包括磁暴、亚暴和地

磁脉动等。磁暴是扰动变化中最强烈的一种，是全球性的强扰动，其出现的频率与太阳活动有关。亚暴是磁尾的一种激烈而频繁的运动形式。地球的变化磁场比较复杂，到目前为止还没有完整的模式可描述。

9.1.9 空间引力场

最为人们所熟知的和无所不在的物理环境是天体的引力环境。人们至今的航天活动基本上还是在太阳系内。在这样的空间范围内，对引力的计算完全可以应用经典的万有引力定理。引力是制约航天器运动的基本外力。人造地球卫星之所以能够围绕地球作圆周运动，正是由于地球的引力作用。人造地球卫星或载人飞船除受地球的引力作用外，还会受到月球和太阳的引力影响。

几个天体（地球、月球、火星和金星）的基本引力特性和几何特性见表 9-2。由表 9-2 可知，除金星外的天体都有扁率，而且各个天体的质量分布是不均匀的，因此，天体外自由空间的引力场要用特殊的引力位（势）函数来表示。有了天体引力位（势）函数，就可以设计出航天器所需要的太阳同步轨道和地球同步轨道。

表 9-2　基本引力特性和几何特性

	地球	月球	火星	金星
赤道半径/km	6 378	1 738	3 394	6 051
扁率	1：298	1：326	1：192	0
极半径/km	6 356	1 732	3 376	6 051
平均半径/km	6 371	1 736	3 388	6 051
引力常数/$(km^3 \cdot s^{-2})$	398 600	4 902	42 828	324 858
表面自由落体加速度/$(m \cdot s^{-2})$	9.81	1.67	4.02	8.43
第一宇宙速度/$(km \cdot s^{-1})$	7.91	1.68	3.6	7.23
第二宇宙速度/$(km \cdot s^{-1})$	11.18	2.38	5.09	10.78

航天器在轨道运行中，由于受到外界各种摄动力（如大气阻力、天体摄动等）和航天器内部扰动力（如活动部件的微振，姿态与轨道调整的控制力等）又产生了微重力环境。航天器的微重力加速度环境一般为$(10^{-4} \sim 10^{-5})g$。在微重力环境下将出现与地面不同的物理现象，如冷热气体自然对流基本消失，液体由于密度不同引起的沉浮和分层现象消除，流体静压力消失和毛细现象加剧等。

9.2　空间环境效应

9.2.1　真空环境效应

1. 压力差效应

当真空度达到 10^{-2} Pa 以下时，会产生压力差效应。当航天器密封容器进入真空环境时，容器内外压差增加 1 个大气压,会使密封舱变形,增大舱内气体泄漏,严重时结构损坏,舱门打不开;对一般容器也会增大液体或气体泄漏,缩短航天器寿命。

2. 真空中材料出气和污染效应

在高于 10^{-2} Pa 的真空度下,航天器材料表面会释放出气体。这些气体来源有:材料表面吸附的气体;溶解于材料内部的气体;渗透于固体材料内部的气体。

航天器材料在空间真空环境下出气效应,可使高温处材料所吸附或吸收可凝性气体转移到低温处,造成低温处材料表面污染,改变表面性能。严重的分子污染会降低光学镜头透明度,改变温控涂层的性能,减少太阳能电池对光的吸收率,增加电器元件的接触电阻等。

3. 材料蒸发、升华和分解效应

航天器用的一些有机材料、无机材料及复合材料(包括涂层材料、绝缘材料、橡胶材料、润滑剂、涂料以及纤维材料等)在真空和高温条件下,将通过蒸发、升华、分解等物理化学过程而导致材料质量损失。

质量损失严重的可能使材料本身物理性能发生显著变化,使机械性能下降,下降严重的材料会出现断裂;材料升华会使密封材料弹性变化,引起密封性能下降,下降严重的材料会失去密封作用;材料不均匀的升华会引起表面粗糙,使光学性能和热物理性能变差;质量损失中的可凝挥发物可能对航天器的敏感器表面造成污染,而使其光学、电学等性能退化变劣;润滑剂蒸发会使活动部件润滑性能变坏,磨损加快,严重时还会使活动部件卡死。

各种材料的质量损失在某些程度上反映了材料在真空环境下的耐受性。质量损失小,通常意味着释放的仅仅是吸附的水分、气体和溶剂;质量损失大,就可能会使材料化学成分或物理结构发生变化,从而可能导致材料的物理性能和机械性能变坏。

测试材料出气的指标可分为总质量损失(TML)、收集到的可凝挥发物(CVCM)、水蒸气回收量(WVR)。现在,根据国内外的经验,材料的总质量损失 TML 达到 1.0%,收集到的可凝挥发物 CVCM 达到 0.10% 就被认为是航天器材料的淘汰线。

确定 TML 的淘汰线为 1% 是因为 TML 大于 5% 就可能影响材料的物理与机械性能;若 TML 小于 1% 通常是吸着的水分、气体和溶剂。CVCM 的淘汰线定为 0.10%,这是因为如果 0.5 g/cm^2 的聚合物具有 0.1% 的 CVCM,并且全部凝结在同样面积的敏感材料表面上,会形成 4 μm 的污染层,足以污染触点或光学件。

实际使用时,由于受热温度、冷凝温度、出气通道畅通程度及位置、距离、视场的不同,对光学及敏感材料表面的影响程度可能很不相同。而且由于用途及性能不同,对质损和污染的耐受程度也就不同。因此,材料的最终取舍与否必须在测试数据基础上综合考虑,才能做出合理的分析和得出正确的结论。

4. 真空冷焊效应

黏着和冷焊效应一般发生在 10^{-7} Pa 以上超高真空环境中。

在地面上,相互接触的固体表面总是吸附有气体膜(O_2,H_2O 等)及污染膜等,在真空情况下,固体表面吸附的膜层将会蒸发消失,从而形成清洁的材料表面,使固体表面之间出现不同程度的黏合现象,这种现象称为黏着。如果没有氧化膜,使表面达到原子清洁程度,在一定压力负荷和温度条件下,可进一步出现整体黏着,即引起"冷焊"效应。

真空冷焊效应严重影响航天器活动部件的正常工作和使用寿命。例如航天器与运载火箭适配器黏着而不能分离;重力梯度杆伸不出去;太阳能电池翼或可展开热辐射器展不开;大型天线打不开;传动齿轮、电机电刷或继电器黏着;轴承摩擦力矩加大或卡死等。

防止冷焊的措施是选择不易发生冷焊的配偶材料,在接触面上涂覆固体润滑剂,对液体润滑可设法补充润滑剂,涂覆不易发生冷焊的材料膜层等。

5.真空放电效应

真空放电包括低气压放电、静电放电和微放电。

低气压放电。在外界气压达到 $10^3 \sim 10^{-1}$ Pa 范围内的低真空情况下,在航天器有源设备带有高电压的两个电极之间,有可能出现低气压放电现象。低气压放电是否能出现电击穿现象是由两电极间距离、电极形状、极间电压、气体介质性质等因素决定的。为防止低气压放电,在航天器发射阶段,对有可能产生低气压放电的仪器设备不予供电。对于从起飞一开始就必须工作或通电的有源电气设备应该采取措施,防止任何低气压放电的可能。

静电放电。静电放电现象是指在出现地球磁层亚暴环境(能量 1 ～50 keV 的等离子体)期间地球同步轨道航天器表面被充电至极高的电位后,由于表面电位不等而出现的飞弧放电。飞弧放电产生的电磁脉冲影响航天器微电子设备的正常工作,严重时,可以使航天器烧毁。为防止静电放电现象,最有效的方法是使航天器外壳全部用接地线良好地短路,使航天器外壳形成等电位。

微放电。在真空中分开一定距离的两个金属表面,在受到具有一定能量的电子碰撞时,会从金属表面激发出更多的次级电子,它们还可能与两个金属表面来回多次碰撞,使这种放电成为稳定态。这种现象称为"电子二次倍增效应",俗称微放电。在航天器大功率微波系统无源器件(如各种波导、多工器等)的两个金属表面之间的射频电场就有可能产生这种微放电现象。微放电会引起微波参数的变化,出现窄带噪声、谐波干扰等,它会严重影响系统性能,甚至产生永久性失效。

微放电与低气压放电不同,微放电在压力小于 10^{-2} Pa 的真空条件下成为一种稳定的放电现象。它发生的重要条件是必须存在自由电子,自由电子来自空间的太阳风、辐射带、电离层,也来自航天器材料在真空中放出的气体被外界电磁辐射和粒子辐射电离后产生的电子。在大功率微波系统无源器件设计时要采取防护措施,避免微放电发生。

9.2.2　原子氧环境效应

原子氧对航天器材料的高温氧化、高速撞击作用,会导致材料放气加快,质量损失率增加,机械强度下降,光学和电性能改变等。

大多数金属材料及其氧化物在原子氧作用下是稳定的或是相对稳定的。因为这些金属被氧化生成致密的氧化层,自然形成一层保护膜。但是银容易受到原子氧氧化,氧化后生成疏松的氧化层易剥落,有微量原子氧进入体内,继续与下面的银产生氧化反应。氧化后的银折射率增加,电导率下降。铜氧化后形成 CuO,表面失去光泽。

受原子氧影响最大的是有机材料。有机材料被原子氧氧化后生成 H_2O, CO, CO_2 等挥发性气体,造成质量不断损失,使表面粗糙。其危害如下:使航天器表面导电率下降,等电位变差,容易产生静电放电;腐蚀材料变成新的污染源;润滑材料性能变坏,使摩擦因数变大;温控材料性能变坏,如二次表面镜表面变粗糙,使太阳吸收率增加,发射率下降;航天器结构上的复合材料易受原子氧氧化,使结构变形,结构的强度和刚度随质损增加而逐渐下降。

对于低轨道长寿命航天器要重视原子氧环境效应,对复合材料外表可用沉积金属或金属箔粘贴方法保护。

9.2.3　紫外辐射效应

根据紫外线对材料和元件作用的不同机理,可分为两种效应:一是光化学效应,二是光量子效应。

有机材料受到紫外辐射时,主要是产生光化学效应。光化学效应大小取决于紫外线的积分能量,而与波长关系不大。光化学效应可以破坏高分子材料的化学键,其结果造成材料分子量降低、分解、裂析、变色、弹力和张力降低等。特别是在轨道真空环境下,航天器表面的热控涂层、光学玻璃、硅太阳能电池盖片、绝缘材料、复合结构材料等受紫外辐射的损伤很大。这些损伤会使航天器功能材料的热学、光学、电学和力学性能下降。

金属材料、合金和半导体材料受到紫外辐照时,主要是产生光量子效应。这些材料受到紫外辐照后引起性能改变与所照射的紫外线波长有关,在远紫外和极端紫外谱域,光量子作用十分明显。紫外线照射到航天器的金属表面,由于光电效应而产生许多自由电子,使金属表面带电,电位升高将干扰航天器的电磁系统。

在设计长寿命航天器时,要选择耐紫外线辐照的有机材料,有的要对紫外辐射采取防护或隔离措施。

9.2.4　热环境效应

在轨道上,航天器若不采取热控措施,则航天器的温度会高于$100℃$或低于$-100℃$。而且,在有地影时每个轨道周期会交替变化。这样,仪器设备就不能正常工作,元器件焊接点和管路就会断裂、松动,推进剂会冻结,气瓶、贮箱、蓄电池结构可能爆破等。

航天器吸收的外热流与轨道高度、飞行姿态、表面热物理状态(太阳吸收率和红外发射率)、结构构型等有关。航天器的平衡温度水平的变化由内部热耗功和航天器进出阴影状态所决定。

热设计是保证航天器在轨道热环境中热交换达到平衡,即

$$Q_1 + Q_2 + Q_3 + Q_4 = Q_5 + Q_6$$

式中　Q_1——太阳辐射到航天器上的热能;

$\quad\quad Q_2$——地球及大气对太阳辐射反射到航天器上的热能;

$\quad\quad Q_3$——地球红外辐射到航天器上的热能;

$\quad\quad Q_4$——航天器的内部发热能;

$\quad\quad Q_5$——航天器向外部空间辐射热能;

$\quad\quad Q_6$——航天器内部热能的变化。

由于航天器不是简单的等温体,航天器内部各部位存在明显的温差,而且航天器上各种仪器设备的温度要求也不相同。因此,在实际热分析中,不仅要考虑航天器与宇宙空间之间的交换热,而且还要考虑航天器内部各部位的热耦合。

若将航天器分成许多节点,则任意节点的热平衡方程为

$$(\alpha_s S \varphi_{S_j} + \alpha_s E_R \varphi_{R_j} + \alpha_{E_j} E_I \varphi_{I_j}) A_j + \sum_{i=1}^{n} B_{j,i} A_i \varepsilon_i \sigma T_i^4 + Q_j + \sum_{i=1}^{n} D_{j,i}(T_j - T_i) =$$

$$A_j(\varepsilon_{0_j} + \varepsilon_{I_j}) \sigma T_j^4 + M_j C_j \frac{\Delta T_j}{\Delta \tau} \qquad (9-2)$$

式中　　　　　α_s——太阳吸收系数；

S——太阳常数；

$\varphi_{S_j}, \varphi_{R_j}$, 和 φ_{I_j}——分别为节点 j 相对于太阳辐射、地球反射光、地球红外辐射的角系数；

E_R——地球及大气对太阳辐射反射的热能密度；

α_{E_j}——节点 j 对地球红外辐射的吸收系数；

E_I——地球红外辐射的热能密度；

A_j——节点 j 的表面积；

$B_{j,i}$——节点 j 对节点 i 的吸收因子；

A_i——节点 i 的表面积；

ε_i——节点 i 的发射率；

σ——斯忒藩-波耳兹曼常数；

T_i 和 T_j——分别为节点 i 和 j 的温度；

Q_j——节点 j 的内热源热能；

$D_{j,i}$——节点 j 和节点 i 之间的热传导系数；

ε_{0_j} 和 ε_{I_j}——分别为节点面积 A_j 的外表面和内表面的发射率；

M_j——节点 j 的质量；

C_j——节点 j 的热容；

τ——时间。

式(9-2)等号左边第一项为节点 j 吸收的空间外热流；第二项为所有节点(n个)辐射能量被节点 j 所吸收的部分；第三项为节点 j 的内热能；第四项为所有节点(n个)对节点 j 的传导热流。等号右边第一项为节点 j 的对外辐射热流；第二项为节点 j 的内能变化率。

从式(9-2)可知，热设计就是要根据航天器的内外热源大小和各个仪器设备的温度要求范围，选择合适的吸收系数和发射率的热控涂层，分析确定散热面积和位置，通过热管及导热材料减少温差，使用绝热材料保温，应用电加热来提高局部温度水平。

航天器在地面热模拟试验，对真空度并不要求达到轨道真空度。试验数据表明，压力在 10^{-1} Pa 下空气的传热性能只有常压下的万分之一。因此，从工程观点看，真空罐内的压力不高于 1.3×10^{-3} Pa 时，空气的传热就可以忽略不计。而在真空罐内，1.3×10^{-3} Pa 的压力是很容易达到的。在实际地面热模拟试验中，从热效应的模拟来说，模拟高真空环境是没有必要的。

9.2.5　粒子辐射环境效应

空间高能带电粒子对航天器的影响主要表现在两方面：一是对航天器的功能材料、电子元器件、生物和航天员造成损伤的总剂量效应；二是对大规模集成电路等微电子器件产生软、硬故障的单粒子效应。此外，太阳质子事件、沉降粒子的注入，使电离层电子密度增加，造成通信、测控和导航等的严重干扰。

9.2.5.1 总剂量效应

辐射总剂量。在辐射环境中带电粒子入射到物体(吸收体)时,会将一部分或全部能量转移给吸收体,带电粒子所损失的能量就是吸收体所吸收的辐射剂量。在一定时间内吸收体所积累吸收的辐射剂量的总和为辐射总剂量。辐射剂量的单位是 rad,1 g 物质在辐射环境中吸收 100 erg(1 erg$=10^{-7}$ J)的能量称为 1 rad。

总剂量效应机理。空间带电粒子对航天器的总剂量效应机理有两种:一种是电离效应;另一种是位移效应。当辐射粒子进入物质时,和原子中的电子相互作用,把能量传给电子。如果电子的能量大于它的结合能时,电子就能脱离原子核对它的束缚成为自由电子,而原子变成了带电粒子。这一过程就是电离效应。电离效应对人体和航天器材料都会造成损伤或其他不良影响。位移损伤是由重离子和中子所造成的。重离子和中子与物质的晶格原子碰撞,使原子的位置移动而脱离原来所处晶格中的位置,成为间隙原子,该原子原来的位置变成了一个空位,从而形成空穴-间隙对。这种效应破坏了半导体器件材料的晶格结构,使半导体器件的基本物理参数发生变化,从而造成半导体器件特性的退化,严重时就使器件完全失效。

辐射总剂量效应。辐射总剂量效应是带电粒子与物质相互作用会引起机械、物理和化学性能的变化,而导致各种电子元器件和功能材料等的性能漂移、功能衰退,严重时会完全失效或损坏。例如,使硅太阳能电池造成位移损伤,电功率输出减少;光学玻璃材料在严重辐照后会变黑、变暗,胶卷变得模糊不清;半导体器件性能衰退(如放大系数降低、漏电流加大、反向击穿电压下降等);航天器表面的热控涂层热物理性能变差;使航天员身体感到不舒适,眼睛和皮肤造成辐射损伤,严重时会导致生病甚至死亡。

不同的材料和电子元器件对辐射总剂量效应的表象是有很大差异的,它们耐受带电粒子辐射总剂量的能力也是各不相同的。表 9-3 给出几种物质的辐射总剂量损伤阈。

表 9-3 几种物质的辐射损伤阈

物质名称	感光胶片	生物有机体	半导体器件	光学材料	润滑剂	尼龙	聚脂	聚酰亚胺	铝合金
损伤剂量/rad	1	10^2	10^3	10^4	10^6	10^7	10^8	10^9	10^{11}

9.2.5.2 单粒子效应

这是一个对逻辑器件正常工作影响较大的一种带电粒子辐射效应。当空间高能带电粒子轰击到大规模、超大规模微电子器件(如金属氧化物半导体 (Metal-Oxide-Semiconductor, MOS) 器件或互补型金属氧化物半导体 (Complementary Metal-Oxide-Semiconductor, CMOS)器件)时,造成微电子器件的逻辑状态发生改变,从而使航天器发生异常或故障。它包括单粒子翻转、单粒子锁定、单粒子烧毁以及单粒子栅击穿等多种形式。

(1)单粒子翻转。当高能带电粒子入射到微电子器件的芯片上时,在粒子通过的路径上产生电离,电离形成部分电荷在器件内的电场作用下被收集,当收集的电荷达到能改变器件状态的临界值时,器件就出现不期望的状态翻转。例如,存储器单元存储的数据从"1"翻转成"0",而导致电路逻辑功能紊乱,从而使计算机处理数据发生错误。单粒子翻转不会使逻辑电路损坏,它可以通过重新写入另一个状态消除状态翻转,故常称之为软错误。虽然单粒子翻转不产生硬件损坏,但它会导致航天器控制系统的逻辑紊乱,从而可能对航天器产生灾难性后果。

(2)单粒子锁定。单粒子锁定与 CMOS 器件特有的器件结构有关。目前使用较多的体硅 CMOS 器件具有一个固有的 pnpn 四层结构,即存在一个寄生可控硅。当高能带电粒子轰击该器件并在器件内部电离产生足够的电荷时,就有可能使寄生可控硅在瞬间触发导通,从而引发单粒子锁定。

(3)单粒子烧毁。具有反向偏置 pn 结的功率器件在受到带电粒子的辐射时,会在 pn 结耗尽区由于电离作用而产生一定数量的电荷,这些电荷在 pn 结耗尽区强大的反向电场下加速运动,最终产生雪崩效应而导致 pn 结反向击穿,并烧毁。

引发单粒子效应的空间带电粒子主要是能量较高的质子和重核离子。一般认为,单粒子效应的直接原因是重核离子的辐射,而质子的作用则是通过与器件芯片发生核反应后产生重核离子引发单粒子效应。银河宇宙线和太阳宇宙线中的高能质子和重核离子及内辐射带的高能质子都是引发航天器电子器件单粒子效应的重要辐射源。

9.2.5.3　抗辐射防护

航天器抗辐射防护是指采取措施防护航天器所用电子元器件和材料,保证航天器在轨道上的辐射环境中,在预期的工作寿命内,不出现影响航天器正常工作的辐射损伤。

1.抗辐射防护分析

由于航天器结构和内部仪器设备布局都比较复杂,因此分析入射粒子辐射剂量就比较难。但是,现在有先进的软件,航天器总体设计师可根据轨道和航天器寿命要求,通过计算机准确地进行三维辐射分析。这样,可以得到在不同部位的仪器设备对于抗粒子辐射的总剂量要求(包括考虑次级辐射)。在此基础上,总体设计师可向各个分系统设计师提出不同部位仪器设备的不同抗辐射防护要求;指导选择耐辐射总剂量等级的电子元器件和材料;合理提出仪器设备和器件的局部屏蔽措施,配合航天器总体完成布局设计。

2.电子元器件和材料的选择

在航天器设计中,必须选择具有耐辐射总剂量能力的电子元器件和材料。对于电子元器件在使用前,还要进行批次抽样试验(包括电离损伤和位移损伤),将抽样试验结果与预先确定的衰退值进行比较,以确定该批次是否合格。对于必须要用的而未经过飞行考验的电子元器件和材料应该在地面充分进行辐射总剂量效应试验和单粒子效应试验,只有试验合格以后才可用于航天器上。为了保证航天器在轨道和工作寿命期间正常工作,设计人员还必须留有足够的余量,以容许一些器件参数由于温度、老化和辐照退化引起的改变。

集成电路要选择无锁定问题的器件,如选择具有介质隔离的器件。在这种器件中,各个晶体管之间都有介质隔离区,这样,可以消除四层 pnpn 寄生可控硅效应,也即消除了单粒子锁定的可能性。又如选择经过专门处理的可抗辐射的器件。在这种器件中,用掺金处理或对 CMOS 器件用中子辐照处理,这样处理后可以减少寄生晶体管的增益,从而使锁定不可能发生。

3.屏蔽设计

经过上述抗辐射防护分析及电子元器件和材料的选择后,如果某些仪器设备达不到抗辐射要求时,就需要考虑抗辐射屏蔽设计。航天器辐射屏蔽设计的原则是,用最少的屏蔽质量获得总剂量加固的效果。具体方法有以下几种。

增加仪器结构质量。对于抗粒子辐射不足的仪器设备,可以适当增加仪器设备外壳金属结构的屏蔽厚度(增加屏蔽质量面密度),以减少射入仪器设备的粒子辐射剂量。

合理布局。航天器在总体布局时,要对内部仪器设备进行合理安排,把对辐射敏感的关键仪器布局在内部。这样安排的目的就是在不增加航天器总质量的前提下,对辐射敏感的关键仪器提供最大的、固有的屏蔽质量。

局部屏蔽。在仪器设备内部,对一些不得不采用的抗辐射能力差的辐射敏感器件,可以采取局部屏蔽措施。另外,对于航天员的局部屏蔽防护可以通过穿航天服和戴头盔来解决,还可设计专门的抗辐射加固小舱,让航天员临时躲避太阳爆发所产生的危及安全的太阳宇宙线。

4. 防锁定设计

在电路设计中正确选择器件。防 CMOS 器件锁定设计首要任务是正确选择无锁定问题的器件。

限流设计。防锁定设计的一个重要措施就是在 CMOS 器件中采取限流设计。如在 CMOS 器件中加限流电阻,限制每个器件的电流,使该电流低于锁定维持电流。

单粒子效应试验设计。为了保证微电子器件的抗单粒子效应的质量,在仪器组装前要对微电子器件做锁定筛选试验和单粒子翻转试验等。锁定筛选试验要对隔离器件进行 100% 的试验。试验时使器件经受高速率辐照,经辐照后,用仪器检查是否有锁定的迹象。对于具有双稳器件的微电路(如存储器、位移寄存器、计数器和微处理器等)应做单粒子翻转试验。静态方式:将固定的位图写入存储器,经辐照后询问存储器,确定位错误总数。动态方式:在辐照期间连续对存储单元循环进行写、读、检验和校错等操作,在辐照后,统计出位错误总数。

9.2.6 电离层环境效应

电离层对航天器的影响主要包括,影响经过电离层的无线电波的传播;对航天器通信和测控系统影响;对航天器轨道和姿态影响的离子阻力效应;对航天器的充电效应;对空间高电压(太阳阵等)系统的电流泄露效应等。

1. 对航天器通信系统的影响

电离层对无线电波存在严重的影响,它对在其中传播的电磁波产生折射、反射、散射、吸收、色散和法拉第旋转等,改变电波传播路径,出现电波时延、信号衰落,通信质量下降。

在电离层中存在不规则体,会使通过的信号产生闪烁,造成经电离层传播的电波幅度、相位、到达角和偏振特性发生不规则的起伏,千兆赫频段的信号幅度起伏可达 10 dB,还可以引起电波聚焦或散焦,甚至造成电波信号丢失。局部电离还会改变航天器上天线的阻抗特性,还可能产生噪声。

2. 对航天器定轨系统的影响

电波在电离层中传播时,由于电离层的运动或其特性随时间的变化,电波在电离层中传播的相路径随时间变化,表现为接收站收到的电波信号频率发生偏移。因此在利用电波的多普勒效应测量来确定航天器的轨道时,必须根据实时的电离层信息来进行修正。

3. 对航天器轨道和姿态的影响

电离层中的电子和离子,对航天器的运动可产生小份额的阻力。当大尺度航天器(如空间站)运行于电离层环境中有大面积高负电位时,将会增大它们和正离子的作用面积,从而使阻力增大。当航天器横切磁力线飞行时,会产生感应电动势,并通过周围的等离子体形成电流回路,又将产生新的阻力。

4.航天器充电效应

空间等离子体导致的航天器充电可以分为两种形式:表面充电和内部充电。

表面充电:能量不能穿透航天器表面的等离子体(数十千电子伏以下的电子)与航天器相互作用而产生的表面充电。

在能量和密度大致相近的电子和粒子所构成的等离子体中,电子热运动速度远高于离子,因此运行于其中的航天器的表面将有大量的电子沉积而带负电,其带电电位大致与电子热能相当。由于航天器不同的表面部分可以处于不同的环境(如有、无光照)及相对运动方向不同的方位(如冲压、尾流)中,加之表面材料的性能不同(如光电发射、二次发射系数等),因而可以使其带有不同的电位,并形成不均匀充电,出现电位差。

内部充电:能量高于几十千电子伏的电子入射到航天器上,可以穿透航天器表面,在航天器表面之下聚集并形成充电现象。

不论是表面充电还是内部充电,当充电电位达到一定值时,就会发生静电放电(Electrostatic Discharge,ESD),从而对航天器电子系统产生影响。当航天器表面不是全部由良导体构成时,充电问题最为突出。

5.对航天器电源系统的影响

运行在 $400\sim500$ km 以上高度轨道的航天器的高电压太阳能电池阵,由于周围等离子体的高导电性,会使电池阵的裸露导体部分(例如电池间金属互连片)与之构成并联回路,从而造成电源电流的无功泄露,降低了电源的供电效率。当电源功率为 30 kW,工作电压为 200 V 时,这种电流泄露造成的功率损耗可达 3% 左右。

9.2.7　微流星体与空间碎片危害

虽然微流星体与空间碎片这些固态物体的体积和质量绝大多数都很小,但由于它们的运动速度很快,对人类的航天活动会造成各种危害。质量小的微流星体与空间碎片主要对航天器表面起沙蚀作用,使航天器表面粗糙,引起表面材料的熔化与气化,造成表面热控涂层热物理性能变坏(影响航天器的热平衡状态),使光学表面透光性能下降,使太阳能电池的效率降低。质量较大的微流星体与空间碎片由于能量较大,能使航天器表面产生裂痕或被穿透,损坏机械结构,破坏密封等。实测结果表明,其主要危害来自质量低于 10^{-7} g,直径小于 100 μm 的微流星体与空间碎片,由于它们数量较多,所以碰撞概率大。而质量较大的微流星体与空间碎片,由于它们数量较少,所以碰撞概率就很小。航天器壳壁被撞破裂的概率与壳壁的厚度有关:当壁厚为 1 mm 的铝材时,每平方米表面在几十年才可能有一次被撞破裂;而壁厚为 0.1 mm的铝材时,可能每年有 1 000 次被撞破裂。

微流星体及空间碎片与航天器高速撞击造成航天器的各种可能的损坏有:

· 推进剂箱、气瓶及管路等产生泄漏、穿孔、破裂;

· 相机光学镜片、舷窗等出现沙蚀、破损;

· 热控涂层、热管、散热器受损,使航天器热平衡破坏;

· 太阳能电池受损,使效率下降;

· 返回舱的热防护性能减退;

- 外伸部件(如太阳能电池阵、天线、姿态敏感器、推力器等)被打坏;
- 密封舱、宇航员舱被击穿等。

由于质量较大的微流星体与空间碎片的数量较少,碰撞概率很小,所以,一般无人航天器可不考虑其危害。但是,对于载人航天器就需要考虑防护措施,尤其是未来长期留轨的永久性载人空间站,更要采取安全可靠的防护措施。总之,微流星体与空间碎片的防护也是设计各类航天器所必须考虑的环境因素之一。表 9-4 列举了一些国外航天器遭遇撞击的事例。

表 9-4 一些国外航天器遭遇撞击的事例

飞行器型号	发生时间	造成后果	原因分析
ISEE-1(国际日地探测者)	1977.10.22	低能宇宙线探测器损坏,损失了25%的数据	微流星体穿透探测器窗口而损坏
COSMOS-1275(宇宙-1275号)	1981.7.24	破碎成200多块可跟踪到的碎片	轨道倾角为83°,高度为977 km,正处于轨道碎片密集带。星体为重力梯度稳定,无加压容器和推进剂,因此估计为与碎片相撞而解体
SMM(太阳峰年卫星)	1984.4	航天飞机收回的 SMM 号失灵的电子线路盒表面有许多撞击坑,直径达140 μm,穿孔直径为 $80\sim500$ μm	30%是流星体所为,70%是轨道碎片所为
MIRSS(俄和平号空间站)	1986.2.19发射	供电渐缺	太阳能电池帆板被微流星体、碎片撞击和原子氧氧化所致
HST(哈勃太空望远镜)	1993.12	1990年发射的哈勃太空望远镜太阳能电池能帆板被擦伤和穿孔	在轨近 4 年运行共遭 5 000 多次微流星体撞击
HST(哈勃太空望远镜)	1993.12	回收检查时,在挠性太阳能电池帆板的伸展杆上,被一个速度为 5 km/s 的 200 μm 的玻璃粒子撞出直径约为 450 μm 小坑,被一个相同直径和速度的铁质粒子撞穿一个直径为 300 μm 的小孔	
LDEF(长期暴轨装置)	1984.4—1990.1	回收后检查有 606 个直径≥0.5 mm 的小坑	微流星体和碎片撞击
STS(美国航天飞机)	1981.4—1991.5	40 次共更换了 25 块舷窗	遭受微流星体和碎片的 50 次撞击
STS-45(阿特兰蒂斯号航天飞机)	1992.3.24	右翼上部有两个穿孔,一个大于2.5 cm	在轨或再入时被相对速度较低的碎片撞击,提醒注意较大能量粒子撞击的后果
STS-49(同上)	1992.5.7	宇航员报告一碎片撞击右上角防热玻璃	
SEDS(系绳试验小卫星)	1994.3.10	发射第 4 天失败	一固态粒子撞断了约 20 km 长的系绳
樱桃微型卫星(英国萨瑞公司)	1996.7.24	突然开始翻滚,长 6 m 的重力梯度拉杆几乎是在底座处被完全切断,只能单用磁力矩器来进行控制	由一枚阿里安运载火箭第三级爆炸所产生的一块残骸碎片以约 14 km/s 的速度击中了樱桃微卫星

续表

飞行器型号	发生时间	造成后果	原因分析
美国铱星-33 和 俄 罗 斯 宇宙-2251	2009.2.11	美国和俄罗斯的两颗通信卫星在太空相撞，碰撞产生的碎片数达 1 228 个，这是人类历史上首次发生卫星相撞事故	同一时刻，两个卫星的主要轨道参数均发生了显著跳变。宇宙-2251 的远地点抬升了 3 km 左右，近地点下降了 9 km 左右，平均高度下降大约 3 km；铱星-33 的远地点抬升了 12 km 左右，近地点几乎不变，平均高度抬升了大约 6 km。

面对空间碎片的危害，主要的防护措施如下：

1）采用星上预警和探测系统，以便加强防护或者规避风险。

2）遮蔽防护。即采用强化的防护措施或者双壁结构，以抵御碎片的撞击。

3）变轨防护。使航天器具备变轨能力，当预防可能发生碰撞时机动变轨以躲避太空碎片。

4）通过制订国际协定来防止新的太空碎片的产生，是未来预防太空垃圾的有效办法。

9.2.8　磁场效应

地球磁场对地球轨道航天器的姿态有影响。由于航天器内部有磁性物质存在，则航天器在轨运动时，与地球磁场相互作用将产生干扰力矩，会导致航天器的姿态发生偏转。另外，航天器内部的电缆可能会形成环路，当航天器在轨运动时，该电缆环路切割磁力线而产生干扰力矩，也会导致航天器的姿态发生偏转。对于低地球轨道航天器，由于地球磁场较强，所以磁干扰力矩不可忽视。美国早期发射的卫星有几颗受到磁干扰力矩影响而使卫星自旋速率下降，姿态偏离。磁干扰力矩可表示为

$$L = M \times H$$

式中　　L——整星磁矩与空间磁场作用所产生的力矩，单位是 N·m；

　　　　M——航天器剩磁矩，单位是 A·m²；

　　　　H——空间磁场强度，单位是 A/m。

当然，根据上述道理，地球磁场也可被利用来做航天器的姿态测量和控制。在火箭和航天器上安装磁强计，利用地球磁场方向确定姿态已有几十年历史。有些姿态控制精度要求不高的航天器可在其内部安装磁力矩器，通过控制其电流大小来改变磁力矩的大小，以控制航天器的姿态。

航天器在设计中要避免干扰磁矩的产生，可通过地面磁试验测量和消除剩磁。

9.2.9　失重效应

（1）失重环境对航天员的影响。失重时航天员的效应如下：航天员在安静状态的收缩压较飞行前升高（2～2.5）×10³ Pa，而舒张压则下降；航天员排尿增多，身体内部水分减少；航天员体重减轻，下肢骨骼疏松、肌肉萎缩；出现运动病，如有漂浮感、下落感、位置错觉；生理功能紊

乱,食欲减退等。为适应失重环境,航天员在地面要做完善的训练;在轨道上要加强锻炼,注意休息。

(2)失重环境对植物生长的影响。在地面生长的植物的根总是朝着重力作用的方向生长,而茎总是背着重力作用的方向(向上)生长的。这是由于在植物内部有感觉重力的器官"平衡石"所致。大部分植物在失重时生长过程加快,而且可增加产量。但是,有一些植物则发育减慢。

(3)失重环境对材料加工的影响。失重环境可使半导体晶体生长晶格排列规则,微观缺陷大为降低,掺杂均匀性大大提高。利用微重力环境下出现与地面不同的物理现象,加工金属材料、难混与易偏析合金、金属复合材料、玻璃材料、空间医药等可以得到地面无法得到的性能优良的产品。

9.3 运载火箭的力学环境

在运载火箭主动段时,航天器将经受运载火箭所传递的各种力学环境,这些环境有稳态加速度、瞬态环境、噪声、推力脉动等力学环境。

9.3.1 稳态加速度环境

在航天器发射过程中,运载火箭发动机产生推力使飞行速度不断增加,随着火箭燃料不断消耗飞行质量相应地减少,航天器经受的飞行加速度不断增加。加速度常用过载表示,即重力加速度 g 的倍数。一般过载不超过 $6g$,即过载系数 n 为 6。

整个飞行过程最大纵向稳态加速度一般出现在火箭一子级发动机工作结束前,有助推器的火箭出现在助推器分离前,二子级和三子级发动机工作产生的加速度相对较小。

如果三子级是固体火箭,最大稳态加速度可能出现在三子级发动机工作结束前,这要取决于此时的火箭推重比。

9.3.2 瞬态环境

能使航天器的运动状态产生突然变化的激励称作瞬态环境。除了发射过程中各种飞行事件均能产生这种瞬态环境外,地面运输、装卸也可以产生这种瞬态环境。瞬态环境只有几秒钟或毫秒级的时间历程,一般比结构系统自然振动的衰减时间短,而且振幅随时间变化,频率范围为 $0 \sim 10\,000$ Hz。结构系统对它的响应近似为复杂衰减的正弦波,具有瞬态非平稳特性。

瞬态环境可以分为低频瞬态和高频瞬态。

1.低频瞬态

低频瞬态环境的频率范围为 $0 \sim 100$ Hz,是由于航天器在发射过程中火箭发动机点火、关机、级间分离等事件造成的。另外,在地面运输、装卸以及返回航天器在返回制动、开伞、着陆等事件也产生低频瞬态环境。在航天器与运载火箭的动态载荷耦合分析工作中,对发射过程中航天器经受最严重的几个特征秒状态下(起飞,最大动压,一、二级分离前,一、二级分离后)

的瞬态环境时间历程进行冲击响应谱分析计算,作为制订航天器正弦振动试验条件的依据。

2. 高频瞬态(冲击)

高频瞬态环境的频率范围为 $100\sim10\ 000$ Hz,高频瞬态环境是由于航天器分离、展开用的电爆装置被触发时突然施加或消失造成的,又可称为火工品冲击环境。它不同于其他类型的机械冲击。这种冲击在爆炸源附近,加速度时间历程呈现高 g 值衰减型振荡,持续时间极短。它以应力波的形式在结构中传播,结构对它的响应只有微小的运动。结构中的运动响应近似于许多复杂的衰减正弦波叠加,响应加速度幅值随着距爆炸源距离增加而迅速衰减,并在十几毫秒内衰减到最大结构响应加速度的百分之几。

这些电爆装置在运载火箭上实现级间分离、整流罩分离、舱盖分离、航天器与火箭的分离。在航天器上的电爆装置可以用来展开大型天线和太阳翼、活动部件的解锁、舱段分离等。

高频瞬态环境的时间历程十分复杂,通常在系统级分离、解锁冲击试验中用真实的电爆装置记录得到加速度时间历程,然后在 $100\sim10\ 000$ Hz 频率范围内用 1/6 倍频程或更窄的频率间隔进行谱分析,以许多单自由度系统响应确定最大绝对冲击响应谱,最后确定高频瞬态环境,并作为制订航天器部件级冲击谱试验条件的依据。

9.3.3　噪声环境

航天器发射过程中的响应振动加速度时间历程表明,运载火箭起飞和最大动压飞行阶段出现相当高的振动峰值是由火箭发动机排气噪声和飞行气动噪声引起的。噪声环境不仅能使大的面积质量比的整流罩产生局部振动并通过结构传送给航天器,而且内声场可以直接作用于航天器对声敏感的结构部位。这种通过机械途径和空气途径传递给航天器的振动能量是航天器产生随机振动的主要原因。

航天器飞行中的声环境分如下三个阶段:

起飞阶段。声环境来自运载火箭发动机排气噪声。运载火箭一级发动机点火时,产生超声速喷流,高速喷流的边界与禁止空气摩擦形成由旋涡组成的混合区,该区是产生噪声的主要声源。其排气噪声以声速向各个方向辐射传播,产生的噪声功率与排气速度的三次方成正比。航天器位于运载火箭的顶端,在一级发动机点火时,噪声经导流槽反射达到航天器部位。随着火箭的飞行速度不断增加噪声越来越弱,火箭达到声速时,火箭发动机的排气噪声环境消失。

火箭一级飞行阶段。气动噪声是火箭达到跨声速时产生的。气动噪声实质上是火箭受到不稳定气流引起的压力脉动。压力脉动环境分为基本压力脉动环境和特殊压力脉动环境。基本压力脉动环境是环绕整个运载火箭的空气动力基本流场环境,而特殊压力脉动环境是由运载火箭表面突起物及一些激波产生的局部流场环境。在火箭飞行速度马赫数 $Ma\geqslant0.6$ 和 $Ma\leqslant1.6$ 的最大动态压力飞行阶段,火箭排气噪声逐渐减小,气动噪声占主导地位,此时噪声环境来自气动噪声。

再入阶段。航天器返回舱重返大气层阶段,噪声环境来自气动噪声。

非返回式航天器的噪声环境只有前两个阶段,返回式航天器的噪声环境则有全部三个阶段。噪声环境有连续频谱的宽频带特性,频率范围一般为 $100\sim10\ 000$ Hz,一般有一个谱峰。航天器对声环境的振动响应同样呈现出宽频带随机特性,一般是非平稳的随机过程。

9.3.4 推力脉动环境

在火箭飞行整个主动段,由于火箭发动机燃烧不稳定而产生推力脉动。大型液体火箭发动机的推力脉动值为推力的 $1‰ \sim 2‰$,固体发动机的推力脉动值比液体要大。

火箭发动机的推力脉动是重要的随机振动源。推力脉动是通过箭体结构向上传递的,液体火箭发动机通过发动机架和箭体结构传给航天器,静止轨道使用的固体变轨发动机和返回航天器舱段使用的固体制动发动机是通过发动机壳体直接传给航天器的。

一级液体火箭发动机通过箭体结构传递时,能量逐渐损失,尤其高频部分由于循环次数多,能量损失多,推力脉动能量能够传到航天器的就很少了,一般 $400 \sim 500$ Hz 以上的推力脉动已经很弱。实际上,箭体结构起到"滤波"作用。

对于内部装有固体火箭发动机的航天器,发动机的推力脉动则是不可忽视的振源。

9.4 力学环境效应

力学环境效应也是航天器与一般产品所不同的特点。力学环境效应主要表现在结构的振动响应,这种响应可能导致结构变形、失稳、开裂,导致仪器设备、管路、电缆安装的松动与脱落,导致仪器设备电子器件性能参数出现漂移、超差和安装固定的损坏、断裂等。

一般是使用一次性的运载火箭发射航天器,航天器除返回式卫星外,都装在运载火箭的顶部整流罩内。运载火箭产生的振源通过箭体和空气两种途径向航天器传播。低频瞬态和发动机推力脉动能产生运载火箭的低频整体振动,经过箭体与航天器的适配器传递给航天器。火箭发动机的排气噪声和气动噪声,一方面激起火箭蒙皮壁板和航天器整流罩的高频局部振动,并通过隔框向内部传递;另一方面,蒙皮壁板在外声场的作用下,产生高频局部振动向整流罩内部空间辐射噪声,形成的罩内声场直接作用于航天器并引起高频振动。

思 考 题

1.近地空间环境由哪些环境要素组成?其中对航天活动存在较大影响的环境要素是什么?

2.太阳辐射对近地轨道航天器的影响有哪些?

3.电离层对航天活动产生哪些影响?

4.微流星体及空间碎片对航天器造成的可能损坏有哪些?对于空间碎片的危害,主要采取哪些防护措施?

5.粒子辐射效应对航天器的损伤有哪些?

第10章　航天任务空间几何分析

许多航天任务的分析需要知道航天器所观察目标的视在位置与运动,对这类问题的分析主要与空间几何学有关。人们想知道怎样使航天器或其上的仪器指向期望的方向,怎样来判读航天器照相机拍摄的照片或天线获得的方向图形。由于天球表示法有助于人们对物理图像的理解,因此,首先介绍采用天球表示法研究仅与方向有关的几何问题的基本原理及球面三角的基础知识,然后应用这些原理来分析从地球或航天器上观察到的空间飞行任务的几何关系。

表10-1列举了航天任务分析及其应用中最常用的坐标系,这些坐标系如图10-1所示。

表 10 - 1　空间应用中常用的坐标系

坐标系名称	固连体	中心(原点)	Z 轴或极点	X 轴或参考点	应用情况
天体(惯性)坐标系	惯性空间	地球或航天器	天极	春分点	轨道分析,天文学,惯性运动
地心球面固连坐标系	地球	地心	地级=天极	格林尼治子午圈	地理位置确定,卫星视在运动
航天器固连坐标系	航天器	由工程设计图确定	指向轨道极点负向的航天器轴	指向星下点的航天器轴	航天器仪器的定位与定向
航天器姿态坐标系	轨道	航天器	轨道负法向	星下点	地球观测,姿态机动
黄道坐标系	惯性空间	太阳	黄极	春分点	太阳系轨道,月/日星历表

表10-1中的天体坐标系并非真正对惯性空间固定,实际上相对于惯性空间缓慢转动。所谓惯性空间是指太阳附近恒星的平均位置。天体坐标系在空间的方向是以地极即所谓的"天极"和春分点方向确定的,春季第一天太阳从南到北穿越赤道平面时从地球到太阳的方向就是春分点的方向。对飞行任务几何学分析来说,地轴和春分点都绕着地球相对太阳运动的轨道极点作周期为 26 000 年的进动。春分点的这种进动引起了春分点相对于恒星的位置以每年 0.014°的速率移动。由于这种慢漂移运动,天体坐标需要作相应的修正,以精确地确定春分点的位置。最通用的系统是 1956 坐标系,2000 坐标系以及真日期坐标系(TOD)。

一旦定义了坐标系,就可以用单位半径球面上点的位置的两个坐标来定义单位向量,以坐标系原点为中心的单位球称之为天球。天球是为研究天体运动而引进的一个假想的球面。球心为坐标原点,视所研究问题的需要,取在适当位置,如地心、飞行器质心、观测点等。天球半径可认为是一个单位长度,从而使球面上的大圆弧与所张球心角在量值上相等。引进"天球"概念的好处在于可将空间的不同矢量平移通过同一天球中心,从而用球面上对应的点表示这些矢量的指向,用连接这些点的大圆弧表示矢量间的夹角,以建立一个便于分析空间问题的几何模型,且能应用球面三角公式解决问题。下面首先介绍球面三角的基础知识,然后给出地面站跟踪弧段、地影时间等的计算方法。

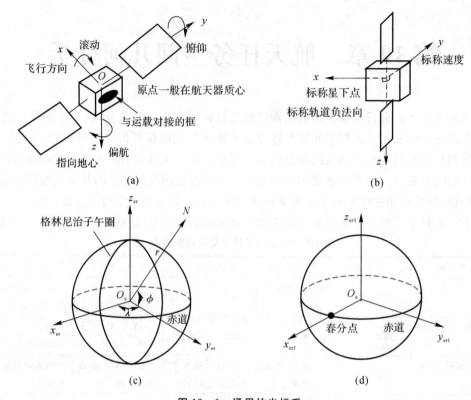

图 10-1 通用的坐标系

(a)航天器姿态坐标系；　(b)航天器固连坐标系；　(c)地心球面固连坐标系；　(d)地心赤道坐标系

10.1 球面三角基础知识

10.1.1 球面三角基本概念

10.1.1.1 球面上的圆(定理)

(1)任意平面与圆球面相截的交线为圆,且有

$$r=\sqrt{R^2-h^2}$$

式中　r——平面与圆球相截圆的半径；

R——圆球的半径；

h——球心 O 至相截平面的距离(h 垂直于相截的平面)。

(2)过球心的平面与球面相截的交线为大圆。如图 10-2 所示,当 $h=0$ 时,截面过球心 O,并且 $r=R$。此时,平面与球面相截的交线为大圆。

(3)大圆将圆球和球面分为相等的两个部分。

(4)通过球面上不在同一直径上的两个点,能做且仅能做一个大圆。例如,图 10-3 球面

上的 A 和 D 两个点不在同一直径上,各在 OA 和 OD 两个(延长线的)直径上。由于不在一条直线上的三个点可确定一个唯一的平面,所以通过球心 O 和 A,D 这两个点所确定的平面,即通过球心的唯一的平面,该平面和球面的交线就是唯一的大圆。

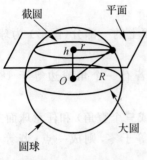

图 10-2　定理(1)(2)(3)

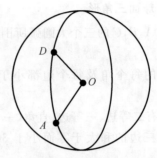

图 10-3　定理(4)

(5) 小于 $180°$ 的大圆弧是球面上两点间的最短球面距离。

证明　球面上的 A,D 两点所形成的大圆弧在小于 $180°$ 的一段是球面上两点间的 最短球面距离。

如图 10-4 所示,在球面上,通过 A 和 D 做大圆弧。另外,在离开球心并过 A 和 D 两点做小圆弧(即不通过球心)。在小圆弧上作曲线 $ABCD$。把 $ABCD$ 各点和球心连接起来,可以得到多面角,则

$$\angle AOD < \angle AOB + \angle BOC + \angle COD$$

由于 OA,OB,OC,OD 都等于 R,而大圆弧上各点到 O 的距离都等于 R。所以,弧 $AD <$ 弧 $ABCD$。实际上,在 AD 小圆弧上可取无穷多个点,则得无穷多个小弧 AB,$BC,\cdots,D$,这样弧 $ABC\cdots D$ 就等于小圆上的 AD 弧。

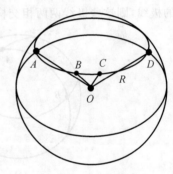

图 10-4　定理(5)

该定理与"在平面上,两点间的最短距离是直线"相类似。

飞机做远距离航行时,都是沿着地球上空的大圆弧飞行的。这样,飞行距离是最短的。

10.1.1.2　球面角

(1) 大圆的极、轴和极线。大圆 AB(见图 10-5)平面(如地球赤道平面)中心的垂线与球面的两个交点 P 和 P_1(如地球的南北极),为大圆的极;两个交点的连线为大圆 AB 的轴;大圆 AB 也称为 P 和 P_1 点的极线。过极 P 的任意大圆交极线于 A 或 B 点,则弧 PA 或弧 PB 等于 $\pi/2$ 或 $90°$。相当于地球由南北极沿子午线到赤道的弧长(等于 $\pi/2$ 或 $90°$)。

(2) 球面二面角。若两大圆 PA 和 PB 相交(见图 10-5),则 APB 为球面角(此 处为二面角),大圆 PA 和 PB 的交点 P 称为球面角的顶点,两圆弧 PA 和 PB 称为球面角的边。

(3) 球面角度量。球面角的边是以弧度来度量的。球面角度量有四种方法:① 用两平面

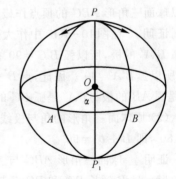

图 10-5　大圆的极、轴和极线

的二面角度量(由立体几何定义);② 用直线角 $AOB(\alpha)$ 度量(又称球心角;在地球上称地心角);③ 用弧 AB 来度量,弧 $AB = R\alpha$,当 $R = 1$ 时,弧 $AB = \alpha$(以弧度计);④ 用顶点 P 处两球面角边的切线间的夹角来度量。

10.1.1.3 球面三角形

相交于三点 A,B,C 的三个大圆弧所围成的球面上的一部分(图形)为球面三角形(见图 $10-6(a)$)。

球面三角形的每个角及每个边都小于 $180°$。若有一个角或边等于 $180°$,则成球面二面角。

球面三角形有二等边、三等边、直角(一个、两个或三个直角)和任意球面三角形几种。

球面三角形三边的和大于零而小于 $360°$。若等于零,则成一点;若等于 $360°$,则成二面角。

10.1.1.4 极线三角形

将已知球面三角形 ABC 的顶点作极(见图 $10-6(b)$),并使每一个顶点的两边各延长到 $90°$ 的极线,则这些极线两两相交构成一新的球面三角形 $A'B'C'$,此三角形称为极线三角形。

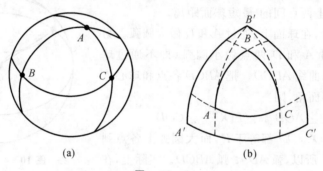

(a)   (b)

图 10-6

(a) 球面三角形; (b) 极线三角形

(1)原球面三角形 ABC 与极线三角形 $A'B'C'$ 有如下关系:① 原球面三角形的顶点是极线三角形边的极;② 极线三角形的顶点是原三角形边的极。关系 ① 不需要证明,因为定义如此,即以球面三角形 ABC 的顶点作极而做出的极线三角形。下面证明 ②。

证明 在图 $10-6(b)$ 中作大弧 $B'A$ 和 $B'C$,因为 C 点是弧 $B'A'$ 的极,所以弧 $B'C = 90°$;同样,A 点是弧 $B'C'$ 的极,所以弧 $B'A = 90°$。因此,点 B' 是弧 AC 的极。同样,点 C' 是弧 AB 的极;点 A' 是弧 BC 的极。

(2)原球面三角形的角与极线三角形中对应边的和等于 $180°$,即 $B + b' = 90°$。

证明 球面三角形 ABC 与三角形 $A'B'C'$ 互为极线三角形。过 B 延长 BA 和 BC 至其极线 $A'C'$ 并分别交于 A_1 和 C_1,则角 B 等于弧 A_1C_1。用 b' 代表弧 $A'C'$(边),并将其分成 $A'A_1,A_1C_1,C_1C'$ 三段(见图 $10-7$)(此时角小边大)。有

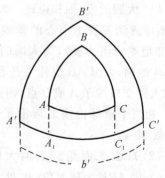

图 10-7 $B + b' = 180°$

$$B = A_1 C_1$$
$$b' = A'A_1 + A_1 C_1 + C_1 C'$$

将上两式相加,得

$$B + b' = A'A_1 + 2A_1 C_1 + C_1 C' = A'C_1 + A_1 C'$$

因为 A' 是 BC 弧的极,所以弧 $A'C_1 = 90°$;同样,C' 是 BA 弧的极,所以弧 $A_1 C' = 90°$,所以

$$B + b' = 180°$$

同样

$$A + a' = 180°$$
$$C + c' = 180°$$

(3) 极线球面三角形的角与原三角形中对应边的和等于 $180°$,即 $B' + b = 180°$。

证明　延长原三角形的边 AC(见图 10 - 8),并与极线三角形的边 $B'A'$ 交于 A_2,与极线三角形的边 $B'C'$ 交于 C_2(此是角大边小)。因为 B' 点是 $A_2 C_2$ 弧的极,所以角 B' = 弧 $A_2 C_2$。弧 $A_2 C_2$ 被 A 和 C 分成 $A_2 A$,AC,CC_2 三部分,而 $b = AC$,则

$$B' + b = A_2 A + AC + AC + CC_2 = A_2 C + AC_2$$

因为 C 点是弧 $B'A'$ 的极,所以弧 $A_2 C = 90°$。同样,A 点是 $B'C'$ 的极,所以弧 $AC_2 = 90°$。因此

$$B' + b = 180°$$

同样

$$A' + a = 180°, \quad C' + c = 180°$$

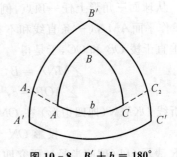

图 10 - 8　$B' + b = 180°$

10.1.2　球面三角形的余弦定理和正弦定理

10.1.2.1　投影定理

直线(如 AB)在轴(如 OZ)上的垂直投影长度等于该直线的长度乘以该直线和轴的夹角 θ 的余弦(见图 10 - 9)。

平面上任意封闭多边形各个边在该平面的某直线(轴)上投影的代数和等于零。如图 10 - 9 中封闭多边形 $ABCDEA$ 各个边在该平面的 OZ 轴上投影的代数和等于零。非封闭多边形(见图 10 - 9 中 $BCDEA$)各边在该平面的某直线(轴)上的投影的代数和等于闭合边(即 AB)的投影。

10.1.2.2　边的余弦定理

假设,过 O 点做三条直线 OA,OB,OC 的线束,组成以 O 为顶点的三面角(见图 10 - 10)。其中,$\angle AOB = c$,$\angle BOC = a$,$\angle AOC = b$。

中心在三面角的顶点 O,半径为 R 的球面截三面角,形成球面三角形 ABC。球面三角形的三个边分别等于 a,b,c,它们对应的角分别等于球面角 A,B,C。

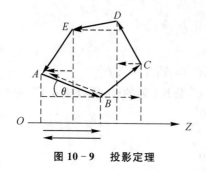

图 10 - 9　投影定理

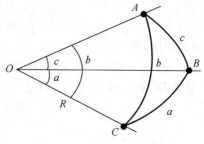

图 10 - 10　三面角

从球面三角形上任一顶点，例如 A 点，向对面 BOC 作垂线 AM（见图 10-11）。通过直线 AM 作平面 AMN（一条直线和不在该直线上的一点可做一平面）和 AMK，并且使各个平面分别垂直于棱 OB 和 OC，于是得

$$\angle MNA = B,\quad \angle MKA = C \quad（立体几何中的二面角）$$
$$\angle AOB = c,\quad \angle BOC = a,\quad \angle AOC = b \quad（球心角）$$

取折线 $OKMN$（即四边形）在 ON 上的投影，有

$$投影\ ON = 投影\ OK + 投影\ KM + 投影\ MN$$

用 R 表示 OA（球的半径），研究四边形 $ONMK$ 每边的长度，于是有

$$ON = R\cos c,\quad OK = R\cos b$$

则

$$投影\ OK = R\cos b\cos a$$

因为 $KM = KA\cos C$，而 $KA = R\sin b$，所以

$$KM = R\sin b\cos C$$

则 KM 在 ON 轴上的投影为

$$投影\ KM = R\sin b\cos C\cos(90°-a) = R\sin b\sin a\cos C$$

因为 MN 垂直于 OB，所以，投影 $MN = 0$，则公式投影 $ON = $ 投影 $OK + $ 投影 $KM + $ 投影 MN 可写成

$$R\cos c = R\cos b\cos a + R\sin b\sin a\cos C$$

将上式 R 约去得

$$\cos c = \cos b\cos a + \sin b\sin a\cos C$$

这个公式可以表述为，球面三角形边的余弦等于其他两边余弦的乘积加上它们的正弦及它们夹角的余弦的连乘积。

同样，可以得到其他两个边的余弦公式，故有

$$\cos a = \cos b\cos c + \sin b\sin c\cos A \tag{10-1a}$$
$$\cos b = \cos a\cos c + \sin a\sin c\cos B \tag{10-1b}$$
$$\cos c = \cos a\cos b + \sin a\sin b\cos C \tag{10-1c}$$

球面三角形边的余弦公式很重要，应用较多。

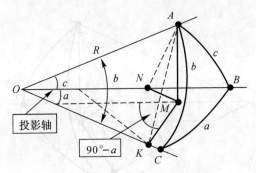

图 10-11　在 *ON* 上的投影图

10.1.2.3　正弦定理

如图 10-11 所示，*AM* 是三角形 *AMK* 和 *AMN* 的公共边，则 *AK* 在 *AM* 轴上的投影＝*AN* 在 *AM* 轴上的投影，即

$$\text{投影 } AK = R\sin b\cos(90°-C) = R\sin b\sin C$$
$$\text{投影 } AN = R\sin c\cos(90°-B) = R\sin c\sin B$$

所以

$$\sin b/\sin B = \sin c/\sin C$$

同样可得

$$\sin c/\sin C = \sin a/\sin A$$

由此得

$$\frac{\sin a}{\sin A} = \frac{\sin b}{\sin B} = \frac{\sin c}{\sin C} \tag{10-2}$$

10.1.2.4　角的余弦定理

极线三角形边的余弦公式是

$$\cos a' = \cos b'\cos c' + \sin b'\sin c'\cos A'$$

把极线三角形中的元素代以原三角形中对应的元素（如 $a'=180°-A$），得 $\cos(180°-A) = \cos(180°-B)\cos(180°-C) + \sin(180°-B)\sin(180°-C)\cos(180°-a)$

两边乘以 -1，得

$$\cos A = -\cos B\cos C + \sin B\sin C\cos a \tag{10-3a}$$

同样

$$\cos B = -\cos A\cos C + \sin A\sin C\cos b \tag{10-3b}$$
$$\cos C = -\cos A\cos B + \sin A\sin B\cos c \tag{10-3c}$$

10.1.3　球面三角形相关元素的乘积公式

10.1.3.1　边的正弦与其相邻角余弦乘积公式（五个元素形式）

取 *NM* 线为投影轴（见图 10-12），根据投影原理得

$$\text{投影 } NM = \text{投影 } NO + \text{投影 } OK + \text{投影 } KM$$

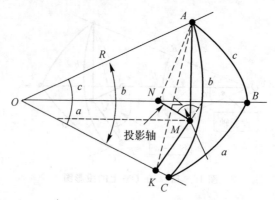

图 10 - 12   在 *NM* 上投影图

各个投影值为

投影 $NM = R\sin c\cos B$；

投影 $NO = 0$；

投影 $OK = R\sin a\cos b$；

投影 $KM = R\sin b\cos C\cos (180° - a) = -R\sin b\cos C\cos a$。

将各个投影值代入，并消去 R 后得

$$\sin c\cos B = \cos b\sin a - \sin b\cos a\cos C$$

同理可得各个边的正弦与其相邻角余弦乘积公式如下：

$$\sin a\cos B = \cos b\sin c - \sin b\cos c\cos A \tag{10 - 4a}$$

$$\sin a\cos C = \cos c\sin b - \sin c\cos b\cos A \tag{10 - 4b}$$

$$\sin b\cos C = \cos c\sin a - \sin c\cos a\cos B \tag{10 - 4c}$$

$$\sin b\cos A = \cos a\sin c - \sin a\cos c\cos B \tag{10 - 4d}$$

$$\sin c\cos A = \cos a\sin b - \sin a\cos b\cos C \tag{10 - 4e}$$

$$\sin c\cos B = \cos b\sin a - \sin b\cos a\cos C \tag{10 - 4f}$$

10.1.3.2   角的正弦和邻边余弦的乘积公式

把前面球面三角形五个元素的公式应用到它们的极线三角形，例如

$$\sin a'\cos B' = \cos b'\sin c' - \sin b'\cos c'\cos A'$$

因为 $a' = 180° - A, b' = 180° - B, \cdots$，代入上式并乘以 -1 得

$$\sin A\cos b = \cos B\sin C + \sin B\cos C\cos a \tag{10 - 5a}$$

同样，有

$$\sin A\cos c = \cos C\sin B + \sin C\cos B\cos a \tag{10 - 5b}$$

$$\sin B\cos c = \cos C\sin A + \sin C\cos A\cos b \tag{10 - 5c}$$

$$\sin B\cos a = \cos A\sin C + \sin A\cos C\cos b \tag{10 - 5d}$$

$$\sin C\cos a = \cos A\sin B + \sin A\cos B\cos c \tag{10 - 5e}$$

$$\sin C\cos b = \cos B\sin A + \sin B\cos A\cos c \tag{10 - 5f}$$

10.1.3.3   边和角的余切公式（四个元素形式）

从五元素公式中的任一个公式可以推导出角的余切公式，例如

$$\sin a\cos B = \cos b\sin c - \sin b\cos c\cos A$$

用 $\sin b$ 除等式两边,得

$$(\sin a/\sin b)\cos B = \cot b\sin c - \cos c\cos A$$

根据正弦定理公式有

$$\sin a/\sin b = \sin A/\sin B$$

则上式可写成

$$\cot B\sin A = \cot b\sin c - \cos c\cos A \tag{10-6a}$$

同样,有

$$\cot A\sin C = \cot a\sin b - \cos b\cos C \tag{10-6b}$$

$$\cot A\sin B = \cot a\sin b - \cos c\cos B \tag{10-6c}$$

$$\cot B\sin C = \cot b\sin a - \cos a\cos C \tag{10-6d}$$

$$\cot C\sin B = \cot c\sin a - \cos a\cos B \tag{10-6e}$$

$$\cot C\sin A = \cot c\sin b - \cos b\cos A \tag{10-6f}$$

同样,有边的余切公式

$$\cot A\sin B = \cot a\sin c - \cos c\cos B$$

由于 $a' = 180° - A, b' = 180° - B\cdots$ 代入上式,并乘以 -1 得另一形式(边和角对换)

$$\cot a\sin b = \cos b\cos C + \sin C\cot A \tag{10-7a}$$

$$\cot a\sin c = \cos c\cos B + \sin B\cot A \tag{10-7b}$$

$$\cot b\sin c = \cos c\cos A + \sin A\cot B \tag{10-7c}$$

$$\cot b\sin a = \cos a\cos C + \sin C\cot B \tag{10-7d}$$

$$\cot c\sin a = \cos a\cos B + \sin B\cot C \tag{10-7e}$$

$$\cot c\sin b = \cos b\cos A + \sin A\cot C \tag{10-7f}$$

10.1.4　球面直角三角形的简化公式

设球面直角三角形 ABC 中 A 为直角(见图 $10-13$),则在解球面直角三角形时,只要有两个已知元素就够了,因为直角是已知的。

求解时,有以下六种情况:

(1)已知 b 和 c 求 a, B, C;

(2)已知 a 和 b 或 c,求 B, C 和 c 或 b;

(3)已知 B 和 C,求 a, b, c;

(4)已知 a 和 B 或 C,求 b, c 和 C 或 B;

(5)已知 b 和 C,求 a, c 和 B;

(6)已知 b 和 B,求 a, c 和 C。

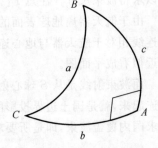

图 10-13　球面直角三角形

从前面导出的所有公式中,有 $\sin A = 1, \cos A = 0$。则,

由 $\cos a = \cos b\cos c + \sin b\sin c\cos A$ 得 $\cos a = \cos b\cos c$ $\tag{10-8a}$

由 $\cos B = -\cos A\cos C + \sin A\sin C\cos b$ 得 $\cos B = \sin C\cos b$ $\tag{10-8b}$

由 $\cos C = -\cos A\cos B + \sin A\sin B\cos c$ 得 $\cos C = \sin B\cos c$ $\tag{10-8c}$

由 $\cos A = -\cos B\cos C + \sin B\sin C\cos a = 0$ 得 $\cos a = \cot B\cot C$ $\qquad$ (10-8d)

由 $\sin c/\sin C = \sin a/\sin A$ 得 $\sin c = \sin a\sin C$ $\qquad$ (10-8e)

由 $\sin b/\sin B = \sin a/\sin A$ 得 $\sin b = \sin a\sin B$ $\qquad$ (10-8f)

由 $\cot a\sin b = \cos b\cos C + \sin C\cot A$ 得 $\cos C = \cot a\tan b$ $\qquad$ (10-8g)

由 $\cot a\sin c = \cos c\cos B + \sin B\cot A$ 得 $\cos B = \cot a\tan c$ $\qquad$ (10-8h)

由 $\cot b\sin c = \cos c\cos A + \sin A\cot B$ 得 $\sin c = \tan b\cot B$ $\qquad$ (10-8i)

由 $\cot c\sin b = \cos b\cos A + \sin A\cot C$ 得 $\sin b = \tan c\cot C$ $\qquad$ (10-8j)

10.2　定向天线波束覆盖计算

10.2.1　球面阴影近似计算方法

在地球静止轨道航天器上,常常应用定向赋形波束天线,使其波束覆盖到地球上一定的范围内。这种天线波束一般有区域波束(如覆盖东南亚地区、欧洲地区、中东地区等)、国内波束(如覆盖中国、加拿大或美国等)、覆球波束(波束宽度约为 $17.4°$)和点波束(如覆盖上海)。

10.2.1.1　波束覆盖计算原理

由于定向天线波束边缘不可能做到很陡,因此对赋形波束计算可用近似计算方法。

介绍一种静止轨道航天器的赋形天线波束覆盖的近似计算方法。该方法是将在地球上所要覆盖的区域(如以中国国土为例)上较突出的边界点各自与静止轨道上的航天器连接起来,则这些连线所形成的锥状体就是所要求得的国土覆盖波束。这些连线各自穿过以航天器为中心的球面(称 S 球面),而在 S 球面上得到各自穿过点。再把穿过 S 球面上的各个相邻点一一连接起来,就形成所需的覆盖国土在 S 球面上的投影,(见图 10-14)。利用球面三角关系式,可以求得波束尺寸。注意 P_1 和 P''_1 在同一平面内,而不同下标的点是在不同的平面内。

由于航天器离地球表面的距离比地球半径要大近六倍,因此,国土边界较突出点与航天器的连线相对于航天器与地心连线之间的夹角 r 很小。这样可把国土边界点在 S 球面上的投影图近似看成平面图。

而波束射线是从 S 球心射出的,因此波束各个射线皆垂直于 S 球面。把国土边界相邻点相连起来,就是国土边界投影图。若设计的天线波束正好能包络国土边界图,则这个波束就是所求国内覆盖波束,即是所要求的波束方向图。

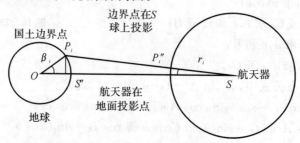

图 10-14　在 S 球面上的投影示意图

10.2.1.2　波束覆盖计算步骤

（1）在地图上找出 n 个突出和凹进的国土边界点 P_i 为 $P_1,P_2,P_3,\cdots,P_n$，记下它们的地理经度 λ_i 为 $\lambda_1,\lambda_2,\lambda_3,\cdots,\lambda_n$，相应纬度 φ_i 为 $\varphi_1,\varphi_2,\varphi_3,\cdots,\varphi_n$。

（2）根据定点位置，确定卫星星下点（在赤道上的投影）S'' 及其地理经度 λ_s（定点位置不同，国土在 S 球面上的投影图是不同的）。

（3）计算各个国土边界点 P_i 相对星下点投影 S'' 的地心张角 β_i 和相对星下点投影 S'' 的方位角 δ_i（见图 10-15）。在图 10-15 中，$\varphi_i,\lambda_i,\beta_i$ 和 δ_i 之间的关系（见图 10-16）由球面直角三角形的关系式可得

$$\beta_i = \arccos\left[\cos\varphi_i\cos(\lambda_i-\lambda_s)\right] \qquad (10-9\text{a})$$

$$\delta_i = \arccos(\sin\varphi_i/\sin\beta_i) \qquad (10-9\text{b})$$

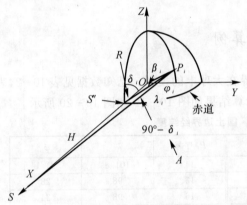

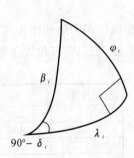

图 10-15　国土边界点 P_i、地心张角 β_i 和方位角 δ_i 关系图　　　图 10-16　A 向图

（4）根据 P_i 点的地心张角 β_i，找出 P_i 点在 S 球面上的张角 r_i（见图 10-14）。由图 10-14 可知

$$\tan r_i = R\sin\beta_i/[(R+H)-R\cos\beta_i]$$

所以

$$r_i = \arctan\{R\sin\beta_i/[(R+H)-R\cos\beta_i]\} \qquad (10-10)$$

式中　　R——地球赤道半径，取 $R=6\,378$ km；

　　　　H——静止轨道高度，取 $H=35\,786$ km。

（5）将各点 P_i 投影到 S 球面上（见图 10-17）。在图 10-17 中，P'_1 和 P'_n 分别为 P_1 和 P_n 在 S 球面上的投影，即 SP_1 和 SP_n 在 S 球面上的交（穿）点，β_1 和 β_n 为弧 P_1S'' 和 P_nS'' 对地心的张角。r_1 和 r_n 为弧 P'_1S' 和 P'_nS' 对 S 球心的张角，β_i 和 r_i 的关系由式（10-10）确定。

SP_1O 面与 $SOAA'$ 面的夹角，也是 P_1 点对星下点 S'' 的方位角 δ_1，同时也是 P'_1 点对 S 球面上 S' 的方位角 δ'_1，即 $\delta_1=\delta'_1$，δ_i 由式 $\delta_i=\arccos(\sin\varphi_i/\sin\beta_i)$ 确定。

（6）求出各 P'_i 在 S 球面上的经纬度（仿照地理经纬度）。由球面三角关系式可得（见图 10-18）

$$\text{纬度　}\varphi'_i = \arcsin(\sin r_i\cos\delta_i) \qquad (10-11\text{a})$$

$$\text{经度　}\lambda'_i = \arctan(\tan r_i\sin\delta_i) \qquad (10-11\text{b})$$

（7）将各个相邻点 P'_i 连接起来，即得到所求覆盖天线波束方向图。

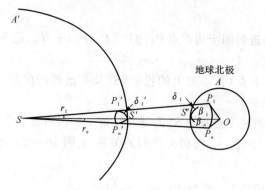
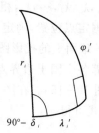

图 10-17　S 球面上关系图　　　　图 10-18　各点 P_i 在 S 球面上投影

10.2.2　中国地图波束覆盖算例

下面以中国大陆地图为例计算国土边界在大球上的投影。已知数据见表 10-2，表中地理经度为东经，卫星定点位置在东经 105°。计算结果如图 10-19 和图 10-20 所示。

表 10-2　国土边界经纬度

P_i 序号	λ_i	φ_i	P_i 序号	λ_i	φ_i
1	124	53.4	14	101.8	21.1
2	132	47.7	15	98	28
3	135	48.6	16	98	24
4	130.7	42.3	17	92	26.8
5	122.6	37.4	18	86	28
6	122	30	19	79	31
7	118	24	20	73.6	39
8	122	25	21	88	49.2
9	121	22	22	96	43
10	110	21	23	105	41.6
11	110	20.3	24	120	46.5
12	109.6	18.2	25	116	48
13	105	23	26	120	52.5

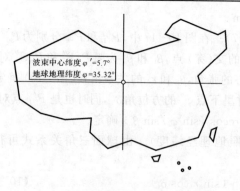

波束中心纬度 $\varphi'=5.7°$
地球地理纬度 $\varphi=35.32°$

图 10-19　计算国土边界在大球上的投影

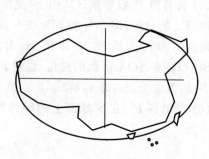

图 10-20　单个椭圆简单赋形

10.3　地面站跟踪弧段计算

10.3.1　航天器视场角与地心角的关系

航天器与航天器上可看到地球边（与地球相切）线的连线与航天器至地心连线之间的夹角为航天器覆盖地球的最大视场角 ρ，其相对应的地球球心的夹角为地心角 λ_0（见图 10-21）。假设地球是圆球（这对计算精度影响不大），因此，航天器至地平的连线垂直于（在切点处的）地球半径。这样，可得以下方程：

$$\sin \rho = \cos \lambda_0 = \frac{R_E}{R_E + H} \qquad (10-12)$$

其中

$$\rho + \lambda_0 = 90°$$

航天器到地球相切点的距离 $D_{\max}$ 为

$$D_{\max}^2 = (R_E + H)^2 - R_E^2 = (R_E \tan \lambda_0)^2$$

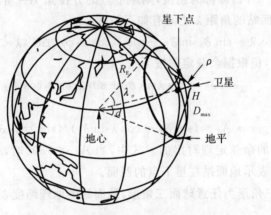

图 10-21　视场角与地心角的关系图

10.3.2　航天器覆盖区（球冠）面积

航天器最大视场角 ρ 对地球覆盖的面积为球冠面积（见图 10-21）。图中 R_E 为地球的半径，d 为覆盖区边缘与地心的连线与星下点与地心的连线之间夹角，称地心角。

全球面积由下式积分得

$$S = 2 \int_0^{\pi/2} 2\pi R_E \sin \vartheta R_E d\vartheta = 4\pi R_E^2$$

则球冠面积为

$$S_1 = \int_0^d 2\pi R_E \sin \vartheta R_E d\vartheta = 2\pi R_E^2 (1 - \cos d) = 4\pi R_E^2 \sin^2 \frac{d}{2}$$

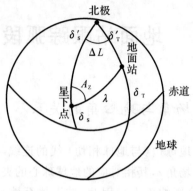

图 10 - 22　方位角 A_z 示意图

10.3.3　地面站对星下点的方位角 A_Z

地面站对星下点的方位角 A_Z(见图 10 - 22)可用球面三角形边的余弦公式求得。地面站是固定的,它的地理纬度 δ_T 和经度 L_T 是已知的,设星下点的纬度为 δ_S,经度为 L_S。

规定 $\Delta L = |L_S - L_T|$,即都为正值,则星下点的方位角 A_z(角度按照从北往东顺时针计算)以及星下点到地面站的角距 λ 之间有如下关系:

$$\cos \lambda = \sin \delta_S \sin \delta_T + \cos \delta_S \cos \delta_T \cos \Delta L \quad (\lambda < 180°)$$

由上式求出 λ 后,仍根据余弦定理按下式

$$\sin \delta_T = \cos \lambda \sin \delta_S + \sin \lambda \cos \delta_S \cos A_Z$$

求得方位角 A_Z

$$\cos A_Z = (\sin \delta_T - \cos \lambda \sin \delta_S)/(\sin \lambda \cos \delta_S)$$

上两式都是按边的余弦定理写出的。式中,当 $A_Z < 180°$ 时,表示地面站在星下点的东面;当 $A_Z > 180°$ 时,表示地面站在星下点的西面。

注意,图中球面三角形为任意球面三角形,地面站的地理纬度 $\delta_T + \delta'_T = 90°$,星下点的地理纬度 $\delta_S + \delta'_S = 90°$。

10.3.4　地面站对航天器观测的仰角 ε

在航天器及其星下点和地面站三点所决定的平面(也通过地心)内有如图 10 - 23 所示的几何关系。该图与定向天线波束计算用的图 10 - 14 类似,所不同的是该图的星下点不是通过赤道的。为了计算方便,引入前面所介绍的航天器视场角 ρ 的式(10 - 12)。由图 10 - 23 可得

$$\tan \eta = \frac{\sin \rho \sin \lambda}{1 - \sin \rho \cos \lambda} \qquad (10 - 13)$$

和

$$\cos \varepsilon = \frac{\sin \eta}{\sin \rho} \qquad (10 - 14)$$

由图 10 - 23 还可得

$$D = R_E \frac{\sin \lambda}{\sin \eta} \tag{10-15}$$

式中　η—— 航天器从星下点至地面站的张角；

　　　λ—— 星下点与地面站相对于地心的张角；

　　　ε—— 地面站在观测到航天器时的仰角,即地面站与航天器的连线与当地地平之间的夹角。图 10-23 中,$\eta + \lambda + \varepsilon = 90°$。

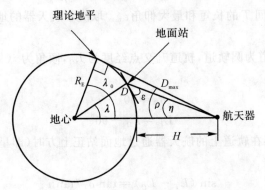

图 10-23　航天器与地面站几何关系图

10.3.5　地面站跟踪弧段

为了简化公式,作如下假设:① 轨道是圆轨道,即航天器做匀速运动;② 轨道高度很低。这样,航天器过顶的时间就很短,就可忽略在这段相对短的时间内地球自转所运动的弧段。

图 10-24 表示航天器的地面轨迹与地面站跟踪范围的几何关系。一般跟踪通信天线相对于地平面的最小仰角要求是 5°以上,低于 5°就不能通信。图中,以地面站为中心的虚线圆表示最小仰角 $\varepsilon_{min} = 0°$ 的范围;实线圆表示最小仰角 $\varepsilon_{min} = 5°$ 的范围。

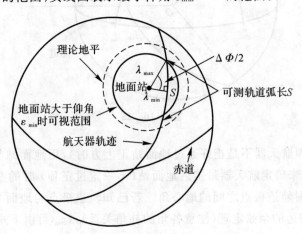

图 10-24　地面站跟踪弧段示意图

图 10-24 中表示的实线圆和虚线圆都是在航天器轨道大圆球上的投影。两圆与地面站(点)形成两个同心锥,锥的母线长度(即地面站到航天器的距离 D)按式(10-15)计算。

在给定 ε_{min} 值后，就可以用前一节的式（10-14）、式（10-15）等计算确定最大地心角 λ_{max}、在考虑最小仰角 ε_{min} 时的航天器最大视场角 η_{max} 以及航天器到地面站相应的最大距离 D_{max}。即

$$\sin \eta_{max} = \sin \rho \cos \varepsilon_{min} \qquad (10-16)$$

$$\lambda_{max} = 90° - \varepsilon_{min} - \eta_{max} \qquad (10-17)$$

$$D_{max} = R_E (\sin \lambda_{max})/(\sin \eta_{max}) \qquad (10-18)$$

任何一圈可观测时间 T 的长短和最大仰角 ε_{max} 取决于航天器的地面轨迹与地面站靠近程度。

下面求 λ_{min}。设轨道为圆轨道，轨道升交点经度为 L_Ω，倾角为 i（见图10-25）。P 为轨道的极，则

$$\delta_P = 90° - i$$

$$L_P = L_\Omega - 90°$$

由式（10-8j）知，当在轨道上的航天器通过地面站正上方时（即星下点轨迹与 T 点相交），必须满足下式：

$$\sin (L_T - L_\Omega) = \tan \delta_T / \tan i$$

为确定该圆轨道上的航天器穿越赤道后何时通过地面站 T 正上方，用升交点至地面站的地心角 u 来描述，即由下式确定：

$$\sin u = \sin \delta_T / \sin i \qquad (10-19)$$

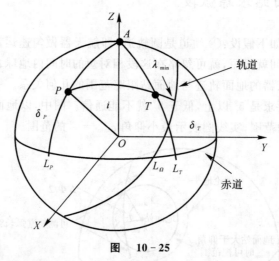

图 10-25

在一般情况时（即航天器不是正好通过地面站正上方时），用地面站与航天器地面轨迹之间的最小地心角 λ_{min} 来确定航天器最接近地面站（不一定过正顶）时的参数。此时，λ_{min} 等于 $90°$ 减去地面站与瞬时轨道极点之间的地心角。若已知轨道极点与地面站的经、纬度，则在球面三角形 APT 中，按边的余弦定理（注意各角的补角关系），λ_{min} 可由下式给出：

$$\sin \lambda_{min} = \sin \delta_P \sin \delta_T + \cos \delta_P \cos \delta_T \cos (L_T - L_P) \qquad (10-20)$$

当航天器任意圈的轨迹最接近地面站时，地面站将观测到航天器的最大跟踪角速率为

$$\theta_{max} = \frac{V_S}{D_{min}} = \frac{2\pi(R_E + H)}{P D_{min}}$$

$D_{\min}$ 按式(10-13)和式(10-15)计算。v_{S} 为航天器的轨道速度，P 为轨道周期。显然，角速率是随航天器离地面站的距离而变化的，离地面站的距离越近，角速率就越大。

由图10-24可知，利用球面直角三角形的关系式，不难得出地面站跟踪航天器进出地面站的总方位角 $\Delta\phi$ 和总的跟踪弧长(弧度)S 计算公式：

$$\cos\frac{\Delta\phi}{2}=\frac{\tan\lambda_{\min}}{\tan\lambda_{\max}} \tag{10-21}$$

$$\cos\frac{S}{2}=\frac{\cos\lambda_{\max}}{\cos\lambda_{\min}} \tag{10-22}$$

同样，利用球面直角三角形的关系式，可以得出跟踪总时间 T 的计算公式：

$$T=\left(\frac{P}{180°}\right)\arccos\left(\frac{\cos\lambda_{\max}}{\cos\lambda_{\min}}\right) \tag{10-23}$$

式中，arccos 以角度计算，轨道周期用分计算。

10.4　太阳角计算

10.4.1　阳光与轨道面的夹角

阳光与轨道面的夹角 β 如图10-26所示。该角是计算卫星在轨光照区和阴影区的时间以及太阳能电池帆板受阳光照射角的参数。图10-26中 γ 角为阳光与轨道面的法线夹角。因为 β 与 γ 角是互补的，即 $\gamma=90°-\beta$，所以也可求 γ。γ 可按前面球面三角余弦关系式求出，参见图10-27。

轨道法线的球面坐标：赤纬 $=90°-i$，赤经 $=\Omega-90°$。

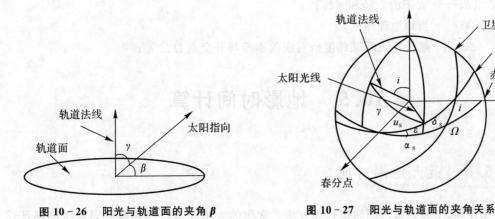

图 10-26　阳光与轨道面的夹角 β　　　　图 10-27　阳光与轨道面的夹角关系

如图10-27所示，由球面三角余弦关系式可得，β 角和太阳的赤经 α_{S}、赤纬 δ_{S} 以及航天器轨道面在空间的位置关系如下：

$$\beta=\arcsin\left[\cos\delta_{\mathrm{S}}\sin i\sin(\Omega-\alpha_{\mathrm{S}})+\sin\delta_{\mathrm{S}}\cos i\right] \tag{10-24}$$

若将太阳相对地球的视运动的轨道近视为圆形，则由球面三角关系得

$$\sin \delta_S = \sin \varepsilon \sin u_S \qquad (10-25)$$

式中　ε—— 黄道和赤道的夹角 $\varepsilon \approx 23.5°$；

　　　u_S—— 黄道上距升交点的角距。它可以根据离春分的天数 N 计算出

$$u_S = (360°/365.242\ 2 = 0.985\ 6(°)/d \times N \quad (°)$$

再用下式计算太阳的赤经 α_S（见图 10-28）：

$$\tan \alpha_S = \cos \varepsilon \tan u_S$$

$$\sin \alpha_S = \tan \delta_S \cot \varepsilon$$

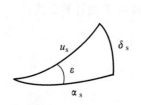

图 10-28　太阳角距 u_S

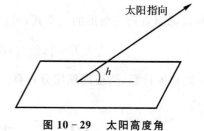

图 10-29　太阳高度角

10.4.2　太阳高度角

太阳高度角是指太阳相对地平面的仰角（见图 10-29）。太阳高度角是可见光遥感的一个重要参数。在同一时间（同一地理经度）、不同纬度地区的太阳高度角是不同的（因为地球是球形）。若用 h 表示太阳高度角，则

$$h = \arcsin \left[\sin \varphi \sin \delta_S + \cos \varphi \cos \delta_S \cos (\Omega - \alpha_S + \Delta \alpha) \right] \qquad (10-26)$$

$$\Delta \alpha = \arcsin \left(\frac{\tan \varphi}{\tan i} \right) \qquad (10-27)$$

式中　α_S 和 δ_S—— 太阳的赤经和赤纬；

　　　φ—— 当地地理纬度；

　　　$\Delta \alpha$—— 航天器飞跃某纬度所对应的赤经与升交点 Ω 之差。

10.5　地影时间计算

10.5.1　最大地影时间

为简化计算，下面只考虑圆轨道计算方法。常用的太阳同步轨道和地球同步轨道都是近圆轨道。当阳光和轨道面平行时，航天器就会遇到最大地影。由图 10-30 所示可知，航天器在轨道上处于地影区的弧度为 $2u_{max}$（角度）。

由图 10-30 可得

$$u_{max} = \arcsin \left(\frac{R_E}{R_E + h} \right)$$

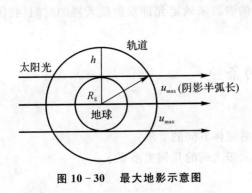

图 10 - 30　最大地影示意图

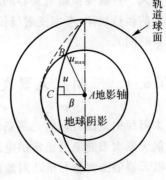

图 10 - 31　一般情况地影弧长 u 关系图

10.5.2　一般情况地影时间

一般情况(在阳光和轨道面不平行时)的地影时间如图 10 - 31 所示。图 10 - 31 上的椭圆表示轨道,AB 和 AC 都是大圆弧。AB 弧所对应的地心角 u_{max} 是太阳光与轨道面平行时轨道地影所占的地心角,即是最大地影的一半(见图 10 - 30)。AC 弧对应的地心角为 β 角,即阳光与轨道面的夹角。在此情况下,BC 弧 u 是此时地影弧长的一半。图 10 - 31 表示太阳光垂直该平面,从后方照向前方。当阳光与轨道平面夹角 β 达到 u_{max} 时(此时航天器轨道与地球阴影相切,见图 10 - 31 所示虚线),则航天器就没有阴影,即处于全日照。

下面求一般情况地影弧长 u。在图 10 - 31 中,ABC 构成一个球面直角三角形。则有

$$u = \arccos\left(\frac{\cos u_{max}}{\cos \beta}\right) \tag{10 - 28}$$

$$\cos u_{max} = \frac{\sqrt{h^2 + 2R_E h}}{R_E + h} \tag{10 - 29}$$

最后可求得在阳光与轨道平面夹角为 β 角时的一般情况下,地影弧长占轨道周长的比例 f_E 为

$$f_E = \frac{2u}{2\pi} = \frac{1}{\pi}\arccos \frac{\sqrt{h^2 + 2R_E h}}{(R_E + h)\cos \beta} \tag{10 - 30}$$

式(10 - 30)乘以轨道周期 T 即得到地影时间 t。

10.6　发射窗口分析

航天器的发射窗口是指可以发射航天器的日期、时刻和时间范围。由于轨道平面在惯性空间是固定不变的,所以严格地说,发射窗口是地面上的发射点旋转通过轨道平面的时刻。在该时刻发射,航天器进入预定轨道;提前或推迟发射,航天器将偏离预定轨道。但运载火箭均具有一定的机动能力,当适当提前或推迟发射,火箭进行机动飞行仍然能使航天器进入预定轨道,故发射窗口规定了允许进行发射的时间范围。火箭的机动飞行能力越强,发射窗口的时间

范围就越大。一般要根据航天器的总任务、航天器及地面系统的工作条件,结合航天器、太阳(或月球)的运行规律,考虑发射场位置,入轨时的参数来确定允许发射航天器的时间(我国一般用北京时间)。

10.6.1　限制航天器发射时刻的条件

· 太阳照射地面目标的光照条件;
· 航天器太阳能电池正常供电对太阳光照射星体方向的要求;
· 航天器姿态测量和机动对地球、航天器、太阳之间的几何关系要求;
· 航天器热控制对太阳光照射方向的要求;
· 航天器某些特殊部件对太阳光、月球反射光、地球反射光照射方向的要求;
· 航天器处于地球阴影内时间长短的要求;
· 航天器进出地影时所处轨道位置的要求;
· 为满足地面测控站对航天器测控条件的要求;
· 回收时间要求;
· 载人航天器在轨交会对接时,有共面要求等。

以上各项要分别分析计算,大部分要计算太阳光与航天器某轴的夹角和地球阴影时间。

10.6.2　坐标系和时间系统

10.6.2.1　坐标系

这里介绍航天器轨道两个常用坐标系:一个是地心惯性坐标系,一个是地心固连坐标系。

1. 地心惯性坐标系

地心惯性坐标系,有时也称赤道惯性坐标系或天球(取半径为一个单位长度)赤道坐标系。如图 10-32 所示,原点 O 为地球的质心,平面 x_iOy_i 与地球的赤道平面重合,z_i 轴为地球自旋轴并指向北极,x_i 轴指向春分点(春分点的指向在白羊星座附近,它是太阳在每年春分时刻位于赤道上的方向,即赤道面与黄道面交线在天球上的交点),y_i 轴根据右手法则确定。航天器在该坐标系中的位置可用直角坐标 x,y,z,即航天器的地心距 r 在三个直角坐标上的投影表示;也可用球面坐标,分别用地心距 r、赤经 α 和赤纬 δ 表示。

2. 地心固连坐标系

地球相对地心惯性坐标系是旋转的,每天旋转一圈。如果把上述坐标系与地球固连,并使 x 轴固定地指向格林尼治子午线的方向,用 x_G 来表示,地心固连坐标系为 $O_0x_Gy_Gz_G$(见图 10-33)。它与地心惯性坐标系的差别是 x 轴始终指向格林尼治子午线的方向。用 α_G 表示 x_G 与 x_i 之间的夹角,此时,α_G 称为格林尼治恒星时角。航天器在地心固连球面坐标系中的位置用地心距 r、地理经度 λ、地理纬度 φ 表示。x_G 在地心惯性坐标系中,以地球自转速度(15°/h)旋转。

以上两个坐标系主要用于航天器的轨道运动。

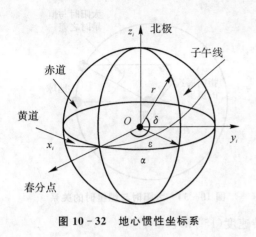

图 10 - 32　地心惯性坐标系

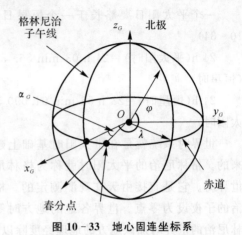

图 10 - 33　地心固连坐标系

10.6.2.2　时间系统

研究航天器的轨道运动不仅要分析航天器的运动在空间位置的规律,还要了解在什么时刻航天器在什么位置。因此,就需要有一个准确的时间系统。时间是要用某种稳定的重复现象来度量的。人们自古代就开始利用地球自转这一重复现象来描述时间,地球自转一圈为一天。

要测量地球自转一圈,需要选择一个固定的空间目标,一个地面测量基准。空间目标可用恒星(常用春分点),真太阳、平太阳,地面测量基准可用格林尼治子午线、某地子午线和人为规定的区域。

现行的时间系统基本上分为恒星时、世界时、历书时、原子时和动力学时 5 种。这里主要采用恒星时和世界时。

1. 恒星时

由于恒星离地球相当遥远,所以以恒星相对地球(尽管地球绕太阳运转)的位置是基本不变的。人们从地球上看,特定恒星在地心天球上的同一子午线上重复出现一周的时间间隔定义为一个恒星日。

空间目标一般用春分点(在白羊星座附近),地面测量基准用格林尼治子午线。从春分点按逆时针方向在赤道上量到格林尼治子午线的角度为格林尼治赤经。它在数值上等于格林尼治恒星时和地球自转角速度的乘积。

因为春分点方向在惯性空间是一定的,所以,格林尼治恒星时可以用来确定格林尼治的空间方位。而地球上其他地理位置相对格林尼治也是一定的,所以,地球上任意点的空间方位都可确定。

2. 世界时

在日常生活中,无法使用恒星时。

以真太阳作为空间目标,以它的周日视运动所确定的时间为真太阳时。但是,由于地球公转轨道是一椭圆,公转的速度不均匀,而且地球自转轴不是垂直公转平面,这样,真太阳日的长度就不是一个固定量,因此,它不宜作为计量时间的单位。为此,人们假想一个赤道平太阳,从地球上看它是沿赤道做匀速运动的,从而得到平太阳日和平太阳时。

一个平太阳日要略长于一个恒星日（见图 10-34）。

24 h（平太阳时）= 24 h 03 min 56. 555 4 s（恒星时）

24 h（恒星时）= 23 h 56 min 04.090 5 s（平太阳时）

世界时系统就是在平太阳时基础上建立起来的。格林尼治的平太阳时就称为格林尼治的世界时。它是直接由天文观测测定的。格林尼治的子夜设为零点。世界各地的地方时等于格林尼治的世界时加该地方的地理经度除以地球自转速度（15°/h）。

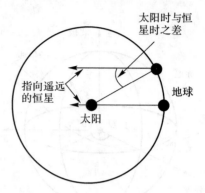

图 10-34 太阳时与恒星时的关系

10.6.3 发射场发射航天器的几个要素

一般运载火箭在发射过程中是不作横向机动飞行的，即不改变发射弹道平面。对于发射静止轨道航天器时，少数航天器要求运载火箭能改变发射弹道平面，以减小转移轨道的倾角。这样，可以节省航天器所需携带的推进剂或提升航天器的寿命等。因此，如果运载火箭不能减小转移轨道的倾角，则转移轨道的倾角不会小于发射场的地理纬度。这对在高地理纬度的发射场发射静止轨道航天器是不利的。

这里讨论所发射的航天器是不考虑运载火箭改变轨道倾角的。

决定发射的航天器在空间形成的轨道平面方位的要素有发射场地理位置 S 的地理纬度 φ、地理经度 λ、火箭发射方位角 A 和发射时刻 t。

10.6.3.1 发射方位角的确定

航天器在空间的轨道平面方位是由轨道倾角 i（即轨道平面与地球赤道平面的夹角）、轨道升交点赤经 Ω（即轨道升交点在惯性赤道坐标系上的赤经，从春分点度量）两个参数确定的（见图 10-35）。

发射方位角 A 是从发射点正北开始向东度量的（不大于 180°）。该方位角决定了火箭的弹道平面，也基本决定了航天器轨道平面的方位。

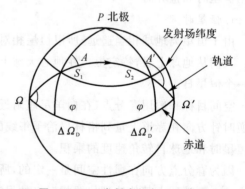

图 10-35 发射方位角 A 示意图

发射航天器的方式一般有两种：一种是以方位角 A（见图 10-35）进行升轨发射，如图中位置 S_1 所示；另一种是以方位角 A' 进行降轨发射，如图中位置 S_2 所示。两种发射方式可以得到同一种轨道平面方位（即轨道倾角 i 相同）。

发射方位角 A 与发射方位角 A' 的关系如下：

$$A' = 180° - A \tag{10-31}$$

在球面三角形 $S_1 \Omega \Delta \Omega_D$ 中，轨道倾角 i 与发射方位角 A 的关系如下：

$$\cos i = \sin A \cos\varphi \qquad (10-32)$$

由式(10-32)可知，发射方位角 A 的精度对轨道倾角 i 是直接有关的。因此，运载火箭在发射前要精确瞄准。当 $A=90°$ 时(向正东方向发射)，轨道倾角 i 等于发射场地理纬度 φ；若 $A \neq 90°$ 时，轨道倾角 i 大于发射场地理纬度 φ；若需要得到轨道倾角 i 等于 $90°$ 时(太阳同步轨道近似 $90°$)，则 $A=0°$ 或 $A=180°$，即向正北(升轨发射)或正南(降轨发射)方向发射，一般采用降轨发射。

10.6.3.2　发射时刻的确定

以上计算只是根据轨道倾角 i 的要求来确定发射方位角，而没有确定轨道升交点赤经 Ω，也没有分析在什么时刻发射。下面分析轨道升交点赤经 Ω 和发射时刻 t。

由图 10-35 可知，在发射时刻，发射场所在子午线的赤经相对轨道升交点赤经 Ω 的增量 $\Delta\Omega_D$ 可由下式确定：

$$\Delta\Omega_D = \arcsin\left(\frac{\tan\varphi}{\tan i}\right) \qquad (10-33)$$

为实现给定的轨道升交点赤经 Ω，假设先不考虑地球自转，在发射时刻，发射场的恒星时角 α_L(相对春分点的赤经)应由下式确定：

$$\alpha_L = \Omega + \Delta\Omega_D \qquad (10-34)$$

α_L 在惯性空间是固定不动的，由于地球是以角速率 ω_e 旋转的，那么什么时刻(平太阳时)发射场的恒星时角能够达到 α_L。这就要使发射场的恒星时角 α_L 等于发射时刻格林尼治子夜的恒星时角 α_G(在春分点以东为正，以西为负)、发射场距格林尼治的地理经度 λ 和发射时刻的世界时角 $\omega_e t_G$ 之和(见图 10-36)。

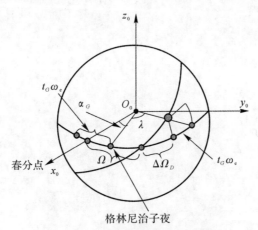

图 10-36　发射时刻的确定关系图

在分析发射时刻时，还要考虑在计算中要把它折算为时间($15°/h$)。此外，还要考虑发射时刻至航天器入轨的历时 t_A(即运载火箭飞行时间)，即实际发射时刻要提前 t_A。在图 10-36 中没有示出 t_A(已包含在 t_G 中)。

下面以升轨发射为例，为实现航天器所发射的轨道升交点赤经为 Ω，则在发射场发射时刻的世界时 t_G 应按下式计算(要包含 t_A)：

$$t_G = \frac{1}{15}\left[\Omega + \arcsin\left(\frac{\tan\varphi}{\tan i}\right) - (\alpha_G + \lambda)\right] - \frac{1}{60}t_A \qquad (10-35)$$

以上公式已折成小时为单位。中括号内的单位为角度,因为,每小时是 15°(粗略的),所以除以 15°/h 得小时。入轨的历时 t_A 是以分为单位的,所以,除以 60 得小时。

计算中注意 α_G 和 t_G 的正负号,图 10-36 示例中 α_G 为正,t_G 为负(退后)。由于发射场地理位置距格林尼治的地理经度为 λ,所以,发射场的发射时刻的地方时 t_{S1} 为

$$t_{S1} = \frac{\lambda}{15} + t_G \qquad\qquad (10-36)$$

思 考 题

1. 地面站对航天器的跟踪弧段与哪些参数有关?如何计算?

2. 航天器在轨运行时所遇到的地影时间主要影响到哪个分系统的设计?如何计算地影时间?

3. 试述发射窗口的定义以及限制航天器发射的条件有哪些?

4. 发射场发射航天器时需要考虑哪些因素?航天器的发射时刻和发射方位角是如何确定的?

第11章 航天器分系统选择及设计

11.1 概　　述

分系统方案类型和要求是分系统方案论证和选择的基础,也是飞行器总体方案论证和选择的部分备选材料。

如第1章所介绍,应用航天器可分为有效载荷和航天器平台两部分。有效载荷种类繁多,大致可分为通信类、导航类、对地遥感类、科学类、武器类等。航天器平台一般包括结构、电源、热控、测控(含遥测、遥控和跟踪)、数据管理、姿态和轨道控制、推进等分系统(返回式航天器还要有返回和回收分系统)。

这些分系统经过几十年的研制,其原理、技术和设计都有成熟应用。但是,随着技术的不断发展,其构成方案还有许多不同之处,其性能也有很大差别。它们都要根据有效载荷的方案和要求进行选择和分析。在总体方案论证中,首先要对有效载荷分系统方案进行选择和分析,然后对航天器平台的各个分系统进行选择和分析。

总体设计师在总体方案论证和设计中,所选分系统的方案可各不相同,分系统方案选择的不同将对航天器总体方案形成产生影响,特别是有效载荷、控制、推进和电源几个分系统对总体方案影响最大。这里所述的总体方案是指组成航天器本体的方案,即不包括航天器总体方案中的其他内容,如轨道或星座、大系统、技术流程、可靠性等设计。所选择各个分系统的方案不相同,乃至所选择仪器设备的方案不相同,就会使航天器的总体方案设计的结果出现千差万别的差异。

这一章仅对地球应用航天器各个分系统方案的主要类型和要求做一概括的介绍。只有掌握了分系统方案的主要类型和要求,才有可能进一步开展分系统方案选择和论证。这一章的内容也可作为方案选择的部分备选对象。

11.2　有效载荷的类型和要求

11.2.1　有效载荷分类

有效载荷所选择的类型主要是依据航天任务(航天器的用户要求)而确定的。航天器的类别很多,每类航天器又有多种。根据不同航天器类别和种类,其有效载荷也有多种类别,而每类有效载荷又有多种。航天器有效载荷的大致分类如图 11-1 所示。由图 11-1 可知,航天器有效载荷大致可分为通信类、遥感类、导航类、科学类、其他等。

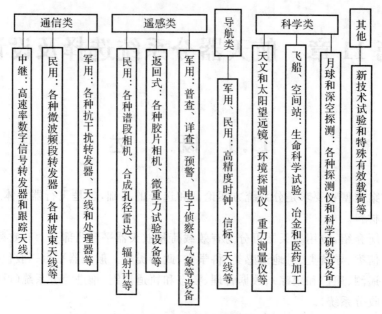

图 11-1 航天器有效载荷分类

1. 通信类

目前,卫星通信在全世界已得到广泛应用,并且已发展成庞大的产业。根据用途不同,其有效载荷也有所不同。从不同的角度,通信类有效载荷可分为:

(1)按卫星轨道分类,有静止轨道通信卫星有效载荷(采用透明转发器和定向波束天线);中、低轨道星座通信卫星有效载荷(采用星上处理转发器、星间链路和对地较宽波束天线);另外,还有采用 12 小时的临界倾角轨道(如苏联的"闪电"通信卫星,通信天线采用随动装置对地指向)。

(2)按通信业务分类,有固定业务通信卫星有效载荷;移动业务(对于低轨道星座移动通信卫星有效载荷需要采用星上处理、交换转发器、星间链路和对地较宽波束天线,对于静止轨道通信卫星能支持手持机之间通信的有效载荷则需要十几米可展开天线)通信卫星有效载荷;广播业务(对于直播卫星需要较高的发射功率和高增益天线)等通信卫星有效载荷。

(3)按用户性质分类,有公用(商用)通信卫星有效载荷(一般采用透明转发器);专用(如教育、航空、银行、煤炭、铁路、电力、油田等)通信卫星有效载荷;军用通信卫星有效载荷(一般采用各种抗干扰的转发器、天线和处理转发器等)。

2. 对地遥感类

对地遥感航天器所用的有效载荷归纳起来可以分为:

(1)按遥感器原理分类,可分为胶片相机、CCD 相机、多光谱扫描仪、成像光谱仪、扫描辐射计、微波辐射计、合成孔径雷达、微波高度计、微波散射计、雷达高度计、激光高度计、激光散射计等有效载荷。

(2)按接收目标的电磁波辐射谱段分类,可分为可见光、红外、紫外和微波等几类遥感器。

(3)按遥感器用途分类,可分为军事成像侦察(普查和详查)、电子侦察、导弹预警、海洋监视(监视战舰、航空母舰和潜艇)、军事测绘、军事气象等遥感器;民用遥感器可分为地球资源勘探、气象观测、海洋观测、环境监视、自然灾害监测、地理测绘等遥感器。

由上述介绍可知,传输型遥感器按照接收目标电磁波辐射谱段的不同可分为可见光、红外、紫外和微波等几种,再根据接收目标有源和无源辐射情况以及遥感器的功能不同,遥感器可归纳为表 11-1 所列的各种类型。

表 11-1　遥感器分类

无源方式				有源方式	
紫外	可见光	红外	微波	可见光、红外、紫外	微波
紫外敏感器 分光计 相机	全色相机 多光谱相机 高分辨率相机 多光谱扫描仪 成像光谱仪	红外扫描仪 红外辐射计 红外成像仪 近红外相机	微波辐射计 微波扫描仪 电子侦收设备(接收 天线和信号处理)	激光高度计 激光散射计	微波高度计 微波散射计 微波侧视雷达 合成孔径雷达

有源方式(又称主动方式)遥感器是探测物体对人工发射的能源(如雷达电磁波)的反射响应;无源方式(又称被动方式)遥感器是探测物体表面自然反射或散射的电磁波。

3. 导航类

导航类有效载荷归纳起来可以分为:

(1)按导航区域分类,可分为全球导航和区域两类导航卫星有效载荷。

(2)按卫星轨道分类,有静止轨道(如中国的"北斗"轨道高度为 35 786 km)、高轨道星座(如美国的 GPS 轨道高度为 20 182 km)和低轨(如美国的子午仪轨道高度为 1 075 km)导航卫星有效载荷。

(3)按导航有效载荷用途分类,有测速(如美国的子午仪有效载荷只发出高稳定的信标)、测距、授时、电报文(仅中国的"北斗"卫星有电报文转发功能)等功能的高稳定的频率标准、转发器(用于应答式测距)或注入信号接收机和下行信号产生器及发射机(用于非应答式测距)和天线等。

4. 科学类

科学类有效载荷归纳起来有,空间环境探测卫星有效载荷,天文卫星有效载荷,磁场、重力场测量卫星有效载荷,深空探测器有效载荷,以上各类卫星有效载荷测量数据都需要数据传输系统向地面发送;载人飞船和返回式卫星上可搭载微重力试验有效载荷,这类有效载荷需要在轨微重力条件下完成试验或加工,然后将其成果返回地面研究或应用。

5. 其他有效载荷

其他有效载荷包括新技术试验有效载荷和特殊有效载荷两类。

(1)新技术试验类。新技术试验有效载荷是指一些未得到在轨考验的新的航天器、分系统和仪器设备乃至元器件等技术,通过专门的新技术试验卫星发射到某种轨道上进行试验,以验证其原理、方案、可行性、兼容性和可靠性等。

(2)特殊有效载荷。特殊有效载荷是指非技术性的有效载荷,例如,太空旅游(有效载荷是旅游者)、太空纪念品(有效载荷是信封、旗帜等)。

有效载荷是航天器最终提供用户使用的最重要的一个分系统。航天器总体方案设计的最终特性和规模大小取决于有效载荷的种类、功能、性能和对航天器的各种要求,尤其是质量、尺寸和功耗。在对航天器用户要求分析以后,总体设计师选择和分析有效载荷的总体方案及其对航天器的各种要求是航天器总体设计师在总体方案设计中的首要任务。

11.2.2　通信卫星有效载荷

11.2.2.1　卫星通信的概念

卫星通信概念起源于地面微波接力通信。通信卫星有效载荷实际上就是地面微波接力通信的中继站。由于微波在空间只能在视距范围内以直线传播,而地球又是球形,因此微波接力通信在地面需要每隔 50 km 架设一个中继站,才能进行远距离传输。中继站的作用是将接收到前一站的信号经过放大再传到下一个站,如图 11-2 所示。

中继站　　中继站　　中继站

图 11-2　微波接力通信

由此可知,如果要实现北京至南京约 1 000 km 的微波接力通信,则中间需要架设 20 个中继站。如果要实现北京至巴黎约 10 000 km 的微波接力通信,则中间需要架设 200 个中继站。俗话说,站得高,看得远,因此,要把微波接力通信的中继站放在地球静止轨道(高度35 786 km)卫星上,则在地球上能够看得见卫星的范围(可达地球表面积的 42.4%)内都可架设地面通信站通过卫星中继与该卫星覆盖范围内的任何一个地面通信站进行通信。如果在地球静止轨道上均布三颗卫星,则可实现除地球南北极附近地区以外的全球不间断通信(见图 11-3)。

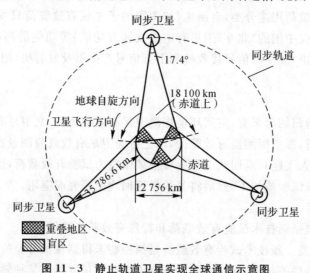

图 11-3　静止轨道卫星实现全球通信示意图

11.2.2.2　通信卫星有效载荷

通信卫星有效载荷一般由通信天线和转发器组成。转发器包括接收机(含放大和下变频)、分路器(输入多工器)、衰减器、功率放大器和频率合成器(输出多工器)。通信天线把接收到的地球用户终端上行信号送到转发器,转发器把信号加工变为下行信号并放大,再由通信天线向地球相关用户终端转发。由于功率放大器所输出的功率有限,一般可把每一个放大器安排一个较窄的频段(例如 36 MHz)上,然后,把每一个放大器的输出用输出多工器合成起来。通常,把每一个较窄的频段从接收到功率放大器称为一路转发器。

对于一个工作在 500 MHz 带宽的通信有效载荷,一般可安排 12 路转发器。每一个转发器带宽占用 36 MHz,每两个转发器之间留有 4 MHz 保护带宽,以避免相邻转发器之间的干扰。如果天线采用极化隔离技术,可使频率复用一次,则 500 MHz 带宽可实现 24 路转发器。如果天线采用多波束空间隔离技术,可将有限的频率实现多次复用,则可得到更多的转发器。

天线用于卫星通信信号的收发,有时也用于测控信号的收发。通信天线一般都采用定向天线,有覆球波束、半球波束、区域赋形波束、多波束、赋形可变波束和点波束天线等。

转发器实质上是一台宽频带的收发信机,通常分为透明转发器和处理转发器两大类。透明转发器在收到地面信号后,仅对其进行低噪声放大、变频和功率放大,不作任何加工处理,只是单纯地完成转发任务。处理转发器除了具有透明型转发器的组成部分外,主要增加了解调器、调制器和信号处理单元。它先将信号解调,以便于进行信号处理,然后再经调制、变频、放大后发回地面。

11.2.3　对地遥感卫星有效载荷

卫星对地遥感是利用人造卫星在轨道上通过遥感器对地观测,以获取人们所需要的各种信息。下面介绍几种常用的对地遥感卫星的有效载荷。

1. 可见光遥感器

可见光遥感器工作在可见光谱中的紫外光($\sim 0.3~\mu m$)至红外波段($\sim 0.75~\mu m$)。它们的工作波长短,因而可以达到很高的分辨率。由于其工作需要依靠阳光反射,所以它们只能在白天工作。

常见的可见光遥感器有两种,一种是胶片感光的照相机,另一种是光学电子系统(传输型相机)。前一种需要使用返回式卫星,即把照完相的胶片回收冲洗后获得对地观测信息,目前,此种照相机已基本淘汰。后一种可用于在轨长期工作的卫星上,光学相机获得对地观测的光信号,光信号通过电子系统进行光电转换变成电信号,然后通过卫星数据传输设备发送到地面。

图 11-4 是一种多光谱 CCD 空间相机示意图,它包括光学系统、CCD 探测器、CCD 成像电路、结构系统、CCD 温控系统五个部分。多光谱 CCD 空间相机是以各种成像电荷耦合器件 CCD 作为光电探测器的空间相机。这种相机是传输型光电遥感器中性能最好、数量最多、用途最广的遥感相机。这种相机是采用线阵 CCD 器件作为探测器的推扫式相机,CCD 线阵排列与航天器运动方向垂直,通过航天器运动推扫成像。

2. 多光谱红外相机

红外相机工作波段可分为 $0.75 \sim 1.0~\mu m$ 波段、$1.0 \sim 2.5~\mu m$ 波段(光学电子系统用的近红外波段)、$3.0 \sim 15.0~\mu m$ 波段(中红外)和 $20.0 \sim 100.0~\mu m$ 波段(远红外)。红外遥感器昼夜都能工作,因为它们探测到的信号强度与被观测景物的发射率乘以景物温度(等效黑体)四次方成正比。虽然同一地面目标在白天和夜晚的信号特征有所不同,但红外相机所得图像质量基本相同。有云、雨和冰雪时,会使图像对比度减弱,但除非气候非常恶劣,仍能获得图像信息。

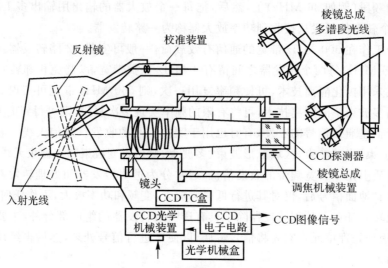

图 11 - 4 多光谱 CCD 相机示意图

3.微波辐射计

物体在低温状态下显示出微波辐射的重要特征,物体温度越低,其微波辐射特性越明显。和可见光一样,同种物体的微波响应曲线是相同的,而且是连续的;而不同物体的微波响应曲线是不相同的。微波遥感正是利用这一特性来识别物体的。

微波辐射计工作在微波波段,主要是毫米波(其频率一般为 $20\sim200$ GHz)。它们可被看作对地观察的射电望远镜,其分辨率比同样孔径的可见光遥感器低 $3\sim5$ 个数量级。微波辐射计属于被动探测器,昼夜都可良好地工作。云、雨和冰雪对其图像也有不利影响,造成图像模糊和对比度降低,但其程度不像对可见光和红外相机探测的图像那样严重。

4.雷达成像仪

与可见光相同,物体对外来微波的反射强度用反射率来表示,即物体对外来某一波段微波的反射能量与该波段入射的总能量之比。

物体对外来微波辐射的另一个特性是可以穿透内部一定深度。穿透深度与物体的导电率、磁导率及入射微波的圆频率均成反比。例如,对于导电良好的金属铜、银等就没有穿透能力,其透射系数等于零;对于冰、雪等不良导体,其透射系数较大。因此,微波遥感可以对不良导体覆盖层下的物体(尤其是军事目标)进行探测。

雷达遥感就是利用上述物体对微波的反射和透射特性来进行遥感的。雷达成像仪可工作在厘米和毫米波段。由于波长较短时大气引起的信号衰减较严重,所以雷达成像仪大多使用厘米波段。雷达遥感是主动探测系统,作为军事侦察容易被发现或遭受干扰。

雷达可分为真实孔径雷达和合成孔径雷达(Synthetic Aperture Radar,SAR)。SAR 是一种有源微波遥感成像设备,SAR 发出的微波脉冲经地物后向散射,再经 SAR 接收,通过对接收信号的处理探测到地物后向散射系数的二维分布,从而获得地物的 SAR 图像。合成孔径雷达系统可以获得与可见光及红外系统相同分辨率,而且不受距离影响。

5.导弹预警卫星有效载荷

导弹预警卫星的任务是通过星载红外探测器及时地探测到远程弹道导弹(包括陆地和潜

艇发射的导弹)和中程弹道导弹乃至近程导弹的发射,并将探测到的信息迅速传送到地面指挥中心,以便及早地采取反导阻击。美国正在服役的导弹预警卫星是"国防支援计划(DSP)",它是地球同步轨道导弹预警卫星星座,由 5 颗卫星组成,现在已发展到第 3 代。为增强美军对导弹的预警和跟踪能力,美国计划研制能力更强的新型天基红外系统(SBIRS)。SBIRS GEO-1 卫星已于美国当地时间 2011 年 5 月 7 日发射成功,由此开启了替换 DSP 星座工作的序幕。SBIRS 将在导弹预警、导弹防御、战场空间感知以及情报技术方面发挥作用。

SBIRS 由地球同步轨道(SBIRS-high)和低轨道部分(SBIRS-low)组成。在地球同步轨道卫星上装有一台高速扫描探测器和一台凝视探测器。扫描探测器采用线阵对南北半球扫描,对导弹在发射时的尾焰进行初探,再将探测信息提供给凝视探测器。凝视探测器采用二维面阵,可把目标拉近放大,并进行跟踪。低轨道部分更名为空军跟踪与监视系统(STSS),由 24~27 颗卫星组成,分布在多个轨道面上。卫星将成对工作,以形成立体观测。每对卫星通过 60 GHz 星间链路进行通信。每颗低轨卫星上装有一台宽视场短波红外捕获探测器和一台窄视场凝视型多谱段(中波、中长波、长波红外和可见光)跟踪探测器,以实现对导弹的中段跟踪和对弹头与其他物体的辨别,使早期拦截成为可能。

6.电子侦察卫星有效载荷

电子侦察卫星有效载荷主要用于侦察对方各种雷达特征参数和位置,侦收对方卫星通信、散射通信及超短波通信的信号参数和信息情报。前者通过对雷达、测控信号的测量和分析,获取对方的电子目标特性(雷达频率、脉冲波形、脉冲重复频率、波束数和发射功率等)和部署位置(进行定位编目)的情报;后者通过对通信信号的截获、解调、解密、解读而得到电话、电报、数据等军事情报。

电子侦察卫星有效载荷主要包括天线、接收机和信号处理器。有时把数据传输分系统也归入有效载荷分系统,它是将侦察到的信号及时传送到地面。用于电子侦察卫星的天线要求工作频带很宽,并要求具有极高的增益;对接收机的要求是工作带宽宽,灵敏度高,动态范围大,截获概率高。

11.2.4 导航卫星有效载荷

卫星导航的基本原理是导航卫星向各类用户实时发送准确的、连续的位置、速度和时间信息。归纳起来,大致可分为低轨测速导航卫星、全球导航定位卫星和区域导航定位卫星使用的有效载荷。

1.低轨测速导航系统卫星有效载荷

低轨测速导航系统卫星有效载荷采用一个高稳定度的时钟,以产生高稳定度的发射载频。高稳定度时钟由双层恒温的晶体振荡器和倍频器组成。美国早期"子午仪"卫星就采用这种有效载荷。这种卫星导航定位系统的原理是利用地面用户终端机测定导航卫星发射载波的多普勒频移,根据卫星在不同时刻的多个位置至用户位置的距离差及卫星的轨道位置可确定用户所在位置。

2.全球导航定位卫星有效载荷

全球导航定位卫星有效载荷包括高稳定的频率标准、注入信号接收机、下行信号产生器(包括发射机)和天线。

目前,已建成的全球导航定位卫星系统有美国的 GPS 和俄罗斯的 GLONASS。GPS 星座有 6 个轨道面,每个轨道面由 4 颗星组成。这样,在地球任何地方同时可见到 4 颗以上的卫星。每一颗卫星都向地球发送高稳定的载波信号,载波被调制了两种伪随机测距码和导航信息。导航信息按照一定的帧和子帧数据格式排列,由导航信息提供遥测字和交接字。使用用户机本地石英钟可测得某卫星遥测字前缀时刻,而交接字可获得该前缀的卫星发送信号时刻,两时刻之差即为信号传播的时延。

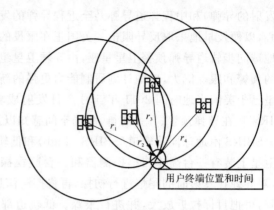

图 11 - 5　GPS 导航定位原理示意图

因此,可得到用户机到该卫星之间的距离。根据卫星星历数据的精密轨道根数,可得用户机可见 4 颗星的三维精确位置。这样,以卫星为球心,以用户机到各星的距离为半径作球面,则 4 球面的焦点(因为有误差,所以相交在一个小的区域内)即是用户机的三维定位位置。GPS 导航定位原理示意图见图 11 - 5。

3.区域导航定位卫星有效载荷

区域导航定位卫星有效载荷的作用就是转发地面中心站和用户之间的信息应答交换。某区域导航定位卫星有效载荷主要组成包括出站转发器、入站转发器、铷钟和天线等。

区域导航定位系统由空间段两颗地球同步轨道导航卫星和地面中心站组成。某区域导航定位卫星系统的工作原理是,在双星覆盖范围内地面中心站通过两颗卫星上的 C/S 频段转发器向用户询问信号,需要定位的用户接收到任一颗卫星的询问信号,即可响应询问(实际上是应答转发),发出定位申请;地面中心站收到来自两颗卫星上的 L/C 转发器转发的应答信号,就可以测出地面中心站分别经两颗卫星到用户间的距离和;由于

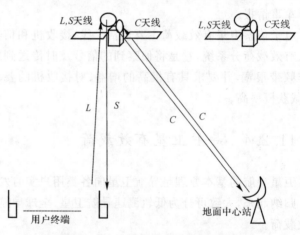

图 11 - 6　区域导航定位原理示意图

卫星位置是已知的(可通过测轨准确确定),这样就可得到用户至每一颗卫星的距离;再利用储存在地面中心站数据库中的地形数字高程,可计算出用户所在位置,最后地面中心站可通过其中一颗卫星通知用户,完成定位。区域导航定位原理示意图见图 11 - 6。

11.2.5　科学类卫星有效载荷

科学类有效载荷主要用于空间环境探测、天文观测、地球以外天体原位探测(常称为深空

探测)和空间科学试验。

1. 空间环境探测

空间环境探测是指在地球周围对地球大气和磁场,对空间等离子体、各种能量的粒子(电子、质子和高能重核离子等)进行探测。其探测器可分为两种,一种是探测这些物质的物理量,其有效载荷为空间带电粒子探测器;另一种是探测航天器原材料、元器件和电路对这些物质的辐射效应的探测器,其有效载荷为空间辐射效应探测器。

2. 天文探测

天文卫星是对宇宙天体和其他空间物质进行观测研究的人造卫星。天文卫星在距离地面几百千米或更高的轨道上观测宇宙天体,不受地球大气层的影响,可以接收到宇宙天体辐射出来的各种波段电磁波和图像。天文探测有效载荷有可见光望远镜和红外天文望远镜。

对太阳探测的探测器有两种,一种是通过各种卫星搭载太阳辐射探测器(如太阳 X 射线辐射探测器、太阳紫外辐射探测器),用以探测太阳的各种辐射;另一种是专门对太阳探测的卫星,如太阳望远镜等。

3. 深空探测器

深空探测的主要目的是了解太阳系的起源、演变和现状;通过对太阳系内的各主要行星及其卫星的比较研究进一步认识地球环境的形成和演变;探索生命的起源和演变;开发和利用空间资源。深空探测有效载荷包括传输型光学相机(环绕天体探测)、宇宙线探测器、等离子体探测器(宇宙航行中探测)、空间环境探测器(地球或其他天体周围环境探测)、地质成分分析仪(其他天体地质探测)、磁力仪(其他天体探测)、气体成分分析仪(其他天体探测)等。

4. 微重力科学试验有效载荷

微重力科学试验是对各种物质(有生命的或无生命的)在空间微重力条件下的行为和特征等进行试验研究。空间微重力条件下的科学试验主要包括空间材料科学试验、空间药物生产、空间生命科学试验和空间基本物理化学试验。

11.2.6　新技术试验类卫星有效载荷

新技术试验是对空间技术中的新技术、新方案、新仪器设备和新材料等进行必要的飞行试验,是卫星及其他航天器研制工作降低采用新技术、新产品风险的一个重要手段。例如,无线电新频段传输、新热控部件、新遥感器、新电源、电火箭等试验。还有些试验,例如,微重力与空间辐射环境对人体和生物种子的影响、微重力对金属结晶生长的影响、生物对空间环境的适应性等,早期是在技术试验卫星上做试验,后来,就在返回式卫星和载人飞船上做试验。还有些试验是通过整个航天器来完成的,例如,合作目标的交会对接试验、非合作目标的交会对接试验、空间作战武器试验等。

11.2.7　有效载荷的要求

在选择和设计有效载荷前,必须要深入了解有效载荷的各种技术要求。不同类型有效载荷的技术要求是不同的。一般用户所提出的技术要求是针对航天器特定任务的要求,并非是直接对航天器有效载荷提出的技术要求。下面给出几种有效载荷的大致技术要求:

（1）各类通用要求。运行轨道、质量、尺寸、电功率、姿态指向精度、姿态稳定度、姿态机动能力、遥测参数、遥控指令、热控温度范围及温度梯度、力学和空间环境、寿命、可靠性等要求。

（2）通信类要求。覆盖区、频段选择、饱和功率通量密度（W_s）、等效全向辐射功率（EIRP）、接收天线增益与整个接收系统噪声温度比值（G/T）、幅频特性、带内杂波、带外抑制、抗干扰、抗摧毁、点波束天线、调零天线、星上数据处理、加密、天线增益、极化损耗、收发共用天线隔离度、多波束天线隔离度等要求。对于卫星通信而言，用户要求一般提出要传输多少路电话、多少路电视、覆盖区等要求。总体设计师首先要综合考虑通信卫星转发器数量、频段选择、天线方案、卫星轨道要求等。然后，对空间传输的通信链路进行分析计算，确定上、下行等效全向辐射功率（EIRP）、接收系统增益噪声温度比（G/T）等主要通信性能参数。最后，进行通信卫星有效载荷方案选择和参数确定。

（3）对地观测类要求。光学相机光谱谱段、孔径、焦距、视场角、像元分辨率、地面分辨率、调制传递函数、信噪比；微波遥感频段、天线尺寸、发射机输出功率、天线增益、接收机灵敏度；数据传输速率、存储器容量、数据压缩比、误码率、发射机输出功率、天线增益、天线方向图等。对于对地光学成像卫星遥感而言，用户要求一般提出最终地面分辨率、地面观测幅宽、重复观测周期等。这时，总体设计师首先要综合考虑相机的光谱要求、视场宽度、卫星数量、轨道高度、相机侧摆要求等。然后，考虑相机光学系统方案、像元尺寸、电子电路、数据传输压缩比，分析相机静态调制传递函数（MTF）、信噪比等。接着分析相机外的各个环节 MTF，包括地面目标、大气影响、卫星抖动、数据传输等各个环节 MTF；同时分析地面应用系统相关参数以及地面数据接收系统和图像处理系统对图像质量的影响。最后进行相机方案选择和参数确定。

11.2.8　各类有效载荷方案选择

由前述有效载荷分类可知，有效载荷类型很多，每一类有效载荷又有多种方案。在选择有效载荷方案时，总体设计师应当考虑的原则：一是要保证满足用户的需求，即有效载荷的功能和性能指标必须满足用户的要求；二是尽量采用成熟技术，即尽量多地继承已经过飞行考验的技术和产品，以保证所选择的有效载荷的可靠性和经济性；三是适当考虑创新性，当已有技术和产品不能满足用户要求或已落后时，就需要采用新技术和新产品（但必须经过充分的论证和地面试验验证）；四是在对航天器应用系统充分分析和协调的基础上，和地面应用系统进行沟通，确保所选择的有效载荷方案与地面应用系统是协调的，是满足最终用户特定航天任务要求的；五是保证在航天器总体方案充分论证的基础上，确保所选择的有效载荷方案与航天器总体方案（包括轨道设计）是协调的，是满足最终用户特定航天任务要求的；六是在选择有效载荷方案时，还要考虑原材料、元器件可获得能力，考虑加工、装调、测试和试验能力等，以保证有效载荷方案可实现性、工艺性、可测试性，避免风险，确保质量和进度等。

11.2.9　有效载荷分系统方案的影响分析

1.有效载荷方案不同的影响

在总体方案论证中，总体所选卫星有效载荷分系统方案不同对卫星总体方案的影响也是明显的。例如实现具有一定地面分辨率的对地观测卫星，选择有效载荷的不同，对卫星总体方案的影响如表 11-2 所示。

由表 11-2 可知，选择具有一定地面分辨率的胶片相机、CCD 相机和合成孔径雷达三种有效载荷方案对卫星的电源、轨道、推进、结构、变轨、数传和控制的方案要求就大不相同，最终，对所形成的卫星总体方案就完全不同。

这里要说明，这三种有效载荷本身各有优、缺点，例如，胶片相机的分辨较高，但是寿命较短，有云天气不能照相，还需要复杂的回收；CCD 相机作为详细侦察目的时，其地面分辨率优于 0.1 m，有云天气不能照相，但是，寿命较长，不需要复杂的回收；合成孔径雷达有云天气也能照相，但是分辨率最低。因此，选择哪种有效载荷还要根据用户要求和航天器承制方的技术基础来决定。

表 11-2　不同有效载荷对卫星总体方案的影响

类型\影响分系统		胶片相机	CCD 相机	合成孔径雷达
电源		短期一次性使用蓄电池	长期太阳翼＋可充放电蓄电池	长期太阳翼＋可充放电蓄电池
轨道		甚低轨道	太阳同步回归轨道	太阳同步回归轨道
推进		需返回制动	需要姿态和小轨道机动	需要姿态和小轨道机动推进
卫星结构	返回舱	需要	不需要	不需要
	伸展结构	不需要	需伸展太阳翼	需伸展太阳翼和雷达天线
变轨和数传		有返回舱变轨不需数传	无返回舱，需要数传	无返回舱，需要数传
控制		对地三轴稳定	对地三轴稳定，太阳翼对日定向	对地三轴稳定，太阳翼对日定向

2.有效载荷指向的影响

有效载荷分系统指向对航天器和对控制分系统要求的影响见表 11-3。对地指向要求精度不高的有效载荷可采用重力梯度稳定，要求精度中等的可采用双自旋稳定，要求精度高的可采用三轴稳定。

表 11-3　有效载荷分系统指向的影响

要求	对航天器的影响	对控制分系统要求的影响
对地指向 • 对星下点指向 • 对地扫描 • 偏离星下点指向	重力梯度稳定仅使用于低精度（＞5°），电源体装，如可用于减灾卫星、早期导航卫星等	用可伸展主杆、阻尼器稳定姿态；用太阳敏感器、磁强计或地球敏感器测量姿态；用动量轮进行偏航控制
	自旋或双自旋稳定可用于中等精度，自旋轴垂直于轨道面，电源体装，如静止轨道通信或气象（利用卫星自旋扫描）卫星等	用太阳敏感器、地球敏感器测量姿态；需要章动阻尼器消除章动；需要推力器对自旋轴指向和转速控制；双自旋需要消旋组件消旋天线或平台
	三轴稳定用于高精度，以当地垂线为基准；用于各种对地观测卫星；电源采用对日定向太阳翼；各种对地观察卫星和载人航天	地球敏感器提供当地垂线基准（俯仰和滚动）；太阳或星敏感器要作第三轴基准和姿态确定；磁力矩器、反作用轮、动量轮或控制力矩陀螺用于精确指向和节省燃料；惯性测量部件用于机动和姿态确定

续 表

要求	对航天器的影响	对控制分系统要求的影响
非对地指向 ·对太阳指向 ·对天体指向 ·对航天器指向	不能使用重力梯度稳定。三轴稳定最好,尤其对于航天器频繁再定向的最适宜;要求精度很高,同时要对地指向传输信息。如太阳望远镜、天文星、中继星、星座等	三轴稳定 敏感器包括太阳敏感器、星敏感器和惯性测量部件 执行机构有反作用飞轮和推力器 要分析跟踪天线和航天器姿态复合运动问题

11.3 控制系统的类型和要求

11.3.1 控制系统分类与组成

控制分系统的任务是控制航天器的轨道和姿态,包括轨道和姿态控制的整套设备。对航天器的质心施加外力,以改变其质心运动轨迹的技术称为轨道控制。对航天器绕其质心施加外力矩,以保持或按要求改变航天器上一条或多条轴线在空间定向的技术,称为姿态控制。

11.3.1.1 航天器姿态和轨道控制的分类

按对航天器控制力的来源可分为被动控制和主动控制两类。

被动控制的控制力由空间环境或航天器动力学特性提供,不需要消耗星上能源。如利用气动力、太阳辐射压力或重力梯度可实现航天器的姿态和轨道的被动控制。

主动控制的姿态和轨道测量与确定(由星上和星地相结合完成)是按照给定的控制规律产生或发出控制指令,并通过星载执行机构产生对航天器的控制力或力矩(由星载能源提供),由星载或星载和地面设备共同组成的闭路系统来实现的。

11.3.1.2 航天器控制系统的组成

通常自动控制系统由测量部件、控制电路或计算机、执行机构三大部分组成。为了进行卫星姿态和轨道控制,需要对卫星的运动进行测量,并对测量数据进行处理,以确定当前轨道和姿态的状态参数(姿态和轨道确定)。其次要按照事先设计好的导引律和控制律计算出控制量。最后根据这些控制量形成指令,驱动轨道和姿态控制的发动机、飞轮、磁力矩器或其他执行机构工作,使卫星姿态和轨道向着任务要求的目标改变。卫星控制系统组成框图见图11-7。

卫星控制系统有自主控制和星-地大回路控制两种方式。

(1)星上自主控制:卫星姿态测量、姿态确定、姿态控制计算和控制指令生成和执行,完全由卫星上的仪器来完成而不依赖地面设备,在卫星上形成闭路系统,这种控制方式称为自主姿态控制。自主姿态控制要求卫星不但具备足够的姿态敏感器和执行机构,而且具备星载控制线路或计算机,自主姿态控制多用于三轴稳定卫星的姿态控制(见图11-8)。

卫星自主轨道控制的前提是自主轨道确定或自主导航,目前具有这种能力的卫星还很少,但它是一个发展方向。

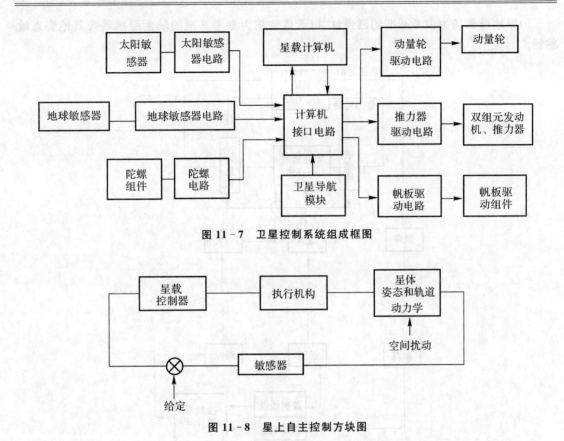

图 11-7 卫星控制系统组成框图

图 11-8 星上自主控制方块图

（2）星-地大回路控制：依赖地面测控系统和星上敏感器共同来测量和确定卫星的轨道（测轨、定轨）或姿态（测姿、定姿），并由地面按导引律和姿态控制律要求的控制方式通过遥控指令控制卫星姿态和轨道控制执行机构的工作，这种控制方式称为星-地大回路控制。地面设备包括对卫星进行跟踪测轨的雷达，接收卫星姿态信息的下行遥测接收装置，地面计算机，遥控上行发射装置等。通常在星地大回路控制中，轨道测量、轨道和姿态确定和控制计算，以及控制指令生成由地面系统完成；姿态敏感器和姿轨控执行机构仍然在卫星上。星-地大回路控制原理图如图 11-9 所示。

11.3.1.3 姿态和轨道控制用部件

1.敏感器

敏感器分为姿态敏感器和轨道敏感器两种。轨道敏感器通常称为导航设备，有些敏感器可两者兼用。由于轨道测量比较复杂，一个敏感器不能完成任务，需要几种仪器共同组成轨道测量系统。下面仅介绍几种典型的姿态敏感器。

姿态敏感器是用来测量相对参考基准的方位或指向的仪器。按照所用的参考基准，可以把航天器上使用的姿态敏感器分成五类：

1）以地球为参考基准的红外地球敏感器等；

2）以恒星为参考基准的太阳敏感器、星敏感器等；

3）以地面站为参考基准的射频敏感器；

4）以物理学惯性为参考基准的陀螺仪；

5)以地球磁场为参考基准的磁强计,以天体地貌为参考基准的陆标敏感器等其他姿态敏感器。

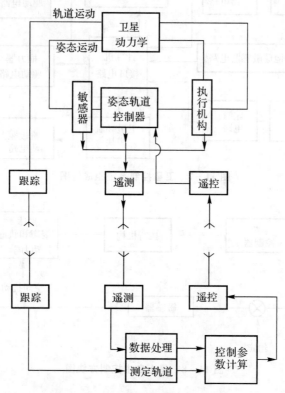

图 11 - 9 星 - 地大回路控制原理图

还可以按照设计原理分类,有光学的、热的、惯性的、无线电的、磁学的等。

(1)太阳敏感器。太阳敏感器是通过敏感太阳光辐射获得航天器相对于太阳方位的一种可见光姿态敏感器。通常有两种形式,一种是用于自旋卫星和双自旋卫星姿态测量的 V 形狭缝式太阳敏感器;另一种是用于三轴稳定卫星姿态测量的数字式太阳敏感器。前者利用自旋卫星的旋转,使太阳光每转一圈先后穿越敏感器两条狭缝的视场,并使敏感器的光电器件产生两个电脉冲(见图 11 - 10),这两个电脉冲出现的时刻,就包含了卫星姿态的信息。后者是由狭缝及码盘组成的(见图 11 - 11),直接测量太阳方向单位矢量 S 垂直于狭缝平面上投影与光轴的夹角。如果在卫星上沿两个本体轴各安装一个数字式太阳敏感器,就可以测得太阳光相对于卫星本体的两个方位角。

航天器在地球阴影区时,太阳敏感器就无法使用,这是它的不足之处。

(2)红外地球敏感器。红外地球敏感器是通过感受地球大气与宇宙空间之间红外线辐射的差别,测量卫星相对于当地垂线方位的一种光学姿态敏感器,也称为红外地平仪。地球上空有一个红外线辐射较为稳定的二氧化碳吸收带,其红外辐射的波长为 $14 \sim 16 \ \mu m$,红外地球敏感器就选择此工作波段。常用的红外地球敏感器有两种形式,一种是自旋扫描式地平仪(见图 11 - 12),扫描机构就是自旋卫星,通过卫星自旋,红外地平仪的探头测出穿过地球的弦宽,依据测出的弦宽长短,再结合卫星轨道高度,便可以计算出天底角(自旋轴矢量与卫星地心连线之间的夹角），多为自旋卫星采用。另一种是摆动式边界跟踪地平仪（见图 11 - 13），多为三轴稳定卫星采用，敏感器包括由 4 个热敏电阻组成复合视场的红外探测器，采用挠性枢轴支撑，由无刷电机驱动以 5 Hz 的扫描频率扫描的扫描反射镜等部件组成，在精指向期间扫描幅度为 $\pm 5°$，在捕获期间扫描幅度为 $\pm 11°$，精度可达 0.03°。

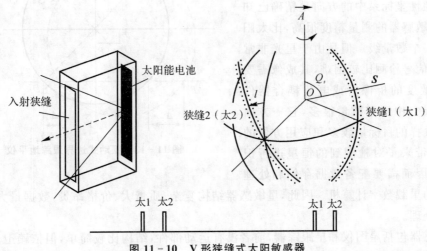

图 11 - 10　V 形狭缝式太阳敏感器

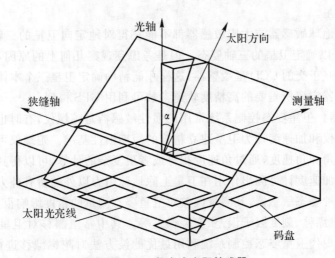

图 11 - 11　数字式太阳敏感器

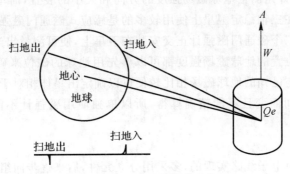

图 11 - 12　自旋扫描地平仪

（3）星敏感器。星敏感器是感受恒星的辐射并测量卫星相对于该恒星方位的一种光学姿态敏感器。由于恒星远离地球和卫星，故恒星张角非常小（$0.04''\sim0.05''$），且星光在惯性坐标系中的方向是精确已知的，所以星敏感器的测量精度很高，比太阳敏感器高一个数量级。但是由于星光非常微弱，所以信号检测比较困难，其成像需要使用高灵敏度的析像管或电荷耦合器件（CCD）。天空中恒星数量很多，它一方面带来可供选择的目标星较多和应用方便的优点，但也带来了对检测到的恒星进行识别的问题，因而需要配备数据存储和处理

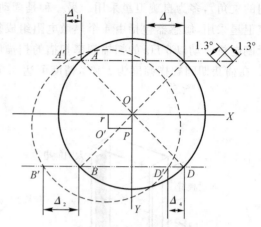

图 11 - 13　摆动式边界跟踪地平仪

能力较强的星载数字计算机。因此，星敏感器结构复杂、质量大、价格昂贵，数据量大，需专用计算机来处理。

星敏感器包括星图仪和星跟踪器，前者没有运动部件，结构比较简单，但依赖卫星自旋提供扫描，因此在应用上受到限制。星跟踪器中的 CCD 星敏感器是一种最新的星敏感器，它能够同时敏感多颗恒星。

单独使用红外地球敏感器或太阳敏感器都不能获得对地定向卫星的三轴姿态，而用一个 CCD 星敏感器便可以确定卫星的三轴姿态。但是考虑到观察几何上的原因，实用中要在卫星上安装两个光轴相互正交的 CCD 星敏感器，这样才能精确确定卫星三个本体轴相对于惯性空间的方向。星敏感器定姿所需要的高精度轨道参数可利用 GPS 得到。

（4）惯性敏感器。卫星姿态控制系统常用的惯性敏感器是陀螺仪，有时也用加速度计。装在卫星内部的陀螺仪和加速度计为卫星建立精确的短期惯性基准。陀螺仪可测量出卫星相对于惯性空间的姿态角和角速度，通过角速度积分或者更复杂的计算，可以得到卫星相对于惯性空间姿态的改变。加速度计可测出作用在卫星上除地球引力以外的所有外力产生的加速度。

陀螺仪作为一种姿态敏感器，其测量误差对卫星姿态测量的精度影响很大，主要的误差因素是常值漂移、随机漂移、刻度因子误差、安装误差等。其中常值漂移对卫星姿态确定误差的影响随时间增大。现代卫星姿态控制系统利用最优滤波方法对陀螺漂移进行在轨估计，可以大大提高姿态确定的精度。

（5）磁强计。磁强计是测量地球磁场强度的方向和大小的装置，简单可靠，常用于中低轨道卫星的姿态测量。在三轴稳定卫星上使用较多的是感应式磁通门磁强计，由原线圈、副线圈和两个铁芯组成。把三个磁通门磁强计正交安装在卫星上，便可测量出当地的三轴磁场强度。

由于轨道上任一位置的地球磁场强度都可以事先用地球的磁位来确定，因此利用卫星上的磁强计测得的数据与已知的地球磁场相比较便可以确定出星体相对于地球磁场的姿态。但是由于地球磁场随时间而变且不能精确算得，所以单独使用磁强计不能完成高精度的姿态确定。

2.控制器

早期的控制器是由电子线路实现的，多采用分立元件，后来逐步向组件化和数字化方向发

展,从而实现数字控制。近年来随着计算机技术的发展,越来越多的卫星采用了星载计算机。星载计算机不仅能完成姿态确定和姿态控制所需的计算任务,而且还有自检测试、故障诊断和处理功能,还可以通过地面遥控通道注入数据,进行轨道根数及控制参数的更新甚至在轨重新编程,因此大大提高了控制系统的可靠性,增强了系统的灵活性。对星载计算机的主要技术要求如下:质量轻、体积小、功耗低;适应空间环境,耐辐照;高可靠性和容错功能。

国际上目前航天器用的星载计算机,大多使用三种芯片:Intel 的 80X86 系列、1750A 系列和 RISC 系列芯片。80X86 系列在国际上 20 世纪 80 年代已广泛使用;1750A 在性能和抗辐射能力方面能满足长寿命的要求,在 20 世纪 90 年代已广泛应用于长寿命地球同步卫星的星载计算机上;RISC 系列是最新的也是性能最好的,虽然目前应用集中于实验卫星,但应用前景广阔。中国研制的 80X86 芯片的星载计算机,已在资源一号、资源二号遥感卫星和东方红三号通信卫星上成功应用,1999 年 5 月 10 号发射的风云一号气象卫星,其星载计算机采用了先进的 1750A 芯片。

从 20 世纪 80 年代中期到现在,RISC 计算机(即所谓的精简指令集计算机)发展很快,其设计思想是把不常用的指令精简掉,在 1~2 个时钟周期内执行一条指令,指令长度固定。同传统的 CISC(即复杂指令计算机)相比,速度提高 2~5 倍,具有巨大的性能价格比优势,在航天上已开始应用。

3.执行机构

按产生力矩的方式可分为 3 类:第一类是利用质量排出产生反作用推力,这种通过排出工质产生反作用推力的一整套装置称为推力器。根据产生推力的能源,又可分为冷气推力器、化学推力器、电推进器。第二类是利用"角动量守恒"原理制造某种形式的飞轮安装在星体上,控制飞轮角动量大小或方向的变化,达到稳定卫星或调整指向的目的。飞轮装置可以分为惯性轮(包括反作用飞轮、动量轮)、控制力矩陀螺(有单框架和双框架两种)和框架动量轮三种。第三类是利用空间环境场(磁场、引力场等)与卫星相互作用产生控制力矩。常用的环境场式执行机构有磁力矩器、重力梯度等。这三类执行机构,其中第一类比较复杂,往往在卫星上占据很重要的地位,一般称推进系统。采用冷气推进系统还是采用单组元肼推进系统或双组元(甲基肼和四氧化二氮)的统一推进系统,主要取决于任务要求的总冲量大小。

随着应用卫星对长寿命的突出要求,特别是地球同步卫星设计寿命可达 15 年之久,由于化学推进剂携带量有限,因而发展了电推进和离子推进技术。目前,国际上已到了应用阶段,如日本 1994 年发射的 ETS－Ⅵ 就携带了 4 台 12 cm 的氙离子发动机;1998 年 10 月美国 NASA 成功发射了一颗由氙离子推进的深空一号探测器。

11.3.2　姿态稳定方案

控制分系统的姿态稳定方案是决定控制分系统方案的主要因素。姿态稳定方案主要由重力梯度稳定、双自旋稳定和三轴稳定三种方案。

(1)重力梯度稳定。重力梯度稳定是在航天器上装有可伸长的并带有端部质量的杆子(发射时收拢,航天器入轨后展开),通过伸展重力杆改变航天器的转动惯量,产生重力梯度力矩,使航天器最小转动惯量保持在地球铅垂方向,从而稳定航天器的姿态。这种稳定方案比较简单,成本低,但是它的姿态控制精度较低,为 $1°\sim5°$。一般用于对地指向且精度较低的航天器。

(2)双自旋稳定。双自旋稳定是利用自旋体在惯性空间的定轴性来保持航天器的稳定的。双自旋卫星由旋转速度不同的两部分组成,用轴和轴承将两部分连接起来。其中一部分称为转子通过自旋使卫星获得陀螺稳定性,另一部分称为消旋部分或平台。安装在转子上的电机将平台反方向旋转,当平台相对于转子的转速与转子自旋转速相等时,平台进入消旋状态,当以地球为目标时,平台上的有效载荷(如通信天线、探测仪器等)将稳定地对地定向。双自旋卫星大部分辅助系统都放在转子中,所以转子的质量比平台大得多。

双自旋稳定利用地球红外敏感器和太阳敏感器确定姿态;调整姿态用轴向推力器,轴向推力器装在远离自旋轴处,推力方向平行于自旋轴;调整转速用切向推力器,推力器装在远离自旋轴处,并使推力器的推力方向垂直于自旋轴和垂直于推力器与自旋轴水平连线;当自旋轴垂直轨道面时,调整轨道用径向推力器,径向推力器的安装要使推力通过质心;当自旋轴在轨道内并平行飞行方向时,可用轴向推力器连续工作。姿态控制精度中等,为$0.1°\sim1°$。一般用于垂直轨道面并对地指向的航天器,如星体自旋,对地定向天线消旋。

(3)三轴稳定。三轴稳定是通过各种执行机构使航天器的三个轴在轨道上保持一定的指向。三轴稳定方案是利用地球红外敏感器、太阳敏感器、星敏感器及各种陀螺(也有用磁强计的)等来测量航天器的姿态。用执行机构(有小推力发动机、动量轮、飞轮、磁力矩器、力矩陀螺等)调整姿态和轨道。用推力器调整姿态时,其推力器装在远离质心处,这样,可产生较大的力矩。调整轨道或进行较大的轨道机动时,要用推力较大的推力器,要使推力通过质心。小的轨道机动可用推力较小的推力器,也要使推力通过质心。三轴稳定方案的姿态控制精度较高,可优于$0.1°$。现代大多数航天器都采用三轴稳定方式。

长寿命三轴稳定卫星普遍采用动量交换式姿态控制系统,这是因为动量交换装置(各种飞轮)工作所需的电能可由卫星上的太阳能电池阵提供,而且姿态控制精度高。但当动量交换装置出现饱和时,须用喷气力矩或磁力矩或重力梯度力矩等外力矩进行去饱和(或称卸载)。因此实用的动量交换式姿态控制系统指的是以动量交换装置(简称飞轮)为主、以喷气或其他执行机构为辅的姿态控制系统。中国-巴西合作的地球资源卫星就采用了以飞轮为主的三轴姿态控制系统。

中国-巴西合作地球资源卫星是一颗轨道高度为$778\ km$的太阳同步轨道对地遥感卫星。卫星带有面积约$13\ m^2$的单翼太阳能电池帆板。为了实现飞行任务所要求的各种控制模式,卫星上安装了多种姿态敏感器和执行机构。姿态敏感器有红外地平仪、数字式太阳敏感器、模拟式太阳敏感器、0-1式太阳敏感器和速率积分陀螺。姿态控制执行机构有动量轮、单组元肼喷气发动机和磁力矩器。姿态确定、姿态控制所需的复杂数值计算和逻辑运算(包括故障诊断和系统重构)由星载计算机完成。由于要求卫星在轨工作至少2年,所以在系统级和部件级上都采取了冗余备份措施。在消除入轨初始姿态偏差和轨道控制期间采用喷气控制,在正常轨道运行期间采用动量轮控制。动量轮的卸载以磁力矩器为主以喷气为辅。故障情况下的全姿态捕获也用喷气控制。

11.3.3 姿态敏感器精度范围

控制分系统的性能除去与上述姿态稳定方案密切相关外,还与姿态敏感器密切相关。尤其是三轴稳定航天器的控制精度,主要取决于姿态敏感器的精度。表11-4列出几种姿态敏感器的精度范围。

表 11-4　几种姿态敏感器的精度范围

敏感器	精度	特性和实用性
磁强计	10°(5 000 km 轨道高度) 5°(200 km 轨道高度)	测量相对于地球当地磁场的姿态。磁场的不确定性和时变性限制了精度,实用于 6 000 km 以下轨道高度
地球敏感器	0.05°(静止轨道) 0.1°(低高度轨道)	地平的不确定性限制了精度,高精度地球敏感器一般使用扫描方法
太阳敏感器	0.01°	一般视场为±30°
星敏感器	2″	一般视场为±6°
陀螺仪	0.001°/h	正常使用时要定期校正基准位置和漂移
射频敏感器	0.01°~0.5°	一般应用于天线捕获和跟踪

11.3.4　对控制分系统的要求

对姿态控制的要求是根据有效载荷和航天器公用平台所采用的方案而确定的。

1. 满足有效载荷的要求

有效载荷需要在惯性空间定向。有整个有效载荷需要定向,如对地观测卫星、天文卫星和太阳望远镜的有效载荷需要有效载荷光学系统对准地面、天空或太阳,其控制方法一般是通过控制系统控制航天器定向的。有的有效载荷要求在轨摇摆定向,这种控制方法有两种:一种是控制整个航天器摇摆;一种是控制有效载荷摇摆。有的要求有效载荷部分部件定向,如对地天线要求对地定向;星间链路天线需要对相关卫星定向。

具体要求:

- 定向的方向:如上所说,需要确定相对的参考基准;
- 定向的范围:如相机需要左右 30°方向摇摆;
- 指向精度:对目标指向的绝对角度控制要求,如 0.1°;
- 指向稳定度:指向角度的最大变化率,如 0.0001°;
- 回转速率:从一个指向重新定向到另一个指向时,在单位时间内所转动的角度。

2. 平台对控制分系统的指向要求

数据传输和测控通信天线的指向。数据传输和测控通信天线大部分要求对地指向,有的数据传输天线还要求对中继星指向,有星间通信的航天器要求天线对其他航天器指向。对其他航天器指向的天线还要求对目标航天器实现捕获和跟踪,天线驱动需要两维驱动机构。

变轨时的指向。变轨时所用的发动机有指向要求,根据变轨策略确定。

太阳翼的指向。太阳翼要求对日指向,一般是一维转动,少数要求两维转动。

3. 总体对控制分系统的一般要求

总体对控制分系统的一般要求有,运行轨道类型,分系统方案(如采用重力梯度稳定、自旋稳定或三轴稳定),控制分系统的主要功能与性能指标,轨道或姿态机动能力,各个仪器设备的质量、尺寸、电功率、遥测参数、遥控指令、热控等接口,力学和空间环境、寿命、可靠性等要求。

11.3.5 姿态和轨道控制分系统方案的影响分析

以地球静止轨道通信卫星的姿态和轨道控制分系统为例,总体方案论证选用双自旋稳定(两种)或三轴稳定的不同方案,会给卫星总体方案带来截然不同的结果。表 11-5 给出总体方案设计选用双自旋稳定或三轴稳定三种方案对相关分系统的影响。

表 11-5 姿态和轨道控制分系统方案的影响

控制方案 影响分系统	三轴稳定	双自旋稳定 (被动章动控制)	双自旋稳定 (主动章动控制)
推进	采用双组元统一推进系统(液体发动机)	一般采用固体发动机	采用固体或液体发动机
电源	太阳能电池阵一般采用双太阳翼,对太阳定向	采用体装式太阳能电池阵	采用体装式太阳能电池阵或"脱裙"式太阳能电池阵
结构(外形)	六面体+可折叠太阳翼+天线	圆柱体(外贴太阳能电池)+天线消旋	圆柱体(外贴太阳能电池)+有效载荷舱消旋
布局	仪器设备紧凑地布局在六面体内,对惯量比无要求	所有仪器设备布局在中心圆盘上,保证整星纵横惯量比>1	有效载荷布置在消旋舱,其他仪器设备布置在中心圆盘上,保证整星惯量比<1
热控(散热面)	有效载荷舱南北面板	顶部太阳屏	有效载荷舱侧面
总装	有复杂的推进剂贮箱和管路阀门系统	远地点发动机总装简单	远地点发动机总装简单或有复杂的贮箱和管路阀门
变轨和测控	一般在远地点 3 次变轨	只能在远地点一次变轨	在远地点一次或三次变轨
卫星总体方案	国际通信卫星 V	国际通信卫星 III	国际通信卫星 IV 或 VI A

由表 11-5 可知,三种方案对推进、电源、结构(外形和主结构方案)、仪器设备布局、热控(散热面选择)、总装、变轨、测控等方面都有相应的不同要求,因而卫星的总体方案就各不相同。例如,对于电源分系统的太阳能电池阵方案来说,若采用三轴稳定方案则可应用效率较高的可展开式太阳翼,而采用双自旋稳定方案只能采用效率较低的体装式方案(太阳能电池需在卫星圆柱体外表面全部贴满,即太阳能电池的利用率只有 $1/\pi$)。再如,双自旋稳定和三轴稳定方案的航天器的构型(包括外形、主承力构件和布局等)是完全不同的。

又如,采用重力梯度稳定的控制分系统方案,需要在卫星本体顶部设计一个在卫星发射时收拢(受运载火箭整流罩限制),在发射后展开以实现重力梯度稳定。这就影响到总体布局、结构和外伸部件的设计。同时,这种方案的姿态稳定精度较低。在总体方案设计中,只能对有效载荷指向精度要求不高时才能选择重力梯度稳定方案。

11.4　推进分系统的类型和要求

11.4.1　推进分系统的类型

推进系统是航天器的动力装置,承担着航天器轨道与姿态控制、轨道与姿态机动及位置保持等各种功能,是航天器重要的分系统之一。目前,在航天器上得到应用的推进系统有冷气、化学推进和电推进。表 11-6 列出推进分系统的类型,推进剂,比冲,优、缺点及其应用情况。表 11-7 列出几种推进系统使用方案。

表 11-6　推进系统所用推进剂性能和特性参数

类型	推进剂	真空比冲/$(N \cdot s \cdot kg^{-1})$	优、缺点	应用
固体发动机	双基药	2 800~3 000	简单、可靠、成本低;比冲较低,一次性使用	远地点变轨;返回制动
冷气推进	氮,氦等	500~750	无污染,成本很低,简单可靠;性能很低	小卫星
单组元推进	无水肼,H_2O_2	1 500~2 250	简单可靠,成本低;性能较低	轨道不机动、小卫星
双组元推进	MMH 和 N_2O_4	3 000~3 400	性能高;系统复杂	轨道机动、变轨
电阻加热	氮、氨、氢	1 500~7 000	性能高;需耗电,接口复杂	姿态和轨道调整
电弧加热	氮、氨、氢	4 500~15 000	性能高;耗电大、接口复杂	姿态和轨道调整
静电离子	氙	16 000~40 000	性能极高;耗电极大,推力小	姿态和轨道调整;转移轨道变轨
电磁离子	氙	10 000~20 000	性能极高;耗电极大,推力小,复杂	姿态和轨道调整;提升轨道

表 11-7　卫星推进系统基本方案

推进系统		轨道注入		离轨机动	轨道保持和机动	姿态控制
		近地点	远地点			
冷气推进						√
固体推进		√	√	√		
液体推进	单组元				√	√
	双组元	√	√		√	√
	双模式	√	√		√	√
电推进			√		√	√

1. 冷气推进系统

早期卫星和航天器,由于液体推进技术尚未成熟,较多采用冷气推进,随着单组元和双组元推进系统技术的日益成熟,冷气推进愈来愈少。冷气推进系统采用惰性气体氮气在室温、高压下作推进剂,其主要特点是系统简单、工作可靠、无污染、控制冲量小、成本低、性能低,目前仅对总冲要求低的小卫星以及对排气污染要求高的航天员的载人机动装置才使用。中国有些卫星仍采用冷气推进,主要是考虑技术的继承性。

2. 固体发动机

与液体火箭发动机相比,固体火箭发动机性能低,但其结构简单,主要用于轨道注入和返回舱的再入前制动等功能。它可作为地球静止轨道卫星的近地点发动机和远地点发动机,使卫星轨道圆化,将卫星送到同步轨道。早期采用固体和单组元组成地球静止轨道推进系统,如美国 HS376 平台,中国风云二号卫星等。对载人飞船返回舱回收前,它可作为制动发动机,使返回舱减速,顺利返回地面。

3. 单组元推进系统

迄今为止,卫星姿态和轨道控制最广泛使用的推进系统是单组元肼推进系统。这种推进系统在可靠性、寿命、使用历史、比冲、安全性和费用等综合指标上,都要比冷气推进、过氧化氢优越,在某些应用场合也比双组元优越,是一个非常理想的推进系统。它的主要缺点是比冲相对较低,一般适用于中小型卫星;自从出现肼增强推力器、肼电弧推力器以及双模式推进系统后,肼推进技术得到充分发展,在大型卫星上也得到使用。

中国的东方红二号等高轨道卫星已成功地采用单组元肼推进系统。单组元肼推进系统在中短期寿命的卫星中也有广阔的应用前景。中国 1999 年 10 月 14 日发射的资源一号卫星和一些小卫星系列都采用单组元肼推进系统,推力器推力有 1 N,5 N 和 20 N,推力器累计脉冲工作寿命超过 39 万次,温启动寿命超 5 000 次,其中 20 N 肼推力器组件在几颗卫星上的寿命已接近 10 年。

4. 双组元推进系统

双组元推进是一个比较成熟的技术,推进剂采用四氧化二氮和肼,由于比冲高,在大型卫星、飞船和航天飞机上得到应用。它能独立完成轨道注入、轨道保持和轨道大机动、姿态控制以及再入机动等功能,是一个功能全面的推进系统。目前设计的统一推进系统,即轨道控制和姿态控制使用同一种推进剂及同一供应系统,使系统相对简化,中国的东方红三/四号卫星、神舟飞船都采用双组元统一推进系统,完成轨道注入、轨道机动、姿态控制以及返回制动。中国的东方红三号卫星是国内第一颗采用了双组元统一推进系统的卫星,包括了 490 N 远地点发动机、10 N 姿控推力器和直径 1 050 mm 的大型表面张力推进剂贮箱等。

5. 双模式推进系统

双模式推进系统的远地点发动机采用双组元,而姿态控制采用单组元,这样把单组元的高可靠、低推力的优点和双组元高比冲的优点有机结合起来,而南北位置保持又采用高性能的电弧推力器,因此构成了一种先进的推进系统。该系统的先进性表现在:

1)双模式的远地点发动机(四氧化二氮)的比冲为 3 200 N·s/kg。

2)双模式的姿控采用低推力(为 1 N 左右)的肼推力器,因此姿控精度高。

3)双模式的南北位置保持采用电弧推力器,比冲可达到 5 000 N·s/kg。

4)双模式的推进剂利用率高,主要是远地点发动机采用四氧化二氮耗尽方式关机,使双模式系统中没有多余四氧化二氮,而余下肼可全部用于肼推力器。

该系统同样可独立完成轨道注入、轨道保持和机动以及姿态控制,是一个性能高、功能全的推进系统。双模式推进系统主要用于地球静止轨道通信卫星以及星际航行飞行器上。

　　6.电推进系统

电推进又称为电火箭,它是把外部电能转换为推进剂喷射动能的火箭类型。由于突破了传统化学推进喷射动能受限于推进剂化学内能的约束,电推进很容易实现比化学推进高一个量级的比冲性能。电推进除了具有高比冲的显著优势外,还具有推力调节方便,工作寿命长、安全性好等特点,但其推力小、功耗大,本身技术较复杂。

采用电推进可提高有效载荷比,增加卫星经济效益,据分析:采用单组元推进系统,其中 4 台 1 kW 电弧推力器作为轨道转移,4 台 1 kW 电弧推力器作为南北位置保持,在卫星发射质量保持不变的条件下,可减少推进剂 30%,增加有效载荷 55%,提高经济效益 18%。

目前,已经应用的电推进类型包括肼电热、肼电弧、氙离子、氙霍尔、脉冲等离子推力器等。电推进在航天器上的主要应用包括地球静止轨道位置保持、深空探测主推进、姿态控制、轨道转移等方面。美国波音公司在波音卫星系统-702 卫星平台上应用 XIPS-25 离子电推进系统,完成了最终静止轨道圆形化的部分轨道转移任务和轨道全部位置保持任务;2012 年,波音公司实现了波音卫星系统-702SP 平台 4 颗全电推进卫星的商业订货,其中 ABS-3A 和"欧洲通信卫星 115 西 B"等 2 颗卫星已于 2015 年 3 月发射,该卫星采用 XIPS-25 离子电推进系统完成全部轨道转移和位置保持等任务。1998 年 10 月,美国发射的深空-1(DS-1)航天器应用单台 NSTAR-30 离子电推进系统完成小行星探测的主推进任务,在历时 3 年多的飞行任务中,离子电推进系统累计工作 16 265 h;2003 年 5 月,日本发射的"隼鸟"小行星探测器应用 4 台 μ-10 微波离子电推进系统完成 S 类近地小行星采样返回的主推进任务。2000 年 11 月,美国发射地球观测卫星-1(EO-1)成功应用了脉冲等离子推力器完成精确姿态控制任务。我国电推进已经完成首次空间飞行试验,进入航天器型号应用的包括通信卫星平台和空间站以及近地小行星探测等工程化应用已经取得了阶段性成果。实践-9A 电推进卫星于 2012 年 11 月发射,截至 2014 年 3 月,LIPS-200 离子电推进系统在轨完成点火次数 230 次,上海空间动力机械研究所的 HET-40 霍尔电推进系统也在实践-9A 卫星成功完成了首次飞行试验。

11.4.2　推进分系统方案选择

尽管目前航天器上推进系统的组成各种各样,但是它们有着共同点:必须满足航天器飞行任务要求,满足可靠性、安全性等设计原则。

设计一个推进系统,首先要进行飞行任务分析,根据轨道控制 Δv、姿态控制方式和精度以及航天器寿命,可确定推进系统性能要求,如推力值、总冲、占空比等,其次选择推进系统方案,但此时必须考虑成本和研制进度的约束条件,如果研制费用少、周期短,只能选用成熟的方案和部件;最后针对推进系统本身特点进行系统设计;与此同时进行可靠性分析。可靠性设计的关键步骤之一就是定量地预测成功的概率,寻找和确定部件可能失效的途径以及解决失效的办法。表 11-8 给出选择确定推进系统的过程。

表 11 - 8 推进系统选择过程

步骤	推进系统选择过程
1	列出航天器推进系统的功能,如轨道注入、轨道维持和姿态控制
2	确定 Δv 的预算
3	确定总冲、控制功能所要求的推力量级,占空比和任务的寿命要求
4	确定推进系统方案: 轨道控制和姿态控制是统一系统还是分开; 选择推力大小; 确定输送系统形式; 推进剂管理; 液体、固体和电推进的技术状态(技术成熟度)
5	估计每个方案的关键参数: 轨道控制和姿态控制的有效比冲; 确定推进剂携带量; 推进剂贮箱和挤压气体的体积; 确定系统的流程图,列出部件清单
6	估算每个方案的质量和成本
7	确定基本的推进系统

第 1 步至第 3 步是关键性步骤,根据飞行任务可确定推进系统的功能要求,它直接影响推进系统的方案、质量和成本。进行 Δv 预算,Δv 是在执行整个空间飞行任务期间所需的速度增量之和,它代表了每个任务运行的成本。根据航天器有效载荷和公用舱指向要求,可确定姿态控制要求。利用轨控 Δv 和姿控所需能量,可计算出推进系统所需总冲。如果所需总冲很大,一般考虑双组元推进系统和双模式推进系统;如果所需总冲属于中等或者偏小,可考虑单组元推进系统。

姿态控制方式和精度,决定了推力器的推力量级、最小冲量等性能。如对自旋卫星,由于推力器所产生的力矩是作用在自旋体的角动量矢量上,它需要较大能量,故一般采用较大推力的推力器;而对于三轴稳定卫星,推力器产生的力矩作用在转动惯量上,只需较小能量就可使卫星加速,故采用小推力的推力器。

第 4 步在设计推进系统时,一般要考虑姿控和轨控都为同一推进系统,这种设计比较合理,结构质量较小,除非对个别任务或者特殊飞行任务,才考虑姿控和轨控采用不同推进系统。

由于挤压式推进剂输送系统简单,可靠性高,目前卫星上都采用挤压式推进剂输送系统。它分为恒压式和落压式两种,如果在推力器工作时,贮箱内的高压气体始终保持恒压,则为恒压式;如果随着推进剂不断消耗,贮箱内的高压气体压力不断降低,为落压式。对于总冲较大,带有大推力发动机的推进系统,一般采用恒压输送系统;而在轨飞行的卫星,不管单组元还是双组元系统都采用落压式输送系统。推进剂管理可依据卫星稳定方式来确定:对于自旋卫星,可采用锥形贮箱,利用卫星自旋离心力实现气液分离;对于三轴稳定卫星,可选用表面张力贮箱和隔膜贮箱,对推进剂进行管理。

采用成熟技术是提高系统可靠性和降低成本的重要手段。就目前技术而言,单组元肼和双组元推进系统已经达到成熟阶段,可大量使用;而电推进须认真分析其可靠性、成本、风险等。

第 5 步估计关键参数：推进系统方案确定后，即可确定该系统的比冲；根据 12.2 节的内容可确定推进系统所需带的推进剂量，即可计算推进剂贮箱和挤压气体的体积和质量；最后确定推进系统流程图。

第 6,7 步是比较每个推进系统方案的质量和成本，目前有两种方法：经验法和模型法。国际上一般采用模型计算法，通过系统质量和成本比较，最后确定推进系统方案。

11.4.3　对推进分系统的要求

航天器的推进分系统可以单独作为一个分系统，也可以作为控制分系统的子系统或执行部件，一般还是把它当作一个独立的分系统。

推进分系统的任务有两个：一个是在航天器变轨时，用作姿态调整和轨道机动，例如，低轨道航天器因运载能力限制，经常需要对其进行轨道提升，航天器在轨长期运行期间，推进系统还应完成各种应急机动以及变轨时为姿态控制提供控制力矩；另一个任务是在航天器在轨正常工作时，用作姿态和轨道保持，例如地球静止轨道卫星在轨运行期间，由于月球和太阳引力，会引起轨道倾角变化，推进系统须完成卫星的南北位置保持，由于地球形状摄动和太阳光压，造成卫星经度漂移和偏心率摄动，推进系统还应完成卫星的东西位置保持。

对发射静止轨道航天器在转移轨道变轨时以及对返回航天器在再入大气层时，可采用大推力的固体发动机。对发射静止轨道航天器常采用双组元液体发动机的统一系统，即在转移轨道变轨时，用较大推力（常用 490 N）发动机，变轨后，在贮箱内的推进剂继续用于在轨姿态和轨道保持。用作姿态和轨道保持时，一般用小推力（如 10 N）发动机或称小推力器。

对推进分系统的要求除选用什么方案外，还要提出总冲、比冲、混合比、推力大小、占空比、残余量、工作次数（寿命）等。

三轴控制航天器至少需要 6 台小推力器，为保证可靠，现在设计都采用 12～14 台推力器，同时配备相应部件的备份，使系统形成两套，可同时使用，也可互为备份。在轨工作时，沿飞行方向（正向或反向）的姿态控制（如俯仰和偏航），姿态控制发动机一般要成对使用，以产生没有沿飞行方向推力的纯力矩，由于航天器对速度矢量垂直的推力不敏感，所以在这些方向上的控制，可以用单台小推力器。

在设计推进分系统时，要在保证性能的前提下确保安全。

11.4.4　推进分系统的影响

推进分系统的方案对航天器总体方案或多或少也产生影响。

例如，静止轨道航天器的推进分系统在远地点变轨采用固体发动机与采用液体发动机对结构（固体发动机尺寸大、推力大）、电源（采用固体发动机时，太阳能电池需要采用体装式）、控制（采用固体发动机时，控制分系统采用双自旋稳定时）分系统的方案产生不同的影响。另外，小推力器采用常规发动机（冷气、单组元、双组元等）和采用电火箭（氙离子发动机等）对电源（氙离子发动机需要提供较大的电功率）、结构与机构（氙离子发动机需要提供二维转动机构）分系统的方案也产生不同的影响。

11.5 电源分系统的类型和要求

11.5.1 航天器电源分系统的类型及组成

航天器电源分系统负责为航天器各个飞行阶段产生、储存、调节和管理电源,为用户负载提供功率,直至航天器寿命终止。

11.5.1.1 航天器电源类型

航天器电源类型、能源转换器件及其应用见表 11 - 9。

当前,国际上航天器使用的不同发电装置所占的比例大约是,太阳能电池阵占 90% 以上,化学电池占 5%、核电源占 3%～4%。可见,在轨航天器使用太阳能电池阵/蓄电池组联合供电系统的占大多数。因为在轨道上运行的航天器大部分时间都处于光照期,尤其是地球同步轨道卫星,每年 99% 的时间都有光照。太阳光是取之不尽、用之不竭的能源,太阳能电池阵就是用太阳能电池作为光电转换器件、利用物理变化将光能转化为电能,是目前航天器的首选发电装置。

表 11 - 9 航天器电源类型

电源类型	能源转换器件	在航天器中的应用
化学原电池	银锌电池、锂电池、锌汞电池	用于短期低轨航天器
化学蓄电池	镉镍、氢镍、锂离子等蓄电池	与太阳能电池配合在地影供电
燃料电池	氢氧燃料电池(复杂、不安全)	用于短期低轨航天器,用于载人时,水和热可用于航天员生命保障系统
太阳能电池	硅、砷化镓、磷化铟等太阳能电池	与化学蓄电池配合,在光照期间向航天器供电,同时向蓄电池充电;绝大多数航天器都用这类电源
核能	温差电偶变换器、热离子等变换器	用于光照条件差的航天器,多用于深空探测和某些长寿命军用航天器

对太阳能电池阵/蓄电池组电源系统而言,就是将太阳能电池阵和蓄电池组连接成系统,形成一次电源母线为卫星提供电能;并对太阳能电池阵/蓄电池组实行功率调节、蓄电池组充放电控制,统一对外接口。

11.5.1.2 电源分系统的组成及功能

航天器电源分系统一般由电源发电装置、电能存储装置、电源控制装置和电源变换装置等几个部分组成。此外,电源分系统还包含配电器、火工品管理器和电缆网等。不过,有人把供配电、火工品管理器和电缆网等又独立出来,称为总体电路分系统。

1. 电源发电装置

电源发电装置的功能是通过某种物理变化装置或化学变化装置,将光能、化学能或核能转换成电能。根据能源的来源可分为航天器外能源和航天器内能源两种。航天器内能源即航天器自带的能源,如化学蓄电池和核电源等。航天器外能源即从航天器外部获得的能源,主要是太阳辐射能。

2. 电能存储装置

电能存储装置主要与太阳能电池阵发电装置配合使用。因为使用太阳能电池阵的航天器在进入地影时就不能发电,此时就必须使用电能存储装置为航天器供电。电能存储装置在光照期间把部分太阳能电池阵的电能存储起来,到进入地影时把存储的能量再变成电能释放出来给航天器供电。电能存储装置主要有可重复充、放电的蓄电池组,有人曾考虑使用飞轮和电容等作为能量存储装置。蓄电池组在充电时,将电能转化为化学能存储起来,在放电时,把化学能又转化为电能。

3. 电源控制装置

从大范围来说,电源控制装置是用于对电源分系统中的各装置进行控制、调节、保护以及提供航天器其他分系统的接口等。具体功能有:

1)自动控制。例如,太阳能电池阵对日定向控制、蓄电池组充、放电控制、蓄电池组在轨在调节等。

2)热控制。电源装置在进行能量转化时,不可能是百分之百地转化成电能,其中有一部分会以热能形式散出,尤其是核能源将放出较多的热能。另外,航天器在飞行过程中,温度环境十分恶劣,尤其是太阳能电池的温度环境是十分恶劣的。这就需要采取热控措施进行控制,保持电源装置在合适的温度下工作。

3)母线电压调节。电源母线电压由于下列原因会有变化:太阳能电池阵在进出地影时变化较大;蓄电池组放电电压的开始和结束时相差较大;另外,随着航天器在轨工作时间的增加,电源的性能逐渐衰减。因此多数航天器的电源系统都要对电源母线电压进行调节,以使电源母线电压稳定在一定的范围内。

4)防护措施。例如,不间断供电措施、过流保护和过压保护措施、氢氧燃料电池的贮气瓶防爆措施(如安全阀)、核电源的核辐射防护措施等。

5)接口装置。接口装置是实现电源分系统与航天器测控分系统、数据管理分系统、热控系统以及地面测试系统之间的各种接口。

4. 电源变换装置

航天器的电源发电装置一般只能提供一种电压的直流电,而且电压范围较宽。而航天器上各个电子和电器设备备用电是需要各种不同电压稳定的直流电或交流电。因此,航天器电源系统需要配置直流-直流变换器(DC/DC 变换器)、直流-交流变换器(DC/AC 变换器)、升压器和稳流器等。

电源变换装置还具有电源隔离和保护功能,即当用电设备过载或短路时,电源变换装置可以自行实现过流保护。同时,当电源变换装置输出电压超出规定范围时,电源变换装置也可以实现过压或欠压保护。

11.5.2　对电源分系统的要求

电源分系统的功能是为航天器在光照期间和地影期间提供电能。工作寿命,能量比质量(比能量),功率比质量(比功率),转换效率,耐振动、冲击,加速度和真空辐射能力是衡量航天器电源的重要技术性能指标。随着空间技术的发展,航天器的工作寿命不断提高,功能日益改进,对电源系统功率和寿命的要求也愈来愈高。

航天器电源选择是根据航天任务的要求以及空间电源的发展水平而确定的。各类航天器可选用不同的电源。一般来说,对于仅几天到十几天寿命的航天器选择一次性的银锌蓄电池或锂电池;对于(几千瓦至几十千瓦)执行短期飞行任务的大功率飞行器,尤其是载人航天器,氢氧燃料电池组是最好的选择,化学反应排出的水经过净化还可供航天员使用。核电源适用于在光照条件差、温度高或有尘埃流的恶劣空间环境条件下工作的卫星,多用于星际探测;而对于寿命为几个月至几十年、功率为几百瓦到上万瓦的卫星来说,往往选择太阳能电池阵-蓄电池组联合电源。

表 11－10 列出航天器对电源系统的典型要求,其中最重要的是平均功率与峰值功率需求和轨道特性(倾角与高度)。

表 11－10　典型航天器对电源系统的要求

项目	航天器对电源系统的要求
1	在飞行任务期间为航天器负载提供连续电源
2	控制与分配航天器产生的电能
3	支持电气负载的平均功率与峰值功率需求
4	必要时,提供稳定直流电源总线
5	为电源系统的工况和运行状态提供遥控与遥测能力,并提供地面站或自主系统进行控制
6	保护有效载荷不受电源系统内部故障的影响
7	控制总线瞬态电压,防止总线失效
8	必要时,提供火工品点火引爆能力

电源系统的设计受到如下各因素的制约:负载变化、工作电压、精度、寿命等因素的供电要求;特殊的工作环境如失重、微粒辐射、流星以及辐射传导带来的影响,与航天器总体设计相关的考虑,如飞行程序及轨道参数、热辐射气体体积、质量等。电源系统还必须承受航天器在飞行中所遇到的各种环境条件,如高-低温交变,紫外线及高能粒子辐射、微流星撞击等。

航天器的总体构型对采用太阳能电池阵也有特殊的要求。对于自旋稳定航天器,一般采用体装式太阳能电池阵;对于三轴稳定航天器(如太阳同步轨道和地球同步轨道航天器)一般要求采用一维对日定向太阳能电池阵,有少数航天器要求采用二维对日定向太阳能电池阵。

11.6　测控和数据管理分系统的类型和要求

测控与数据管理分系统作为航天器与地面联系的唯一通信通道,担负着航天器跟踪测量、遥测、遥控、数据通信等与地面的信息交互任务。

在航天器发展初期,航天器测控主要还是服务于航天器本身的飞行试验验证,偏重于对航天器的跟踪与监控,只有跟踪测量、遥测、遥控功能,也就是传统的测控系统(简称 TT&C)。随着航天器进入广泛应用阶段,传输应用载荷的数据信息越来越重要,因此在原有测控功能上又增加了数传通信功能,进而扩展成为测控通信系统(简称 C&T,C 代表通信,T 代表测控 TT&C)。随着航天任务的多样化和复杂化,在航天器内部各系统之间需要进行对测量、控制、时间等数据信息的交换越来越多,因此需要在航天器上建立一个数据"集散中心"来收发管理数据,于是产生了数据管理系统。

在我国航天器工程研制中,根据工程任务特点和分工习惯,通常又把测控与数据管理系统划分为测控分系统(在运载火箭中又分为外安和遥测分系统)、数管(或叫星务、综合电子)分系统、数传(或与测控合并为测控通信)分系统等。虽然系统划分及名称叫法不一,但负责航天器信息交互传递的任务功能不变。

11.6.1　系统功能

11.6.1.1　航天器跟踪测量

航天器跟踪测量主要是指通过光学、无线电等测量手段,获取航天器的位置、速度等弹道或轨道参数,以确定航天器的位置和飞行轨迹。

常用的航天器跟踪测量方法是航天器与地面站配合,利用无线电信号建立天地应答模式,地面站接收应答信号,从载波中提取多普勒频率进行测速,采用测音或伪码测量时延进行测距,利用天线跟踪机构的俯仰、方位信息进行测角,从而利用时空关系确定其位置轨迹。

随着全球定位系统 GPS、GLONASS、北斗卫星系统的出现,航天器跟踪测量也逐渐从地基方式向地基与天基结合方式发展。航天器上配置卫星定位接收机,接收 GPS、GLONASS、北斗卫星定位系统信号,解算出位置、速度、时间等信息,自主定位或通过遥测将其发回地面确定其位置轨迹。

在深空探测中采用的也是常用的无线电跟踪测量方式,只是由于航天器与地球距离的增大,通常的单站测角精度已很难满足位置精度的需要。于是在此基础上发展出了 VLBI(甚长基线干涉仪)技术进行测角,利用相距甚远的多站进行测角解算。随着人类向更远深空探测的步伐,有人也提出了利用星际网络定位的新方法。

11.6.1.2　航天器遥测

航天器遥测是将航天器上各种被测信息经过传感器变换,数字采集、编排组帧、信道编码及调制处理,通过射频无线方式远距离传输到地面,提供给地面人员使用。利用遥测,在地面可以监测航天器飞行过程中的电压、电流、姿态、压力等工作参数以及载人航天中航天员的生理参数,保障航天器的运行安全;也可以测量其振动、冲击、温度、电磁辐射等环境参数,为航天器制订合理的环境试验条件提供依据。另外一旦发生故障,可以借助遥测数据对故障进行分析定位,以便采取相应的措施。

遥测系统主要由传感器、A/D 模数转换、调度组帧、信道编码和射频调制等功能模块组成(见图 11－14)。在航天器工作期间遥测信号是持续不断产生的,信息速率相对不高,导弹/运载火箭一般在几 Mb/s,卫星/飞船一般在几 Kb/s 到几十 Kb/s,深空探测器一般在几 b/s 到几 Kb/s。传统的航天器遥测采用时分轮巡采集和脉冲编码调制(PCM)体制,通常称为 PCM 遥测。PCM 遥测格式简单,编排固定,适合于完成单一任务的飞行器。而对于任务工作模式比较复杂的航天器,遥测内容随不同应用过程变化较大,传统 PCM 遥测越来越难以满足应用需要。近年来随着处理器的普遍应用,大部分系统及单机配置有 CPU 处理单元,具备了对自身遥测信号的采集和处理能力,分包遥测方式开始逐渐兴起。分包遥测充分利用单机处理能力采集自身遥测信号组成各种遥测源包,通过数管进行统一动态调度各种遥测源包下传。这样不但可以大大提高信道利用效率,还可以更灵活适应不同任务的需求。

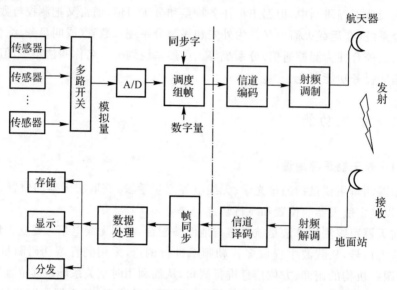

图 11-14 遥测功能原理框图

11.6.1.3 航天器遥控

航天器遥控是地面对航天器的控制指令和信息以无线电信号方式,远距离地传输到航天器上,实现对其状态及参数的控制设置。利用遥控,在导弹或运载火箭发射过程中可以实施安全控制,出现严重故障时遥控其启动自毁装置炸毁;在卫星或载人飞船等飞行器中,可以控制设备的开关机及状态切换,可以进行姿态、轨道控制,可以进行数据、参数和程序注入,保障飞行器的正常工作与运行。

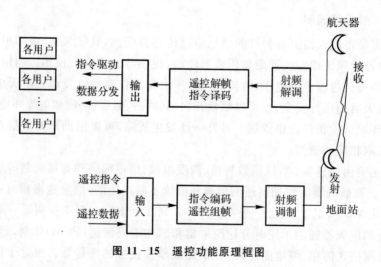

图 11-15 遥控功能原理框图

遥控系统主要包括信号接收射频解调、遥控解帧/指令译码和指令驱动/数据分发输出等几部分(见图 11-15)。遥控信号是在地面控制需要时产生的,数据量不大,传输速率一般在几 Kb/s。衡量遥控系统工作质量好坏的重要指标是误指令率、漏指令率和保密性。与遥测一样,传统的航天器遥控采用 PCM 遥控体制,近年来也推出了分包遥控体制。分包遥控的优势主要表现在地面测控中心对多用户的自动调度,而上行遥控是有控制需要时才发送,不像遥测那样持续不断地发送,信道资源不拥挤,因此尚未广泛应用。

11.6.1.4　航天器通信(数传)

这里的航天器通信是一个狭义的概念,它主要是指将航天器上测量、观察仪器(通常称之为有效载荷)测量观察所得的图像等数据信息下传地面,通常也叫数传。

数传系统主要包含多路数据复接、数据压缩加密、信道编码及调制发射等几部分(见图 11-16)。数传与遥测虽然都是下传数据,与之不同的是数传数据量大,传输率较高,一般都在几十 Mb/s 到几百 Mb/s 甚至上 Gb/s。在传统飞行器中,往往把数传和遥测分开处理,以独立信道传输。近年来,随着飞行器应用种类越来越多元化,数据处理能力越来越强,测控与数传界面不再那么清晰,多数飞行器遥测信息开始作为一个载荷用户通过数传信道下传,有的飞行器测控与数传信道干脆合并为一个信道进行传输。

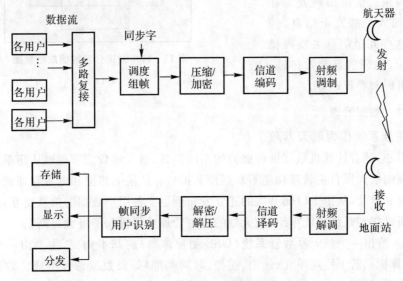

图 11-16　数传功能原理框图

11.6.2　系统组成

从上节可以看出,遥测、遥控等各项功能的实现基本都可以分为数据处理和信道处理两大部分。在具体工程研制中,通常由数据管理分系统和测控通信分系统来实现,数据管理分系统负责航天器信息的收集与分发,测控通信分系统负责为航天器信息建立射频无线传输通道。

11.6.2.1　测控通信

测控通信分系统作为信道传输部分,主要的任务是在尽可能节约频谱资源的情况下,降低数据传输误码率。目前常用的测控体制是统一载波体制,它将遥测、遥控、测距等信号以副载波的方式通过 PM 调相共同调制在一个载波上实现各种测控功能,在低轨飞行器上广泛使用的是统一在 S 波段的 USB 系统,是一种频分系统。

图 11-17 给出一个航天器测控系统(USB 测控体制)基本构成,主要由天线、微波网络和 USB 应答机组成。USB 应答机作为遥测、遥控、跟踪测量的统一处理设备,负责上行遥控信号的解调、下行遥测的调制以及测距信号的相干转发。

在航天器日益增多,频谱资源日益紧张的情况下,码分多址的扩频体制也已开始广泛应用,目前全球定位系统、中继测控采用的均是扩频体制。在高速率数传通信上,为了减小频谱带宽,常用的是 QPSK 四相调制。在高速率信息传输中,常常通过信道编码方式获取一定的编码增益,来降低系统对天线和发射机功放的约束。信道编码就是在数据码流中加入一些冗余信息,使接收端利用这些冗余信息去发现错误或纠正错误,保证信息有效传输。常用的有分组码和卷积码等。

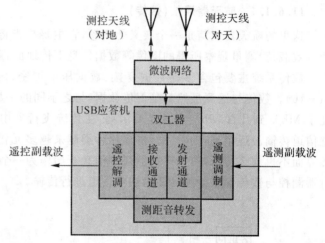

图 11-17 测控分系统组成示意图

11.6.2.2 数据管理

数据管理分系统作为航天器数据集散管理中心,随着计算机数据处理能力的不断提高,航天器数据管理也从简单的遥测遥控数据处理逐渐向航天器自主管理功能不断延伸和扩展。从星上热控和电源管理到星上轨道姿态的自主确定和维持,从星上时间基准的建立发布到星上各用户数据的信息交互,从航天器的健康检测诊断维护到系统功能重组,航天器的自主管理功能得到了极大提高。

图 11-18 给出一个航天器数管系统(USB 测控体制)的基本构成,主要由一个中央处理单元(数管计算机)、若干终端单元(遥测、遥控、时间基准)等及数据总线组成。数管计算机作为中央处理单元,利用 1553B 或 CAN 总线将远置单元和有总线处理能力的分系统设备联系起来,进行遥测、遥控、时间等数据的信息交互。

在电子集成技术快速发展的今天,在一些微小卫星上,开始利用 SOC(片上系统)和 MEMS(微机电系统)等技术将星上电子设备进一步融合,以统一的软硬件平台集成实现卫星各项功能,也就是所谓的综合电子系统。

11.6.2.3 航天测控通信网

航天器测控离不开地面测控系统的配合与支持。在导弹、运载火箭发射段,需要地面轨迹测量、遥测与安控,在卫星在轨飞行期间,需要地面长期进行轨道测量与调整保持,监视卫星的工作状态和进行必要的故障处置。

为此在地面建立航天测控中心,将地面测控站、海上测量船、发射场、着陆场等与航天器联系起来,形成航天测控通信网(以低轨卫星测控网为例,见图 11 - 19)。在航天任务众多时,可以由不同的航天测控网来完成不同的航天任务,例如载人航天测控网、卫星测控网、深空测控网等。全球定位系统和中继卫星系统的出现,利用天基手段大大提高了测控通信覆盖率,天基测控也逐渐成为测控通信网中的重要组成部分。随着人类探索空间的深度和广度不断发展,星间通信网络将成为未来航天测控发展新的方向和手段。

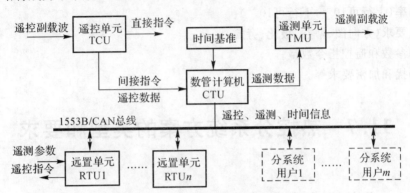

图 11 - 18　数据管理分系统组成示例图

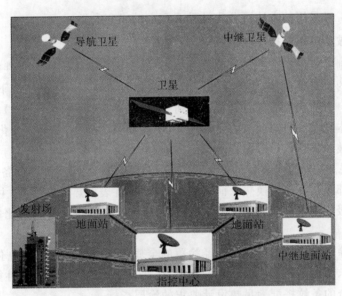

图 11 - 19　低轨卫星测控网示意图

11.6.3　对分系统的要求

除去一般总体要求外,对测控和数据管理分系统的主要要求:

· 采用何种轨道(低、中、高高度的地球轨道,月球轨道,深空探测轨道),轨道高度影响通信链路设计;

· 是否传输对地观测航天器有效载荷的数据,影响传输数据速率(遥测只需 40～1 000 b/s,遥控只需 8～2 000 b/s,图像传输需 100 Kb～1 Gb/s);

· 是否通过中继卫星传输数据(数据速率为 $150\sim300$ Mb/s),通过中继卫星传输数据需要自动跟踪天线;

· 星上存储与处理要求;

· 上下行射频频段(C,S,Ku 频段);

· 调制和编码方案;

· 误码率(上行可10^{-5},下行可10^{-4})

· 天线要求(方向图、增益、极化、旁瓣);

· 遥测参数和遥控指令数量;

· 抗干扰和加密要求等。

11.7 热控分系统方案的类型和要求

11.7.1 热控分系统常用的方法

热控分系统一般采用的方法可分为被动式和主动式两大类。

11.7.1.1 被动热控制技术

被动式热控制主要依靠合理的航天器总体布局,选取具有不同热物理性能的材料,正确地组织航天器内外的热交换过程,使航天器的结构、仪器设备在不同热流状况下都能够保持在允许的温度范围内。被动热控的优点是技术较简单、运行可靠(没有运动部件)、使用寿命长及经济性能好。但其本身没有自动调节温度的能力,不能克服卫星内、外热流变化带来的对仪器设备温度的影响。被动式热控技术包括:

(1)热控涂层。在轨道中飞行的航天器与空间环境、星体内部仪器设备与表面蒙皮及各个仪器设备之间都存在着辐射换热。而这些设备、结构件表面热辐射性质,主要由涂覆于其表面的热控涂层的吸收率α_s和发射率ε来体现,从白漆到镀金的吸收—辐射比α_s/ε为0.25到10不等。

热控涂层按涂层组成特点可分为未经涂覆的金属表面、涂料型涂层、电化学涂层、二次表面镜涂层、温控带、织物涂层等。对于一种涂层,往往只能达到其中的一个性能指标,常常用两种或几种涂层组合的条纹搭配满足热设计要求的涂层指标。

根据航天器仪器设备、结构部件和航天员对环境温度的要求,通过热分析计算确定航天器表面涂层热辐射特性,即可依据所要求的热辐射特性选取航天器表面涂层。首选的涂层为现有的标准涂层,如不能满足要求,可采用涂层搭配来满足热设计指标要求。在选用涂层时还需考虑涂层工艺的可能性、重复性、经济性,涂层在空间环境的稳定性、涂层污染等因素。

(2)多层隔热材料。在航天器的热控系统中,常常需要对某些仪器设备或部件、蒙皮采取保温措施,尽可能地减少热量散失以控制其工作温度,有时则需要防止高温热源或波动的热环境对仪器设备或部件的影响,尽可能地减少热量流入这些特定的仪器或区域,这种情况下就需要采取隔热措施。

多层隔热材料是由低发射率的反射层与间隔层交错叠成的,具有极好的隔热性能,用来保温或隔热。多层隔热材料的当量导热系数能低到 1×10^{-5} W/(m·K) 量级,这意味着它的隔热性能比其他抽真空或不抽真空的隔热材料都要低几个量级,故被称为超级隔热材料。

多层隔热材料实际上并不是一种材料而是一种组合系统,由许多层金属反射屏组成。对于温度较高(400~600 K 以上)的应用场合,这种反射屏由金属箔构成;对于常温和低温的应用场合,反射屏则由金属镀膜构成。

(3)热管。在航天器的热控制中,为了合理地组织热交换过程,除了利用多层隔热材料"堵截"热流外,还需要有效地"导通"热流路,热管便能起到这种导通作用。热管是一种利用工质的相变和循环流动而工作的传热器件。由于管内蒸发和凝结的热阻很小,当工质的流动压降很小时,热管就可以在很小的温差下传递很大的热流,因此被称为热超导元件。热管的典型结构如图 11-20 所示,热能在蒸发段从外热源经管壁传给工作液体,液体蒸发后成为蒸汽流向另一端,在冷凝段蒸气凝结成液体,放出的热量再经过管壁传给冷源,而液体沿管芯在毛细力的作用下,再回流到蒸发段,如此循环不已,可不断地将热量从蒸发段传递到冷凝段。

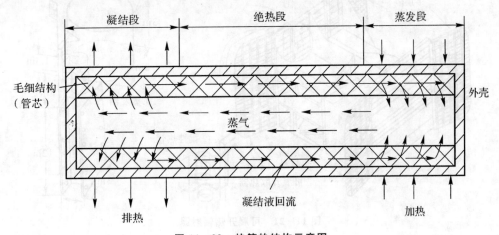

图 11-20　热管热结构示意图

由于热管内液体回流是靠毛细结构的毛细抽吸力完成的,既没有机械运动部件,工质循环又不消耗电源,因此能做到结构紧凑、运行可靠。

(4)相变材料。相变材料在相变过程中将吸收或释放出的相变潜热,而其温度基本上保持不变。因此,在航天器热控制应用中,当内热源或外部热环境发生较大的周期性变化时,可利用上述特性来保持仪器设备的温度水平。

理想的相变材料应具有以下性质:熔化潜热高、有适当的熔化温度、固-液相转化可逆、液相和固相都有较高的热导率和热扩散率、比热大、密度大、长期使用可靠、熔化-凝结过程可靠、相变过程体积变化小、相变时蒸汽压低、与容器材料相容性好、没有过冷现象、无毒也无其他有害性等。

(5)导热填料。固体之间的热传递,不仅与固体本身的热阻有关,而且还与固体之间的接触热阻有关。接触热阻存在于两个固体物体的接触表面上。接触热阻的存在将增加热流通路上的热阻,增大热流途径上的温降。对于排热系统,这将意味着提高热源(如发热仪器)的温度和降低热辐射器的效率;对于加热系统来说,这将意味着多耗能源。对于航天器热控制来说,过大的接触热阻还可能使其他热控手段(如热管)失效。另外由于接触热阻随材料表面状况和施工过程的不同而有很大的变化,是造成仪器、设备导热状况不确定性的主要原因之一,也是造成热设计不成功的重要潜在因素。

为解决接触热阻带来的导热状况的不确定性和传热路径的附加阻塞,一般采用在接触面上加入导热填料的方法,使接触热阻减至最小或控制在某一确定值上。当前所用的导热填料较多是导热硅脂,其他如导热硅橡胶和柔软金属箔(如铟箔、铝箔等)等也有应用。

(6)软质泡沫塑料。软质泡沫塑料是一种多孔轻质聚胺酯固体材料,这种材料孔的尺寸小,其内气体对流传热可以忽略,因此它主要通过固体和气体导热以及辐射的方式传热。软质泡沫塑料的密度比多层隔热材料小得多,因此在密封舱内隔热时,常用软质泡沫塑料。

无人航天器的热控设计有 95% 是采用被动式热控。图 11-21 所示是一种先进的、被动式的采用毛细抽吸泵和可展开热辐射器的热控装置。

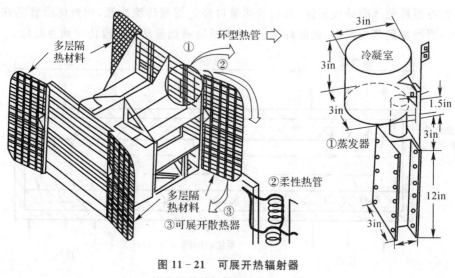

图 11-21 可展开热辐射器
(注:1 in=2.54 cm)

11.7.1.2 主动热控制技术

主动热控制是指当航天器内、外热流状况发生变化时,通过某种自动调节系统使航天器内仪器设备的温度保持在指定范围内的热控技术。与被动热控技术相比,主动热控技术的主要优点是具有可调节的热交换特性,显然主动热控技术将使航天器热控系统具有较大的适应航天器内、外热状况变化的能力。主动式热控制技术包括:

(1)风冷控温系统,简称风冷系统。它是用风机或风扇驱动空气流经仪器、设备,或者按照预定的流动方向在舱体内循环,产生气体受迫对流换热,实现降低仪器设备温度或空气温度,达到控温目的的一种主动热控技术。风冷系统由风机或风扇(包括驱动电机)、控制器、温度传感器、风道等部分组成。

航天器上应用最早的风冷控温——风扇,用来驱动空气流动,降低仪器设备温度或拉平航天器内空气温度。苏联第一颗人造地球卫星就是利用风冷技术来实现星内仪器设备控温的目的。

较复杂的风冷系统是设置风机与风道,风机驱动空气在风道里循环,被控温的仪器设备置于风道内或通过风道抽吸高温区的空气迁移至低温区,实现拉平不同区域空气温度,达到控制仪器设备和空气温度的目的;更复杂的风冷系统,由风机或风扇、气-液换热器、温度传感器和控制器组成。这种较复杂或更复杂的风冷装置,在美、俄载人航天器上得到广泛应用,中国的飞船也应用了这一技术。

(2)电加热恒温装置。通常由温度传感器、控制器和电加热器三部分组成,这三部分构成闭环控制回路。温度传感器用来获取被控部件或设备的温度变化信号,通过控制器把获得的温度信号与设定值比较并进行判断后,控制电加热器的工作状态。电加热恒温装置在载人与无人航天器上均得到广泛应用。使用这种装置对仪器设备和空气温度进行恒温控制,其控温精度可达到±0.5℃。

(3)热控百叶窗。百叶窗热控技术是利用敏感于热胀冷缩的驱动元件,带动机械结构运动,控制传热通路的辐射换热热阻,从而达到控制排放热量,维持仪器设备一定温度范围的目的。

如图 11-22 所示,百叶窗主要由支撑框架、转动叶片、动作室、驱动器、轴承和底板组成。百叶窗的基本原理是由敏感温度的双金属弹簧,记忆合金元件,或波纹管组件等作动器驱动或是由电机驱动具有低发射率和低太阳吸收率的叶片,随着被控表面温度升高,敏感温度的驱动器温度升高,而带动叶片开启,暴露出底板表面的高发射率涂层,把热量散出,而当被控温度降低时,叶片关闭,暴露出低发射率的叶片表面,向外部环境辐射散热量则会成倍地下降,结果使得在被控仪器内部功耗或外部热载荷有较多改变的条件下,百叶窗安装面,即被控表面的温度也会维持在所要求的范围内。图 11-23 是载人航天器所采用的主动式机械循环泵系统原理示意图。

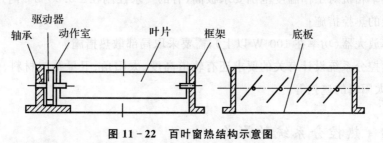

图 11-22　百叶窗热结构示意图

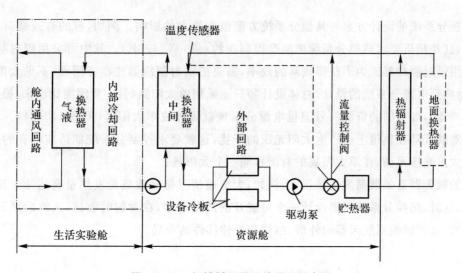

图 11-23　机械循环泵系统原理示意图

11.7.2　对热控分系统的要求

热控分系统和其他各个分系统都有关系。它的任务是保证各个分系统在轨运行各个阶段的工作温度范围。对热控分系统的要求主要包括：系统质量；系统功耗（飞行各阶段的连续功耗与瞬时功耗）；控温范围（包括轨道段各舱段舱壁与结构部件，各舱段内外仪器设备的温度要求；地面待射、上升与再入着陆段温度范围要求）；可靠度与安全度等。通常要求舱内仪器设备的温度要求范围为 $0\sim40℃$；热控系统可靠度 $R\geqslant0.996\ 0$（置信度为 0.6），安全度 $\geqslant0.999\ 68$。

航天器上各类设备工作温度范围的要求大致为：

- 一般电子设备的工作温度范围是 $0\sim40℃$；
- 镉镍蓄电池的工作温度范围是 $5\sim20℃$；
- 太阳能电池的工作温度范围是控制在 $-100\sim+100℃$（但从要求来说，应控制在低端，因为工作温度越低，太阳能电池的效率就越高）；
- 液体推进剂的温度要求保持在 $7\sim35℃$，由于连接到小推力器的管路都安装在无热源的远端，所以，连接到小推力器的管路几乎都要加热；
- 红外相机敏感器要求在极低温度下工作（低于 80 K），需要采取被动式辐射制冷，若需要大制冷量，则要采用主动式斯特林制冷机或脉管制冷机；
- 高分辨率相机对工作温度范围要求极高（有的要求控制在 $\pm0.5\sim2℃$ 内），以减小变形，需要采取复杂的热控措施；
- 高功率放大器（功率在 100 W 以上），需要采取局部散热措施。

其他和热控分系统设计有关的要求还有轨道高度、太阳角、卫星结构材料、仪器设备的发热量、天线及太阳翼的遮挡等。

11.7.3　热控分系统的影响

热控分系统的设计方案对其他分系统方案也有较大的影响。例如，有的有效载荷使用红外相机，红外相机要求热控分系统把温度控制在约 $-190℃$（80K）。其中可采用辐射制冷，即要求采用辐射制冷器。为了获得较高的效率，需要把辐射制冷器放在背阴面（不见太阳）。这样，就影响到电源分系统的设计，总体设计师只能采用单太阳翼（另一背阴面让出来，提供安装辐射制冷器），如中国的资源一号卫星电源分系统就设计成单太阳翼（见图 11－24）。采用单太阳翼对航天器在轨道上会产生太阳光压的干扰，这就要求控制分系统能适应。有的航天器为了对太阳光压平衡，在单太阳翼的对面布局一个太阳帆。

有的航天器有效载荷发热量很大，例如，大型通信卫星有效载荷发热量高达几千瓦，甚至上万瓦，这时，热控分系统需要设计一个可展开的热辐射器，在发射时收拢，入轨后展开（见图 11－21）。这就影响到航天器的外形、结构和外伸部件的布局。

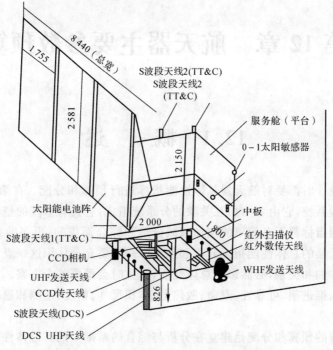

图 11-24　中国资源一号卫星外貌(单太阳翼)

思 考 题

1. 卫星有效载荷的作用是什么? 它与卫星平台有什么关系? 它与卫星应用系统有什么关系?

2. 在通信卫星有效载荷设计中,为增大通信容量,一般可采取哪些方法?

3. 卫星遥感器一般分为哪几类? 卫星遥感器的基本组成包括哪几部分? 试说明资源一号多光谱 CCD 相机的基本组成和工作原理。

4. 阐述星上自主控制和星-地大回路控制的原理。

5. 星上常用的姿态敏感器有哪些? 其各自的用途是什么?

6. 如何选择确定姿态稳定方案? 不同的姿态稳定方案会对总体方案有何影响?

7. 试分析在地球同步轨道通信卫星发射过程中,哪些阶段应用了轨道控制、姿态控制和指向控制?

8. 卫星上应用的推进系统分为哪几类,它们的特点是什么? 电推进的应用前景如何? 其主要应用包括哪些方面?

9. 卫星上应用的电源分系统主要有哪几类? 太阳能电池阵/蓄电池组电源分系统由哪几个组件组成? 其作用是什么?

10. 卫星测控系统的功能有哪些? 航天测控网由哪些部分组成? 其担负的任务是什么?

11. 卫星热控制的主要措施有哪几种? 主动热控和被动热控各有什么特点? 热控分系统设计方案会对其他分系统产生何种影响? 可采取哪种措施来解决?

第12章 航天器主要参数预算

12.1 概　　述

在新航天器设计时都要对航天器总体性能指标进行预算和分配。在第 1 章中已经说明，航天器是一个工程系统，它由各个相互关联的分系统组成，它具有系统的整体性质。因此航天器的绝大部分性能指标都不是简单的加加减减分解和综合而成的，更多的是有相互影响的非加和关系。在航天器的总体性能指标分析和预算时一定要充分认识这一点。如果把非加和关系的性能指标看作加和关系，必然影响总体性能，严重时会颠覆整个方案。本章将介绍航天器的质量、电源功耗、推进剂、可靠性、寿命、散热量、体积尺寸、精度、遥测和遥控等性能指标的分析和预算。

各种性能参数的预算和分配是建立在分析与综合的基础上的。总体性能指标分析和综合方法有经验法、分析法和协调法。

1. 经验法

经验法是根据相似论原理而确定的一种传统的古典方法，有人把它称作类比法。实际上，经验法较类比法考虑的面更宽，对于经验丰富的总体设计师考虑问题更全面，解决问题更可靠、更准确。经验法是总体设计师根据过去总体设计的经验和调研国内外同类型航天器的有关性能指标，结合实际进行预先分析和综合的。对于新参加总体设计的设计师参考国内外同类型航天器的有关性能指标，结合实际进行分析与综合也是经验法，只不过是利用别人成功的经验而已。经验法是系统工程常用的一种方法，它不仅可用于指标分析与综合，在方案选取与航天器其他设计时也可采用。

由此可得到一点启示，无论是新老设计师，在接受一个新型号设计任务时，必须尽可能多地调研国内外同类型航天器的有关资料，并分析其优、缺点，吸取成功的、先进的经验。否则，设计水平得不到提高，技术水平得不到发展，航天器方案总处于落后状态。

2. 分析法

分析法是总体设计师研究每一个性能指标与各有关分系统之间关联，找出影响因素，建立相关数学模型，计算有关数据，进行合理分配和综合的最基本的最科学的方法。例如通过航天器工程大系统分析可以给出某静止轨道通信卫星通信天线对地指向的滚动、俯仰和偏航精度指标要求。通过航天器系统分析找出约 20 项影响精度的因素，并在分析的基础上建立误差综合计算公式，最后对有关航天器分系统进行合理分配。

3. 协调法

协调法是总体设计师对各种有关性能指标和相关接口，通过与航天器工程大系统及航天器各分系统有关设计师进行技术协商和调整来确定的。由于航天器总体设计师从任务分析开始一直到在轨运行的整个研究、设计、生产、测试和试验过程中，对航天器的技术性能指标是由不太了解到了解、由经验和分析给出到实践验证、由只考虑单一因素到进行多种相关联的因素分析和综合的,因此航天器总体设计师在航天器研制过程中总是与有关设计师不断地进行技术协调,使航天器的技术性能指标逐渐形成和优化。

经验法一般是用于任务分析阶段和总体方案设计的早期阶段,如各分系统仪器设备的质量、功耗和尺寸等。分析法是在总体方案设计阶段必须要认真去做的一种科学方法。合理而精确的性能指标是通过分析计算得出的。在任务分析阶段有些性能指标也要用分析法给出,如电源功率分析计算和推进剂预算等。协调法在航天器研制过程中自始至终都要用到,只不过是前期协调工作量大,而随着航天器研制进展,协调量越来越少。

12.2　推进剂预算

推进剂预算是航天器设计中一项很重要的工作,选择好的推进系统方案,精确计算所需要的推进剂,对于增加卫星有效载荷比或者延长卫星寿命是至关重要的。航天器进入太空后,为了按照预定的轨道飞行,必须对其进行轨道控制和姿态控制。例如:地球静止轨道卫星在轨运行期间,由于日月引力会引起轨道倾角变化,必须完成卫星的南北位置保持;由于地球赤道椭率和太阳光压造成卫星经度漂移和偏心率摄动,还应完成卫星的东西位置保持;对于低轨道卫星,因运载能力限制,经常需要对卫星进行轨道提升;长期在轨运行期间主要受大气阻力影响,轨道慢慢衰减,也需经常进行轨道修正。这就需要航天器携带足够的推进剂。另外根据飞行任务,卫星还需建立某种特定姿态(如远地点发动机点火姿态等);在星箭分离后,卫星为了捕获姿态以及获得太阳能源,还需要完成太阳、地球和星捕获。在卫星长期运行期间,还应完成各种应急机动以及变轨时为姿态控制提供力矩。这样,也需要航天器携带一定的推进剂。

典型的推进剂预算包括 4 部分:用于速度控制的推进剂,用于姿态控制的推进剂,储备量和剩余量。表 12-1 列出推进剂预算的内容。

表 12-1　推进剂预算

1.轨道控制所消耗的推进剂
2.姿态控制所消耗的推进剂 ・轨道控制期间的姿态控制 ・加旋和减旋 ・自旋时机动 ・消除干扰力矩 ・姿态机动 ・极限环 名义推进剂量为姿轨控消耗的推进剂两项之和
3.储备推进剂量为名义推进剂量的 10%～20%
4.剩余推进剂量为总推进剂量的 1%～2%
总推进剂量为以上 4 项之和

轨道控制总需求量表示为总速度增量(Δv),它包括同平面轨道变换、改变轨道平面以及修正各部分摄动(大气阻力摄动、地球非球形摄动等)而引起的轨道参数变化等。可利用火箭

方程,计算出轨道控制所需的推进剂,而姿态控制所需的推进剂应分别考虑自旋稳定对推进剂要求或者三轴稳定控制对推进剂的要求。以上两项为名义推进剂量,属于理论值,推进剂预算必须有足够的裕度,应考虑飞行任务余量、卫星意外事件、发动机偏离正常性能和工作误差等,故需考虑推进剂储备量,一般为 $10\%\sim20\%$。由于推进剂贮箱的排出效率为 $98\%\sim99\%$(其余残留在贮箱、管路……),故需要再增加 $1\%\sim2\%$ 的剩余推进剂量。因此,名义推进剂量加上推进剂储备量和剩余量为推进剂总装载量。

下面以地球静止轨道航天器总体设计为例,分析与推进剂预算有关的技术问题。以下分析是假设在西昌发射场向正东方向发射的。

12.2.1 轨道机动速度分析

1. 静止轨道周期的确定

日常所用的时间是以太阳为参考点所确定的时间,即平太阳时。平太阳时是地球上某观察点相对太阳参考点转一周为 24 h。由于地球一天还相对太阳公转 θ 角,约为 $360/365.2422°/d$,所以地球相对惯性空间某恒星自转一周不到 24 h(见图 10-34)。由图 10-34可知,若以恒星为参考点,静止轨道航天器在轨运行一周较以太阳为参考点运行一周要少 θ 角。经计算,静止轨道的周期(即一个恒星日的时间)为 $T=23$ h 56 min 04 s(以平太阳时计)。

航天器的轨道周期与地球自转周期相同,即为地球同步轨道。如果地球同步轨道的倾角为 $0°$,则该航天器的星下点轨迹将固定不动。即航天器相对地球静止不动,因此,这种轨道常常称为静止轨道。

2. 静止轨道半长轴的确定

由开普勒第三定律所推导的轨道周期公式为

$$T=\frac{2\pi}{\sqrt{\mu}}a^{\frac{3}{2}} \tag{12-1}$$

式中　T——人造地球卫星轨道周期;

　　　　a——轨道半长轴;

　　　　μ——地球引力常数($\mu=3.986\,005\times10^5$ km^3/s^2,$\mu=GM$,$G=6.668\,462\times10^{-20}$ $km^3/kg\cdot s^2$ 为万有引力常数,$M=5.977\,414\times10^{24}$ kg 为地球质量)。

根据轨道周期,即 $T=23$ h 56 min 04 s,可按照式(12-1)计算出地球同步轨道半长轴 $a=42\,164.6$ km。由于地球赤道平均半径 $R_E=6\,378$ km,所以,地球同步卫星离地面高度 $H=a-R_E=35\,786.6$ km。

3. 轨道机动方法

由第 10 章空间几何的分析可知,发射场的地理纬度对发射地球静止轨道航天器影响较大。即在运载火箭不改变过渡轨道倾角情况下,如果火箭向正东方向(射向为 $90°$)发射,其过渡轨道倾角为发射场的地理纬度。例如,在中国西昌发射场发射,由于西昌的地理纬度为 $28.50°$,所以过渡轨道倾角 i 最小为 $28.50°$。

一般航天器的轨道机动方法如图 12-1 所示。航天器在远地点机动前,把发动机的推力轴线方向调整到所需要的方向,如图 12-2 所示,其方向与所需速度增量方向一致。如果采用固体发动机,则只需要按照该示意图在远地点用一个速度增量(Δv_i)就可完成;如果采用液体发动机,则需要按照该示意图在远地点用 2~3 个速度增量才可完成。

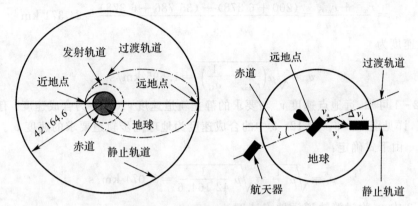

图 12-1　轨道机动方法示意图

4. 速度增量 Δv_i 计算

过渡轨道远地点和近地点速度按下式计算:

$$v(r) = \sqrt{\mu\left(\frac{2}{r} - \frac{1}{a_G}\right)} \tag{12-2}$$

式中　r——航天器在轨道上瞬时位置的地心距;

　　a_G——过渡轨道半长轴。根据式(12-1),先求出过渡轨道半长轴 a_G,然后算出远地点速度 v_a。

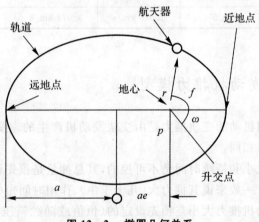

图 12-2　椭圆几何关系

由图 12-2 椭圆几何关系,可以得到过渡轨道的近地点 r_{min}、远地点 r_{max}、半通径 P 及半长轴 a_G 为

$$r_{min} = \frac{P}{1+e} \tag{12-3a}$$

$$r_{max} = \frac{P}{1-e} \tag{12-3b}$$

$$P = a(1-e^2) \tag{12-3c}$$

$$a_G = \frac{r_{\min} + r_{\max}}{2} = \frac{P}{1 - e^2} \tag{12-3d}$$

则

$$a_G = \frac{r_{\min} + r_{\max}}{2} = \frac{(200 + 6\ 378) + (35\ 786 + 6\ 378)}{2} = 24\ 371\ \text{km}$$

远地点速度为

$$v_a = \sqrt{\mu\left(\frac{2}{r_{\max}} - \frac{1}{a_G}\right)} = 1.595\ \text{km/s}$$

由图 12-1 可知,远地点速度 v_a 与要求的静止轨道速度 v_s(图中为合成速度)有一夹角 i,且大小不等,详见图 12-3。图 12-3 中的合成速度为地球同步轨道要求的速度 v_s。因为是圆轨道,所以 v_s 由下式确定:

$$v_s = \sqrt{\mu\ \frac{1}{a}} = \sqrt{\mu\ \frac{1}{42\ 164.6}} = 3.074\ \text{km/s}$$

图 12-3 中 v_a 为过渡轨道远地点速度。v_a 与 v_s 之间夹角为过渡轨道倾角 i。需远地点发动机产生的速度增量 Δv_i 可由图中几何关系,按下式计算:

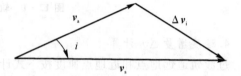

$$\Delta v_i = \sqrt{v_a^2 + v_s^2 - 2v_a v_s \cos i} = 1.835\ \text{km/s}$$

图 12-3　远地点速度关系图

计算结果汇总于表 12-2。不难看出,在远地点改变轨道的倾角是最节省燃料的,因为远地点速度最小。

表 12-2　计算结果

发射场纬度	过渡轨道倾角	v_a	v_s	Δv_i
28.5°	28.5°	1.595 km/s	3.074 km/s	1.835 km/s

12.2.2　变轨发动机推力模型

目前多数航天器轨道机动的变轨推力是由变轨发动机产生的。变轨发动机种类不同,其推力大小和可控性也很不相同。

固体发动机推力的大小和持续时间是不可控的,其总冲量是预先设定的,一次性使用。其可控参数只有点火时间。一般来说其推力大(几十千牛)、作用时间短(几十秒)。

液体或冷气火箭发动机推力大小是预先设定的(恒值或随贮箱压力而变),开关机时间可控,可重复启动,推力较小(零点几牛至几百牛)。

电推进发动机情况与液体发动机类似,推力更小,但作用时间可很长。

按控制力的大小和作用时间长短,轨道机动可分为脉冲推力机动、连续(有限)推力机动和小推力机动。由此可建立脉冲推力、有限推力和小推力三种推力模型。

1.脉冲推力模型

如果变轨推力的作用时间比变轨前后轨道的周期短得多,那么可以将推力随时间变化的函数近似为脉冲函数,使其冲量等于原推力的冲量(该脉冲函数等于冲量乘以狄拉克-δ 函数)。

由于脉冲推力的作用时间趋近于零,在其作用前后,航天器在空间的位置不变,而速度矢量突然获得改变量 Δv,其方向沿推力矢量,大小为 Δv,同时航天器也突然改变 Δm(由于消耗了推进剂,故 $\Delta m < 0$)

$$|\Delta v| = -u_e \lg \left(1 - \frac{P\Delta t}{m_0 u_e}\right)$$

$$\Delta m = -\frac{P\Delta t}{u_e} \qquad (12-4)$$

式中　P——变轨过程中发动机的推力;

Δt——推力作用时间;

u_e——发动机的喷气速度;

m_0——变轨前航天器总质量。

对于可重复启动的液体或其他种类发动机,当脉冲推力模型适用时,变轨控制的参数将只有脉冲作用的时刻、脉冲冲量和脉冲方向(2个参数),共4个参数(如不考虑其他约束),而整个轨道机动包括有限次变轨,也只有有限个控制参数。

对于固体发动机,一般推力很大,作用时间很短,脉冲推力模型是适用的,且脉冲冲量为预先给定,等于发动机总冲 I。此时只要用 I 代替上两式中的 $P\Delta t$,即可求出速度和质量改变量的大小。变轨控制的参数将只涉及脉冲作用时刻和推力方向,共3个参数。

2. 有限推力模型

当推力较小,作用时间较长,不能使用脉冲模型时,就必须处理在变轨中连续作用的有限推力。在推力非常小时,推力作用弧段甚至可能遍及整个轨道机动过程的大部或全部。在推力作用时,航天器的质量变化服从变质量体动力学方程:

$$\dot{m} = -\frac{P}{u_e}$$

在有限推力模型下,变轨控制的参数将包括发动机开、关时刻两个参数和描述推力方向随时间变化的两个标量函数(如无其他约束)。这样在导引律设计和优化时,就比脉冲模型下的问题复杂得多。

此外,自旋卫星垂直于自旋轴的发动机以及某些三轴稳定卫星的发动机用于变轨控制时,采用脉冲工作方式,但是脉冲周期远小于轨道周期。这时可以将其简化为具有相同平均推力的恒值连续推力模型。如果为完成变轨而使用这种脉冲工作方式所延续的时间比变轨前后轨道周期短得多,又可将其简化为具有相同冲量的一个推力脉冲。

3. 小推力模型

当使用推力极小的电推进系统,或利用太阳光压等自然力进行轨道机动时,航天器的加速度极小。整个轨道机动延续的时间比起轨道周期来说长得多,轨道根数在一个轨道周期中的变化很小,是慢变量。利用这种性质,可以对问题进行简化,甚至得到某些解析结果。有关小推力的模型可参考相关文献。

12.2.3　静止轨道航天器摄动

静止轨道航天器要考虑以下摄动:

1. 太阳、月球引力的影响

太阳和月球的引力对于静止轨道卫星有一定的影响,它们分别为地球引力的 1/37 和 1/6 800。这些力使卫星轨道位置每天发生微小摆动,使轨道倾角发生积累性的变化,其平均速率约为 0.85°/年。如不修正,则在 26.6 年内倾角将从 0°变到 14.67°,然后经同样时间又减到 0°。

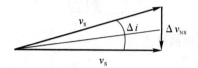

图 12-4 远地点速度关系图

如果要修正这一影响,需要消耗推进剂很多。为了保证轨道定点精度(如要求 ±0.1°)要求,每一个月需要对南北倾角修正一次。由图 12-4 可知,要修正倾角,需要在交点处给航天器施加一垂直轨道平面的冲量,以获得所需要的速度增量 Δv_{NS}。为了克服日、月引起的 0.85°/年 的摄动,所需要的速度增量 Δv_{NS} 为

$$\Delta v_{NS} = 2v_s \sin(\Delta i/2) \tag{12-5}$$

即 $\Delta v_{NS} = 2 \times 3\,074\sin(0.85°/2) = 45.5$ m/s,按 8 年计,总的南北修正速度增量 $\Delta v_{ANS} = 364$ m/s。

2. 太阳辐射压力的影响

太阳辐射压力主要引起静止轨道偏心率长周期变化,其周期为 1 年。

3. 大气阻力的影响

大气阻力可不考虑。

4. 地球非均质圆球引力场不均匀的影响

地球非均质圆球引起引力场不均匀的影响,其长轴在西经 15°和东经 165°的方向上,短轴在西经 105°和东经 75°的方向上。这样,可以把地球看作在赤道平面内具有双引力中心的椭球体(见图 12-5)。这种椭球体会形成方向不总是通过几何中心的引力,这将引起地球静止轨道航天器相对地球在东西方向做谐振运动。

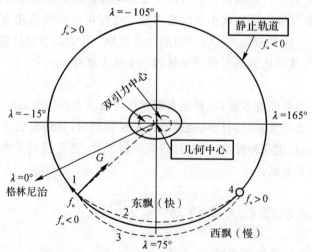

图 12-5 双引力中心引起东西方向谐振运动

图 12-5 是地球静止轨道航天器在没有控制的情况下,受双引力作用产生东西谐振运动(漂移)的示意图。该图是从地球北面向下看,航天器随着地球自西向东(按逆时针方向)转动。

在实际应用中,对于定点位置一般要求稳定在 0.1° 范围。这样,就要求对航天器在大约两到三个星期修正一次。所需修正的速度增量可按照下式计算:

$$\Delta v_{WE} = 1.715 \sin (2|\lambda - 75°|) \tag{12-6}$$

例如,航天器定点在东经 120°,则 1 年需要修正的速度增量为 $\Delta v_{AWE} = 1.715$ m/s(1 年),8 年总的东西修正需要 13.7 m/s。此例在东西方向一年需要修正的速度增量约为南北修正的速度增量的 1/26。

5. 所需总的速度增量

把以上所需速度增量总加在一起,在航天器寿命期内有 Δv_A

$$\Delta v_A = \Delta v_i + \Delta v_{ANS} + \Delta v_{AWE} + \Delta v_{AT} + \Delta v_{AN}$$

式中　　Δv_i —— 由过渡轨道机动到静止轨道所需速度增量;

Δv_{ANS} —— 在航天器寿命期轨道南北修正所需速度增量;

Δv_{AWE} —— 在航天器寿命期轨道东西修正所需速度增量;

Δv_{AT} —— 航天器姿态调整所需速度增量;

Δv_{AN} —— 其他。

按照国际规定,还需要有一定的速度增量,用于航天器寿命终了时将其推离静止轨道,以避免成为静止轨道的空间垃圾。

6. 推进剂质量消耗预算

推进剂预算主要项目是根据上述各种速度增量按照下式计算:

$$\Delta m = m_0 [1 - \exp (- \Delta v/u_e)] \tag{12-7}$$

在每次计算推进剂质量消耗时,需要明确发动机的比冲。如某卫星的 490 N 发动机的比冲为 3 050 N·s·kg^{-1},10 N 发动机的比冲只有 2 600 N·s·kg^{-1}。对于同样的 490 N 发动机,由于设计和工艺水平的不同,不同研制单位的产品,其比冲也是不同的。即使是同一单位生产的发动机,每台的比冲也是不同的。

在计算推进剂质量消耗时,还需要考虑氧化剂和燃烧剂输送时混合比的误差,即两种推进剂实际输送量与要求值的偏差。

按照上述各种速度增量计算的推进剂质量是 1 年的消耗量,其摄动引起的消耗量还需要乘以航天器的在轨工作寿命。

此外,还要考虑下列一些因素:①位置捕获(即向定点位置漂移,然后停止漂移);②用户要求在卫星寿命期间移动轨道位置的要求;③要计入姿态控制和调整;④由于发动机安装偏差和航天器质心误差,会使发动机的推力效率 η 有一定的下降;⑤要留有一定的余量(一般要留有入轨后推进剂质量的 10% 做余量,用于离轨和其他不可预见的情况等);⑥要考虑贮箱与管路推进剂残留量(是无法应用的)等。表 12-3 给出某静止轨道航天器推进剂预算的算例。

表 12 - 3　某静止轨道航天器的推进剂预算

参数	速度增量 Δv / $m \cdot s^{-1}$	比冲 I_s / $N \cdot s \cdot kg^{-1}$	效率 η	推进剂耗量 / kg	3σ 偏差 / kg	卫星质量 / kg
起飞						2260
远地点机动						
转移轨道姿控				2		2258
第一次机动	693.6	3 050	0.99	467.66		1 790.34
第一次机动时姿控		2 600		3.53		1 786.81
第二次机动	1 086.08	3 050	0.99	544.46		1 242.35
第二次机动时姿控		2 600		4.11		1 238.24
第三次机动	41.35	3 050	0.99	17.01		1 221.23
第三次机动时姿控		2 600		0.13		1 221.1
入准同步轨道前姿控				6		1 215.1
3σ 散布修正		2 600	0.84	6.45	±0.15	1 208.65
位置捕获	11.40	2 600	0.8	6.75	±0.09	1 201.9
在轨测试				2		
南/北位置保持	346.94	2 600	0.89	170.50	±3.5	1 029.4
东/西位置保持	15.8	2 600	0.80	8	±0.3	1 021.4
位置再捕获	11.40		0.79	5.69	±0.09	1 015.7
8 年在轨姿控				7.32	±1.0	1 008.39
10% 推进剂余量				18.84		989.55
贮箱、管道残余量				12.85		976.7
混合比误差				16.92	±2.0	959.78
氦气	—	—	—	4.2	—	955.58
					RSS	951.66
—					3.92	

12.3　质　量　预　算

航天器的质量是一项很重要的指标,在满足航天器使用功能要求前提下,航天器质量设计得越小越好。这样可选择较小型的运载火箭,以降低发射费用。另一方面,在任务分析阶段选择了运载火箭以后,航天器质量指标就成了航天器总体方案设计的重要约束条件。

在整个总体设计过程中,要合理地进行质量分配,在早期要多协商调整,在后期要严格控制。

在航天器总体方案设计阶段,航天器质量预算(分配)要考虑周全和合理。在方案设计阶段,航天器质量预算要留有一定的余量,以避免各分系统在研制过程中由于超重而使航天器总质量不能满足运载火箭的运载能力限制。

12.3.1　航天器质量一般计算内容

航天器总质量 m_0 包括各分系统的各个仪器设备、总装直属件的质量 m_i、推进分系统的工质(含推进剂和压缩气体)的质量 m_F、平衡质量 m_P 及余量 m_Y 等。

有的航天器还有抛弃质量,如航天器与运载火箭对接分离机构、相机保护罩、工作完了的固体远地点发动机壳体、运输航天器的有效载荷以及留轨舱等,这些抛弃质量计算要根据它们与航天器飞行程序及是否消耗推进剂等因素来分析,以下航天器一般质量的计算就不包括这些抛弃质量。

航天器总质量 m_0 又可分为非消耗性质量(一般称干质量或干重)m_G 和消耗性质量 m_X。航天器干质量 m_G 与分配到各分系统的仪器设备和总装直属件及电缆网的质量 m_i 可用下式计算:

$$m_G = \sum_{i=1}^{n} m_i + m_P + m_Y \tag{12-8}$$

由于平衡质量和余量又与各分系统仪器设备及总装直属件质量和有关,所以上式又可表示为

$$m_G = (1 + k_P + k_Y) \sum_{i=1}^{n} m_i \tag{12-9}$$

式中　i —— 卫星分系统仪器设备和总装直属件号数;

　　　n —— 卫星分系统仪器设备和总装直属件总数;

　　　k_P —— 平衡质量分配系数(一般取 0.02 左右);

　　　k_Y —— 余量分配系数(一般取 0.05 左右)。

航天器总质量 m_0 可分解如下:

$$m_0 = m_G + m_F$$

由于推进剂所需质量和卫星干质量有如下关系:

$$m_F = m_G (e^{\frac{\Delta v}{I_s}} - 1) \tag{12-10}$$

所以卫星总质量为

$$m_0 = m_G + m_G (e^{\frac{\Delta v}{I_s}} - 1) = m_G e^{\frac{\Delta v}{I_s}} \tag{12-11}$$

式中　Δv —— 卫星变轨、姿态及轨道的机动和保持等所需总速度增量;

　　　I_s —— 推进分系统发动机比冲,单位 N·s·kg^{-1}。

由式(12-11)可得 m_0/m_G 为

$$f = \frac{m_0}{m_G} = e^{\frac{\Delta v}{I_s}} \tag{12-12}$$

由式(12-12)可知,f 是大于 1 的,例如地球静止轨道航天器若是从西昌发射中心用不带上面级的运载火箭发射,而且不改变轨道倾角,航天器采用常规推进剂四氧化二氮和偏二甲肼,在轨工作寿命 8 年,则 m_0/m_G 大约等于 2.4。由以上关系不难看出,航天器质量分配不仅只是加和的关系,还有放大关系。对上述航天器而言,航天器干质量增加 1 kg,则航天器的总质量要增加 2.4 kg 左右。

这是航天器总体设计师在质量预算以及在以后的研制过程中分析和协调质量时要特别注意的,决不能只考虑加和的关系,而忘记放大关系,否则,忘记放大关系就会使航天器与运载火箭不协调,甚至造成返工。

12.3.2　航天器质量预算实例

表 12-4 是国际通信卫星-Ⅵ 和国际通信卫星-Ⅴ 的质量预算结果,它们都是在原有平台

基础上发展研制的。

由表12-4可见,国际通信卫星-Ⅵ与国际通信卫星-Ⅴ相比较,有效载荷的质量增大了很多,由234 kg增大到635 kg,这是由于对新系列卫星的通信容量要求增加到120 000路同步电话,同时要有至少3路电视转发频道,这就导致转发数量增多、要求电功率增大、采用多副天线和6次频率复用。其余部分除去姿态控制分系统外,各分系统都有所增加。表中还列出了平衡质量 m_P 及余量 m_Y,平衡质量所占航天器干质量的比例分别为1.36%和2%,余量所占航天器干质量的比例分别为5.3%和3.2%。

表 12 - 4　国际通信卫星-Ⅵ和-Ⅴ的质量预算

分系统	国际通信卫星-Ⅵ		国际通信卫星-Ⅴ	
	质量/kg	占干质量的百分数	质量/kg	占干质量的百分数
天线	309		59	
转发器	326		175	
测控	80		28	
姿态控制	70		73	
推进	120		96	
电源	320		142	
温控	52		26	
结构	280		157	
导线	99		40	
平衡质量	23	1.36%	15	2%
干质量	1 689		750	
裕度	90	5.3%	24	3.2%
滞留推进剂	28			
寿命末期	1 807		835	
位置保持	420		173	
初始质量	2 227		1 008	
重新定向	10			
AMT 推力器	1 439		861	
分离质量	3 676	217%	1 869	249%

12.4　负载功率预算

12.4.1　负载功率分析一般方法

在对采用太阳能电池阵和蓄电池联合电源的航天器进行一次电源总体设计前,首先要对航天器的负载功率进行需求分析。然后,完成航天器功率预算。对航天器负载功率进行需求分析和功率预算也不是简单的加和关系,即不能把分系统的仪器设备功耗依次相加而作为对太阳能电池阵和蓄电池的设计依据。

总体设计师在做功率分析和预算时,首先将各仪器设备功耗按性质分成长期、短期、大电流脉冲等几类负载。将大电流脉冲负载(如电爆阀门、爆炸螺栓、电磁阀、火工索等)直接引到蓄电池供电。因为这些负载电流很大（功率也很大），但时间很短，所以消耗电池的安·时容量很小。然后将短期负载按时间顺序尽量错开，降低用电高峰。

　　有时短期负载也可使用蓄电池，如对地观测传输型卫星，有的有效载荷功率（长期加上短期负载）很大，但工作时间不长。这时，可以用充电阵和蓄电池同时供电，即充电阵不足部分由蓄电池供电。这样，蓄电池有可能在某圈放电深度较深，但经几圈后又可平衡。再如地球静止轨道卫星采用氙离子发动机完成轨道位置保持时功耗很大，也可采用蓄电池供电。由于静止轨道光照期很长，阴影期每年只有 90 d。即使在阴影期，其最长阴影的一天只有 72 min，因此蓄电池也有足够的时间完成充电。

12.4.2　太阳能电池阵的发电总功率计算

　　太阳能电池阵的发电总功率可按下式计算：

$$P_L = P_{BL} + P_{BC} + P_T + P_H \tag{12-13}$$

式中　　P_L——太阳能电池阵发电功率总需求（寿命末期）；

　　　　P_{BL}——光照期间母线对负载供电的功率（它可从总体的功率要求或负载图求得，见图 12-6）；

　　　　P_{BC}——蓄电池组的充电功率；

　　　　P_T——太阳能电池阵输出隔离二极管功耗（一般为 2% ～ 3%）；

　　　　P_H——供电线路损耗（一般可不考虑）。

12.4.3　光照期间母线对负载供电的功率需求分析

1. 各种设备供电需求分析

　　如图 12-7 所示，光照期负载功率总需求由下式给出：

$$P_Z = P_C + P_D + P_m + \Delta P = \sum_{i=1}^{n_C} P_{Ci} + \sum_{i}^{n_D} P_{Di} + \sum_{i}^{n_m} P_{mi} + \Delta P \tag{12-14}$$

式中　　P_Z——光照期间航天器供电的总功率；

　　　　P_C——长期工作设备总负载功率；

　　　　P_D——短期工作设备总负载功率；

　　　　P_m——大电流脉冲总负载功率（由蓄电池直接供电）；

　　　　P_{Ci}——第 i 个长期工作设备的功耗；

　　　　n_C——长期工作设备数量；

　　　　P_{Di}——第 i 个短期工作设备的功耗；

　　　　n_D——短期工作设备同时工作的重叠数；

　　　　P_{mi}——第 i 个大电流脉冲负载功率；

　　　　n_m——大电流脉冲负载设备同时工作的重叠数量；

　　　　ΔP——功率余量（在方案阶段，一般留有 5% ～ 10% 的余量）。

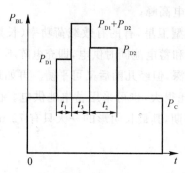

图 12-6　负载供电功率的变化示意图(一)

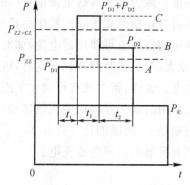

图 12-7　负载供电功率的变化示意图(二)

2.航天器电源合理(优化)供电分析

一般,对于太阳同步轨道航天器电源合理供电可有下列三种模式:

总负载功率低于太阳能电池阵主阵产生的功率 P_{zz} 模式。例如,所有短期负载都未工作或者长负载加上 P_{D1} 工作(见图 12-7)时,即在 t_1 时就可能是这种模式。此时主阵产生的功率经分流器向各负载供电,部分多余的功率由分流调节器予以分流。充电阵产生的功率经充电控制器全部给蓄电池充电。

总负载功率高于太阳能电池阵主阵产生的功率,但低于主阵加充电阵 P_{zz+cz} 的总输出功率模式。假设图 12-7 中在 t_2 时间内,就是这种模式。此时,由主阵产生的功率经分流器全部提供给负载使用,其不足部分由充电阵产生的功率经开关调节器提供给负载,充电阵的剩余功率继续经充电控制器给蓄电池充电。

总负载功率高于太阳能电池阵主阵加充电阵产生的功率模式。假设图 12-7 中在 t_3 时间内,就是这种模式。此时由主阵产生的功率经分流器全部提供给负载,充电阵产生的功率经开关调节器全部提供给负载,其不足部分由蓄电池经开关调节器提供。

3.供电要求和功率分配

由以上分析可知,总体设计师一方面要向各分系统仪器设备分配功率指标,一方面要对电源分系统提出合理的供电要求。要做好这项工作首先要搞清楚供电需求,对各分系统仪器设备工作情况做好细致的分析。要向电源分系统提出合理的供电要求,还要进一步分析蓄电池在阴影期和光照期的放电量,在光照期的可充电量以及功率平衡结果,最后对蓄电池的容量和放电深度提出合理要求。

电源功率分配时要考虑有一定的余量。在总体方案设计阶段,一般应留有 5%～10% 的功率裕度。

电源分系统本身的功率损耗在电源分系统总体设计中已有分析,如保护二极管和线缆损耗和各种效率系数等,这些损耗不参加整星的功率分配。电源分系统其他的功耗也要参加整星的功率分配,如蓄电池加热所需的功率等。

值得注意的是关于电缆网的损耗,该损耗在直流/直流变换器出口以前是正损耗,而在出口以后电缆网的损耗可能是负损耗。这是因为电缆网在有电流流过时要发热产生正损耗,但随之产生压降,使负载(各分系统仪器设备)的耗功下降,所以变成负损耗。表 12-5 是某通信卫星的功率预算。

表 12 - 5　某通信卫星的功率预算

分系统名称	二分点 光照	二分点 地影
通信	896	896
控制	49	58
测控	38	37
推进	18	17
热控	227	119
电源	13	13
其他	12	12
小计	1 253	1 152
余量 5%	62.65	57.6
总计 Σ	1 315.65	1 209.6

12.5　寿命指标分配

　　航天器用户对航天器提出的寿命指标一般是指航天器在轨工作寿命。有时也要提出备份航天器在地面的贮存寿命。若有备份航天器在地面贮存要求，则需将航天器存放在特制的包装箱内，充以干燥氮气并保持一定的温度。

　　航天器寿命一般分为设计寿命、地面贮存寿命、在轨存活等待寿命（指备份航天器）和在轨工作寿命。航天器各分系统及其仪器设备的寿命更要分为上述几种寿命概念。因为有的仪器设备在轨不是长期工作而是断续工作的，有的只需工作一段时间就不再工作了。

　　这些设备有对地观测卫星的有效载荷，姿态和轨道控制分系统中的陀螺仪，推进分系统的远地点发动机、小发动机和各种阀门，电源分系统中的蓄电池及充放电控制器，还有展开机构及其火工品等。

　　其中有些设备工作时间极短，如展开机构仅在入轨后工作一次就不再工作；又如远地点发动机经 3～4 次变轨（约工作 2 h）后就不再工作。

　　另外，还有一类具有活动部件的设备。这一类也有长期工作的，如双自旋稳定卫星的消旋组件，三轴稳定卫星的动量轮等；也有短期间工作的，如相机侧摆机构、磁带机等。因此卫星总体设计师对卫星各分系统及其仪器设备要分别提出不同的要求。

1. 无活动部件的仪器设备的工作寿命

　　要求在轨长期工作的无活动部件的仪器设备的设计寿命应大于卫星在轨工作寿命，可用下列关系式表示：

$$T_{ij} > T_{WG} \quad (i=1,2,\cdots,n; j=1,2,\cdots,m) \tag{12-15}$$

式中　T_{ij}——第 i 个分系统中第 j 个仪器设备的设计寿命；

　　　　i——分系统的号数；

　　　　j——第 i 分系统中仪器设备的号数；

　　　　n——分系统总数；

　　　　m——第 i 个分系统中的仪器设备的总数；

T_{WG}——用户要求的卫星在轨工作寿命。

2. 间歇工作的仪器设备的寿命

对于在整个航天器工作寿命期间间歇工作的仪器设备可用下列关系式表示：

$$T_{kG} + T_{kJ} > T_{WG} \tag{12-16}$$

式中 $k = 1, 2, \cdots, n_0$；

T_{kG}——航天器中第 k 个仪器设备在轨工作时间；

T_{kJ}——航天器中第 k 个仪器设备在轨间歇工作时间；

k——航天器中间歇工作的仪器设备号数；

n_0——航天器中间歇工作的仪器设备总数；

T_{WG}——用户要求的卫星在轨工作寿命。

3. 具有活动部件设备的设计寿命

对于在轨具有活动部件的设备的设计寿命要求如下：

$$T_{lHS} = f T_{lHG} \tag{12-17}$$

式中　$l = 1, 2, \cdots, p$；

T_{lHS}——航天器中第 l 个活动部件设计寿命（或次数）；

T_{lHG}——航天器中第 l 活动部件在轨工作寿命；

l——航天器中活动部件号数；

p——航天器中活动部件总数；

f——安全因数，一般取 $1.5 \sim 3$ 倍。

对于活动部件工作寿命较长的（如双自旋卫星的消旋组件工作寿命与卫星的工作寿命相同）则 f 可取小些，如取 1.5 倍，若活动部件工作寿命较短（如对地观测的侧摆相机），则可取大些，如取 3 倍。

远地点发动机虽不是活动部件，但设计和地面试验的寿命也要比实际工作寿命要长，即乘以一定的安全因数 f。

12.6　可靠性指标分配

航天器可靠性是指航天器在规定的运行轨道上和规定的时间内完成规定任务的概率。

航天器用户在航天器使用技术要求中就明确提出航天器可靠性指标。航天器总体设计师在任务分析阶段要参考国外同类航天器或相近的航天器，并根据国内同类航天器或相近航天器以及现有的技术基础对可靠性指标进行分析，并向各分系统进行预先分配。各分系统设计师也要向下一层次对可靠性指标进行逐级分配。如果分析航天器可靠性指标要求过高，则要和用户协商和调整可靠性指标。

如果指标不允许降低，则要对航天器可行性方案做修改设计。例如，可增加备份，也可采用新技术。如果这样，则航天器的相关技术指标（如质量、体积、功耗等）以及研制进度、成本等也要做相应的调整。

总体设计师在分析和分配可靠性指标时，无论各分系统的可靠性数学模型如何复杂，航天器系统的可靠性数学模型一般都是简单的串联系统。

若有效载荷为多任务时,包括通信卫星有多个转发器时,有效载荷是否采用并联模型要与用户商定。也可商定为完全成功、部分成功等定义,还可商定为转发器成功一定百分比的整星可靠度。航天器系统的可靠性框见图 12－8。

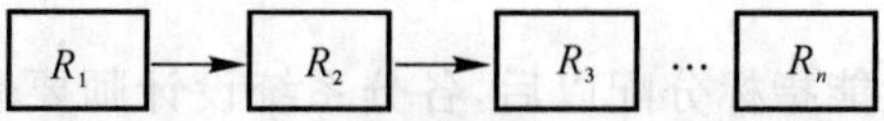

图 12－8　航天器系统的可靠性框图

航天器可靠性数学模型表示为

$$R_{\mathrm{w}} = R_1 \cdot R_2 \cdot R_3 \cdot R_4 \cdots R_n = \prod_{i=1}^{n} R_i \tag{12-18}$$

式中　R_{w}——航天器系统级的可靠性;

　　　R_i——第 i 个分系统的可靠性;

　　　i——分系统号数;

　　　n——分系统总数。

在总体方案设计阶段,航天器各分系统方案及仪器设备已基本确定。此时总体设计师和各分系统设计师要自下而上地根据各分系统可靠性分析模型和元器件的失效率对可靠性指标进行预测。如果预测结果使卫星的可靠性指标 R_{w} 低于用户规定的指标,则航天器总体设计师需对各分系统的可靠性指标 R_i 进行调整。

调整的原则是根据各分系统及其仪器设备的复杂程度(仪器设备数量、元器件数量、工艺难易程度)和技术成熟程度确定各分系统的调整系数 k_i。总体设计师与分系统设计经多次协商调整,使卫星的可靠性 R_{w} 满足用户指标要求。

航天器可靠性调整的数学模型:

$$R_{\mathrm{w}} = k_1 R_1 \cdot k_2 R_2 \cdots k_n R_n = \prod_{i=1}^{n} k_i R_i \tag{12-19}$$

式中　R_i——第 i 个分系统原分配的可靠性;

　　　k_i——第 i 个分系统调整系数。

一般 k_i 在 $0.95 \sim 1.05$ 范围内选取,即在 $\pm 5\%$ 的范围内调整。对于复杂程度较大、成熟程度较差的分系统需降低指标,其 k_i 取小于 1,反之,取大于 1。最终要使航天器的可靠性 R_{w} 满足用户指标要求。

可靠性指标 R 是时间的函数,故可写成 $R(t)$。$R(t)$ 一般表达式为

$$R(t) = \exp\left[-\int_0^t \lambda(t)\mathrm{d}t\right] \tag{12-20}$$

式中,$\lambda(t)$ 为失效率(函数)。

当航天器及其分系统的寿命都服从指数分布时,失效率为常数(即航天器工作寿命期处于失效率稳定的阶段),则各分系统的可靠性可表示为

$$R_i(t) = \exp(-\lambda_i t)$$

航天器系统可靠性为

$$R_{\mathrm{w}}(t) = \prod_{i=1}^{n} \exp(-\lambda_i t) = \exp\left(-\sum_{i=1}^{n} \lambda_i t\right) \tag{12-21}$$

航天器寿命是航天器可靠度为规定值 R 时对应的寿命时间 t_R,即 $R(t_R) = R$。

12.7　精度指标分配

　　航天器总体方案设计性能指标分配以后,各分系统设计师要逐级地完成各分系统及其部件级的设计。航天器研制出来以后其性能指标不可能绝对准确,总是有一定的偏差。作为总体设计师在制订航天器性能指标时,同时要考虑允许的误差,以保证卫星的功能和技术指标要求在一定的误差情况下能够得到满足。

　　一项指标容许的偏差范围称为该项指标的精度或误差。总体设计师对指标精度要求提法一般是用优于多少。这有三种情况,一是不大于多少,二是不小于多少,三是在多少正负范围内。

　　指标误差一般都是由多种因素引起的,因此总体设计师首先要进行误差分析,一方面找出误差源(属于哪个分系统的),一方面按性质分类(是随机误差或系统误差);然后和有关分系统(产生误差的)协调,完成误差组合计算和分配。

12.7.1　误差源

　　形成误差的各种误差源一般有下列几类:

　　(1)功能和性能特性引起的偏差。如运载火箭入轨偏差;航天器推进系统的混合比、效率、挤出率等引起的比冲或推力误差;相机的像元分辨率;应答机的距离零值等。

　　(2)电性能传输损耗。电性能损耗包括高频和直流(含低频)两部分。

　　高频损耗要考虑大系统和航天器系统两部分。例如卫星通信大系统传输损耗有自由空间传播损耗、大气损耗(大气损耗有自由电子和离子吸收、氧分子、云、雾、雨、雪等吸收和散射,从而形成损耗。这样损耗与电波频率、波束仰角等密切相关)、大气折射影响、天线方向跟踪误差产生的损耗、极化误差损耗等。卫星通信系统内部高频传输损耗有输入损耗(含测试耦合器、波导组件、同轴电缆、高频开关等)和输出损耗(含高频开关、输出多工器、波导组件、软波导等)。

　　航天器系统直流损耗包括一次电源本身损耗(含放电开关调节器效率、充电控制器效率、分流调节器效率等)、二次电源损耗(含直流/直流变换器效率、直流/交流变换器效率等)以及配电器电缆网损耗等。

　　(3)空间热环境引起的变化。航天器即使采用热控措施,也会有高低温工况和真空环境。这些环境会引起电子元器件电性能参数漂移,而产生偏差。另外,光照和阴影会产生热应力和热变形影响等。

　　(4)各种干扰。轨道摄动干扰、太阳风干扰、姿态和轨道控制力和力矩干扰、航天器多体展开、液体晃动和活动部件运动的干扰、无线电干扰、磁场干扰等。

　　(5)生产和调试过程中产生的偏差。例如几何尺寸制造误差、安装位置误差、质量特性误差、承载变形、电子设备调试引起的性能误差等。

　　(6)老化引起的衰退。随着在轨运行时间的增长而出现的性能衰退,如轴承等活动部件磨损、元器件参数漂移引起的电性能衰退和效率降低、热控材料的吸收系数和辐射系数衰退等。

12.7.2　精度分配方法

对各种精度指标经过充分地分析和综合之后进行分配。例如,对于静止轨道通信卫星通信天线对地指向精度指标,要通过卫星系统分析给出滚动、俯仰和偏航精度指标要求。在分析过程中,可找出约 20 项影响精度的因素,并在分析的基础上建立误差综合计算公式,最后对有关卫星分系统进行合理分配。

表 12-6 给出静止轨道通信卫星在正常模式的通信天线对地指向误差源。表中影响因素大部分为定值,即在研制过程中产生的不变的固定值,但其数值可能是正值,也可能是负值,因此在综合时采用均方和计算;而日变化和短周期变化,本身也有正、负之别,故也采用均方和计算;但三者组合起来的总误差要考虑最坏情况,因此要采用代数和计算。则计算公式如下:

$$\left.\begin{array}{l} a=\sqrt{a_1^2+a_2^2+a_3^2+\cdots+a_{12}^2} \\ b=\sqrt{b_1^2+b_2^2+b_3^2+b_4^2+b_5^2} \\ x=a+b+c=a+b+c_1 \end{array}\right\} \tag{12-22}$$

表 12-6　正常模式的天线指向误差

三个轴向误差源	滚动			俯仰			偏航		
	定值	日变	短周期	定值	日变	短周期	定值	日变	短周期
天线热变形		b_1		√					
天线湿度	a_1			√					
天线展开重复度	a_2			√					
天线光轴与电轴误差	a_3			√					
天线参考光学镜精度	a_4			√			√		
天线光学镜测量精度	a_5			√					
转台瞄准精度	a_6			√					
转台精度	a_7			√					
控制电子线路误差	a_8			√					
控制误差		b_2	c_1		√	√		√	√
动量轮力矩相对光学镜误差					√				
动量轮安装精度					√				
东/西位置误差耦合				√					
南/北位置误差耦合		b_3		√				√	
地球敏感器性能	a_9	b_4		√					
偏航耦合	a_{10}	b_5		√					
中心承力筒垂直度				√			√		
天线安装基准面平行度				√			√		
地球敏感器安装误差	a_{11}			√			√		
天线安装误差	a_{12}			√					
RSS	a	b	c	√	√	√	√	√	√
Σ		x			√			√	

12.8 其他参数分配

12.8.1 散热分配

航天器各分系统仪器设备所消耗的电源功率,只有$10\%\sim20\%$以有用射频功率辐射到地面或宇宙空间,还有极少量功率变为动能,而有$80\%\sim90\%$的电源功率都转变为热能从航天器辐射出去。航天器热控设计需在航天器上找一合适的表面作为散热面,并根据散热量来确定其散热面的面积。随着航天器的发展,其电源功率要求越来越大,同时要求散热量的面积也越大。

现代大功率航天器的外表面已不够用,而要设计专门的热辐射器伸出航天器以外。有的已大到运载火箭整流罩容积容纳不下,而设计成可展开式热辐射器,发射时在整流罩内呈收拢状态,入轨后待有效载荷工作时展开。

航天器总体设计师在方案设计早期要分析卫星各分系统仪器设备的散热量,提出卫星散热面布局和总散热能力要求,最后对仪器设备做散热分配,并留有一定的余量。表12-7为国外某通信卫星在总体方案设计时的散热预算表。

表12-7 国外某通信卫星的散热预算表

分系统		散热量/W	备注
有效载荷	低噪声放大器	154	
	L频段	203	
	SSPAS	2 731	基于试验数据
	TWTAS	274	包括电源在内的总散热
	K频段	63	
	数字信号处理器	2 542	设备不成熟考虑14%的余量
	应答机	40	布局在有效载荷舱
	有效载荷杂项	154	
	有效载荷小计	6 161	
平台	姿态和轨道控制	185	
	电源控制设备	145	
	平台杂项	47	有的不通过散热面散热,有的尚需加热
	平台小计	377	
卫星散热总计		6 538	
卫星设计散热能力		7 077	
散热余量		539	
余量百分数		8.3%	

12.8.2　体积尺寸分配

航天器的外形尺寸是受运载火箭整流罩可用空间限制的,因此,在航天器总体设计时,要对各个分系统仪器设备的体积尺寸以及安装要求(如耳片、接插件等)的尺寸进行分配,并通过协调提出安装要求。这样,才能保证航天器最终组装成满足用户使用要求,并符合运载火箭整流罩空间限制的航天器整体。

体积尺寸分配的一般要求如下:

(1)各分系统的仪器设备外形尺寸要尽量小,即仪器设备内部结构安排要紧凑,并采用先进的小型化器件。这样不仅有利于航天器外形尺寸满足限制要求,也可减小仪器设备的外壳质量。

(2)各仪器设备外形一般要设计成长方体,这样可充分利用星内空间,也有利于仪器设备外壳的制造和安装。

(3)外伸部件尺寸较大时,要设计成可折叠和展开的结构,在发射时呈折叠收拢状态,入轨后呈展开工作状态,以保证卫星的外形尺寸不超过运载火箭整流罩的空间限制。

(4)对仪器设备的安装尺寸(包括安装耳片位置尺寸、连接孔尺寸等)、仪器接插件的位置及外伸形体尺寸提出要求,以控制仪器设备所占航天器内体积,并保证安装、操作的开敞性和连接强度等要求。

(5)各分系统的仪器设备应根据其功能特性适当分块,不能过小,也不能过大。如果过小则仪器外壳和总装质量要增大,如果都集中在一起,尺寸过大而不利于热控、总装和维修。

(6)随着小卫星的发展,传统的体积尺寸分配的概念也要随之改变。现代微小型卫星开始采用多功能结构,多功能结构实质是机、电、热一体小型化结构,即将电子线路的外壳、电连接器、数据(信息)传输、封装、支架、热控等辅助部件加以集成,与无源电子线路一起嵌埋在结构的复合材料中间,并采用新的方法,将有源电子线路与机械表面直接接触。这样结构分系统的结构兼有数传、配电、热控等多种功能,而能减少甚至取消电缆网、电连接器、支架等辅助性部件。

采用多功能结构,卫星内可用体积增加 40%,并可大大简化系统级的装配和测试,还可以提高卫星的可靠性。

12.8.3　遥测和遥控指令参数分配

航天器遥测参数要有足够的容量,以保证航天器各有关分系统的仪器设备的必要参数得到监视,保证航天器在发射及在轨运行中使地面测控中心获得足够的数据去控制航天器。但遥测参数也不能无意义地盲目地增多,否则遥测分系统过于庞大,增加不必要的航天器质量和电源功率等资源。总体设计师要做好权衡和协调工作,一方面要向各分系统合理分配遥测参数,另一方面又要限制遥测分系统盲目膨胀,过于庞大。

同样航天器遥控指令要有足够的数量,以保证航天器各有关分系统的仪器设备在航天器发射过程中,通过地面测控中心,按照预定的测控程序控制航天器的仪器设备,使航天器进入预定的轨道;在运行过程中,按照在轨管理规定去控制航天器正常工作。同样航天器总体设计师要做好权衡和协调工作。一方面向各分系统合理分配遥控指令,另一方面又要限制遥控分系统不要盲目膨胀,过于庞大。

12.8.4 航天器刚度分配

在运载火箭主动段运行过程中,为了避免航天器结构大型构件及设备由于频率耦合产生共振,导致损坏,在总体设计时需对各种大型结构件提出刚度设计要求。图 12-9 和图 12-10 给出某航天器与运载火箭的频率分配结果。

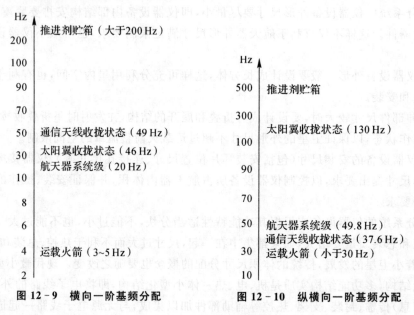

图 12-9　横向一阶基频分配　　　　图 12-10　纵横向一阶基频分配

思 考 题

1.简述地球静止卫星的发射过程。

2.航天器上所携带的推进剂是如何计算的? 推进剂的消耗主要包含哪几部分?

3.静止轨道航天器主要考虑哪些摄动力的影响?

4.当给定卫星的速度增量需求 Δv 时,如何计算所消耗的推进剂质量?

5.航天器质量预算与导弹质量的计算有何区别与联系? 在进行质量预算时,航天器质量的余量所占其干质量的比例大约为多少?

6.航天器研制过程中所产生的可能误差源有哪些? 对这些误差进行分配时采用什么方法?

第13章 航天器构形设计

13.1 概 述

航天器构形设计是对航天器外形、结构形式、总体布局、仪器舱布局、质量特性以及与运载器和地面机械设备接口关系等进行设计和技术协调的过程。构形设计也可以说是航天器整体的构造设计，它是航天器总体方案设计中的一项使所设计的航天器具体化和实物化的设计工作。

航天器构形设计是在根据任务书优选了航天器总体技术途径，明确了航天器的组成和接口关系，描述了航天器所经营的信息流、物质流和能流的过程之后，将组成航天器的各组成部分及其所属的主要组成汇总成为一个外部和内部空间关系协调的、能保证实现航天器功能的、有利于航天器研制的和能促进所设计航天器发展的总体设计工作。

构形设计涉及航天器的同级系统和航天器的各个分系统。在构形设计时要求航天器同级系统和各分系统提供所需的各种资料和数据，还要提供模装星所需的模装件。因此，航天器的所有同级系统和所属分系统都要参与构形设计的工作。

在总体方案设计中，不同航天器构形设计对航天器总体方案的影响也很大，例如同样容量、同样三轴稳定的通信卫星（包括覆盖区要求相同），由于卫星的构形不同（特别是主承力构件不同），则卫星的总体方案也不同。

13.1.1 构形设计的任务

航天器构形设计的基本任务是把航天器各个分系统及其仪器设备组合成一个内部和外部空间尺寸协调、保证航天器功能的实现、满足各分系统仪器设备安装要求、能经受运载火箭发射过程的力学环境、有利于航天器研制和航天器有效载荷能力增长的航天器整体。

航天器构形设计主要任务：

- 设计航天器整体的外形和尺寸；
- 设计内部主承力构件的形式；
- 协调各分系统仪器设备的质量、体积尺寸及安装要求；
- 进行各仪器设备的总体布局设计；
- 完成质量特性计算；
- 完成航天器与运载火箭连接器的协调（设计）和其他接口协调；
- 分析和验证总体布局设计的正确性，包括敏感器和天线的视场角、仪器设备之间的干涉、发动机羽流污染、太阳能电池阵遮挡、安装操作性、精度测量、质量特性、电磁兼容性、各种误差、各种干扰等分析和验证；
- 确定航天器坐标系；

  ·确定航天器精度测量基准,设计和确定有精度要求的仪器设备的测量基准和精度测量方法;

  ·确定安装、停放、起吊、翻转、运输等方案。

  构形设计在各研制阶段的工作有所不同。在不同设计阶段,各方面的要求和工作的深度不同,各阶段构形设计得出的航天器整体构造的粗细程度、肯定程度都是不相同的。

  在概念研究阶段要进行航天器总体方案设想。在此阶段的构形设计只能提出构形设想和概要设计,否则概念性研究就没有一个具体航天器概貌,就很难形成一个航天器整体构造概念。

  在航天器可行性论证阶段由于许多要求还不太明确,各分系统仪器设备的体积尺寸还未最后确定,因此在此阶段只能完成初步的构形设计。在该阶段设计的重点是论证和选择主承力构件的形式和协调各分系统仪器设备的体积尺寸及其安装要求。要在运载火箭整流罩包络尺寸限制下,对外形尺寸和总体布局进行初步设计或粗略设计。

  在总体方案设计阶段要基本完成构形设计,即最后确定航天器整体的外形和尺寸;确定主承力构件的形式和主要尺寸;基本确定各分系统仪器设备的体积、尺寸及其安装要求;基本完成航天器总体布局和质量特性计算。

  因为在总体方案设计阶段各分系统的仪器设备还未开始详细设计,此阶段确定的体积尺寸和安装要求,到详细设计阶段可能会有变化。因此,构形设计工作要到航天器详细设计阶段才能最后完成。但是,这里讲的基本完成构形设计与最后完成的详细设计在外形尺寸及质量上不能有较大的变化,否则会出现较大的反复。

  一般在构形设计时要借助计算机立体造型或组装模装星以显示航天器的实际空间状态布局及各硬件位置搭配和安排。航天器的整星模装(计算机辅助模装或模拟实物模装)的完成和通过评审是构形设计完成的标志。

13.1.2 构形设计的要求

  航天器构形设计一般应满足以下几点基本要求。

1.满足实现卫星及其组成的功能要求

  这是一项对航天器构形设计的最基本的要求。航天器构形设计的主要目的就是优选出能保证和有利于航天器功能实现的航天器构形。那些为实现航天器功能而提出的要求和条件,往往就是航天器构形设计的依据,例如,航天器通信天线要求对地,就是天线布局的依据。对地观测航天器布局要满足遥感头视场的要求。有效载荷遥感器遥感头方位不同对构形影响也很大。例如较小的光学遥感器(焦距短)要求航天器纵轴(与运载火箭纵轴一致)对地,而较大的光学遥感器(焦距长)则要求航天器纵轴朝向飞行方向。这样,两者的构形设计就不同。有的红外相机要求有制冷器,如果是辐射制冷器,则要求制冷器指向深冷空间,而不能被太阳照射。

  在构形设计时还要考虑各分系统功能的实现要求。例如要保证不同姿态控制分系统稳定方案的实现就要采用不同的构形;太阳翼的布局要有良好的光照条件,以保证电源功率的输出要求;变轨发动机和姿态发动机布局位置要保证其产生的力和力矩要求以及减小干扰的要求;热控散热面要布局在光照较弱或背阳面,并且要有足够的散热面积;各种姿态敏感器要满足各自的安装方位和视场角的要求,以保证其功能的实现。满足各分系统功能的实现,也是满足整星功能的实现。

2. 满足航天器工程系统约束条件和外部环境的要求

航天器构形设计要考虑航天器从发射、运行到返回(对返回式卫星)整个寿命期间所遭受的外部环境,应从构形上体现航天器对外部环境的适应性。一般航天器是在整流罩保护下由运载火箭运出稠密大气层的。在整流罩的有限空间内放置不下航天器在轨道上运行时的实际外形的情况下,一般是把那些尺寸大于整流罩范围的部件(如太阳翼、天线等)做成可收拢和可释放展开的形式。在发射时采用收拢可放置于整流罩内的构形(见图 13-1 和图 13-2),入轨后释放或展开成为最终构形。返回式卫星的外形设计要有利于气动力和气动热的作用;主承力构件形式总体布局和质量特性要适应运载火箭的力学环境。

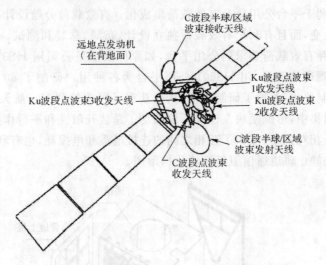

图 13-1　国际通信卫星-Ⅶ天线和太阳翼在轨展开状态

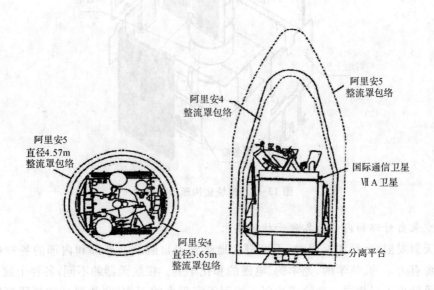

图 13-2　阿里安 4 和阿里安 5 运载火箭的整流罩包络图

　　航天器是在外层空间的自然环境和随航天器的运行而产生的特定的诱导环境中存活和工作的。因此,航天器的构形必须考虑如何利用外层空间环境的问题,例如,利用太阳能以获得能源,利用重力和磁场来实现姿态控制等。

　　航天器构形还必须考虑如何保护航天器上设备和仪器不受外层空间环境有害的影响或使有害的影响减弱到无害的程度。例如仪器设备的布局要有利于防护空间太阳热辐照和空间粒子辐射环境(将对空间粒子辐射不敏感的仪器设备布置在航天器靠外处,反之,将敏感的仪器设备布置在靠里处)。布置在航天器外面的仪器设备,需要时加防护罩;发热量大的仪器设备要靠近散热面,需要专门深冷的,其制冷器必须布置在背太阳的一面。

　　3.满足模块化、集成化的布局要求

　　在航天器构形设计时要尽量将有效载荷舱与航天器平台设计成可分离的两个舱,即分舱构形方案,这样有利于平台公用化及有效载荷集成化。有效载荷分舱设计,不仅可以使有效载荷随用户要求而改变,而且有利于有效载荷独立设计、布局、总装和测试。航天器平台分舱设计,可形成适应多种有效载荷要求的公用平台,如原休斯卫星公司用 HS376 公用平台为各种用户研制了 50 多颗通信卫星,用 HS601 公用平台为各种用户研制了 60 多颗通信卫星。这样,大大节约了研制费用,缩短了研制周期,从而获得了可观的利润。航天器平台内各分系统也要尽可能地相对集中,形成模块。这样不仅满足了总装开敞性和平行作业的要求,而且使各分系统的仪器设备相对集中,减少了互相之间的连接电缆和电损耗,也有利于分系统联试和验收。图 13 - 3 是某静止轨道通信卫星模块化构形图。

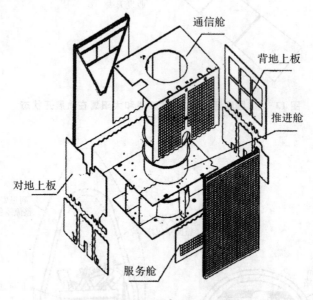

图 13 - 3　模块化构形示意图

　　4.减少来自外部和内部的各种干扰的要求

　　在航天器发射、运行和返回时,不可避免地受到来自航天器外部和内部的各种各样的干扰。干扰源有力学的、热学的、光学的、电磁的和化学的。视航天器的不同,各种干扰对航天器影响的严重性也不尽相同。排除或减弱干扰到无害程度的工作,往往要到初样研制阶段才能完成。因此,在构形设计中不能忽视这个问题,因为构形设计能对排除和减弱干扰做出贡献,甚至还能做出重要的贡献。

航天器在空间运动所经受的外部环境和内部环境产生的力和力矩干扰,除了直接关系到控制系统方案及其有关技术指标的确定和航天器推进剂的预算外,更关系到航天器构形设计。例如,姿轨控发动机的布局,活动部件如飞轮、敏感器旋转扫描马达、相机摆动、太阳翼对日定向驱动、活动天线指向驱动等,都会对航天器质量、质心产生扰动,航天器构形设计应尽量减小和排除这些干扰。

对于光学干扰,要求其光通道上不受污染,并尽可能地减少杂光进入光通道。在构形设计时应将污染源(如喷气、排气、排污和蒸汽的发生部件)布置到不会干扰(污染)光通道的部位上。又如,敏感器件的布置也要根据其性质放在不受干扰或干扰较小不会造成问题的部位上。

电子和电器之间的电磁兼容性也是卫星构形设计需考虑的因素,必要时应做试验以找出合适的构形关系。在仪器设备布局时要避免电缆环绕卫星形成回路,产生电磁干扰;仪器设备要有良好的接地,以减少电位差;在天线附近要避免金属突起物的干扰,甚至于遮挡;在有较大天线或其他外伸部件时要分析其对太阳能电池阵的遮挡情况,若有较大遮挡,需将太阳能电池翼向外推移或采取透光的天线反射器或其他措施。

航天器内各种仪器设备的发热量不同,有的发热量很大,有的不发热。这就要求构形设计要合理均匀布局,避免发热量过于集中,使热控设计困难;有的要彻底分舱设计,有利于热控设计;有的要专门设计隔热结构和散热结构。

5. 满足各分系统仪器设备的安装要求

在总体布局时要满足各分系统仪器设备的安装要求,并考虑各分系统对构形设计的特殊要求,这一点在前面已有多处提及。

有效载荷天线要尽量靠近功率放大器出口,以减少高频电缆的损耗;同一分系统仪器设备尽量靠近,以减少电缆或管路的长度;发热量大的而且比较集中的仪器设备(如通信卫星的行波管放大器或固态放大器)要直接安排在航天器的散热面(热辐射器)内侧;仪器设备布局时必须要满足质量均衡,以保证航天器质量特性要求,减少总装配平质量;一般仪器设备布局要尽量考虑发热量大小均布,有利于热设计,减少热设计主动加热量和散热面积要求;仪器设备布局及其接插件位置要有利于总装和测试的操作。

6. 满足航天器研制要求

构形设计要有利于航天器研制要求。例如将主承力构件和次要结构分开,由于它们的承载要求不同,不同结构分开有利于设计(包括选材、强度和刚度分析)、加工(包括焊接、铆接、复合材料制作等)、检测和总装等;又如上述模块化构形可满足总装的开敞性和并行作业的要求;再如合理安全、可靠的起吊、停放、运输等构形设计,有利于总装和运输。

7. 构形设计要有可扩展性

构形设计要有利于航天器有效载荷能力增长的要求。在设计中要考虑太阳能电池阵输出功率、热辐射器的散热、主承力构件的承载有一定增长的能力,以适应以后有效载荷能力的适当增长。当然,这种增长是有限的,否则就不经济。但一定要避免有效载荷稍微增加一点功耗和质量,航天器平台就不能适应的情况。

8. 满足继承性要求

构形设计应满足继承性的要求。即尽量利用已有的构形和技术,或在原有构形的基础上发展。这样,有利于缩短研制周期和节约经费,又有利于提高航天器的研制质量和可靠性。

只有在已有的航天器构形不能满足任务要求时才可考虑新的构形。在选用新的构形前应做充分的调研工作,吸收国外同类型的设计经验,并按照上述要求经充分地分析比较,从研制周期、质量、可靠性和经济性几个方面权衡,优选新的构形设计。有的要经过预先研究和攻关(尤其是主承力构件),在关键技术得到基本解决后再选用。这样做可大大降低风险。

13.1.3　构形设计的作用

航天器设计师,特别是总体设计师要充分认识构形设计在航天器总体方案设计中的任务和作用。构形设计是航天器总体方案设计中一项重要的、全局性的设计工作,航天器构形设计一旦完成,整个航天器基本上就具体化了。以后的有关设计就要以此作为依据和要求。因此,航天器的构形一定要按整体优化的原则,从设计任务书要求出发,通过多种构形方案分析比较选优得出。通过构形设计得到的航天器总体构形和要求,应该是可以容纳航天器所有大大小小、形形色色硬件的具体的航天器,是一个能保证航天任务实现的、能满足航天器各个分系统仪器设备安装要求的、能够适应各种环境的航天器,而且还要有利于今后具体航天器的研制和扩展。

因此,航天器构形设计的重要作用是把零散的各个分系统的仪器设备通过合理的设计,形成一个能保证航天任务实现的、优化的、具体的航天器。从构形设计的下列最终成果也可看出其重要作用。

(1)完成航天器构形设计,为总体方案设计提供结果。

(2)对结构分系统提出主要设计要求。其要求主要包括结构的外形尺寸;主承力构件的形式(包括传力线路的分析);次结构件的设计要求(安装仪器设备的位置、尺寸和质量);对结构分系统的质量分配,质心位置的确定;对航天器系统的刚度和强度提出要求(包括天线和太阳翼收拢和展开状态);与运载火箭 接口设计要求;对结构提出整星起吊接头设计、停放支座设计、基准面要求;对结构各部段尺寸精度要求;航天器坐标系的确定(如航天器与运载火箭对接的轴 线,入轨后该轴线是朝飞行方向还是对地方向,或是背地方向等);热控对结构件或材料的要求(如静止轨道固体远地点发动机外需设计有耐高温的隔热屏),返回航天器返回舱的外形尺寸、防热要求以及密封要求等。

(3)对其他各分系统仪器设备提出质量、体积尺寸分配和安装要求。其要求包括质量大小及误差、仪器设计长宽高尺寸、安装位置、安装耳片尺寸、安装孔尺寸及允许误差、安装基准面、安装精度、质心位置(较大的设备要给出所有质量特性计算结果)等。有的部件(如天线和太阳翼等)还包括发射时收拢状态和入轨后展开状态的尺寸及允许误差。对电源分系统太阳能电池阵要求(如太阳阵采用体装式或单、双太阳翼)等。

(4)对总装设计提出要求。航天器总体布局、质量特性计算、对结构分系统的要求、各分系统仪器设备的体积尺寸及安装要求、精度测量和质量特性测量等是总装设计的主要依据。航天器的外形尺寸和质量特性要满足运载火箭整流罩的包络要求。

(5)完成航天器的质量特性计算和精度分配。将航天器的质量特性和有关安装精度数据提供给姿态与轨道控制分系统完成有关设计。

13.1.4　航天器构形设计过程

(1)首先充分了解飞行任务要求。飞行任务应包括航天器有关分系统的视场、指向、质量、容积、功耗以及飞行方式和能控性要求。

(2)初步掌握航天器上有效载荷和所有分系统对构形设计的要求。包括全部设备和模块的数量、容积、外形尺寸、质量、质心位置、功耗大小、安装位置和安装精度要求,视场和指向要求,工作环境温度要求,承受飞行载荷的能力,防污染,防辐射,防电磁干扰要求,运动部件的空间容积要求以及分系统内部连接要求等。

(3)透彻了解航天器构形设计的各种约束条件。例如:运载能力、外形尺寸、质心位置、连接方式限制等约束条件。

(4)充分考虑有效载荷和分系统的增长需要和实现可能增长的技术途径与措施。

(5)进行方案构思、外形选择、划分舱段、总体布局和内部布局。

(6)进行构形设计的设计综合与分析。

(7)结构形式选择和受力分析,满足总体布局和内部布局要求,受力构件传力路线合理,航天器结构整体刚度好,结构生产工艺性好,总装工艺性好。

(8)通过模型航天器和模装航天器对构形设计进行检查。模型航天器要解决布局是否合理,避免碰撞问题。模装航天器要解决电连接器和连接支架安装位置;电缆走向、长度选取和连接固定,管道走向、长度选取和连接固定,运动部件在运动空间里不会发生碰撞等。

(9)通过设计试验检查构形设计。

(10)构形设计通过一系列的评审、审查和批准。

13.2　航天器外形设计

航天器外形设计包括航天器外形和外伸部件布局设计。航天器外形设计和航天器是否返回和采用何种姿态稳定方式密切相关。

13.2.1　返回式航天器的外形设计

对于返回式航天器来说,由于它的返回舱一般采用弹道方式再入大气层,因此返回舱要有很好的气动外形,其外形通常设计成气动阻力较小的、外表平滑的球冠加圆台的外形,且应有足够的静稳定度(即气动压心在质心的后方)。返回式航天器为了减少返回制动所需能量,将不需返回的一些服务分系统布置在不返回舱段。不返回舱段外形设计成锥台形或圆柱形,并且不返回舱段与返回舱对接外形要协调一致。

图 13-4(a)是返回式卫星 FHS-1 外形示意图,图 13-4(b)是 FHS-2 的外形示意图。一般返回式卫星在轨工作时间较短,不需要在星外部配置太阳能电池;为了节省运载火箭能量,它不需要运载火箭专门配置整流罩。这样,返回式卫星就是运载火箭的头部,因此,返回式航天器的外形还必须满足星箭组合体在发射阶段的气动力特性要求。图 13-5 是 FSW-1 卫

星及运载火箭一体外形图。

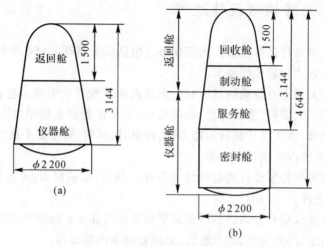

图 13 - 4　返回式卫星外形示意图(单位:mm)

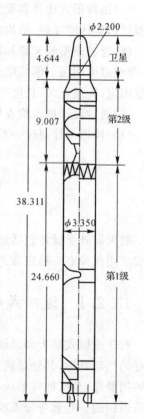

图 13 - 5　卫星与火箭
外形示意图
(单位:m)

返回式航天器在构形设计时要与火箭外形一起分析,并一起进行风洞试验,验证它是否满足火箭的气动特性要求。航天器构形设计还要着重对返回舱再入大气层的气动力和气动热进行分析和计算,同时还要配合结构分系统进行防热设计,最后经吹风和防热试验,以验证其外形设计是否满足返回再入大气层的要求。

返回舱可能的外形有球形、球锥形(球冠加圆台)、带翼形(如航天飞机)。其中球锥形较好,其外形结构简单,气动阻力小,有利于飞行稳定、防热设计和加工制造。球形只有阻力,过载大,不产生升力,不利于控制,不利于内部布局,且不利于稳定。带翼形可产生较大的升阻比,过载小,有利于载人,可重复使用;但是,在大气层中飞行时间长,总加热量大,防热控制困难,结构复杂,加工难度大,飞行控制要求高,研制成本高。

中国返回式卫星采用球锥形。它采用弹道式返回,允许的过载较大。在返回时小头朝前,以保证回收舱稳定。弹道式返回的优点是总加热量小,在大气层中飞行时间短,控制简单,回收落点容易控制。

中国的载人飞船也是采用球锥形。但是,它采用半弹道式再入大气层。半弹道式再入时是以大头朝前,通过姿态控制,可以产生一定的升力,使过载控制在航天员能够承受的范围内。

13.2.2 不返回航天器的外形设计

不返回航天器的外形和航天器采用何种姿态稳定密切相关。

1. 双自旋稳定航天器外形

为了使航天器在轨道上获得较好的对地指向,并获得较好的光照条件和有利于热控设计,航天器可采用双自旋稳定,外形可用圆柱形。如中国的东方红二号和东方红二号甲航天器外形是圆柱形;图 13 - 6 是它们的外形示意图。这类构形的航天器多数应用于地球静止轨道,其自旋轴垂直轨道面。航天器以一定速度(如 60 r/min)自旋,消旋体(定向天线或有效载荷舱)以同样速度消旋(反转)对准地面。圆柱形外表贴有太阳能电池阵,太阳光线每年在 ±23.5° 内周期变化。

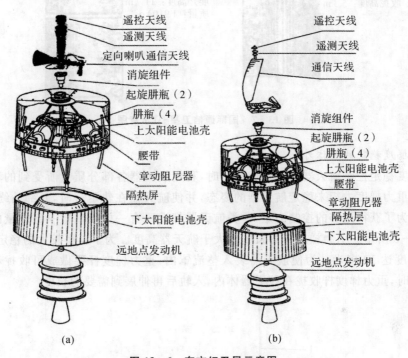

图 13 - 6　东方红卫星示意图
(a)东方红二号卫星示意图;　(b)东方红二号甲卫星示意图

原休斯卫星公司,为了获得较大有效载荷能力(缩短转发器到通信天线之间距离,适应多频段传输,增加转发器的数量),将通信分系统移到消旋舱。为满足国际通信卫星-Ⅵ上 68 个转发器对电源的需求,并适应运载火箭整流罩对卫星高度的限制,休斯卫星公司设计了"脱裙"式太阳能电池筒高 2.2 m,外太阳能电池筒高 3.8 m。在发射时外筒套在内筒外面,使卫星收拢状态高度为 5.3 m。入轨展开后卫星总高度 11.7 m,图 13 - 7 是国际通信卫星-Ⅵ收拢和展开的外形设计示意图。

双自旋稳定航天器外形选用圆柱体与多面体相比有较多优点。圆柱体可采用蜂窝夹层结构,不需要隔框和桁条,可以整体制造,对布置太阳能电池阵较有利。圆柱体结构工艺简单、精度高、质量轻、刚度好、内部空间大、电源能够得到稳定的最大的利用(由于卫星在自旋时,多面体星体的截面忽大忽小,因此,所受到的太阳光能量也就忽大忽小)、产品质量容易保证。而多面体外形则相反。

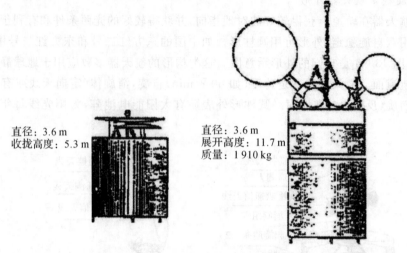

直径：3.6 m
收拢高度：5.3 m

直径：3.6 m
展开高度：11.7 m
质量：1 910 kg

图 13 - 7　国际通信卫星-Ⅵ示意图

2.重力梯度稳定的星体外形

重力梯度稳定控制航天器在绕地球运行时,利用航天器各部分质量所受到的不相等的引力而产生的重力梯度力矩来稳定航天器的姿态,并使航天器在轨运行时,底部始终对准地面,发射信号。为了获得足够的控制力矩,这类航天器都设置有一根顶端有一定质量的引力梯度杆,如图 13 - 8 所示。引力梯度杆的长度要大于航天器高度。为了获得较大的稳定力矩,一般重力杆的长度达 10 多米。为使航天器装入整流罩内,重力梯度杆要做成可收拢和伸展的结构。在发射时,重力梯度杆收拢在航天器体内,入轨后再伸展到需要的长度。

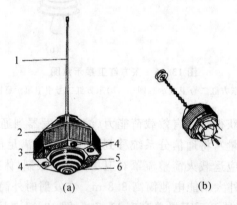

(a)　　　　　　　(b)

图 13 - 8　引力梯度稳定的星体外形图

(a)美国探险者 29 号卫星构形图；　(b)重力梯度稳定卫星构形原理图

1—可伸展引力梯度杆；　2—太阳能电池阵；　3—多普勒天线；

4—闪光灯；　5—激光反射器；　6—螺旋天线

3.三轴稳定航天器的外形

航天器采用三轴姿态稳定控制时,其外形设计比较自由,不像上述几种航天器的外形有明显的特点。但它的外形多数是采用长方体,采用这种外形的主要目的是使结构设计简单、工艺性好,有利于热控散热面设计,另外便于外伸部件（如太阳能电池翼和天线等）在收拢状态的布置。如静止轨道通信卫星(见图 13-9)、太阳同步轨道气象卫星和对地观测卫星等外形都是长方体。

　　航天器采用其他外形的有三棱柱形,如美国陆地卫星-4 的星体外形,还有美国洛克希德-马丁公司研制的"铱"星星体外形也是三棱柱体。"铱"星采用三棱柱体,有利于多星发射,如俄罗斯用质子号运载火箭发射"铱"星,一次可发射 7 颗。

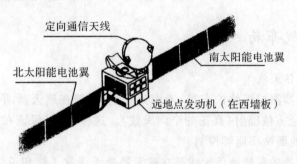

图 13-9　静止轨道通信卫星

13.3　外伸部件布局设计

　　航天器外伸部件的布局设计,显现出航天器的外貌,包括在整流罩内收拢状态外貌和在轨展开状态外貌。航天器外伸部件不同于建筑、汽车等工程外貌的美化设计,航天器外伸部件设计不要求对称,不需外观装饰,仅要求满足前述航天器构形设计的基本要求即可。

　　外伸部件一般有变轨发动机、天线、太阳能电池翼、姿态敏感器、姿控推力器、制冷器、热辐射器或热辐射器盖板等。这些部件的形状尺寸和布局,要保证航天器功能的实现和自身功能的实现。

13.3.1　推力器布局

1. 对推力器安装的一般要求

　　推力器工作时要产生燃气,要求无遮挡物,以免影响排气所产生的推力,同时要求所产生的燃气不污染和不加热航天器其他部件。必要时要做污染分析和试验。对于变轨推力器要使其推力轴线指向航天器的质心。对于推力器的布局除考虑安装位置外,还要考虑有尽量高的安装精度。

2. 小推力器的布局

　　小推力器(一般用于姿态控制)的布局,除要考虑对航天器产生控制力矩方向的要求外,还要考虑使产生的力矩最大,即尽量使小推力器的安装位置远离航天器的质心。

3. 大推力变轨发动机的安装要求

　　大推力变轨发动机的安装位置更要仔细布局。一般要有利于变轨时的姿态调整。

　　对于双自旋稳定卫星的变轨发动机要安装在卫星中间或尾端,发动机轴线与卫星自旋轴要一致。这样,一方面使惯性积最小或便于调整,另一方面使推力偏斜最小。如图 13-6 所示为东方红二号通信卫星变轨发动机的安装位置。

对于三轴稳定地球静止轨道通信卫星的远地点发动机安装位置还要考虑多天线安装要求。若只有一副或两副通信天线，则发动机布置在西墙面，这样在变轨过程姿态调整较少，静止轨道通信卫星如图 13-9 所示。若天线较多且尺寸较大，则远地点发动机应布置在背地面。如图 13-1 所示是国际通信卫星-Ⅶ外伸部件的布局，它在背地面布置了远地点发动机。

13.3.2　天线布局

1.测控和数传通信天线

对于低轨道航天器测控天线的布局，考虑到安全，一般在航天器两侧各布置一个 180°的全向天线，形成 360°全方位辐射（真正的全向天线）。这样，可以保证在航天器出现故障并处于任何姿态情况下，地面站都能够控制。

由于低轨道航天器的数传通信天线是在航天器处于正常工作和正常姿态时才使用的，所以，它被布置在对地面，只需布置一个天线。其波束宽度要大于航天器可视范围，一般设计为 ±70°，以保证在地面站看到航天器时，即可接收数传通信信号。这样，对于轨道高度不大于 1 000 km 的航天器若在航天器过（地面站）顶时，则地面站跟踪弧段 S 所对应的总方位角 $\Delta\Phi$ 约为 170°（考虑地面站仰角 $\varepsilon_{\min}=5°$），θ 角大约为 120°（地球有曲率），考虑一些余量，设计波束宽度为 ±70°，如图 13-10 所示。

对于地球同步轨道航天器的测控天线，一般布置在发射方向的顶部或底部。

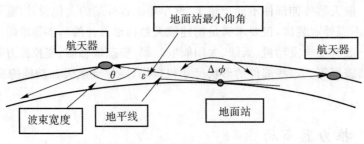

图 13-10　航天器可视范围

2.通信天线布局

对于静止轨道通信卫星的通信天线，根据其功能和性能指标要求设计电性能和机械尺寸等。

三轴稳定静止轨道通信卫星的通信天线一般布局在东西墙面板和对地墙面上。如图 13-1 所示国际通信卫星-Ⅶ，共布置有 8 种不同频段、不同波束的收发共用天线。对大型尺寸的通信天线的布局，在保证其功能和性能指标实现的同时，要考虑多次折叠成收拢状态，以满足运载火箭整流罩空间的限制。有时大型天线展开后，考虑对太阳能电池阵遮挡的影响，天线需要设计成可透光的网状天线。

对于合成孔径雷达航天器天线的布局，要考虑与太阳能电池翼的相互影响，要保证各自功能的发挥。图 13-11 所示为合成孔径雷达航天器外伸部件的布局图。

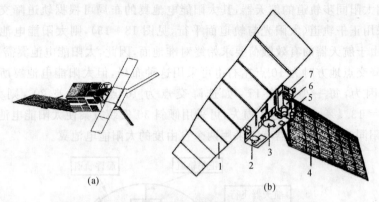

图 13-11　合成孔径雷达航天器外伸部件的布局图

(a)欧洲资源卫星；　(b)日本地球资源卫星

1—合成孔径雷达天线；　2—S频段测控天线；　3—数据传输天线；

4—太阳能电池翼；　5—近红外辐射计；　6—短波红外辐射计；　7—记录仪

13.3.3　太阳能电池翼布局

　　太阳能电池翼的构形，首先要根据其功能要求（即输出功率大小），确定其所需面积，再考虑形体尺寸，决定用几块基板组成。太阳能电池翼的布局，根据在轨运行姿态和有效载荷功能的发挥决定。一般情况都是采用两个翼对称布局，这样，可减少环境干扰力和力矩，有利于控制系统设计。

　　有的对地观测航天器要求一侧朝向太阳，另一侧背对太阳，目的是在背向太阳的一面布置有效载荷的辐射制冷器。这样，只能采用单太阳能电池翼，布置在朝向太阳的一面。如图 13-12 所示为单太阳能电池翼的布局图。这种布局给卫星控制分系统提出了较高的要求。有的卫星采用单翼方案时，为了减少太阳光压对姿态的影响，还专门在另一侧配置一个太阳帆。

　　合成孔径雷达航天器由于有大尺寸天线，因此太阳能电池阵可以采用单翼方案，布局在天线的对面，如图 13-11 所示。也可以把大天线布置在下方，把太阳能电池翼布置在上方。

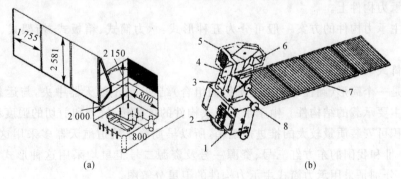

图 13-12　单太阳能电池翼的布局图

(a)中巴资源卫星；　(b)美国陆地卫星-6

1—轨道控制助推器(四组)；　2—电池；　3—ETM电子设备；　4—制冷器门；

5—增强型主题测绘仪；　6—成像孔；　7—太阳能电池帆板；　8—可定向天线(三组)

对于采用太阳同步轨道的航天器,其太阳能电池翼的布局可根据轨道降交点的地方时来确定。如果采用正午轨道(太阳光与轨道面平行,见图13-13),则太阳能电池翼的布局可垂直于轨道面(由于航天器的有效载荷要求始终对准地面,因此,太阳能电池翼需要驱动旋转,以对准太阳)。降交点地方时为10点左右也可采用这种布局,但太阳能电池翼所对太阳光夹角就不是90°。因为,每一小时差15°,如选降交点为10点时,即差30°,则太阳电能损失$(1-\cos 30°) = 13.4\%$。为了避免损失,可采用倾斜30°安装方案使太阳能电池翼法线指向太阳,对于非太阳同步轨道航天器有时采用两个自由度的太阳能电池翼。

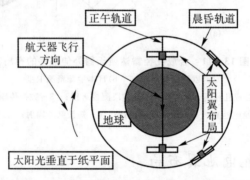

图13-13 太阳同步轨道航天器太阳能电池翼的布局

如果采用晨昏轨道(太阳光与轨道面接近垂直),则太阳能电池翼的布局可平行于轨道面,这样,可不用太阳能电池翼驱动机构。

13.4 主承力构件方案设计

航天器研制完成需经运输和运载火箭发射以及航天器变轨后进入预定轨道才能运行使用。因此,一般航天器都需要设计有主承力构件以承受上述过程所经受的各种力学环境。各分系统的仪器设备有的直接安装在承力构件上,但大多数仪器设备通过隔板和壁板等次要构件连接到主承力构件上。

航天器主承力构件的方案一般可分为五种形式:承力筒式、箱板式、桁架式、外壳式和混合式。

1. 承力筒式

承力筒是一个筒形(圆柱或圆柱与圆锥的组合)结构,位于航天器中央,与运载火箭对接,是航天器上主要承载的结构件。由于承力筒式构件的抗扭转、抗弯和剪切的强度和刚度较好,而且筒内容积可安装质量较大的推进剂贮箱,所以早期静止轨道航天器多采用这种形式。国际通信卫星-Ⅲ和我国的东方红三号、资源一号及资源二号卫星均采用这种形式。图13-14和图13-15分别是采用承力筒式主承力构件的卫星分解图。

为了减少质量,现代承力筒式构件都采用碳纤维复合材料。其结构方案可有以下几种:波纹板、加强筋(桁条)、蜂窝夹层等,如图13-16~图13-18所示。

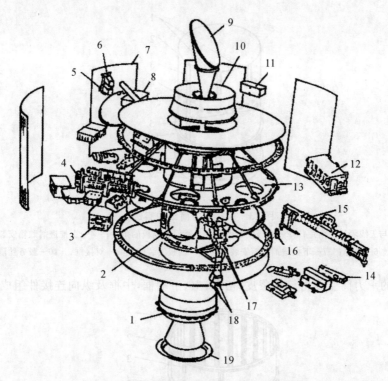

图 13-14　国际通信卫星 Ⅲ 的构形分解图

1—远地点发动机；　2—加压推进罐；　3—功率控制装置；　4—接收天线双工器；　5—太阳传感器；　6—地球传感器

7—太阳能电池板；　8—活门驱动器；　9—机械式消旋天线；　10—全向性天线；　11—控制逻辑电路；　12—蓄电池；

13—仪器安装台；　14—行波管；　15—发射天线双工器；　16—配重；　17—径向推力器；　18—轴向推力器；　19—喷嘴盖

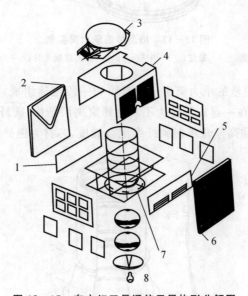

图 13-15　东方红三号通信卫星构形分解图

1—南板；　2—南太阳翼；　3—通信天线；　4—通信舱；

5—北板；　6—北太阳翼；　7—中心承力筒；　8—远地点发动机

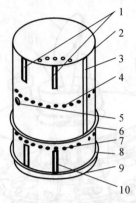

图 13-16 承力筒结构实例

1—馈源与天线隔板的角片； 2—东板安装面； 3—通信舱隔板的角片； 4—上推进剂贮箱安装点；

5—出入孔； 6—中框； 7—下推进剂贮箱安装点； 8—西板安装面； 9—对接框； 10—服务舱隔板角片

桁条加筋的承力筒主要由筒体蒙皮,桁条,上、下端框,中框及纵向连接件组成。

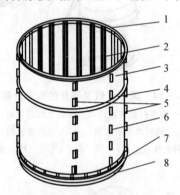

图 13-17 桁条加筋承力筒实例

1—上框； 2—桁条； 3—蒙皮； 4—中框； 5,6—纵向连接角片； 7—中框； 8—下框

INTELSAT V 通信卫星的承力筒由一段直筒和一段锥筒组成,如图 13-18 所示。直筒体和锥筒体通过横框连接在一起。筒体为不对称蜂窝夹层结构,碳纤维/环氧树脂复合材面板由高强碳纤维 T300 织布和高模量单向碳纤维混合铺成,芯材为铝蜂窝芯子。

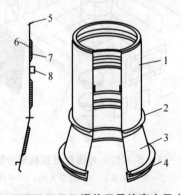

图 13-18 INTELSAT V 通信卫星蜂窝夹层中心承力筒

1—圆筒体； 2—远地点发动机框； 3—锥壳； 4—包带分离框；

5—天线支撑框； 6—外面板； 7—内面板； 8—燃料贮箱支撑框

2.箱板式

随着通信卫星有效载荷不断增长,卫星面积和质量不断扩大,承力筒式主承力构件的缺点就不断突出。因为有效载荷不断增长,受运载火箭整流罩直径的限制,卫星有效载荷只能向高度方向发展。若仍采用承力筒式,则其长度越来越长,这样,推进剂贮箱越来越高,有效载荷转发器离天线馈源也越来越远,损耗加大。另外,这种形式也不利于使有效载荷和卫星平台实现分舱设计,于是就出现新的构形,将两种推进剂贮箱全部平放在卫星平台的底板上,这样卫星平台的各分系统仪器设备都集中在卫星平台上,和有效载荷舱实现彻底分离。美国洛克希德-马丁公司的通信卫星 A2100 系列就是采用箱板式主承力构件(见图 13-19)。

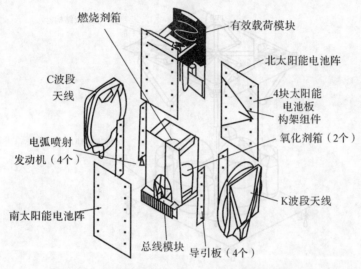

图 13-19　箱板式主承力构件 A2100 系列卫星分解图

箱板式结构可最大限度地利用航天器内部空间,并能减小航天器的质量。

蜂窝夹层板是典型的轻质板式结构件,它由如下元件组成:面板、蜂窝芯子和胶层,如图 13-20 所示。

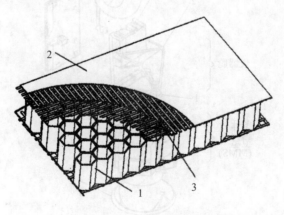

图 13-20　典型蜂窝夹层结构

1—蜂窝芯子;　2—面板;　3—黏合剂

3.桁架式

美国原休斯空间与通信公司将通信卫星(静止轨道)从双自旋稳定改成三轴稳定时,一开始就采用有效载荷和卫星平台分舱设计方案。原休斯空间与通信公司的 HS - 702 平台(即现波音卫星系统公司 BSS - 702 平台)就是典型的桁架式。这种构形是将各种推进剂贮箱都布局在卫星平台的底板上,并采用 4 个 V 形杆组成十字形桁架式主承力构件。该桁架和上述箱板一样,在卫星发射时,只承受有效载荷舱的力学载荷。图 13 - 21 是 BSS - 702 平台的主承力构件示意图。其底板连接一个口字形框架,它用 4 个爆炸螺栓与运载火箭连接。BSS - 702 平台的十字形桁架也是用碳纤维复合材料制造。

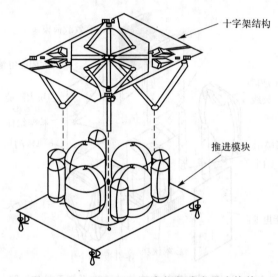

图 13 - 21 BSS - 702 平台桁架式主承力构件

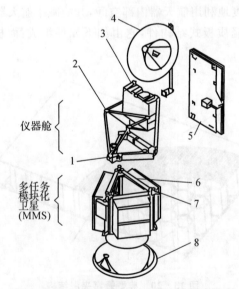

图 13 - 22 美国陆地卫星 4 号的构形分解图

1—有效载荷适配器; 2—下部支承结构; 3—上部支承结构; 4—折叠式跟踪与数据中继卫星天线;

5—折叠式太阳能电池阵; 6—MMS 转接适配器; 7—航天飞机发射连接处; 8—运载火箭与卫星连接件

桁架式结构的主要承力构件是由杆件组成的桁架。桁架可以有多种形式,因此,桁架承力式航天器的构形也呈多样化。如美国陆地卫星－4 的主承力构件是三角形桁架,其外形就是三棱柱形,如图 13－22 所示。

4. 外壳式

外壳式一般用于返回式航天器。由于返回式航天器在运载火箭发射段和返回再入大气层时要受到恶劣的气动力和气动热环境,因此,外壳本身要求有较高的强度和刚度。这样返回式航天器外壳就是整个航天器的主承力构件,并且,航天器外壳直接与运载火箭连接,不需要专门的转接结构(常称适配器)。由于外壳直径较大,星内仪器设备还需设计有横梁(如十字形或井字形大梁),将仪器设备的力学载荷传到外壳上。

图 13－23 是返回式卫星示意图。从图上可以看出,上面舱段的载荷是通过外壳下传的,最下面舱段的载荷通过井字梁传到圆框上。

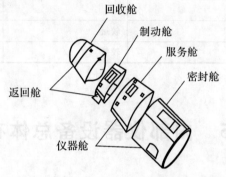

图 13－23　外壳式主承力构件

5. 其他组合形式

主承力构件除上述四种典型形式外,还有承力筒与杆系组合形式,如东方红二号的主承力构件就属于这种形式(见图 13－6)。

另外还有桁架和箱式结构组合形式,如美国陆地卫星-4 号的构形(见图 13－22)就属于这种形式。

6. 传力路线分析

航天器的构形设计要进行传力路线分析。传力路线分析并不是具体的结构强度和刚度计算,但是,传力路线的好坏直接影响结构分系统的设计性能。

在上述几种不返回航天器的主承力结构方案中,箱板式和桁架式较承力筒式的主要优点是传力路线短,承受力学载荷小(只承受有效载荷舱力学载荷);有利于有效载荷与卫星平台分舱设计;可实现热管在南北散热面上的交叉耦合散热。这三种主承力构件形式的优点见表 13－1。由表 13－1 可知,箱板式和桁架式构形的优、缺点很突出,据洛克希德-马丁公司专家分析,箱板式的结构质量较传统的承力筒式结构要轻 40% 左右。波音卫星系统公司的桁架式结构质量就更小。这三种方案不仅使结构分系统与整星质量比不一样,有效载荷舱的结构和布局不一样,而且有效载荷的可扩充能力也不同。

表 13 – 1　三种主承力构件形式的优、缺点比较

结构形式	承力筒式	箱板式	桁架式
结构设计	复杂(构件多、约束多)	简单	简单
传力线路	长(贮箱上挂)	短	短
承受载荷	大(整星)	小(只承受有效载荷)	小(只承受有效载荷)
结构工艺	很复杂(模具多)	很简单(平板)	简单
工艺品质	难保证(圆形、构件多)	易保证	易保证
结构质量	较重(综上所述)	较轻	最轻
总装工艺	难(贮箱内连)	简单	简单
卫星起吊	难(承力筒上有天线)	易(吊底板)	易(吊底板)
有效载荷扩大	难(承力筒限制)	容易	容易
实现"三化"	难	易	易
研制周期	较长	较短	较短
研制成本	较高	较低	较低

13.5　内部仪器设备总体布局

总体布局是在对航天器各分系统仪器设备的质量分配、体积尺寸分配、航天器外形设计和主承力构件方案设计等方面设计的基础上开展的。对于一个新型号设计,总体布局和上述几方面设计要经过几次反复协调才能最后完成。

在航天器外伸部件布局设计的基础上,本节重点介绍卫星内部仪器设备布局。各种卫星的内部总体布局可以千差万别,但可按姿态稳定方案大致分为双自旋稳定、重力梯度稳定和三轴稳定三种类型。

13.5.1　双自旋稳定航天器内部布局

1.基本要求

自旋稳定是利用陀螺定轴性原理,该原理是物体以一定的速度自旋,产生一定的角动量,在没有外界干扰力矩作用下,其物体的自旋轴在惯性空间指向是不变的。

双自旋稳定不管它采用纵横惯量比是大于 1 或小于 1,其总体布局结果要保证航天器的质心在自旋轴上,航天器绕自旋轴的惯性积等于零,否则,航天器上天后,实际自旋轴将偏离所要求的自旋轴。

如果航天器是采用纵横惯量比大于 1 的,则要求卫星外形要采用短粗形,如果使用固体远地点发动机,则固体远地点发动机也要采用短粗形。星内仪器设备尽量布局在一个圆盘上,这样才能实现纵横惯量比大于 1。东方红二号卫星的星内布局就是这种类型(见图 13 – 6)。

如果航天器必须采用纵横惯量比小于 1 的,则要求航天器外形采用细长形,航天器内仪器

设备可分两层,即一层为消旋舱(布局有效载荷),另一层布局航天器平台的服务系统仪器设备。如国际通信-Ⅵ号就是这种类型(见图 13-7)。采用纵横转动惯量比小于 1 的航天器必须采用主动章动阻尼器阻尼章动,否则章动就要发散,航天器就不稳定。

还有一种类型,即双自旋稳定航天器在远地点发动机未分离前其纵横惯量比小于 1;在远地点发动机工作完毕被分离出去后,航天器的纵横惯量比大于 1。如中国的风云二号卫星就是采用这种类型(见图 13-24)。

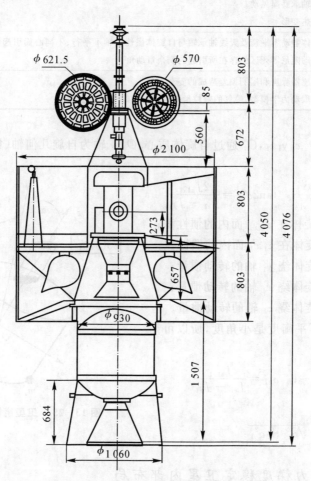

图 13-24　风云二号气象卫星(单位:mm)

2.消旋定向天线的指向误差分析

总体设计要分析和确定消旋定向天线的指向误差。双自旋稳定卫星天线南北指向误差源分析见表 13-2。

对单自旋体而言,由于卫星总装后相对自旋几何轴有一定的惯性积存在,虽经动平衡试验并配平,仍会有剩余动不平衡度存在,它将引起卫星自旋体惯性主轴偏斜一个角度 α。即卫星绕惯性主轴自旋,原自旋几何轴将以 α 角度和自旋频率绕惯性主轴旋转。若自旋轴装有天线,则天线将以 α 角偏斜旋转。

表 13 - 2　双自旋稳定卫星天线南北指向误差源

几何误差	天线电轴相对几何轴的偏差
	天线几何轴相对天线安装基准面的偏差
	姿态敏感器的安装误差
	天线安装基准面相对于卫星几何轴（自旋方向）误差
变形误差	天线热变形
	消旋轴承磨损晃动
	结构热变形
动力学误差	自旋体静动不平衡及天线轴承轴与自旋体惯性主轴不平行、不同心而引起的轴承轴摆动。初始干扰及章动阻尼器死区的存在所引起的剩余章动角
测控误差	由敏感器噪声和遥测偏差造成的姿态误差
	由所取动力学模型、喷气的颗粒量限制所引起的姿态误差

设直角坐标系 $O_1x_1y_1z_1$，O_1 通过自旋体质心，O_1z_1 轴为自旋几何轴（见图 13 - 25）。据惯性矩计算得

$$\tan 2\alpha_{y1} = \frac{2J_{z1y1}}{J_{z1} - J_{y1}}; \quad \tan 2\alpha_{x1} = \frac{2J_{z1x1}}{J_{z1} - J_{x1}}$$

式中　J_{z1y1}——自旋体在 z_1y_1 面内的惯性积；

　　　J_{z1x1}——自旋体在 z_1x_1 面内的惯性积；

　　　J_{y1}——自旋体绕 y_1 轴的转动惯量；

　　　J_{x1}——自旋体绕 x_1 轴的转动惯量；

　　　J_{z1}——自旋体绕 z_1 轴的转动惯量。

由于一般剩余不平衡度是小角度，所以可简化为

$$\alpha_{y1} = \frac{J_{z1y1}}{J_{z1} - J_{y1}}; \quad \alpha_{x1} = \frac{J_{z1x1}}{J_{z1} - J_{x1}}$$

则主轴偏斜角 α 为

$$\alpha = \sqrt{\alpha_{x1}^2 + \alpha_{y1}^2}$$

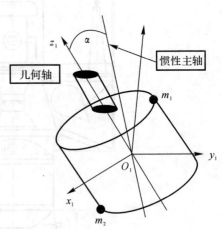

图 13 - 25　卫星绕惯性主轴自旋

13.5.2　引力梯度稳定卫星内部布局

由于地球的引力和离地心距离 r 的二次方成反比，即地球的引力是有梯度的。如果卫星设计伸出一细长杆，杆的顶端连有一质量块，则卫星本体质心与杆顶质心相距一定距离。当航天器在轨运行时，在地球重力梯度作用下，会使两质心连线始终指向地心。因为，当两质心连线偏离地心时，则在地球引力梯度环境下产生一力矩，使连线保持指向地心。由此可知，引力梯度稳定卫星的布局，只要保证要求指向地面的有效载荷仪器设备的对地指向与上述两质心的连线平行即可。

为了保证采用引力梯度稳定的航天器有一定的稳定性，要对伸出细长杆的长度有一定的要求。在构形设计时，细长杆的布局要保证细长杆轴线为航天器的最小转动惯量的主轴，保证有效载荷仪器设备的对地指向，同时要考虑细长杆的伸展和缩回方案（在伸展失败后，要缩回

并重新伸展）。

13.5.3　三轴稳定卫星内部布局

三轴稳定卫星内部布局和外形设计一样，具有较大的自由度，但布局必须要满足 13.1 节的要求。

最主要的要求是要保证有效载荷的定向要求。这就要求布局设计时选好通过航天器质心的三轴坐标系，布局结果使这三个轴为惯性主轴，也就是使这三个轴的惯性积等于零。这样，就可以避免或减少在轨道和姿态控制时所产生的干扰力矩。在布局敏感器时，要分析和保证敏感器的视场角，并提出安装精度要求。在布局推力器时，要保证获得尽量大的控制力矩，并提出安装精度要求。

13.6　质量特性计算

在以上设计的基础上可以开展质量特性计算。质量特性计算和总体布局要配合进行。因为首次总体布局的结果，不可能就满足整星质量特性要求（如整星质心就在自旋轴或在运载火箭纵轴上，自旋卫星的惯性积就等于零等），所以，反过来还需调整总体布局，直到满足要求为止。总体布局和质量特性计算从任务分析阶段就可开始，对仪器设备体积尺寸和质量进行初步分配、布局和计算，然后再次协调分配、调整布局再次计算，这样经过几次反复由不完全到完全、由不准确到准确，一直到初样详细设计阶段仪器设备研制出来以后才能完成。甚至到正样阶段，个别仪器设备还有可能要调整。

虽然质量特性计算方法很准确，但由于各仪器设备生产出来的产品的质量、质心、安装 尺寸总是有偏差的。为了消除或减少其偏差，在总装完成后可通过质量特性测试，在相反位置加配平质量，以消除制造和总装引起的偏差。

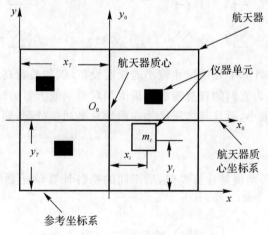

图 13-26　转动惯量计算坐标系

质量特性计算前要选好参考坐标系，参考坐标系选取要有利于计算。一般参考坐标选在航天器最外边,如图 13-26 所示,这样,开始计算质量特性时,各单元的坐标都是正值,这样计算不仅简单,而且不容易出差错。

1. 质心位置计算

根据各计算单元的质量 m_i 和其坐标 x_i,y_i 和 z_i,可从下式算出航天器整体的质心 x_T,y_T 和 z_T。

$$x_T = \frac{\sum\limits_{i=1}^{n} m_i x_i}{\sum\limits_{i=1}^{n} m_i}, \quad y_T = \frac{\sum\limits_{i=1}^{n} m_i y_i}{\sum\limits_{i=1}^{n} m_i}, \quad z_T = \frac{\sum\limits_{i=1}^{n} m_i z_i}{\sum\limits_{i=1}^{n} m_i}$$

式中　　i——第 i 个计算单元;

　　　　n——计算单元总数;

　　$\sum\limits_{i=1}^{n} m_i$——航天器总质量。

2. 转动惯量计算

转动惯量计算也要分步进行。由于航天器的横向尺寸比导弹的横向尺寸大得多,因此在计算某轴的转动惯量时需要考虑其他两轴的影响。首先计算每个单元自身转动惯量 J_{x1i}, J_{y1i},J_{z1i}(i 为单元号),其计算坐标系原点取在该单元的质心,而自身坐标的 x_1,y_1,z_1 三个轴分别平行于航天器参考坐标系 $Oxyz$ 中的三个轴;第二步,把每个单元当作质点根据在参考坐标系中坐标 x_i,y_i,z_i,计算各自的转动惯量;第三步,将每个单元的转动惯量按三个轴分别相加起来得出整个航天器绕参考坐标轴的转动惯量;最后,将整个航天器的转动惯量移轴到通过航天器质心的坐标系 $O_0 x_0 y_0 z_0$ 上,得出航天器通过自身质心坐标系的转动惯量(见图 13-26)。航天器转动惯量 J_{x0},J_{y0},J_{z0} 计算公式如下:

$$J_{x0} = \sum_{i=1}^{n} J_{x1i} + \sum_{i=1}^{n} m_i(y_i^2 + z_i^2) - (y_T^2 + z_T^2)\sum_{i=1}^{n} m_i$$

$$J_{y0} = \sum_{i=1}^{n} J_{y1i} + \sum_{i=1}^{n} m_i(x_i^2 + z_i^2) - (x_T^2 + z_T^2)\sum_{i=1}^{n} m_i$$

$$J_{z0} = \sum_{i=1}^{n} J_{z1i} + \sum_{i=1}^{n} m_i(x_i^2 + y_i^2) - (x_T^2 + y_T^2)\sum_{i=1}^{n} m_i$$

在方案设想阶段,各计算单元中尺寸较小的仪器设备(例如长宽高小于 200 mm 的)可不计算其自身转动惯量,因为它们的自身转动惯量值相对整个航天器的转动惯量值小很多,对航天器整个转动惯量影响很小,而且其体积尺寸和质量只是初步分配,到方案设计和详细设计阶段还会有变化。

3. 惯性积计算

惯性积计算与上述转动惯量计算类似,所不同的是各计算单元要注意正、负号,以免在各单元相加时出错。

$$J_{x0y0} = \sum_{i=1}^{n} m_i x_i y_i - x_T y_T \sum_{i=1}^{n} m_i$$

$$J_{y0z0} = \sum_{i=1}^{n} m_i y_i z_i - y_T z_T \sum_{i=1}^{n} m_i$$

$$J_{x0z0} = \sum_{i=1}^{n} m_i x_i z_i - x_T z_T \sum_{i=1}^{n} m_i$$

计算后,通过调整布局使 J_{x0z0} 和 J_{y0z0} 分别等于零,使 J_{x0y0} 尽量小。计算状态分为在运载火箭内收拢状态和在轨展开状态。

现在可应用计算机辅助设计软件计算航天器的质量特性,特别是在调整布局时,计算很方便,可大大减少计算工作量。

13.7　其 他 设 计

13.7.1　坐标系的确定

在航天器构形设计时要确定航天器的坐标系。构形设计及各个分系统设计都需要航天器的坐标系。

在总体构形设计中对外伸部件布局、内部仪器设备的布局、质量特性计算、轨道设计、航天器动力学分析、总装设计等都需要有坐标系来协调,明确布局位置、方位和精度;控制系统设计需要坐标系确定航天器的滚动、偏航和俯仰轴,控制系统的陀螺、动量轮等都有方位要求,推力器和敏感器的布局都有一定的方位和视场要求,而且有很高的精度要求等;有效载荷多数要求对地并满足一定的视场要求,红外相机用的辐射制冷器要求"三不见"(不见太阳、地球和航天器本体);电源系统的太阳能电池阵要有好的光照条件;结构系统主承力构件的承力方向要与运载火箭推力方向一致。图 13 – 27 表示一种航天器的坐标系。

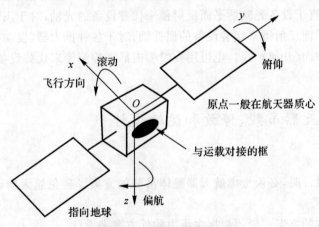

图 13 – 27　航天器的坐标系

13.7.2　航天器安装测量基准的确定

1.定义基准的必要性

前面讲了许多设备有指向和精度的要求,如对地观测航天器的各种敏感器要求精确指向地球,姿态控制的精度要靠敏感器测量精确,靠执行机构精确控制。如果有效载荷敏感器精度很高,姿态控制的敏感器精度很高,姿态控制的执行机构控制精确,但是安装精度很差,最后对地观测的精度是不能满足的。上面所说各种设备以及结构分系统(是安装各种有精度要求的载体)相互之间是有一定的几何关系的,要保证这些几何关系的准确,首先就要有一个刚度和精度都很高的基准。

2.基准的选择和应用

航天器用作安装测量的基准一般都选择航天器与运载火箭的对接框,因为其刚度和精度都很高,而且,运载火箭要求该对接面几何中心处的垂直线通过航天器的质心(误差要求在10 mm左右),该对接面几何中心处的垂直线也是航天器坐标系中所选择的一个轴。

在定义好坐标系和选择了安装测量的基准后,就要做总体布局设计了,并对有安装精度要求的仪器设备做安装精度分析和提出安装精度要求。安装精度分析包括两部分,一部分是结构分系统本身,一部分是各种有安装精度要求的仪器设备。

结构分系统各个部段的精度对航天器系统精度有较大影响。因为,有些仪器设备的安装精度可以通过工艺方法(精度测量)消除,而有些误差是无法消除的。例如,关于消旋体几何纵轴与自旋体几何纵轴的不同轴度就无法消除(不垂直度可以通过加垫片消除)。

对有安装精度要求的仪器设备可以通过精度测量的办法来消除部分误差。

3.精度测量方法

对总装好的航天器进行精度测量,要使用特制的转台和光学测量用的经纬仪,该转台精度很高,对接接口尺寸与航天器相匹配。在安装航天器前,先将转台调好,尤其要调好水平度,然后,把航天器吊到转台上,将基准面固定好。

在转台外,用离航天器一定距离的经纬仪对被测量的仪器设备的测量基准进行测量。

被测仪器设备要有光学测量基准,一般用平面反射镜。对于地球、太阳及星敏感器和相机等光学设备,可用垂直于设备光轴的平面反射镜来代替设备的光轴;对于飞轮和陀螺等设备要在其壳体上用专用平面反射镜来代替设备的惯性轴;对于各种推力器(发动机),也可用反射镜来代替设备的推力方向(几何轴线),也可用在喷嘴内插入检测棒来代替设备的推力方向(几何轴线)。

13.7.3　航天器吊装、停放和运输设计

1.航天器吊装方案

在航天器构形设计时,必须考虑航天器整体吊装的方案。避免航天器研制出来而无法吊装的错误。

航天器整体吊装的方案一般要根据主承力构件方案来设计。

采用承力筒方案的,可在承力筒的顶端设计几个吊点实施吊装。但有的航天器在承力筒的顶端布置了大型设备(如有的通信卫星在承力筒的顶端布置了大型天线),这样顶端吊装就有问题。如果没有办法解决,就要重新修改构形设计。

采用箱板式和桁架式分舱设计方案的,可用吊底板的方案。因为这种构形的底板设计得最强,而有效载荷舱和公用舱支撑载荷舱的结构都不能支撑航天器整体(含有推进剂)的质量。

采用外壳式主承力构件方案的,可在航天器的中下部设计吊点结构,以连接吊具。因为中

下部结构强度较高，又便于翻转航天器。另外返回式航天器上部有防热层结构，不能破坏。

采用混合式主承力构件方案的，如东方红二号卫星是在腰带连有八根拉杆处，设计八个吊点结构，提供吊具连接。

2. 航天器停放方案

航天器在总装、测试、试验、检查、加注时都需要停放。因此，在航天器构型设计时，也要考虑航天器的停放方案。

一般航天器停放的支撑位置是利用航天器与运载火箭的对接框，这里强度高也平稳。停放航天器要用专用支架车，便于移动。专用支架车在与航天器接触面要垫有毛毡，以防在航天器使用时划伤航天器支撑位置。也有的航天器设计带翻转的支架，在航天器装配过程中使用。

在航天器做振动试验时，要设计刚度较强的支架，以保证输入的载荷不被衰减。在热真空环境试验时，要设计专用支架，在停放面要有绝热措施。支架要有专用接地线，以防航天器带电受损。

3. 航天器运输方案

航天器从生产厂到发射场的运输方案，一般有用铁路运输或用飞机运输的，对于大型航天器也有用海上运输的。铁路运输环境条件较差；空运需要有较大的飞机和能降落大型飞机的机场；海上运输只适合靠近海边的发射场。

在构形设计时，要完成运输方案的设计。运输方案设计除去上述运输方式外，还要考虑航天器是整体运输还是分舱运输。

运输方案不同，在发射场的技术流程就不同，对航天器包装箱的设计要求也不同。

4. 航天器包装方案

对航天器实施运输必须放在专用包装箱内，包装箱要有减振、温度、湿度及压力控制。包装箱除用于航天器运输外，还可用于航天器长期储存。长期储存时需要充入氮气，以免航天器设备氧化损伤。包装箱内外都要有接地要求。

13.8　分析和验证

航天器的体积和尺寸受到运载火箭的限制，这样航天器内部仪器设备的密度非常大。再加上各个分系统之间相互制约的关系很多，更使得总体布局复杂化。另外，还有许多电缆和导管如何走向、如何连接、如何固定、能否操作等问题，单靠纸面画图是很难解决的。而且出现不协调的问题也不得而知。为了解决这一问题，在航天器构形设计后，需要通过分析和验证找出不协调的问题。此外，在分析和验证完成后要找相关专家进行设计评审。

如 13.1 节所述，分析和验证总体布局设计的正确性应包括敏感器和天线的视场角、仪器设备之间的干涉、发动机羽流污染、太阳能电池阵遮挡、安装操作性、精度测量、质量特性、电磁兼容性、各种误差、各种干扰等分析和验证。

（1）视场遮挡分析。在航天器构形设计后，需要专门对敏感器（如遥感有效载荷、地球敏感器、太阳敏感器等）视场和天线的电轴传播方向进行视场遮挡分析，检查其是否会受到星体及其他部件遮挡。分析时需要注意：外伸部件若是可展开部件则必须展到位检查；若是运动部件（如可移动点波束天线），则需要考虑其运动包络（运动到各种可能的位置）对视场的遮挡情况。分析结果要以图形形式进行描述，并且要留有一定的余量。

（2）仪器设备之间的干涉分析。在构形设计后，要对设计合理性、协调性、操作开敞性等进行验证。验证布局的机械几何干涉，要专门进行计算机辅助模装，而且，把它当作构形设计的一项必须要做的工作。过去，主要用木模来进行协调和验证，并修正不合理和不协调之处。现在通过计算机三维造型模装验证，可以代替过去的木模模装验证。但是，目前导管布局和生产取样还很难通过计算机三维造型实现。

（3）发动机羽流污染分析。发动机羽流污染分析包括两方面：一方面检查发动机羽流有无遮挡，是否会影响发动机的推力；另一方面检查发动机羽流的扩散，是否会污染附近的设备，如光学敏感器。如果有部件进入羽流范围，应进一步分析羽流可能造成的污染和推力损失。

（4）太阳能电池翼遮挡分析。太阳遮挡分析主要是针对在轨飞行过程中星体或外伸部件（如大型网状天线）是否会对太阳能电池翼造成遮挡。如有遮挡，还应分析遮挡的面积、程度（考虑遮挡部件的透光率）和时间。如有遮挡，还要与电源分系统协调。解决办法一是增加太阳能电池翼面积，二是增加遮挡部件的透光率。

（5）质量特性分析。在质量特性计算后，要对质量特性进行复核复算。质量特性计算包括航天器不同任务阶段的所有质量特性参数，如质量、质心位置、转动惯量、惯性积。航天器任务不同，其飞行任务阶段划分也不同，一般应分析航天器发射、入轨、太阳能电池阵和天线展开前后，以及寿命初期及末期的质量特性参数。有的航天器要考虑在轨交会对接、在轨组装及分离等前、后的质量特性。质量特性分析结果要以表格形式列出。

（6）运动部件运动包络干涉分析。运动部件运动包络干涉分析主要是指外伸活动部件（如可移动天线、太阳能电池翼、摇摆相机等）在运动过程是否有相关部件（包括自身相关连接电缆）的干涉。该项分析要深入细致，要考虑各种环境的变化。如温度引起热变形可能导致干涉。

（7）刚度分析。针对航天器构形设计结果分析航天器系统的基频，并给出是否满足运载火箭基频约束的要求。航天器系统的基频主要包括纵向和横向的一阶频率。此项分析可在结构初步设计后进行。

（8）总装及测量操作性分析。分析总装及测试的操作性，一般包括仪器设备装拆分析和精度测量通路分析等。仪器设备装拆分析主要分析仪器设备可能的装拆方式以及装拆过程是否存在干涉等。其中，要考虑仪器设备接插件是否有足够的插拔空间。精度测量通路分析主要分析装有光学瞄准镜的仪器设备的光学瞄准路径是否存在遮挡。

（9）电磁兼容性分析。电磁兼容性（EMC）分析要考虑天线布局是否会有射频干扰，要考虑仪器设备的电缆布局是否会有回路形成磁场干扰。并且汇总仪器设备电磁兼容性分析的相关结论。航天器总体设计师还需要与运载火箭设计师进行电磁兼容性分析和协调。

（10）误差分析。误差分析包括航天器结构各个舱段、各个对接面的不垂直度和不平行度、各个有精度要求的仪器设备的安装基准和光学基准等精度分析。对于天线指向精度还要考虑控制系统的姿态控制精度和热变形等引起的误差分析等。

思　考　题

1. 简述构形设计的任务、基本要求和设计过程。

2. 试简述自旋稳定卫星、重力梯度稳定卫星、三轴稳定卫星构形的特点。

3. 卫星的主承力构件主要有哪几种方案？各种方案的特点是什么？

4. 在对太阳能电池翼和分系统的大型天线进行布局时，需要考虑哪些问题？试用一卫星例子说明之。

5. 在进行姿、轨控发动机布局时，需要注意哪些问题？试以某卫星为例说明之。

参考文献

[1]　谷良贤,温炳恒.有翼导弹总体设计原理[M].西安:西北工业大学出版社,2004.

[2]　樊会涛,吕长起,林忠贤.空空导弹系统总体设计[M].北京:国防工业出版社,2007.

[3]　梁晓庚,王伯荣,余志峰,等.空空导弹制导控制系统设计[M].北京:国防工业出版社,2007.

[4]　郑志伟,白晓东,胡功衔,等.空空导弹红外导引系统设计[M].北京:国防工业出版社,2007.

[5]　甘楚雄,刘冀湘.弹道导弹与运载火箭总体设计[M].北京:国防工业出版社,1996.

[6]　过崇伟,郑时镜,郭振华.有翼导弹系统分析与设计[M].北京:北京航空航天大学出版社,2002.

[7]　文仲辉.导弹系统分析与设计[M].北京:北京理工大学出版社,1989.

[8]　于本水,杨存福,张百忍,等.防空导弹总体设计[M].北京:宇航出版社,1995.

[9]　路史光,曹柏桢,杨宝奎,等.飞航导弹总体设计[M].北京:宇航出版社,1991.

[10]　张望根,郭长栋,郁坤宝,等.寻的防空导弹总体设计[M].北京:宇航出版社,1991.

[11]　叶尧卿,汤伯炎,杨安生,等.便携红外寻的防空导弹设计[M].北京:宇航出版社,1996.

[12]　黄瑞松,刘庆楣.飞航导弹工程[M].北京:中国宇航出版社,2004.

[13]　李福昌,余梦伦,朱维增.运载火箭工程[M].北京:中国宇航出版社,2002.

[14]　金其明,杨存富,游雄.防空导弹工程[M].北京:中国宇航出版社,2004.

[15]　薛成位,陈世年,吴兆宗,等.弹道导弹工程[M].北京:中国宇航出版社,2002.

[16]　钱杏芳.导弹飞行力学[M].北京:北京理工大学出版社,2000.

[17]　孟秀云.导弹制导与控制系统原理[M].北京:北京理工大学出版社,2003.

[18]　杨军,杨晨,段朝阳,等.现代导弹制导控制系统设计[M].北京:航空工业出版社,2005.

[19]　曹柏桢,凌玉崑,蒋浩征,等.飞航导弹战斗部与引信[M].北京:宇航出版社,1995.

[20]　刘兴洲,于守志,李存杰,等.飞航导弹动力装置(上)[M].北京:宇航出版社,1992.

[21]　刘庆楣,付辛业,等.飞航导弹结构设计[M].北京:宇航出版社,1995.

[22]　宋笔锋,谷良贤,等.航空航天技术概论[M].北京:国防工业出版社,2006.

[23]　过崇伟,周慧钟,李忠应,等.航天航空技术概论[M].北京:北京航空航天大学出版社,1992.

[24]　彭成荣.航天器总体设计教材[M].北京:中国科学技术出版社,2011.

[25]　徐福祥,林华宝.卫星工程概论[M].北京:中国宇航出版社,2004.

[26]　褚桂柏.航天技术概论[M].北京:中国宇航出版社,2002.

[27]　姜春兰,邢郁丽,周明德,等.弹药学[M].北京:兵器工业出版社,2000.

[28]　James R W,Wiley J L.Space Mission Analysis and Design[M].王长龙,张照炎,陈义庆,等,译.北京:航空工业出版社,1992.

[29]　杨嘉墀,吕振铎,等.航天器轨道动力学与控制(上、下)[M].北京:宇航出版社,2001.

[30] 陶家渠. 系统原理与实践[M].北京:中国宇航出版社,2013.

[31] 哈兰 D M,罗伦茨 R D.航天系统故障与对策[M].阎列,邓宁丰,舒承东,译.北京:中国宇航出版社,2007.

[32] 张伟文,张天平.空间电推进的技术发展及应用[J].国际太空,2015(03):1-8.